# HISTOIRE

DES

# MATHÉMATIQUES

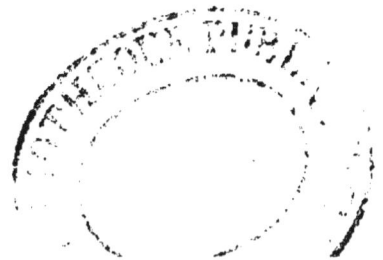

PARIS. — TYPOGRAPHIE LAHURE
Rue de Fleurus,

# HISTOIRE

### DES

# MATHÉMATIQUES

DEPUIS LEURS ORIGINES

JUSQU'AU COMMENCEMENT DU DIX-NEUVIÈME SIÈCLE

PAR

## FERDINAND HOEFER

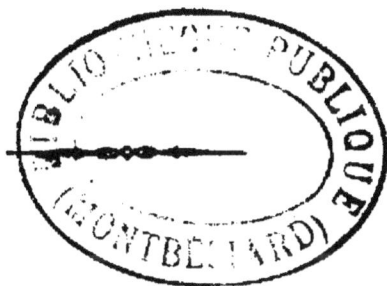

## PARIS

### LIBRAIRIE HACHETTE ET Cⁱᵉ

79, BOULEVARD SAINT-GERMAIN, 79

1874

A

# L'ILLUSTRE DOYEN DE NOS GÉOMETRES

## M. Michel CHASLES

MEMBRE DE L'INSTITUT DE FRANCE, DE LA SOCIÉTÉ ROYALE DE LONDRES,
DE L'ACADÉMIE DES SCIENCES DE BERLIN,
DE COPENHAGUE, DE STOCKHOLM, DE SAINT-PÉTERSBOURG, ETC.

*Hommage de l'auteur.*

# AVANT-PROPOS DE L'AUTEUR

En commençant, il y a une quarantaine d'années, l'étude de l'histoire des sciences, j'ai été, dès le début, frappé de voir l'esprit humain en quelque sorte condamné à passer par ce qui est compliqué et faux avant d'atteindre ce qui est simple et vrai. Cette remarque fut pour moi un trait de lumière. J'en cherchais l'explication; je ne pouvais la trouver que dans l'homme lui-même. Et, en effet, si l'homme débute par l'erreur, c'est la faute de cet immense orgueil qui pousse chacun à tout rapporter à soi-même. Au lieu de se donner la peine d'interroger la Nature en disciple modeste, vigilant et laborieux, on a préféré une voie infiniment moins pénible, en se posant comme un maître qui a réponse à tout, et qui parle de la création comme s'il l'avait faite. De là ces innombrables théories qui toutes entravent présomptueusement la libre recherche du vrai : mauvaises herbes, extrêmement vivaces, qui menacent d'étouffer la science jusque dans ses racines.

Voyez l'aveugle obstination avec laquelle chacun

aime à se cantonner dans une sphère d'idées rou-
tinières ou traditionnelles. Qu'y a-t-il donc, dès
lors, d'étonnant à ce que ces hardis novateurs, qui
prêchent d'exemple le travail et la liberté, soient
d'avance voués à la persécution? Aussi le progrès serait-il impossible, si tous les penseurs devaient vivre
éternellement. Heureusement la mort nous vient ici
en aide. Il faut, en effet, que beaucoup de vivants
disparaissent pour que la science marche.

L'écrivain qui est bien pénétré de ces sentiments
prendra la plume, non point pour flatter certains
contemporains, — passants éphémères, toujours en
adoration devant leur propre mérite, — mais pour
élever le niveau moyen de l'instruction en associant
à son œuvre tous les hommes de bonne volonté.

Au milieu des conflits permanents du monde moral, où l'humanité semble rester stationnaire, sinon
rétrograder, les sciences seules nous offrent le spectacle consolant d'un mouvement calme, progressif.
Là est l'avenir. Et comme ce n'est, selon moi, que
par l'histoire, en insistant particulièrement sur les
origines, qu'on arrivera à faciliter ou à populari-
ser l'enseignement des sciences, tous les efforts devraient se concentrer sur l'organisation de cet enseignement, pour lequel on n'a encore presque rien
fait.

En attendant, je me suis appliqué, dans la mesure
de mes forces, à mettre, par les leçons de l'histoire,
les sciences les plus difficiles en apparence à la
portée de tous les esprits, et à les rendre même at-

trayantes en donnant à leur développement tout l'intérêt d'un drame, — le drame du genre humain! — où la vérité aux prises avec l'erreur finit toujours, après un lent travail de rectification, par sortir victorieuse d'une lutte perpétuellement renouvelée.

En condensant une matière dont le développement exigerait de nombreux volumes, j'ai dû m'astreindre à l'exposition des faits principaux. On comprendra donc sans peine l'omission, à peu près inévitable, de quelques détails accessoires.

Voilà ce que je tenais à déclarer dans cet Avant-Propos, qui pourrait figurer en tête de toutes les autres Histoires de sciences qui font partie du même recueil.

# HISTOIRE

### DES

# MATHÉMATIQUES

---

## LIVRE PREMIER.

### LES ORIGINES DES MATHÉMATIQUES.

Ce n'est point dans de vaines hypothèses, mais dans le fonctionnement même des sens et de l'intelligence, notre outillage naturel, qu'il faudra chercher les origines, les principes germinatifs de toute science positive, et particulièrement de la science qui a pour objet les rapports des quantités. Ces origines, on ne les trouvera donc que dans les impressions reçues par les sens, organes de la discontinuité, et élaborées par l'intelligence, qui a la continuité pour essence fonctionnelle. Voilà notre champ d'exploration.

---

# CHAPITRE I.

## COMMENT CHACUN PEUT NATURELLEMENT DEVENIR GÉOMÈTRE.

Parmi les millions d'êtres humains qui passent, tous plus ou moins inconscients de leur situation, il y en a bien peu qui aient le temps ou la volonté de prêter attention aux perpétuelles harmonies du Ciel et de la Terre.

Quelques-uns seulement, en bien petit nombre, s'élèvent au-dessus du niveau des besoins tyranniques du corps, où se débat l'esprit, avide d'expansion et de liberté[1].

Ces réflexions s'appliquent indistinctement à tous les hommes, sains d'intelligence et de cœur.

Considérons maintenant à part un des membres de cette insaisissable minorité, où s'est allumée, à une époque indéterminable, le flambeau de la science. Content de peu,

_____

1. S'il est vrai, comme on a essayé de l'établir pour expliquer le renouvellement non interrompu de la population du globe, qu'à chaque battement de seconde il meurt, sur un point quelconque de notre planète, un membre de la famille humaine, nous aurons à noter plus de trente et un millions et demi (31 536 000) de décès par jour, soit plus de quatre-vingt-quatorze milliards et demi (94 608 600 000), depuis l'origine de l'histoire, si l'on fait remonter celle-ci seulement à trois mille ans. Mais les naissances, en même nombre ou un peu plus nombreuses que les décès, compensent amplement ces pertes incessantes. Cependant ceux qui se sont jusqu'à présent élevés, par leurs pensées et leurs actes, au-dessus de l'animalité, n'atteignent certainement pas le chiffre de un million. Triste bilan !

libre de tout préjugé, exempt de tout système préconçu, affranchi de toute autorité traditionnelle, il aura l'œil ouvert à tout, n'ayant pour guide que l'instinct de la curiosité, que le désir d'apprendre en interrogeant tout ce qui l'environne. Le voilà qui se prépare à lire dans le grand livre, toujours ouvert à tous les passants, le livre de la Nature, dont l'étude approfondie pourra seule un jour rallier tous les dissidents sous la bannière de la vérité. Le moment est solennel. L'esprit se replie sur lui-même pour se recueillir en présence des merveilles qui ne sont pas de création humaine.

Quel ordre! quelle harmonie! Tel est le cri d'admiration qui arrache à tout homme, tant cultivé que sauvage, le spectacle de la Nature. Nous n'avons pas besoin de nous reporter à vingt-huit siècles en arrière et de mettre dans la bouche du roi Salomon, sous forme d'invocation à l'Être suprême, ces paroles souvent citées : *Tu as tout disposé avec nombre, poids et mesure!* C'est là la proclamation instinctive, spontanée, d'un fait fondamental que toutes les sciences, en tête desquelles marchent les mathématiques, ne servent, à mesure qu'elles avancent, qu'à démontrer ou qu'à mieux mettre en lumière. Elle définit fort bien cette science, que Platon appelait le vestibule de la philosophie, qui a depuis reçu le nom de *mathématique* (ἡ μαθηματικὴ, scil. ἐπιστήμη), ou de *mathématiques* (τὰ μαθηματικὰ), et qui domine toutes les connaissances humaines [1].

Tout homme naturellement curieux et méditatif, qui regarde tour à tour le Ciel et la Terre, peut, sans aucun secours étranger, arriver, de déductions en déductions, aux résultats les plus merveilleux.

1. Rappelons ici que dans toutes les langues de la filiation indo-européenne le mot de *mathématique* (au singulier) a prévalu. Ce mot était même autrefois employé dans la langue française, où, par un de ces singuliers caprices de linguistique, la dénomination de *les mathématiques* a fini par être généralement adoptée.

Le Ciel, œuvre de « Celui qui, en créant le monde, faisait de la géométrie, » et la Terre, habitacle flottant de l'homme, qui se considère lui-même comme le chef-d'œuvre de la création, voilà les fondements solides de tout ce qui a été « disposé avec nombre, poids et mesure. »

L'espace qui sépare la Terre de la voûte étoilée a fait naître la conception de la *continuité*, et à la continuité se lie indissolublement l'idée de l'*infini*. De l'aspect du Ciel, en apparence limité par la voûte étoilée, est venue l'idée de *sphère*, — sphère *creuse* du monde, — dont la Terre, — sphère *pleine*, — occupe le centre, comme le jaune, contenant le germe de la vie, occupe le milieu de l'œuf.

Suivez, chez l'enfant, le développement de nos facultés : l'imagination entre la première en scène. La raison, qui doit redresser « la folle du logis », n'apparaît que plus tard. C'est l'ordre hiérarchique inné. Les antiques rêveries sur l'œuf cosmogonique, où la voûte étoilée figurait la coquille, l'espace céleste le blanc, et la Terre le jaune, ces primitives fantaisies sur « l'œuf du monde », sur « l'œuf des philosophes », etc., enfin toutes ces théories qui animaient le Ciel et la Terre d'une vie commune, éternelle, comme si le sentiment de l'immortalité était instinctif, voilà les premiers bégaiements de la curiosité humaine en face de la nature ou de l'univers. L'étude de ces bégaiements n'est point à dédaigner, car c'est là qu'il faudra chercher les origines de la science.

Aux yeux des premiers contemplateurs, tout est *symétrique*. La symétrie est caractérisée par une soudure ou ligne médiane, joignant deux portions similaires. Au Ciel, cette ligne de soudure était représentée par la Voie lactée. L'homme, « monde en miniature, » a les organes des principaux sens et de la vie de relation disposés symétriquement; il a deux oreilles, deux yeux, deux narines, deux bras, deux jambes, situés à droite et à gauche de la ligne médiane, bien marquée par l'ombilic, par le médiastin (sorte de cloison de la poitrine), par la commissure des lèvres et la suture du sommet du crâne. Le binaire ou la *dyade* se retrouve de même dans la dualité des sexes, qui concourent à la perpétuité des espèces vivantes, ainsi que dans une multitude d'autres phénomènes. Aussi le *dualisme* fut-il, dès le principe, un sujet de spéculation pour les plus anciens philosophes. « Le monde, disaient-ils, cet énorme animal qui a servi de modèle à la formation de l'homme, remplit le grand Tout. Il diffère de la copie, en ce qu'il n'a besoin ni de bras pour saisir les aliments, ni de jambes pour se mouvoir, ni des deux sexes pour se propager ; car il est rond et immobile et se suffit à lui-même. »

Supposons un de ces contemplateurs au milieu d'une plaine unie. Il s'imaginera occuper le centre d'une surface ou d'un *plan* terminé tout autour de lui par une ligne qui sépare la Terre du Ciel. Il ne manquera pas de donner à ce plan ainsi limité un nom approprié à sa langue : les Grecs l'ont appelé κύκλος, les Romains *circulus*, et le nom de *cercle* a été conservé, avec de très-légères modifications, dans tous les idiomes des peuples civilisés. Dans le cercle, qui est le plan même dont l'observateur occupe le centre, il aura bientôt particularisé, par le nom de *circonférence* ou de *périphérie*, περιφέρεια, la ligne *contournante*, la ligne *courbe* partout fermée, qui, parce qu'elle *limite* la vue par la séparation apparente du Ciel et de la Terre, s'appellera l'*horizon* (de ὁρίζων, limitant). Il l'aura bientôt distinguée de la ligne *droite*, ligne *visuelle*, qui, comme un rayon de lumière, semble s'élancer avec une incalculable vitesse vers la ligne courbe, limite du cercle [1].

---

1. On croyait primitivement que la lumière, qui nous donne la notion d'un objet sensoriel, vient de l'œil même. Les traces de cette croyance se retrouvent dans beaucoup d'écrivains de l'antiquité, notamment dans Aristote. L'œil ou le regard, « qui lance des éclairs, » est une locution bien ancienne.

Cette droite reçut, par cela même, le nom de rayon, *radius;* et pour expliquer la formation du cercle par le mouvement de cette droite, l'observateur, fixant l'horizon du regard, devait tourner sur lui-même au point où il se tenait debout et sur lequel s'appuyait tout le poids de son corps. Ce point a conservé le nom de *centre*, κέντρον, mot qui signifie originairement *pointe* (lieu d'où pointe le regard). Deux rayons, placés bout à bout, composent la ligne droite qui, passant par le centre du cercle pour aboutir à deux points opposés de la circonférence, reçut de bonne heure le nom de *double rayon* ou de *diamètre*, διάμετρον.

Comment le cercle s'engendre-t-il? En se faisant à lui-même cette question, l'observateur aura pu répondre sans peine qu'il y a deux manières de concevoir la génération d'un cercle : la première consiste à tracer une *infinité* de lignes, les unes à côté des autres, toutes égales entre elles et se coupant par le milieu : leur *point d'intersection commun* sera le centre du cercle, et la réunion de leurs extrémités, la circonférence. La seconde manière consiste à faire exécuter, dans un même plan, une demi-révolution à une ligne droite (diamètre) autour de son point milieu, ou une révolution entière à la moitié de cette ligne (rayon) autour d'une de ses extrémités, maintenue fixe. La figure ainsi tracée sera un cercle.

Rien ne sera plus facile que de déduire de là les différentes propriétés du cercle, avec lequel on pourra de même engendrer la *sphère* (σφαῖρα), — encore un mot qui nous vient des Grecs, pères de notre civilisation. Cette génération de la sphère, soit par une infinité de cercles égaux se coupant par le milieu, soit par la rotation d'un cercle tournant sur un de ses diamètres, comme sur un *axe*, ἄξων, nom qui a été conservé comme celui de *sphère*, fera en même temps parfaitement comprendre pourquoi, si l'on coupe une sphère par un plan quelconque, le plan de la coupure ou *section* sera un cercle, et pourquoi les cercles qu'on obtient en faisant passer le plan de section par le centre même de la sphère, sont les plus grands et tous égaux.

Une fois engagé dans cette voie, le contemplateur que nous avons mis en scène ne si arrêtera pas à mi-chemin. Ainsi, avec une *infinité* de points il composera une ligne, avec une infinité de lignes il composera un plan ou une surface, et avec une infinité de plans un solide. Pareillement, en faisant *mouvoir* un point, il tracera une ligne, de même que par le mouvement d'une ligne il engendrera un plan, et par le mouvement du plan un solide. Par exemple, en portant une ligne parallèlement à elle-même jusqu'à une distance égale à sa longueur, il produira le *carré*; si la distance est plus petite ou plus grande que la longueur de la ligne, le produit sera un rectangle ou parallélogramme; la division du carré ou du parallélogramme par la ligne droite, bissectrice de deux angles opposés, d'où le nom de *diagonale*, donnera deux *triangles* égaux, etc. En portant le carré parallèlement à lui-même à une hauteur égale au côté, il aura le *cube*; en continuant ainsi à l'élever, il aura le *prisme* à base carrée, etc. En faisant tourner le parallélogramme sur son axe (droite passant par le centre), il aura le *cylindre*; en faisant tourner le triangle sur un de ses côtés, pris pour axe de rotation, il aura le *cône*, etc. Bref, par la seule conception de l'*infini* et du *mouvement*, chacun pourra engendrer toutes les figures qui font l'objet de la *géométrie*, science qu'il aurait mieux valu nommer *uranométrie*; car c'est de la contemplation raisonnée du *ciel* (οὐρανός) que nous sont venues les premières notions de sphère, de cercle, d'arc, de plan (vertical et horizontal), de ligne, d'angle, etc. [1]. N'est-ce pas la mesure d'un *arc céleste* qui a donné aux premiers astronomes géomètres — véritables *uranomètres* — l'idée de calculer les dimensions de la Terre?

___

1. Voy. notre *Histoire de l'Astronomie*, p. 152 et suiv.

Mais notre contemplateur, en se repliant sur lui-même, se trouve tout à coup arrêté par une réflexion importante. Le point initial ou générateur de toutes les figures géométriques n'a en lui-même aucune réalité ; c'est en quoi il diffère de la gemmule, du point vital, du *punctum saliens* des physiologistes, auquel on pourrait être tenté de l'assimiler. Mais si le *point* des géomètres n'est rien en lui-même, si ce n'est qu'une pure conception, les lignes, les plans, les surfaces, porteront la même tache originelle ; ce ne seront aussi que des *entités* intellectuelles, dépourvues de toute matérialité. Et pourtant c'est là-dessus que repose tout le savoir géométrique !

Cette difficulté, en apparence inextricable, dut sauter aux yeux dès la première apparition de la géométrie sous une forme scientifique. Aussi que de définitions, plus ou moins inacceptables, qui ont été mises en avant dans l'antiquité aussi bien que de nos jours. « Le point, dit Euclide, est une quantité qui n'a point de parties, ou qui est indivisible. » Cette définition n'est qu'une pétition de principe : le point à définir reste toujours en question. « Le point, la ligne, la surface, n'existent, dit d'Alembert, que par une abstraction de l'esprit, parce qu'il n'y a réellement ni points, ni lignes, ni surfaces, tout ce qui existe ayant trois dimensions. » Mais ce n'est point là une définition. Aussi s'est-on borné à considérer le point comme « l'extrémité d'une ligne », la ligne, comme une « pure longueur », et la surface, comme une « longueur et largeur réunies ». C'est là simplement écarter ou tourner la difficulté. Celle-ci subsistera toujours.

L'esprit humain, dans sa marche géométrique, ne devait pas s'en tenir à de pures intuitions de l'espace. Stimulé par le besoin de traduire la pensée en acte, de projeter au dehors ses conceptions intérieures, de réaliser par des figures sensibles ses idées intuitives, il inventa sans doute de bonne heure la *règle*, l'*équerre*, le *compas*

et le *niveau*. Ces instruments devinrent, dès l'origine, les
indispensables auxiliaires des constructeurs ou architectes,
premiers géomètres pratiques. C'est assez dire que leur
invention remonte à une époque indéterminée ou qu'elle
se confond avec des souvenirs qui se perdent dans la
nuit des temps. En effet, Dédale, son fils Icare et son
neveu Talus, qui passent pour avoir les premiers imaginé les instruments propres à tirer des lignes droites
(la *règle*), à tracer et mesurer des angles droits (l'*é-
querre*), à décrire des cercles et à mesurer des lignes
(le *compas*), et à tirer des lignes parallèles à l'horizon
(le *niveau*), sont tous des personnages mythologiques ou
dont l'individualité réelle est au moins très-contestable.
Les Dédales étaient pour les Grecs ce que les Thoat
étaient pour les Égyptiens : des deux côtés on leur attribuait l'invention de tous les arts mécaniques.

Les contestations sur le tien et le mien, qui supposent
déjà des populations plus resserrées ou plus denses que
celles des sauvages parcourant librement de vastes étendues de pays, firent sans doute naître les instruments et
les calculs nécessaires à l'*arpentage* ou à la délimitation
des propriétés territoriales. L'invention des mesures de
longueur telles que le pied, le pas, la coudée, leurs multiples et leurs sous-multiples, dont l'étalon-type était
toujours emprunté au corps humain, remonte également
aux temps fabuleux. Mais l'arpenteur devait, pour sa
commodité, songer de bonne heure à simplifier sa tâche
par l'emploi d'une chaîne ou d'un instrument à articles
mobiles, d'une longueur déterminée. Il ne devait pas non
plus tarder à découvrir, par des constructions graphiques
fort simples, que pour connaître, par exemple, la surface
d'un champ quadrangulaire, il suffit d'en multiplier la
largeur avec la longueur. De cette donnée fondamentale,
il lui était facile de déduire que tout triangle est la moitié d'un parallélogramme (divisé par une ligne qui joint
deux angles opposés); que la surface d'un terrain trian-

gulaire se mesure en multipliant la longueur par la largeur (base) et divisant le produit par 2; que les trois angles d'un triangle (moitié d'un quadrilatère) équivalent deux angles droits, etc.

Mais ce qui, au milieu de cette marche simple et graduelle, s'explique difficilement, c'est qu'on ait pu conserver pendant des siècles, comme mesures usuelles, des étalons-types qui, tels que le *pied*, varient, non-seulement suivant les races, mais suivant les individus, et qu'il ait fallu venir jusqu'à notre époque pour voir combien il serait urgent d'adopter, pour la facilité des transactions internationales, un type-étalon qui fût, comme le *mètre*, partout invariablement le même.

Après avoir nombré et mesuré ce qui tombe sous les sens, il était naturel de songer à le *peser*, dans les limites du possible. Cette idée devait s'imposer comme un besoin à ceux qui vivent du commerce. Une chose digne de remarque, c'est que, dans les plus anciennes transactions commerciales, c'était, non pas la valeur conventionnelle ou titrée du métal (or ou argent monnayé), mais le poids de ce métal, non monnayé, qui fut le signe représentatif de l'échange ou l'équivalent de la marchandise. Mais qu'est-ce qui devait ici servir d'étalon? Ce ne pouvait être qu'un objet que chacun avait facilement sous la main. Et en effet, les graines (*grains*) de céréales ou de légumineuses, qui forment la base de l'alimentation de l'homme, ont été le premier poids-étalon.

Ainsi, du temps des patriarches, le *sicle* (mot dérivé de *sakal*, peser), employé comme monnaie, était de l'argent qui pesait vingt fèves (*ghira*[1]). Abraham (qui vivait 2000 ans avant notre ère) acheta un terrain pour le poids de quatre cents sicles d'argent[2]. Le *sicle* était donc un poids de vingt *grains*, variables suivant les espèces végétales auxquelles ces grains étaient empruntés.

---

1. *Exode*, XXX, 13.
2. *Genèse*, XXIII, 16.

Un fait qui devait bientôt frapper tout esprit observateur, c'est que les objets qui avaient tous le même poids étaient loin d'avoir tous le même volume. Le premier venu pouvait s'assurer que des plumes qui, sur une balance, feraient équilibre à un lingot d'argent, formeraient un volume énorme relativement à celui du lingot. Une fois en possession de ce fait important, l'idée de peser les objets en les ramenant tous à un même volume, au volume d'un objet matériel (par exemple de l'eau) pris pour unité, devait se présenter d'elle-même. Mais la distinction de ces deux pesages par des procédés et des mots particuliers (tels que poids absolu, poids relatif, densité) s'est fait attendre très-longtemps.

Comment des entités, qui ne peuvent être ni nombrées, ni mesurées, ni pesées, qui ne relèvent que de l'intelligence et échappent, par leur nature, à toutes les conditions de l'espace, comment des entités, parfaitement réelles, quoique matériellement insaisissables, peuvent-elles être en fonction avec des réalités nombrables, mesurables et pesables, qui tombent sous les sens, qui ont, sous n'importe quel nom, un volume quelconque, réalités qui, par l'étendue et le mouvement, rentrent dans toutes les conditions de l'espace et du temps, comment, en un mot, *ce qui est immatériel, comme la pensée, s'unit-il, d'une manière féconde, à ce qui est matériel?*
　　Voilà la question. La poser, comme nous venons de le faire, c'est montrer l'étroite affinité qui existe entre l'origine des mathématiques et celle de la philosophie. L'étude des facultés humaines, bien comprise, fera merveilleusement ressortir cette affinité d'origines.

# CHAPITRE II.

## COMMENT CHACUN PEUT CRÉER SOI-MÊME LA SCIENCE DES NOMBRES.

*Saisir* et *comprendre, voir* et *concevoir, écouter* et *entendre*, etc., cette nomenclature dichotomique, qui se retrouve dans toutes les langues, est l'expression même de notre outillage naturel. Et pour prévenir toute équivoque, empressons-nous d'ajouter qu'il faut entendre par *outillage naturel* la réunion des *sens* et de l'*intelligence*. C'est avec cet outillage que l'esprit, cet ouvrier invisible auquel nous devons tous notre véritable valeur, s'attaque à ce qui est à sa portée, pour en pénétrer les profondeurs.

Avec les mains l'homme saisit les aliments que l'estomac digère et que la fonction nutritive s'assimile sans notre concours : les mains sont les organes de préhension du corps qui vit et s'accroît indépendamment de toute volonté humaine. Les sens sont les outils avec lesquels l'homme saisit les impressions, les aliments, que la pensée élabore et que l'intelligence s'assimile avec notre libre concours : les *sens* sont les *organes de préhension* de l'esprit, j'allais dire du *corps immatériel*, dont le développement est l'œuvre de la volonté humaine. Le produit d'élaboration ou de digestion intellectuelle, produit assimilable, approprié à l'accroissement du progrès, — corps immortel, — c'est l'*idée abstraite* formulant des lois ou des principes généraux, où disparaissent les conditions restrictives, variables, de l'espace, du temps et de la matière. Cette faculté abstractive, quel que soit le nom qu'on lui donne, *intelligence* ou *raison*, devant laquelle s'efface tout ce qui est accidentel ou discontinu, c'est la faculté analytico-synthétique par excellence, la fonction de la *continuité*. C'est là qu'il faudra chercher l'origine de la *géométrie*. Les sens, en tête desquels se placent la vue et l'ouïe, dissèquent ce qui est à leur portée ; ils fournissent les matériaux à élaborer et à coordonner ; ce sont les organes de la *discontinuité*. C'est là qu'on trouvera l'origine de l'*arithmétique*.

L'homme porte en lui ou sur lui-même les modèles à suivre, et qu'il a suivis souvent d'une façon inconsciente. Voyons plutôt.

L'aspect des cinq doigts d'une main, ajoutés aux cinq doigts de l'autre main, a donné naissance au premier système de numération, base de l'arithmétique, science des nombres. Le doigt étant pris pour le symbole de l'unité, la suite naturelle des nombres n'est, pour ainsi dire, que l'énoncé inconscient des sommes de l'unité indéfiniment répétée. C'est pourquoi les nombres ont été représentés sur les monuments les plus anciens, comme ils le sont encore chez les peuplades sauvages, soit par des lignes droites (verticales) comme les doigts d'une personne qui lève les mains au ciel :

$$| \quad || \quad ||| \quad |||| \quad |||||\ldots$$

soit par des lignes couchées (horizontales), comme les doigts d'une personne qui tend les mains à une autre :

$$- \quad = \quad \equiv \quad \overline{\overline{\overline{\phantom{=}}}} \quad \overline{\overline{\overline{\overline{\phantom{=}}}}}\ldots$$

Et, en réalité, tous les nombres en usage chez les différentes nations, — nous en traiterons plus loin, — ne sont, au fond, que des signes abréviatifs de sommes d'unités : 2 égal à $||$ ; 3 égal à $|||$ ; 4 égal à $||||$, etc.

Mais on devait sentir de bonne heure que cette manière d'écrire les nombres était impraticable. Si, en effet, on voulait continuer cette *linéographie*, tout l'espace dont l'homme pourrait disposer ne suffirait pas pour contenir des sommes de millions de lignes-unités ainsi additionnées. Il importait donc de trouver un moyen facile pour remédier à un pareil inconvénient. Ce moyen, on l'aurait peut-être cherché longtemps, si la nature ne l'avait pas offert d'elle-même. Compter, en effet, sur les doigts de la main, c'est la véritable méthode de numération primitive et universelle. On y trouve une preuve de plus à l'appui de cette opinion, que l'origine légendaire, fabuleuse, des nations civilisées, se confond avec l'état sauvage [1].

Le Protée d'Homère *comptait par cinq* les phoques qu'il conduisait :

Φώκας μέν τοι πρῶτον ἀριθμήσει....
Αὐτὰρ ἐπὴν πάσας πεμπάσσεται ἠδὲ ἴδηται,
Λέξεται ἐν μέσσῃσι, νομεὺς ὡς πώεσι μήλων.

Il comptera d'abord les phoques....
Mais après qu'il les aura tous *comptés par cinq* et passés en revue,
Il se couchera au milieu d'eux, comme un berger parmi ses brebis [2].

Le poëte emploie ici le mot πεμπάζειν, que l'on pourrait rendre littéralement par *quinquénombrer*, si ce mot était français. Essentiellement homérique, le mot πεμπάζειν fut plus tard remplacé par le mot ἀριθμεῖν, *numerare*. On peut donc en induire que le plus ancien système de numération était la progression arithmétique de 5, 10, 15, 20, etc. On voit que les termes successifs de la progression *pempazène*, pour nous servir de l'expression homérique, cor-

---

1. La numération dactylographique, usitée en Orient, est un argument à l'appui de la thèse qui fait venir notre civilisation des contrées orientales de l'ancien continent, en lui faisant suivre le mouvement apparent du soleil. Voy. Rœdiger, *Ueber die im Orient gebräuchliche Fingersprache für den Ausdruck der Zahlen*, Leipzig, 1846, in-8°.

2. *Odyssée*, IV, 412-415.

respondent aux doigts levés d'une main, de deux mains, de trois mains, etc.

Mais comment exprimer les unités simples, comprises entre 0 et 5, entre 10 et 15, etc.? Par la mimique, le langage des gestes. Les caractères de ce langage, vraiment universel, qui s'adresse, non plus aux oreilles, mais aux yeux, sont saisis par tous les esprits, tant incultes que cultivés. Pour réaliser cette *arithmo-mimique*, on n'a besoin que de quatre doigts, en tenant le pouce effacé dans le creux de la main. Ainsi, pour indiquer le zéro [1], rien de plus simple : on n'a qu'à tenir les quatre doigts pliés sur le pouce; la main ainsi fermée donnera une figure très-approchante de O. Pour indiquer *un* ou l'unité simple, on lèvera l'indicateur (le premier doigt après le pouce); de même que pour compter *deux, trois, quatre* (sommes de deux, de trois, de quatre unités simples), on lèvera successivement le medius, l'annulaire et le petit doigt pour les ajouter à l'indicateur. Notons, en passant, que la main, exprimant le nombre *quatre* (fig. 1), a depuis les temps les plus reculés une valeur symbolique (symbole de justice chez les pythagoriciens).

Fig. 1.

Au nombre *cinq*, on rentre dans la progression *pempazène* (homérique). Pour remplir ensuite les intervalles de cinq à dix, de dix à quinze, etc., on

---

1. La conception du *zéro*, en apparence si simple, a été, comme nous le verrons plus loin, extrêmement tardive. Quant à l'étymologie même du mot, elle est très-controversée. En allemand, l'étymologie de *Nul* (zéro) n'est pas douteuse : *Nul* vient évidemment de *nullum* (rien), employé pour *nihil*. Mais d'où vient le mot *zéro*? Suivant Ménage (*les Origines de la langue française*), ce mot vient de l'arabe *zefro*, d'où *cyphra*, terme qui, dans la basse latinité, signifiait *zéro*. Mais le mot *cyphra* ou *zefro* (d'où l'anglais *cypher* et le français *chiffre*) n'est sans doute lui-même qu'un dérivé; rien n'empêche, en effet, de le faire venir de l'hébreu *sephar*, ספר, ce qui signifie *compter*. Ce serait donc à l'antique langue sacrée que l'on devrait le nom de *zéro* en même temps que celui de *chiffre*.

n'aura qu'à répéter la même opération *digito-interstitielle*.
Quant aux termes de cette progression, leur représentation numérique ne devrait offrir aucune difficulté. En le-
vant la main une fois, puis deux, trois, etc. fois, on avait le
nombre *cinq*, *dix*, *quinze*, etc. Rien n'empêchait dès lors
de représenter plus tard ces mouvements, uniformément
répétés, par des caractères d'écriture, propres à chaque
nation. C'est ce qui explique pourquoi dans toutes les langues anciennes, à commencer par l'hébreu, les lettres de
l'alphabet ont, en même temps, chacune une valeur numérique, déterminée.

Cette manière de voir est loin d'être une hypothèse :
elle est, entre autres, confirmée par les signes figuratifs
des chiffres *romains*, sur l'origine desquels on a beaucoup et vainement discuté, en faisant intervenir la haute
antiquité des Étrusques. Ce qui paraît certain, c'est que
les Romains n'ont pas eux-mêmes inventé les signes numéraux qui portent leur nom, — cette invention est très-
probablement antérieure à la fondation de Rome; — mais
ils en ont, selon toute apparence, les premiers répandu
l'usage, comme l'attestent leurs monuments.

Il suffit d'un coup d'œil pour se convaincre que le chif-
frage romain est une véritable *dactylographie*, fondée sur
la progression qu'employait déjà le personnage mytholo-
gique d'Homère. Après O (zéro), signe figuratif de la
main fermée, — le zéro, inconnu aux Romains, est relativement moderne, — le premier terme (unité composée
de cinq unités simples) de cette progression est V, signe
abréviatif de la main ouverte, montrant les cinq doigts;
le second terme X indique le croisement des deux mains
avec tous les doigts à compter. Les termes suivants, XV,
XX, XXV, XXX, etc., sont des combinaisons alternatives
du second terme (X) avec le premier (V), et avec lui-même
(XX, XXX, etc.). Mais ensuite, pour abréger, on s'est servi
des signes L, C, D, M, en donnant à L la valeur de *cinq*
fois dix (cinquante), à C celle de *dix* fois dix (cent), à D

celle de *cinquante* fois dix (cinq cents), et à M la valeur de *cent* fois dix. Tous ces signes numéraux sont en même temps des lettres (majuscules) de l'alphabet, et rien n'est plus naturel que leur combinaison.

Quant aux chiffres, I, II, III, IIII, intermédiaires entre les termes successifs de la progression arithmétique primordiale, ils reproduisent manifestement le procédé dactylomimique dont nous avons parlé.

Dans la recherche des origines, la connaissance des peuplades sauvages est, ne l'oublions jamais, un guide infaillible. Tous les sauvages comptent ou savent compter sur leurs doigts, au moins jusqu'à dix ; mais à partir de là la chose se complique. Cependant l'accord ne cesse pas tout à fait ; s'il y a quelques variantes, elles ne porteront que sur des détails insignifiants. Ainsi, pour exprimer onze, douze, treize, et ainsi de suite jusqu'à vingt, beaucoup d'indigènes de l'Amérique rapprochent d'abord les deux mains ouvertes simultanément, ce qui signifie *dix* ; puis ils les écartent l'une de l'autre et touchent les doigts de la main gauche, un à un, avec le pouce de la droite, allant jusqu'à *quinze* inclusivement, et s'arrêtant au nombre qu'ils veulent exprimer ; ils répètent la même opération sur la main droite, le pouce de la gauche servant de compteur. Ils vont ainsi jusqu'à *vingt*. S'ils veulent dépasser ce nombre, ils joignent d'abord deux fois les mains, ce qui signifie 20 ; puis ils les joignent trois fois, pour exprimer 30, quatre fois pour exprimer 40, et ainsi de suite, en recommençant, pour les nombres compris dans les intervalles de ces dizaines, les mêmes gestes qu'ils avaient fait pour aller de 11 à 20.

Le voyageur anglais qui nous apprend ces détails fait remarquer que cette façon de compter est la même que celle de ses ancêtres, et qu'elle se rapproche beaucoup de celle des montagnards de l'Écosse et de l'Irlande [1]. Nous

1. *Voyage de Wafer*, dans le Recueil des Voyages de Dampier, t. IV, p. 279 (Rouen, 1715, in-12).

ajouterons que c'est là le langage des sourds-muets, et, au fond, de tous les hommes qui ne peuvent pas se faire comprendre dans leurs idiomes respectifs : les gestes suppléent au langage.

Le système d'intercalation des unités simples, représentées par les doigts, transforme très-naturellement, comme nous venons de voir, la progression arithmétique primitive de cinq en la suite ordinaire des nombres (progression arithmétique de 1), telle que l'ont depuis longtemps adoptée toutes les nations civilisées.

Pour rappeler ce que nous avons établi ailleurs [1], nous entendons par nations civilisées celles qui, après avoir quitté l'état sauvage, — état initial du développement de la lumière intellectuelle, — ont pris rang dans l'histoire. Et dans chacune de celles-là il n'y a qu'un très-petit nombre de penseurs qui, abeilles de l'avenir, élaborent et transmettent le progrès, valeur distinctive et unique du genre humain. Quelques-uns seulement en profitent pour leur avancement; les autres, en immense majorité, ne vivent que pour vivre, aussi inconscients de leur situation que les animaux, si toutefois ils ne tombent pas au-dessous de ceux-ci, en cachant, sous le vernis de la civilisation, leurs instincts d'animalité raffinés.

Mais revenons à notre point de départ. Parmi les sauvages, dont la plupart des chefs, par leur ambition et leur astuce, seraient dignes de figurer au même rang que maints chefs des nations dites civilisées, il y a certainement aussi des penseurs remarquables, mais qui passent inconnus, parce que leurs noms ne sont inscrits sur aucune page de l'histoire. Leur manière de voir et de comprendre les choses doit être d'autant plus originale et vraie, que leur jugement, libre de tout esprit d'école ou de secte, n'est faussé ni entravé par aucune tradition autoritaire ou routinière.

1. *L'Homme devant ses œuvres*, p. 301 (Paris, 1873).

Mettez un de ces penseurs en présence de la suite ordinaire des nombres, et demandez-lui le résultat de ses méditations. Il commencera par séparer l'accessoire du principal. Parmi les choses accessoires, il comprendra les signes numéraux, leur forme, leur énoncé, leur position, etc., toutes choses qui peuvent varier suivant les nations, comme nous le montrerons plus loin. Au rang des choses principales il placera ce qui se trouve invariablement au fond de tous ceux qui pensent, telles que les idées de continuité ou d'infini, et leurs contraires. Ainsi, pour ne pas s'embarrasser de ce qui est variable, il représentera la suite naturelle des nombres par des points ou par de petites lignes, séparés par des intervalles égaux :

. . . . . etc., ou – – – – – etc.

Ces intervalles sont nécessaires ; car s'ils n'existaient pas, les points se confondraient, et, ne formant plus alors qu'une ligne, il serait impossible de les compter.

Un seul coup d'œil jeté sur le tracé graphique composé de points ou de lignes fera comprendre que les nombres sont des quantités *discontinues* ou les contraires de l'idée de continuité, et que deux nombres consécutifs diffèrent toujours l'un de l'autre de la même quantité (l'unité).

Sentant tout à la fois la possibilité (intellectuelle) et l'impossibilité (physique) de continuer à poser ainsi des points ou des lignes-unités, sans jamais s'arrêter, notre penseur coupera court à la difficulté par le tracé d'un signe quelconque, ou de quelques caractères, signifiant *et ainsi de suite*.

Mais comment distinguera-t-il entre eux les points ou lignes, et les intervalles qui les séparent, puisqu'ils sont tous égaux ? Évidemment par le rang que chacun occupe, ainsi que par les formes et les noms particuliers qu'il leur donnera. Après l'unité du 1er rang viendra, en allant, soit de gauche à droite (comme dans les langues indo-européennes), soit de droite à gauche (comme dans les langues sémitiques), l'unité du $2^e$, puis celles du $3^e$, du $4^e$, du $5^e$ rang, etc., exactement comme pour un chef qui aligne ses soldats et les met en ordre de bataille. Il s'apercevra aussi que chacun de ces nombres *ordinaux* exprime en même temps la *somme* des unités, figurées par des points ou des traits, successivement additionnés : $1 = 1$, $1 + 1 = 2$, $1 + 1 + 1 = 3$, $1 + 1 + 1 + 1 = 4$, etc.

Mais, m'objectera-t-on peut-être, vous posez là votre homme primitif comme plus instruit que votre hypothèse ne le permet. Voici ma réponse : Ne confondons pas les choses acquises par l'enseignement, œuvre de la civilisation traditionnelle, avec les tendances innées de l'intelligence humaine. Le double sentiment du juste et du vrai existe chez le sauvage aussi bien que chez l'homme civilisé. Le sentiment du juste est peut-être plus vif encore dans le premier que chez le dernier, où il subit des influences qui le font souvent dévier de la droite ligne de la conscience. Pourquoi n'en serait-il pas de même du sentiment du vrai? Celui-ci est, dans l'ordre scientifique, ce que le sentiment du juste est dans l'ordre moral. Les principes qui émanent du sentiment instinctif du vrai sont le patrimoine originel de l'intelligence ou de la raison humaine; mais loin d'être favorisés dans leur développement et dans leurs applications, ils sont plutôt entravés, souvent faussés par les doctrines dogmatiques qui les enlacent, par l'esprit de système ou d'école, qui prétend les diriger. En soutenant cette thèse, nous avons pour nous toute l'histoire des sciences.

Revenons maintenant à notre observateur primitif, que nous supposons uniquement guidé par le sentiment instinctif du vrai. Voyant que chaque point ou ligne exprime le même nombre (l'unité), il ne pouvait pas faire autrement que de songer à additionner ces points ou lignes-unités en se servant, pour indiquer ces opérations, d'un signe quelconque; que ce signe fût $+$ ou tout autre signe conventionnel, ce n'était d'abord là qu'une affaire secon-

daire. Et comme les sommes de ces unités devaient,
pour plus de simplicité, se résumer par des expressions
équivalentes, les signes numéraux, 1, 2, 3, 4, ....,
variant de forme selon les idiomes des nations, devaient
se présenter naturellement à l'esprit, suivis ou non d'un
signe particulier, exprimant, comme =, l'égalité ou l'équivalence. L'*addition* était ainsi tout inventée. Et voilà
comment la suite naturelle des nombres est en quelque
sorte l'expression inconsciente de l'addition la plus élémentaire. C'est une addition qui pourra être continuée indéfiniment, si l'on ajoute toujours 1 au nombre qui précède
pour avoir le nombre qui suit. C'est donc une véritable
*progression*, — ce nom a été conservé, — dont les nombres successifs sont les signes ou les *termes*. On aura
sans doute senti aussi de bonne heure qu'il y a quelque
avantage à donner un nom spécial au nombre constant
(qui était de 5 pour la progression *pempagène*, qui est de 1
pour la suite naturelle des nombres, et qui pourra être
un nombre quelconque), à ajouter un nombre variable de
la série pour avoir celui qui le suit (immédiatement dans
la série). Le nombre constant s'appellera la *raison* ou le
*rapport* de la progression *arithmétique* ou *additive*.

De la suite naturelle des nombres, progression additive de l'unité, à l'invention de la *soustraction*, il n'y
avait qu'un pas. En effet, il n'y avait qu'à *généraliser* le
fait de la différence de deux nombres consécutifs. Deux
nombres inégaux quelconques étant donnés, il s'agissait
d'ôter ou de *soustraire* l'un de l'autre. Que fallait-il faire
pour effectuer cette opération? *Trouver le nombre qui,
ajouté au nombre à soustraire, le rendît égal à celui dont il
devait être soustrait.* Et comme on avait employé un signe
pour indiquer l'addition, il était tout naturel d'imaginer
un signe, par exemple —, pour indiquer la *soustraction*.

La règle proposée était trop simple pour qu'elle ne vînt
pas à l'esprit humain avant tous les raisonnements spé-
cieux ou subtils qui ne manquent jamais de surgir les

premiers pour embrouiller une question. Cette règle est d'une application tout à fait générale, avantage que n'a point la règle qu'on enseigne comme élémentaire, et qui devient incompréhensible quand il s'agit des nombres *négatifs*,—encore une invention moderne!—ou des nombres plus grands à soustraire (sans emprunt) à des nombres plus petits, quelles que soient les subtilités qu'on ait imaginées pour se tirer d'embarras. Dites au premier enfant venu de prendre, par exemple, 5 pommes à un camarade qui n'en a que 3 : il sera d'abord comme stupéfait d'une aussi singulière injonction ; puis, se ravisant, il répondra sans hésiter que c'est impossible. Mais demandez-lui *ce qu'il faut faire pour rendre égal* le nombre 5 (nombre à soustraire) au nombre 3 (dont 5 doit être soustrait); il vous répondra, sans peine, qu'il faut ôter 2 de 5 pour rendre celui-ci égal à 3, et, en faisant précéder 2 de —, signe de la soustraction, il écrira :

$$\begin{array}{r} 3 \\ 5 \\ \hline -\ 2 \end{array}$$

Cette manière de voir une fois comprise et acceptée, la soustraction, ramenée à sa véritable signification, ne présentera absolument aucune difficulté, que l'opération se fasse avec des nombres négatifs (précédés du signe —) ou avec des nombres positifs (précédés du signe +). Ainsi, l'enfant n'aura pas plus de peine à soustraire — 5 de + 3, ou — 3 de + 5, qu'à soustraire + 3 de + 5, ou — 3 de — 5, ou — 5 de — 3; enfin, après avoir ainsi trouvé la solution de ces petits problèmes, il s'empressera d'écrire :

$$\begin{array}{ccccc} +3 & -5 & +5 & -5 & -3 \\ -5 & +3 & +3 & -3 & -5 \\ \hline +8, & -8, & +2, & -2, & +2. \end{array}$$

C'est-à-dire qu'il faut ajouter $+$ 8 à $-$ 5 pour avoir $+$ 3; qu'il faut ajouter $-$ 8 à $+$ 3 pour avoir $-$ 5, etc.

Il ne faut pas beaucoup d'intelligence pour comprendre que la même opération pourra s'effectuer avec des nombres quelconques, et combien il serait avantageux de la *généraliser*. Celui qui se sera bien mis dans l'esprit que tout se simplifie si, au lieu de considérer les quantités en elles-mêmes, on n'en considère que les *rapports*, que tout se réduit à représenter des données diverses par une expression unique, égale à ces données, à dégager enfin, par une exacte *mise en équation*, l'inconnue d'un ensemble de quantités connues, celui qui sera parvenu à se faire des mathématiques une pareille idée, celui-là ne tardera pas à arriver, comme conduit par la main, aux conceptions et aux découvertes les plus inattendues. Il se créera d'abord un langage généralisateur, une véritable *algèbre*, pour son usage. Si, pour désigner des nombres quelconques, il ne veut pas se donner la peine d'imaginer des espèces d'hiéroglyphes, il choisira à cet effet des signes déjà connus, tels que les caractères de l'écriture ou de l'alphabet usité. C'est ainsi que $a$ signifiera pour lui une quantité ou un nombre quelconque; il en sera de même pour $b$, etc. Les premières lettres de l'alphabet pourront représenter les quantités données ou connues, et les dernières lettres, telles que $x$, $y$ et $z$, les quantités inconnues. Tout cela n'est qu'une affaire de convention. Mais notre observateur ne sera pas sans se dire à lui-même que si $a$ exprime un nombre quelconque, il ne pourra pas cependant exprimer le même nombre par $b$, à moins que $a$ ne soit égal à $b$, ce qui s'exprime par $a = b$. Et dans ce cas, $a - b = 0$, chose évidente.

Ce dernier résultat éveillera certainement l'attention, même celle d'un enfant. Celui-ci comparera l'égalité au jeu de ses camarades, qui tirent une corde en sens opposé, en se mettant, en nombre égal, aux deux extrémités de cette corde : l'égalité sera ici figurée, *ante oculos*, par l'absence de tout mouvement; malgré les efforts déployés de part et d'autre, tout paraît être en repos : les efforts ne se traduisent que par la fatigue et la transpiration (mouvement métamorphosé). Chacun comprendra sans peine que cette absence de tout mouvement apparent n'indique en aucune façon une nullité d'effet, un état de repos absolu. Car si la corde venait à se rompre, on verrait aussitôt ceux qui la tiraient être lancés en arrière en s'écartant les uns des autres avec une violence proportionnée à leurs efforts; et cela arriverait infailliblement, si le tissu de la corde n'était pas assez solide pour résister à la somme des forces déployées. Il va sans dire que si les forces contraires ne s'équilibraient pas, si elles n'étaient pas égales de part et d'autre, si, en un mot, la traction exercée d'un côté était plus ou moins forte que la traction exercée en sens opposé, l'inégalité se manifesterait aussitôt par le mouvement, par un mouvement dirigé dans le sens de la traction la plus forte.

De ce fait vulgaire il est permis, avec un peu de réflexion, de tirer un enseignement important, à savoir que les nombres peuvent être représentés comme allant les uns en sens inverse des autres, ou bien encore comme s'ils étaient les uns au-dessus, les autres au-dessous de zéro; en d'autres termes, les nombres *positifs* et les nombres *négatifs*, ayant la même valeur, mais en sens contraire, se détruisent ou s'annullent quand ils s'additionnent. En effet :

$$+1+2+3\ldots+-1-2-3\ldots=0.$$

Le résultat sera le même si l'on remplace les nombres par des lettres (quantités générales).

Le zéro exprime donc, non pas un *rien absolu* (qui est un non-sens), mais un état d'équilibre, résultat de l'action de valeurs égales et contraires. Or, si on place le zéro au milieu des quantités positives et des quantités négatives,

nombres (j'allais dire mouvements) opposés et égaux
dont la direction est indiquée par des flèches), on aura
l'algorithme que voici, allant des deux côtés à l'infini :

$$\leftarrow\ \ll \ \ldots -3-2-1 \quad 0 \quad +1+2+3 \ldots \gg\rightarrow$$

Cette notation a pour avantage de réduire la soustraction à une addition, et de faire en même temps disparaître toutes les subtilités qu'on a imaginées pour expliquer comment on pourrait ôter un nombre positif d'un
nombre négatif et *vice versa*, subtilités qui ne font que
fausser le jugement dans une science qui devrait être la
logique même.

Là où tout se tient et s'enchaîne, il importe de ne rien
négliger, de ne rien abandonner au vague, sous peine de
s'égarer dans un dédale d'inextricables difficultés. Nous
avons vu que tout nombre est égal à une somme déterminée d'unités simples ou de 1. Or, la notation
numérale, telle qu'elle a été partout adoptée, ne le
montre nullement : le rapport de 1 avec un nombre
quelconque, $a$, n'y est point exprimé. Il faudrait donc
qu'il le fût. C'est pourquoi on aurait dû, dès le principe, représenter la suite naturelle des nombres, non point
par    2, 3, 4..., mais par $\dfrac{1}{1}, \dfrac{2}{1}, \dfrac{3}{1}, \dfrac{4}{1}$.... Cette notation est seule conforme à la vérité.

Voyons plutôt. Nous avons dit plus haut que l'on peut
représenter les nombres par des sommes de points distincts, dont chacun est égal à 1, et que, en effaçant les intervalles qui séparent ces unités-points, on engendre la
ligne Mais, en marquant un point ou traçant une ligne,
on crée des objets qui tombent sous le sens de la vue, et
ils cessent dès lors d'appartenir à la faculté abstractive.
Ce sont des objets positivement mesurables, quelque
petites qu'on en suppose les dimensions. Or, comment
concilier ici la continuité (faculté abstractive) avec la dis-

continuité (faculté sensorielle)? La notation proposée va nous tirer d'embarras. Ainsi :

$$\frac{1}{1} = 1, \text{ d'où } 1 \times 1 = 1^2 \text{ (produit carré)}.$$

$$\frac{2}{1} = 2, \text{ d'où } 2 \times 1 = 2 \text{ (produit rectangulaire)}.$$

$$\frac{3}{1} = 3, \text{ d'où } 3 \times 1 = 3 \text{ (produit rectangulaire)}.$$

Et d'une manière générale :

$$\frac{a}{1} = a, \text{ d'où } a \times 1 = a \text{ (rectangle dont un côté est } = 1$$
et l'autre $= a$).

Tout cela signifie, en d'autres termes, que dès qu'il s'agit de mesurer une quantité quelconque d'une façon visible ou tangible, on sort inconsciemment du domaine de l'abstraction pour entrer dans le domaine de la réalité. Idéalement, on conçoit très-bien qu'un point ne soit que l'extrémité d'une droite, ou qu'une ligne ne soit qu'une étendue en longueur, sans largeur ni profondeur; qu'un plan que l'on suppose couper un solide ne soit qu'une surface intuitivement abstractive, etc.; mais dès l'instant que vous réalisez vos conceptions en les projetant sur un espace ou en leur donnant, en quelque sorte, un corps, vous devez compter avec ce qui tombe sous les sens, en même temps que vous ne pouvez plus vous soustraire au jugement de vos semblables[1]. La ligne, sensible à l'œil,

---

1. Il existe ici le même rapport qu'entre la pensée et l'acte. Tant que la pensée ne se traduit pas au dehors par la parole ou par un acte appréciable quelconque, elle est comme non avenue, ou plutôt elle n'existe que pour celui qui l'a et la garde en soi; mais quand une fois elle s'est manifestée matériellement, d'une façon quelconque, chacun pourra l'analyser, la disséquer. Celui qui viendrait nous dire que notre remarque est purement métaphysique et qu'elle n'a rien de commun avec les mathématiques, celui-là se tromperait étrange-

ne sera plus une pure abstraction; mais ce sera, pour tous, une étendue ayant à la fois une longueur et une certaine largeur, ce sera un véritable plan (quelque étroit qu'on le suppose) rectangulaire, ayant pour mesure commune l'unité carrée $=1^2$. La preuve que nous sommes entrés ici dans le domaine de la réalité, c'est que lorsqu'on voudra construire géométriquement des carrés avec des nombres entiers, on ne pourra le faire qu'avec $1^2 = \square$, carré qu'il est permis de supposer aussi petit que l'on voudra, pourvu qu'il tombe sous les sens. Avec 4 de ces carrés-unités, disposés de la manière suivante : ⊞, on aura comme on voit, le carré de $2 = 2^2 = 4$. Avec $9 = 1^2$, disposés de même: ⊞, on aura le carré de $3 = 3^2 = 9$; et ainsi de suite. Rien n'empêche de donner aux *côtés* des carrés un nom et un symbole particuliers, de les appeler *racines* et de les représenter par $\sqrt{\phantom{-}}$. On aura alors pour racines des carrés, $1^2$, $2^2$, $3^2$, $4^2$, etc., la suite naturelle des nombres 1, 2, 3, 4, etc., $= \sqrt{1^2}$, $\sqrt{2^2}$, $\sqrt{3^2}$, $\sqrt{4^2}$, etc. Mais entre 1 et 4 il y a les nombres 2 et 3; entre 4 et 9, il y a les nombres 5, 6, 7, 8; entre 9 et 16, il y a les nombres 10, 11, 12, 13, 14, 15, etc. On voit que les nombres interstitiels entre les carrés successifs augmentent à mesure que les carrés grandissent. Or, quelle est la racine carrée de ces nombres interstitiels? Cette question a dû de bonne heure se présenter à tout esprit investigateur; et celui qui se la sera posée, aura été le premier à mettre la main sur un nouveau genre de quantités. Voyant que l'extraction des racines ne conduit ici à aucun nombre entier, *rationnel*, mais à des fractions inépuisables, continues, on n'aura pu,

---

ment. Car la science des rapports des quantités a la plus intime connexion avec la philosophie; la preuve, c'est que les plus grands mathématiciens, ceux qui ont véritablement fait avancer la science, étaient en même temps des philosophes ou métaphysiciens de premier ordre, comme nous le montrerons dans le cours de ce livre.

que par une sorte de dépit les nommer *irrationnelles*, *illogiques* (ἄλογοι): car si ces quantités ne sont plus *sensiblement*, c'est-à-dire arithmétiquement représentables, elles ne cessent pas de l'être *intellectuellement* : la faculté abstractive, qui a pour essence la *continuité*, reprend ici ses droits.

Il serait facile de montrer ensuite que, en élevant $1^2 = 2$ à une hauteur égale à sa racine (côté de $\square$), ou, ce qui revient au même, en multipliant 1 trois fois avec lui-même, on obtient le *cube-unité*, $1 \times 1 \times 1 = 1^3$, prisme à base carrée (dont la hauteur est égale à sa largeur), qui pourra servir à la construction géométrique de toutes les puissances supérieures au carré, et auxquelles on aurait dû depuis longtemps donner le nom de *stéréodynamies* (puissances solides), puisqu'on peut les représenter par des prismes quadrangulaires, réguliers. Mais nous nous contenterons de ne laisser ici qu'entrevoir cette direction nouvelle d'un esprit naturellement curieux.

Revenons à notre notation numérale. Les nombres positifs étant des multiples de l'unité positive, c'est-à-dire que $\dfrac{a}{1}$ signifie $+1$ pris $a$ fois, les nombres négatifs devront être exprimés, d'une manière générale, par $\dfrac{a}{-1} = \dfrac{1}{a}$, formule qui signifie que $-1$ est pris $a$ fois, ou que le rapport est simplement renversé. La notation numérale :

$$\frac{1}{-1} \quad \frac{2}{-1} \quad \frac{3}{-1} \quad \frac{4}{-1} \ldots = \frac{1}{1} \quad \frac{1}{2} \quad \frac{1}{3} \quad \frac{1}{4} \ldots,$$ ne désigne donc pas des fractions proprement dites.

Pour tout esprit qui réfléchit, les fractions proprement dites se déduisent d'un autre genre de considération. Ainsi, 1 n'étant qu'une grandeur conventionnelle, rien n'empêche de concevoir, entre 0 et $1 = \dfrac{a}{a}$, une série infinie de nombres fractionnaires, allant toujours en diminuant par moitié depuis $\frac{1}{2}$; il n'est pas même difficile de démontrer que la somme de ces fractions continuées à l'infini, ajoutée à $\frac{1}{2}$, est égale à 1. En effet, si nous représentons l'unité, par exemple, par une ligne, et que nous divisions cette ligne par moitié, il est évident que la somme des deux moitiés reproduira la ligne entière, c'est-à-dire que $\frac{1}{2} + \frac{1}{2} = \frac{2}{2} = 1$; puis il ne faudra pas un grand effort d'esprit pour se convaincre que l'addition de la moitié de la ligne au quart (moitié de la moitié), au huitième (moitié du quart), au seizième, et ainsi de suite à l'infini par progression géométrique, reproduit intégralement la ligne-unité, ou que $\frac{1}{2} + \left( \frac{1}{4} + \frac{1}{8} + \frac{1}{16} + \frac{1}{32} \dots \right) = 1$ [1].

Comme pour le son qui, passé un certain nombre de vibrations, cesse d'être perceptible, chacun aura pu remarquer, — l'analogie est manifeste, — que si l'on poursuit l'opération sans interruption, on obtiendra, à un moment donné, des divisions ou différences tellement petites qu'elles cessent d'être saisissables à l'œil, bien qu'abstractivement elles puissent être continuées à l'infini. Que l'on appelle maintenant ces divisions, numériquement nulles, des *infinitésimales* ou des *différentielles*, qu'on les symbolise n'importe comment, cela importe fort peu. Quelque répugnance qu'on éprouve, il faudra bien, tôt ou tard, arriver à reconnaître qu'une ligne

---

1. Une fois engagé dans cette voie, on ne tardera pas à s'apercevoir que le choix de la série ou du rapport nécessaire pour aller à l'infini n'est aucunement indifférente. Ainsi, par exemple, la progression de $\frac{1}{1}, \frac{1}{2}, \frac{1}{3}, \frac{1}{4}, \frac{1}{5} \dots$ qui n'est géométrique que dans ses deux premiers termes, donne, par la sommation de ses termes, un tout autre résultat.

est réellement composée d'une infinité de points, qu'une surface ou un plan peut être très-légitimement considéré comme formé d'une infinité de lignes, un solide comme composé d'une infinité de plans.

N'y a-t-il pas là l'indice d'un puissant instrument d'analyse? Cette question se serait depuis longtemps présentée d'elle-même à l'esprit des philosophes, s'ils eussent été aussi bons géomètres que métaphysiciens. Mais, malgré de nombreuses indications trouvées chez les anciens, il a fallu attendre jusqu'au dix-septième siècle de notre ère pour que le *calcul infinitésimal* fît définitivement son apparition.

On a vraiment lieu de s'étonner que ce nouveau calcul n'ait pas été inventé plus tôt, surtout quand on songe que ceux qui, par métier, se livrent à des travaux d'une certaine précision, auraient dû y être conduits comme par la main. Ainsi tout charpentier ou tailleur de pierre est journellement à même de voir qu'il est à peu près impossible que l'outil, destiné à suivre la marque pour diviser une planche ou une pierre, entame exactement le milieu de la ligne tracée, qu'il y a presque toujours des déviations, plus ou moins sensibles autour de ce milieu, et que la somme de ces déviations peut devenir très-marquée. Un marchand qui aune un morceau d'étoffe, et le coupe suivant la marque tracée, n'ignore pas combien il lui est facile de retenir à son profit une fraction de mesure qui échappe à l'œil de l'acheteur le plus vigilant; et il sait qu'à la longue les sommes de ces quantités imperceptibles peuvent faire des aunes ou des mètres entiers. Il en est de même du détaillant qui vend des denrées au poids : des grains de poussière, salissant le plateau d'une balance, s'ajoutent au poids, et les sommes de ces infinitésimales, indéfiniment répétées, n'échappent pas à l'esprit mercantile.

Il est à regretter que ces détails de la vie matérielle, qui ont leur importance, aient toujours été jugés indignes d'un penseur. Si les philosophes, à l'époque où la philosophie comprenait toutes les connaissances humaines, avaient daigné y porter leur attention, ils auraient devancé les grands philosophes géomètres du dix-septième siècle, et seraient résolûment entrés dans le domaine fécond de l'*équivalence*, exprimée par des séries infinies, enfin ils auraient proclamé — ce qui a l'air d'un paradoxe — la nécessité de commencer l'étude des mathématiques par où on les finit ordinairement.

Cette déclaration de principe aurait encouragé les timides et fait changer de voie aux routiniers. En reconnaissant que tout esprit logique, démonstratif, indépendant, libre de toute doctrine traditionnelle ou magistrale, peut se passer de maître, on serait arrivé, nous en avons la certitude, aux plus étonnantes découvertes. En voulez-vous la preuve?

Reprenons, par exemple, pour la creuser davantage, l'étude que nous n'avons fait qu'effleurer. En multipliant le nombre-racine, $a$, une fois, deux fois, trois fois, quatre fois, etc., avec lui-même, nous aurons, comme expression générale, $a \times a \times a \times a\ldots$, ou, en abrégeant, $a\, a\, a\, a\ldots$. Voilà ce qui est, pour tout le monde, facile à comprendre; de même que le premier venu pourra avoir l'idée d'abréger encore cette notation, trop longue, en désignant par $n$ (ou par toute autre lettre, à l'exception de $a$, déjà employé) le nombre de fois que $a$ aura été multiplié avec lui-même. Si nous plaçons ce multiplicateur général, $n$ par exemple, en haut et à droite de $a$ (le choix de cette disposition est purement arbitraire), nous aurons $a^n$, où $n$ (exposant) prend successivement la valeur de

$$0,\ 1,\ 2,\ 3,\ 4\ldots\,[1].$$

Chacun concevra sans peine que la valeur de $a$ peut rester

---

1. Ici encore se trouve la confirmation de ce que nous avons dit plus haut au sujet d'un nombre quelconque, $a$, considéré comme un produit ou multiple de 1. En effet, $a^0$ est $= 1$; donc $a^0\, a = 1 \times a = a^1$.

constante, tandis que celle de $n$ varie comme la suite naturelle des nombres. Soit, par exemple, $a = 2$ ; on aura :

$$2^0 \quad 2^1 \quad 2^2 \quad 2^3 \quad 2^4 \quad 2^5 \quad 2^6 \ldots$$
ou
$$1 \quad 2 \quad 4 \quad 8 \quad 16 \quad 32 \quad 64 \ldots$$

et d'une façon générale : $a^0 \ a^1 \ a^2 \ a^3 \ a^4 \ a^5 \ a^6 \ldots$

Le rapport des nombres ainsi disposés saute aux yeux.
Les multiplicateurs variables, autrement dit les *exposants*,
suivent une progression arithmétique, pendant que les
produits des termes de cette progression avec le nombre-
racine (facteur constant), 2, suivent une progression géométrique. Or, il suffira d'un coup d'œil pour voir le grand
parti que l'on pourrait, pour la simplification du calcul
ordinaire, tirer de ces deux progressions ainsi accolées
l'une à l'autre, terme par terme, et où 2 pourra être remplacé par tout autre nombre, préférablement par 10, dont
la progression $10^0 \ 10^1 \ 10^2 \ 10^3 \ 10^4 \ldots = 1 \ 10 \ 100 \ 1000$
$10\ 000 \ldots$ est le fond même de notre système de numération. Mais quelques réflexions préalables sont ici nécessaires.

Toute multiplication peut être ramenée à une addition.
C'est ce qui est pour chacun facile à démontrer. Il suffit,
en effet, de répéter l'un des deux *facteurs* autant de fois
que l'autre contient d'unités, puis d'additionner le tout,
pour voir que la somme est égale au *produit* (résultat de
la multiplication) des deux facteurs. Cela sert, en même
temps, à démontrer que le résultat est le même, quel que
soit le facteur qu'on choisisse pour multiplicande ou pour
multiplicateur. Géométriquement, la démonstration est
encore plus saisissante qu'arithmétiquement. Car, si l'on
représente, par exemple, le produit de $3 \times 5 = 15$ par
un rectangle dont l'un des deux côtés soit à l'autre comme
3 est à 5, on aura, d'après ce qui a été dit plus haut[1],

---

1. Voy. p. 26.

avec le produit de $1^2 \times 3$ par $1^2 \times 5$, la construction d'un

rectangle, qui aura la forme, soit de ⌷ si $1^2 \times 3$ en

mesure la base et $1^2 \times 5$ la hauteur, soit de ▭ si
$1^2 \times 5$ en mesure la base et $1^2 \times 3$ la hauteur. Mais,
quelle que soit la position, verticale ou horizontale, du rectangle, le produit rectangulaire ne changera pas de valeur, les facteurs restant les mêmes [1].

La division elle-même peut se ramener à l'addition en
passant par la multiplication. De quoi s'agit-il, en effet,
lorsqu'on divise un nombre, appelé *dividende*, par un autre,
appelé *diviseur*, par exemple 15 par 3 ? Il s'agit tout bon-
nement de chercher le nombre qui, multiplié par 3, repro-
duise 15 ; en d'autres termes, il s'agit de trouver le facteur
inconnu qui donne avec le diviseur (facteur connu) un produit égal au dividende. Le facteur inconnu ou à chercher
est très-bien désigné par le nom de *quotient* (du latin
*quoties*, combien), puisqu'il indique *combien de fois* il faut
additionner le facteur-diviseur à lui-même pour résoudre
la question proposée. En rapprochant tout cela de ce que
nous avons dit plus haut de la soustraction, on voit que les
quatre règles ou opérations fondamentales de l'arithmétique se réduisent au fond à une seule.

La multiplication et la division se présentent encore
sous un autre point de vue. Rappelons-nous que nous

---

1. Il est facile de montrer que le résultat ne change pas davantage
lors même que, comme dans le losange, les angles du quadrilatère
ne seraient point égaux, pourvu que les côtés opposés soient parallèles
et égaux; car il s'agit toujours de multiplier la hauteur avec la base,
et le produit est toujours celui de deux triangles égaux de même
hauteur et de même base que le parallélogramme. Qui n'entrevoit là
toute une méthode d'application de l'arithmétique à la géométrie, et
réciproquement ?

pouvons concevoir tous les nombres supérieurs à 1 comme des multiples de l'unité simple. Or, rien ne s'oppose à ce que l'on prenne ces multiples, à leur tour, pour les unités (unités composées) de multiples plus élevés (multiples de seconde espèce), de manière que ces derniers soient aux premiers (multiples de première espèce) ce que les unités composées sont à l'unité simple. D'après la conception de ce rapport, qui donne à la fois l'origine et la clef de l'importante doctrine des *proportions*, composées chacune de quatre termes, il est facile d'expliquer pourquoi, par exemple, 1 est à 3, comme 2 est à 6 $(1:3::2:6)$; pourquoi $\frac{2}{6} = \frac{1}{3}$, et inversement $\frac{3}{1} = \frac{6}{2}$; comment, dans les fractions, le dénominateur représente l'unité (simple ou composée), et pourquoi, en opérant sur des fractions, il est nécessaire de réduire d'abord celles-ci au même dénominateur (unité de même espèce); on comprend aisément pourquoi, dans l'opération de la division, le quotient représente le 2e terme (unité composée) d'une proportion *multiplicative* ayant 1 (unité simple) pour 1er terme, tandis que le diviseur exprime le 3e et le dividende le 4e terme de la même proportion; on saisit très-bien pourquoi le 4e terme (unité multiple ou de seconde espèce), multiplié par le 1er terme (unité simple), reproduit le 2e terme multiplié par le 3e; enfin, il apparaît clairement pourquoi, dans une proportion multiplicative (appelée *géométrique*, parce que c'est là-dessus que repose toute la théorie de la similitude ou des figures géométriques semblables), le produit des deux termes extrêmes est égal au produit des deux moyens; pourquoi, en divisant le produit des deux moyens par le 1er terme, on trouve le 4e; bref, comment on trouve une quatrième (quantité) proportionnelle, une moyenne proportionnelle, etc.

Mais tout ceci n'abrége pas encore de longs et fastidieux calculs, surtout lorsqu'il s'agit d'opérer avec des nombres considérables. Comment faire? Il ne faudra pas au calculateur non routinier un grand effort d'esprit pour voir que, dans le petit tableau plus haut indiqué (p. 32), 1° la somme des termes de la progression arithmétique correspond, dans la progression géométrique, au terme qui est exactement égal au produit des termes correspondants de celle-ci; exemple : $3 + 2 = 5$, somme d'exposants, à laquelle correspond $2^5 = 4 \times 8 = 2^2 \times 2^3$;

2° La différence de deux termes de la progression additive (arithmétique) donne le quotient des termes qui leur correspondent dans la progression multiplicative (géométrique); exemple: $3 - 2 = 1$, différence d'exposants, à laquelle correspond $\frac{2^3}{2^2} = \frac{8}{4}$;

3° Le produit de deux termes de la progression arithmétique correspond au facteur constant, élevé à la puissance indiquée par ce produit (exposant); exemple : $2 \times 3 = 6$, produit auquel correspond $2^6 = (2^2)^3 = (2^3)^2 = 64 = 4 \times 8 + 8 \times 4$;

4° Le quotient de deux termes de la progression arithmétique donne l'exposant de la puissance à laquelle il faudra élever le terme de la progression géométrique (qui a pour exposant le terme-diviseur), afin de rendre cette puissance égale à celle qui a pour exposant le terme-dividende. Celle-ci a donc pour racine carrée ou pour racine cube (suivant que le quotient est 2 ou 3) le terme correspondant de la progression géométrique. C'est ainsi qu'on a, par exemple, $\frac{6}{3} = 2$; d'où $\left(2^3\right)^2 = 2^6$, ou $8^2 = 64$; $\sqrt[2]{64} = 8$; ou bien encore $\frac{6}{2} = 3$; d'où $\left(2^2\right)^3 = 2^6$, ou $4^3 = 64$; $\sqrt[3]{64} = 4$.

Il peut arriver qu'un exposant quelconque, $n$ (terme de la progression arithmétique), ne soit divisible que par lui-même ou par 1. Dans ce cas, la racine de $n^{ième}$ puissance sera toujours $= \sqrt[n]{\ }$. Les nombres qui n'ont qu'eux-mêmes ou l'unité pour diviseurs, les *nombres premiers*, ont dû ainsi de bonne heure attirer l'attention de ceux qui se plaisent dans ce genre de recherches.

Partant de l'idée que dans la multiplication, deux facteurs étant donnés, il s'agit de trouver le produit, et que dans la division, le produit (dividende) et l'un des deux facteurs (diviseur) étant donnés, il s'agit de trouver l'autre (quotient), en un mot, que ces deux opérations tendent au fond à la même solution, puisque dans la première l'inconnu s'appelle le *produit*, et *quotient* dans la seconde, il ne sera pas difficile de voir comment on pourrait utiliser le rapport qui existe entre les termes de la progression arithmétique (suite naturelle des nombres) et les termes correspondants de la progression géométrique. Opérer l'addition et la soustraction avec des nombres relativement peu élevés, — qu'on les appelle exposants ou *logarithmes*, peu importe, — et obtenir par ces opérations les résultats auxquels on ne parviendrait qu'avec la multiplication et la division de nombres proportionnellement très-élevés, — surtout si l'on choisit pour cela la progression géométrique de 10, — c'est là évidemment simplifier le calcul. Mais si les logarithmes de 1, 10, 100, 1000, 10 000, etc., correspondent à 0, 1, 2, 3, 4, etc., quels seront les logarithmes des nombres compris entre 1 et 10, entre 10 et 100, entre 100 et 1000, etc.? Chacun comprendra que ces logarithmes ne pourront être (comme les racines des carrés non exprimables des nombres entiers), que des nombres fractionnaires, et que ceux-ci se prêteront, pour la plus grande simplification du calcul, aux mêmes opérations que les exposants (nombres entiers).

L'esprit investigateur qui le premier s'est posé ces questions, ne se sera certainement pas arrêté à mi-chemin. Il aura pu, par exemple, se demander s'il ne serait pas possible de représenter un produit par une somme, de faire, par exemple, $a^n = a^{n-1} + a^{n-2} + a^{n-3} \ldots + a^{n-n}$. A force de recherches, il n'aura pas tardé à trouver que la chose est parfaitement praticable, mais à la condition que $a^{n-1}$, $a^{n-2}$, $a^{n-3} \ldots a^{n-n}$, soient préalablement associés chacun à un facteur particulier; il aura aussi remarqué que tous ces facteurs associés ou coopérateurs (*coefficients*) suivent un ordre facile à déterminer, et que pour $a^n$ leur somme est $= 2^n$, les termes de la puissance étant groupés binairement. Il aura pu encore découvrir, pour sa plus grande satisfaction, que si, pour les termes d'une puissance donnée, on prend la différence de ces termes, puis la différence de cette différence, etc., il arrive, en continuant ainsi, que la différence des nombres de la $n^{ième}$ différence (correspondant à $n$ exposant) est $= 0$, et qu'il y a là les éléments d'un calcul particulier (calcul des différences), pouvant amener la découverte de précieuses méthodes d'analyse. Mais arrêtons-nous : ce que nous venons de dire doit suffire pour montrer à quelles conceptions peut arriver un esprit qui cherche et raisonne librement.

Maintenant que l'on donne aux choses que l'on aura ainsi trouvées, les noms que l'on voudra, que ces noms soient grecs, latins, hybrides ou arabes, c'est l'affaire des écolâtres; que l'on appelle *coefficients, binomes* ou *polynomes* les facteurs auxiliaires; que l'on parle de *logarithmes,* quand il s'agit de simplifier le calcul, que l'on désigne par *algèbre* cette arithmétique universelle où les lettres de l'alphabet, accompagnées de $+$, $-$, $\sqrt{}$, $=$ ou d'autres symboles, indiquent, d'une manière générale, les opérations à faire, cela importe, encore une fois, très-peu : tout cela n'est que l'accessoire; saisir le rapport des quantités diversement enchevêtrées ou en fonction, voilà le principal. Malheureusement, ici comme ailleurs, les noms et les symboles en imposent tellement à cette légion d'esprits qui aiment mieux penser par les autres que par eux-mêmes, qu'ils lâchent le principal pour ne retenir que l'accessoire. Qu'y a-t-il donc d'étonnant à ce que, ainsi fourvoyés, ils se heurtent, dans les choses les plus faciles et les plus simples, contre des difficultés qui leur paraissent insurmontables et les rebutent?

Cependant, au milieu d'une infinité de manières de voir différentes, l'homme a instinctivement l'horreur de l'incertitude; il lui faut partout un point d'appui solide. Ramener toutes les propositions ou démonstrations à un ou deux axiomes d'une triviale évidence, comme *ce qui est ne peut pas en même temps ne pas être*, tel est le terrain sur lequel l'esprit mathématique s'avance avec hardiesse et sûreté.

Plus l'homme cherche, au moyen de ses sens et de son intelligence, son outillage naturel, à pénétrer les couches de la matière et du mouvement, plus il parvient à s'assurer, avec admiration, combien tout a été créé avec nombre, poids et mesure. On ne s'étonne plus alors qu'un des plus grands philosophes de l'antiquité, Pythagore, ait considéré le nombre, *arithmos*, comme le principe de toutes choses. L'un des cas les plus frappants de l'application de ce principe se trouve, nous ne cesserons de le répéter, dans la production des sons.

Les sauvages mêmes aiment la musique. Tous connaissent le *monocorde :* la corde de leur arc en offre le type. Aucun n'ignore qu'en pinçant des portions de plus en plus petites de la corde, en raccourcissant celle-ci du tiers, du quart, de la moitié, on obtient des sons de plus en plus aigus. Or rien n'empêche de supposer que l'un d'eux, plus avisé que les autres, aura fait une série d'observations, dont voici les résultats. Si la corde, d'une longueur déterminée, et tendue par un poids constant, donne un son = 1, la moitié de sa longueur donnera un son = 2 (deux fois plus aigu que le premier); le quart (la moitié de la moitié de sa longueur), un son = 4 (quatre fois plus aigu); et ainsi de suite. Si, la longueur restant la même, on double, on quadruple, etc., le poids qui tend la corde, on aura, pour l'acuité des sons produits, la même progression (géométrique) de 1, 2, 4, 8, etc. En poussant l'expérience plus loin, on s'apercevra que les sons sont produits par des mouvements de va et de vient, par des vibrations, que l'on peut compter, quand le son est très-grave, mais qu'il devient de plus en plus difficile de compter à mesure que le son s'élève. Or le son le plus grave qui soit perceptible à l'oreille, se manifeste à l'œil sous forme de 16 vibrations par seconde : ce sera le son exprimé par 1, premier terme de la progression. Puis on remarquera, avec ce sentiment de bonheur que procure toute découverte d'une loi de la nature, que le double de 16 (32 vibrations) donne le son 2 ($1^{re}$ octave au-dessus), correspondant à la moitié de sa longueur ou au double de la force de tension de la corde ; que le double de 32 (64 vibrations) donne le son 4 ($2^e$ octave au-dessus), correspondant au quart de la longueur ou au quadruple de la force de tension de la corde, etc.

Tels sont les résultats mathématiques que le sens de l'ouïe et le sens de la vue combinés ont pu fournir à tout esprit observateur, inculte ou cultivé. Notons que la série des octaves (véritable progression géométrique) ainsi obtenue forme l'*harmonie fondamentale* dont les sons flattent le plus l'oreille, en même temps qu'elle entre dans les sons successifs d'une plaque métallique ou d'une cloche, dont les vibrations s'éloignent insensiblement. Il n'est point question ici des sons intermédiaires entre les octaves, et qui forment, par des rapports fractionnaires, la gamme chromatique.

Une fois engagé dans cette voie d'expérimentation, on se sera immédiatement aperçu que la corde, si elle est trop longue ou trop relâchée, ne produira pas de son distinct, et qu'elle n'en produira pas non plus si elle est trop raccourcie ou trop tendue. Cependant, dans ce cas, les vibrations continuent ; l'œil, à défaut de l'oreille, peut les suivre en leur faisant tracer des dessins visibles, et l'intelligence, qui seule peut les continuer ainsi à l'infini, se demande pourquoi, à un moment donné, les vibrations cessent d'engendrer des sons. Or la réponse à cette importante question dépasse les moyens d'investigation dont dispose la curiosité humaine. On devra donc se contenter de ce grand fait, d'une importance capitale, à savoir que si *le fonctionnement de l'intelligence est continu* ou illimité, *les sens fonctionnent dans des limites organiquement déterminées*, en deçà et au delà desquelles il n'y a plus de perception distincte.

Le sens de la vue, dont le clavier est beaucoup moins borné que celui de l'ouïe, confirme encore ce grand fait. Ainsi chacun peut se convaincre par lui-même que nous ne voyons distinctement les objets que dans un champ assez limité, et que, en deçà comme au delà de ce champ, la vision est trouble, enfin qu'un objet trop rapproché ou trop éloigné de l'œil est également invisible, tandis que l'esprit, porté sur les ailes de l'imagination, ne connaît aucune limite.

Nous avons vu la progression géométrique présider à la production des sons fondamentaux de l'harmonie. Eh bien, c'est encore une progression, mais arithmétique cette fois, qui préside au fonctionnement du sens de la vue. Ainsi, personne n'ignore que plus un objet est distant de l'œil, plus il paraîtra petit : le poteau près duquel se tient l'observateur paraîtra beaucoup plus grand que le clocher qui pointe à l'horizon. Ce sont là, personne n'en doute, de simples apparences ou plutôt des effets trompeurs de notre vue. Mais qui les corrige ? évidemment ce n'est pas l'œil ; ce ne peut donc être que l'intelligence ou l'esprit, ce *quelque chose* qui n'est pas l'œil, quel que soit le nom qu'on lui donne.

Personne ne se trompera sur les dimensions d'un gros boulet, comparées à celles d'une tête d'épingle, si l'on regarde l'une et l'autre à la même distance. Mais une bombe, en s'éloignant de l'œil, peut devenir aussi petite qu'une tête d'épingle, et finir même par disparaître entièrement. Mais comment cela se passe-t-il? Cela se passe mathématiquement, avec nombre et mesure. Voyons plutôt.

Voici un objet, par exemple une tige de fer d'un mètre de longueur, placé à une certaine distance, dans le plan de la vision distincte. L'angle sous lequel cet objet est vu, l'*angle visuel*, est formé par les deux lignes droites qui, partant de l'extrémité de l'objet, forment la base d'un triangle isocèle (triangle ayant deux côtés égaux), et vont se réunir dans l'œil ; prolongées, au delà de l'objet, jusqu'à l'horizon, ces lignes forment avec celui-ci l'arc d'un cercle dont l'œil de l'observateur représente le centre ; le tout figure une portion de cercle, qui s'appellera quadrant, sextant, octant, etc., suivant le nombre des degrés de l'arc tracé par l'horizon.

Revenons maintenant à l'expérience, que le premier venu aura pu faire avec un quart de cercle, grossièrement fabriqué, portant 90 degrés inscrits sur son arc (le quart de 360°, total des degrés de la circonférence). Notre observateur aura vu l'angle visuel diminuer à mesure qu'il se sera éloigné de l'objet. Supposons qu'il marque l'endroit (2ᵉ station) où l'angle est juste la moitié de ce qu'il était à la première station, et qu'il continue de même à marquer les lieux où l'angle visuel n'est plus que le tiers, le quart, etc., de ce qu'il était au point de départ ; supposons enfin qu'il ait en même temps l'idée de mesurer les distances comprises entre ces différentes stations et de les comparer avec les angles visuels correspondants, il trouvera, à sa grande satisfaction, que, à la distance double correspond la moitié de l'angle visuel primitif, à la distance triple le tiers de cet angle, et ainsi de suite, de manière que les distances suivent la progression arithmétique ascendante, 1, 2, 3, etc., pendant que les angles sous-tendus suivent la même progression descendante, 1, $\frac{1}{2}$, $\frac{1}{3}$, etc. A quelle distance un objet

visé, le mètre par exemple, cesse-t-il d'être visible? A
cette question, le premier arpenteur venu aura pu répondre.
D'accord avec tous les hommes doués de la même vision
normale, il aura trouvé qu'à la distance de 2575 fois sa
longueur le mètre cesse d'être visible. En mesurant à
ce moment l'angle sous-tendu, il aura constaté que cet
angle est d'un peu plus que la soixantième partie d'un
degré (plus exactement de 1 minute 20 secondes = 80″).
Armé de ce fait précieux, l'esprit de tout homme qui réfléchit aura voulu le développer, et en suivre, pour ainsi
dire, la piste. Avant toute expérience, *a priori*, il se sera
naturellement demandé à combien de fois les dimensions
d'un objet quelconque il faudra se placer pour que cet
objet, grand ou petit, ne sous-tende qu'un angle, par
exemple, d'une seconde, c'est-à-dire la 3600ᵉ partie d'un
degré. Cette question, qui en implique beaucoup d'autres, lui aura sans doute fait entrevoir la possibilité d'une
méthode propre à réaliser ce qui tient en quelque sorte
du surnaturel, à mesurer les distances et les dimensions
d'objets absolument inaccessibles, si ce n'est au regard
du géomètre plongeant dans l'infini de l'espace. Mais la
science qui se propose de mesurer, non plus l'aire, mais
les angles et les côtés d'un triangle, la *trigonométrie* en
un mot, a été, comme nous le verrons plus bas, très-longue
à se développer.

### Résumé.

L'esprit humain a-t-il été, dès le principe, assez heureusement inspiré pour ne pas s'abandonner aveuglément
à des conceptions abstraites, purement théoriques? A-t-il
été assez réservé, assez sage, pour ne s'avancer que pas à
pas, appuyé sur l'observation? A-t-il compris de bonne
heure que la science n'est qu'un composé de faits généraux ou de principes, produits d'une patiente élaboration?

Enfin, dès son point de départ, l'esprit humain a-t-il bien saisi que tout n'est que rapport, que tout se tient et s'enchaîne comme les roues d'une même horloge, que tout se conserve ou se continue en se transformant ?

Il est possible que tout cela soit venu à la pensée d'un certain nombre d'observateurs. Mais ce ne fut là sans doute qu'une impression fugitive, qu'une lueur bientôt disparue devant la volonté humaine, oscillant entre des sentiments contraires et inclinant fortement vers ce qui flatte le plus ses penchants incorrects, parmi lesquels domine l'horreur du travail. L'histoire est là pour en témoigner.

La philosophie, qui devait être primitivement la réunion de toutes les connaissances humaines, n'était qu'un échafaudage artificiel. Aussi, à un moment donné, les sciences abstraites ou spéculatives divorcèrent-elles avec les sciences positives ou d'observation : les premières, immobilisées dans la métaphysique et la psychologie, se séparèrent des dernières, complétement transformées depuis l'inauguration de la méthode expérimentale. Au milieu de ce divorce de connaissances incompatibles, les mathématiques balancèrent d'abord incertaines entre les unes et les autres. Mais elles s'engrenèrent bientôt, par leurs applications nombreuses, avec l'astronomie, la mécanique, la physique, et participèrent à la rapidité du progrès de ces sciences. Aux anciennes méthodes furent substituées des méthodes nouvelles, plus simples et plus expéditives. Ce fut alors aussi qu'on vit apparaître une distinction inconnue jusqu'alors, celle des mathématiques *pures* et des mathématiques *appliquées*.

Cette distinction tend à perpétuer la ligne de démarcation qu'on s'est plu à établir entre les sciences abstraites et les sciences concrètes, entre les connaissances qui, par leur caractère de continuité, relèvent de l'intelligence intuitive, et celles qui, par leur caractère de discontinuité, portent l'empreinte du fonctionnement de nos appareils sensitifs, comme si notre outillage fonctionnel ne formait pas un seul et même tout! Aussi qu'en est-il résulté? C'est qu'on a préféré instinctivement ce qui est facile à ce qui est difficile. Au lieu de s'appliquer également aux grandeurs discontinues et aux grandeurs continues, à éclairer l'arithmétique par la géométrie, et réciproquement, on a mieux aimé perfectionner la théorie des courbes que celle des nombres.

Mais arrêtons-nous dans ces considérations. Tout ce que nous avons voulu démontrer dans ces deux premiers chapitres, c'est que si, par hypothèse, le trésor des conceptions transmises par l'histoire venait à périr dans un cataclysme imprévu, tout homme, sain d'esprit, trouverait en lui-même, dans le judicieux emploi de son outillage naturel, tous les moyens suffisants pour reconstruire l'édifice de la science, et que, par conséquent, c'est, comme nous venons de le montrer, dans le fonctionnement même de nos facultés qu'il faut chercher les origines des mathématiques.

# LIVRE DEUXIÈME

## LES MATHÉMATIQUES DANS L'ANTIQUITÉ.

Les peuples qui ont les premiers quitté l'état sauvage, ou, ce qui revient au même, chez lesquels a commencé à s'allumer le flambeau de la civilisation par la transmission des pensées et des actes au moyen de l'écriture, ont tous occupé les régions orientales de l'Ancien Continent. Partant des rives du Hoang-ho, du Gange ou de l'Indus, la lumière de la pensée perfectible, lumière mêlée de beaucoup de ténèbres, s'est lentement propagée, suivant le mouvement apparent de l'astre du jour, jusqu'aux régions occidentales de ce même continent. Ce mouvement nous trace la voie à suivre.

## CHAPITRE I.

### CHINOIS.

En dépit de la haute antiquité que les Chinois attribuent à leur savoir mathématique, ce savoir a toujours été bien borné, si l'on en juge par les résultats obtenus. L'astronomie, la mécanique, l'optique, l'art maritime, enfin toutes les sciences, tous les arts, nés de l'application des mathématiques, n'ont, depuis des siècles, fait aucun progrès chez les habitants du Céleste-Empire. On a voulu chercher la cause de cet état stationnaire dans le respect absolu que les Chinois ont pour tout ce qui vient de leurs ancêtres. Il est certain que l'exagération de ce sentiment n'est guère propre à encourager l'esprit d'innovation ou de perfectionnement. Mais il y a une autre cause, plus puissante, c'est la fatuité irrémédiable des Chinois de se croire supérieurs à toutes les autres nations, les traitant de barbares et répugnant à entrer avec elles en relation.

Les missionnaires qui s'étaient les premiers mis en rapport avec les Chinois, trouvèrent leur arithmétique bornée aux opérations les plus élémentaires. Ces opérations s'exécutaient, comme cela se pratique encore aujourd'hui, au moyen d'un certain nombre de boules, enfilées comme les grains d'un chapelet et maniées avec dextérité.

Quoique la langue monosyllabique des Chinois et leur écriture idéographique, la première si pauvre, la seconde si riche, soient indépendantes l'une de l'autre, cependant leur ancien système de numération répondait exactement à leur système de numération parlée. Tous deux ont pour base le système décimal. Les dix premiers nombres sont exprimés par un mot et par un chiffre, et il en est de même des nombres 10, 100, 10 000, 100 000, etc. Les anciens chiffres chinois s'écrivent, comme les caractères de l'alphabet, par colonnes verticales qui se succèdent de gauche à droite et se lisent de bas en haut. Quand le chiffre d'un des dix premiers nombres est placé avant le chiffre 10 ou une des puissances de 10, il le multiplie; quand il est placé à la suite, il s'additionne avec lui. Les nouveaux chiffres chinois se lisent horizontalement, en mettant à gauche les unités de l'ordre le plus élevé, comme dans l'écriture cunéiforme[1].

---

1. Pour plus de détails, voyez M. Cantor, *Mathematische Beiträge*

Les Chinois nomment *kaouas* des symboles dont ils attribuent l'invention à Fohi, l'un de leurs plus anciens empereurs. Ces symboles se composent de deux éléments, figurés l'un par une ligne droite continue et l'autre par une ligne droite interrompue au milieu. Le P. Bouvet prétendait y reconnaître l'unité et le zéro du système binaire ; mais, d'après les sinologues les plus autorisés, les deux éléments des *kaouas* étaient des symboles physiques et non pas un système de chiffres. Le P. Bouvet, qui correspondait avec Leibniz, avait été probablement séduit par une hypothèse de ce grand philosophe, suivant laquelle le système binaire qui, avec l'unité, le zéro et la valeur de position, peut exprimer tous les nombres imaginables, serait tout à la fois le symbole de la création *ex nihilo*, et la preuve irrécusable de cet acte de Dieu.

La géométrie des Chinois consiste, de temps immémorial, dans quelques règles très-élémentaires de l'arpentage ; et s'il faut admettre qu'ils connaissaient depuis longtemps la propriété du triangle rectangle, dont la découverte est attribuée à Pythagore, il n'en est pas moins certain que cette connaissance demeura stérile entre leurs mains. La connaissance de la trigonométrie sphérique, si utile à l'astronomie, ne leur vint probablement que des Arabes, vers le treizième siècle.

Avant l'arrivée des Européens, la mécanique des Chinois se réduisait à l'emploi de quelques machines fort simples, telles que le besoin de l'expérience les suggère à un peuple industriel ; et leur navigation n'a guère fait de progrès, bien qu'ils connussent depuis longtemps la propriété de l'aiguille aimantée de se diriger constamment vers le nord. Quant à leur fameux Tribunal des mathématiques, il n'avait pour unique fonction que la confection

*zum Culturleben der Volker,* p. 39-52 (Halle, 1863, in-8°); et *Les signes numéraux et l'arithmétique chez les peuples de l'antiquité et du moyen âge,* par Th. Henri Martin (Rome, 1864, p. 11).

du calendrier, et ce calendrier, que les mandarins offraient tous les ans en grande cérémonie à l'empereur, était des plus défectueux.

C'est cette dénomination de *Tribunal des mathématiques*, employée par les missionnaires, qui a, suivant M. Sédillot, particulièrement contribué à exagérer la valeur scientifique des Chinois [1]. Les mathématiques des Chinois devaient, en effet, comme le remarque très-bien M. Sédillot, se réduire à très-peu de chose, puisque, au treizième siècle de notre ère, ils ne s'étaient pas encore élevés en géométrie au delà du *triangle rectiligne rectangle*, et qu'à cette époque les astronomes arabes de Méragch leur apportaient les premières notions de la *trigonométrie sphérique* [2].

Cependant J. B. Biot a persisté, jusqu'aux derniers moments de sa vie, dans la glorification du savoir des Chinois, comme le montrent ses *Études sur l'astronomie indienne et chinoise* (Paris, 1862, in-8°). L'unique argument que les Biot, père et fils, ainsi que leurs partisans, ont pu faire valoir à l'appui de leur opinion, c'est l'incendie de tous les livres, ordonné en 213 ou 221 avant J. C. par l'empereur Tsin-Chi-Hoang-ti. Mais cet argument n'est pas sérieux. D'abord on peut très-bien nier avec M. Sédillot et M. Pauthier [3] que tous les livres chinois aient été ainsi détruits. Puis, supposé même que cela fût vrai, pourquoi les Chinois seraient-ils tout à coup devenus incapables de faire avancer la science? car il est certain qu'ils ne l'ont fait avancer en aucune façon. Tout ce qu'il y a de mathématique dans leurs livres a été importé du dehors; les Chinois eux-mêmes ne font aucune difficulté pour le reconnaître.

1. M. L. A. Sédillot, lettre à M. Boncompagni, dans *Bulletino di Bibliographia e storia delle scienze matematiche*, t. I, 161 (mai, 1868).
2. *Matériaux pour servir à l'histoire comparée des sciences mathématiques chez les Grecs et les Romains*, t. II, p. 566 et suiv.
3. *Journal Asiatique*, sept.-oct., 1867, p. 197 et suiv.

# CHAPITRE II.

## HINDOUS (INDIENS).

L'astronomie si défectueuse et si bornée des Indiens (Hindous) donne la mesure de leur savoir mathématique. Les choses les plus saillantes qu'on y remarque, comme leurs méthodes de calculer les éclipses, qui supposent au moins la connaissance de la règle de proportion, ne sont, en dernière analyse, que des emprunts faits à d'autres nations plus occidentales, telles que les Égyptiens et les Grecs [1].

Mais le nom des Hindous ou Indiens se trouve lié à l'histoire des mathématiques pour une question dont on s'est beaucoup préoccupé de nos jours : je veux parler de l'*origine de nos chiffres*.

D'où viennent nos caractères de nombres ? Des Arabes, dit-on. Mais les Arabes ne sont que des nouveaux venus dans l'histoire des nations civilisées; on ne les considère, avec raison, que comme les intermédiaires entre les Grecs ou les Indiens, chez lesquels on a la coutume tradition-nelle de placer le berceau de la civilisation.

Vossius, Huet, Weidler et d'autres écrivains plus ré-cents, tels que Röth, Cantor, Laugel [2], nous représentent

---

1. Cette manière de voir est loin d'avoir été infirmée par M. Arneth, qui a consacré un long chapitre aux *mathématiques des Indiens*, dans son ouvrage intitulé : *Geschichte der reinen Mathematik*, etc., p. 140-182 (Stuttgart, 1852, in-8°).

2. *Revue des Deux Mondes*, 15 août 1864.

Pythagore allant s'instruire en Égypte et dans l'Inde, et nous transmettant les indices de nos *chiffres* modernes, qui seraient des chiffres *dévanagaris*.

Mais cette hypothèse tombe d'elle-même devant les travaux récents des orientalistes, qui s'accordent tous à nous montrer combien il faut rabattre des prétentions de la science indienne à une haute antiquité. D'abord les chiffres *dévanagaris*, que M. Prinsep a fait connaître, ne sont que du dixième siècle de notre ère. Puis le *Sourya-Siddhánta* [1], traité astronomique, et les autres *Siddhántas* anonymes, qu'on dit révélés des dieux, portent d'irrécusables traces d'emprunts faits à la langue et à la science grecque d'Alexandrie. C'est là un fait important, que M. A. Weber a mis en évidence dans ses *Leçons académiques sur l'histoire indienne* (Berlin, 1852, in-8°) [2]. Aryabhatta, qui passe pour le plus ancien écrivain mathématicien de l'Inde, vivait au sixième siècle de l'ère chrétienne, et le *Sourya-Siddhánta*, sur lequel il a laissé un commentaire, n'est pas, d'après les documents les plus authentiques, antérieur au cinquième siècle avant J. C. Les œuvres d'Aryabhatta, ainsi que les écrits plus récents de Brahmagupta, et de Baskra Acharya, portent les mêmes traces d'emprunts [3].

Le mot de *chiffres indiens* est extrêmement vague, si on veut le rattacher au sanscrit; car il existe, dans la péninsule de l'Hindostan, plusieurs idiomes également fort anciens et complétement étrangers au sanscrit. Après avoir

1. Le texte du *Sourya-Siddhánta*, accompagné d'un commentaire sanscrit, a été publié par M. E. Hall, dans les numéros 79, 105, 115 et 146 de la *Bibliotheca indica*.

2. Comparez aussi M. Max Müller, *History of ancient sanskrit literature, so far as it illustrates the primitive religion of the Brahmas;* Lond., 1860, in-12 (2ᵉ édit.).

3. Le *Calendrier des Védas*, publié par M. Weber (Mém. de l'Académie des sciences de Berlin, 1862, in-8°), paraît être resté étranger à l'influence grecque, et porte les traces d'une influence chaldéenne. Voy. M. Th. H. Martin, *Sur les signes numéraux*, etc., p. 13 et suiv.

rappelé cette circonstance, A. de Humboldt essaya, l'un des premiers, de répandre quelque lumière sur ce curieux problème historique, d'ailleurs assez embrouillé. Cet illustre savant marque que ce qu'on a nommé le *système indien* s'est formé successivement, et que la numération indienne par neuf chiffres avec le zéro et sa valeur de position n'a pas été apportée de l'Iran (pays des Aryas occidentaux) sur le sol de l'Inde par les Aryas orientaux, parlant la langue sanscrite, puisqu'on n'en trouve pas de traces chez les Aryas occidentaux, qui parlent le zend. « La simple liste des diverses méthodes employées, dit-il, par des peuples auxquels était inconnue l'arithmétique indienne, dite de position, pour exprimer les multiples des groupes fondamentaux, explique, selon moi, la formation successive du système indien. Si l'on exprime, par exemple, le nombre 3568, en l'écrivant, soit verticalement, soit horizontalement à l'aide d'indices qui correspondent aux différentes divisions de l'*Abacus*, ainsi qu'il suit : $\overset{3}{M}\ \overset{5}{C}\ \overset{6}{X}\ \overset{8}{I}$, on reconnaîtra aussitôt que les signes de groupes M, C, X, I, peuvent être omis sans inconvénient. Or nos chiffres indiens ne sont pas autre chose que des indices : ils sont les multiplicateurs de ces différents groupes. L'idée de ces indices se retrouve encore dans le *suan-pan* (machine à compter d'invention asiatique, et fort ancienne, que les Mongols ont importée en Russie), où des séries de cordons rapprochés l'un de l'autre représentent les mille, les centaines, les dizaines et les unités. Dans le nombre cité comme exemple, ces cordons offriraient : le premier 3, le second 5, le troisième 6 et le quatrième 8 boules. Dans le *suan-pan*, les cordons remplacent les lignes écrites des groupes, et leurs interstices sont, comme des colonnes vides, remplis par des unités (3, 5, 6 et 8), figurant les multiplicateurs ou les indices. Par ces deux voies, par l'arithmétique figurative (signes écrits), aussi bien que par l'arithmétique palpable (cordons du *suan-pan*), on arrive à ce qu'on nomme la *va-*

*leur de position*, valeur relative, et la numération se trouve réduite à neuf chiffres[1]. »

Al. de Humboldt remarque à cette occasion que la méthode d'Eutocius, pour représenter les groupes des myriades, renferme la première trace du système grec des *exposants* ou plutôt des *indices*, système qui a eu tant d'importance chez les Orientaux. On sait que $M^a$, $M^\beta$, $M^\gamma$, etc., désignent 10000, 20000, 30000, etc. « Ce qui n'est ici, continue-t-il, appliqué qu'aux myriades, est employé pour tous les multiples des groupes chez les Chinois et chez les Japonais, qui n'ont reçu la civilisation chinoise que 200 ans avant notre ère. Dans l'écriture *Gobar* (écriture sur le sable?), qui a été découverte par Sylvestre de Sacy dans un manuscrit de l'ancienne bibliothèque de Saint-Germain des Prés, les signes de groupes sont des points, c'est-à-dire des zéros ; car pour les Indiens, les Thibétains et les Persans, les zéros et les points sont identiques. Dans le *Gobar* on écrit 3· pour 30, 4·· pour 400, 6.·. pour 6000, etc. »

L'usage des chiffres indiens et de leur valeur relative (valeur de position) est, suivant Al. de Hunboldt, postérieur à la séparation de la race hindoue et de la race aryenne ; car le peuple zend, qui passe pour remonter en ligne directe aux Aryens, se servait du système fort incommode des chiffres pehlwis. « Une preuve nouvelle, ajoute le même savant, à l'appui du perfectionnement successif de la méthode indienne, nous est fournie par les chiffres des Tamouls. Dans l'écriture de ce peuple, neuf signes d'unités et divers signes pour les groupes particuliers de 10, 100, 1000, etc., expriment tous les nombres, à l'aide de multiplicateurs placés à leur gauche. On peut citer encore ces singuliers ἀριθμοὶ ἰνδικοί, *nombres indiens*, dans une scho-

---

1. Al. de Humboldt, dans le *Journal de mathématiques* de Crelle, t. IV, ann. 1829, p. 205 et suiv.; et *Cosmos*, t. II, p. 541 (de l'édit. française).

lie du moine Néophytos, découverte à la bibliothèque de Paris par Brandis. Les neuf chiffres employés par Néophytos sont, à l'exception du quatrième, tout à fait semblables aux chiffres persans actuels; mais les unités que représentent ces chiffres, peuvent devenir des dizaines, des centaines et des mille, à la condition que l'on écrira au-dessus un, deux ou trois zéros; on aura ainsi $\overset{o}{2}$ pour 20, $\overset{o}{24}$ pour 24, et, en juxtaposant les zéros : $\overset{oo}{5}$ pour 500, $\overset{oo}{36}$ pour 306. Supposons maintenant, au lieu de trois zéros, de simples points, et nous aurons le *Gobar* des Arabes... Les Indiens, parlant le tamoul, ont des signes de nombre, différents, en apparence, par leur forme, de l'alphabet tamoul, et parmi lesquels les chiffres 2 et 8 offrent, avec les signes dévanagaris du 2 et du 5, une légère ressemblance. Cependant une comparaison exacte prouve que les chiffres tamouls sont dérivés de l'écriture alphabétique de cette langue. Les chiffres cingalais sont, d'après Carey, plus différents encore des chiffres dévanagaris. Or, dans les signes cingalais, comme dans les tamouls, on ne trouve ni valeur de position, ni zéro, mais seulement des hiéroglyphes pour les groupes de dizaines, de centaines, de mille. Les Cingalais procèdent, comme les Romains, par juxtaposition, les Tamouls par coefficient. Le vrai signe de zéro, pour désigner une quantité qui manque, est employé par Ptolémée, dans l'échelle descendante, pour les degrés et les minutes qui manquent. Ce signe est, par conséquent, beaucoup plus ancien en Occident que l'invasion des Arabes[1]. »

Ces citations montrent qu'il règne beaucoup d'incertitude concernant l'origine des systèmes de numération,

1. Al. de Humboldt, *Cosmos*, t. II, p. 543 (note). Comparez H. Vincent, *Sur l'origine de nos chiffres et l'Abacus des Pythagoriciens*, dans le *Journal de Mathématiques* de M. Liouville, t. IV, juin 1839, et *Notations scientifiques à l'École d'Alexandrie*, dans la *Revue archéologique*, 15 janvier 1846.

fondés tantôt sur la simple juxtaposition, tantôt sur les coefficients et les indices ou sur la valeur de position ; on constate, en même temps, que la configuration des signes n'offre rien de fixe, et que l'existence même du zéro n'est pas, dans les chiffres indiens, une condition nécessaire pour le système de la valeur relative. En présence de ces résultats, surtout en considérant que « cet ingénieux système de *valeur de position* se retrouve à la fois dans l'*abacus* étrusque et dans le *suan-pan* de l'Asie centrale, dans l'Occident et dans l'Orient de l'ancien monde, » Al. de Humboldt s'est demandé si « le sentiment de besoins analogues n'aurait pas pu faire naître séparément les mêmes combinaisons d'idées chez des peuples de race différente. » Là était la vérité. Mais, ni Al. de Humboldt, ni les savants qui l'ont suivi, ne s'y sont arrêtés. C'est que rien n'est plus séduisant que l'étalage d'une vaste érudition, où chacun ne prend que ce qui lui plaît.

Dans ces derniers temps, F. Woepke, savant mathématicien et orientaliste, a essayé de faire prévaloir l'opinion « que les chiffres indiens ont été transportés de Bagdad en Égypte sous deux formes différentes, celle que les Arabes d'Orient ont adoptée, et celle que nous connaissons sous le nom de chiffres *Gobar*. Les néoplatoniciens auraient transmis aux Latins les chiffres Gobar, qui seraient ensuite passés chez les Arabes d'Afrique, pour revenir en Europe sous le nom de *chiffres arabes* [1]. »

Mais cette idée, comme le fait judicieusement observer M. Am. Sédillot, est fort complexe, et elle n'a pu être accueillie que par ceux qui persistent obstinément à placer dans l'Inde l'origine de toutes choses [2]. C'est par suite

---

1. F. Woepke, *Sur l'introduction de l'arithmétique indienne en Occident*, etc. (Rome, 1859).

2. *Sur l'origine de nos chiffres*, Lettre de M. L. Am. Sédillot à M. le prince Balthasar Boncompagni (Extrait des *Atti dell' Academia Pontificia de' Nuovi Lincei*, année 1865).

de cette persistance qu'on a fait revivre dans les Aryas ou Ariens le peuple fantastique de Bailly, dont nous avons parlé ailleurs [1].

Le système de l'*abacus* devait conduire au système de *numération décimale*, comme l'a très-bien montré M. Chasles [2]. Mais on pouvait continuer à se servir encore longtemps de l'*abacus* et du *suan-pan* de l'Asie centrale sans songer à imaginer les neuf chiffres. Ce qui leur a fait supposer une origine indienne, c'est le nom de *chiffres indiens* que les Arabes leur ont donné. C'est à quoi ne faisaient pas attention Glaréan, en 1554, et le P. Goar, en 1654, lorsqu'ils voulaient faire rejeter le nom de *chiffres arabes*, appliqué à nos *chiffres modernes*.

A tous ces débats, que nous avons fort abrégés, M. Am. Sédillot nous semble avoir très-bien mis fin par les rapprochements démonstratifs suivants :

| Chiffres romains. | I | II | III | IV | V | VI | VII | VIII | IX |
|---|---|---|---|---|---|---|---|---|---|
| Chiffres arabes.. | ١ | ٢ | ٣ | ٤ | ٥ | ٦ | ٧ | ٨ | ٩ |
| Nos chiffres. .. | 1 | 2 | 3 | 4 | 5 | 6 | 7 | 8 | 9 |

Au reste, nous reviendrons plus bas sur ces intéressantes questions d'origine.

1. Voy. notre *Histoire de l'Astronomie*, p. 4.
2. *Histoire de l'Arithmétique*, dans les Comptes rendus de l'Académie des sciences, juillet, 1843.

# CHAPITRE III.

## CHALDÉENS ET BABYLONIENS.

En dehors de l'astronomie [1], nous manquons de documents historiques sur l'état des mathématiques chez les Chaldéens et les Babyloniens, à une époque où la Grèce et les autres contrées de l'Occident n'avaient pas encore paru sur la scène de l'histoire.

Dans ces derniers temps, surtout depuis que l'on s'est occupé de l'écriture cunéiforme, sur laquelle les anciens ne nous ont laissé aucun renseignement, on s'est attaché à chercher les figures des nombres dans les idiomes perse, assyrien, touranien ou scythique de la Susiane, auxquels l'écriture cunéiforme paraît avoir été particulièrement appliquée. Mais, quelle que soit la valeur de l'inscription cunéiforme bilingue de Béhistoun pour le déchiffrement, des groupes composés de caractères cunéiformes ou en *forme de coin*, tout se réduit à cet égard à des conjectures, remarquables par leur hardiesse plutôt que par leur solidité [2].

Ainsi, d'après l'interprétation qu'on a donnée des ca-

1. Nous avons indiqué, dans notre *Histoire de l'Astronomie*, l'aptitude des Chaldéens pour cette science. Voy. aussi M. Chasles, *Recherches sur l'astronomie indienne et chaldéenne*, dans les Comptes rendus de l'Académie des sciences, t. XXIII, p. 851 (année 1846).

2. Grotefend, *Mém. de l'Acad. des sciences de Goettingen*, t. V (année 1853). — Hincks, *On the inscription of Van*, dans le *Journal*

ractères cunéiformes en usage chez les anciens Perses et les Babyloniens, on aurait :

$$\mathsf{Y} = 1 \quad \mathsf{YY} = \vee = 2 \quad \mathsf{YYY} = \vee = 3 \quad \vee\vee\vee = 4$$

$$\vee\vee\vee = 5 \quad \vee\vee\vee = 6 \quad \mathsf{\langle} = 10 \quad \mathsf{\langle}\vee = 12$$

$$\mathsf{\langle\langle} = 20 \quad \mathsf{\langle\langle\langle} = 30 \quad \mathsf{Y}\!\!\succ = 100 \quad \mathsf{\langle Y}\!\!\succ = 1000$$

D'après l'hypothèse de MM. Lassen et Weber, les Chaldéens, par leurs relations, d'une part avec les Égyptiens et les Phéniciens, de l'autre avec les Indiens, auraient servi d'intermédiaire entre l'Occident et l'extrême Orient. Cette hypothèse, qui d'ailleurs n'est pas nouvelle, est très-vraisemblable. Notons encore que, suivant Lepsius [1], comme suivant M. Benloew [2], le mot *cinq*, dans les langues indo-européennes, remonte à une racine qui signifie *main*, ce qui viendrait également à l'appui de ce que nous avons dit plus haut sur l'origine naturelle des nombres (p. 13 et suiv.).

M. Cantor pense que les Babyloniens, dont la capitale était un des plus importants centres de commerce, connaissaient la *table à compter*, si répandue en Orient et en Occident, sous les noms de *suan-pan* chez les Chinois, d'ἄϐαξ chez les Grecs, d'*abacus* chez les Romains. « Cette hypothèse, ajoute M. Th. H. Martin, est très-probable, pourvu qu'il ne s'agisse que de l'abacus à boules ou à

---

*of the Asiatic Society*, t. IX, p. 387 et suiv. — Rawlinson, *ibid.*, t. X, p. 172. — M. Cantor, *Mathematische Beiträge*, etc., p. 28.

1. *Sur l'origine et l'affinité des nomsde nombres dans les langues indo-germaniques*, etc., Berlin, 1836, in-8° (deux Mémoires en allemand).

2. *Recherches sur l'origine des noms de nombres japhétiques et sémitiques*; Giessen, 1861, in-8°.

jetons. » Mais M. Martin n'admet pas l'hypothèse de
M. Cantor, prétendant attribuer aux Babyloniens, soit les
*apices* de Boèce avec les neuf chiffres, soit l'*abacus* dessiné
pour recevoir, dans ses colonnes, les chiffres écrits [1].

Nous nous abstenons de mentionner d'autres hypothèses, qui n'ont, au fond, qu'un intérêt de curiosité linguistique.

1. Cantor, *Mathematische Beiträge*, etc., et Examen de cet ouvrage
par Th. H. Martin, sous le titre de *Signes numéraux*, etc., p. 10.

# CHAPITRE IV.

## PHÉNICIENS ET HÉBREUX.

A raison de leur esprit mercantile, connu de toute l'antiquité, les Phéniciens ont passé pour les inventeurs de l'arithmétique. Ce qu'il y a de certain, c'est que « ces maîtres fourbes, ces grappillards, qui commettent, envers les hommes, beaucoup de vilaines actions [1], » devaient, avant tout, savoir bien calculer. Mais dans quelle proportion ont-ils contribué au progrès des mathématiques? Voilà ce que nous ignorons absolument.

Bornés dans leur culture intellectuelle, les Phéniciens n'en furent pas moins, par leur commerce maritime, les intermédiaires les plus actifs des relations qui s'établirent entre les peuples du littoral de l'Ancien Continent, depuis l'océan Indien et la Méditerranée jusqu'à la mer Baltique. Suivant Bœckh [2], ils se servaient des poids et mesures employés à Babylone ; ils connaissaient, en outre, l'usage de monnaies frappées, inconnu, chose singulière, aux Égyptiens. « On représente les Sidoniens, dit le père des

---

1. C'est ainsi qu'Homère caractérise le Phénicien (*Odyssée*, XIV, 289-291) :

Δὴ τότε Φοῖνιξ ἦλθεν ἀνήρ, ἀπατήλια εἰδὼς
Τρώκτης, ὅς δὴ πολλὰ κάκ᾽ ἀνθρώποισιν ἐώργει.

2. Bœck, *Metrologische Untersuchungen über Gewichte, Münzfusse, etc., des Alterthums*, Berlin, 1838, page 12 et 273.

géographes, comme des investigateurs laborieux aussi
bien dans l'astronomie que dans la science des nombres.
Ils se sont préparés à ces sciences par l'art de la numération et par les navigations nocturnes, toutes choses nécessaires au commerce et aux entreprises maritimes[1]. »

Mais ce qui caractérise surtout les Phéniciens, c'est
qu'ils furent les premiers à introduire chez les nations,
avec lesquelles leur commerce les mettait en rapport,
l'écriture alphabétique dont ils se servaient depuis longtemps. C'est par l'intermédiaire des Ioniens, ou Grecs de
l'Asie Mineure, que les Hellènes, ou Grecs de l'Attique,
reçurent les *caractères*, dits *phéniciens*, de leur alphabet[2].
Ces premières tentatives de civilisation sont enveloppées
de légendes, comme les pérégrinations de Cadmus, nom
sémitique, dérivé de קדם (*kadm*), qui signifie *oriental* ou
plutôt *du côté de l'Orient*.

La langue des Phéniciens appartenait à la famille des
langues sémitiques, qui étaient parlées, en même temps,
par les Hébreux, les Chaldéens, les Assyriens, les Syriens
et probablement par une grande partie de la population
d'Égypte. L'arabe en est dérivé. Leur alphabet syllabique,
c'est-à-dire composé de lettres susceptibles de former des
syllabes et des mots, pouvait représenter graphiquement
tout le système vocal d'une langue. Les signes de cet
alphabet étaient employés comme signes de sons; ils
étaient devenus *phonétiques* de figuratifs ou symboliques
qu'ils étaient primitivement, comme dans le système hiéroglyphique. Malgré cette communauté d'origine alpha-

1. Strabon, XVI.
2. Il résulte d'un examen comparatif que l'ancien alphabet grec correspond exactement aux vingt-deux lettres de l'alphabet phénicien.
Suivant Plutarque et Pline, Palamède ajouta, du temps de la guerre
de Troie, à l'ancien alphabet, quatre caractères nouveaux : Ϛ, ξ, ϙ, χ;
et Simonide y en ajouta plus tard quatre autres : ζ, η, ψ, ω. Mais
ceci est inexact, au moins pour ζ, η, Ϛ, qui faisaient déjà partie de
l'ancien alphabet.

bétique, les langues sémitiques, où les voyelles sont en quelque sorte absorbées par les consonnes, se distinguent radicalement des langues indo-européennes, où la distinction des voyelles et des consonnes est complète, grande filiation de langues, à laquelle appartiennent le grec et le latin, ainsi que leurs dérivés.

Quoi qu'il en soit, l'écriture alphabétique, dont nous paraissons être redevables aux Phéniciens, a été le premier moyen de la diffusion des lumières intellectuelles, le premier véhicule du transport de la civilisation. C'est de l'emploi de ce moyen que date l'histoire proprement dite.

Les Hébreux, de même race que les Phéniciens, dont ils étaient limitrophes, étaient également animés de cet esprit mercantile, dont leurs descendants ont hérité. C'est assez dire qu'ils devaient savoir très-bien calculer. Aussi l'historien juif Josèphe revendique-t-il pour sa nation l'invention de l'arithmétique. Pour lui, le patriarche Abraham est le plus ancien de tous les calculateurs, et il aurait même donné aux Égyptiens les premières leçons d'arithmétique. A en juger par certains détails du *Pentateuque*, les sectateurs de Moïse devaient, en effet, être de bonne heure initiés à la science des nombres. Cependant les calculs dont il est question dans l'Ancien Testament montrent que les Hébreux ne connaissaient guère que les quatre règles de l'arithmétique[1]. Leurs méthodes pour arpenter un champ, pour mesurer les dimensions d'un édifice, etc., se réduisent à une simple routine, sans principes géométriques. Ainsi, il est dit dans l'Écriture (I *Rois*, vii, 23 ; II *Chron.*, iv, 2) que le temple de Salomon avait la forme d'un hémisphère, que son diamètre était de dix coudées et sa circonférence le triple de ce nombre. Ce détail montre que l'important problème du

---

1. *Lévitique*, xxv, 27 et 50.

rapport exact entre le diamètre et la circonférence n'avait pas encore préoccupé les Israélites.

Les neuf premières lettres de l'alphabet hébreu : א ב ג ד ה ו ז ח ט, ont la valeur des nombres 1, 2, 3, 4, 5, 6, 7, 8, 9. Les treize lettres qui viennent après ont la valeur de 10, 20, 30, 40, 50, 60, 70, 80, 90, 100, 200, 300, 400. Le nombre 1000 était représenté par l'unité surmontée de deux points, ou par א. Mais ce système de notation est relativement moderne; en tout cas, il ne repose point sur l'antiquité des livres de l'Ancien Testament.

# CHAPITRE V.

## ÉGYPTIENS.

Depuis les travaux de Champollion, de Young et de leurs continuateurs, les antiquités de l'Égypte ont ouvert un vaste champ aux archéologues. Cependant ces travaux multipliés ont ajouté, en général, fort peu de chose à ce que les Anciens nous avaient déjà fait connaître sur l'état des sciences mathématiques chez les Égyptiens. Aux légendes antiques sont venues se mêler beaucoup de conjectures modernes, dont la plupart essayent vainement de se faire passer pour l'expression de la vérité.

Ceux qui sont habitués à regarder la vallée du Nil comme le berceau des arts et des sciences, ne manquent pas d'attribuer aux Égyptiens l'invention de l'arithmétique et de la géométrie. Mais comment faire accepter cette opinion?

Les Égyptiens, ces Chinois de l'antiquité, ayant eu en horreur tout ce qui n'était pas de leur nation, étaient tout à fait impropres à faire, comme les Phéniciens, des voyages maritimes, pour se mettre en communication avec des peuples lointains et tenir des registres de commerce. Ce n'est donc pas la passion du gain qui les aurait poussés à inventer l'art du calcul. Aussi s'est-on rabattu sur des légendes religieuses, dont les Égyptiens paraissent avoir eu en quelque sorte le monopole, et que les Grecs s'empressèrent de propager. C'est ainsi que nous voyons d'a-

bord entrer en scène l'inévitable Theuth ou Thoath, que
les Hellènes ont assimilé à leur Hermès et les Romains à
leur Mercure, au Dieu des marchands et des voleurs.

Voici ce que Platon, qui avait voyagé en Égypte, met
dans la bouche de Socrate : « J'ai entendu dire qu'aux
environs de Naucratis, ville d'Égypte, il y avait un des
plus anciens dieux de ce pays, qu'il se nommait *Theuth*, et
qu'il avait inventé les nombres, le calcul, la géométrie,
l'astronomie, les jeux d'échecs et de dés, et l'écriture. Le
roi Thamus régnait alors sur toute l'Égypte et habitait la
ville de Thèbes, capitale de la Haute-Égypte. Theuth vint
donc trouver le roi, lui montra les arts qu'il avait inventés,
et lui dit qu'il fallait les faire connaître à tous les Égyptiens. Le roi lui demanda de quelle utilité serait chacun de ces arts ; et, trouvant que ses réponses étaient
fondées en partie et en partie ne l'étaient pas, il blâma
quelques-unes de ses inventions et approuva les autres....
Lorsqu'il en vint à l'écriture, Theuth dit au roi : Voici
une invention qui rendra les Égyptiens plus instruits et
leur donnera la facilité de retenir et de transmettre ce
qu'ils savent. — Ingénieux Theuth, lui répliqua le roi,
les uns sont capables d'inventer les arts, les autres de
juger les avantages et les inconvénients qu'ils doivent
avoir pour ceux qui s'en serviront. Père de l'écriture, par
amour pour ton invention, tu lui attribues des effets qu'elle
n'a pas ; car ceux qui sauront cet art négligeront leur
mémoire et feront naître l'oubli dans leurs âmes, parce
que, se reposant sur la fidélité de l'écriture, ils cherche-
ront à se rappeler les choses à l'aide de caractères extérieurs, au lieu d'y procéder intérieurement par leurs
propres efforts. Tu n'as donc pas trouvé un moyen de se
souvenir, mais seulement de remémorer ; et tu donnes à tes
disciples une science apparente et non réelle ; car, après
avoir appris beaucoup de choses sans maîtres, ils se
croiront très-instruits ; mais ils seront, pour la plupart,
sans instruction, et d'un commerce difficile, parce

qu'ils n'auront qu'une fausse science, au lieu d'une véritable [1]. »

A part l'habileté avec laquelle Platon savait rattacher les légendes à sa philosophie, on voit que la croyance la plus répandue attribuait à une divinité l'invention de l'alphabet et des signes numéraux, primitivement identiques avec les caractères de l'alphabet. Mais c'est toujours faute de documents historiques qu'on fait remonter une invention à un dieu ; c'est donc dire clairement qu'elle se perd dans la nuit des temps, où, suivant les plus anciennes poésies et religions, les dieux et les hommes avaient entre eux un commerce journalier.

Mais les peuples sont peut-être plus présomptueux encore que les individus. Les plus importantes inventions, comme celles de l'écriture et du calcul, ne sont fixées par aucune date, parce que chacun y prétend. Aux prétentions des peuples de l'Ancien Continent, nous pourrions joindre celles des Incas et des Aztèques, peuples du Nouveau Continent, que les Européens, lors de la découverte de l'Amérique, trouvèrent dans un état de civilisation relativement très-avancé. Les indigènes du Pérou et du Mexique, qui paraissent avoir fondé les premières monarchies du Nouveau-Monde, étaient en quelque sorte les Égyptiens ou les Assyriens de l'hémisphère qui resta si longtemps inconnu au nôtre.

Exprimer par des signes, dont le dessin se rapprochait plus ou moins exactement de la forme des objets qu'ils devaient représenter, c'était là une idée qui pouvait germer dans l'esprit des races les plus différentes, n'ayant jamais communiqué entre elles. L'écriture hiéroglyphique des Égyptiens comparée à celle des anciens Mexicains en fait foi. On s'explique également, d'après ce que nous avons dit plus haut de la dactylomimique, pourquoi les éléments figuratifs, fondamentaux, du système de numé-

1. Platon, *Phèdre* (vers la fin du Dialogue).

ration ne dépassent pas un nombre naturellement limité. Ainsi, chez les Égyptiens, comme dans l'écriture d'autres peuples, les neuf premiers nombres s'expriment par la répétition du signe de l'unité, et ces signes se classent par groupes de quatre. Dans l'écriture hiéroglyphique,

l'unité est représentée par ∥, qui rappelle la figure d'un

doigt levé. Le nombre 10 y est figuré par 𝕊, 100 par

𝒞, 1000 par 𝕌, 10 000 par ∪. Cette progression géométrique est fondée, comme nous l'avons montré plus haut, sur la nature des choses, c'est-à-dire sur notre propre organisation. Il n'est donc pas étonnant qu'elle se retrouve chez presque toutes les races.

Dans l'écriture *hiératique*, modification courante de l'écriture hiéroglyphique, il a été fait une distinction essentielle entre les nombres *cardinaux* et les nombres *ordinaux* : les dix premiers nombres cardinaux y sont représentés chacun par un signe particulier, et, pour les nombres ordinaux des jours du mois, les nombres 1er, 2e, 3e, 4e, 9e s'expriment seuls chacun par un signe unique, tandis que les nombres 5e, 6e, 7e et 8e s'expriment par l'union deux à deux des signes de 2, de 3 et de 4. De ces indices de la période quaternaire, reconnaissable aussi dans la notation hiéroglyphique, on s'est cru autorisé à conclure que les nombres ordinaux des jours du mois sont plus anciens que ceux des nombres cardinaux. Cette notation hiératique ordinale a passé dans l'écriture démotique des Égyptiens.

Au-dessus du nombre 9, l'écriture hiéroglyphique employait des signes distincts pour 10, pour 100, 1000, 10 000; elle exprimait les nombres de dizaines, de centaines et de milliers par la répétition du même signe ; pour les centaines de mille et les millïons, on mettait le signe de 1000 au-dessous des signes qui exprimaient le nombre de milliers. L'écriture hiératique avait des signes particuliers pour les neuf nombres cardinaux, tant de dizaines que de centaines et de milliers ; le signe du nombre 100, placé au-dessous des signes des nombres 1000, 2000, 3000 ou 10000, etc., servait de multiplicateur à ces nombres[1].

Presque tous les écrivains s'accordent à placer l'origine de la géométrie en Égypte[2]. Il est certain que dans une contrée aussi populeuse que l'Égypte, où la propriété était par conséquent très-divisée, il devait y avoir de fréquentes contestations territoriales, auxquelles la justice ne pouvait guère mettre fin que par des procédés d'arpentage. Cela nous paraît plus plausible que d'attribuer la naissance de la géométrie aux crues périodiques du Nil qui, confondant les limites des possessions, aurait nécessité de nouveaux partages après que le fleuve était rentré dans son lit. Hérodote fait remonter l'origine de cette science à l'époque où Sésostris fit une répartition générale des terres entre les habitants de l'Égypte. En adoptant l'opinion d'Hérodote, Newton n'est pas éloigné de croire que cette répartition fut faite d'après le conseil de Theuth, ministre de Sésostris, qui serait le même qu'Osiris.

Aristote place hardiment en Égypte le berceau des mathématiques, mais par une raison toute particulière. « Les mathématiques sont, dit-il, nées en Égypte, parce que dans ce pays les prêtres jouissaient du privilége d'être

---

1. Th. H. Martin, *Des signes numéraux*, etc. Examen de l'ouvrage de Cantor, *Mathematische Beiträge*, etc., p. 6 et 7.
2. M. Bretschneider (*Die Geometrie und die Geometer vor Euclides*, p. 6-15 ; Leipzig, 1870, in-8°) a reproduit tous les passages des écrivains grecs qui présentent l'Égypte comme le berceau de la géométrie.

détachés des affaires de la vie et avaient le loisir de s'a-
donner à l'étude[1]. » Cependant, malgré ce loisir, les mathématiques ne paraissent pas avoir fait beaucoup de
progrès en Égypte, à en juger par les philosophes grecs
qui y ont voyagé.

Parmi les nombreux monuments de la vallée du Nil,
il y en a plusieurs qui ne sont pas sans intérêt pour
l'histoire des mathématiques appliquées. Nous allons les
passer successivement en revue.

Les *Pyramides*, qui symbolisent le tétraèdre, ont donné
leur nom au solide géométrique, bien connu. Un point
à noter c'est l'orientation de ces monuments. Biot a remarqué (p. XIII de l'Introduction de ses *Essais sur l'Astronomie*, etc.) que les quatre faces des Pyramides de
Memphis sont exactement orientées, à quelques minutes
près. « Sur une plate-forme en pierre, rendue horizontale au moyen de l'équerre et du fil à plomb, posez une
règle bien droite, à arêtes tranchantes, comme on en
trouve dans les tombeaux d'Égypte, et, le matin, à un
jour quelconque, alignez-la sur le point de l'horizon oriental où le Soleil se lève ; puis, tracez sur la plate-forme une
ligne droite suivant cette direction. Tracez-en de même
une autre, le soir, suivant la direction où il se couche :
l'intermédiaire entre ces deux lignes est la méridienne qui
vous marquera le nord et le sud.... C'est l'orientation des
Pyramides, qui sont construites par assises horizontales. » Les Égyptiens connaissaient donc, dès la plus
haute antiquité, la règle, l'équerre et le niveau à maçon,
et ils savaient tracer une ligne méridienne et sa perpendiculaire.

Suivant un ancien papyrus (papyrus de Rhind), aujourd'hui conservé au Musée britannique, les Égyptiens
étaient très-avancés dans l'art pratique de la géométrie.
Ce papyrus contient une série de propositions intéres-

1. Aristote, *Métaphysique*, I, 1.

santes, énoncées, sous forme de problèmes, avec des nombres déterminés. On y demande, entre autres, de mesurer un rectangle dont les côtés contiennent 2 et 10 unités de mesure ; de trouver la surface d'un terrain circulaire ayant pour diamètre 6 unités ; de tracer, dans un champ, un triangle rectangle ayant pour cathètes 10 et 4 unités ; de tracer un trapèze dont les deux côtés parallèles soient 6 et 4, et les deux autres (non parallèles) 20. On y lit aussi des indications précieuses pour la mesure des solides, notamment des pyramides, entières ou tronquées.

Ce papyrus paraît n'être qu'une copie, relativement assez ancienne (écrite environ 1000 ans avant J. C.) d'un original qui, suivant M. Birch, remonterait aux temps de Chéops et d'Apophis (vers 3300 avant J. C.)[1].

On a beaucoup disserté sur le but de la construction des Pyramides. Parmi les nombreuses opinions émises à cet égard depuis Hérodote, nous ne citerons que celle de Proclus, qui, dans son Commentaire sur le *Timée* de Platon, prétend que les prêtres y faisaient leurs observations astronomiques. Mais cette opinion est loin d'avoir réuni tous les suffrages.

Les *Obélisques* pouvaient parfaitement servir de gnomon, l'un des premiers instruments d'astronomie. Ces monolithes en forme d'aiguilles, d'où leur nom d'obélisques (du grec ὀϐελός, broche ou aiguille), dressés à l'entrée des temples, figuraient des prismes à base carrée, surmontés de pyramides quadrangulaires ; leurs faces étaient orientées suivant les quatre points cardinaux.

Parmi les tombeaux des anciens rois de Thèbes se voyait le *monument d'Osymandias*, si minutieusement décrit par Diodore[2]. Il y avait au sommet du monument un cercle d'or, de 365 coudées de tour sur une coudée d'é-

1. Birch, dans Lepsius, *Zeitschrift für Aegyptische Sprache und Alterthumskunde* (année 1868, p. 108).

2. Diodore, I, 47-50.

paisseur [1]. Ce cercle était divisé en autant de parties que
sa circonférence avait de coudées, et à chacune correspondait un jour de l'année ; on avait écrit à côté les levers et
les couchers des astres, avec les pronostics que fondaient
là-dessus les astrologues. Ce cercle était, il faut l'avouer,
bien en harmonie avec la masse et les dimensions des Pyramides. Mais la difficulté de manier un pareil instrument devait singulièrement en diminuer l'avantage. Ce qui
pourrait cependant faire croire que les anciens astronomes se servaient de cercles très-grands, c'était leur division sexagésimale en degrés et fractions de degré. Ils
subdivisaient chaque degré en 24 doigts, et ce nombre représentait précisément la longueur de la coudée chez les
Égyptiens, les Babyloniens, les Chaldéens, enfin chez
tous les peuples de l'antiquité qui ont pratiqué la division sexagésimale du cercle. L'usage de dire que le diamètre du Soleil, comme celui de la Lune, est de 12
doigts, s'est conservé longtemps. On dit encore aujour-
d'hui que le Soleil ou la Lune s'est éclipsé d'un, de
deux, de trois, etc., doigts.

L'Expédition française en Égypte eut pour résultat le
plus clair de faire mieux étudier qu'on ne l'avait fait
jusqu'alors, les antiques monuments de la terre des Pha-
raons. La découverte des Zodiaques de Denderah et d'Esné
(l'ancienne Latopolis) fit naître de très-vives controverses
où malheureusement l'amour-propre des savants devait,
ici comme ailleurs, jouer un rôle prépondérant.

Partant de la triple supposition que le Zodiaque fut
inventé en Égypte, qu'il a été créé d'un seul jet, et que
les douze signes qui le composent ont dû offrir, à cette
première époque, la représentation convenue des travaux
agricoles propres aux douze mois de l'année, Dupuis fit re-

---

1. On s'est étonné de n'avoir retrouvé, dans les ruines actuelles de
Thèbes, aucun vestige de ce monument. Voyez, sur ce sujet controversé, Letronne, dans le *Journal des Savants*, année 1822, p. 387.

monter l'invention du Zodiaque à 13000 ans avant l'ère chrétienne[1]. Nous ne mentionnons cette opinion, qui donne à la science égyptienne une antiquité certainement exagérée, que parce qu'elle a réuni un certain nombre de partisans. Fourier, en ne faisant remonter la date des Zodiaques de Denderah et d'Esné qu'à vingt-cinq siècles avant J. C., croyait se conformer à la fois à l'histoire de l'Égypte, aux opinions des Grecs et aux Annales des Hébreux. La manière de voir de Fourier, l'un des membres de la Commission de l'Égypte, fut adoptée par presque tous ses collègues.

Biot émit une opinion entièrement différente. Après avoir discuté la position relative des signes du Zodiaque circulaire de Denderah, particulièrement celle des astérismes compris dans l'intérieur ou sur le contour de l'anneau zodiacal, ce savant parvint à établir que le pôle de projection du mouvement céleste coïncide, à peu de chose près, avec le point qu'occupait le pôle même de la sphère terrestre 716 ans avant J. C. « Le zodiaque circulaire de Denderah nous paraît, dit Biot en se résumant, être un monument sur lequel des positions astronomiques précises sont exprimées conformément aux règles d'une géométrie exacte, avec l'intention formelle de désigner spécialement certains phénomènes remarquables de l'année solaire et de la révolution diurne du ciel, tels qu'ils s'opéraient environ 700 ans avant l'ère chrétienne dans le lieu même où ce mouvement était placé. Mais quel était son but ? Était-il purement astronomique et servait-il à diriger les observations des prêtres ? Ou était-il astrologique et servait-il à tirer les horoscopes, à quoi les prêtres égyptiens avaient la réputation d'être fort habiles ? Ou enfin exprimait-il l'état du ciel à l'époque de quelque circonstance mémorable ? » — A propos de cette dernière question, il importe de rappeler que l'époque,

---

1. Dupuis, *Origine des cultes*, t. III, p. 340 (Paris, an III).

assignée par Biot à la position des étoiles figurées sur le Zodiaque de Denderah ne s'éloigne pas beaucoup du commencement de l'ère de Nabonassar, fixé à l'année 747 avant l'ère chrétienne.

En somme, quelle que soit la véritable signification de ces monuments d'Égypte, dont nous avons abrégé la liste, ce sont, suivant nous, de grands hiéroglyphes, destinés à montrer, aux yeux de l'homme, que tout a été disposé avec nombre, poids et mesure ; ce sont, en un mot, de gigantesques symboles mathématiques, parlant à travers les siècles, devant les générations qui passent.

# LIVRE TROISIÈME.

## LES MATHÉMATIQUES CHEZ LES GRECS.

Un fait singulier, que l'histoire des sciences met très-bien en lumière, c'est que la civilisation grecque avait son siége primitif dans les colonies ioniennes de l'Asie Mineure, et que de là, franchissant la mer Égée et le pays des Pélasges, elle alla d'abord s'établir en Sicile et dans l'Italie inférieure (Grande Grèce), avant de revenir en quelque sorte sur ses pas pour se fixer dans le petit pays de l'Attique. Puis, après un moment d'équilibre instable, elle ira suivre la fortune du plus heureux des lieutenants d'Alexandre, en venant s'asseoir au foyer de la cité fondée en Égypte par le grand conquérant. Ces étapes de l'esprit grec, père de notre civilisation, sont marquées par l'emploi de différents dialectes, parmi lesquels dominent l'ionien, le dorien et l'attique; elles nous tracent en quelque sorte la voie à suivre dans la division des écoles philosophiques, qui ont successivement présidé au développement du progrès intellectuel.

Mais nous devons auparavant consacrer un chapitre particulier à la notation numérale des Grecs, afin de nous faire une idée exacte de leur manière de procéder dans les questions fondamentales des nombres.

# CHAPITRE I.

A l'exemple des Hébreux, les Grecs employaient comme signes numéraux les lettres de l'alphabet, surmontées d'un accent aigu :

$$\alpha' \ \beta' \ \gamma' \ \delta' \ \varepsilon' \ \varsigma' \ \zeta' \ \eta' \ \theta' \ \iota'$$
$$1 \quad 2 \quad 3 \quad 4 \quad 5 \quad 6 \quad 7 \quad 8 \quad 9 \quad 10$$

Ces chiffres sont donc identiques avec les dix premières lettres de l'alphabet, à l'exception du chiffre 6, représenté par le $\varsigma$ (stigma). Ce signe appartenait, suivant quelques lexicographes, à un alphabet ancien, qui avait quelque ressemblance avec celui des Phéniciens[1]. Il était quelquefois supprimé.

Les autres caractères alphabétiques marquaient les termes de la même progression arithmétique. En supprimant le signe exceptionnel ($\varsigma$), les Grecs mettaient :

$$\varkappa' \ \lambda' \ \mu' \ \nu' \ \xi' \ o' \ \pi' \ \rho' \ \sigma' \ \tau'[2]$$
$$10 \quad 11 \quad 12 \quad 13 \quad 14 \quad 15 \quad 16 \quad 17 \quad 18 \quad 19$$

1. Ce signe, qu'on a rapproché du *vav*, ך, des Hébreux, ne fut introduit que très-tard dans l'alphabet grec. Son introduction ne paraît pas remonter au delà du règne de l'empereur Claude.

2. Après le $\pi'$ vient quelquefois se placer, pour exprimer 17, un signe particulier, qui ressemble au lamda, ך, de l'alphabet hébreu ; dans ce cas, $\rho'$ devient 18, $\sigma'$ 19, $\tau'$ 20.

Puis, en combinant ϰ′, λ′, etc., avec les neuf premières lettres de l'alphabet, les Grecs écrivaient :

ϰ′, ϰα′, ϰβ′, ϰγ′, etc., 20, 21, 22, 23, etc.
λ′, λα′, λβ′, λγ′, etc., 30, 31, 32, 33, etc.
μ′, μα′, μβ′, μγ′, etc., 40, 41, 42, 43, etc.
ν′, να′, νβ′, νγ′, etc., 50, 51, 52, 53, etc.,

et ainsi de suite, en représentant 60 par ξ, 70 par o, 80 par π et 90 par C.

Pour les centaines, ils prenaient : ρ, σ, τ, υ, φ, χ, ψ, ω, ∩ (signe analogue au *tau* des Hébreux).

Les mille étaient exprimés par des lettres marquées d'une espèce de iota souscrit :

$$\alpha, \ 1000,$$
$$\beta, \ 2000,$$
$$\gamma, \ 3000,$$

et ainsi de suite jusqu'à 9000, exprimé par ϑ.

Avec ces caractères, les Grecs pouvaient exprimer un nombre quelconque, inférieur à une myriade ou 10 000. Ainsi, par exemple, δα signifiait 4001; ηλγ valait 8033; αωξδ, 1874, etc.

Pour exprimer une myriade ou 10 000, on aurait pu, en continuant, écrire ι. Mais, bien que cette notation se trouve indiquée dans les Lexiques, elle ne paraît jamais avoir été employée par les mathémaciens grecs. Pour désigner un certain nombre de myriades, on se servait de la lettre M surmontée du nombre voulu. Ainsi, $\overset{\alpha}{M}, \overset{\beta}{M}, \overset{\gamma}{M}$, etc., marquaient 10 000, 20 000, 30 000, etc., et, par extension, $\overset{\lambda\iota}{M}$ signifiait 35 myriades ou 350 000; $\overset{\delta\tau o\beta}{M}$ valait 4372 myriades ou 43 720 000, etc. On voit que la lettre M, placée au-dessous d'un nombre quelconque, produisait le même effet que quatre de nos zéros, mis à la suite de ce nombre.

Mais cette notation des myriades, particulièrement mise
en usage par Eutocius dans ses Commentaires sur Archimède, ne fut pas universellement adoptée. Diophante et
Pappus employaient deux caractères, Mυ (les deux initiales
de μυριάς, *myriade*), pour indiquer les dizaines de mille
et, pour simplifier davantage, ils remplaçaient Mυ par
un simple point. Ainsi, αMυ, βMυ, γMυ, ou α. β. γ., etc.,
signifiaient 10 000, 20 000, 30 000, etc.

Les Grecs pouvaient donc, avec les lettres de leur alphabet, chiffrer jusqu'à 9999.9999; une unité de plus
aurait fait une myriade de myriades ou cent millions =
100 000 000. Là se bornait leur notation numérale; elle
leur suffisait, parce que leurs unités de compte, telles que
le stade, le talent, étaient beaucoup plus fortes que nos
unités ordinaires, telles que le mètre et le gramme.

Mais les géomètres et les astronomes devaient se trouver
à l'étroit dans ces limites. Ils avaient sans doute remarqué
le rapport qui existe entre les caractères des unités, des
centaines, des mille et des dix mille. Car Archimède,
dans son Arénaire, où il s'agissait de trouver l'expression
d'un nombre extrêmement considérable, se sert de la
progression géométrique de 10 :

α, ι, ρ, α,, α., ι., ρ., α,.,
1, 10, 100, 1000, 10 000, 100 000, 1 000 000, 10 000 000, etc.

Si, pour simplifier davantage, il eût écrit :

$$\alpha \quad \alpha \quad \alpha,\text{ etc.,}$$
$$\text{I} \quad \text{II} \quad \text{III}$$

il aurait mis la main sur notre système de numération, les
traits souscrits étant à peu près l'équivalent de nos zéros.
Mais ce qu'il n'imagina pas de faire pour la série ascendante, les astronomes le firent pour la série descendante;
ils écrivaient :

$$\alpha^0 \quad \alpha^I \quad \alpha^{II} \quad \alpha^{III} \quad \alpha^{IV},\text{ etc.}$$

Seulement la raison de cette progression géométrique était $\frac{1}{60}$ et non $\frac{1}{10}$[1].

Quoi qu'il en soit, les Grecs ne semblent pas avoir eu cette idée si heureuse, qui fait qu'avec neuf chiffres dont la valeur augmente en progression décuple en allant de droite à gauche, nous sommes aujourd'hui en état d'exprimer les nombres les plus grands qu'on puisse imaginer.

On a nié avec raison l'existence du véritable zéro chez les Grecs[2]. Cependant leurs astronomes marquaient, comme nous venons de le voir, par o, initiale du mot οὐδέν, *rien*, l'absence de degrés, de minutes, de secondes, dans les mesures des arcs ou des angles. Il faut convenir que rien ne ressemble plus à la lettre grecque o (omicron) que notre zéro, petit cercle, que les Arabes remplaçaient souvent par un simple point. Suivant M. Woepke, ces deux signes, et avec l'usage propre à chacun d'eux, ont coexisté chez les Arabes orientaux, qui auraient emprunté le premier aux Grecs et le second aux Indiens[3].

Pour exprimer des nombres fractionnaires, les Grecs ne séparaient par aucune ligne le numérateur du dénominateur : ils écrivaient l'un et l'autre sur la même ligne ; seulement les caractères du numérateur étaient plus gros que ceux du dénominateur. Ainsi, par exemple, ιε ξδ, signifiaient $\frac{15}{64}$. Lorsque le numérateur ne se composait que de l'unité, la fraction était exprimée par le dénominateur, surmonté d'un accent aigu. On avait ainsi : β′, γ′, δ′, etc., pour marquer $\frac{1}{2}$, $\frac{1}{3}$, $\frac{1}{4}$, etc.

Le système de numération grecque que nous venons de résumer, est relativement moderne.

Selon le témoignage de Jamblique, vainement attaqué

---

1. Voy., pour plus de détails, la notice de Delambre, *De l'Arithmétique des Grecs*, dans le t. II. de son *Hist. de l'Astronomie ancienne*.

2. Cantor, *Mathematische Beiträge*, etc., p. 121 et suiv.

3. Woepke, *Mém. sur la propagation des chiffres indiens*, etc., p. 132 et suiv.

par M. Nesselmann[1], les Grecs désignaient primitivement les nombres par autant de barres verticales qu'il y avait d'unités ; c'était le système hiéroglyphique des Égyptiens. Un exemple de cette antique notation grecque a été conservé dans une inscription de Tralles en Carie, datée du 7e mois de la 7e année du règne d'Artaxerce II, qui succéda à son père Darius II (Ochus) en 405 avant J. C. Le mot *année septième*, y est exprimé par ἔτεος | | | | | | |[2].

Sur d'autres monuments, moins anciens, l'emploi des traits verticaux ne va que jusqu'à quatre. A partir de là on mettait les initiales majuscules des mots πέντε, δέκα, ἑκατὸν, χίλια, μύρια, désignant les nombres à exprimer. On avait ainsi, **Π** = 5, **Δ** = 10, **H** (HEKATON) = 100; **X** = 1000, **M** = 10000. On ajoutait ensuite à **Π**, **Δ**, etc., les nombres d'unités nécessaires; comme, **Π** | = 6, **Π** || = 7, etc.[3]

1. Nesselmann, *Die Algebra de Griechen* (Berlin, 1842, in-8°).

2. Bœckh, *Corpus inscriptionum græcarum*, t. II, n° 2919, et les notes de Bœckh.

3. Voy., Corsinus, *Notæ Græcorum, sive vocum et numerorum compendia, quæ in æreis atque marmoreis Græcorum tabulis observantur*, etc., Florence, 1702. Prolegom., p. xix et suiv.

# CHAPITRE II.

Les philosophes de l'école Ionienne s'étaient particulièrement attachés à la recherche du principe des
choses. Les uns prétendaient l'avoir trouvé dans l'eau,
les autres dans l'air, d'autres dans le feu, etc. Tous té-
moignaient ainsi de la nécessité d'interroger la nature
pour arriver, par la philosophie, à des solutions pratiques.

### Thalès.

Le premier des sept Sages de la Grèce, le fondateur de
l'école Ionienne, Thalès, figure déjà dans l'histoire de la
physique et de l'astronomie. Aussi nous bornerons-nous
à rappeler ici que ce philosophe, à l'exemple de beaucoup
de Milésiens, ses compatriotes, voyagea en Égypte, et
emprunta, dit-on, aux Égyptiens une grande partie de
son savoir. Mais dans ce savoir d'emprunt n'était sans
doute point compris la géométrie, puisque le roi Amasis
fut, d'après ce qu'on raconte, frappé d'étonnement en
voyant le philosophe de Milet mesurer la hauteur des
Pyramides par le moyen de leur ombre. Le secret de
cette méthode consistait dans le rapport des corps ver-
ticaux à leur ombre projetée sur un plan horizontal, rapport qui est le même pour tous les corps dans le même

instant[1]. L'opération de Thalès, qui ne pouvait surprendre que des ignorants, semble marquer le point de départ de cette partie de la science qui enseigne de mesurer les grandeurs d'objets inaccessibles par les rapports des côtés d'un triangle.

Les propriétés du triangle et du cercle paraissent avoir particulièrement exercé la sagacité du chef de l'école Ionienne. Au rapport de Pamphila (Παμφίλη), cité par Diogène de Laërte, Thalès, initié à la géométrie par les Égyptiens, remercia les dieux par le sacrifice d'un taureau, pour lui avoir appris à *inscrire dans un cercle le triangle rectangle* (καταγράψαι κύκλου τὸ τρίγωνον ὀρθογώνιον). Ce qui causait sans doute sa joie, c'était la découverte de cette propriété remarquable du cercle, suivant laquelle *tous les triangles qui ont pour base le diamètre,*

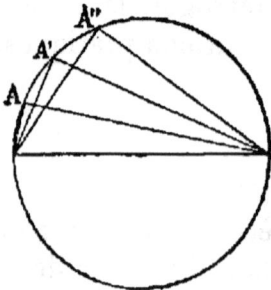

Fig. 2.

*et dont l'angle opposé atteint la circonférence, ont cet angle droit.* (Voy. la figure 2, ci-contre, où les angles A, A′, A″, qui touchent à la circonférence, sont tous des angles droits, conséquemment égaux entre eux.)

Le biographe grec ajoute que quelques-uns, comme Apollodore le calculateur, attribuent cette découverte à Pythagore[2]. Suivant le même auteur, Thalès développa beaucoup de théorèmes (θεωρίας), que Callimaque attribuait à Euphorbe le Phrygien, sur les triangles scalènes (σκαληνά) ainsi que sur les triangles et les lignes en général[3].

1. Plutarque, *Banquet des sept Sages.*
2. Diogène, *Vie de Thalès,* I, 1 (p. 6 de l'édit. Cobet, dans la Bibliothèque grecque d'Ambroise Firmin-Didot).
3. Diogène de Laërte, *ibid.* Le mot *scalène,* σκαληνὸς, qui signifie *inégal* et s'applique aux triangles dont tous les côtés sont inégaux, est, comme on voit, d'origine grecque.

Thalès mourut vers 540 avant notre ère, à l'âge de près de cent ans.

## Anaximandre. — Anaximène.

Selon toute apparence, les disciples de Thalès étaient plus ou moins pénétrés des connaissances géométriques du maître; mais nous n'avons à cet égard aucun renseignement positif.

*Anaximandre*, l'un des plus connus des disciples de Thalès, avait, selon Suidas, le premier écrit un traité de géométrie. Dans ce traité, dont il ne reste aucun fragment, il paraît avoir particulièrement développé les propriétés de la sphère. On lui attribue, bien gratuitement selon nous, l'invention du gnomon; car cet instrument était, longtemps avant Anaximandre, employé pour observer les mouvements du Soleil par la projection des ombres. On lui attribua, peut-être avec plus de raison, l'invention des cadrans solaires.

Anaximandre paraît avoir beaucoup disserté sur l'*infini*, ἄπειρον. Mais par là il entendait principalement l'espace et le temps illimités, et, sous le nom d'*incréé*, ἀγέννητον, et d'*indestructible*, ἄφθαρτον, il l'identifiait avec la divinité. L'infini, ainsi compris, devait *embrasser et gouverner tous les mondes*, πάντας περιέχειν τοὺς κοσμοὺς, καὶ κυβερνᾶν [1].

Natif de Milet comme son maître, Anaximandre mourut à l'âge de soixante-quatre ans, en 547 avant J. C.

Son disciple, *Anaximène*, matérialisa en quelque sorte l'infini sous le nom d'*esprit*, ou de *souffle*, πνεῦμα, et d'*air*, ἀήρ, qu'il employait comme synonymes [2]. Également natif de Milet, il mourut à l'âge de soixante-neuf ans, dans

---

1. Origène, *Philosophoumena*, c. 6. — Aristote, *de Cœlo*, III, 5, et *Auscult. physic.*, III, 4.
2. Plutarque, *Placit. philosoph.*, I, 3, 6. Stobée, *Eclog. phys.*, I, p. 296.

l'année même de la prise de Sardes par les Ioniens (en 499 avant l'ère chrétienne).

Anaximène n'occupe qu'une très-petite place dans l'histoire des mathématiques. Nous en dirons autant de *Phérécyde* et de *Xénophane*, dont nous avons parlé ailleurs[1].

1. *Histoire de l'Astronomie*, p. 100 et 101

# CHAPITRE III.

DÉMOCRITE ET ANAXAGORE.

Démocrite et Anaxagore, bien qu'ils s'éloignent, par leurs doctrines, de l'école Ionienne proprement dite, se rattachent cependant, par leur esprit observateur de la nature, à l'antique civilisation grecque de l'Asie Mineure.

*Démocrite* naquit, dans la 80ᵉ olympiade (460 avant J. C.), à Abdère, colonie de Milet, ce qui lui valut le surnom de *Milésien.* Partant de ce principe, aujourd'hui universellement admis, que « rien ne se fait de rien et que rien ne s'anéantit, » il considérait les atomes comme tourbillonnant partout et produisant ainsi tous les corps matériels. Les mondes sont, disait-il, en nombre infini ; ils ont un commencement et auront une fin (γενητοὶ καὶ φθαρτοὶ).

A juger par les ouvrages dont Diogène de Laërte nous a conservé les titres, Démocrite était initié à toutes les connaissances humaines. Sans nous arrêter aux traditions qui le font voyager dans l'Inde et dans l'Égypte, où il aurait appris la géométrie, nous rappellerons qu'il paraît avoir le premier traité des nombres irrationnels, sous le nom de *lignes irrationnelles* (ἄλογοι γραμμαὶ). Il composa un livre spécial *Sur le contact du cercle et de la sphère* (Περὶ ψαύσιος κύκλου καὶ σφαίρης). Il fit aussi un traité de géométrie ainsi que de cosmographie, et il écrivit sur l'actinographie ou la perspective. Tous ces ouvrages, dont aucun ne nous est parvenu, étaient écrits en dialecte ionien[1].

Rappelons encore, en passant, que Démocrite qui paraît s'être particulièrement appliqué à saisir le côté comique de la vie humaine, reprochait aux Grecs leur amour de la patrie, parce que cet amour exclusif empêche de reconnaître que « le monde entier est notre patrie ». C'est là une des idées les plus grandes et les plus hardies de l'antiquité païenne.

*Anaxagore* de Clazomène, mort vers l'an 430 avant l'ère chrétienne, clôt la série des penseurs de l'école Ionienne. Nous avons déjà dit ailleurs qu'il fut mis en prison par les Athéniens, parmi lesquels il avait de nombreux disciples, pour avoir voulu expliquer, par des causes physiques, des phénomènes qu'on avait été jusqu'alors habitué à regarder comme le résultat d'influences divines. Ce fut, dit-on, pendant sa captivité, qu'il s'occupa de la *quadrature du cercle.* Un mot sur ce sujet.

### La quadrature du cercle dans l'antiquité.

Chercher le rapport du diamètre à la circonférence ou de la circonférence au diamètre, c'était là, en apparence, un problème tellement simple qu'il devait se présenter à l'esprit de tout homme qui pense. Il suffisait, en effet, d'enrouler un fil sur la circonférence d'un cerceau et de comparer la longueur de ce fil développé à la longueur du diamètre du même cerceau, pour s'assurer aussitôt que la longueur de la circonférence est *plus que trois fois et moins que quatre fois* celle du diamètre. C'était la dé-

---

1. Diogène de Laërte, IX, 7, *Vie de Démocrite.*

termination exacte du nombre fractionnaire, intermédiaire entre 3 et 4 (équivalant à peu près à la racine carrée de 10) qui constituait la difficulté du problème.

Nous n'avons aucun renseignement sur le procédé qu'Anaxagore employa dans sa prison. Mais un de ses contemporains, *Hippocrate de Chios*, s'était occupé de la même question. Nous en parlerons plus bas.

Le problème plut tellement aux anciens géomètres qu'ils furent pour ainsi dire tous atteints de la fureur de la quadrature du cercle. Au nombre des plus ardents se trouvait Méton, célèbre par son cycle[1]. Il faut bien que ce fait soit vrai, puisque Aristophane l'a traduit sur la scène. Voici ce qu'il met dans la bouche de Méton et de son interlocuteur Pisthétéros.

MÉTON.

Je viens chez vous, pour....

PISTHÉTÉROS.

En voici d'un autre. Que venez-vous faire ici, vous? Quel est votre dessein ?

MÉTON.

Je veux mesurer le ciel et vous le partager en arpents.

PISTHÉTÉROS.

Ohé, qui donc êtes-vous, de par tous les dieux ?

MÉTON.

Je suis le fameux Méton, connu dans toute la Grèce, comme à Colonne même.

PISTHÉTÉROS.

Mais, dites-moi, quels instruments avez-vous là ?

MÉTON.

Ce sont des règles pour mesurer le ciel. Car vous saurez d'abord que le ciel est absolument fait comme un four. C'est pourquoi, appliquant par en haut cette règle courbe, puis posant le compas.... Vous entendez bien?

PISTHÉTÉROS.

Moi? Je ne vous entends point du tout.

MÉTON.

J'appliquerai une règle droite et je prendrai si bien mes dimen-

1. Voy. notre *Histoire de l'Astronomie*, p. 123.

sions, que *je ferai d'un cercle un carré*, et que je tracerai le Forum au centre. À cette place aboutiront de toutes parts des rues droites, semblables aux *rayons du soleil* (rayons du cercle), qui est rond lui-même [1].

PISTHÉTÉROS,

À ce que je vois, cet homme est un second Thalès. Méton....

MÉTON.

Hé bien, qu'est-ce ?

PISTHÉTÉROS.

Vous saurez si je vous aime. Croyez-moi, retirez-vous au plus vite [2].

Les géomètres qui, séduits par la quadrature de la lunule d'Hippocrate, avaient entrepris de carrer le cercle, se trompaient évidemment, en comparant entre elles des choses qui n'étaient pas comparables. Mais leurs recherches ne demeurèrent pas tout à fait stériles : elles firent découvrir que *la surface ou aire d'un cercle est égale à la moitié d'un rectangle, ou à un triangle rectangle, qui a pour base la circonférence et pour hauteur le rayon.* Et ce théorème lui-même se déduisait de la connaissance déjà acquise que le périmètre de tout polygone circonscrit à un cercle est plus grand que la circonférence de ce cercle, et que le périmètre de tout polygone inscrit à un cercle est plus petit que la circonférence de ce cercle. Mais n'anticipons point sur ce que nous aurons à exposer plus loin.

1. Voy. plus haut, p. 5.
2. Aristophane, *Les Oiseaux.*

# CHAPITRE IV.

## ÉCOLE ITALIQUE OU PYTHAGORICIENNE.

### Pythagore. Sa vie et ses travaux.

On n'est pas d'accord sur la vie de Pythagore, qui paraît être tombée de bonne heure dans le domaine de la légende[1]. Les uns, comme Röth, le font naître en 569 avant J. C., dans l'île de Samos, et mourir à Tarente en 470, à l'âge de quatre-vingt-dix-neuf ans[2]. Les autres, comme Brandis, le font mourir octogénaire, peu de temps après l'an 509 avant notre ère[3]. Comme Thalès, Pythagore fit un long séjour en Égypte, et il fut même, dit-on, agrégé au collége des prêtres de Thèbes (Diospolis), sur la recommandation de Polycrate, tyran de Samos, allié d'Amasis, roi d'Égypte. « C'est là qu'il apprit, raconte Diodore, la géométrie, la doctrine des nombres et la transmigration de l'âme dans le corps de toutes sortes d'animaux. » Au rapport de Jamblique (*Vie de Pythagore*), il séjourna vingt ans en Égypte, et, lors de la conquête de ce pays par Cambyse, il partagea

---

1. Chassang, *Histoire du roman dans l'antiquité grecque et latine*, p. 232 et suiv. (Paris, 1862, in-8°).

2. Röth, *Geschichte der Griechischen Philosophie*, t. I, p. 286 (Mannheim, 1858, in-8°).

3. Brandis, *Geschichte der Entwickelung der griechischen Philosophie*, t. I, p. 158 (Berlin, 1862, in-8°)

le sort de la caste sacerdotale, emmenée en captivité à Babylone, où il aurait appris l'astrologie et l'astronomie des mages et des prêtres chaldéens. Mais ce récit est contredit par un autre biographe de Pythagore, par Porphyre, qui, après son séjour en Égypte, le fait tranquillement revenir en Ionie. Quant à la rencontre de Pythagore avec Zoroastre, et son voyage dans l'Inde, ce sont de simples contes [1].

Dans cet intervalle, bien des événements avaient changé l'aspect de la Grèce. La prospérité de l'Ionie avait passé en Sicile et dans l'Italie Inférieure, connue depuis lors sous le nom de *Grande Grèce*. Aucune ville du Péloponnèse et de l'Attique ne pouvait à cette époque rivaliser en puissance avec Sybaris, Crotone, Tarente, Syracuse, Agrigente. C'est ce courant de la civilisation que Pythagore devait suivre après son retour dans sa patrie. Accompagné de sa mère, d'un disciple, son homonyme, du Thrace Zalmoxis et de deux esclaves, il aborda, vers 510 avant J. C., à Sybaris, visita Tarente et ouvrit une école à Crotone. La nouveauté de son enseignement fit, dit-on, accourir auprès de lui tous les habitants; l'enthousiasme était si vif, que les matrones et les jeunes filles, enfreignant la loi qui les excluait des assemblées, vinrent pour l'entendre. Parmi ces personnes se trouvait aussi la fille de son hôte, la jeune et belle Théano, que Pythagore, quoique sexagénaire épousa par la suite, et qui lui succéda dans la direction de son école. C'est peut-être dans cette différence d'âge, de sexe et de classe de ses auditeurs, qu'il faut chercher l'origine de la division de son enseignement en deux catégories. La première catégorie comprenait les simples auditeurs, ἀκουσ-

---

1. Voy. Lassen, *Indische Alterthumskunde*, p. 12 et suiv. — Eugène Burnouf, *Commentaire sur le Yaçna*, p. 424 et suiv. — Th. H. Martin, *Examen de l'ouvrage de Cantor* (*Mathematische Beiträge*, etc., p. 19).

τιχοί, où, comme nous dirions aujourd'hui, les *amateurs*, tandis que la seconde catégorie, moins nombreuse, se composait des intimes, des *étudiants* proprement dits, appelés *mathématiciens*, μαθηματικοί (de μάθησις, étude). Ceux-ci s'appelaient aussi *Pythagoriciens*, Πυθαγορικοί, pour se distinguer des *Pythagoriens*, Πυθαγόρειοι, ou des *Pythagoristes*, noms donnés à ceux de la première catégorie et à leurs disciples. Ces diverses dénominations, indifférentes aujourd'hui, n'étaient point confondues chez les anciens.

L'enseignement *exotérique* ou externe était une préparation morale et religieuse à la vie du citoyen. Il comprenait en même temps les éléments de la musique et des mathématiques. Pythagore faisait le plus grand cas de la musique : il l'appelait la *médecine de l'âme*. « Il avait, dit Jamblique (*Vie de Pythagore*), inventé des chants qui devaient s'appliquer aux différentes situations de l'esprit : les uns étaient propres à relever le moral abattu ; les autres à calmer la colère, etc. » Dans ces chants, le vers servait-il au musicien à marquer la mesure, ou la mesure musicale était-elle indépendante du rhythme de la poésie ? On l'ignore. Quant aux mathématiques, l'enseignement externe se bornait aux opérations du calcul fondées sur quelques règles générales, dont l'énoncé ne nous a pas été transmis.

Cette espèce d'instruction primaire terminée, les élèves passaient sous la direction immédiate du maître : d'externes, ils devenaient internes. Ainsi déclarés en quelque sorte majeurs, ils pouvaient rompre le silence du noviciat, observer, chercher eux-mêmes et se mouvoir librement dans leur sphère d'idées. La durée de l'enseignement *ésotérique* ou interne était de trois ans, pour rappeler, dit-on, la fête triennale de Dionysos-Osiris. Les initiés avaient un caractère sacerdotal ; c'est pourquoi ils portaient le surnom de *religieux*, σεβαστικοί. Leur genre de vie ressemblait à celui des prêtres d'Égypte, dont nous parle Hérodote, et leur morale avait beaucoup d'analogie avec celle de Socrate.

Pythagore, s'il faut en croire Stobée et d'autres écrivains, est l'auteur du poëme qu'on attribuait généralement à Orphée et qui renferme la *Légende sacrée* (ἱερὸς λόγος). Ce poëme débute, en effet, par l'invocation d'un principe tout pythagoricien : « Salut, nombre fameux, générateur des Dieux et des hommes! » En voici les principaux dogmes, parfaitement d'accord avec l'enseignement de l'école pythagoricienne. L'intelligence s'efforce vainement d'épuiser la série des causes et des effets; mais la raison, qui cherche l'unité dans la variété des choses, nous oblige de nous arrêter à une cause première. C'est là ce que Pythagore appelait la cause primordiale, créée d'elle-même, *autogène* : c'est le Dieu qui a pour corps l'univers, et qui est à la fois un et quadruple; son nom est *tetractys* ou *quadrinité*. Il se nommait ainsi, parce qu'il contenait en lui-même : 1° l'éther, principe actif ou mâle par excellence, appelé aussi *monade;* 2° la matière, principe femelle ou passif, qui s'appelait aussi *dyade*, parce qu'on la supposait composée d'eau et de terre ou de poussière suspendue dans l'eau, état chaotique de la matière, universellement répandue dans l'espace; 3° le temps, qui s'appelait *trinité*, parce qu'il renferme le passé, le présent et l'avenir; 4° la loi universelle ou l'inexorable destin; elle devait embrasser tout l'univers, l'espace, le temps et la matière[1] : c'était le *contenant*, τὸ περιέχον, la reine *Tetractys*.

Ces idées, qui étaient des innovations intolérables pour les pontifes du polythéisme grec, attirèrent sur Pythagore et ses disciples la haine des fanatiques. Répandus dans tous les pays civilisés d'alors, les pythagoriciens for-

---

1. Voir, pour plus de détails, notre article *Pythagore* dans la *Biographie générale*.

maient une véritable confrérie; ils se reconnaissaient, dit-
on, à certaines pratiques et même à certains signes
extérieurs.

Voici, à cet égard, une histoire racontée par Jamblique, qui la tenait d'auteurs plus anciens. Un pythagoricien entra un jour, après une longue marche, dans une
hôtellerie. Épuisé de fatigue, il tomba malade. L'hôtelier, touché de compassion, l'entourait des soins les plus
affectueux. Cependant la maladie s'aggrava; le pythagoricien, qui était pauvre, sentant sa fin approcher, inscrivit
un symbole [1] sur une tablette, qu'il remit à son hôte en
l'engageant à l'exposer de manière que tous les passants
pussent l'apercevoir. « Vous ne regretterez pas, lui dit-il,
de m'avoir fait du bien; ce symbole en répondra. » Le
malade mourut, et l'hôtelier l'ensevelit honorablement.
La tablette était déjà depuis longtemps exposée comme
enseigne, lorsqu'un jour un voyageur y reconnut le symbole sacré : c'était un pythagoricien; il descendit chez
l'hôtelier et le rémunéra largement.

Suivant le scoliaste d'Aristophane (dans les *Nuées*), et
Lucien (*Pro lapsu in salutando*), le symbole qu'employaient
les pythagoriciens pour se reconnaître,
était le *pentagone étoilé* (fig. 3).

On connaît l'histoire de Damon et
Phintias, et comment Denys le Tyran
voulut être admis dans l'amitié de ces
deux pythagoriciens. Il y avait, en
effet, honneur et profit d'appartenir à
cette belle association, qui réalisait
le rêve de beaucoup de philanthro-
pes, association où les riches devaient partager leurs
biens avec les pauvres, en entendant par richesses, non

Fig. 3.

---

1. Ce symbole s'appelait aussi *pentagramme,* parce qu'on s'appliquait à le tracer d'un seul trait (γράμμα signifie *trait* ou *ligne*). Les
membres de la confrérie qui s'en servaient symbolisaient par là le

pas celles que recherchent « les habiles du monde »,
mais les richesses de l'intelligence et du cœur qui seules
attestent la véritable noblesse de l'homme.

Cette union des pythagoriciens était nécessaire pour
faire face aux hostilités des hommes d'État et des pontifes,
inquiets de la nouveauté de l'enseignement scientifique,
politique et religieux. Les disciples de Pythagore avaient
en commun, non-seulement leurs biens, mais surtout
leurs idées. Cette solidarité intellectuelle, dont ces antiques francs-maçons offrent l'exemple le plus saisissant,
explique pourquoi il est si difficile, au milieu des lam-
beaux de texte conservés par les anciens, de distinguer
ce qui appartient en propre au maître, ou ce qui doit
être mis sur le compte des disciples.

### Idées pythagoriciennes.

Bien mettre en lumière l'influence de Pythagore sur
le progrès des mathématiques, c'est une entreprise extrêmement difficile et qui a été jusqu'ici tentée en vain.
La principale difficulté tient au défaut de documents directs et positifs. Ajoutons que les fragments des écrits de
Pythagore ou des plus anciens pythagoriciens que nous
ont conservés Aristote, Diogène de Laërte, Cicéron, Plutarque, Sextus Empiricus, Jamblique, Proclus, Stobée,
Théon de Smyrne, Nicomaque de Gélase, etc., sont loin
de se compléter quand ils ne se contredisent pas les uns
les autres. Cependant ces fragments suffisent pour mettre
hors de doute que Pythagore considérait les mathématiques comme *la base de toutes les connaissances humaines,*
ou, pour nous servir du langage de l'école ionienne (dont

mot *salut :* ὧ συμβόλῳ πρὸς τοὺς ὁμοδόξους ἐχρῶντο, ΥΓΙΕΙΑ πρὸς
ἀυτῶν ὠνομάζετο. C'était le *cura ut valeas* des Romains ou notre
souhait de *bonne santé !*

Pythagore avait hérité), il regardait *les rapports des quantités* (véritable définition des mathématiques) comme *le principe de toutes choses*[1].

Une chose non moins incontestable, c'est que les idées pythagoriciennes ont donné la première impulsion aux tentatives de combiner l'arithmétique avec la géométrie[2]. Mais pour comprendre ces idées et en concevoir toute l'importance, il faut faire abstraction de tout ce qui a été acquis dans l'intervalle qui nous sépare de l'antiquité ; il faut, en un mot, nous transporter à l'époque de Pythagore et essayer de nous identifier en quelque sorte avec cet homme de génie par l'assimilation de ses idées. La chose n'est pas absolument impossible, à la condition que l'esprit, livré à lui-même, se débarrasse un moment de toute la science moderne. La science d'aujourd'hui est un miroir trompeur, en ce sens qu'elle ne pourrait rendre que très-infidèlement la physionomie de la science primitive. Il faudra donc soi-même se mettre à l'œuvre, comme s'il s'agissait de créer la science des nombres, au risque de se donner la *fièvre arithmétique*[3]. Mais pour réussir dans cette laborieuse entreprise, il importe de ne jamais perdre de vue les trois points suivants :

1° Pythagore était, avant tout, un observateur philoso-

---

1. Il importe de rappeler ici que le mot grec ἀριθμὸς, d'où vient le mot *rhythme*, ne signifie pas seulement *nombre*, mais *quantité* et *rapport*. Voy. Aristote, *Métaphys.*, I, 5. — Cicéron, *Acad. Quæst.*, IV, 37. — Sextus Empiricus, *Hypotyp.*, III. — Stobée, *Eclog.*, I, p. 289 (édit. Heeren).

2. Elles reçurent de Pythagore une importante application à l'acoustique, comme nous l'avons montré ailleurs (*Histoire de la Physique*, p. 71, et *Histoire de l'Astronomie*, p. 105).

3. Que ce mot ne fasse pas rire le lecteur. La *fièvre arithmétique* existe, bien que la nomenclature pathologique n'en fasse pas mention. C'est une maladie très-réelle et souvent très-longue, caractérisée par une absorption complète et constante de l'esprit, noyé nuit et jour dans un océan de chiffres sans bornes. *Experto crede Roberto.*

phe, et, comme tel, il devait particulièrement fixer son attention sur le fonctionnement des facultés humaines. Ces facultés comprennent naturellement, d'une part les sens qui nous donnent les impressions externes; de l'autre, l'intelligence et la raison, facultés assimilatrices, qui élaborent intérieurement les impressions reçues du dehors. Tel est *l'outillage* dont l'emploi crée la science et assigne à l'homme sa vraie valeur. Or, il n'est pas nécessaire d'être un Pythagore pour savoir comment fonctionnent les sens, ces organes de préhension de l'intelligence, faculté digestive de la pensée. Non-seulement les sens ne perçoivent rien en dehors des conditions de l'espace et du temps, mais les perceptions sensorielles ne sont claires qu'à la condition d'être distinctes ou discontinues, c'est-à-dire séparées par des intervalles bien appréciables. Ainsi, dans l'évaluation mathématique des phénomènes qui tombent sous les sens, tout se ramène à une unité comme à une mesure commune, dont les nombres, les poids ou les mesures exprimés, sont des multiples ou des sous-multiples. Quant aux facultés assimilatrices ou généralisatrices (intelligence et raison), à juger par leurs produits qui se nomment *idées, abstractions, principes, lois*, etc., elles ont pour but d'imprimer aux perceptions sensorielles le caractère de la vérité ou de la continuité indéfinie par l'élimination des conditions accidentelles de l'espace, du temps, de la matière et des grandeurs définies. Mais cette élimination n'empêche pas de concevoir les quantités (points, lignes, plans) comme projetées ou se mouvant dans l'espace; c'est ainsi que par sa propre intuition l'esprit supplée au défaut de l'intuition sensorielle, son premier point d'appui. Ce sont là des considérations que nous avons déjà signalées au commencement, et sur lesquelles on ne saurait trop insister.

Voilà donc comment du fonctionnement des sens et de l'intelligence, notre outillage naturel, découle la division des mathématiques en *arithmétique* et en *géométrie*. Pytha-

gore fut-il le premier à se servir de cette division? Nous
l'ignorons. Ce qu'il y a de certain, c'est que les noms
d'*arithmétique*, ἀριθμητικὴ, et de *géométrie*, γεωμετρία,
sont fort anciens, et que dès le siècle de Platon ils s'ap-
pliquaient aux deux parties fondamentales des mathématiques pures, parties spéculatives, auxquelles correspon-
daient, dans la pratique, la *logistique*, λογιστικὴ (calcul),
et la *géodésie*, γεωδεσία. Mais, de même que les facultés,
sensorielles et intellectuelles, se trouvent réunies dans un
même tout, composant l'individu, de même aussi l'arithmétique et la géométrie, représentant ces facultés, n'étaient
jamais séparées l'une de l'autre : elles formaient pour
ainsi dire un corps harmonique, organisé, vivant.

2° Le monde, ὁ κόσμος, ce contenant de toutes choses,
étant réputé sphérique, toutes les figures géométriques
devaient être primitivement considérées comme inscrites
dans un cercle, section de la sphère, image du monde.
Mais la sphère-monde contenait aussi, comme œuf universel, tous les germes de la vie avec leurs indices de
développements variés, ainsi que les combinaisons de la
matière inerte, cristallisée ou géométriquement régulière,
avec la matière diversifiée, ondulée, vivante. Ces conceptions et analogies ont été exagérées par l'école néo-
platonicienne, qui a tant emprunté aux doctrines de Pythagore.

3° Tout étant en mouvement dans le monde, πᾶν ἀεὶ κινούμενον, la génération ou le *devenir*, τὸ γίνεσθαι, par progressions, tant discontinues que continues, devait être la
principale préoccupation des premiers philosophes-géo-
mètres, particulièrement de Pythagore et de son école.
La recherche du point de départ ou de l'origine de ce qui
se développe, à l'instar d'un germe, devait donc figurer en
tête de leur programme d'études. Une fois ce point de
départ (rapport de la progression) trouvé, le mouvement
devait continuer, comme de soi-même, à l'infini, sans
jamais s'arrêter. L'infini, ainsi compris, n'est pas abso-

lument distinct du fini, bien qu'il échappe à toute détermination sensiblement ou matériellement quantitative.

En prenant pour guide les trois points ci-dessus indiqués, on pourra hardiment aborder le problème de la reconstitution de la science pythagoricienne avec les fragments qui nous en restent.

### L'arithmétique combinée avec la géométrie.

Les nombres qui reviennent le plus souvent dans les doctrines pythagoriciennes et qui ont la valeur de principes, sont : un ou l'*unité*, deux ou la *dyade*, trois ou la *triade*, quatre ou la *tétrade*, enfin les nombres *huit* et *dix*. Au milieu des obscurités naturelles ou calculées dont les pythagoriciens enveloppaient leur langage, on parvient cependant à comprendre qu'ils distinguaient l'*un*, τὸ ἕν, de l'*unité monade*, ἡ μονάς. L'*un* était le *Tout un* ou le *grand Tout*. La *monade* était l'unité génératrice de tous les nombres. En effet, chaque nombre contient autant de fois l'unité que sa valeur l'indique ; et si l'on représente l'unité par un point, les nombres ne seront que des sommes de points déterminées. La disposition de ces unités-points, *également espacés, dans le sens vertical*, ne devait pas être tout à fait arbitraire. En prenant pour modèle le corps de l'homme dans lequel les membres, organes du mouvement, sont situés latéralement, à droite et à gauche des parties qui forment la ligne médiane, on représentera dichotomiquement ou par voie dualistique, à commencer par la tête et les deux bras, disposés en triangle (élément géométrique), la génération de tous les nombres. Les nombres *pairs* ou *symétriques* sont produits par la sommation des points latéraux (horizontaux), après la suppression de la ligne médiane verticale. Ainsi, dans la figure ci-dessous, on a (en commençant par en haut) toute la série des nombres pairs, 2, 4, 6, etc., par la lecture (sommation) horizontale des points (unités) latéraux, symétriques.

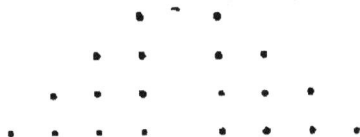

En y introduisant les points médians, à partir de l'unité-point, figurant la tête, on a par la même lecture ou sommation horizontale : 1, 3, 5, 7, etc., c'est-à-dire toute la série des nombres *impairs* ou *asymétriques*. (Voy. le groupement des points ci-dessous.)

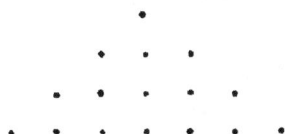

La figure ainsi obtenue est, comme on voit, celle d'un triangle rectangle isocèle, composé lui-même de deux triangles rectangles isocèles égaux. La sommation ou lecture verticale de la ligne médiane (côté commun des deux triangles rectangles isocèles) donne 1, 2, 3, 4, etc., ou la *suite naturelle des nombres*, qui est encore donnée par la sommation des points (unités) formant les côtés du triangle rectangle.

Si, à partir du premier point, égal à 1, on additionne à la fois horizontalement et verticalement tous les points ainsi groupés, on aura, par cette sommation successive, une série de triangles exprimés par les nombres 1, 3, 6, 10, etc. En effet,

$$1 = 1 \qquad\qquad\qquad = \;\bullet$$

$$1 + 2 = 3 \qquad\qquad = \;\therefore$$

$$1 + 2 + 3 = 6 \qquad = \;\ldots$$

$$1 + 2 + 3 + 4 = 10, \text{etc.} = \;\ldots$$

Ces nombres ont reçu le nom de *nombres triangulaires*. En les additionnant à leur tour, on obtient les nombres *pyramidaux* 1, 4, 10, 20, etc.

$$1 = 1$$
$$1 + 3 = 4$$
$$1 + 3 + 6 = 10$$
$$1 + 3 + 6 + 10 = 20 \text{ etc.}$$

La formation des nombres pyramidaux par des points se démontre comme celle des nombres triangulaires. Si l'on prend, par exemple, une pyramide équilatérale et triangulaire, et qu'on la divise par des plans parallèles et équidistants, formant des triangles parallèles à sa base, il sera facile de montrer que, si le premier de ces triangles contient 3 points, le second en contiendra 6, le troisième 10, etc., enfin que le nombre des points de chacun de ces triangles sera un nombre triangulaire. Ainsi, la pyramide initiale, celle qui a le premier triangle pour base, contiendra $1 + 3 = 4$ points, la seconde $1 + 3 + 6 = 10$ points, le troisième $1 + 3 + 6 + 10 = 20$ points, etc.

Les nombres pyramidaux appartiennent à la classe des nombres *solides*, comme les nombres triangulaires appartiennent à la classe des nombres *plans*, et la suite naturelle des nombres (progression arithmétique de 1) à la classe des nombres *linéaires*.

Pythagore connaissait-il les nombres dits *figurés* ou *polygones*; connaissait-il les nombres *linéaires* (figurés du premier ordre), les *plans* (figurés du second ordre), et les *solides* (figurés du troisième ordre)? Incontestablement, s'il faut en juger par l'enseignement de l'école pythagoricienne, dont Euclide faisait partie.

Il est permis de douter que Pythagore et ses disciples immédiats se soient appesantis sur les nombres pyramidaux pour se rendre compte de la génération des puissances solides (*stéréodynamies*), à partir du cube. Mais on pourra admettre comme certain que la connaissance qu'ils avaient des progressions arithmétiques devait les pousser vers une étude approfondie des nombres polygonaux, à commencer par les nombres *trigones* ou triangulaires qui, comme nous venons de voir, résultent de la sommation des termes de la progression arithmétique, dont le rapport ou différence est 1 (suite naturelle des nombres). La progression, dont la différence des termes successifs est 2, comme 1, 3, 5, 7, etc. (suite des nombres impairs), fournira, par le même procédé de sommation, la série des nombres *tétragones* ou carrés 1, 4, 9, 16, etc., ainsi figurés :

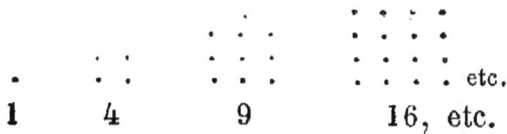

$$
\begin{array}{cccc}
 & & & \cdots \\
 & & \cdots & \cdots \\
 & \cdots & \cdots & \cdots \\
\cdot & \cdots & \cdots & \cdots \text{ etc.} \\
1 & 4 & 9 & 16, \text{ etc.}
\end{array}
$$

La progression arithmétique 1, 4, 7, 10, etc., dont la différence des termes successifs est 3, donnera, par le même procédé, la série des nombres *pentagones*, 1, 5, 12, 22, etc.; la progression de 1, 5, 9, 13, etc., ayant 4 pour différence constante (rapport), donnera la série des nombres *hexagones*, 1, 6, 15, etc. On trouvera par la même méthode les nombres *heptagones, octogones, ennéagones*, etc.

Pour représenter un pentagone, un hexagone, etc., par des points (unités), on commencera par tracer un petit polygone régulier, qui ait le nombre de côtés qu'on demande; ce nombre reste constant pour une même série de nombres polygones, et il est égal à $2 + d$, en désignant par $d$ la différence (rapport) de la progression arithmétique qui a produit la série. Les deux figures de la page suivante (fig. 4 et 5), indiquant l'une les nombres pentagones, l'autre les nombres hexagones, nous dispensent de plus longues explications.

Par leur division en triangles et leurs transformations,

ces polygones pouvaient fournir matière à des considérations fort curieuses, auxquelles les pythagoriciens avaient

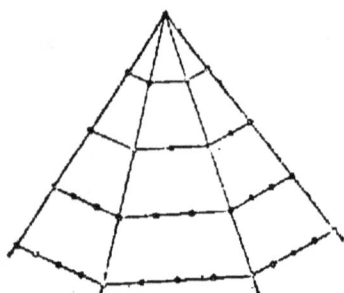
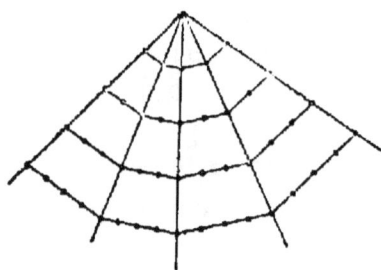

Fig. 4.                    Fig. 5.

été très-probablement conduits. Peut-être avaient-ils
également tiré parti, avant Archimède, des polygones
inscrits et des polygones circonscrits à un cercle.

Pour exprimer la formation générale des nombres, que
nous venons de passer rapidement en revue, Pythagore
et ses disciples employaient-ils des symboles particuliers,
remplissant le même but que nos expressions algébriques? Très-vraisemblablement. Ainsi, par exemple, un
signe convenu pouvait fort bien remplacer la formule
$2\,a$, qui donne tous les nombres pairs, si $a$ prend successivement la valeur de 1, 2, 3, 4, etc. Ce qui tendrait à
prouver que l'école pythagoricienne avait un signe équivalent, c'est que le mot qui signifie le *pair*, τὸ ἄρτιον,
pris au neutre, fait sous-entendre, non point le mot ἀρι-
-θμὸς, ὁ, nombre déterminé, mais celui de στοιχεῖον, symbole ou *élément* des nombres (pairs). La même remarque
s'applique à la série des nombres impairs, dont l'élément
ou principe générateur, τὸ πέριττον (conception abstraite),
pouvait avoir pour symbole une expression correspondante
à $2a + 1$, ou à $2a - 1$. Le nombre 2 constant (coefficient) représentait, pendant que $a$ variait, la fonction de
la *dyade*, δυάς. Quant à l'unité, elle conservait son rôle de

générateur de tous les nombres, comme le montre le
groupement des points-unités[1].

Les nombres impairs « avaient, suivant la doctrine de
Pythagore, un commencement, un milieu et une fin, tandis que les nombres pairs manquaient de milieu[2]. » Cette
doctrine s'accorde parfaitement avec ce que nous venons
de dire des nombres symétriques et asymétriques[3].

Qu'était-ce que le *pair-impair*, τὸ ἀρτιοπέρισσον, sur lequel les commentateurs ont tant discuté? C'était sans
doute les nombres pairs, multiples des nombres impairs
par 2, d'après cette formule :

$$(2a + 1) . 2 = 4a + 2.$$

Les nombres de cette classe ne sont divisibles que par 2
(la *dyade*), tandis que tous les autres nombres pairs sont
divisibles par 4 (la *tétrade*). Cette connaissance ne devait
pas être indifférente pour l'esprit spéculatif des pythagoriciens ; d'abord elle montrait que tous les nombres pairs
peuvent être ramenés aux nombres impairs d'où ils émanent par voie de multiplication *dyadique*, et cela explique
pourquoi les nombres impairs, inattaquables, indivisibles
par 2, passaient pour le type de la perfection qui devait
les rapprocher de la divinité; puis elle pouvait, comme
nous le ferons voir, donner une idée exacte de la constitution des carrés nombres impairs, qui, diminués de 1,
sont tous divisibles par 4.

Tous les carrés en général, tant pairs qu'impairs, pouvaient être figurés, d'une manière générale et comme
symbole, par □, signe identique à *aa* ou *a*².

Quant aux progressions arithmétiques, qui, par la sommation de leurs termes, donnent les nombres polygones,

1. Aristote, *Métaphys.*, I, 5: Τοῦ δὲ ἀριθμοῦ στοιχεῖα, τὸ ἄρτιον καὶ τὸ
πέριττον.... Τὸν δὲ ἀριθμὸν ἐκ τοῦ ἑνός.
2. Tennemann, *Geschichte der Philosophie*, t. I, p. 10..... de
Wendt, 1829).
3. Voyez p. 97.

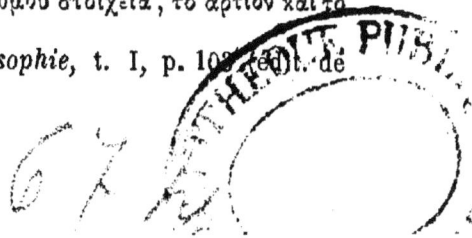

elles pouvaient être représentées, d'une manière générale, par l'union de deux signes, remplissant le même but que l'expression $na$, où $n$, nombre constant, désigne le rapport (différence) de la progression, pendant que $a$, nombre variable, indique successivement, depuis 1, tous les termes de la progression. Enfin, il ne devait pas être difficile de trouver un symbole pour exprimer le nombre des angles ou des côtés du polygone, qui est, comme nous l'avons dit, indiqué par $n + 2$.

Les nombres *triangulaires*, fournis par la progression où $n$ (rapport) est $= 1$, paraissent avoir particulièrement exercé l'esprit des pythagoriciens. Ils avaient sans doute remarqué que tout nombre triangulaire est égal à la moitié du produit de deux nombres consécutifs (deux facteurs ne différant l'un de l'autre que de l'unité), ou, ce qui revient au même, à la moitié du *tétragone* (nom grec du carré), augmenté ou diminué de sa racine, suivant que celle-ci représente le plus petit ou le plus grand des deux facteurs. Ils ne devaient pas non plus être embarrassés pour exprimer l'acquisition de ce résultat par un symbole quelconque, équivalant, soit à

$$\frac{(a+1) \cdot a}{2} = \frac{a^2 + a}{2}, \quad \text{soit à} \quad \frac{(a-1) \cdot a}{2} = \frac{a^2 - a}{2}.$$

Le plus important des nombres polygones, au point de vue des doctrines pythagoriciennes, c'était le carré. Mais il importe de dire auparavant un mot de l'origine des proportions, d'un si fréquent usage.

### Conception des proportions et des progressions.

Tout dépend ici, comme partout ailleurs, de la manière de concevoir les choses. Une quantité absolument isolée, qui ne se rapporte à rien, est un non-sens. Toutes les quantités sont donc liées entre elles, et ce que chacun y cherche en quelque sorte instinctivement, c'est leur commune mesure. Cette commune mesure est, pour tous les nombres entiers, l'unité : ils sont tous divisibles par 1. Qu'y a-t-il donc de surprenant à ce que l'unité revienne sans cesse dans les doctrines pythagoriciennes? « L'Un (τὸ ἕν) est le père des nombres, » dit Philolaüs, l'un des principaux disciples de Pythagore. Puis, se plongeant dans ses idées cosmogoniques, il ajoute : « L'Un est donc le père des êtres, le père et le démiurge (δημιουργὸς) du monde. C'est lui qui, par son unité efficace et perpétuelle, maintient éternellement la permanence des choses et des êtres de la nature[1]. »

On ne pouvait mieux appeler l'attention sur le fonctionnement de l'unité. En effet, toute quantité reçoit sa valeur du nombre d'unités qu'elle contient; et elle la reçoit, soit par voie additive, soit par voie multiplicative. Toute quantité implique donc deux termes : l'unité et le nombre d'unités. Ces deux termes comparés, — toute comparaison exige au moins deux termes, — forment un *rapport*, le premier de tous; mais, pour comparer deux rapports, il faut deux autres termes, ce qui fait au total quatre termes, et c'est là ce qui forme une *proportion*. Si le premier rapport n'est égal au second, ni additivement, ni multiplicativement, les quatre termes donnés n'auront aucun rapport entre eux, ils ne formeront pas une proportion. Si, au contraire, le troisième terme, pour former le quatrième, reçoit additivement le même nombre d'unités qu'avait reçu le second terme pour former le troisième, les quatre termes formeront ensemble une proportion, une proportion *arithmétique* ou *additive*; d'où il résulte que la différence (rapport) entre le second et le premier terme est égale à la différence (rapport) entre le troisième et le second, ainsi qu'à celle qui existe entre le quatrième et le troisième, et que la somme des deux termes du milieu

1. Fragments de *Philolaüs*, p. 137 et 169 (édit. Bœckh).—Ed. Chaignet, *Pythagore*, t. II, p. 11.

(termes moyens) est égale à celle des deux extrêmes. Les quatre premiers nombres de la suite naturelle, 1, 2, 3, 4, forment le type de la proportion arithmétique. Si la proportion est indéfiniment continuée avec le même rapport (différence constante), elle prendra le nom de *progression arithmétique*.

La proportion est *géométrique*, si le troisième terme est contenu autant de fois, par voie multiplicative, dans le quatrième, que l'unité est contenue dans le second; d'où il est facile de démontrer que le produit des deux extrêmes est égal au produit des deux moyens, et réciproquement. Si, à partir de l'unité, on continue la proportion avec le même *rapport* (multiplicateur constant), on aura une *progression géométrique*, série des puissances successives. Si la différence des deux termes moyens est égale à 0, le produit des deux extrêmes sera l'équivalent d'un carré (produit des moyens), ce qui s'exprime par $a : b :: b : c$, d'où $ac = b^2$. Cette proportion continuée donne la progression géométrique la plus remarquable. Soit, par exemple, $a = 2$; 1 étant contenu 2 fois dans 2, ce nombre, constant, sera le *rapport* ou la *raison* de la proportion; car 1 est à 2, comme 2 est à 4, ou $1 : 2 :: 2 : 4$; et en continuant la proportion, on aura : $2 : 4 :: 4 : 16$; $16 = (2^2)^2 = 2^4$; $4 : 16 :: 16 : 256$; $256 = (2^4)^2 = 2^8$. Ces *moyennes proportionnelles* donnent la progression suivante : $1, 2^2, 2^4, 2^8,$ $2^{16}, 2^{32}$, et d'une manière générale, $a^{2n}$; c'est-à-dire que si l'on donne à $n$ successivement la valeur de 0, 1, 2, 3, etc., on aura : $a^0$ $a^2$ $a^4$ $a^8$ $a^{16}$ $a^{32}$, etc. Cette progression des moyennes proportionnelles ne contient aucun cube, ni, en général, aucune puissance à exposant impair.

Si nous avons cru devoir rappeler ces particularités élémentaires (que les Pythagoriciens devaient connaître), c'est parce que les expressions de μεσότης et de ἀναλογία, employées par les anciens, ont vainement exercé l'esprit de la plupart des interprètes et des commentateurs. Le mot μεσότης, *moyenneté*, nous paraît signifier le *rapport* ou la *raison*, indiqué par les termes moyens d'une proportion, tandis que le mot ἀναλογία, *analogie*, désigne la *proportion continue* ou la *progression* [1]. Suivant Nicomaque, Jamblique et Théon de Smyrne, propagateurs de l'enseignement pythagoricien, il faut ajouter à la *moyenneté*, μεσότης, *arithmétique* et *géométrique*, une troisième espèce, la *moyenneté harmonique.*

Qu'était-ce que l'*analogie harmonique*, ἀναλογία ἁρμονικὴ ? On admet généralement que c'était une combinaison d'une progression géométrique avec une progression arithmétique. Mais, en tenant compte de l'esprit, beaucoup plus pratique qu'on ne se l'imagine, des pythagoriciens, — leurs spéculations théologico-cosmogoniques n'étaient au fond que des applications arithmético-géométriques exagérées, — nous avons lieu de croire que l'*analogie harmonique* comprenait ce genre particulier de progressions qui donnent naissance aux nombres figurés (polygones, pyramides, polyèdres).

Ainsi, pour le rappeler, la suite des nombres triangulaires,

$$0, 1, 3, 6, 10, 15, \text{etc.,}$$

ayant pour différence,

$$1, 2, 3, 4, 5, \text{etc.,}$$

1. Le mot ἀνάλογον s'applique, d'après la définition d'Euclide, particulièrement à la progression géométrique. — Rappelons, en passant, que M. Bienaymé a montré, dans une intéressante note sur deux passages de Stobée, jusqu'alors mal compris des interprètes, que le mot ἔκθεσις signifie, non pas exposition, mais *série.* « Quelques-uns, dit Stobée, citant Moderatus (*Eclogæ physicæ*, I, 9, vol. I, p. 20, édit. Heeren), ont présenté comme le principe des nombres, τῶν ἀριθμῶν ἀρχὴν, la monade (τὴν μονάδα), tandis qu'ils présentaient l'*Un* (τὸ ἓν) comme le principe des *choses nombrées* (τῶν ἀριθμητῶν). Or, cet Un est un corps divisible à l'infini, de manière que les choses nombrées diffèrent des nombres proprement dits, comme les corps diffèrent des choses incorporelles. Mais il faut savoir encore que les modernes (οἱ νεώτεροι) ont introduit comme principe des nombres la monade et la dyade, et que les anciens pythagoriciens avaient intro-

(progression arithmétique de 1), donne, par l'addition successive de ses termes, les nombres pyramidaux (pyramide à base triangulaire ou tétraèdre) :

$$0, \quad 1, \quad 4, \quad 10, \quad 20, \quad 35, \text{ etc. }[1],$$
différence, $\quad 1, \quad 3, \quad 6, \quad 10, \quad 15, \text{ etc.}$

Les nombres tétragones (carrés),

$$0, 1, 4, 9, 16, 25, \text{ etc.},$$

ayant pour différence,

$$3, 5, 7, 9, \text{ etc.},$$

(progression arithmétique de 2), donnent, par l'addition des carrés au produit des nombres naturels avec les nombres impairs, la suite que voici :

$$1, \quad 2^2 + (1 \times 3), \quad 3^2 + (2 \times 5), \quad 4^2 + (3 \times 7), \text{ etc.,}$$
$$= 1, \quad 7, \quad 19, \quad 37, \text{ etc.,}$$

espèce de progression conjuguée (*anharmonique?*) qui,

duit comme principes toutes les séries de termes *successifs* (πάσας παρὰ τὸ ἐξῆς τὰς τῶν ὅρων ἐχθέσεις), par lesquelles se conçoivent les nombres pairs ou impairs. » Tel est le principal passage de Stobée. (Voy. M. Bienaymé, dans les *Comptes rendus de l'Académie des sciences*, 3 octobre 1870.)

1. En sommant ces *premiers triangulaires pyramidaux*, on obtient les *seconds pyramidaux triangulaires*; avec les sommes de ceux-ci, on a les *troisièmes pyramidaux triangulaires*, etc. A leur tour, les sommes des nombres pentagones donnent les *premiers pentagones pyramidaux*; les sommes de ceux-ci, les *seconds pentagones pyramidaux*, et ainsi de suite. Une chose digne de remarque, et qui ne devait pas avoir échappé aux pythagoriciens, c'est le rôle fondamental que joue le triangle dans ces transformations, aboutissant à un solide (pyramide) terminé par un polygone, qui lui sert de base, et par des plans triangulaires qui s'élèvent sur les côtés du polygone et qui vont tous se réunir en un même point, au sommet (sommet de la pyramide). De là à l'idée d'après laquelle le polygone régulier d'un nombre infini de côtés est égal au cercle, et que les nombres pyramidaux de ce polygone forment le cône, il n'y avait qu'un pas.

par la sommation de ses termes, donne la série des nombres hexaèdres ou cubes [1]. Un cube renferme donc tous les cubes qui le précèdent, comme un carré contient tous les carrés antécédents, de même que tout nombre peut être considéré comme la somme-unité de toutes les unités simples dont il se compose. C'est sans doute dans ce sens qu'il faut prendre les expressions de μονὰς πρω-τωδουμένη, *unité de la première donnée* (1re puissance), de μονὰς δευτερωδουμένη, *unité de la seconde donnée*, de μονὰς τριτωδουμένη, *unité de la troisième donnée*.

Quoi qu'il en soit, Pythagore et ses disciples doivent avoir singulièrement approfondi la doctrine de la proportionnalité [2], sur laquelle repose la similitude des figures géométriques. Leurs théories astronomico-acoustiques [3] les avaient conduits sans doute à combiner entre elles des progressions géométriques et des progressions arithmétiques, à *harmoniser* les unes avec les autres [4].

### La triade.

La triade ou trinité, τριὰς, ouvre, comme nombre 3, la série de tous les nombres impairs de toutes les puissances à l'infini. La monade, ἡ μονὰς, l'unité type, indivisible, était laissée en dehors de la série.

1. La formule générale de cette progression particulière de la différence de la série des cubes en nombres est $3a^2 + 3a + 1$, où $a$ prend successivement la valeur de 0, 1, 2, 3, 4, etc.
2. La *proportionalité*, comme fondement de la *similitude*, avait certainement, dès le principe, fixé l'attention des pythagoriciens. Ils savaient, entre autres, que « toute ligne parallèle à l'un des côtés d'un triangle divise les deux autres côtés en parties proportionnelles. »
3. Voy. notre *Histoire de la Physique*, p. 72 et suiv.
4. Un rapprochement curieux à signaler, c'est que la loi de Titius Bode, concernant les intervalles qui séparent les planètes (sur lesquelles Pythagore a fondé son *Canon musical*), repose sur une progression arithmo-géométrique (harmonique) particulière. Voy. notre *Histoire de l'Astronomie*, p. 577.

Il faut au moins trois points, et qui ne soient pas en ligne droite, pour déterminer un plan. Le triangle est le plus simple des polygones, étant formé par trois lignes dont les points d'intersection passent deux à deux par trois points désignés.

Tous les corps (solides) se composent de trois éléments (géométriques) : le point, la ligne et le plan ; ils ont trois dimensions : la longueur, la largeur et la profondeur.

Ces considérations, où le nombre *trois* joue un rôle capital, devaient être très-familières aux pythagoriciens. Ils y rattachaient, en même temps, des spéculations d'un ordre élevé. Ainsi, l'univers, considéré comme corps, était la triade par excellence. Le monde, corps unique, était regardé comme composé de l'âme, de l'esprit et de la matière, à l'exemple du nombre *trois*, contenant l'unité et la dyade. L'âme, ψυχὴ, *spiritus*, était le feu, le *foyer* (πῦρ ἐν κέντρῳ) ou la chaleur qui vivifie tout; l'esprit, νοῦς, *mens*, était l'intelligence souveraine, régissant la matière, φύσις, *moles;* en un mot, l'âme était le *spiritus qui intus alit*, et l'esprit le *mens quæ agitat molem* du poëte latin.

### La tétrade ou tétractys.

De tous les nombres celui qui revient le plus souvent dans la philosophie pythagoricienne, c'est le *quaternaire* ou la *tétrade*. Le quaternaire était, au rapport d'Aristote [1], le *vivant* ou l'*être en soi*, τὸ αὐτόζωον, comprenant l'être intelligible, l'être sensible, l'être physique ; l'âme, réunissant la connaissance de tous ces êtres, devait elle-même fonctionner comme le quaternaire [2].

Pythagore supposait l'âme tétragone ou carrée, parce

1. Aristote, *Métaphys.*, XIII, 8, et *De anima*, I, 2.
2. Des interprètes modernes voient dans la tétrade le monde-matière, composé de quatre éléments : le feu, l'air, l'eau, la terre. Nous ne nous arrêtons pas à discuter cette opinion.

que le carré était l'image de l'essence du mouvement divin ; mais, à cause même de ce mouvement, l'un de ses principaux disciples, Archytas, supposait l'âme ronde [1].

L'angle du tétragone (angle droit) était l'angle de Rhéa, de Déméter et d'Hestia. La Terre, devant être aussi un tétragone, recevait quelquefois les noms de Déméter et d'Hestia.

La *Tétractys* était, pour le répéter, invoquée comme une divinité. Le symbole de la Tétractys était vénéré des membres de l'association pythagoricienne, au moins autant que le pentagramme. Elle symbolisait ce serment des initiés :

« Oui, je le jure ! par Celui qui a donné à notre âme la tétractys, la source ou racine de l'éternelle nature [2]. »

Enfin la tétrade était, au rapport de Sextus Empiricus, *la raison de la composition de toutes choses*, λόγος τῆς ἀπάντων συστήσεως [3].

D'où vient cet indescriptible enthousiasme de Pythagore et de ses disciples pour le quaternaire et le carré ? C'est ce que nous allons entreprendre d'expliquer.

### La tétragonogénèse.

Aristote, parlant des doctrines de Pythagore, dit : « L'infini est le pair ; car c'est le pair qui, entouré et déterminé par l'impair, donne aux êtres l'élément de l'infini. » — « Voici comment, ajoute-t-il, les pythagoriciens démontrent cette proposition : Dans les nombres, si l'on entoure l'unité de gnomons, ou que, sans exprimer cette opération par une figure géométrique, on se borne à faire séparé-

---

1. Philolaüs, *Fragm.*, p. 155 (Bœckh).
2. *Carmen aureum*, v. 47 :

   Ναὶ μὰ τὸν ἁμετέρᾳ ψυχᾷ παραδόντα τετρακτὺν
   Πάγαν ἀεννάου φύσεως· [ῥίζωματ' ἔχουσαν].

3. Sextus Empiricus, *Adversus mathematicos*, IV, 2, et VII, 97.

ment le calcul, on verra que tantôt on obtient des figures toujours différentes, tantôt une seule et même espèce de figure[1]. » — De ce passage il convient de rapprocher celui de Philolaüs, affirmant que « la connaissance n'est possible que s'il y a entre l'essence de l'âme (que Pythagore identifiait avec le carré) et l'essence de la chose à connaître, un rapport ou une relation de la nature de celle que présente le gnomon, κατὰ γνώμονος φύσιν[2]. »

### Qu'était-ce que le *gnomon* ?

Nous avons montré plus haut que toute ligne qui tombe sous le sens, peut être considérée comme un rectangle ayant pour mesure commune l'unité carrée $= 1^2$. Si nous représentons cette unité par □ et que nous essayions de construire avec ces carrés-unités, géométriquement, tous les carrés successifs, nous aurons :

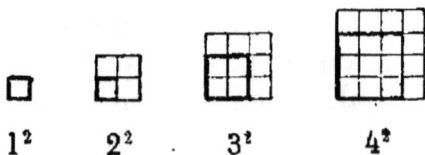

$1^2$    $2^2$    $3^2$    $4^2$

et ainsi de suite à l'infini.

On remarquera que les *ceintures rectangulaires :*

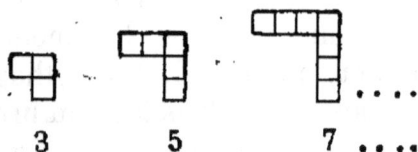

3        5        7 ....

forment chacune, en entourant le carré qui précède, à partir de $1^2$, le carré qui suit, et que, par leurs sommes d'unités-carrés, elles expriment la série des nombres im-

1. Aristote, *Physica*, III, 4.
2. Philolaüs, *Fragm.*, p. 151 (Bœckh).

pairs : 3, 5, 7, etc. La ceinture génératrice d'un carré, qui par sa forme rappelle l'équerre, le triangle rectangle du maçon, voilà le *gnomon*, γνώμων, probablement ainsi nommé, parce qu'il figure un angle droit, de même que le gnomon proprement dit (stèle verticale) forme un angle droit avec son ombre projetée horizontalement. Au reste, s'il restait quelque doute sur la signification du mot γνώμων, le passage suivant d'Aristote (dans ses *Catégories*), rapproché des passages que nous venons de citer, le ferait cesser immédiatement : « Quand on met, dit-il, un gnomon autour d'un carré, ce carré est augmenté dans sa dimension ; mais l'espèce de la figure n'est pas changée, c'est-à-dire qu'elle reste un carré. »

Examinons le gnomon de plus près. La différence de deux carrés consécutifs, c'est-à-dire dont les racines ne diffèrent l'une de l'autre que de 1, figure deux rectangles égaux qui se coudent à angle droit. C'est à eux que se rapporte évidemment la dénomination de *tautomèques*, ταυτομήκεις, ou de *figures contenant chacune la même surface*. Leur somme $a + a = 2a$ est le type du nombre *pair*. Ces rectangles, les *tautomèques*, en embrassant toujours deux côtés de chaque carré antécédent, forment tous les nombres pairs à l'infini. En effet :

$$1 + 1 = 2$$
$$2 + 2 = 4$$
$$3 + 3 = 6$$
$$4 + 4 = 8$$
. . . . .

Mais le gnomon renferme encore un autre élément essentiel : c'est le carré-unité, sur lequel s'appuient invariablement les deux rectangles, ou tautomèques, égaux. Par l'addition de cet élément, les tautomèques deviennent *hétéromèques*, ἑτερομήκεις [1]. C'est ainsi que l'unité, succes-

1. Nous signalerons ici aux interprètes une distinction importante

sivement ajoutée aux nombres pairs, donne, à partir de 1, comme nous l'avons déjà fait voir, tous les nombres impairs à l'infini.

Voilà comment s'explique, selon nous, le passage d'Aristote, d'après lequel « le pair est l'infini, qui, entouré et déterminé par l'impair, donne aux êtres (hétéromèques) l'élément de l'infini. » L'infini devait donc, pour le rappeler, se comprendre dans le sens de la continuité d'une progression.

La série des gnomons étant la série des nombres impairs, la conception des carrés-sommes, c'est-à-dire des carrés composés eux-mêmes de deux carrés, devait se présenter d'elle-même à tout esprit quelque peu attentif. En effet, puisque la série des gnomons comprend tous les nombres impairs, elle doit nécessairement comprendre aussi *tous les carrés impairs;* et, comme chaque gnomon entoure un carré, il est évident que *tout gnomon, égal à un carré impair, forme avec le carré* (antécédent) qu'il entoure, *un carré-somme*, c'est-à-dire un *carré-somme de deux carrés.* Ce n'est pas tout. Tout carré pair pouvant être décomposé en deux nombres impairs consécutifs, il en résulte que *tout carré pair, somme de deux gnomons consécutifs, forme, ajouté au carré* (impair) *qui le précède* (somme de tous les gnomons antécédents), *le carré* (impair) *qui suit*[1].

---

à faire : le τὸ ἕτερὸν est le *différent,* mais le semblable ou de même espèce, tandis que τὸ ἄλλο, *l'autre*, est le dissemblable ou d'espèce différente. Quant au mot ταὐτὸν, sa valeur n'est pas douteuse, c'est l'*égalité-identité.* Ces mots sont d'un usage fréquent chez les philosophes grecs.

1. Ce que nous venons de dire sur les carrés impairs compris dans la série des nombres impairs, et sur la formation des carrés pairs par la somme de deux nombres impairs consécutifs, semble donner la clef d'un passage de Proclus (*Comment. sur Euclide.* X, 29), obscurci par les interprètes, où il est question de deux méthodes, l'une de Platon, pour trouver les carrés pairs, et l'autre de Pythagore, pour trouver les carrés impairs, somme de deux carrés (carré de l'hypoténuse).

Mais sont-ce là tous les carrés, sommes de deux carrés, exprimables en nombres? Pythagore s'était certainement posé cette question. Pour y répondre, essayons de nous identifier davantage avec la méthode de construction que devait avoir suivie ce grand philosophe-géomètre.

On s'est demandé ce qu'il faut entendre par *l'un premier*, et *l'un ayant une grandeur*, τὸ πρῶτον ἕν, et τὸ ἓν μέγεθος ἔχον (Philolaüs). Nous répondrons que *l'un premier*, c'est la monade-germe; il est distinct de *l'un ayant une grandeur*; celui-ci est l'unité qui se développe et qui, en grandissant, peut aller jusqu'à remplir le monde. La confusion est venue de ce que le même mot τὸ ἕν, *l'un*, a été également appliqué à la cause idéale et à la réalité sensible, à Dieu, à l'âme du monde et au monde même. Cependant il ne devait y avoir aucune confusion dans l'esprit de ceux qui faisaient tout consister dans des rapports similaires, et qui enseignaient que le *semblable n'est connu que par le semblable*; que « nulle chose ne peut être connue si elle n'a pas au dedans d'elle l'essence dont se compose le monde, le fini et l'infini, dont la synthèse constitue le nombre[1]. » C'est là qu'on voit déjà poindre cette philosophie de l'identité absolue, à laquelle devaient plus tard se rattacher les physiciens et mathématiciens, qui considèrent tous les changements du monde comme des manifestations, diversement modifiées, d'une force unique et immuable, ou comme les différentielles d'une seule et même intégrale. Toutes ces conceptions se réduisaient, au fond, à dire que *tout est dans tout*.

Mais par quoi Pythagore et ses disciples ont-ils été conduits à cette doctrine, dont les esprits modernes ont hérité? Par la génération des nombres, et particulièrement par la *génération des nombres triangulaires* et *des nombres carrés*. Ainsi pour celui qui se représente les nombres par des sommes de points (unités), une ligne comprend

1. Philolaüs, *Fragm.*, p. 62 (Bœckh).

l'infinité des nombres. C'est *le un ayant grandeur*, τὸ ἐν μέγεθος ἔχον. De même, le triangle (fig. 6) qu'on peut supposer ici infiniment grand, contiendra tous les triangles semblables ou proportionnels; de même aussi le

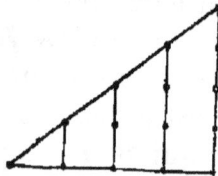    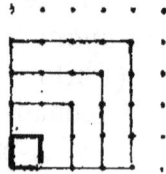

Fig. 6.                          Fig. 7.

carré (fig. 7), que l'on pourra supposer aussi grand que l'on voudra, contient tous les carrés plus petits. C'est ce qui résulte d'ailleurs de la génération des carrés par leurs gnomons, comme nous l'avons fait voir.

Ainsi, lorsqu'on suit attentivement le mode de formation des carrés, on arrive à démontrer que tous les carrés à l'infini ne forment, en réalité, qu'un seul et *unique carré*. C'était là le τὸ ἐν μέγεθος ἔχον, *le un ayant grandeur*. Descendre de ce carré-monde, contenant tous les carrés, à $1^2$, *le un premier*, τὸ πρῶτον ἐν (monde-germe), c'était là une conception aussi hardie que féconde.

Cette idée d'*involution* pouvait s'appliquer à toutes les figures géométriques. Elle n'empêchait pas d'évoluer, de détacher du grand Tout les divers contenus, limités, de considérer chacun isolément, de les décomposer et de les soumettre au calcul. C'est ce que les Pythagoriciens paraissent avoir spécialement fait pour la génération des carrés.

Les carrés successifs ou les carrés dont les racines ne diffèrent l'une de l'autre que d'une unité, étant alternativement impairs et pairs, ils forment par leur différence, comme nous l'avons vu, la série des nombres impairs [1]; et

---

1. La somme ou la différence de deux nombres, dont l'un est pair et l'autre impair, est toujours un nombre impair; de même que la

la différence (différence seconde) de la différence immédiate (différence première) donne un nombre constant, qui est 2 ou la dyade. Ce nombre était la *raison*, ὁ λόγος, de la progression (arithmétique) des nombres impairs. Si l'on combine la dyade ou le nombre constant 2, successivement avec l'unité (différence constante ou raison de la progression naturelle des nombres), on aura :

$$1 = 1 + 0,$$
$$3 = 1 + 2,$$
$$5 = 1 + (2 + 2),$$
$$7 = 1 + (2 + 2 + 2),$$
$$9 = 1 + (2 + 2 + 2 + 2),$$
$$\cdots\cdots\cdots\cdots$$

série de nombres que représente mécaniquement un *mouvement uniformément accéléré* par 2, dans une même unité de temps.

En indiquant par la suite naturelle des nombres (nombres suscrits) les rangs respectifs qu'occupent les termes de la série des impairs (nombres souscrits), on a :

$$1 \quad 2 \quad 3 \quad 4 \quad 5 \quad 6 \quad 7, \cdots$$
$$1 \quad 3 \quad 5 \quad 7 \quad 9 \quad 11 \quad 13, \cdots$$

Et en additionnant ces termes les uns avec les autres successivement, depuis et y compris 1, on a, pour le répéter, la série des carrés 1, 4, 9, 16, 25, 36, 49..., autrement exprimés par $1, 2^2, 3^2, 4^2, 5^2, 6^2, 7^2$..., c'est-à-dire les espaces uniformément parcourus dans 1, 2, 3, 4..., unités de temps [1]. On voit que les sommes de ces unités,

---

somme ou la différence de deux nombres, soit pairs, soit impairs, est toujours un nombre pair. Cependant le produit d'un nombre pair par un nombre impair ou réciproquement est toujours pair, et le produit de deux facteurs impairs est toujours impair. Ce sont là de ces principes élémentaires que les anciens ne perdaient jamais de vue.

1. Si Pythagore avait su que la génération des carrés représente la loi de la chute des corps, et que cette même loi régit le mouvement

qui, comme nombres ordinaux, désignent le rang occupé par les termes de la série des impairs, sont en même temps les racines ou les côtés des carrés successifs.

Si l'on décompose les nombres impairs comme nous venons de le faire (p. 110 et suiv.), et qu'on en fasse un tableau, divisé en deux colonnes, dont la première comprendrait le nombre constant 1, et la seconde les nombres pairs qui, depuis 0, s'augmentent de 2 à chaque unité, il suffira de jeter un coup d'œil sur ce tableau pour en déduire les données suivantes, qui démontrent arithmétiquement la construction géométrique des carrés à l'aide des gnomons-équerres : 1° Les sommes successives des nombres pairs, 2, 6, 12, 20, etc., sont chacune le double des nombres triangulaires correspondants[1]. — 2° Ces mêmes sommes de nombres pairs représentent chacune (par le retranchement de la somme des unités composant la racine) le carré correspondant, diminué de sa racine, ou, ce qui revient au même, le carré antécédent augmenté de sa racine (voir la note 1 ci-dessous). — 3° Le produit de deux nombres pairs successifs (ne différant l'un de l'autre que de 2) est égal au produit de deux nombres consécutifs (facteurs ne différant l'un de l'autre que de 1), multiplié par 4; et le produit $4 (a \times a + 1) = 4a^2 + 4a$, augmenté de 1, donne tous les carrés impairs, ayant pour racine la somme des facteurs $a + a + 1 = 2a + 1$. Ainsi, $(1 \times 2) \times 4 = 8$; $8 + 1 = (1 + 2)^2$; $(2 \times 3) \times 4 = 24$; $24 + 1 = (2 + 3)^2$, etc.; et, d'une manière générale : $(4a^2 + 4a) + 1 = (2a + 1)^2$. Telle est la *génération des carrés impairs*, $(2a + 1)^2$, qui, multipliés par $2^2$, par $2^4$, par $2^6$, etc., don-

des astres, il se serait certainement cru en possession de la vérité universelle.

1. Voy. plus haut, p. 97 et 102. — Ces mêmes sommes peuvent être représentées par les produits de deux nombres consécutifs (ne différant l'un de l'autre que de 1), comme $2 = 1 \times 2$; $6 = 2 \times 3$; $12 = 3 \times 4$, etc., et d'une manière générale, $a \times (a-1) = a^2 - a$, ou $a \times (a + 1) = a^2 + a$.

nent tous les carrés pairs.—4° Les nombres (triangulaires doubles) $(1\times 2)$, $(2\times 3)$, $(3\times 4)$, $(4\times 5)$..., ou 2, 6, 12, 20..., pas plus que leurs multiples par 4, n'ont point de racines carrées exprimables en nombres fondés sur la *raison*, λόγος, d'une progression arithmétique; c'est pourquoi les nombres par lesquels on voudrait exprimer de pareilles racines seraient *irrationnels*, ἄλογοι. Les pythagoriciens avaient certainement connaissance de ces données.

Revenons maintenant à la question des carrés-sommes, qu'il importe de généraliser. Il est d'abord évident, comme nous l'avions dit, que la différence de la suite des carrés doit, en tant que série de tous les nombres impairs, $2a+1$, comprendre également tous les carrés impairs. Ceux-ci correspondront au $(a+1)^{\text{ième}}$ gnomon ($a$ étant le nombre ordinal qui désigne le rang occupé par les termes de la série des impairs), si l'on suppose $a = \dfrac{(2x+1)^2 - 1}{2}$.

Soit, par exemple, $a = \dfrac{9-1}{2} = 4$; $4+1$ ou le $5^{\text{ième}}$ gnomon correspondra au carré $(2\times 4)+1 = 3^2$; si $a = \dfrac{25-1}{2} = 12$, $12+1$ correspondra au carré $(2\times 12)+1 = 5^2$, représenté par le $13^{\text{ième}}$ gnomon, ainsi que l'indique cette double série :

1, 2, 3, 4, 5, 6, 7, 8, 9, 10, 11, 12, 13.... (nombres ordinaux)

1, 3, 5, 7, 9, 11, 13, 15, 17, 19, 21, 23, 25.... (nombres impairs)

Quant à la somme de deux termes consécutifs (de la série des impairs), elle est toujours un *multiple du quaternaire*. Ainsi $1+3 = 1.4$; $3+5 = 2.4$; $5+7 = 3.4$, etc.; et d'une manière générale, $(a+1)^2 - (a-1)^2 = 4a$. Notons que si, dans le premier membre de cette équation, l'intervention de l'unité est évidente, elle disparaît entièrement dans le produit $4a$ : elle y est visiblement *absorbée*, $a\times 1$ ne se distinguant point de $a$. C'est là, selon nous, ce que les pythagoriciens nommaient ἡ καταπόσις, l'*absorption* ou l'*avalement* de l'unité, expression en apparence étrange, qui a jusqu'ici vainement exercé l'esprit des commentateurs. Nous venons de l'expliquer.

Si, dans $4a$, $a$ est $= x^2$, c'est-à-dire un nombre carré quelconque, $4a$ sera nécessairement un carré, et un carré pair $= (2x)^2$, puisque 4 est égal à $2^2$. Car il est démontré, et les anciens le savaient comme nous, que le produit de deux facteurs carrés est toujours un carré, $x^2y^2$ $= (xy)^2$; de même que le produit de deux nombres non carrés, ou non réductibles à des carrés, n'est jamais un carré, lors même que l'un des facteurs serait un carré.

La somme de deux impairs consécutifs, multiple du quaternaire par 1, $= 4a \times 1$, s'appellera la *dyade génératrice*, pour nous conformer au langage pythagorique; ce sera la dyade *axile* ou *prime*, égale à la dyade seconde, puis à la 3ième, à la 4ième, etc. Les deux éléments (nombres impairs) dont se compose chaque dyade, viennent se placer symétriquement, à droite et à gauche de la dyade axile; car la série des impairs est, il ne faut pas l'oublier, une progression arithmétique, conséquemment la somme des termes extrêmes est, couple par couple, égale au couple moyen.

Ce fait fondamental a dû de bonne heure éveiller l'attention de tout esprit curieux de trouver quelque rapprochement entre les nombres et les phénomènes physiques. Un pythagoricien pouvait le comparer aisément aux oscillations d'un fil à plomb, pendule primitif simple, aussi indispensable au maçon que l'équerre[1]. Ces oscillations, qui décrivent autour de l'axe (ligne verticale) des

---

1. On a voulu faire remonter l'origine de la franc-maçonnerie à l'époque de la construction du temple de Jérusalem par le roi Salomon. Il serait, selon nous, plus simple de la faire remonter à la confrérie pythagoricienne, dont les membres se reconnaissaient à certains signes, et qui présentait plus d'un point d'analogie avec la franc-maçonnerie moderne.

triangles semblables (isoscèles à base sphérique), se composent chacune de deux excursions en sens contraires ou
de deux demi-oscillations (à droite et à gauche de l'axe),
que l'on pouvait représenter par n'importe quels signes
conventionnels équivalant à $+$ et à $-$.

Or, ces oscillations, chronométriquement à peu près
égales, devaient faire songer immédiatement à l'égalité
arithmétique des dyades symétriquement groupées autour
de la dyade axile. Rien n'empêchait les pythagoriciens de
symboliser ce fait important par un secteur de cercle ou par
le balancement d'un fil à plomb. Nous l'exprimerons par
$(a+b)^2 - (a-b)^2 = 4ab$; d'où $4ab + (a-b)^2 = (a+b)^2$.
C'est la généralisation de la formule $(a+1)^2 - (a-1)^2 =$
$4a$, où 1 est remplacé par $b$. Dans cette formule, $a$ désigne
l'élément, la dyade prime ou axile, $b$ le nombre des oscill-
lations ou des dyades latéralement symétriques (nombre
égal à celui des unités dont $b$ se compose), et $4ab$, multiple
du quaternaire, est égal à la somme des dyades dont les
composants impairs peuvent être réunis par des arcs. Soit,
par exemple, $a = 5$ et $b = 2$; on aura $(5+2)^2 - (5-2)^2$, ou
$49 - 9 = (2 \times 5) \times 4 = 40$, ou $7 + 9 + 11 + 13 = 40$. Dans

ce cas $(9+11)$ forme la dyade axile, et $(7+13)$ la dyade
latérale symétrique, ce qui porte le nombre des dyades
à 2, comme l'indique $b = 2$.

Si $a$ et $b$ sont l'un et l'autre des carrés, notre formule
générale donnera tous les carrés-sommes à l'infini. Soit
par exemple $a = 4 = 2^2$, et $b = 1^2$ (unité carré-type); on aura
$(4+1)^2 - (4-1)^2 = 4 \times 4 = 16 = 7 + 9$; d'où $(4-1)^2 + 16$
$= 25 = 5^2$. Cet exemple d'un carré, somme de deux carrés,
est le premier qui se présente dans l'infinité des nombres.
Il est d'autant plus remarquable que les carrés 9, 16,
25 ont pour racines les nombres 3, 4, 5, qui suivent
immédiatement 1, 2, seuls nombres consécutifs qui,
dans la suite naturelle, soient en progression géométrique. Autre exemple. Soit $a = 9$, et $b = 4$. La formule don-

nera: $(9+4)^2-(9-4)^2$, ou $169-25=(9\times4)\times4$, ou $144$ $=12^2$. Le schéma ci-dessous l'expliquera plus claire-ment :

| 1 | 2 | 3 | 4 | 5 | 6 | 7 | 8 | 9 | 10 | 11 | 12 | 13 |
|---|---|---|---|---|---|---|---|---|----|----|----|----|
| 1 | 3 | 5 | 7 | 9 | 11 | 13 | 15 | 17 | 19 | 21 | 23 | 25 |

Ce qui donne d'un côté :

$17+19=36$, (dyade axile)
$15+21=36$
$13+23=36$
$11+25=36$

$144=(9\times4)\times4=(2.2\times3)^2=12^2$
    $=1+3+5+7+9+11+13+15+17+19+21+23$.

Et de l'autre :

$$1+3+7+7+9=25=(9-4)^2.$$

Par conséquent,

$$(9+5)^2=5^2+12^2.!$$

Ainsi, la formule $(2ab)^2+(a^2-b^2)^2=(a^2+b^2)^2$ donne tous les carrés, sommes de deux carrés ; ces carrés-sommes sont pairs, si $a$ et $b$ sont tous deux pairs ou impairs ; ils sont impairs, si $a$ et $b$ sont l'un pair et l'autre impair[1].

Un dernier point à signaler. Soit $(a^2-b^2)^2=d^2$. Il est évident, d'après la formule indiquée, que $d^2=(a^2+b^2)^2$ $-(2ab)^2$ exprime l'intervalle (différence) qui sépare le carré, somme de deux carrés, de l'un de ses carrés composants. Cet intervalle se composera d'un seul gnomon (nombre impair), ou de 2, de 3, de 4, etc., gnomons (nombres impairs), si $a$ et $b$ (racines de $a^2$ et $b^2$) diffèrent l'un de l'autre, soit d'une seule unité, soit de 2, de 3, de 4, etc., unités. Voilà ce que le schéma ci-dessus indique clairement. Mais

1. Pour éviter les quantités négatives, il faudra que $a$ soit toujours plus grand que $b$.

$d^2$ est aussi égal à $1+3+5+7+9...d^2$ c'est-à-dire à la somme des gnomons ou nombres impairs, sommés depuis 1 inclusivement. Il y a donc une distinction très-importante à faire entre l'*égalité-identité* et l'*égalité-équivalence*. Ainsi, dans l'exemple cité, la différence de $13^2 - 12^2 = 25$ est un seul nombre impair, véritable gnomon, toujours identique avec lui-même. Mais 25 ou $5^2$ est aussi égal à la somme de $1+3+5+7+9$, somme de 5 gnomons.

Si la formule suffit pour mettre en lumière l'égalité-identité, elle laisse complétement dans l'ombre l'égalité-équivalence. Celle-ci n'est mise en évidence que par des constructions, familières aux anciens, constructions qui n'ont rien de commun avec les transformations de formules algébriques qui leur étaient inconnues : les premières vont du particulier au général; celles-ci suivent, au contraire, la voie inverse, et cette voie-là, à coup sûr, n'était point celle des plus anciens investigateurs. Que les pythagoriciens aient créé de toutes pièces la science dont l'histoire nous occupe, ou qu'ils l'aient empruntée à je ne sais quelle antique race disparue, peu importe; ce qu'il y a de certain, c'est qu'ils ne pouvaient suivre que la voie d'avance tracée par la raison à tous les esprits curieux et indépendants, la voie des constructions arithmético-géométriques qui parlent aux sens, soit au sens de la vue par des figures ou symboles, soit au sens de l'ouïe par les sons ou la musique, avant de s'adresser à la faculté généralisatrice, qui seule crée des méthodes et établit des principes.

### Carré de l'hypoténuse.

Après avoir parlé du régime par lequel Pythagore et ses disciples s'interdisaient, entre autres, l'usage des fèves, Diogène de Laërte, Plutarque et Athénée arrivent à citer deux vers d'Apollodore, poëte ionien, surnommé *le*

*Calculateur*, ὁ λογιστικὸς, dont les écrits ne nous sont point parvenus. Voici ces vers :

> ʿΗνίκα Πυθαγόρας τὸ περικλεὲς εὕρετο γράμμα
> Κεῖνο, ἐφ' ὅτῳ κλεινὴν ἤγαγε βουθυσίην [1].

Lorsque Pythagore eut découvert la célèbre ligne, il offrit pour cela [aux dieux] un magnifique sacrifice.

Dans d'autres vers, qui n'ont pas été conservés, Apollodore paraît avoir lui-même expliqué cette découverte ; car Diogène de Laerte et Athénée ajoutent, en guise de commentaire, que Pythagore avait offert ce sacrifice pour avoir trouvé que « *le côté qui sous-tend*, ἡ ὑποτείνουσα πλευρά, *l'angle droit d'un triangle rectangle* (τριγώνου ὀρθογωνίου), *vaut autant*, ἴσον δύναται, *que les côtés qui entourent l'angle droit* (ταῖς περιεχούσαις τὴν ὀρθὴν). »

Les *côtés entourant l'angle droit* reçurent plus tard le nom de *cathètes*, au lieu de celui de *periéchuses* (les *entourantes*), qu'elles auraient dû recevoir d'après ce texte. Quant au côté qui sous-tend cet angle, il a conservé là dénomination de *sous-tendante*, ὑποτείνουσα, *hypoténuse*. Pour ce qui concerne l'*égalité* qu'impliquent les mots de ἴσον δύναται, il s'agit ici (le mot ἴσον signifie très-souvent carré) du *carré de l'hypoténuse, égal à la somme des carrés des deux autres côtés du triangle rectangle*. Cela résulte claire-

---

1. Diogène de Laërte, VIII, 1, p. 207 (édit. Cobet, de la Bibliothèque grecque d'A. Firmin Didot). — Athénée, *Deipnosoph.*, X. — Plutarque (dans le petit traité intitulé : *Non posse suaviter vivi secundum Epicurum*), t. X, p. 501, édit. Reiske. Les vers cités par Plutarque ne diffèrent de ceux cités par Diogène que par λαμπρὴν, splendide, au lieu de κλεινὴν. Plutarque remarque que la *célèbre ligne* d'Apollodore (qu'il appelle *Apollodote*) pourrait se rapporter aussi au *problème de la quadrature de la parabole*, πρόβλημα περὶ τοῦ χωρίου τῆς παραβολῆς. Röth, *Geschichte der Griechischen Philosophie*, p. 581, a induit de ce passage que Pythagore connaissait les sections coniques. Mais cette opinion est réfutée par A. Bretschneider (*die Geometrie und Geometer vor Euklides*, p. 79, note 1).

ment des Commentaires de Proclus sur Euclide (*Comment. in Euclid.*, I, 47, édit. de Bâle, p. 111), ainsi que de divers passages de Vitruve (*De architectura*, IX, *præfat.* 5-7) et de Plutarque (VIII, 4). Le passage le plus important de Plutarque, qui paraît attribuer aux Égyptiens la découverte en question, est ainsi conçu : « Les Égyptiens paraissaient s'être figuré le monde sous la forme du plus beau des triangles ; de même que Platon, dans sa *Politique*, semble l'avoir employé comme symbole de l'union matrimoniale. Ce triangle (le plus beau des triangles, τῶν τριγώνων τὸ κάλλιστον) a son côté vertical composé de 3, la base de 4 et l'hypoténuse de 5 parties, et le carré de celle-ci est égal à la somme de carrés des cathètes. Le côté vertical symbolise le mâle, la base la femelle, et l'hypoténuse la progéniture des deux, etc. [1] »

Ce passage semble montrer que le célèbre théorème et sa démonstration furent trouvés en même temps. Par suite de quelle série de recherches Pythagore y était-il parvenu ? Les anciens se taisent là-dessus. Nous avons essayé de suppléer à ce défaut de renseignement, en partant du fait que la géométrie n'était à son début que la traduction intuitive, sensible, des nombres par des points, des lignes, des plans et des solides. Cela se voit encore dans Euclide, où la plupart des propositions géométriques sont des fonctions arithmétiques de l'espace. Une chose qui nous semble certaine, c'est que la première démonstration du carré de l'hypoténuse devait être fort simple et s'imposer en quelque sorte par le seul aspect d'une construction géométrique. Un carré sur les côtés duquel on élève quatre carrés égaux, pouvait remplir ce but (fig. 8)[2]. La division du carré central par la diagonale AB donne deux triangles rectangles isocèles égaux.

---

1. Plutarque, *de Iside et Osiri*, c. LVI.
2. Il est à remarquer que le carré portant un carré sur chacun de ses côtés rappelle la fameuse *croix ansée* des Égyptiens.

Prenons un de ces triangles auxquels la diagonale sert d'hypoténuse, et construisons sur celle-ci un carré. Ce carré (carré de l'hypoténuse) sera égal à la somme des carrés élevés sur les cathètes. Il suffit, en effet, d'un simple coup d'œil pour se convaincre que le carré de l'hypoténuse contient *quatre demi-carrés* (triangles rectangles isoscèles), égaux aux *deux carrés* élevés sur les autres côtés du triangle. De là il était facile de déduire, comme corollaire, que la diagonale d'un carré est le côté d'un carré double de ce carré[1].

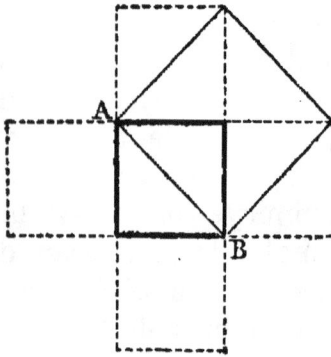

Fig. 8.

Mais si cette démonstration est géométriquement évidente, il est impossible de l'expliquer arithmétiquement. Car il résulte de ce qui a été dit plus haut que la somme de deux carrés égaux n'est jamais un carré : le *quaternaire*, employé comme diviseur, pouvait, entre les mains des pythagoriciens, servir à le démontrer.

Cependant il y a des nombres carrés qui se composent de deux carrés (inégaux), et, comme nous l'avons vu, le premier de ces carrés-sommes se rencontre presque dès le début de la série : le nombre 25 ou $5^2 = 3^2 + 4^2$ est en effet celui que Pythagore a dû d'abord rencontrer comme démonstration arithmétique du théorème du carré de l'hypoténuse. Avait-il ensuite trouvé, par une méthode particulière, tous les carrés du même genre, que nous donne la formule de $(2ab)^2 + (a^2 - b^2)^2 = (a^2 + b^2)^2$? C'est ce qu'il est difficile de décider. Quoi qu'il en soit, les ra-

---

1. Pour généraliser la démonstration, on pouvait s'appuyer sur le rapport qui existe entre les quantités proportionnelles et les côtés homologues de triangles rectangles semblables.

cines de ces carrés représentent les côtés des triangles rectangles, exprimables en nombres ordinaires (rationnels). Les carrés construits sur ces côtés ont pour commune mesure $1^2 = \square$. Si, par exemple, l'hypoténuse se compose de 5 parties égales (unités), l'une des cathètes de 3 et l'autre de 4, le carré de l'hypoténuse contiendra 25 de ces petits carrés-unités ; les cathètes en contiendront l'une 9 et l'autre 16, et la somme de ces deux nombres est 25 (fig. 9).

On voit que cette construction est impossible avec une somme de $1^2$, représentée par les sommes de deux carrés égaux, à moins de diviser l'unité ou de fractionner ce qui avait été posé comme indivisible. Mais alors il n'y aurait plus de commune mesure : les unités de racines et leurs carrés n'auraient plus entre eux aucun rapport ; en un mot, ils ne seraient plus exprimables en nombres ordinaires ou rationnels.

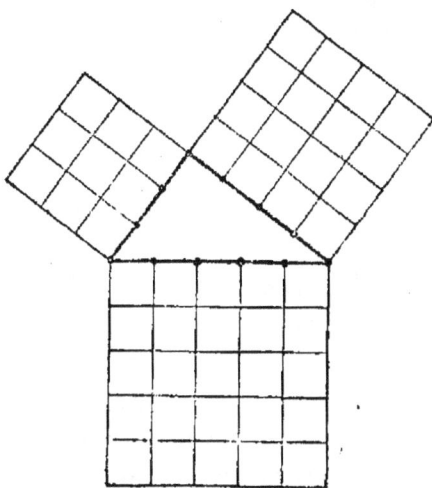

Fig. 9.

L'impossibilité d'exprimer le carré de l'hypoténuse numériquement lorsque les deux cathètes sont égales, devait faire naturellement partager les nombres ou quantités en deux cathégories, en *commensurables* (τὰ μέτρητα) et en *incommensurables* (τὰ ἄμετρα).

### Méthode de démonstration.

Ce qui distingue la science mathématique des autres

connaissances humaines, c'est que toutes ses propositions portent le cachet de la certitude, et ce cachet leur est donné par la démonstration. C'est là ce que ne devaient pas dédaigner des philosophes comme Pythagore et ses disciples. Et, en effet, les anciens s'accordent à présenter Pythagore comme ayant le premier introduit la *logique*, partie essentielle de la philosophie, dans les mathématiques, en insistant sur l'usage de l'*hypodictique*, ὑποδειχτικὴ, qui est la *méthode démonstrative* [1].

### *Abacus. Logistique.*

Après avoir, pour exprimer les nombres, imaginé des signes, variables suivant l'esprit des nations, une grande difficulté restait à résoudre : il s'agissait de faciliter le calcul en représentant les nombres les plus élevés par le moins de signes ou de chiffres possibles. De là l'origine de l'*Abacus* [2], ou tablette à calculer.

L'invention de la tablette (ἀβάκιον), qui servait à compter les points au jeu de dés, a été attribuée à Palamède, ce qui veut dire qu'elle est fort ancienne. L'art de comp-

---

1. Jamblique, *Vie de Pythagore*.
2. L'étymologie de ce mot a divisé les érudits en deux camps : les uns, comme Nesselmann et Vincent, le font venir de l'hébreu אָבָק (*abak*) qui signifie *poussière*, par allusion au sable ou à la poussière dont on couvrait les planchettes sur lesquelles les anciens faisaient leurs calculs, témoin ce passage de Perse (sat. I, 131) :

> Nec qui abaco numeros et secto in pulvere metas
> Scit risisse vafer.....

Les autres, comme Th. H. Martin, font venir *abacus* du grec ἄβαξ, qui signifie, d'après l'*Etymologicum magnum*, ce qui n'a pas de support (βάσις), une planchette. Les Grecs nommaient *abax* une sorte de damier pour les jeux de dés. (Th. H. Martin, *Les signes numéraux et l'arithmétique chez les peuples de l'antiquité*, p. 34 (Rome, 1864).

ter ou la logistique (λογιστική) se faisait primitivement avec de petites pierres (ψῆφοι, *calculi*), d'où le nom de *calcul*. Hérodote, contemporain de Pythagore, dit : « Les Grecs calculent avec de petites pierres (λογίζονται ψήφοισι) en portant la main de la gauche vers la droite, tandis que les Égyptiens la portent de la droite vers la gauche[1]. » Ce changement de position ou de direction de la main impliquait, selon toute apparence, un changement de valeur dans les nombres exprimés, suivant la progression géométrique de 10, 100, 1000, 10 000, etc., progression indiquée par la nature elle-même (le nombre des doigts).

D'après l'orateur Lysias, cité par Pollux (*Onomasticon*, X, 105), les deux meubles essentiels du banquier grec étaient la table à trois pieds (τραπέζα), et la table sans pieds (ἀβάκιον) ; celle-ci se plaçait sur la table du banquier, à côté des pièces de monnaies à compter. Si l'on n'opérait, comme il est vraisemblable, qu'avec neuf signes numéraux, boules ou galets, il importait de s'entendre sur leur arrangement par colonnes horizontales ou verticales, pour en décupler, centupler, etc., la valeur[2]. Ces arrangements, arbitraires ou conventionnels, pouvaient varier suivant les temps et les pays. Il n'est donc pas étonnant qu'à défaut de documents directs, ils aient fait naître de longues discussions et de nombreuses hypothèses[3]. Un fait certain, sur lequel nous reviendrons plus bas, c'est que la *logistique* moderne, tout notre calcul, dont les opérations s'étendent aux nombres les plus élevés, peut, grâce à la valeur de position, s'effectuer tout simplement avec dix signes numéraires, y compris le zéro.

1. Hérodote, II, 36.
2. La tablette rectangulaire de marbre, trouvée, en 1846, à Salamine, par M. Rhangabé, expliquée par Letronne et Vincent (*Revue archéologique*, 3ᵉ année, p. 295 et suiv.), présente la combinaison d'un abacus, avec un jeu analogue au trictrac.
3. Parmi les savants qui se sont le plus occupés de l'Abacus des anciens, nous citerons MM. Chasles, Cantor, Friedlein, Nesselmann, Th. H. Martin.

Non content de sommer les unités, Pythagore somma les termes mêmes de la suite des nombres et trouva ainsi les nombres triangulaires. C'est ce que montre clairement ce passage de Lucien, dans les *Sectes à l'encan* (Βίων πρᾶσις, t. III, p. 84, édit. Bipont.), où le marchand qui va acheter Pythagore, demande à celui-ci ce qu'il pourrait lui enseigner :

*Pythagore.* Je t'apprendrai à compter.
*Le marchand.* Je sais déjà compter.
*Pythagore.* Comment comptes-tu ?
*Le marchand.* Un, deux, trois, quatre.
*Pythagore.* Tu vois bien, ce que tu crois être quatre est dix, un triangle parfait (τρίγωνον ἐντελὲς), et notre serment.

Ainsi, au lieu d'énoncer seulement les termes de la suite ordinaire des nombres, Pythagore les additionnait : $1 + 2 + 3 + 4 = 10$[1].

Les quatre règles fondamentales du calcul, les anciens les simplifiaient, comme doit le faire tout esprit logique. En recherchant à exprimer par un seul nombre (somme) le résultat de plusieurs nombres à additionner[2], de même qu'en cherchant, en présence de deux nombres inégaux, le nombre (différence), qui, ajouté au plus petit, reproduit le plus grand, ou qui, ôté du plus grand, reproduit le plus petit, ils fusionnaient en quelque sorte l'addition (τὸ συντιθέναι) avec la soustraction (τὸ ἀφαιρεῖν); de même qu'ils réduisaient la multiplication à une addition, et la division à une multiplication[3].

Quant à la fameuse *Table de multiplication*, où facteurs et produits sont disposés par petits carrés enchâssés dans un grand carré, elle a été faussement attribuée à Pytha-

<hr/>

1. Voy. plus haut, p. 97.
2. La somme était inscrite, non pas au-dessous, mais au-dessus des nombres à additionner, d'où le nom de κεφάλαιον, somme (de κεφαλή, tête). — Friedlein, *Die Zahlzeichen und das elementare Rechnen der Griechen und Römer*, p. 75 (Erlangen, 1869, in-8°).
3. Voy. plus haut, p. 33.

gore. L'erreur vient d'une interprétation inexacte de l'*Abacus Pythagoricus*, contenu dans le *Traité de géométrie* de Boëce, ainsi que l'ont fait voir M. Chasles et M. Cantor, par l'examen de deux manuscrits (mss. de Chartres et d'Erlangen) de ce traité.

### La Symbolique de Pythagore.

Présenter très-succinctement, par un langage convenu, des résultats généraux dont le développement exigerait beaucoup de mots, c'est là une idée tellement simple que personne n'oserait en revendiquer la propriété : elle est le commun patrimoine de l'esprit humain. Chaque science a son langage d'abréviation; en mathématiques il se nomme *algèbre*. Ce qu'on exprime aujourd'hui par des lettres de l'alphabet, on pouvait, en partie, l'exprimer autrefois par des signes ou des symboles.

Pythagore, qui passe pour avoir emprunté la plupart de ses doctrines aux Égyptiens, nous semble avoir été naturellement amené à faire usage d'une espèce d'algèbre, composée de signes analogues aux hiéroglyphes. Ainsi, une ligne, ou colonne verticale, | , semblable aux obélisques dressés à l'entrée des temples d'Égypte, pouvait figurer la monade ou l'unité génératrice. Une figure brisée horizontale, ᴧᴧᴧ, pouvait symboliser les progressions des nombres; c'est l'hiéroglyphe de l'*eau*, souvent figuré sur les monuments égyptiens. La série des nombres impairs pouvait être représentée par ˥, signe du gnomon (figurant une équerre), et la série des nombres pairs pouvait l'être par deux droites égales =, qui, placées horizontalement, étaient le symbole de la *balance* ou de la *justice*. Ce dernier symbole explique les idées pythagoriciennes, en apparence si obscures et si contradictoires, sur le *bien* et le *mal*, symbolisés par les nombres *pairs* et *impairs*.

Le cercle, ◯, pouvait être le signe du mouvement,

comme il était, chez les Égyptiens, l'hiéroglyphe du Soleil. La génération des carrés par la série des nombres impairs, qui jouait un si grand rôle dans la doctrine pythagoricienne, pouvait avoir pour symbole deux équerres ou gnomons adossés, surmonté du signe du mouvement : c'était là la

fameuse *croix ansée*    , d'un usage si fréquent dans la langue hiéroglyphique, où elle paraissait signifier *vie éternelle*.

Le signe    , emblème du carré, pouvait représenter *le un et le tout*, τὸ ἓν καὶ πᾶν. Ce même signe, entouré d'un

cercle (carré inscrit dans un cercle)    pouvait figurer le mouvement perpétuel, τὸ ἀεὶ κινούμενον, du grand Tout[1].

1. Ce carré inscrit a pu faire naître l'idée de la quadrature du cercle. Mais tout porte à croire que la géométrie de Pythagore n'a pas dépassé celle des figures planes rectilignes. L'assertion de Montucla (*Hist. des mathématiques*, vol. I, p. 117), suivie par d'autres, d'après laquelle Pythagore « aurait ébauché la doctrine des *isopérimètres*, en démontrant que de toutes les figures de même contour, parmi les figures planes, c'est le cercle qui est la plus grande, et parmi les solides, la sphère, » cette assertion repose sur un passage de Diogène de Laërte (*Vie de Pythagore*, I), mal interprété. Ce passage dit seulement que *parmi les figures solides la plus belle est la sphère et, parmi les figures planes, le cercle* (τῶν σχημάτων τὸ κάλλιστον σφαῖραν εἶναι τῶν στερεῶν, τῶν δὲ ἐπιπέδων κύκλον). Le cercle et la sphère étaient réputés les figures les plus parfaites, parce que le centre y est également éloigné de tous les points de la circonférence (du cercle) et de la surface (de la sphère), et que le mouvement de rotation ne change point leur situation respective, comme l'a remarqué Platon (*Timée*, 7) en parlant de la cosmogonie pythagoricienne. Voy. Bretschneider, *Die Geometrie vor Euklides*, p. 89.

## Philolaüs. Archytas.

Parmi les disciples immédiats de Pythagore, *Philolaüs* occupait le premier rang.

Philolaüs, dont nous avons déjà parlé dans notre *Histoire de l'Astronomie* (p. 109), passe pour avoir le premier violé le secret de la franc-maçonnerie pythagoricienne par la publication de son livre *De la Nature*. Le même reproche avait été adressé à Hippase.

L'authenticité des fragments de Philolaüs, qui semblait avoir été mise hors de doute par Bœckh, a été récemment contestée par Schaarschmidt, à l'aide d'arguments qui sont loin d'être décisifs[1].

D'après un fragment de Philolaüs, tiré de Nicomaque (*Introduction à 'Arithmétique*), les cubes sont formés par des nombres en progression harmonique, comme nous l'avons montré plus haut[2]. D'après un autre fragment, tiré de Cassiodore, le nombre 8 (premier cube pair), avait reçu de Philolaüs le nom d'*harmonie géométrique*, probablement parce que, multiplié avec les cubes impairs, il produit les cubes pairs, de même que le nombre 4 (premier carré pair) multiplié avec les carrés impairs donne les carrés pairs. Suivant Stobée, Philolaüs enseignait que toutes les choses, relevant de notre faculté de connaître, ont chacune un nombre, sans lequel rien ne saurait être conçu[3]. Le nombre 10 ou la décade était supposé « recéler l'infini, parce qu'elle enveloppe en soi la nature de

1. *Die angebliche Schriftstellerei des Philolaus* ; Bonn, 1861. — M. Chaignet, *Pythagore*, I, p. 217 et suiv.
2. Voy. p. 105 et suiv.
3. Ce système, chose digne de remarque, a beaucoup d'analogie avec celui de plusieurs philosophes mystiques. On peut le rapprocher des nombres que, suivant la célèbre *Voyante de Prevorst* du Dr Kerner, tout homme porterait en lui en venant au monde.

toute chose, du pair et de l'impair, du mobile et de l'immobile, du bien et du mal[1]. »

*Archytas*, né à Tarente vers 430 avant J. C., paraît avoir été le disciple immédiat de Philolaüs. Les fonctions publiques, dont ses concitoyens l'avaient investi, ne l'empêchèrent pas de se livrer à l'étude des mathématiques. Il était lié d'amitié avec Platon, qu'il arracha, dit-on, à la colère de Denys, tyran de Syracuse. La légende lui attribue la construction d'un fameux automate: c'était une colombe, d'un mécanisme si ingénieux, qu'elle imitait, dit-on, le vol d'une colombe naturelle. C'est de là sans doute qu'on est parti pour affirmer qu'Archytas a le premier appliqué la géométrie à la mécanique.

Archytas périt dans un naufrage, non loin de sa ville natale ; son corps fut rejeté par les flots sur une plage sablonneuse, déserte, de la Calabre. Horace, qui en parle dans une de ses plus belles odes (la 28e du livre II), nous représente le grand géomètre « exhortant le navigateur pressé, de jeter trois fois une poignée de sable pour honorer les ossements qui gisent sans sépulture » :

> Quamquam festinas, non est longa mora ; licebit
> Ingesto ter pulvere curras.

Des nombreux écrits d'Archytas de Tarente il ne nous reste que de faibles fragments. Nous ne ferons connaître ici que ceux qui nous intéressent directement.

La recherche de deux moyennes proportionnelles entre le côté du cube et le double de ce côté paraît avoir donné de bonne heure naissance au problème général de la duplication du cube. Diogène de Laërte (VIII, c. IV), citant notre pythagoricien, dit : « Il (Archytas) traita le premier la mécanique (τὰ μηχανικὰ) méthodiquement en se servant de principes géométriques ; le premier

---

1. Fragment de Philolaüs, tiré de Théon de Smyrne.

aussi il appliqua le *mouvement organique* ou *manuel* (κίνησιν ὀργανικὴν) à la construction de figures géométriques, en essayant de trouver, par la section du demi-cylindre (διὰ τῆς τομῆς τοῦ ἡμικυλίνδρου), deux moyennes proportionnelles (δύο μέσας· ἀνὰ λόγον) pour la duplication du cube (εἰς τὸν τοῦ κύβου διπλασιασμὸν). » Ce passage est à la fois trop concis et trop obscur pour être bien compris [1]. Heureusement on en trouve la clef dans une citation d'Eutocius, commentateur d'Archimède, reproduisant un fragment de l'histoire de la géométrie d'Eudème. Il en résulte qu'Archytas se servait le premier d'une *courbe à double courbure* pour résoudre le problème des deux moyennes proportionnelles. Voici la description de cette courbe : « Que, sur le diamètre de la base d'un cylindre droit circulaire, on conçoive un demi-cercle dont le plan soit perpendiculaire à celui de la base du cylindre; que le diamètre tourne autour d'une de ses extrémités et emporte, dans ce mouvement circulaire, le demi-cercle, toujours situé dans un plan perpendiculaire à celui de la base du cylindre; ce demi-cercle rencontrera dans chacune de ses positions la surface cylindrique en un point; la suite de tous ces points formera la courbe à double courbure en question. » Archytas coupait cette courbe par un cône de révolution autour de l'arête du cylindre, menée par l'extrémité fixe du diamètre du demi-cercle mobile; le point d'intersection donnait la solution cherchée [2].

Voici les considérations d'Archytas sur l'*infini*, d'après des fragments de son ouvrage Περὶ παντὸς (du Tout), consulté par Eudème et Aristote, et cité par Simplicius [3] :

« Si je me suppose, se demandait Archytas, placé à la

1. Bretschneider, *Die Geometrie und die Geometer vor Euklides*, p. 150-152 (Leipzig, 1870, in-8°).
2. M. Chasles, *Aperçu historique sur l'origine et le développemen des méthodes en géométrie*, p. 6 (Bruxelles, 1838, in-4°).
3. Chaignet, *Pythagore et la philosophie pythagoricienne*, I, p. 273-274.

limite extrême du monde, pourrai-je ou non étendre la main ou une baguette au dehors? Dire que je ne le puis pas, est absurde; mais si je le puis, il y aura donc quelque chose en dehors de ce monde, soit corps, soit lieu. Et peu importe comment nous raisonnerons; la même question se renouvellera toujours : s'il y a quelque chose sur quoi puisse porter la baguette, alors évidemment l'infini existe. Si c'est un corps, notre proposition est démontrée. Est-ce un lieu? Mais le lieu est ce en quoi un corps est ou pourrait être; et il faut alors, s'il existe en puissance, le placer au nombre des choses éternelles, et l'infini serait alors un corps et un lieu. » — Ces considérations reviennent à dire que *l'infini est ce qui n'a aucune grandeur assignable, ou ce qui est plus grand ou plus petit que toute quantité donnée.* C'est la définition, si définition il y a, aujourd'hui généralement adoptée.

Parmi les philosophes plus récents, qui ont porté le nom d'*Archytas*, il importe de distinguer celui qui se trouve cité dans la *Géométrie* de Boèce. Ce pseudo-Archytas écrivait en latin, et il paraît avoir été contemporain de Vitruve (1er siècle de notre ère)[1].

### Hippocrate de Chios. — Œnopide de Chios.

*Hippocrate de Chios*, qu'il ne faut pas confondre avec son homonyme, le célèbre médecin natif de Cos (l'une des Sporades), forme en quelque sorte le passage de l'école de Pythagore à celle de Platon. Il vivait vers 440 avant notre ère. Aristote le donne pour un bon géomètre, mais d'un esprit simple. « C'est un fait connu, dit-il, qu'il y a des gens qui se montrent très-incapables dans certaines choses, tandis qu'ils sont ailleurs très-intelligents. Ainsi Hippocrate était un bon géomètre, mais

1. Voy. Cantor, *Mathematische Beiträge*, etc., p. 191 et suiv.

incapable de gérer sa fortune, puisqu'il perdit, dit-on, une forte somme d'argent par sa trop grande confiance envers un collecteur des douanes de Byzance [1]. » Suivant le commentateur d'Aristote, Jean Philoponus, Hippocrate se livrait au commerce maritime, lorsqu'un de ses navires fut capturé par des corsaires athéniens [2]. Pour se faire rendre son bien, il se rendit à Athènes, y fréquenta les écoles des philosophes, se perfectionna dans l'étude de la géométrie, et s'attaqua au problème de la quadrature du cercle. Enfin, d'après Jamblique, Hippocrate de Chios fut exclu de la société pythagoricienne pour avoir enseigné la géométrie à prix d'argent, contrairement aux statuts de cette société.

Suivant Eudémus, cité par Simplicius, Hippocrate, au lieu d'aborder directement le problème de la quadrature du cercle, s'y prit d'une façon détournée, en carrant le *ménisque*, μηνίσκος, ou la *lunule* [3], c'est-à-dire un espace compris entre deux arcs de cercles inégaux (ΓΕΑ de la fig. 10). Laissons parler ici le commentateur d'Aristote : « La démonstration est, dit-il, la suivante. Qu'on élève au-dessus de la droite AB le demi-cercle AΓB; que sur le milieu Δ de AB on élève la

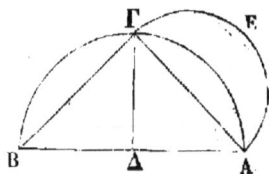

Fig. 10.

perpendiculaire ΔΓ, et que de Γ on tire la droite AΓ : celle-ci sera le côté d'un carré inscrit dans un cercle, dont AΓB est la moitié ; enfin qu'au-dessus de AΓ on décrive le demi-cercle AEΓ. Or, comme le carré (τὸ ἴσον) de AB (hypoténuse d'un triangle rectangle) est égal au carré de

---

1. Aristote, *Ethica, ad Eudemum*, VII, 14.

2. Cet événement arriva probablement pendant la guerre (guerre de Samos), que la colonie de Byzance faisait à Athènes (vers 440 avant J. C.).

3. Le mot *ménisque*, μηνίσκος est le diminutif de μήνη, *lune;* il signifie donc *croissant* ou *décroissant,* c'est-à-dire la lune à son commencement ou à son déclin.

AΓ et au carré de ΓB, c'est-à-dire à la somme des carrés des cathètes, et que les cercles sont entre eux comme les carrés de leurs diamètres (proposition du XII° livre d'Euclide), il s'ensuit que le demi-cercle AΓB est le double du demi-cercle AEΓ. Or, le demi-cercle AΓB est le double du quadrant (τεταρτημόριον) AΓΔ. Donc, le quadrant est égal au demi-cercle AEΓ. Si maintenant on ôte le segment commun (περιφερείας περιεχόμενον τμῆμα), compris entre le côté du carré et l'arc AΓ, ce qui restera est la lunule (μηνίσκος), d'un plan égal au triangle (ἴσος τῷ τριγώνῳ) AΓΔ, et ce triangle est, de nouveau, égal à un carré. Après avoir ainsi montré la quadrature de la lunule, l'auteur a essayé de procéder à la quadrature du cercle [1]. »

La suite de ce fragment d'Eudème, que M. Bretschneider a le premier fait connaître [2], est assez obscure et paraît avoir été tronquée. Mais l'explication de la figure ci-contre (fig. 11), insérée dans le texte grec, montre qu'il s'agissait, au fond, d'égaler les lunules H, Θ, K, d'une figure rectiligne, au trapèze ΓEZΔ, formé par le diamètre et trois côtés d'un hexagone inscrit dans un cercle. Mais Simplicius lui-même critiquant, avec raison, cette méthode, cherche à en faire ressortir l'inexactitude.

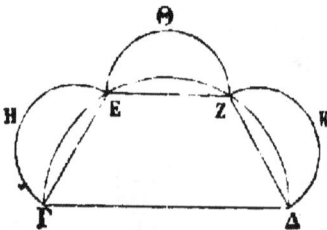

Fig. 11.

Montucla, qui ne paraît pas avoir connu le fragment d'Eudème cité par Simplicius, fait d'abord observer, au sujet de la *quadrature de la lunule*, que ce n'est pas une quadrature proprement dite, comme celle que trouva plus tard Archimède, lorsqu'il fit voir que la parabole était les deux tiers du rectangle de même base et de même hau-

---

1. Simplicius, *Comment. in octo Aristotelis Physicæ auscultationis libros*, fol. 12° et suiv. (Venise, 1526).

2. *Die Geometrie und die Geometer vor Euklides*, p. 102 et suiv.

teur. « La quadrature d'Hippocrate est, dit Montucla, en quelque sorte un tour de passe-passe géométrique, où l'on ne fait qu'ôter un espace commun d'un côté et de l'autre; et il lui arrive, par une sorte de hasard, que l'un des restants est un espace rectiligne, tandis que l'autre est une figure curviligne, qui lui est conséquemment égale [1]. Mais Hippocrate a ensuite commis un paralogisme en voulant passer de la quadrature de la lunule à celle du cercle. L'erreur consiste en ce que les lunules employées pour la quadrature du cercle ne sont pas semblables à celle qu'Hippocrate avait montrée égale à un triangle rectiligne [2]. »

En se fondant sur un passage de Proclus (*Comment. in Euclid.*, lib. II), Heinius a attribué la quadrature de la lunule à Œnopide de Chios [3]. Mais cette opinion a été réfutée par Castilhon [4].

*Œnopide de Chios*, dont nous avons déjà parlé dans notre *Histoire de l'Astronomie* (p. 113), passe pour avoir donné la solution des problèmes XII et XXIII du Ier livre d'Euclide. L'énoncé du premier problème est : « A une droite indéfinie et donnée, et d'un point donné qui n'est pas dans cette droite, mener une ligne droite perpendiculaire. » — Voici l'énoncé du second problème : « A une droite donnée, et à un point de cette droite, construire un triangle rectiligne égal à un angle rectiligne donné [5]. »

Œnopide, qui avait voyagé en Égypte (vers 450 av. J.C.), essaya d'expliquer les crues annuelles du Nil par une singulière théorie de la chaleur intérieure de la Terre, théorie qui a été mentionnée par Diodore (I, 98).

1. Il suffit que les deux cercles, dont les arcs forment la lunule, soient dans le rapport de 2 à 1, ou de 3 à 1, de 3 à 2, de 5 à 1, de 5 à 3, pour construire, à l'aide de la règle et du compas, une lunule absolument carrable.
2. Montucla, *Hist. des mathématiques*, t. I, p. 153.
3. Mém. de l'Acad. de Berlin, année 1748.
4. *Ibid.*, année 1749.
5. Proclus, *Comment. in Euclid.*, lib. I, p. 75 de l'édit. de Bâle.

# CHAPITRE IV.

## Platon.

Nous avons déjà parlé ailleurs de Platon et de ses connaissances astronomiques [1]. Quant à son savoir mathématique, il relève presque entièrement de l'école de Pythagore, sur les doctrines de laquelle nous avons cru devoir insister.

Platon était particulièrement pénétré de la nécessité de s'initier aux sciences mathématiques, pour avancer d'un pas sûr dans le domaine de la philosophie. On connaît ce mot, conservé par Diogène de Laërte (IV, 2) : « Va-t'en, disait Platon à celui qui voulait fréquenter son école sans avoir appris ni la musique, ni la géométrie, ni l'astronomie, va-t'en (πορεύου); car tu ne possèdes pas les *anses de la philosophie* (λαβὰς γὰρ οὐκ ἔχεις φιλοσοφίας). » On raconte encore de lui qu'il avait écrit au-dessus de sa porte : « Qu'aucun ignorant en géométrie n'entre sous mon toit (μηδεὶς ἀγεωμέτρητος εἰσίτω μοῦ τὴν στέγην) [2]. »

Plutarque a intitulé un chapitre de son *Banquet* (l. VIII) : Comment Platon disait que *Dieu fait toujours de la géométrie* (τὸν Θεὸν ἀεὶ γεωμετρεῖν) [3]. L'auteur fait remarquer que si ces paroles ne se trouvent pas textuellement dans

1. *Histoire de l'Astronomie*, p. 125 et suiv.
2. Tzétzès, *Chiliades*, VIII, 972.
3. Plutarque, t. VIII, p. 866 (édit. de Reiske).

les écrits de Platon, elles forment le fond même de ses doctrines cosmogoniques.

Tout cela vient à l'appui de l'union intime de la philosophie avec les mathématiques, dont les origines se retrouvent, comme nous l'avons montré, dans le fonctionnement même de nos facultés. On sait que, d'après Platon, le corps n'est qu'un obstacle temporairement opposé à la compréhension de la vérité objet de l'âme immortelle. Cette soumission temporaire des sens à l'intelligence, de la faculté particularisatrice à la faculté généralisatrice, géométrique, a été magnifiquement exposée dans tous les Dialogues de Platon, notamment dans le *Théétète*, et dans la *République*. Mais c'est surtout dans le *Timée* qu'on remarque le développement de cette tendance pythagoricienne à rattacher, par des rapports de quantités, le fonctionnement de l'âme individuelle au mouvement général de l'âme du monde.

### Problème arithmétique de l'âme.

L'âme, plus ancienne que le corps auquel elle doit commander, a été constituée, selon Platon, de la manière suivante : « Il (le Dieu de Platon) sépara d'abord du Tout une partie ; puis une autre, double de la première ; puis une troisième, valant une fois et demi la seconde et trois fois la première ; une quatrième, double de la seconde ; une cinquième, triple de la troisième ; une sixième, valant huit fois la première ; une septième, valant la première vingt-sept fois. »

Ce passage du *Timée* est facile à saisir : il donne les trois premiers termes de la série naturelle des nombres, suivis des carrés de 2 et de 3, puis des cubes de 2 et de 3 ; soit : 1, 2, 3, 4, 9, 8, 27. Il y a là deux progressions géométriques, dont l'une a pour raison 2, et l'autre 3. Seulement leurs termes sont emmêlés de manière que, entre 2 et le carré de 2 vient se placer 3 ; de même qu'en-

tre le carré et le cube de 2 (4 et 8) vient se placer le carré
de 3 (9) ; enfin le cube de 2 est suivi du cube de 3 (27).

Mais voyons la suite. « Puis il (Dieu) remplit les intervalles des doubles (termes de la progression de 2) et
des triples (termes de la progression de 3) en en retran-
chant encore des parties et en les plaçant dans ces intervalles, de manière qu'il y eût dans chaque intervalle deux
moyennes (μεσότητας), dont l'une surpassât le terme précédent et fût surpassée de la même quantité par le terme
suivant. Ces combinaisons avec les intervalles précédents,
donnant des intervalles d'un, d'un et demi, d'un plus un
tiers, d'un plus un huitième, il remplit l'intervalle d'un
plus un tiers par l'intervalle d'un plus un huitième, laissant de chaque intervalle une partie, de sorte que cette
partie fût en rapport de distance avec les termes 243
et 256; et le mélange d'où il retrancha ces parties se
trouvait alors complétement employé. Tout ce système
double (ξύστασιν πᾶσαν διπλῆν), il le coupa suivant sa longueur, et, rapprochant les uns des autres en forme de χ
les termes moyens, c'est-à-dire les termes également éloignés des deux extrêmes (μέσην πρὸς μέσην ἑκατέραν ἀλλήλαις
οἷον χῖ), il les courba en cercle, unissant les termes équidistants du milieu; il les enveloppa ainsi deux par deux
dans un mouvement de contour (περιαγομένη πέριξ) par cercles concentriques. »

Ce passage a fait le désespoir des commentateurs, tant
anciens que modernes. Les premiers, particulièrement
Chalcidius et Crantor, cités par Plutarque, voulaient que
l'on construisît un triangle, et qu'on mît au sommet
l'unité, puis sur un côté la progression de 1, 2, 4, 8,
sur l'autre la progression 1, 3, 9, 27, afin de montrer que ces deux progressions sortent, comme un large
fleuve, de l'unité, représentant Dieu, être- simple, auteur de toutes choses. Parmi les modernes, nous ne nom-
merons que M. Th. H. Martin, qui veut voir dans le passage cité l'expression, assez obscure, du canon musical

de Pythagore ou la théorie mathématique de la musique d'après Platon [1]. Mais cette opinion nous semble, en plus d'un endroit, faire dire au texte ce qui ne s'y trouve point.

Voici l'explication qui nous paraît la plus naturelle :

Dans le chapitre des *Origines des mathématiques*, nous avions dit (p. 36) que l'invention des logarithmes repose sur une idée simple, qu'elle a dû venir à plus d'un esprit méditant sur l'accroissement d'un nombre quelconque multiplié une fois, deux fois, trois fois, etc., avec lui-même. Eh bien, c'est dans cette voie-là que, croyons-nous, Platon s'était engagé, lorsqu'il nous parle de la division des mouvements de l'âme. En lisant attentivement tout le passage, dont nous n'avons cité que la principale partie, on peut se convaincre qu'il y est question d'une progression arithmétique servant à nombrer les termes d'une progression géométrique concomitante, qui pouvait commencer par 1, 2, 4, ..., aussi bien que par 1, 3, 9, .... ou par 1, 10, 100, .... Platon devait être frappé comme d'un trait de lumière, en voyant qu'il suffisait, par exemple, d'additionner deux termes quelconques (exposants) de la progression arithmétique, pour avoir immédiatement le produit des deux termes correspondants de la progression géométrique, et pour montrer en même temps — ce qui devait être pour lui un objet de non moindre surprise — que les termes extrêmes, également distants les uns des autres, sont égaux aux deux termes moyens, additivement pour la progression arithmétique, multiplicativement pour la progression géométrique, enfin que, lorsque le milieu ou le centre ne se compose que d'un seul terme (ce qui arrive lorsque les termes sont en nombre impair), il faut doubler ce terme dans la progression arithmétique, et le multiplier une

---

1. Th. H. Martin, *Études sur le Timée de Platon*, t. I, p. 383 et suiv.

fois avec lui-même (l'élever au carré) dans la progression géométrique. Les termes équidistants du centre étaient réunis par des arcs de cercle. Les nombres de 256 et 243 indiquaient que la progression de 2 était poussée jusqu'à la 8ᵉ puissance, et celle de 3 jusqu'à la 5ᵉ, et que ces nombres pouvaient servir à l'opération démonstrative de l'égalité des termes symétriquement disposés autour des termes moyens. L'auteur du *Problème arithmétique de l'âme* devait ainsi arriver à la double combinaison suivante :

I. $\quad 1^0 \quad 2^1 \quad 2^2 \quad 2^3 \quad 2^4 \quad 2^5 \quad 2^6 \quad 2^7 \quad 2^8$

| Termes de la progression arithmétique (exposants). | Termes correspondants de la progression géométrique. |
|---|---|
| $0 + 8 = 8$ | $1 \times 256 = 256$ |
| $1 + 7 = 8$ | $2 \times 128 = 256$ |
| $2 + 6 = 8$ | $4 \times 64 = 256$ |
| $3 + 5 = 8$ | $8 \times 32 = 256$ |
| $4 \text{ doublé} = 8$ | $16 \times 16 = 256$ |

II. $\quad 1^0 \quad 3^1 \quad 3^2 \quad 3^3 \quad 3^4 \quad 3^5$

| | |
|---|---|
| $0 + 5 = 5$ | $1 \times 243 = 243$ |
| $1 + 4 = 5$ | $3 \times 81 = 243$ |
| $2 + 3 = 5$ | $9 \times 27 = 243$ |

Il était aisé de voir que les intervalles de nombres, compris entre les termes successifs de la progression géométrique, grandissent à mesure qu'ils s'éloignent de l'unité :

1, 2, 4, 8, 16, 32, 64, 128, 256.
1, 3, 9, 27, 81, 243.

Or, si l'on veut remplir, par exemple, les intervalles

compris entre 2 et 4, entre 8 et 16, entre 16 et 32, etc.,
ou entre 1 et 3, 9 et 27, 27 et 81, etc., par les nombres qui
manquent, et les mettre en rapport avec la progression
arithmétique, les termes correspondants de celle-ci seront nécessairement des nombres fractionnaires d'un
genre particulier. Enfin rien n'empêche d'assimiler la
progression arithmétique à un mouvement uniforme, et
la progression géométrique correspondante à un mouvement accéléré. Le premier sera, comme l'appelle Platon,
le *mouvement de la nature du même*, φορὰ τῆς ταὐτοῦ φύσεως, et l'autre, le *mouvement de la nature de l'autre*,
φορὰ τῆς θατέρου φύσεως. Ces échappées de vue étaient bien
propres à faire naître des réflexions spéculatives d'un
grand intérêt, mais incompréhensibles pour ceux qui n'en
avaient pas la clef.

### Les triangles éléments.

Platon commence par poser, comme évident pour tout
le monde (δῆλον παντὶ), que le feu, la terre, l'eau et l'air
sont des *corps* (σώματα), et que tout corps (solide) est nécessairement limité par des plans. «Tout plan ou surface
plane se compose, ajoute-t-il, de triangles, et tous les
triangles tirent leur origine de deux triangles dont chacun a un angle droit tandis que les deux autres angles
sont aigus. » (*Timée*). Tout triangle peut, en effet, se
décomposer en deux triangles rectangles. Pour le démontrer, il suffit d'abaisser du sommet de l'un quelconque des trois angles une perpendiculaire sur le côté
opposé, perpendiculaire qui est moyenne proportionnelle
entre les deux parties de ce côté. Ce sont ces triangles
rectangles que Platon nomme στοιχεῖα, *éléments* ou surfaces élémentaires. Il les divise en deux espèces : 1° les
triangles rectangles *isoscèles*, ou qui ont deux côtés égaux,
comme ceux qui forment les deux moitiés d'un carré partagé en deux par la diagonale ; 2° les triangles rectangles

*scalènes,* qui ont les trois côtés inégaux. Dans les premiers, le carré de l'hypoténuse (diagonale du carré) est inexprimable en nombres rationnels ; car la somme de deux carrés égaux n'est jamais un carré. Soit, par exemple, chacun des deux carrés $= 1^{2}$ [1] ; il sera facile de montrer que leur somme, **2**, ne saurait être un carré, car il n'y a pas de nombre qui, multiplié avec lui-même, donne 2. Soit, par exemple, $1\frac{1}{2}$ ou $\frac{3}{2}$ la racine carrée de **2** ; en multipliant $\frac{3}{2}$ avec lui-même, on aura $\frac{3^{2}}{2^{2}} = \frac{9}{4} = 2\frac{1}{4}$ ; la racine de $\frac{3}{2}$ sera donc de $\frac{1}{4}$ trop grande. Si l'on prend $1\frac{1}{3}$ ou $\frac{4}{3}$ pour racine carrée de 2, on aura $\frac{4^{2}}{3^{2}} = \frac{16}{9} = 1\frac{7}{9}$ ; $\frac{4}{3}$ est donc une racine trop petite. On pourrait ainsi continuer à essayer de tous les nombres fractionnaires intermédiaires entre 1 et 2, sans jamais parvenir à trouver la racine carrée exacte. Le carré de l'hypoténuse d'un triangle rectangle isoscèle est donc inexprimable en nombres rationnels, ou, ce qui revient au même, la diagonale (racine du carré de l'hypoténuse du triangle rectangle isoscèle) est incommensurable avec le côté du carré.

Quant aux triangles rectangles scalènes, qui forment la seconde espèce, ils peuvent, pour la plupart, être exprimés en nombres ordinaires ou rationnels. Parmi ces triangles il y en a qui sont, suivant l'expression de Platon, *les plus beaux de tous;* ce sont ceux dont deux (ABC, ACD) ou six réunis (AFE, BEF, BEC, CED, DEG, EGA) forment un triangle équilatéral BAD (fig. 12).

---

1. N'oublions pas que 1 peut être à la fois un carré et la racine de ce carré. Si, au lieu de 1, on voulait choisir un carré quelconque, le résultat serait le même ; les nombres $8 = 2^{2} + 2^{2}$, $18 = 3^{2} + 3^{2}$, $32 = 4^{2} + 4^{2}$, etc., ne pourront jamais être représentés comme des produits de deux facteurs égaux.

Les nombres qui sont ensuite mis en avant pour établir le rapport des triangles rectangles, présentent beaucoup de difficultés à l'interprétation[1]. Ces difficultés tiennent, selon nous, à une véritable transpo-
sition de deux passages, où il est dit, d'une
part, que « le carré du plus grand côté
est toujours triple du carré du moindre
(τὸ δὲ τριπλῆν κατὰ δύναμιν ἔχον τῆς ἐλάττονος
τὴν μείζω πλευρὰν ἀεὶ); tandis que, d'autre
part, l'auteur du *Timée* présente l'hypoténuse comme double de la longueur du
moindre côté (τὴν ὑποτείνουσαν τῆς ἐλάττονος
πλευρᾶς διπλασίαν ἔχον μήκει). » — Examinons la question
de plus près.

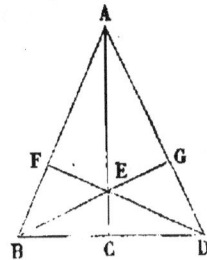

Fig. 12.

Que signifient les nombres 1, 2, 3, 4 (carré de 2), qui
reviennent si souvent chez Platon et les pythagoriciens?
Leur interprétation est facile, si l'on veut bien se graver
dans l'esprit que les anciens, à défaut d'un langage algébrique, se servaient généralement des premiers termes
d'une progression pour exprimer une loi mathématique.
Quand la progression était arithmétique ou géométrique,
l'indication des quatre premiers termes suffisait pour en
avoir le rapport, et continuer la progression à l'infini. S'il
n'y a que deux termes de donnés, il peut arriver qu'ils
appartiennent à une progression tout à la fois arithmétique
et géométrique ; il faut alors choisir. C'est le cas des nombres 1, 2. Si on l'applique, par exemple, à la première
espèce de triangles rectangles (triangles rectangles isoscèles), on aura, en doublant les racines, la progression
arithmétique de 2, 4, 6, 8, etc., série des pairs, qui contient en même temps tous les carrés pairs; tandis que,
en doublant les carrés, on a une progression mixte (ni
arithmétique, ni géométrique): 2, 8, 18, 32, etc., pro-

1. Th. H. Martin, *Études sur le Timée de Platon*, t. II, p. 235 et
suiv.

gression dont aucun terme n'est un carré (exprimable en nombres) [1].

Quand l'énoncé de la loi impliquait une de ces progressions qui, n'étant ni arithmétiques, ni géométriques, participent à la fois des unes et des autres, progressions conjuguées comprises sous la dénomination vague d'*anharmoniques*, les deux premiers termes donnés étaient des indices bien obscurs. C'est à dessein, comme pour cacher un mystère aux yeux du profane, que Platon — et il aimait à s'en vanter — s'exprimait *obscurément*, ἀσαφῶς. Si notre conjecture est fondée, les nombres 3, 4 et 5, qui succèdent à 1 et 2, devront donner la clef d'une progression particulière, propre à fournir les nombres carrés, somme de deux carrés à racines inégales, et qui rentrent, par conséquent, dans l'espèce des triangles rectangles scalènes.

Proclus, dans son *Commentaire* sur Euclide (p. 111, édition de Bâle), nous apprend que « la méthode platonicienne (ἡ πλατωνική), pour trouver les côtés rationnels des triangles rectangles, *part des nombres pairs* (ἀπὸ τῶν ἀρτίων ἐπιχειρεῖ). » Mais la description, d'ailleurs très-sommaire, que Proclus donne de cette méthode, dont Platon n'a nulle part parlé dans ses écrits, est loin de s'appliquer à tous ces triangles [2].

1. Tous les termes de cette progression mixte (sommes de deux carrés égaux), étant divisés par 4 ($2^2$), donnent les uns, tels que 2, 18, 50, etc., pour quotient un nombre fractionnaire, et les autres, tels que 8, 32, 70, etc., un quotient pair, mais finalement indivisible par 4; tandis que les carrés pairs, étant divisés par 4, donnent toujours finalement un nombre entier, impair (carré impair). Cette démonstration ressort directement de la connaissance exacte de la structure numérique des carrés, connaissance familière aux anciens.

2. Voici en quels termes le commentateur d'Euclide explique la méthode qui devrait s'appeler *proclienne* plutôt que *platonicienne* : Λαϐοῦσα τὸν δοθέντα ἄρτιον, τίθησιν αὐτὸν ὡς μίαν πλευρὰν τῶν περὶ τὴν ὀρθήν, καὶ τοῦτον διεχοῦσα δίχα καὶ τετραγωνίσασα τὸ ἥμισυ μονάδα μὲν τῷ τετραγώνῳ προσθεῖσα ποιεῖ τὴν ὑποτείνουσαν, μονάδα δὲ ἀφελοῦσα τοῦ τετραγώνου ποιεῖ τὴν ἑτέραν τῶν περὶ τὴν ὀρθήν· οἷον τὸν τέσσαρα λαϐοῦσα καὶ τούτου τὸν ἥμισυν τὸν β τετραγωνίσασα

Voici comment nous concevons la méthode platonicienne. Prenons $2 \times 3 = 6$, comme point de départ d'une
progression arithmétique, dont le rapport soit 4 ; nous aurons la série suivante de nombres pairs : 6, 10, 14, 18,
22, etc. ; et d'une manière générale, $4n + 2$. Si, en même
temps, nous partons de $1 \times 2 = 2$ (double du premier
nombre triangulaire) multiplié par 4, et que nous con-
tinuions à multiplier par le quaternaire tous les nombres
triangulaires doublés, nous aurons une progression mixte,
dont les termes sont représentés par la série suivante de
nombres pairs : 8, 24, 48, 80, 120, etc., et d'une manière
générale $(n^2 + n) \times 4 = 4n^2 + 4n$. Les termes de ces deux
séries, allant à l'infini, sont les racines ou les côtés (cathètes) de triangles rectangles scalènes, dont les carrés réunis
(sommes des carrés des cathètes) donnent les carrés de
l'hypoténuse en nombres rationnels, ayant pour racines
$[(2n+1)^2 + 1]$. Si, par exemple, dans la formule, $[(2n+1)^2$
$+ 1]^2 = (4n + 2)^2 + (4n^2 + 4n)^2$, on assigne à $n$ successivement la valeur de 1, 2, 3, 4, etc., on aura : $10^2 = 6^2 + 8^2$ ; $26^2$

καὶ ποιήσασα αὐτὸν ὅ, ἀφελοῦσα μὲν μονάδα ποιεῖ τὸν γ, προσθεῖσα δὲ
ποιεῖ τὸν ε, καὶ ἔχει τὸ αὐτὸ γενόμενον τρίγωνον, ὅ καὶ ἐκ τῆς ἑτέρας
ἀπετελεῖτο μεθόδου· c'est-à-dire que si l'on prend un nombre pair et
qu'on le pose comme égal à l'une des cathètes ; si ensuite on partage
ce nombre en deux, qu'on en élève la moitié au carré, et qu'on
ajoute à ce carré une unité, on aura l'hypoténuse ; si, au contraire,
on ôte de ce carré une unité, on aura l'autre cathète. Qu'on prenne,
par exemple, le nombre 4 ; la moitié sera 2, et son carré 4 ; la soustraction d'une unité de ce carré donne 3, et l'addition 5. On obtient
ainsi le même triangle rectangle que par l'autre méthode (celle de
Pythagore). »
La méthode indiquée par Proclus se réduit à la formule : $(2n^2 + 1)^2$
$= 4n^2 + (2n^2 - 1)^2$ ; elle est loin de donner tous les carrés impairs,
sommes de deux carrés (dont l'un pair et l'autre impair). Ainsi, dans
la série de ces carrés, tels que $(2^2 + 1)^2 = 3^2 + 4^2$ ; $(4^2 + 1)^2 = (2 \times 4)^2$
$+ 15^2$ ; $(6^2 + 1)^2 = (2 \times 6)^2 + 35^2$ ; $(8^2 + 1)^2 = (2 \times 8)^2 + 63^2$, etc., obtenus par cette méthode qui paraît avoir été celle de Pythagore, il
manque : $13^2 = 12^2 + 5^2$ ; $25^2 = 24^2 + 7^2$ ; $41^2 = 40^2 + 9^2$ ; $61^2 = 60^2 + 11^2$,
etc. La méthode de Pythagore « qui commençait par les impairs »,
complétait ainsi celle de Platon « qui commençait par les pairs ».

$= 10^2 + 24^2$; $50^2 = 14^2 + 48^2$; $82^2 = 18^2 + 80^2$, etc. Enfin avec $\dfrac{(2n+1)^2 + 1}{2}$, $\dfrac{4n+2}{2}$ et $\dfrac{4n^2 + 4n}{2}$, c'est-à-dire. en prenant la moitié des racines (côtés) de tous les carrés donnés par la formule, on a $5^2 = 3^2 + 4^2$; $13^2 = 5^2 + 12^2$; $25^2 = 7^2 + 24^2$; $41^2 = 9^2 + 40^2$, etc., c'est-à-dire la série qui complète celle de Pythagore (voy. la fin de la note précédente)[1].

Les deux séries de carrés-sommes impairs, $(2n^2 + 1)$ (méthode de Pythagore) et $(2n + 1^2 + 1)^2$ (méthode de Platon), séries dont $5^2 = 4^2 + 3^2$ est le commun point de départ, rentrent dans la formule générale que nous avons donnée plus haut.

### Les solides ou polyèdres réguliers. — Lieux géométriques.

Après avoir présenté le triangle rectangle (isoscèle et scalène) comme le plan élémentaire, Platon cherche à construire avec cet élément les solides géométriques qu'il assimile aux principes constitutifs du monde. Mais comment un corps solide peut-il se composer de plans, puisque avec autant de plans que l'on voudra on ne formera jamais la moindre épaisseur? Voilà l'objection faite par Aristote à Platon. Il lui reproche, en outre, d'avoir considéré comme indivisibles les triangles élémentaires dont se composent les plans des solides, et d'avoir ainsi renouvelé l'indivisibilité — inadmissible selon Aristote — des atomes de Démocrite. Mais ces objections ou reproches même montrent combien Aristote avait l'esprit peu géométrique. Il est certain qu'avec un nombre donné

---

1. La méthode de Pythagore était fondée sur ce que, comme nous l'avons montré plus haut, les sommes de deux nombres impairs consécutifs (différences de deux carrés consécutifs) peuvent être des carrés pairs, tandis que la méthode de Pythagore reposait sur ce que de simples gnomons (de la série des nombres impairs) peuvent être des carrés impairs.

de plans, quelque grand que soit ce nombre, il est impossible de former un solide; mais si ce nombre est supposé infini, c'est-à-dire plus grand que tout nombre donné, toute objection tombera. Seulement il importe de ne point perdre de vue qu'il s'agit ici de l'infini en puissance, exprimable par des séries allant à l'infini. Conformément à cette idée, devenue si féconde entre les mains des analystes modernes, le plan peut être considéré comme composé d'une infinité de lignes, et la ligne comme formée d'une infinité de points. Mais Platon, avec son esprit géométrique, s'était-il élevé à la hauteur de cette conception? Nous le croyons, et on verra plus loin pourquoi.

L'égalité implique la régularité. Après avoir vu comment on peut inscrire, dans un cercle, des figures planes anguleuses, ayant leurs faces et leurs côtés égaux (*polygones réguliers*), Platon a dû répéter les mêmes essais avec les corps solides réguliers, avec les *polyèdres*, en cherchant à les inscrire dans une sphère. C'est ainsi qu'il fut probablement le premier à découvrir qu'il n'y a que cinq solides ou polyèdres réguliers qui puissent être inscrits dans une sphère, ou auxquels on puisse circonscrire une sphère dont la surface touche tous les angles solides de ces corps. Ce fut là une véritable découverte; et l'on comprend que, dans son enthousiasme, Platon ait présenté ces corps comme les éléments mêmes du monde. Il en forme d'abord un premier groupe naturel, comprenant le *tétraèdre*, l'*octaèdre* et l'*icosaèdre*. Toutes les faces de ces polyèdres sont des triangles équilatéraux. L'angle solide du tétraèdre est formé avec trois angles de ces triangles; l'angle solide de l'octaèdre, avec quatre, et celui de l'icosaèdre, avec cinq angles de ces triangles. Il est impossible de former un plus grand nombre de polyèdres réguliers avec des triangles équilatéraux; car six de ces triangles valant quatre angles droits, ne peuvent former d'angle solide. Tout cela était parfaitement connu de Platon : « La réunion de quatre triangles équilatéraux, dont trois angles concourent à la formation de l'angle solide, produit, dit-il, quatre angles solides égaux, et compose ainsi le solide de la première espèce (τὸ πρῶτον εἶδος ὑτερεὸν), qui partage en parties égales et semblables toute la surface de la sphère dans laquelle il est inscrit. » C'est le *tétraèdre* (nom qui n'est pas employé par Platon), ou la *pyramide triangulaire à quatre faces égales*, élément solide, qui devait correspondre au *feu*. Comme chaque triangle équilatéral comprend, ainsi que nous avons vu plus haut (p. 144), six éléments (triangles) scalènes, le tétraèdre se compose de vingt-quatre éléments scalènes.

« Le solide de la seconde espèce (τὸ δεύτερον) se compose, continue Platon, des mêmes triangles (scalènes), réunis en huit triangles équilatéraux (ce qui fait quarante-huit éléments scalènes) ; quatre angles de ces triangles formant un angle solide, et six de ces angles solides étant ainsi produits, la constitution du second corps (σῶμα) se trouve accomplie. » — C'est ce qu'on a nommé depuis l'*octaèdre*, qui devait correspondre à l'*air*. On peut le considérer comme formé de deux pyramides quadrangulaires adossées par leur base commune.

« Le troisième corps (correspondant à l'*eau*) est, dit Platon, composé de cent vingt éléments, στοιχεῖα (éléments scalènes), unis ensemble de manière à produire vingt triangles équilatéraux ou faces (βάσεις) sur lesquels le solide puisse se poser, et qui, groupés par cinq, forment douze angles solides, dont chacun est formé par cinq angles des triangles équilatéraux. » — Ce troisième solide est l'*icosaèdre* ; on peut le considérer comme composé de vingt pyramides triangulaires dont les sommets se rencontrent au centre d'une sphère, et qui ont leurs hauteurs et leurs bases égales. Avec ce troisième solide se trouve, pour nous servir de l'expression de Platon, épuisé le rôle des éléments scalènes ou des triangles équilatéraux.

Le second groupe de solides réguliers comprend l'*hexaèdre* et le *dodécaèdre*.

L'hexaèdre ou cube est caractérisé par le triangle rectangle isocèle, parce que tout carré peut être divisé par la diagonale en deux triangles isocèles égaux, ou, comme le veut Platon, en quatre de ces triangles, par les deux diagonales se coupant à angle droit. « C'est, dit Platon, le triangle isocèle qui engendra la quatrième espèce de corps (τὸ ἰσοσκελὲς τρίγωνον ἐγέννα τὴν τοῦ τετάρτου φύσιν). Ces triangles sont combinés par quatre (κατὰ τέτταρα), de telle façon que les angles droits se réunissent en un *tétragone équilatéral*, ἰσόπλευρον τετράγωνον ; et six de ces tétragones (carrés) forment, par trois à trois (κατὰ τρεῖς), huit angles solides. La figure résultant de cette composition est le *cube* (σχῆμα κυβικόν), dont les bases sont six tétragones équilatéraux (carrés). » — Le cube représentait la *terre* ou l'élément terrestre.

Le cinquième corps est le *dodécaèdre*. Ne pouvant le faire entrer ni dans le système des triangles rectangles isocèles, ni dans celui des triangles rectangles scalènes, Platon s'est borné à le signaler comme étant celui dont Dieu s'était servi pour *tracer le plan de l'univers* (τὸ πᾶν διαζωγραφῶν). Les douze faces de ce solide sont formées par des pentagones réguliers dont les angles, en se groupant par trois à trois, composent les angles solides. On peut considérer le dodécaèdre comme consistant en douze pyramides pentagones dont les sommets sont au centre du dodécaèdre, c'est-à-dire de la sphère qu'on peut imaginer circonscrite à ce solide. Alcinoüs, dans son *Introduction à la doctrine platonicienne*, s'est emparé du mot διαζωγραφῶν pour assimiler les douze faces du dodécaèdre aux douze signes du zodiaque. Suivant l'auteur de l'*Epinomis*, le dodécaèdre représente la forme de l'*éther*.

Platon termine sa stéréologie par cette remarque importante, « qu'il faut concevoir ces corps comme tellement petits, que chacun, comme une *unité de son genre* (ὡς καθ' ἓν ἑκάστου μὲν τοῦ γένους ἑκάστου), est, à cause de sa petitesse, insensible à notre œil. » Ces paroles, contenant en germe la géométrie des infiniment petits, répondent à la question que nous avons posée plus haut (p. 149).

Enfin, par quel fait Platon a-t-il pu être conduit à assimiler les cinq corps réguliers de la géométrie à ce qu'il considère comme les corps élémentaires de la matière du monde ? Ce ne peut avoir été que par l'observation des formes cristallines (cube, octaèdre, dodécaèdre, pyramide, etc.) propres à beaucoup de substances minérales et aux métaux mêmes. Quoi qu'il en soit, c'est probablement dans cette assimilation qu'il faut chercher la raison du mot célèbre attribué à Platon, et qui a servi à Plutarque d'en-tête à un chapitre de son *Banquet*, à savoir, « *que le Dieu* (créateur) *fait toujours de la géométrie*, τὸν θεὸν ἀεὶ γεωμετρεῖν [1]. »

On a attribué à Platon la découverte des *lieux géométriques*. Mais il faut reconnaître que dans aucun de ses ouvrages il ne parle de ce qu'on appelle *lieu géométrique*, c'est-à-dire d'une suite de points dont chacun résout une question proposée, ou qui jouit d'une certaine propriété dont ne jouit aucun autre point pris en dehors de ce *lieu*. Cependant le seul fait des points de la circonférence du cercle, tous situés à une égale distance (rayon) du centre, aurait pu facilement conduire Platon, comme tout autre philosophe géomètre, à la conception des *lieux géométriques*.

### La duplication du cube. — Problème Déliaque.

Le problème de la duplication du carré, résolu par le théorème du carré de l'hypoténuse, devait avoir fait également soulever la question de la *duplication du cube* par Pythagore ou ses disciples. Ceux-ci paraissaient déjà avoir reconnu que, si la somme de deux carrés peut être un carré, la somme de deux cubes, en nombres, n'est ja-

1. Voy. plus haut, p. 138.

mais un cube. Platon et ses disciples n'avaient donc plus dès lors qu'à s'occuper de la solution géométrique de la question. Telle est sans doute l'origine du problème de la duplication du cube. Mais la crédulité a fait ici, comme ailleurs, intervenir la légende.

On raconte, en effet, que ce problème fut proposé par l'oracle d'Apollon de Delphes. Le dieu, ayant été interrogé sur le moyen de faire cesser la peste qui ravageait Athènes, répondit « qu'il fallait doubler l'autel d'Apollon, qui était cubique; » de là le nom de *problème Déliaque*. La solution parut aisée à des ignorants; mais en doublant les côtés de l'autel, ils en construisaient un autre, qui était, non pas double, mais octuple du premier [1]. La peste ne cessa point. Le dieu, plus irrité, reçut une nouvelle députation, à laquelle il fit savoir qu'on n'avait point satisfait à sa demande, et qu'il tenait à ce que son autel fût exactement double. Soupçonnant là-dessous un grand mystère, on implora le secours des géomètres. Mais ceux-ci furent également embarrassés. Platon, le plus célèbre d'entre eux, déclina la tâche, en renvoyant les députés à Euclide [2]. Mais cette anecdote n'a pour garant que Philoponus, commentateur d'Aristote [3], du septième siècle de l'ère chrétienne, le même Philoponus qui se fit, dit-on, musulman, pour empêcher Amrou, lieutenant du khalife Omar, de livrer aux flammes la fameuse bibliothèque d'Alexandrie.

L'histoire de l'origine de la duplication du cube a été

1. En effet, $1^3 + 1^3 = 2^3 = 8$.

2. Ce nom, qui est indiqué par Valère Maxime (VIII, 13), ne saurait s'appliquer à Euclide le géomètre, qui était de près d'un siècle postérieur à Platon, ni à Euclide de Mégare, qui n'était nullement géomètre. Peut-être au lieu d'Euclide faut-il lire *Eudoxe* (de Cnide), contemporain de Platon : celui-là s'était, en effet, occupé du problème en question.

3. Philoponus, *Comment. in Analytica posteriora*, lib. I (Venise, 1534, in-fol.)

racontée autrement par Eutocius, commentateur d'Archimède (du sixième siècle de notre ère), citant un fragment d'Ératosthène (*De mesolabo*). Un poëte tragique avait, y est-il dit; introduit sur la scène le roi Minos, élevant un monument à Glaucus. Les architectes donnèrent à ce monument cent coudées en tout sens. Le roi, ne trouvant pas ce monument assez. digne de sa magnificence, ordonna qu'on le fît double. Cette question fut proposée aux géomètres, qu'elle embarrassa beaucoup, jusqu'à ce qu'Hippocrate de Chios, le quadrateur des lunules, leur apprit que la question se réduisait à *trouver deux moyennes proportionnelles*.

Quoi qu'il en soit, il n'était pas, comme le remarque très-bien Montucla, nécessaire de recourir à de pareils contes pour faire comprendre ce qui avait engagé les géomètres dans cette recherche. « Après avoir réussi à doubler ou à multiplier en raison donnée les figures planes semblables, ces géomètres ne pouvaient manquer de proposer le même problème à l'égard des solides ; et, comme ils savaient déjà que les solides semblables sont comme les cubes de leurs côtés semblablement situés, ils le réduisirent à faire un cube en raison donnée et à trouver ensuite entre deux lignes deux moyennes proportionnelles continues [1]. »

Ainsi donc, le problème dont la solution avait été déférée à Platon et à ses disciples, consistait à trouver deux moyennes proportionnelles entre le côté du cube et le double de ce côté. En effet, soient $x$, $z$, deux moyennes proportionnelles entre $a$ et $2a$ ; $a$ étant le côté du cube, on aura : $a : x :: x : z$ ou $\dfrac{xx}{a}$, et $x : \dfrac{xx}{a} :: \dfrac{xx}{a} : 2a$ ; d'où l'on tire $\dfrac{x^4}{x}$ ou $x^3 = 2a^3$, c'est-à-dire que le cube dont le côté est $x$ sera double du cube dont le côté est $a$.

1. Montucla, *Hist. des Mathématiques*, t. I. p. 175 (2ᵉ édit.).

Ce fut ainsi sans doute que Platon ou ses disciples abordèrent le problème[1]. Il s'agissait donc de trouver, par des opérations géométriques et sans tâtonnement, le côté du cube que l'on demandait. Mais on ne devait pas tarder à reconnaître qu'il était impossible d'en venir à bout par le seul secours de la règle et du compas, c'est-à-dire de la droite et du cercle. Le problème ne pouvait pas, en effet, être résolu par l'intersection d'une ligne droite et d'un cercle; car l'équation résultant de cette intersection ne dépasse pas le degré des carrés (second degré). Platon comprit donc, avec tous les géomètres, qu'on ne peut donner du problème qu'une solution mécanique, en se servant, par exemple, de l'intersection d'un cercle et d'une parabole, qui ramenait la question à la recherche de deux moyennes proportionnelles, dont le résultat était, comme nous venons de le montrer; $x^3 = 2a^3$ (équation cubique). A cet effet, il employa, comme nous l'apprend le commentateur Eutocius, un instrument composé de deux règles, dont l'une s'éloigne parallèlement de l'autre en coulant entre les rainures de deux montants perpendiculaires à la première. Ce serait là le premier exemple d'une solution *mécanique* d'un problème de géométrie.

Mais ce qui a fait douter de cette solution, commode dans la pratique, c'est ce passage de Plutarque : « Platon blâmait Eudoxe, Archytas[2] et Ménechme d'avoir doublé les solides par des constructions mécaniques (μηχανικαὶ κατασκεναί), comme s'ils obtenaient par là illicitement deux moyennes proportionnelles; il ajoutait que c'était altérer la beauté de la géométrie que de la reporter sur les choses sensorielles (τὰ αἰσθητά), au lieu de la laisser planer dans les régions des idées éternelles et incorporelles, qui font

1. Eutocius, *Comment. in Archimed.*, *De sphæra et cylindro*, II, 2.
2. La solution donnée par Archytas (voy. plus haut p. 133) à l'aide d'une double courbure n'était nullement mécanique; elle était purement spéculative.

que Dieu est toujours Dieu [1]. » Plutarque répète le même
fait dans la *Vie de Marcellus*, avec cette variante que Platon, indigné de ce que le problème de la duplication du
cube avait été résolu par des instruments matériels, gros-
siers, sépara complétement la géométrie de la mécanique,
qui devait pendant longtemps ne plus être regardée que
comme une branche de l'art militaire.

Quoi qu'il en soit, le fait rapporté par Plutarque rentrait tout à fait dans les idées du grand philosophe.

Platon s'était attaché à introduire une plus grande précision dans la géométrie par des définitions logiques du
point, de la ligne, du plan, des solides. Et s'il y est parvenu par voie d'intuition sensorielle, il a eu soin de passer ce moyen sous silence. Ce qu'il y a de certain, c'est
que Platon perfectionna les méthodes jusqu'alors employées. Proclus le présente positivement comme l'inventeur de la méthode « qui ramène ce qu'on cherche à un
principe déjà accordé (ἐπ' ἀρχὴν ὁμολογουμένην ἀνάγουσα τὸ
ζητούμενον). » Il nomme cette méthode l'*analyse* (ἡ ἀνάλυσις), mot qui signifie littéralement *solution*, et il se trouve
d'accord avec Diogène de Laërte, quand il en attribue
l'invention (ἀνάλυσις τῆς ζητήσεως) à Platon, qui l'aurait
transmise à Léodamas.

Une chose incontestable, c'est que Platon était, comme
Pythagore, pénétré de cette grande idée que tout dans le
monde, que l'univers lui-même, a été réglé avec nombre,
poids et mesure, que le même ordre qui se révèle dans la
matière inanimée par la régularité des formes cristallines,
géométriques, se manifeste dans la matière vivante par
la disposition *dualistique*, par la symétrie des organes,
enfin que c'est au philosophe de chercher à s'identifier
avec la pensée du Dieu géomètre [2].

1. Plutarque, *Sympos.*, VIII, Quæst. II, c. 1.
2. M. Chasles a parfaitement mis en lumière le grand principe de
la *dualité* dans les sciences mathématiques. (*Aperçu historique*, etc.,
p. 408, note XXXIV).

**Géomètres contemporains ou disciples de Platon.**

Antiphon, Eudoxe, Hippias, Léodamas, Théétète, Speusippe,
Ménæchme, Dinostrate, Hermotime, Aristé.

Le nom d'*Antiphon* est commun à plusieurs écrivains
grecs qui ont été souvent confondus entre eux. Celui qui
nous intéresse ici est mentionné par Aristote comme s'é-
tant occupé de la quadrature du cercle. Le commentateur
Simplicius nous a conservé, dans un fragment d'Eudème,
le procédé employé à cet effet par Antiphon. Ce procédé
consistait à inscrire un carré dans un cercle, à tirer du milieu de chaque côté une perpendiculaire à la circonférence,
à réunir par des droites les points touchant la circonférence, de manière à former un octogone, et à continuer
ainsi d'inscrire et de circonscrire au cercle des polygones
réguliers d'un nombre de côtés indéterminé. Mais ce procédé fut déjà critiqué par Eudème, en montrant que le
côté du polygone circonscrit touche la circonférence toujours en un point, tandis que le côté du polygone inscrit
la touche en deux points, et qu'il est *impossible de mesurer une courbe circulaire par l'adaptation d'une droite*
(ἀδύνατον εἶναι εὐθεῖαν ἐφαρμόσαι περιφερείᾳ) [1]. » — Cependant
le procédé d'Antiphon est digne de remarque : il fut repris par Archimède, qui le premier en déduisit des conséquences inattendues.

Suivant Themistius, autre commentateur d'Aristote, Antiphon partit, non pas du carré, mais du triangle équilatéral, inscrit dans un cercle [2]. Mais on ne nous dit pas si
Antiphon eut l'idée de considérer le cercle comme égal à
un triangle ayant pour base la circonférence et pour hau-

1. Simplicius, *Comment. in octo Aristotelis Physicæ Auscultationis
libros* (Venise, 1526, fol. 12° et suiv.).
2. Brandis, *Scholia in Aristot.*, p. 327 — Bretschneider, *Die
Geometrie und die Geometer vor Euclides*, p. 124.

teur le demi-diamètre ou rayon de ce cercle. Ce n'aurait plus été là, il est vrai, la quadrature qu'on cherchait,
mais la rectification ou la réduction du cercle à une figure
rectiligne. Le quadrateur aurait été comme l'alchimiste
qui, en cherchant la pierre philosophale, trouva la porce-
laine.

On n'a aucun renseignement sur la vie d'Antiphon le
géomètre. On sait seulement qu'il était contemporain de
Socrate et de Platon.

*Eudoxe* de Cnide, dont nous avons déjà parlé dans notre
*Histoire de l'astronomie* (p. 134-136), paraît avoir été l'un
des disciples préférés de Platon. Si les sphères qu'il avait
imaginées étaient nuisibles plutôt qu'utiles au progrès de
l'astronomie, elles pouvaient avoir leur utilité en géométrie pure. Cependant, à juger par les fragments d'Hipparque, commentant les *Phénomènes* d'Eudoxe qu'Aratus
paraît avoir seulement mis en vers, Eudoxe n'était guère
versé dans la géométrie, en dépit des éloges que lui dé-
cernent Cicéron, Ptolémée, Proclus et Sextus Empiricus.
Mais la théorie de ses sphères astronomiques n'était
peut-être qu'une erreur de sa jeunesse. Car il s'occupa
de la duplication du cercle, et on lui attribue la conception des sections coniques et l'invention des courbes en
général. Archimède, dans son *Traité de la sphère et du
cylindre*, nous apprend qu'Eudoxe était l'auteur de la
mesure de la pyramide et du cône, et qu'il s'était livré
avec succès à l'étude des solides. Suivant Théon de Smyrne,
il avait imaginé plusieurs nouvelles espèces de rapports,
qui ne paraissent pas avoir beaucoup contribué au progrès
de la science. Il ne nous reste rien des *Écrits géométriques* (Γεωμετρούμενα) d'Eudoxe, cités par Proclus et d'autres
commentateurs.

*Hippias* d'Élée, qui vivait à Athènes vers 420 avant J. C.,
paraît s'être le premier occupé du problème de la *trisec-

*tion des angles.* Suivant Proclus, il inventa une courbe transcendante pour diviser non-seulement tout angle rectiligne en trois parties égales, mais pour le diviser en un nombre quelconque de parties ayant entre elles un rapport donné [1].

*Léodamas,* qu'il ne faut pas confondre avec l'orateur Léodamas, disciple d'Isocrate, a été compris par Proclus dans la liste des philosophes qui ont bien mérité de la géométrie. Nous savons seulement qu'il reçut de Platon, son maître, la méthode analytique.

*Théétète* d'Athènes, dont il ne nous reste que le nom, écrivit, selon Suidas, un ouvrage *Sur les cinq solides,* qu'Euclide paraît avoir mis à profit pour la composition du XIII° livre de ses *Éléments.*

On sait que Platon a donné le nom de *Théétète* à un de ses Dialogues. Or, à juger par ce Dialogue, les disciples de Socrate se livraient plutôt à la métaphysique des quantités qu'à l'étude de la géométrie proprement dite. Ainsi, on y trouve, entre autres, une distinction d'une remarquable finesse entre les nombres *perçus par les sens* et les nombres *conçus par la pensée.* Après avoir comparé l'âme, où se gravent les impressions sensorielles, à une tablette de cire, et fait avouer à Théétète qu'on est moins exposé à se tromper sur les objets *connus par la pensée* que sur ceux *connus par les sens*, Socrate interpelle le géomètre en ces termes :

.... Ne suit-il pas de là qu'on ne prendra jamais le nombre *onze*, qu'on ne connaît que par la pensée, pour le nombre *douze*, qui n'est pareillement connu que par la pensée? Allons, réponds à cela.

*Théétète.* Je répondrai qu'à l'égard des nombres qu'on voit ou qu'on touche, on peut se tromper et prendre *onze* pour *douze*; mais jamais cette confusion n'aura lieu pour les nombres qui ne sont que dans la pensée.

1. Proclus, *Comment. in Euclid..* p. 73 (édit. de Bâle).

Ajoutons que cette distinction a plus d'importance qu'elle n'en a l'air.

*Speusippe* d'Athènes était neveu de Platon. On ne sait rien de sa vie, si ce n'est qu'il accompagna son oncle dans son troisième voyage en Sicile et qu'il se conduisit à la cour de Syracuse avec tac et modération. Il avait écrit un ouvrage *Sur les nombres*, dans lequel il s'étendait particulièrement sur le nombre *dix*. Les nombres étaient, selon ce philosophe, les idées mêmes du Dieu créateur, et avaient servi de modèle à tout ce qui avait été créé par lui. Choisi par Platon pour son successeur, Speusippe dirigea l'Académie pendant huit ans (de 347 à 339 avant J. C.).

*Menechme*, dont la vie est inconnue, est, d'après le témoignage d'Eratosthène et de Geminus, l'inventeur des *sections coniques* (τομαὶ κωνικαί), qui devaient, deux mille ans plus tard, jouer un si grand rôle dans la conception du mécanisme de l'univers. Il résulte d'un passage de Geminus, cité par Eutocius, que du temps de Menechme on engendrait le cône par la rotation d'un triangle rectangle autour d'une de ses cathètes, mode de formation qu'on retrouve dans Euclide. Les triangles obtenus par les sections suivant l'axe, de même que les cercles formés par les sections parallèles à la base des cônes, étaient des sections coniques. Mais Menechme alla plus loin. Le cône était dit *aigu, droit* ou *obtus*, suivant que le sommet du triangle (section conique) formait un angle aigu, droit ou obtus. Cela étant établi, en faisant sur chacun de ces trois cônes une *section perpendiculaire à un des côtés*, Menechme obtenait, avec le cône aigu (sommet à angle aigu), l'*ellipse*; avec le cône droit (sommet à angle droit), la *parabole*, et avec le cône obtus (sommet à angle obtus), l'*hyperbole*. Quant à la part que Menechme pourrait avoir eue à la découverte des propriétés de ces courbes, tout se réduit, en absence de documents positifs, à de simples conjectures [1].

*Dinostrate*, frère de Menechme, était également disciple de Platon. On ne le connaît que par Proclus et par Pappus. Il suivit les traces d'Hippias en tentant la multisection de l'angle, et il inventa une courbe particulière, qui porte le nom de Τετραγωνίζουσα, c'est-à-dire de *Quadratrice*. C'est une courbe mécanique qui, d'après ce que nous en apprend Pappus, s'engendre de la manière suivante [2] :

Que, dans un quart de cercle, on fasse mouvoir uniformément et circulairement le rayon CB (fig. 13), en passant par les situations C*d*, C*c*, C*e*, jusqu'à celle de CA ; qu'on imagine en même temps une ligne C*l* se transportant parallèlement à elle-même et uniformément de la situation CB*l*, par *qm, rn, so*

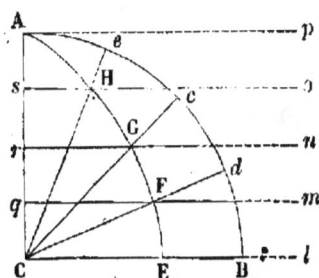

Fig. 13.

jusqu'en A*p* ; la courbe EFGHA, formée par l'intersection continuelle du rayon avec ces parallèles, c'est la *quadratrice* de Dinostrate, que Montucla est porté à attribuer à Hippias [3]. La démonstration qu'en donne Pappus est une réduction à l'absurde. Si elle est réellement de Dinostrate, il faudra admettre que ce genre de démonstration était déjà en usage avant Euclide.

La génération de cette courbe montre qu'il y a même raison de C*q* à CA que de l'arc B*d* à BA, et que, d'une manière plus générale, un arc quelconque sera divisé en même raison que la partie correspondante du

1. Bretschneider, *Die Geometrie und die Geometer vor Euklides*, p. 156.
2. Pappus, *Collect. math.*, IV, Propos. XXVI. M. Chasles, *Aperçu historique*, etc., p. 7 et 30. Bretschneider, *Die Geometrie und die Geometer vor Euklides*, p. 157.
3. Montucla, *Histoire des Mathématiques*, t. I, p. 181 (2ᵉ édit.).

rayon, c'est-à-dire que B*d* sera à B*c* comme C*q* est à C*r*.

Mais d'où vient le nom de *quadratrice* donné à cette courbe? Il vient de ce que le point E, où elle se termine sur le rayon CB, est situé de façon que CE est à CB comme CB est au quart de cercle BA ; enfin, de ce que cette courbe donnerait la *quadrature du cercle*, s'il était possible de trouver ce point par une opération géométrique.

On voit que la quadratrice est une courbe transcendante, décrite sur le même axe que la courbe principale, dont les demi-ordonnées, pour parler le langage des géomètres modernes, étant connues, servent à trouver la quadrature des espaces qui leur correspondent dans l'autre courbe. Elle paraît avoir été inventée pour résoudre le problème de la trisection de l'angle.

Il ne nous reste aucun détail sur *Hermotime* de Colophon ni sur *Aristée*, dit l'*Ancien*. Ces géomètres appartenaient à l'école platonicienne plus récente, à laquelle on fait remonter, entre autres, la découverte des *lieux géométriques*.

Nous ne connaissons *Aristée* que par Hypsiclès dans Euclide, et par Pappus (*Collections mathématiques*, livre VII, Introduction); mais du peu qu'ils en disent, nous pouvons induire que c'était un géomètre de premier ordre. Euclide paraît avoir beaucoup profité des travaux d'Aristée : ce que lui et Hypsiclès enseignaient *sur les cinq solides réguliers*, avait été déjà traité par Aristée dans un ouvrage spécial. Le même géomètre avait aussi écrit un ouvrage en cinq livres *Sur les sections coniques* (qui paraît avoir servi de base à Apollonius), et un autre, également en cinq livres, *Sur les lieux solides*[1]. Malheureusement aucun de ces ouvrages ne nous a été conservé. Viviani a conjecturalement rétabli, sur quelques données de Pappus, le traité des Lieux solides (*de Locis solidis secunda divinatio geometrica in quinque libros injuria temporum amissos Aristæi senioris*, etc.; Florence, 1701, in-fol.).

1. Bretschneider, *Die Geometrie und die Geometer vor Euklides*, p. 172.

### Aristote et ses disciples.

Théophraste. Eudème. Autolycus. Dicéarque.

Le chef de l'école péripatéticienne, dont nous avons déjà dit un mot dans notre *Histoire de l'astronomie* (p. 137), s'était moins intéressé à la conception pure des mathématiques qu'à leur application, comme l'attestent son traité *du Ciel* (Περὶ τοῦ οὐρανου), ses *Questions mécaniques* (Προ-6λήματα μηχανικὰ), et ses *Auscultations physiques* (Ἀκροά-σεις φυσικαὶ). Malheureusement les principes qu'il y a essayé d'établir sont presque tous erronés, et il a fallu d'autant plus de temps pour les faire rejeter, que les péripatéticiens étaient comme fascinés par l'autorité du maître. Ainsi, dans le traité *du Ciel*, où l'auteur combat la doctrine pythagoricienne du mouvement de la Terre, il est dit « que le Ciel doit être nécessairement sphérique, parce que la sphère, étant engendrée par la rotation du cercle, est de tous les corps le plus parfait. » Ailleurs (dans les *Questions mécaniques*), lorsqu'il s'agit d'expliquer pourquoi le levier ou la balance à bras inégaux met en équilibre des puissances ou poids inégaux, Aristote en cherche la raison dans les propriétés merveilleuses du cercle ; « il n'est pas, ajoute-t-il, surprenant qu'une figure si féconde en merveilles en produise une qui mette en équilibre des puissances inégales. » Enfin quand il dit « que deux puissances, qui se meuvent avec des vitesses réciproquement proportionnelles, exercent des actions égales, » il émet un principe dont il était loin d'entrevoir toute la portée.

*Théophraste* d'Érèse, successeur d'Aristote dans l'enseignement péripatétique, écrivit sur les mathématiques divers ouvrages qui tous ont péri. Nous avons particulièrement à regretter la perte d'une *Histoire de la géomé-trie et de l'arithmétique.*

*Eudème* était également un disciple immédiat d'Aris-tote. Il édita et commenta le premier les écrits de son maître. De son *Histoire de la géométrie et de l'astronomie,* il ne nous reste que des fragments conservés par Proclus, Simplicius, Théon de Smyrne, etc. Ces faibles fragments sont tout ce que nous connaissons de l'histoire des scien-ces mathématiques dans l'antiquité.

Les ouvrages d'*Autolycus,* de Pétane, *Sur la sphère en mouvement,* et *Sur le lever et le coucher des astres* (dont les fragments ont été publiés par C. Dasypodius, Strasb., 1572, in-8), que nous avons mentionnés dans notre *His-toire de l'astronomie* (p. 138), n'ont rien ajouté aux pro-grès des mathématiques. On n'y trouve aucun vestige de la trigonométrie, qui seule aurait pu fournir une solution complète des questions posées par l'auteur sous la forme de théorèmes obscurs.

*Dicéarque,* nommé par Cicéron comme disciple d'A-ristote, écrivit *Sur la mesure de la hauteur des montagnes* un livre mentionné par Suidas. Il ne trouva aux monts Cyllène et Pélion, dont les légendes avaient exagéré la hauteur, que 1250 pas d'élévation perpendiculaire, ce qui revient à environ 1100 mètres [1].

### Byrson. — Alexandre. — *Nombres cycliques.*

*Byrson* ne nous est connu que par les commentateurs d'Aristote, Jean Philoponus et Alexandre d'Aphrodisie. Il s'était occupé de la quadrature du cercle par l'inscription et la circonscription simultanées d'un carré. On ignore

---

1. Voy. Dodwell, en tête des *Geographi græci minores,* t. II.

l'époque à laquelle il vivait, et le nom de l'école à laquelle il appartenait.

*Alexandre* ne nous est connu que par un commentateur d'Aristote, par Simplicius. Ce commentateur nous apprend, peut-être d'après un fragment d'Eudème, qu'Alexandre traita le premier des *nombres cycliques* ou *circulaires* (κυκλικοὶ ἀριθμοὶ), en les distinguant des nombres carrés. « Un nombre carré (τετράγωνος ἀριθμὸς) est, dit-il, le produit d'un nombre une fois multiplié avec lui-même (ἀριθμὸς ὁ ἰσάκις ἴσος). Les nombres cycliques sont ceux qui sont formés par l'addition de nombres impairs successifs (ἐκ τῶν καθεξῆς περιττῶν), tels que 1, 3, 5, 7, 9. » — « Quelques-uns prétendent, ajoute Alexandre (cité par Simplicius), trouver la quadrature du cercle avec des grandeurs commensurables au moyen des nombres carrés cycliques.... La démonstration repose, non pas sur des principes géométriques, mais sur des principes arithmétiques, faisant voir si un nombre est à la fois un carré et un nombre cyclique [1]. »

Ce passage, assez obscur, suggère à Simplicius des réflexions très-embarrassées sur les nombres cubes, qu'il nomme *sphériques*, par opposition aux nombres cycliques. Ce qui nous paraît le plus clair, c'est que les nombres *cycliques* d'Alexandre sont des nombres carrés, et qu'ils sont obtenus, non pas seulement par $nn = n^2$, ni par la sommation des nombres impairs depuis 1, reproduisant la série des nombres carrés, mais encore par un troisième mode de formation, caractéristique de toute progression arithmétique. Ce troisième mode consiste, comme nous l'avons indiqué plus haut (p. 114), dans la sommation des termes de la progression des nombres impairs, symétriquement réunis, deux à deux, par des arcs de cercle. Cette sommation $1^2$, $2^2$, $3^2$, ... $n^2$ fois répétée

---

1. Simplicius, *Comment. in Arist. Physic. Auscultationes.*

avec des couples (balancement dualistique) [1] dont les éléments (nombres impairs) s'écartent symétriquement à gauche et à droite d'un nombre axile, égal à $\frac{(2a)^2}{2}$, donne tous les carrés pairs qui entrent dans la composition de tous les carrés-sommes (carrés de l'hypoténuse). Ces carrés pairs $(2an)^2$, ainsi obtenus, voilà, selon nous, les nombres *cycliques* d'Alexandre.

L'établissement des nombres cycliques (dont il n'a été que rarement question depuis dans l'histoire des mathématiques) devait être du plus haut intérêt pour la recherche et la démonstration des nombres rationnels, exprimant les côtés des triangles rectangles.

1. Le balancement dualistique (sommation des deux termes dont l'un et l'autre sont également éloignés, en plus ou en moins, d'un terme médian ou moyen) peut être exprimé par $\left[\frac{(2a)^2}{2} + (2n+1)\right]$ $+\left[\frac{(2a)^2}{2} - (2n+1)\right]$, où $n$ prend successivement la valeur de 0, 1, 2, 3, ...., $a$ restant constant (ne variant que pour chaque série). Ce balancement, $n^2$ fois répété, donne $2a^2 \times n^2 = (2an)^2$; d'où l'on tire $(2an)^2 + (n^2 - a^2)^2 = (n^2 + a)^2$.

# LIVRE QUATRIÈME.

## LES MATHÉMATIQUES CHEZ LES GRECS, DEPUIS EUCLIDE.

Après les conquêtes d'Alexandre le Grand, le centre de la civilisation changea encore de place; il se transporta dans la ville nouvellement fondée par le grand conquérant macédonien. Alexandrie devint un moment le siége de la culture intellectuelle. Nous avons déjà dit ailleurs [1] comment Ptolémée, l'heureux lieutenant d'Alexandre, avait, pour consolider sa dynastie, intérêt à attirer en Égypte les savants et les philosophes, alors dispersés dans les rares parties civilisées de l'Europe et de l'Asie.

Alexandrie donna son nom à deux écoles célèbres, qui devaient avoir une influence.prépondérante sur le mouvement scientifique. Dans la première dominaient les mathématiques et l'astronomie; dans la seconde, l'esprit spéculatif, représenté par le néo-pythagorisme et le néoplatonisme, revêtant une forme mystique, semblait l'emporter sur l'esprit d'observation. Nous allons passer en revue les maîtres qui ont illustré ces deux écoles.

1. *Histoire de l'astronomie*, p. 142.

# CHAPITRE I.

## PREMIÈRE ÉCOLE D'ALEXANDRIE.

De l'école d'Alexandrie, qui florissait sous Ptolémée, fils de Lagus, et sous le règne de ses descendants, sortirent Euclide, Archimède et Apollonius de Perge, qui peuvent être considérés comme les véritables fondateurs de la géométrie.

### Euclide.

On a fort peu de renseignements sur la vie d'Euclide. On sait seulement qu'il habitait la Grèce, peut-être Athènes, avant de venir se fixer à Alexandrie, attiré par la générosité de Ptolémée I (qui régna de 323 à 283 avant J. C.). Pappus nous le dépeint comme doux, modeste, et gardant, dans ses rapports avec le roi Ptolémée, toute sa liberté. Ce prince lui ayant demandé un jour si, pour apprendre la géométrie, il n'y aurait pas de chemin plus facile que la route ordinaire, « non, répondit Euclide, il n'y a pas en géométrie de route faite tout exprès pour les rois. »

Euclide eut l'inappréciable mérite d'avoir le premier réuni en un corps de doctrine toutes les vérités élémentaires de la géométrie, jusqu'alors éparses, d'avoir ajouté aux découvertes de ses prédécesseurs les siennes propres, et d'avoir surtout donné des démonstrations inattaquables de ce qui n'avait pas encore été rigoureusement démontré. Il est souvent cité par Archimède, par Apollonius, par Pappus, etc., ainsi que par les plus grands mathématiciens des temps modernes, tels que Pascal, Fermat, Descartes, Leibniz, Newton. Ces derniers parlent en quelque sorte avec vénération des *Éléments* d'Euclide, qui avaient formé la base de leur éducation géométrique. Lagrange disait que celui qui n'étudierait pas la géométrie dans Euclide ferait comme celui qui voudrait apprendre le latin et le grec dans les ouvrages modernes écrits dans ces langues.

Il y a dans toutes les parties de l'ouvrage d'Euclide un enchaînement tel, que chaque proposition a des relations nécessaires avec les propositions qui la précèdent et qui la suivent. Et cet enchaînement, si goûté de tous les esprits logiques, se fait remarquer dès le début.

Ainsi, le premier livre commence par les *Définitions* (ὅροι). Chaque définition a son numéro d'ordre. La première porte : « Le point est ce qui n'a pas de parties ; » définition, il est vrai, toute négative et sujette à critique ; mais on n'en a pas encore trouvé de meilleure, à moins qu'on ne lui substitue celle-ci : « Le point est l'extrémité d'une ligne droite. » — La définition n° 2 est celle-ci : « Une ligne (γραμμή) est une longueur sans largeur (μῆκος ἀπλατές). Citons encore les définitions n° 15 et n° 16 : « Un cercle est une figure plane (σχῆμα ἐπίπεδον), comprise sous une seule ligne (ὑπὸ μιᾶς γραμμῆς περιεχόμενον), qu'on nomme *circonférence* (περιφερεία) : — toutes les droites qu'on mène à la circonférence en les faisant partir d'un point situé au centre de la figure, sont égales entre elles. »

Euclide a le premier, par ses définitions, précisé la valeur des mots de : 1° ἑτερόμηκες, *rectangle*, « quadrilatère rectangulaire (ὀρθογώνιον), mais non équilatéral (pour le distinguer du carré, qui est un quadrilatère rectangulaire et équilatéral) ; » 2° ῥόμβος, *rhombe*, « quadrilatère équi-

latéral, mais non rectangulaire[1]; » 3° ρομβοειδὲς, *rhomboïde*,
« quadrilatère qui a ses côtés et ses angles opposés égaux
entre eux, et qui n'est ni équilatéral, ni rectangulaire; »
4° τραπέζιον, *trapèze*, « quadrilatère qui est en dehors des
autres quadrilatères, » c'est-à-dire qui a ses quatre côtés
inégaux[2]; 5° παράλληλοι, *parallèles*, « droites (εὐθεῖαι) qui,
étant situées dans le même plan, et étant prolongées à
l'infini de part et d'autre, ne se rencontrent ni d'un côté,
ni de l'autre (ἐπὶ μηδέτερα συμπίπτουσιν ἀλλήλαις). » — Tous
ces noms, avec leurs définitions, ont été depuis longtemps
universellement adoptés.

Puis viennent les *Postulata* (αἰτήματα), seulement au
nombre de dix. C'est là qu'on trouve ces propositions fondamentales : « Tous les angles droits (ὀρθαὶ γωνίαι) sont
égaux entre eux » (*Postul.* IV). — « Deux droites ne renferment point un espace » (*Postul.* VI).

Les *Notions communes* (κοιναὶ ἐννοίαι) qui suivent sont
ce qu'on a depuis appelé *axiomes*. Voici l'énoncé de
la première : « Les grandeurs égales à une même (troisième) sont égales entre elles. » La dernière (n° 9) est :
« Le tout (τὸ ὅλον) est plus grand que la partie. »

Toutes ces vérités, ainsi que les propositions qui s'y
rapportent, sont rigoureusement liées entre elles; et c'est
là-dessus que repose la *Démonstration* (ἀπόδειξις). Celle-ci est
fondée sur la *réduction à l'absurde*, c'est-à-dire sur la méthode qui consiste à prouver que toute supposition contraire à une proposition énoncée conduit à quelque contradiction. Pour démontrer, par exemple, le *Théorème du
carré de l'hypoténuse*, l'auteur a d'abord soin d'exposer
toutes les vérités et propositions démontrées qui y abou-
tissent, et qui, pour le cas donné, sont : 1° « Tous les

1. Le mot *rhombe* est synonyme de *losange*, mot relativement moderne, que Scaliger fait dériver de *laurengia*, parce qu'on a trouvé
à cette figure quelque ressemblance avec la feuille du laurier.

2. Ce n'est que beaucoup plus tard que le mot trapèze, *mensula* (petite
table), été appliqué au quadrilatère qui n'a que deux côtés parallèles.

angles droits sont égaux; 2° Si deux triangles ont deux côtés égaux à deux côtés, chacun à chacun, et si les angles compris par les côtés égaux sont égaux, ces triangles auront leurs bases égales, ils seront égaux ; 3° Si à une droite, et à un point de cette droite, deux droites, non placées du même côté, font les angles adjacents égaux à deux droits, ces deux droites seront dans la même direction (*Propos.* xiv du Ier livre); 4° Si à des grandeurs égales on ajoute des grandeurs égales, les touts seront égaux; 5° Les parallélogrammes construits sur la même base et entre les mêmes parallèles sont égaux entre eux (*Propos.* xxxv); 6° Si un parallélogramme a la même base qu'un triangle, et s'il est dans les mêmes parallèles, le parallélogramme est double du triangle » (*Propos.* xli).

Pour faire bien comprendre cette méthode, qui consiste à concentrer, à masser en quelque sorte sur un point donné une somme de vérités acquises, et pour montrer en même temps à ceux qui semblent l'ignorer que toutes les propositions de géométrie élémentaire ne sont que des copies des *Éléments* d'Euclide, nous allons reproduire ici intégralement, avec la figure qui l'accompagne dans le texte grec, la *Proposition* xlvii (l'avant-dernière du Ier livre), concernant le fameux théorème auquel se rapportent les données précédentes.

### PROPOSITION (Πρότασις).

Dans les triangles rectangles, le carré du côté opposé à l'angle droit est égal aux carrés des côtés qui comprennent l'angle droit.

*Exposition* (ἔκθεσις). Soit ABΓ un triangle rectangle, et que BAΓ[1] soit l'angle droit ; je dis que le carré du côté BΓ est égal aux carrés des côtés BA, AΓ.

*Construction* (κατασκευή). Décrivons avec BΓ le carré BΔEΓ, et

---

1. Rappelons qu'Euclide a toujours soin de placer la lettre qui désigne spécialement l'angle au milieu des deux lettres qui désignent les côtés. Cet exemple a été depuis universellement suivi.

avec BA, AΓ les carrés HB, ΘΓ ; et par le point A conduisons AΛ parallèle à l'une et à l'autre des droites BΔ, ΓE ; et joignons AΔ, ZΓ.

*Démonstration* (ἀπόδειξις). Puisque chacun des angles BAΓ, BAH est droit, les deux droites AΓ, AH, non placées du même côté, font avec la droite BA, au point A de cette droite, deux angles adjacents (ἀφεξῆς γωνίας), égaux à deux angles droits ; donc la droite ΓA est dans la direction AH ; la droite BA est dans la direction AΘ par la même raison. Et puisque l'angle ΔBΓ est égal à l'angle ZBA, étant droits l'un et l'autre, si nous leur ajoutons l'angle commun ABΓ, l'angle

entier ΔBA sera égal à l'angle entier ZBΓ. Et puisque ΔB est égal à BΓ, et ZB à BA (comme côtés d'un même carré), les deux droites ΔB, ΔA sont égales aux deux droites ΓB, BZ, chacune à chacune ; mais l'angle ΔBA est égal à l'angle ZBΓ ; donc la base AΔ est égale à la base ZΓ, et le triangle ABΔ est égal au triangle ZBΓ. Mais le parallélogramme BΛ est double du triangle ABΔ, car ils ont la même base BΔ, et ils sont entre les mêmes parallèles BΔ, AΛ ; le carré BH est double du triangle ZBΓ, car ils ont la même base BZ, et ils sont entre les mêmes

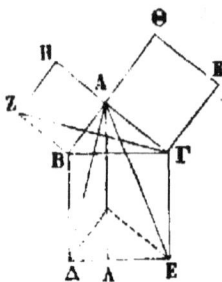

Fig. 14.

parallèles ZB, HΓ ; et les grandeurs, qui sont doubles de grandeurs égales, sont égales entre elles ; donc le parallélogramme BΛ est égal au carré HB. Ayant joint AE, BK, on démontrera semblablement que le parallélogramme ΓΛ est égal au carré ΘΓ ; donc le carré entier BΔEΓ est égal aux deux carrés HB, ΘΓ. Mais le carré BΔEΓ est décrit avec BΓ, et les carrés HB, ΘΓ sont décrits avec BA, AΓ ; donc le carré du côté BΓ est égal aux carrés des côtés BA, AΓ.

*Conclusion* (συμπέρασμα). Donc, dans les triangles rectangles, etc. [1].

Cette division méthodique, qu'on remarque dès la 1re Proposition des *Éléments* d'Euclide, se continue par la simple indication des alinéas. Elle fait, comme nous venons de voir, converger toutes les vérités antérieurement acquises vers la démonstration et la conclusion finales, qui s'imposent à tout esprit attentif, sous peine de tomber dans l'absurde ou dans la contradiction. Mais l'attention des jeunes gens se fatigue aisément au milieu de cet enchevê-

[1]. Dans toute démonstration il y a pour ainsi dire un point lumineux, qui doit servir de guide au milieu d'obscurités apparentes. Dans le cas cité, ce point est que « les carrés des cathètes sont égaux à deux rectangles qui composent le carré de l'hypoténuse. »

trement de détails démonstratifs, et les adultes ont souvent de la peine à se graver dans la mémoire les vérités qu'il importe de se rappeler. Et voilà pourquoi l'étude de la géométrie, cette palestre de la logique, ne sourit qu'à un petit nombre d'esprits.

Lorsqu'on essaye de s'identifier avec le plan de l'auteur, on arrive à distinguer dans son ouvrage quatre parties principales. La *première Partie* traite des figures qu'on peut décrire dans un plan, ainsi que de leur grandeur respective, fondée tantôt sur l'égalité, tantôt sur l'inégalité. Dans le premier cas, la démonstration par l'identité suffit. Pour le second cas, il faut quelque chose de plus : il est nécessaire de mesurer l'inégalité. C'est là le rôle du nombre, qui est la mesure de toute grandeur. Les recherches sur le nombre font l'objet de la *seconde Partie*. Mais le nombre ne suffit pas pour mesurer toutes les grandeurs dont s'occupe la géométrie ; car il y a des figures, de longueur ou de surface, qui n'ont aucune mesure commune avec une autre grandeur de même espèce, sans cesser pour cela d'être des grandeurs. Ce sont là les grandeurs *incommensurables*, ainsi appelées par opposition à celles qui sont exactement mesurables par l'unité. Ces grandeurs composent la *troisième Partie* de l'ouvrage. Enfin, dans la *quatrième Partie*, l'auteur abandonne le champ restreint de la planimétrie pour s'élever aux considérations des rapports des espaces en général, et examiner la position et la grandeur relative des surfaces et des corps [1]. ◆

Tel est le plan général des *Éléments* (στοιχεῖα) d'Euclide, divisés en *treize livres*. Le I$^{er}$ livre a pour objet les parties essentielles de la constitution des figures planes rectilignes, les lignes droites qui se coupent mutuellement ou forment avec une troisième ligne un triangle, la formation des quadrilatères, particulièrement des parallélo-

---

1. Maurice Cantor, *Euclid und sein Jahrhundert*; Leipzig, 1867, in-8.

grammes. Les propriétés des parallélogrammes, associées à celles des triangles, amènent ensuite, à partir de la Proposition XLV (« construire dans un angle rectiligne donné un parallélogramme égal à une figure rectiligne donnée »), la notion de l'équivalence des espaces superficiels non congruents. Le II⁰ livre, où il s'agit principalement de « décrire un carré qui soit égal à une figure rectiligne donnée quelconque, » n'est en quelque sorte qu'un commentaire du célèbre théorème pythagoricien qui termine le I⁰ʳ livre. Le III⁰ livre est entièrement consacré aux propositions concernant le cercle. Le IV⁰ livre a pour objet les polygones réguliers, ainsi que les polygones inscrits et circonscrits au cercle.

Les dix premières propositions du II⁰ livre, les V⁰, VI⁰, VII⁰, VIII⁰ et IX⁰ livres entiers, traitent de l'arithmétique, que les anciens avaient, à certains égards, bien plus approfondie que les modernes. Nous en parlerons plus loin, ainsi que du X⁰ livre, consacré aux quantités incommensurables.

Avec le XI⁰ livre commence l'exposé de la *Stéréométrie.* Partant des droites et des plans qui se coupent mutuellement, l'auteur arrive aux angles solides, y consacre les Propositions XX, XXI, XXII, XXIII, et s'élève de là jusqu'au prisme en passant par le parallélépipède. Le XII⁰ livre contient la doctrine concernant la mesure du volume des corps, de la pyramide, du prisme, de la sphère, du cylindre et du cône. Il y est démontré, entre autres, que les cercles sont entre eux comme les carrés de leurs diamètres. On y fait voir aussi que toute pyramide est le tiers d'un prisme qui a la même base et la même hauteur qu'elle, de même que le cône est le tiers d'un cylindre qui a la même base et une hauteur égale. Le livre se termine par cette Proposition que « les sphères sont entre elles en raison triplée de leurs diamètres. » Le XIII⁰ et dernier livre traite des solides réguliers, après avoir défini l'*analyse* et la *synthèse.*

« Dans l'*analyse* on prend, dit l'auteur, comme accordé ce qui est demandé, parce qu'on arrive de là à quelque vérité qui est accordée. Dans la *synthèse*, on prend ce qui est accordé, parce qu'on arrive de là à la conclusion ou à l'intelligence de ce qui est demandé. »

C'est en vain que des géomètres modernes ont essayé de réformer ou d'arranger autrement les *Éléments* d'Euclide. A. Ch. Wolf, qui l'avait tenté, convint lui-même que cette entreprise ne saurait se faire sans supposer des choses qui ne sont pas encore démontrées ou sans affaiblir la rigueur des démonstrations euclidiennes.

Après les *Éléments* viennent les *Données* (Δεδομένα) d'Euclide. Les *Données* sont des quantités connues qui, par les conditions du problème, amènent la détermination de quantités encore inconnues. Il y a, suivant l'auteur, des données de grandeur, des données d'espèce, et des données de position. Ainsi, un cercle dont le rayon est donné, est donné de grandeur. Un triangle dont chacun des angles est donné, est donné de grandeur. Un triangle dont chacun des angles est donné, et dont les rapports de leurs côtés entre eux sont connus, est donné d'espèce. Une ligne dont l'inclinaison avec une autre est connue, est donnée de position. C'était là le langage des géomètres anciens, leur langage algébrique : pour résoudre un problème, ils le réduisaient à des *données*, δεδομένα. Cette méthode était un premier pas vers la géométrie transcendante ou analytique. Newton faisait le plus grand cas des *Données* d'Euclide, qui comprennent quatre-vingt-quinze Propositions. De quelques-unes de ces propositions on peut facilement déduire la résolution des équations du second degré, qu'on retrouvera dans Diophante [1].

---

1. M. Chasles a montré qu'Euclide emploie, dans ses *Données*, une expression embarrassante, et dont le sens est difficile à saisir dans la définition qu'il en donne. Euclide dit (Définition II) : « Une grandeur est plus grande à l'égard d'une autre d'*une donnée qu'en raison*, quand

Dans beaucoup d'éditions, les *Données* sont suivies d'un petit traité d'Hypsiclès, en deux livres, *Sur les cinq corps*. Nous dirons plus loin un mot d'Hypsiclès, qui n'était pas contemporain d'Euclide.

Plusieurs géomètres modernes ont reproché à Euclide, comme trop mécanique, l'emploi de la *superposition* ou *congruence*, ἐφάρμοσις, pour démontrer certaines propositions. Mais il s'agit ici d'une superposition mentale, et, pour exprimer l'égalité (identité), il n'y a pas de moyen plus simple que celui-là. D'autres ont critiqué ses démonstrations consistant dans *la réduction à l'absurde*. Mais il y a beaucoup de propositions qu'on ne saurait démontrer autrement.

Certains défauts reprochés à Euclide s'expliquent par de simples transpositions. Tel est le cas du *Postulatum* v (« Si une droite, en coupant deux autres droites, fait les angles internes inégaux, ou moindres que deux angles droits, ces deux droites, prolongées à l'infini, se rencontreront du côté où les angles sont plus petits que deux droits »). Il est certain que, placé à la suite des Définitions, ce *Postulatum* ne se comprend guère. Mais, placé après la Proposition xxvi du Iᵉʳ livre, où l'auteur démontre que « si les angles internes sont ensemble égaux à deux angles droits, les lignes ne sauraient concourir, » il acquiert presque l'évidence d'un axiome.

Enfin aucune de ces critiques n'a empêché que l'ouvrage d'Euclide ne soit pour ainsi dire l'Évangile de la géométrie élémentaire.

la grandeur donnée étant retranchée, le reste a avec l'autre une raison donnée. » Ainsi, soit A plus grand que B d'une donnée qu'en raison; soit $c$ cette donnée, et $\mu$ la raison, on aura $\dfrac{A - c}{B} = \mu$. On voit par là qu'Euclide a voulu énoncer, sous forme d'une égalité à deux termes, une équation à trois termes. M. Chasles a signalé cette particularité, parce que la définition citée se trouve aussi dans Apollonius et dans Pappus, et qu'elle a été employée même dans des ouvrages du dix-huitième siècle. (M. Chasles, *Aperçu historique*, etc., p. 11, note 1.)

L'arithmétique d'Euclide.

Après avoir traité, dans les quatre premiers livres de ses *Éléments*, dé l'égalité des lignes et des surfaces, l'auteur aborde, dans les cinq livres suivants, la question de mesurer l'inégalité par le nombre. Mais il ne faut pas oublier que les dix premières Propositions du II$^e$ livre se rattachent également à l'arithmétique, ainsi que l'a très-bien montré M. Nesselmann [1]. Ces propositions, où les nombres sont figurés par des lignes, peuvent être aujourd'hui plus commodément représentées par des expressions générales, algébriques. Ainsi, la I$^{re}$ *Proposition* (où il est dit que « si de deux droites données l'une est coupée en tant de parties que l'on voudra, le rectangle contenu sous ces deux droites est égal aux rectangles contenus sous la droite qui n'a point été coupée, et sous chacun des segments de l'autre ») peut être exprimée par $ab + ac + ad + \ldots = a(b + c + d + \ldots)$. Soit, par exemple, $a = 2$, $b = 3$, $c = 4$, $d = 5$. Il est facile à démontrer que $2 \times 3 + 2 \times 4 + 2 \times 5$, ou $6 + 8 + 10 = 2 \times (3 + 4 + 5)$.

La II$^e$ *Proposition* (« Si une ligne droite est coupée à volonté, les rectangles contenus sous la droite entière et sous l'un et l'autre segment sont égaux au carré de la droite entière ») a pour expression : $(a + b)^2 = (a + b)a + (a + b)b$. Soit, par exemple, $a = 3$, $b = 4$; on aura $(3 + 4)^2 = (3 + 4) \times 3 + (3 + 4) \times 4$, ou $21 + 28 = 49$.

La III$^e$ *Proposition* (« Si une ligne droite est coupée à volonté, le rectangle contenu sous la droite entière et l'un des segments est égal au rectangle contenu sous les segments et au carré du segment premièrement dit ») peut être représentée par $(a + b)a = ab + a^2$. Cette formule, comme les précédentes, est également facile à vérifier avec des nombres. La même remarque s'applique aux expressions générales des propositions qui vont suivre.

La IV<sup>e</sup> *Proposition* (« Si la droite est coupée à volonté, le carré de la droite entière est égal aux carrés des segments et à deux fois le rectangle contenu sous les deux segments ») peut être exprimée par

$$(a+b)^2 = a^2 + b^2 + 2ab.$$

La V<sup>e</sup> *Proposition* (« Si une ligne droite est coupée en parties égales et en parties inégales, le rectangle sous les deux segments inégaux de la droite entière avec le carré de la droite placée entre les sections est égal au carré de la moitié de la droite entière ») peut être formulée par

$$ab + \left(\frac{a-b}{2}\right)^2 = \left(\frac{a+b}{2}\right)^2.$$

La VI<sup>e</sup> *Proposition* (« Si une ligne droite est coupée en deux parties égales, et si on lui ajoute directement une droite, le rectangle compris sous la droite entière avec la droite ajoutée, et sous la droite ajoutée avec le carré de la moitié de la droite entière, est égal au carré décrit avec la droite composée de la moitié de la droite entière et de la droite ajoutée, comme avec une seule droite ») pourra se traduire ainsi :

$$(a+b)b + \frac{1}{4}a^2 = \left(\frac{1}{2}a + b\right)^2.$$

La VII<sup>e</sup> *Proposition* (« Si une ligne droite est coupée d'une manière quelconque, le carré de la droite entière et le carré de l'un des segments, pris ensemble, sont égaux à deux fois le rectangle compris sous la droite entière et ledit segment, et au carré du segment restant ») pourra s'exprimer par

$$(a+b)^2 + a^2 = 2(a+b)a + b^2.$$

La vⅢ* *Proposition* (« Si une droite est coupée d'une manière quelconque quatre fois, le rectangle compris sous la droite entière et l'un des segments, avec le carré du segment restant, est égal au carré décrit avec la droite entière et ledit segment, comme avec une seule droite ») peut avoir pour expression :

$$4(a+b)a+b^2 = (2a+b)^2.$$

La Ⅸᵉ *Proposition* (« Si une ligne droite est coupée en parties égales et en parties inégales, les carrés des segments inégaux de la droite entière sont doubles du carré de la moitié de cette droite et du carré de la droite placée entre les sections ») pourra se formuler par

$$a^2 + b^2 = 2\left(\frac{a+b}{2}\right)^2 + 2\left(\frac{a-b}{2}\right)^2.$$

Enfin la Ⅹᵉ *Proposition* (« Si une ligne droite est coupée en deux parties égales, et si on lui ajoute directement une droite, le carré de la droite entière avec la droite ajoutée, et le carré de la droite ajoutée, étant pris ensemble, sont doubles du carré de la moitié de la droite entière, et du carré décrit avec la droite composée de la moitié de la droite entière et de la droite ajoutée, comme avec une seule droite ») peut être représentée par

$$b^2 + (a+b)^2 = 2\left(\frac{1}{2}a\right)^2 + 2\left(\frac{1}{2}a+b\right)^2.$$

On remarquera combien la simplicité du langage (algébrique) moderne contraste avec la prolixité du langage ancien. On pouvait donc déjà, dès l'époque d'Euclide, avoir songé au moyen d'abréger le langage géométrique, par un moyen analogue à l'algèbre.

Dans les VIᵉ, VIIᵉ, VIIIᵉ et IXᵉ livres, exclusivement consacrés à la doctrine arithmétique, l'auteur continue à se servir des lignes pour exprimer les nombres. Mais là les lignes ne sont plus réunies pour former des figures

géométriques comme elles l'étaient dans les dix propositions que nous venons dè citer ; elles demeurent disjointes-
pour faciliter la généralisation.

Le V⁰ livre, qui traite spécialement des quantités proportionnelles, renferme plus d'un passage obscur ou difficile à interpréter. La définition VI y a été, entre autres,
signalée comme trop compliquée. Il y est dit que « des
grandeurs sont proportionnelles ou en même raison,
la première à la seconde, et la troisième à la quatrième,
lorsque des *équimultiples* (ἰσάκις πολλαπλάσια) quelconques de la première et de la troisième, et d'autres équimultiples quelconques de la seconde et de la quatrième, sont tels que les premiers équimultiples surpas-
sent les seconds équimultiples, ou leur sont égaux à la
fois, ou plus petits à la fois. » A cette définition, qui ne
laisse que pas d'être obscure, Montucla ajoute ce qui suit,
en guise de commentaire : « Si Euclide n'eût pas voulu
généraliser sa définition, et les démonstrations qui en
sont la suite, il se serait borné à dire que quatre grandeurs sont en même. raison, quand elles sont telles que
des équimultiples semblables de la première et de la
troisième sont respectivement égaux à des équimultiples
semblables de la deuxième et de la quatrième. Et je me
crois fondé à dire que c'est là la manière la plus simple
et la plus commune de composer ensemble des grandeurs
inégales. En effet, parcourons nos campagnes ; verrons-
nous dire à nos paysans que la mesure de Paris est à
celle de Meaux, par exemple, comme 20 est à 21 ? Non ; ils
diront que 21 mesures de Paris en font 20 de Meaux. Ou-
vrons tous les livres de commerce où il y a des rapports
de poids, d'aunage, etc. ; on y lit que 100 aunes d'un tel
endroit en font 103, par exemple, d'un autre ; que 50 livres ou 50 quintaux de tel pays en font tant d'un autre.
Ainsi, la définition d'Euclide, en tant qu'elle concerne
des quantités telles qu'un multiple de l'une puisse égaler
un multiple d'une autre, est non-seulement exacte, mais

conforme à la manière la plus triviale de s'exprimer. D'ailleurs, il y a dans la géométrie une multitude de grandeurs telles que jamais un multiple quelconque de l'une ne peut égaler un multiple de l'autre. Telles sont les quantités incommensurables. Il fallait les comprendre dans la définition, et c'est ce qu'Euclide a fait par cette addition, qui la complique à la vérité, mais nécessairement ; sans quoi on aurait pu lui objecter que ce qu'il démontrait pouvait être vrai à l'égard des quantités rationnelles entre elles, mais ne l'était peut-être pas de celles qui sont incommensurables. Or le plus grand défaut d'une démonstration géométrique est certainement de ne pas comprendre tous les cas contenus dans l'énoncé de la proposition [1]. »

Le VI⁰ livre est presque entièrement consacré à la doctrine de la *proportionnalité* ou de la *similitude*. Les lignes-nombres sont ici employées à la construction des figures rectilignes *semblables* (ὅμοια), c'est-à-dire « des figures qui ont les angles égaux chacun à chacun (κατὰ μίαν), et dont les côtés autour des angles égaux sont proportionnels » (Définition i). Ainsi, une droite, menée parallèlement à un des côtés d'un triangle, coupera proportionnellement les côtés de ce triangle (Proposition ii). Dans les triangles équiangles, les côtés autour des angles égaux sont proportionnels (ἀνάλογόν εἰσιν αἱ πλευραὶ), et les côtés qui sous-tendent les angles égaux sont *homologues* (ὁμόλογοι) (Proposition iv). Dans un triangle rectangle, les triangles adjacents à la perpendiculaire tirée de l'angle droit sur la base, sont semblables entre eux et au triangle entier ; d'où l'on déduit que la perpendiculaire est moyenne proportionnelle entre les segments de la base, et que chaque côté de l'angle droit est moyen proportionnel entre la base et le segment contigu (Proposition viii). Enfin, trouver, soit une troisième proportionnelle, deux droites étant données ; soit une quatrième proportionnelle, trois droites

---

1. Montucla, *Histoire des mathématiques*, t. I p. 210.

étant données ; soit une moyenne proportionnelle, deux droites étant données (Propositions XI, XII, XIII), ce sont là des recherches qui rentrent dans la géométrie aussi bien que dans l'arithmétique ou l'algèbre.

Les trois livres suivants sont purement arithmétiques, et les opérations continuent à se faire avec des lignes. Le VII<sup>e</sup> débute par la définition de l'unité et du nombre. « L'unité (μονάς) est, dit l'auteur, ce selon quoi chacune des choses existantes est dite une (καθ' ἣν ἕκαστον τῶν ὄντων ἕν λέγεται). » — « Le nombre (ἀριθμός) est une somme (συγκείμενον πλῆθος) d'unités. » Puis l'auteur divise les nombres en inégaux, les uns mesurables, les autres non mesurables l'un par l'autre ; en pairs, en impairs, en pairement pairs, en impairement pairs, en impairement impairs, en nombres premiers (ἀριθμοὶ πρῶτοι), en nombres composés (σύνθετοι), en nombres carrés, en nombres cubes, en nombres proportionnels, en nombres plans (ἐπίπεδοι), en solides (στερεοί), et en parfaits. « Le nombre parfait (τέλειος) est, dit-il, celui qui est égal à ses parties. »

La démonstration des différentes propositions par la méthode linéaire est fort simple. En voici un spécimen. « Si deux nombres mesurent quelque nombre, le plus petit qu'ils mesurent mesurera ce même nombre » (Propos. XXXVII). « Que les deux nombres A, B mesurent quelque nombre ΓΔ, et que E soit le plus petit nombre qu'ils me-

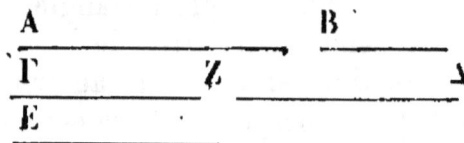

surent ; je dis que E mesure ΓΔ. Car si E ne mesure pas ΓΔ, E mesurant ZΔ, laissera un reste ΓZ plus petit que lui-même. Puisque les nombres A, B, mesurent E, que E mesure ΔZ, les nombres A, B, mesureront ΔZ. Or ils mesurent ΓΔ tout entier ; donc ils mesureront le reste ΓZ, plus petit que E, ce qui est impossible ; donc E ne peut pas ne point mesurer $\Gamma\Delta$; donc il le mesure. C'est ce qu'il fallait démontrer. »

La proposition et sa démonstration se réduisent à ceci : Tout produit, $ab$, est divisible (mesurable) par ses facteurs $a$ et $b$, et à plus forte raison $a$ et $b$ diviseront-ils $mab$, c'est-à-dire un multiple du premier produit.

Le VIII$^e$ livre continue la doctrine des proportions. Il y est traité aussi des nombres *plans*, produits de deux facteurs inégaux, assimilables à des *rectangles*, qui sont plus grands ou plus petits qu'un carré. La *racine* (nom encore inusité) s'appelle toujours le *côté* du carré ou du cube. Si le nombre mesure le côté du carré ou le côté du cube, le côté mesurera le carré, le carré mesurera le cube (Propositions xiv-xvii). Les nombres *solides* sont des produits de trois facteurs, qui s'appellent les *côtés* du solide. Ainsi 30 est un nombre solide, ayant pour côtés (facteurs) 2, 3, 5 ; $2 \times 3 \times 5 = 30$. Les nombres solides *semblables* sont ceux qui ont leurs côtés homologues proportionnels; par exemple, 30 et 240 ($240 = 4 \times 6 \times 10$) sont deux nombres solides semblables; car 2, 3, 5 sont entre eux comme 4, 6, 10 (Propos. xix).

Le IX$^e$ livre, très-important pour la connaissance de l'arithmétique des anciens, est celui dont Fermat et Pascal faisaient le plus grand cas. L'auteur commence par établir et démontrer que le produit de deux nombres plans semblables est un carré, et, réciproquement, que si un carré est le produit de deux nombres (inégaux), ceux-ci seront des nombres plans. Il cite, comme exemple, les nombres plans $3 = (1 \times 3)$ et $12 = (3 \times 4)$, dont le produit est un carré : $3 \times 12 = 6^2$. La question se réduit donc à décomposer les nombres plans, $a$, $b$, dont le produit $ab$ est égal à $x^2$, en deux facteurs égaux, $ma = \dfrac{b}{m}$; par conséquent $(ma)^2 = \left(\dfrac{b}{m}\right)^2 = ab$.

Les Propositions suivantes du III$^e$ livre établissent que

le produit de deux nombres carrés ou de deux nombres cubes est toujours un nombre carré ou un nombre cube, ayant pour *racine* (*côté* du carré ou du cube) le produit de leurs racines. Cette vérité est applicable à toutes les puissances : $a^n b^n = (ab)^n$.

C'est dans ce même livre que se trouve une locution, employée depuis par les mathématiciens, pour définir l'*infini* : « une quantité plus grande que toute quantité donnée. » Euclide se sert de cette locution pour dire que « les nombres premiers sont en nombre infini » (Prop. xx), et il en donne une démonstration très-simple.

La dernière Proposition (Prop. xxxvi), portant sur la distinction des *nombres premiers* et des *nombres parfaits*, a singulièrement exercé l'esprit des commentateurs. En voici l'énoncé : « Si, à partir de l'unité, tant de nombres qu'on voudra sont successivement proportionnels en raison double, jusqu'à ce que leur nombre soit un nombre premier, et si cette somme, multipliée par le dernier, fait un nombre, le produit sera un nombre parfait, » ce qui signifie que si l'on prend les termes de la progression géométrique de $2^n$, savoir 1, 2, 4, 8, ..., dont la somme $(1 + 2 + 4 + 8 ...)$ est $2^{n+1} - 1$, le produit de $2^n$ $(2^{n+1} - 1)$ sera un nombre parfait chaque fois que $2^{n+1} - 1$ est un nombre premier.

La méthode linéaire, employée par Euclide, ne donne qu'une démonstration embarrassante ; mais l'exemple en nombres, emprunté au texte, est plus propre à faire bien saisir la question. Les parties aliquotes du nombre parfait sont les termes de la progression de $2^n$. Que l'on commence par l'unité et que l'on continue cette progression jusqu'à ce que la somme des termes soit un nombre premier : $1 + 2 + 4 + 8 + 16 = 31$. Si l'on continue la progression en partant de 31, nombre premier pris pour unité, on aura la série : 31, 62, 124, 248. Enfin, si l'on multiplie le deuxième terme de la première série avec le dernier de la seconde, on aura un produit égal à celui du dernier terme de la première série avec le premier terme de la seconde : $2 \times 248 = 16 \times 31 = 496$. C'est là ce qu'Euclide appelle un *nombre parfait*. Ce nombre ne se produira pas, si la somme des termes de la première série, prise pour unité, n'est pas un nombre premier[1].

Le Xe livre, le plus étendu de tous, développe, en cent dix-sept propositions, les différentes espèces d'*incommensurables* ou les grandeurs qui n'ont aucune mesure commune. On y voit pour la première fois l'expression d'*irrationnelles*, appliquée aux lignes et aux nombres incommensurables. Mais il ne faut pas prendre ce mot dans son acception vulgaire : *irrationnel* (ἄλογον) signifie ici *ce qui n'a pas de rapport* avec les quantités ordinaires.

La proposition qui termine le livre donne la démonstration de l'incommensurabilité du côté du carré avec la diagonale de celui-ci. Cette démonstration repose sur l'impossibilité qu'il y a à ce qu'un même nombre soit à la fois pair et impair. « Je ne sais, remarque Montucla, si la démonstration directe, car il y en a une, force l'assentiment d'une manière aussi complète[2]; et par cette raison il me semble que ceux qui, dans des éditions d'Euclide, ont changé sa démonstration, ont eu tort. Quoi qu'il en soit,

---

1. La démonstration donnée par Euclide peut, comme l'a montré M. Nesselmann (*Die Algebra der Griechen*, p. 163), être facilement conduite de la manière suivante : Soit $2^{n+1}-1$ un nombre premier, désigné par $p$; et que $2^n p$, c'est-à-dire la somme des facteurs du nombre $2^n(2^{n-1}-1)$, soit désigné par S ; on aura :

$$S = 1 + 2 + 4 + \ldots 2^n + p(1 + 2 + 4 + \ldots 2^{n-1})$$
$$= (1 + p)(1 + 2 + 4 \ldots 2^{n-1}) + 2^n.$$

Or,
$$1 + 2 + 4 \ldots 2^{n-1} = 2^n - 1;$$
$$1 + p = 2^{n+1} = 2 \times 2^n;$$

donc
$$S = 2 \times 2^n (2^n - 1) + 2^n = 2^n[2(2^n-1)+1] = 2^n(2^{n+1}-1) = 2^n p.$$

Il résulte de cette démonstration que la proposition n'est point vraie si $p$ est un nombre composé, c'est-à-dire un nombre qui ne soit pas un nombre premier.

2. Voy. plus haut, p. 27, 117, 125.

j'ai vu bien des personnes, même instruites en géométrie, ne donner pour démonstration de cette incommensurabilité que l'impossibilité d'extraire la racine carrée de 2 par approximation décimale. Mais qui a suffisamment prouvé que cette approximation est indéterminable ? Aussi ai-je connu un homme (c'était un architecte) s'aheurter à la suivre, espérant toujours qu'il arriverait à la fin. Il en était déjà, me disait-il, à la 100ᵉ décimale. Que de peine il se serait épargnée s'il avait lu et entendu *Euclide*[1] ! »

Par cette analyse, un peu détaillée, des livres arithmétiques d'Euclide, nous avons voulu ranimer un genre d'étude qui était fort goûté des mathématiciens du dix-septième siècle et que ceux de nos jours paraissent avoir entièrement perdu de vue.

### Ouvrages d'Euclide perdus ou d'une authenticité douteuse.

De tous les ouvrages perdus d'Euclide, le plus important était son traité des *Porismes*[2]. Pappus nous en a transmis un aperçu dans la Préface de son VIIᵉ livre des *Collections mathématiques ;* mais l'idée qu'il en donne est, faute de développements et de figures, si obscure que Halley, quoiqu'il fût très-versé dans la géométrie ancienne, avouait lui-même n'y rien comprendre, et R. Simson, malgré ses efforts, n'était pas parvenu à bien l'éclaircir. C'est alors que M. Chasles, placé au premier rang des géomètres de notre époque, entreprit de combler cette lacune, dans un livre mémorable intitulé : *Les trois livres de Porismes d'Euclide, rétablis pour la première fois d'après la notice et les lemmes de Pappus* (Paris, 1860, in-8).

Après avoir tracé un court exposé historique, M. Chasles signale l'analogie qui existe entre les porismes et les

---

1. Montucla, *Histoire des mathématiques*, t. I, p. 208.
2. Le mot *porisme*, πόρισμα ou πορισμός, signifie *acquisition* ou *donnée* (de πορίζω, j'acquiers ou je donne). Les lexicographes l'ont inexactement rendu par *corollaire*.

données. « Elle existe, dit-il, non-seulement dans la
pensée d'où dérivent les deux classes de propositions,
mais aussi dans leur but commun, dans les définitions
qui leur sont propres et dans la forme même de leurs
énoncés, où il est toujours dit que *telles choses sont données de grandeur ou de position.* Cette forme se trouve
dans les *Lieux plans* d'Apollonius, dont Pappus nous a
conservé les énoncés, et qui sont des *Porismes*, comme il
le dit expressément ; elle se trouve aussi dans la notice
de Proclus sur les porismes d'Euclide, insérée dans son
commentaire du premier livre des *Éléments....* Enfin,
Diophante cite, dans ses *Questions arithmétiques,* sous le
nom de *Porismes,* des propositions extraites d'un ouvrage,
apparemment un *Recueil de Porismes,* qui ne nous est pas
parvenu. » Or ces propositions ont, dans leurs énoncés,
la forme des données, et cette forme, M. Chasles l'attribue
avec raison aux *Porismes.* En résumé, « les *Porismes* sont
des théorèmes *non complets,* exprimant certaines relations
entre des choses variables suivant une loi commune....
Le traité des *Porismes* d'Euclide était donc une collection de propositions servant à passer ainsi d'une expression connue d'un *lieu* à une autre expression du même
*lieu,* et plus généralement servant à passer des conditions
connues qui déterminent un système de choses variables
assujetties à une loi commune, à d'autres conditions déterminant les mêmes choses variables. » Après avoir ainsi
précisé le sens de la matière en question et rappelé le
texte de Pappus, l'éminent historien de la Géométrie procède à la restauration du traité d'Euclide, divisé en trois
livres, comprenant deux cent vingt *porismes.* En étudiant
ce remarquable travail, on aperçoit sans peine la nature des
difficultés qui s'étaient jusqu'alors opposées à l'intelligence des énoncés de Pappus et au rétablissement des
propositions d'Euclide.

Parmi les autres écrits d'Euclide dont nous avons à regretter la perte, nous devons citer les deux livres *Sur les*

*lieux à la surface*[1], les deux livres de *Perspective*, les
quatre livres des *Sections coniques*, le livre *Sur les divisions* (Περὶ διαιρέσεων), et son traité des *Apparences* (Περὶ
ψευδαρίων). Dans ce dernier ouvrage l'auteur exhortait les
commençants à se garder des faux raisonnements; c'était
une sorte d'Introduction à l'étude de la géométrie.

Les écrits, d'une authenticité douteuse, qui nous sont
parvenus sous le nom d'Euclide, ont pour titres : *Division
de l'échelle harmonique* (Κατατομὴ κάνονος); — *Principes de
musique* ( Κατὰ μουσικὴν στοιχειώσεις); — *Phénomènes célestes* (Φαινόμενα); — un traité d'*Optique* ('Οπτικὰ); — un
traité de *Catoptrique* (Κατοπτρικὰ). Ces différents écrits se
trouvent imprimés dans l'édition la plus complète et la
plus correcte des Œuvres d'Euclide (Εὐκλείδου τὰ σωζό-
μενα), donnée par David Gregory, d'après les manuscrits
légués par H. Savile à l'Université d'Oxford. Cette édition, parue à Oxford, 1703, in-fol., devait faire partie
d'une réimpression des géomètres grecs. Outre les ouvrages attribués à Euclide, on y trouve la traduction latine du traité *de Divisionibus* (sur les divisions des polygones), de Mohammed de Bagdad, que l'on croit traduit
d'Euclide, et d'un fragment en latin *de Levi et Ponde-
roso*, écrit fort médiocre, attribué sans raison au grand
géomètre d'Alexandrie.

### COMMENTATEURS D'EUCLIDE. — BIBLIOGRAPHIE.

L'histoire des ouvrages d'Euclide est, en partie, l'histoire même
de la géométrie depuis le quatrième siècle avant J. C. jusqu'à l'époque de la Renaissance. Euclide eut de nombreux commentateurs.
Parmi les plus anciens, on cite Héron, Pappus, Énéas d'Hiérapolis,
Théon le jeune d'Alexandrie et Proclus. Théon donna, outre un commentaire important, une nouvelle édition des *Éléments*, avec quelques additions et de légers changements : c'est lui-même qui nous
l'apprend dans son commentaire sur Ptolémée. Parmi ses additions,
il signale, dans la dernière proposition du VI<sup>e</sup> livre, ce qui est rela-

---

1. Chasles, *Aperçu historique*, etc., p. 273.

tif aux secteurs. Le commentaire de Proclus ne va pas au delà du I⁰ʳ livre des *Éléments*. Il contient des détails fort intéressants pour l'histoire de la géométrie ; malgré sa prolixité, on regrette qu'il n'ait pas été poussé plus loin par son auteur.

Boëce, au cinquième siècle de notre ère, reproduisit, dans son traité de Géométrie, les énoncés et les figures des quatre premiers livres d'Euclide. En affirmant qu'Euclide n'avait fait qu'arranger des propositions découvertes et démontrées par d'autres, il contribua surtout à faire passer Théon pour le principal auteur des *Éléments*. Et il y a même des manuscrits où l'ouvrage entier est donné comme *tiré des conférences de Théon* (ἐκ τῶν Θέωνος συνουσιῶν). Le livre de Boëce fut le seul traité de géométrie connu en Europe jusqu'au neuvième siècle de notre ère; le nom même d'*Euclide* y était inconnu. A cette époque, les *Éléments* commençaient à être traduits en arabe sous les khalifes Haroun-al-Rachid et Al-Mansour. Honeïn-ben-Ishak, mort en 873, en donna une traduction arabe, qui fut plus tard corrigée par l'astronome Thebet-ben-Korrah. Othman de Damas (d'une date incertaine, mais antérieure au treizième siècle) donna une traduction arabe plus complète que les précédentes, d'après un manuscrit grec, qu'il avait trouvé à Rome et qui contenait quarante propositions de plus que les éditions ordinaires. L'astronome et géomètre Nasir-Eddin, qui vivait vers 1260, fit connaître Euclide aux Persans; son commentaire fut imprimé en arabe à Rome en 1594. Athelard de Bath, qui vivait vers 1130, fut le premier Européen qui traduisit Euclide de l'arabe en latin. Il avait probablement trouvé en Espagne la traduction arabe qui lui tenait lieu de l'original grec. Sa traduction latine, après avoir longtemps circulé en manuscrit, parut imprimée sous le nom de *Campanus*, célèbre commentateur d'Euclide.

Jusqu'au seizième siècle, on confondait Euclide le géomètre avec Euclide fondateur de l'école philosophique de Mégare, quoique celui-ci eût vécu un siècle avant le premier. Cette confusion, née d'un passage de Plutarque, avait été partagée par Boëce. Une autre erreur avait cours : on croyait qu'Euclide n'avait laissé que des définitions, des axiomes et les simples énoncés des propositions dans leur ordre actuel. Les démonstrations, on les attribuait à Théon.

Euclide, rapidement propagé, acquit bientôt une immense popularité : il resta jusqu'au dix-septième siècle l'*auteur élémentaire* par excellence. Son autorité était telle, qu'on eût regardé comme une profanation tout changement apporté à l'ordre établi par lui. On ne croyait pas que, même en réinventant la géométrie, comme le raconte Pascal, on pût trouver un ordre différent de celui qu'avait suivi Euclide.

L'édition *princeps* des *Éléments* d'Euclide parut à Venise, en 1482, in-fol., par les soins d'Erhard Ratholt : c'est la traduction latine d'Athelard avec le commentaire de Campanus. Ce livre, qui ne

porte pas de titre, commence ainsi : *Preclarissimus Liber Elemen-*
*torum Euclidis ,·perspicacissimi in artem geometrie incipit quam*
*felicissime.* L'éditeur fait, dans l'Introduction, un aveu curieux à
noter : il déclare que « la difficulté d'imprimer les figures avait jusqu'alors empêché .d'imprimer les livres de géométrie; mais que cet
obstacle venait d'être si bien surmonté par de grands artistes, qu'on
peut maintenant donner les figures géométriques avec autant de facilité que les caractères imprimés. » Ces figures sont marginales; à la
première vue, elles paraissent gravées sur bois; mais un examen
plus attentif fait reconnaître qu'elles sont gravées sur métal. Cette
édition omet 18 propositions sur les 485 que contiennent les quinze
livres des *Éléments*, y compris les deux livres d'Hypsiclès; mais elle
en donne 30 qui ne sont pas d'Euclide; la préface du XIVe livre, qui
montre que ce livre n'est pas d'Euclide, est également omise. Les
mots *helmuaym* et *helmuariphe*, désignant le *rhombe* et le *trapèze*,
font voir que la traduction a été faite sur l'arabe. — La seconde édition, en caractères romains, publiée à Vicence, 1491, in-fol., est la reproduction de l'édition *princeps*. — La troisième édition, publiée en
latin et en caractères romains, contient, outre les *Éléments*, les *Phé-*
*nomènes*, les deux *Optiques* (sous les noms de *Specularia* et de *Per-*
*spectiva*), et les *Données*, avec une préface de Marinus; elle a pour
titre : *Euclidis Megariensis, philosophi Platonici, mathematicarum*
*disciplinarum janitoris, Opera, Zamberto Veneto, interprete.* A la fin
du volume, on lit : *Impressum Venetiis.... in edibus Joannis Tamini,*
M.D.V.VIII *kalendas novembris.* Zamberti y donne une longue Préface, accompagnée d'une *Vie* d'Euclide, et déclare avoir fait sa traduction sur l'original grec. — La quatrième édition fut publiée à
Venise en 1509, in-fol., par Lucas Paciolus, plus connu sous le nom
de Lucas di Borgo, sous le titre : *Euclidis Megarensis, philosophi*
*acutissimi, mathematicorum omnium sine controversia principis*
*Opera.* Cette édition ne comprend que les *Éléments* dans la traduction latine d'Athelard. Paciolus cite le commentaire de Campanus et y
introduit ses propres additions sous le nom de *Castigator.* Il ouvre le
Ve livre par le récit d'une conférence qu'il avait faite sur ce livre dans
une église de Venise, le 11 août 1508. — La cinquième édition (traduction libre des *Éléments*) fut préparée par Jacques Lefèvre d'Esta-
ples, et imprimée par Henri Estienne ; Paris, 1516, in-fol. — Ainsi,
depuis la découverte de l'imprimerie, on vit, dans un intervalle de
trente-cinq ans, paraître cinq éditions in-folio des *Éléments* d'Euclide (traduction latine).

Le texte grec des *Éléments* d'Euclide, avec le commentaire grec de
Proclus, fut publié pour la première fois par Simon Gryne (*Grynæus*);
Bâle, 1533, in-fol. Les éditions grecques et latines que Fabricius et
Murchard attribuent à Dasypodius (Conrad *Raufuss*) donnent, en
grec, seulement l'énoncé des théorèmes. Même remarque pour l'édi-

tion de Scheubel des six premiers livres; Bâle, 1550, in-fol. L'édition, grecque et latine, attribuée au célèbre mathématicien anglais Briggs, et imprimée par William Jones (Londres, 1620), contient, sur la foi du titre, les treize livres des *Éléments*. Mais M. de Morgan s'est assuré que tous les exemplaires connus de cette édition ne donnent que les six premiers livres. — Nous avons déjà mentionné plus haut l'édition, très-estimée, de D. Gregory.

En France, nous avons les *Œuvres d'Euclide, en grec, en latin et en français, d'après un manuscrit très-ancien qui était resté inconnu jusqu'à nos jours*, par F. Peyrard (Paris, 1814, 3 vol. in-4). Ce manuscrit très-ancien (Peyrard le croyait de la fin du neuvième siècle) avait été tiré de la bibliothèque du Vatican à la suite de la conquête française et transporté dans la Bibliothèque nationale de Paris; en 1815, il fut restitué à la bibliothèque du Vatican. En tête de l'ouvrage, dédié à Louis XVIII, se trouvent deux rapports favorables présentés au nom de l'Institut; le premier est signé par Delambre et Prony; le second, par Lagrange, Legendre et Delambre. Dans le manuscrit, dont Peyrard put profiter jusqu'à la fin de son édition, les *Données* viennent immédiatement après le XIIIe livre et séparent ainsi les livres XIV et XV du reste de l'ouvrage. Peyrard le collationna avec vingt-deux autres manuscrits. Aussi son édition est-elle très-précieuse pour les nombreuses variantes qu'elle donne. — En Allemagne, on estime beaucoup l'édition de F. August (texte grec des treize livres des *Éléments*, revu sur trente-cinq manuscrits); Berlin, 1826, in-8, en deux parties. Elle résume les travaux de Grynæus, de Gregory, de Peyrard, et contient des additions de l'éditeur. L'édition donnée par Camerer et Hauber, avec de bonnes notes, des six premiers livres (Berlin, 1824, in-8, grec et latin), est également estimée.

Nous passons sous silence les innombrables éditions du texte latin des *Éléments* spécialement destinées aux écoles, ainsi que les traductions qu'on en a faites dans presque toutes les langues modernes[1].

**Archimède.** — *La géométrie de la mesure*[2].

Archimède naquit en Sicile vers l'an 287 avant notre ère, deux ans après la mort d'Agathocle, tyran de Syra-

1. Voy., pour plus de détails, l'article *Euclide*, par M. de Morgan, dans Smith, *Dictionary of Greek and Roman Biography*.
2. « Toutes les sciences qui ont, dit Descartes, pour but la recherche de la *mesure* et de l'*ordre* se rapportent aux mathématiques » (*Règles pour la direction de l'Esprit*, 4e règle). Aristote avait déjà émis la même idée en ces termes : « De quoi s'occupent les mathématiciens, si ce n'est de la *proportion* et de l'*ordre* ? » (XIe li-

cuse. A cette époque, la domination romaine ne comprenait encore que l'Italie centrale et méridionale. Selon Plutarque, Archimède était parent du roi Hiéron, de Syracuse. Mais une note dédaigneuse de Cicéron (il l'appelle *humilis homo* dans le V<sup>e</sup> livre des *Quæstiones Tusculanæ*) semble indiquer que le géomètre de Syracuse n'était pas d'une noble origine. Ce qui paraît plus certain que sa parenté avec la famille des dynastes syracusains, c'est qu'il fut chargé par Hiéron II de mettre à flot un immense vaisseau de transport, dont Athénée nous a conservé la construction détaillée. Mais cet écrivain, au lieu de décrire exactement le mécanisme employé à cet effet, se borne à dire qu'Archimède lança le vaisseau du chantier à l'aide d'un petit nombre de bras et au moyen d'une *hélice* (Ὅλιξ) de son invention [1]. Suivant Proclus, ce vaisseau appartenait à Ptolémée Soter, et Archimède dut s'abaisser jusqu'à y disposer une chambre pour les honteux plaisirs de ce roi d'Égypte.

Lorsque les Romains tournèrent leurs armes contre Syracuse, Archimède en prit la défense. Ses machines

---

vre de la *Métaphysique*). M. Chasles, dans son excellente *Histoire de la géométrie*, publiée sous le titre d'*Aperçu historique* (p. 22), admet ces deux grandes divisions comme parfaitement rationnelles. La première, qu'il propose de nommer la *géométrie des mesures*, comprend la quadrature des figures curvilignes ; c'est la *géométrie d'Archimède :* elle a donné naissance au calcul de l'infini, successivement perfectionné par Kepler, Cavalieri, Pascal, Fermat, Leibniz et Newton. La seconde division, que M. Chasles propose d'appeler *géométrie des formes et des situations*, comprend la théorie des sections coniques ; c'est la *géométrie d'Apollonius* pour laquelle ont été inventées d'abord l'analyse géométrique, puis les méthodes de perspective et de transversales.

1. Athénée, *Deipnosophistes*, V, 10 (t. II, p. 297 de l'édition de Schweighæuser). Voici le texte : Ἀρχιμήδης ὁ μηχανικὸς αὐτὸ (sc. σκάφος) εἰς τὴν θάλασσαν κατήγαγε δι' ὀλίγων σωμάτων· κατασκευάσας γὰρ ἕλικα, etc. Casaubon a déployé ici un grand luxe d'érudition, pour montrer que le mot σῶμα (employé par Athénée) signifie non-seulement *corps*, mais *esclave*. Il est plus probable que les Grecs se servaient du mot *corps*, comme nous de celui de *bras*, pour désigner la force humaine, sans impliquer une distinction de classe d'hommes.

eurent, dit-on, un si prodigieux effet, que les Romains prenaient la fuite dès qu'ils voyaient se diriger contre eux, du haut des remparts, le moindre objet, tant ils craignaient les inventions du grand géomètre ! Selon les témoignages de Dion, de Diodore, d'Hiéron et de Pappus, cités par Zonaras et Ttetzès, écrivains byzantins du douzième siècle de notre ère, Archimède incendia la flotte romaine au moyen de miroirs ardents. Ces miroirs étaient-ils en verre ou en métal ? On l'ignore. Les verres, tant convexes que concaves, étaient impropres (les premiers par réfraction, les seconds par réflexion) à déterminer une pareille action. D'ailleurs la fabrication du verre était, du temps d'Archimède, un art à peu près inconnu. Mais si l'on admet qu'Archimède se servit d'un assemblage de miroirs plans (en métal poli), le problème change de face, et il pouvait être résolu. Anthémius, géomètre du sixième siècle, atteste non-seulement le fait de la combustion de la flotte romaine par Archimède, il explique encore la théorie et le mécanisme des miroirs employés à cet effet. A l'appui du même fait, Zonaras cite l'exemple de Proculus brûlant, en 512 de J. C., à l'aide de miroirs d'airain, la flotte de Vitalien, qui assiégeait Constantinople sous le règne d'Anastase. Ttetzès prétend qu'Archimède faisait jouer un miroir (d'airain) hexagone, composé d'autres miroirs plus petits, qui avaient chacun vingt-quatre angles, et qu'on le mettait en mouvement au moyen de charnières et de lames de métal [1]. En vain objecterait-on que Polybe, Tite-Live et Plutarque, qui parlent avec admira-

---

I. On sait que Buffon a voulu répéter cette expérience et constater par lui-même l'action du miroir d'Archimède. A cet effet, il fit, en 1777, construire par l'ingénieur Passemant un miroir métallique, composé de 168 glaces planes, mobiles, à charnières, et qu'on pouvait faire jouer en totalité ou en partie. Au moyen de cet assemblage il enflamma, au mois d'avril, par un soleil assez faible, le bois à cent cinquante pieds de distance, et fondit le plomb à cent quarante pieds, ce qui lui semblait plus que suffisant pour démontrer la réalité de l'invention d'Archimède.

tion des machines au moyen desquelles Archimède repoussa les attaques des Romains, ne mentionnent pas l'incendie de la flotte ennemie à l'aide des miroirs ardents ; leur silence n'est qu'une preuve négative qui disparaît devant les témoignages positifs d'autres écrivains. On a objecté encore, contre la possibilité de l'incendie de la flotte romaine par les miroirs d'Archimède, la mobilité des vaisseaux ; mais cette objection n'est pas sérieuse.

Quoi qu'il en soit, le génie du grand géomètre ne parvint pas, comme on sait, à soustraire sa patrie à la domination étrangère. Les Romains s'emparèrent de Syracuse par surprise, et, en dépit des ordres de Marcellus, Archimède périt victime de la brutalité d'un soldat[1]. Voici en quels termes le fait est raconté par Tite-Live : Le grand géomètre était assis sur la place publique, absorbé dans ses pensées et examinant quelques figures qu'il avait tracées sur le sable. Un soldat romain s'étant trop approché de lui : « Ne dérange pas mes cercles, » lui cria-t-il. Mais le farouche guerrier, sourd à ses paroles, le tua. Suivant Plutarque, Archimède fut tué parce qu'il avait refusé de se rendre auprès du général romain. Mais d'après une autre version, plus vraisemblable, rapportée par le même écrivain, Archimède tomba victime de la cupidité des soldats qui avaient pris pour des cachettes d'or les instruments de mathématiques qu'il allait apporter à Marcellus[2].

A la prise de Syracuse par les Romains, en 212 avant J. C., Archimède devait avoir soixante-quinze ans. Il avait ordonné, dit-on, que l'on plaçât sur son tombeau une sphère inscrite dans un cylindre. Environ un siècle et demi après, Cicéron, pendant qu'il était questeur en Sicile, eut la curiosité de visiter le tombeau d'Archimède. « Je mis, raconte-t-il, tous mes soins à découvrir ce tom-

1. Pline, *Hist. nat.*, VII, 38 (édit. Lemaire).
2. Plutarque, *Vie de Marcellus* (t. II, p. 443, édit. Reiske). Comparez Valèr Maxime, VIII, 7.

beau. Les Syracusains m'affirmaient qu'il n'existait point.
A force de recherches, je le trouvai enfin couvert de ronces
et de broussailles. Je fus guidé, dans cette découverte,
par quelques lignes d'une inscription qu'on disait avoir
été gravées sur le monument, et qui se rapportaient à une
sphère et à un cylindre, posés au sommet du tombeau.
Parcourant des yeux les nombreux tombeaux qui se trouvent vers la porte d'Agrigente, j'aperçus une petite colonne qui s'élevait un peu au-dessus des buissons : il y
avait la figure d'une sphère et d'un cylindre. Je m'écriai
aussitôt devant les principaux habitants de Syracuse qui
m'accompagnaient : Voilà ce que je cherche ! Beaucoup se
jetèrent alors sur les broussailles pour les couper et mettre l'emplacement à découvert. Ce travail achevé, nous
nous approchâmes de la colonne. Nous vîmes l'inscription
à moitié rongée par le temps. Ainsi, la plus noble et jadis
la plus instruite des cités de la Grèce ignorerait encore
la place du tombeau du plus ingénieux de ses citoyens, si
un inconnu d'Arpinum n'était pas venu la lui apprendre[1]. »

Ce fut, pour le répéter, conformément à la dernière volonté d'Archimède qu'on avait fait surmonter son tombeau
d'une sphère enchâssée dans un cylindre (fig. 15), comme
pour montrer, en quelque sorte gra-
phiquement aux passants oublieux, l'un
des théorèmes qui l'avaient occupé
pendant sa vie, à savoir, le rapport du
cercle, de la sphère et du cylindre.

S'il faut en croire Plutarque, les anciens admiraient la clarté des démonstrations du grand géomètre. « On ne
saurait, dit-il (*Vie de Marcellus*), trouver dans toute la géométrie, de théorè-

Fig. 15.

mes plus difficiles et plus profonds que ceux d'Archimède,
et cependant ils sont démontrés de la manière la plus simple

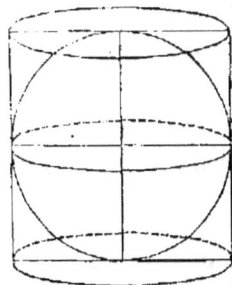

[1] Cicéron *Quæst. Tuscul.*, V.

et la plus claire. Les uns attribuent cette clarté à un esprit lumineux; d'autres l'attribuent à un travail opiniâtre, qui donne un air aisé aux choses les plus difficiles. Il serait impossible de trouver, selon moi, la démonstration d'un théorème d'Archimède; mais lorsqu'on l'a lue, on croit qu'on l'aurait trouvée soi-même sans peine, tant est court et aisé le chemin qui conduit à ce qu'il veut démontrer. » — Les géomètres modernes sont loin de partager tous cette opinion de Plutarque, peut-être parce qu'ils ne se sont pas assez familiarisés avec les méthodes des anciens.

On a voulu révoquer en doute les relations d'Archimède avec l'école alexandrine, en insinuant qu'Archimède n'avait probablement jamais visité Alexandrie. Cette insinuation, non-seulement ne repose sur rien, mais elle est formellement contredite par le témoignage d'un historien, compatriote du grand géomètre. Diodore de Sicile affirme qu'Archimède visita l'Égypte. Comment ce géomètre aurait-il négligé de visiter Alexandrie, la ville où avait enseigné Euclide et où résidait Conon? Euclide, qu'Archimède cite si souvent; Conon, avec lequel il était lié d'amitié. Ce fut même pendant son voyage en Égypte qu'Archimède inventa la fameuse machine d'épuisement, destinée à retirer l'eau des galeries souterraines où travaillaient les mineurs [1].

TRAVAUX D'ARCHIMÉDE. — La plupart des ouvrages d'Archimède ne nous ont pas été conservés [2]. Ceux qui nous

_____

1 « Les mineurs trouvent quelquefois, dit Diodore, des fleuves souterrains dont ils diminuent le courant en les détournant dans des fossés inclinés.... Ce qu'il y a de plus étonnant, c'est qu'ils les épuisent entièrement au moyen des vis égyptiennes qu'Archimède, de Syracuse, inventa pendant son voyage en Égypte. » (*Bibliothèque historique*, V, 37.)

2. S'il fallait ajouter foi au chroniqueur arabe Abulfarage, les Romains auraient brûlé, après la prise de Syracuse, quatorze charges de manuscrits d'Archimède. Mais cette anecdote paraît un peu suspecte quand on se rappelle que nous devons à ce même chroniqueur le

restent sont en grande partie écrits en dialecte dorien. En voici les titres :

*De la sphère et du cylindre* (Περὶ τῆς σφαίρας καὶ κυλίνδρου) ; — *Mesure du cercle* (Κύκλου μέτρησις) ; — *Des conoïdes et des figures sphéroïdes* (Περὶ κωνοειδέων καὶ σχημάτων σφαιροειδέων) ; — *Des spirales* (Περὶ ἑλίκων) ; — *De l'équilibre des plans ou leurs centres de gravité* (Περὶ ἐπιπέδων ἰσορροπικῶν, ἢ κέντρα βαρῶν ἐπιπεδῶν) ; — *La quadrature de la parabole* (Τετραγωνισμὸς παραβολῆς) ; — *L'arénaire* (Ψαμμίτης) ; — *Des corps flottants sur l'eau* (Περὶ τῶν ὕδατι ἐφισταμένων). — Le livre des *Lemmes* (traduit de l'arabe en latin) passe pour non authentique [1].

Archimède peut avec raison être considéré comme le plus grand génie mathématique de l'antiquité. Il fonda la géométrie supérieure et créa la mécanique. Il mérite donc, à tous égards, que nous insistions sur l'analyse de ce qui, de ses écrits, nous a été conservé.

Mais auparavant il importe de bien s'entendre sur la valeur des termes employés par l'auteur. Ainsi, bien que le mot *parabole* soit parfaitement grec, Archimède désigne toujours cette courbe par *section du cône rectangle* (ὀρθογωνίου κώνου τομή). Par *cône rectangle*, il entendait un cône droit dont les côtés, c'est-à-dire les intersections de sa surface convexe et du plan conduit par l'axe, forment un angle droit. Si ces intersections forment un angle aigu, le cône s'appellera *acutangle*, et si elles forment un angle obtus, il s'appellera *obtusangle*. Il suit de là que si l'on

●

récit, si peu croyable, de l'incendie de la bibliothèque d'Alexandrie par un des lieutenants d'Omar.

1. Les ouvrages d'Archimède parurent pour la première fois, imprimés en grec, à Bâle (Herweg, 1544, in-4). Ils furent réédités en grec et latin par Rivault de Florence, précepteur de Louis XIII (Paris, 1615, in-fol.). L'édition la plus estimée, mais rare, est celle de Torelli, Oxford, 1793, in-fol. Ils ont été traduits en français par Peyrard, traducteur d'Euclide, Paris, 1808, 2 vol. in-8 ; et en allemand par Gutenæcker, Wurzbourg, 1828, in-8.

coupe chacun de ces cônes par un plan perpendiculaire sur un des côtés de l'angle formé par le plan qui passe par l'axe, la section du cône rectangle sera une parabole, puisque le plan coupant est parallèle à l'autre côté du cône; la section du cône acutangle sera une ellipse, puisque le plan coupant rencontrera l'autre côté du cône; et la section du cône obtusangle sera une hyperbole, puisque le plan coupant rencontrera le prolongement de l'autre côté. Mais, pas plus que du nom de parabole, Archimède ne s'est servi des noms grecs d'*ellipse* et d'*hyperbole*. Ces deux courbes, il ne les désigne, la première que par le nom de *section du cône acutangle* et la seconde par celui de *section du cône obtusangle*. Les noms de *parabole*, d'*ellipse* et d'*hyperbole* n'ont été introduits dans la langue des géomètres que depuis Apollonius. Le *paramètre*, nommé ὀρθία par Apollonius, et *latus rectum* par des géomètres moins anciens, est désigné par Archimède par la locution vague de *ligne qui s'étend jusqu'à l'axe*; et de longues périphrases suppléent aux mots d'*ordonnée* et *abscisse*. Il désigne le diamètre de la parabole par *ligne parallèle au diamètre*, et donne le même nom de *diamètre* à l'axe, bien qu'il ait établi une distinction entre lui et les diamètres de la parabole. Enfin, les géomètres grecs désignaient la tangente par *ligne effleurante du cercle*, ἐπιψαύουσα τοῦ κύκλου, et ils n'avaient pas même de mot particulier pour désigner le *rayon d'un cercle :* ils l'appelaient *la droite qui part du centre du cercle* (εὐθεῖα ἐκ κέντρου τοῦ κύκλου).

Toutes ces périphrases, qui reviennent souvent dans les écrits d'Archimède, nuisent à la simplicité des propositions et embarrassent les raisonnements dont se compose la démonstration. C'est le cas de répéter ce mot bien connu que le meilleur commentaire d'un auteur est une bonne traduction.

### De la sphère et du cylindre.

Pour démontrer les théorèmes et résoudre les problèmes contenus, non-seulement dans les deux livres *De la sphère et du cylindre*, adressés à Dosithée [1], mais dans tous ses autres écrits, Archimède n'a employé que la géométrie élémentaire d'Euclide et un petit nombre de principes dont voici l'énoncé :

1° « La ligne droite est la plus courte de toutes celles qui ont les mêmes extrémités [2]. » Archimède ramène à ce principe, entre autres, la démonstration de la première proposition du premier livre *De la sphère et du cylindre*, à savoir que : « Le contour du polygone inscrit dans un cercle est plus petit que la circonférence de ce cercle. »

2° « Deux lignes, qui sont contenues dans un plan et qui ont les mêmes extrémités, sont inégales lorsqu'elles sont l'une et l'autre concaves du même côté (ἐπὶ τὰ αὐτὰ κοῖλαι), et que l'une est comprise tout entière par l'autre, et par la droite qui a les mêmes extrémités que cette autre, ou bien lorsque l'une n'est comprise qu'en partie et que le reste est commun : la ligne comprise est la plus courte. » —Dès la seconde proposition (le contour du polygone circonscrit à un cercle est plus grand que la circonférence de ce cercle), ce principe a trouvé son application.

3° « Pareillement, lorsque des surfaces ont les mêmes limites dans un plan, la surface plane est la plus petite. »

---

1. *Dosithée*, auquel Archimède avait adressé ou dédié ses principaux ouvrages, était natif de Colone. Il passait pour un géomètre astronome très-habile. D'après Censorinus, il perfectionna l'*Octaéteride* d'Eudoxe. Geminus et Ptolémée se servirent des observations qu'il avait faites sur les étoiles fixes, en l'an 200 avant notre ère. On voit, d'après cette date, que Dosithée survécut à Archimède, son ami.

2. Ce principe n'est point, comme l'ont cru beaucoup de commentateurs, une définition de la ligne droite: c'est l'énoncé d'une de ses propriétés.

4° « Deux surfaces qui ont les mêmes limites dans un plan, sont inégales lorsqu'elles sont l'une et l'autre concaves du même côté, et que l'une est comprise tout entière par l'autre et par le plan qui a les mêmes limites que cet autre ; ou bien lorsque l'une n'est comprise (περιλαμβάνηται) qu'en partie (τινὰ μὲν) et que le reste (τινὰ δὲ) est commun, la surface comprise (ἐπιφάνεια περιλαμβανομένη) est la plus petite. »

C'est au moyen de ces principes qu'Archimède a fait faire à la géométrie les progrès les plus étonnants. Il n'entreprit point de les démontrer ; comme il ne faisait pas usage de la considération de l'infini, il aurait d'ailleurs échoué dans cette entreprise, et même les géomètres grecs qui en faisaient usage (en supposant le contour d'un polygone régulier d'une infinité de côtés égal à la circonférence du cercle) n'y réussirent point [1]. A moins qu'Archimède

1. C'est ce qui arriva à Eutocius et à d'autres commentateurs grecs. Pour démontrer, par exemple, que « la somme de deux tangentes est plus grande que l'arc de cercle qu'elles embrassent», ils commençaient par partager l'arc en deux parties égales, et par le point de division ils menaient une tangente ; puis ils partageaient les nouveaux arcs en deux parties égales, et par les points de division ils menaient de nouvelles tangentes, et ainsi de suite, jusqu'à ce que l'arc fût divisé en une infinité de parties égales. Voici maintenant leur raisonnement : la somme des deux tangentes est plus grande que le contour de la portion du polygone régulier premièrement circonscrit ; le contour de la portion du polygone régulier premièrement circonscrit est plus grand que le contour de la portion du polygone secondement circonscrit ; enfin, le contour de la portion du polygone régulier qui a été circonscrit l'avant-dernier, est plus grand que le contour de la portion du polygone régulier circonscrit en dernier lieu ; donc la somme des deux premières tangentes est plus grande que le contour de la portion du polygone régulier circonscrit en dernier lieu. Or, le contour de la portion du polygone régulier circonscrit le dernier est égal à l'arc entier, puisque la portion d'un polygone régulier d'une infinité de côtés est égale à l'arc auquel il est circonscrit. Donc la somme des deux premières tangentes est plus grande que l'arc entier. — Mais pour que cette conclusion fût légitime, il aurait fallu que ces géomètres eussent démontré encore que la somme de deux tangentes menées en dernier lieu est plus grande que l'arc qu'elles embras-

n'eût considéré une courbe comme un assemblage d'une infinité de lignes droites, et un solide de révolution comme un polyèdre terminé par une infinité de surfaces planes, ou comme un assemblage d'une infinité de troncs de cône, en un mot, à moins qu'il n'eût eu recours à la considération de l'infini, telle qu'on le comprend aujourd'hui, il lui aurait été impossible, sans le secours des quatre principes établis, de faire tant d'admirables découvertes. Mais l'esprit des anciens se refusait à des suppositions qu'on a continué à bannir de la géométrie élémentaire.

En tête du traité *De la sphère et du cylindre*, adressé à Dosithée, Archimède signale la démonstration des théorèmes suivants :

1° « La surface d'une sphère quelconque est quadruple d'un de ses grands cercles. » Pour démontrer ce théorème, il s'est particulièrement servi des Principes 3 et 4, ainsi que des Propositions XXVI, XXXI, XXXIV et XXXV.

2° « La surface d'un segment sphérique est égale à un cercle ayant un rayon égal à la droite menée du sommet du segment à la circonférence du cercle qui est la base du segment. » — A cette démonstration conduisent particulièrement les Propositions VI, XL, XLVII et XLVIII.

3° « Un cylindre, qui a une base égale à un grand cercle de la sphère et une hauteur égale au diamètre de cette même sphère, est égal à trois fois la moitié de la sphère. » — A cette démonstration se rapportent spécialement les Propositions XIV et XXXVII.

« 4° La surface du cylindre est aussi égale à trois fois la surface de la sphère. » La démonstration de ce théorème fait l'objet des premières Propositions du second livre *De la sphère et du cylindre*.

En se pénétrant de la beauté de ces théorèmes, on s'explique la dernière volonté d'Archimède. Ils sont en

sent. Et c'est ce qu'ils ne sont point parvenus à faire. (Voy. Peyrard, *Préface* des Œuvres d'Archimède, p. 411.)

quelque sorte hiéroglyphiquement symbolisés par la figure d'un cylindre circonscrit à une sphère. La seule disposition de cette figure (p. 195) pouvait faire naître le désir de connaître *le rapport de la sphère au cylindre circonscrit*, de savoir si, comme le théorème l'avait annoncé, la surface de la sphère étant à la surface totale du cylindre comme 2 est à 3, les volumes de ces deux corps sont entre eux dans le même rapport. Partant de là, tout esprit curieux aura pu ensuite par lui-même se convaincre de l'exactitude des données suivantes : la hauteur du cylindre est égale au diamètre de la sphère inscrite; la base du cylindre est égale au grand cercle (section équatoriale) de la sphère, leurs diamètres étant égaux; par conséquent, la surface convexe du cylindre est égale au produit de la circonférence du grand cercle par son diamètre, et, comme conclusion, *la surface de la sphère est égale à la surface latérale du cylindre circonscrit.* — D'autre part, la surface de la sphère a été trouvée égale à quatre grands cercles; la surface latérale du cylindre est donc aussi égale à quatre grands cercles. En y joignant les deux bases qui valent deux grands cercles, on aura la surface totale du cylindre circonscrit égale à six grands cercles; conséquemment la surface de la sphère est à la surface du cylindre circonscrit comme 4 est à 6, ou, ce qui revient au même, comme 2 est à 3. Voilà pour les surfaces. Quant aux volumes, celui du cylindre est égal au produit du grand cercle par le diamètre, puisque la base du cylindre circonscrit est égale à un grand cercle, et sa hauteur au diamètre. Or, il a été trouvé et démontré d'autre part que le volume de la sphère est égal à quatre grands cercles multipliés par le tiers du rayon, ce qui revient au produit d'un grand cercle par $\frac{4}{3}$ du rayon ou $\frac{2}{3}$ du diamètre. Donc la sphère est au cylindre circonscrit comme 2 est à 3; conséquemment les volumes de ces deux corps sont entre eux comme leurs surfaces. — Cette récapitulation des détails de la démonstration paraîtrait aujourd'hui bien élémentaire à ceux qui trouvent la science toute faite; mais ils avaient, ne l'oublions pas, une immense valeur aux yeux de celui qui avait tout à créer. C'est là ce qu'il importait de rappeler.

D'autres théorèmes, qui figurent depuis dans tous les traités élémentaires de géométrie, sans qu'on se doute souvent de leur provenance, ont été trouvés et démontrés par Archimède; tels sont : « Un cône est le tiers du cylindre qui a la même base et la même hauteur que le cône; une pyramide est le tiers d'un prisme qui a la même base et la même hauteur que la pyramide; une sphère est égale à une pyramide dont la base est égale à la surface de la sphère, et la hauteur au rayon de la sphère. » — Ces théorèmes forment en quelque sorte le passage du traité *De la sphère et du cylindre* à celui qui suit.

### De la mesure du cercle.

*Tout cercle est égal à un triangle rectangle dont un des côtés de l'angle droit est égal au rayon de ce cercle, et dont l'autre côté de l'angle droit est égal à la circonférence de ce même cercle.* Pour convertir cette importante proposition en une vérité géométrique, Archimède a recours à une démonstration indirecte. Il fait voir d'abord que le cercle ne peut pas être plus grand que le triangle rectangle dont les deux cathètes[1] sont égales, l'une à la circonférence, l'autre au rayon de ce cercle; puis il démontre que le même cercle ne peut pas être plus petit; d'où il conclut que le cercle est égal à ce triangle.

Au reste, comme il s'agit ici d'un théorème fondamental, on nous saura gré de citer littéralement son auteur.

1. Le nom de *cathète* était encore inconnu : Archimède se sert ici constamment de cette périphrase : ἡ περὶ τὴν ὀρθήν, *le côté autour de l'angle droit.*

Voici la démonstration textuelle d'Archimède, avec la reproduction des deux figures qui l'accompagnent :

Soit ΑΒΓΔ le cercle proposé. Je dis que ce cercle est égal au triangle E.

« Que le cercle soit plus grand, si cela est possible. Inscrivons dans ce cercle le carré ΑΓ, et partageons les arcs en deux parties égales, jusqu'à ce que la somme des segments restants soit plus petite que l'excès du cercle sur le triangle [1]; on aura une figure rectiligne, qui sera encore plus grande que le triangle [2]. Prenons le centre N, et menons la perpendiculaire NΞ; cette perpendiculaire sera plus petite qu'un des côtés de l'angle droit du triangle E. Mais le contour de la ligne rectiligne est encore plus petit que l'autre côté de l'angle droit de ce même triangle, puisque le contour de cette figure est plus petit que la circonférence du cercle. Donc la figure rectiligne est plus petite que le triangle, ce qui est absurde [3].

« Que le cercle soit plus petit que le triangle E, si cela est possible. Circonscrivons un carré à ce cercle, et partageons les arcs en deux parties égales, et par les points de division menons

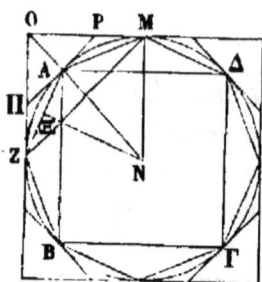

Fig. 16.

des tangentes. Puisque l'angle OAP est droit, la droite OP est plus grande que la droite MP, par la raison que MP est égal à PA. Donc

---

1. Ceci se rattache à la Proposition vi du I<sup>er</sup> livre de *la Sphère et du Cylindre* : « Un cercle et deux quantités inégales étant donnés, circonscrire à ce cercle un polygone et lui en inscrire un autre, de manière que la raison du polygone circonscrit au polygone inscrit soit moindre que la raison de la plus grande quantité à la plus petite. »

2. Conformément au Principe 1, d'après lequel « la ligne droite est la plus courte de toutes celles qui ont les mêmes extrémités ».

3. Cela résulte de l'application du Principe 2.

le triangle POΠ est plus grand que la moitié de la figure OZAM[1]. Que les segments restants soient tels que ΠZA ; et que la somme de ces segments soit moindre que l'excès du triangle E sur le cercle ABΓΔ. La figure rectiligne sera encore plus petite que le triangle E ; ce qui est absurde, puisque cette figure est plus grande, par la raison que AN est égale à la hauteur du triangle, et que le contour de cette figure est plus grand que la base de ce même triangle.

« Donc le cercle est égal au triangle E[2]. »

Pour la démonstration du même théorème on fait aujourd'hui intervenir la considération de l'*infini*, qui n'était probablement pas dans la pensée d'Archimède, et on dit : Circonscrivons au cercle un polygone régulier d'une *infinité* de côtés. Ce polygone sera égal à un triangle dont la hauteur est égale au rayon, et la base égale au contour ou périmètre de ce polygone. Or, ajoute-t-on, un polygone régulier d'une infinité de côtés circonscrits à un cercle est égale à ce cercle même. Donc le cercle est égal au triangle.

On pourra encore varier cette démonstration en changeant le triangle en un rectangle égal à ce triangle[3], et alors on dira : *Le cercle est égal au rectangle de la moitié de la circonférence par le rayon*, ou, ce qui revient au même, *au rectangle de la circonférence par la moitié du rayon*. Pour démontrer cette proposition, qui est au fond celle d'Archimède, on établira qu'on peut inscrire et circonscrire au cercle deux polygones, dont l'un ne différera de l'autre que *d'une quantité moindre que toute quantité*

1. Conformément au Principe 3, plus haut indiqué.
2. *OEuvres d'Archimède*, par Peyrard, t. I, p. 196 et suiv.
3. Les anciens savaient depuis longtemps que tout rectangle ou parallélogramme se compose (étant divisé par la diagonale) de deux triangles égaux, et qu'on peut, avec un triangle, construire un rectangle. Euclide avait déjà démontré que tout produit rectangulaire, divisé par 2, est égal au produit d'un des facteurs (ligne ou côté) avec la moitié de l'autre, et *vice versa*. Ainsi, par exemple, $\frac{4 \times 6}{2} = \frac{4}{2} \times 6 = \frac{6}{2} \times 4$, ou, d'une manière générale, $\frac{ab}{2} = \frac{a}{2} \cdot b = \frac{b}{2} \cdot a$.

*donnée*. Mais ce raisonnement, quelque simple qu'il soit, satisfait-il complétement l'esprit? Les anciens géomètres, qui visaient, dans leurs démonstrations, à une rigueur extrême, ne pouvaient guère admettre en principe que *deux quantités, qui ne diffèrent qu'infiniment peu l'une de l'autre, sont égales entre elles*. Une pareille égalité répugnait à leur esprit, si avide de clarté.

Mettons encore une fois, à côté du raisonnement des géomètres modernes, le raisonnement d'Archimède. Si le cercle n'est pas égal au rectangle désigné, il est *ou plus grand ou plus petit*. Qu'on le suppose d'abord plus grand, et que ce dont il diffère de ce rectangle soit la quantité A, si petite que l'on voudra. Circonscrivons au cercle un polygone qui en diffère de moins que cette quantité. Ce polygone sera égal au rectangle de son demi-périmètre par le rayon du cercle. Or, le périmètre, ou contour de ce polygone, est plus grand que la circonférence du cercle; d'où il suit que le rectangle de ce demi-périmètre par le rayon est nécessairement plus grand que le rectangle de la demi-circonférence par le même rayon. Mais on a supposé le cercle plus grand, de la quantité A, que ce dernier rectangle, et le rectangle du demi-périmètre du polygone circonscrit ne diffère du cercle que de moins que la quantité A. Ce dernier rectangle est donc moindre que celui de la demi-circonférence par le rayon; d'où il suit que la demi-circonférence serait plus grande que le demi-périmètre du polygone circonscrit. Or cela est absurde. Le cercle n'est donc pas plus grand que le rectangle du rayon par la demi-circonférence. En appliquant le même genre de raisonnement au polygone inscrit, il était facile de prouver que le rectangle n'est pas moindre que le rectangle désigné. Donc il est égal au rectangle. Voilà comment Archimède, et, avec lui, tous les géomètres anciens montraient qu'il y aurait de l'absurdité si une proposition était autre que son énoncé; et c'était là le sens de leurs démonstrations par la *réduction à l'absurde*.

Les deux dernières Propositions du petit traité de la *Mesure du cercle* touchent au fameux problème de la quadrature du cercle. L'une (Proposition II) a pour but de montrer qu'*un cercle est au carré construit sur son diamètre, à très-peu près, comme* 11 *est à* 14 ; et l'autre (Proposition III) est consacrée à démontrer que *la circonférence d'un cercle quelconque est égale au triple du diamètre, réuni à une certaine portion du diamètre, plus petite que le septième de ce diamètre, et plus grande que les* $\frac{10}{71}$ *de ce même diamètre.* On sait que ce fut en inscrivant et circonscrivant au cercle deux polygones de 96 côtés chacun, et en calculant leurs longueurs, entre lesquelles la circonférence du cercle doit évidemment se trouver, qu'Archimède parvint à établir approximativement le rapport du diamètre à la circonférence, et qu'il trouva que, le diamètre étant pris pour unité, la circonférence est plus petite que $3\frac{10}{70}$ et plus grande que $3\frac{10}{71}$.

« Mais il est important, ajoute Montucla, de remarquer une adresse particulière dont Archimède fit usage pour mettre sa démonstration à l'abri de toute exception. Il prévit bien que, comme il entrait dans son calcul plusieurs extractions imparfaites de racines, on pourrait lui objecter que les petites fractions négligées lui avaient donné une valeur du polygone inscrit plus grande, ou celle du polygone circonscrit moindre que la véritable ; alors il n'aurait plus été vrai que la circonférence fût renfermée entre ces limites. Aussi, pour prévenir cette difficulté, il arrange son calcul de telle sorte, que ces petits écarts de la vérité ne servent qu'à rendre la conséquence plus certaine, parce qu'ils lui donnent évidemment une valeur du polygone inscrit moindre, et celle du polygone circonscrit plus grande qu'elles ne sont réellement. Il ne dit point que le diamètre étant 1, le polygone inscrit est $3\frac{10}{71}$ ; mais il dit et il démontre que le polygone inscrit est plus grand que $3\frac{10}{71}$, et le polygone circonscrit plus petit que $3\frac{10}{70}$. Ainsi, l'on ne peut se refuser à la conséquence qu'il tire, que la circonférence elle-même est entre ces deux limites[1]. » Par cette remarque, Montucla a voulu répondre à l'objection spécieuse, que des chercheurs de la quadrature du cercle ont élevée, pour détruire l'induction qu'on tirait contre eux de ce que leurs prétendues valeurs de la circonférence ne se rencontraient point entre les limites d'Archimède. Cette objection prouve seulement leur ignorance des écrits d'Archimède.

Nous avons à regretter, pour l'histoire de l'arithmétique, que le grand géomètre ne nous ait pas transmis les détails du calcul qu'il a dû exécuter pour arriver au résultat qu'il se borne simplement à énoncer. L'un de ses commentateurs, Eutocius d'Ascalon, a tenté de combler cette lacune. Eutocius donne des exemples d'addition, de soustraction et de multiplication, tant pour des nombres entiers que pour des nombres fractionnaires ; mais il ne donne pas un seul exemple d'une division, ni d'une extraction de racines. Cette dernière opération était cependant exigée pour contrôler le calcul de la Proposition d'Archimède, car il lui a fallu extraire les racines carrées des sept nombres suivants : $349\,450$, $1\,373\,943\frac{33}{64}$, $5\,472\,132\frac{1}{16}$, $9\,082\,321$, $3\,380\,929$, $1\,018\,405$, $4\,069\,284\frac{1}{36}$.

Archimède s'était borné à donner comme racines : $591\frac{1}{8}$, $1172\frac{1}{8}$, $2339\frac{1}{4}$, $3013\frac{3}{4}$, $1838\frac{9}{10}$, $1009\frac{1}{6}$, $2017\frac{1}{4}$, sans fournir aucun détail sur cette opération. Eutocius aurait

1. Montucla, *Histoire des mathématiques*, t. I, p. 224.

dû nous montrer ici la méthode, dont se servaient les anciens pour extraire les racines irrationnelles ; mais il dit seulement que « la racine (πλευρὰ) de 349 450 est près de 591 $\frac{1}{8}$, parce que le carré de 591 $\frac{1}{8}$ est environ de 21 $+ \frac{1}{6} + \frac{1}{15}$ plus petit que le carré véritable. » Il est permis d'induire de là que les anciens n'avaient pas de méthode d'extraction particulière, et que tout se bornait ici à des tâtonnements[1].

### Des conoïdes et des sphéroïdes[2].

Archimède appelle *conoïdes* et *sphéroïdes* les corps engendrés par la révolution de sections coniques autour de leur axe. Qu'on suppose, par exemple, une parabole tourner autour de son diamètre immobile jusqu'à ce qu'elle soit revenue au même endroit d'où elle avait commencé à se mouvoir, la figure comprise par la parabole se nommera *conoïde parabolique*; le diamètre, immobile, sera l'axe du conoïde. Le *conoïde hyperbolique* s'obtiendra en faisant tourner une hyperbole et ses asymptotes[3], placés dans le même plan, autour du diamètre immobile. Si une ellipse tourne autour de son grand diamètre immobile jusqu'à ce qu'elle soit revenue dans le même endroit d'où elle avait commencé à se mouvoir, la figure produite par l'ellipse s'appellera *sphéroïde allongé*. Si le même mouvement s'exécute autour du petit diamètre, l'ellipse s'appellera

1. Nesselmann, *die Algebra der Griechen*, p. 109 (Berlin, 1842, in-8).
2. Ce petit traité a été adressé, comme le premier, à Dosithée.
3. On voit ici pour la première fois apparaître les *asymptotes* de l'hyperbole. Cependant Archimède n'emploie point l'expression grecque d'*asymptotes*. Il les appelle *lignes qui se rapprochent le plus des sections du cône obtusangle* (hyperboles), αἱ ἔγγιστα τὰς τοῦ ἀμϐλυγωνίου κώνου τομὰς.

HIST. DES MATH.                                                    14 *sphéroïde aplati.* Archimède examine ensuite les corps qu'il a ainsi engendrés; il les compare, soit entiers, soit par segments, avec les cylindres ou les cônes de même base et de même hauteur. Il trouve ainsi, pour le conoïde parabolique, que le rapport du conoïde au cône est comme $3:2$; et que, pour le conoïde hyperbolique, on a le rapport de $3a + h : 2a + h$, où $a$ désigne le demi-axe de l'hyperbole et $h$ la hauteur du cône. La moitié du sphéroïde (obtenue par la section perpendiculaire à l'axe et passant par le centre du sphéroïde), comparée au cône inscrit, lui donne le rapport de 2 à 1. Si la section, perpendiculaire à l'axe, ne passe pas par le centre du sphéroïde, le rapport du segment au cône inscrit sera comme $3a - h$ est à $2a - h$, où $a$ désigne le demi grand axe de l'ellipse, et $h$ la hauteur du segment, conséquemment aussi du cône. Toutes ces déterminations, aujourd'hui si familières aux géomètres, sont clairement exposées dans le traité des *Conoïdes et des Sphéroïdes.*

C'est dans ce même traité qu'Archimède a démontré une proposition, dont on a fait un fréquent usage en astronomie, à savoir, que *la surface de l'ellipse est à celle du cercle circonscrit dans la raison du petit axe au grand axe.*

### Des hélices.

Les propriétés de la ligne courbe qui porte le nom d'*hélice* ou *spirale* (ἕλιξ) avaient été particulièrement étudiées par Conon, ami d'Archimède[1]; mais il mourut sans avoir donné la démonstration de ses théorèmes. C'est ce qu'Archimède nous apprend lui-même dans la préface de

1. *Conon* vivait sous les règnes de Ptolémée Philadelphe et de Ptolémée Évergète (de 283 à 222 avant J. C.). Suivant Apollonius de Perge, il essaya de déterminer le nombre de points qui peuvent être communs à un cercle et à une section conique, ou bien à deux sections coniques, sans que les deux courbes se confondent. Conon était aussi astronome. Ses observations ont été, en partie, conservées par

son traité des *Hélices*, et il annonce qu'il va compléter l'œuvre commencée par son ami. Après diverses additions faites aux traités précédents, l'auteur arrive à la génération de l'hélice, qu'il décrit en ces termes : « Si une droite menée dans un plan, une de ses extrémités restant immobile, tourne avec une vitesse uniforme jusqu'à ce qu'elle soit revenue au point d'où elle avait commencé à se mouvoir, et si, dans la ligne qui a tourné, un point se meut avec une vitesse uniforme en partant du point immobile de cette ligne, ce point décrira une hélice. » — Dans la description, plus explicite, donnée par les modernes, on suppose le rayon d'un cercle divisé en autant de parties que sa circonférence, par exemple en 360. Le rayon se meut sur la circonférence et la parcourt tout entière. Pendant ce même temps, un point, qui part du centre du cercle, se meut sur le rayon et le parcourt tout entier ; en sorte que les parties qu'il parcourt à chaque instant sur le rayon sont proportionnelles à celles que le rayon parcourt dans le même instant sur la circonférence ; ainsi, pendant que le rayon parcourt, par exemple, un degré de la circonférence, le point qui se meut sur le rayon en parcourt la 360ᵉ partie. Le mouvement de ce point est évidemment composé, et s'il laisse une trace, ce sera la courbe qu'Archimède a appelée *hélice*. On voit que le centre de cette courbe est le même que celui du cercle, et que ses ordonnées ou rayons sont les différentes longueurs du rayon du cercle, prises depuis le centre, et à l'extrémité desquelles le point mobile s'est rencontré à

Ptolémée ; elles paraissent avoir été faites en Italie. Virgile mentionne Conon dans ces deux vers de sa troisième églogue :

« In medio duo signa : Conon....
Descripsit radio totum qui gentibus orbem. »

Il est douteux que la constellation nommée *Chevelure de Bérénice* par Conon, et que Ptolémée appelle la *Boucle* (Πλοκαμός), soit identique avec celle qui porte le même nom dans les catalogues d'étoiles modernes.

chaque instant; conséquemment ses ordonnées concourent toutes en un point, et elles sont entre elles comme les *arcs de révolution*, c'est-à-dire comme les parties de la circonférence du cercle correspondantes, qui ont été parcourues par le rayon[1].

Conon s'était borné à la génération de la spirale. Archimède alla plus loin. En examinant cette courbe, il en trouva les tangentes, ou, ce qui revient au même, les sous-tangentes, et ensuite les espaces. Il démontra qu'à la fin de la première révolution de la spirale, la sous-tangente est égale à la circonférence du cercle circonscrit, qui est alors le même que celui sur lequel on a pris les arcs de révolution; qu'à la fin de la seconde révolution, la sous-tangente est double de la circonférence du cercle circonscrit; triple, à la fin de la troisième révolution, et ainsi de suite.

Quant aux espaces, compris entre le rayon qui termine une révolution, et l'arc spiral qui s'y termine aussi, pris depuis le centre, Archimède a démontré que l'espace spiral de la première révolution est à l'espace de son cercle circonscrit comme 1 est à 3 (Proposition XXIV); que l'espace de la deuxième révolution est au cercle circonscrit comme 7 est à 12 (Proposition XXV), et ainsi de suite.

Le texte donne ici cette figure de l'hélice (fig. 17), accompagnée de la démonstration suivante. :

« Soit le point Θ le commencement de l'hélice, et la droite ΘE le commencement de la révolution. Que la première des surfaces soit K; la seconde Λ; la troisième M; la quatrième N; la cinquième Ξ. Il faut démontrer que la surface K est la sixième partie de celle qui suit; que la surface M est double de la surface Λ; que la surface N est triple de cette même surface; et que toujours les surfaces qui

---

1. La manière dont Archimède décrivait sa spirale, par la composition du mouvement circulaire et du mouvement rectiligne, montre que les anciens connaissaient la composition des mouvements, et qu'ils l'avaient appliquée à la géométrie pour concevoir la génération de certaines courbes. (M. Chasles, *Aperçu historique*, etc., p. 59.)

suivent par ordre sont des multiples de celles qui se suivent aussi par ordre. Voici comment on démontrera que la surface K est la sixième partie de la surface Λ. Puisqu'on a démontré que la surface KΛ est au second cercle comme 7 est à 12; puisque le deuxième cercle est évidemment au premier comme 12 est à 3 (parce que Θ est double de ΘA); et puisque le premier cercle est à la surface K comme 3 est à 1, il s'ensuit que la surface K est la sixième partie de la surface Λ. On a démontré que la surface KΛM est au troisième cercle comme la surface,

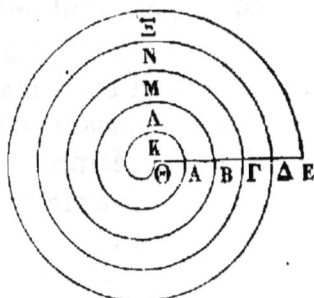

Fig. 17.

comprise sous ΓΘ, ΘB, conjointement avec le tiers du carré ΓB, est au carré ΓΘ. De plus, le troisième cercle est au deuxième comme le carré de ΓΘ est au carré de ΘB; et le deuxième cercle est à la surface KΛ comme le carré de BΘ est à la surface comprise sous BΘ, ΘΛ, conjointement avec le tiers du carré AB. Donc la surface KΛM est à la surface KΛ comme la surface comprise sous ΓΘ, ΘB, conjointement avec le tiers du carré de ΓB, est à la surface comprise sous BΘ, ΘA, conjointement avec le tiers du carré de AB. Mais ces surfaces sont entre elles comme 19 est à 7 ; donc la surface KΛM est à AK comme 19 est à 7 ; donc la surface M est à la surface KΛ comme 12 est à 7. Mais la surface KΛ est à la surface Λ comme 7 est à 6 ; donc la surface M est double de la surface Λ. On démontrera de cette manière que les surfaces suivantes sont égales à la surface Λ, multipliée successivement par les nombres qui viennent ensuite, etc. [1]. »

Telles sont les principales découvertes d'Archimède concernant la spirale. Malheureusement ses démonstrations sont, pour la plupart, si obscures, que Viète, entre autres, les a traitées de paralogismes. A l'aide des méthodes nouvelles, on les a beaucoup simplifiées et étendues.

### De l'équilibre des plans ou de leurs centres de gravité.

Dans ce traité, composé de deux livres, Archimède posa le premier les principes de la statique, et il les développa

1. *Œuvres d'Archimède*, par Peyrard, t. II, p. 98 et suiv.

dans le traité *Des corps flottants*. Car ce qu'Aristote nous a laissé à ce sujet a très-peu de valeur. La statique d'Archimède repose tout entière sur l'idée des centres de gravité, idée qui a été depuis généralisée comme un moyen d'investigation ou d'analyse. C'est par là que le grand géomètre syracusain arrive à démontrer le principe fondamental de la réciprocité des poids avec les distances au point d'appui dans le levier et les balances à bras inégaux. Il le déduit du cas le plus simple, de celui où des poids égaux sont appliqués à des distances égales du point d'appui, cas où l'équilibre est évident. Après avoir démontré ce principe, il se livre à des spéculations dignes de remarque sur le centre de gravité des figures planimétriques. Ainsi, il trouve et démontre que le centre de gravité d'un parallélogramme est le point où les deux diagonales se rencontrent ; que le centre de gravité d'un triangle est le point où se coupent mutuellement des droites menées des angles du triangle aux milieux des côtés ; que le centre de gravité d'un segment quelconque compris par une droite et une parabole est dans le diamètre du segment, etc.

### De la quadrature de la parabole.

Parmi les nombreuses découvertes d'Archimède, la quadrature de la parabole est celle qui fait le plus d'honneur à la sagacité du grand géomètre. Et comme, dans sa lettre à Dosithée, il raconte lui-même comment il y parvint, nous ne saurions mieux faire que de lui laisser la parole.

« Archimède à Dosithée, salut.

« Lorsque j'appris que Conon, le seul de mes amis qui me restât encore, était mort, je résolus de t'envoyer, comme je l'avais fait à lui-même, un théorème de géométrie dont personne ne s'était encore occupé. J'ai découvert ce théorème, d'abord par des considérations de mé-

canique, et ensuite par des raisonnements géométriques.
Parmi ceux qui ont cultivé la géométrie avant nous, quelques-uns ont voulu faire voir comment on pourrait trouver une surface rectiligne égale à un cercle ou à un segment de cercle. Ils ont ensuite essayé de carrer la surface
comprise par la section d'un cône entier et par une droite,
mais en admettant des lemmes difficiles à accorder. Aussi
ont-ils été repris par plusieurs personnes comme n'ayant
pas atteint leur but. Mais je ne sache pas qu'il se soit
trouvé encore un seul homme qui ait cherché à carrer
la surface comprise sous une droite et une parabole; ce
que nous avons certainement fait aujourd'hui. Car nous
démontrerons qu'*un segment quelconque, compris par une
droite et par une parabole, est égal à quatre fois le tiers du
triangle qui a la même base et la même hauteur que le
segment.* Pour démontrer ce théorème, nous nous sommes servis du lemme suivant[1]. Si deux surfaces sont
inégales, et si ce dont la plus grande surpasse la plus petite
est ajouté à lui-même un certain nombre de fois, il peut
arriver que ce reste ajouté ainsi à lui-même surpasse une
surface proposée et limitée. Les géomètres qui ont vécu
avant nous ont aussi fait usage de ce lemme pour démontrer que les cercles sont entre eux en raison doublée
(c'est-à-dire comme les carrés de leurs diamètres), et les
sphères en raison triplée; qu'une pyramide est le tiers
d'un prisme qui a la même base et la même hauteur que
cette pyramide, et qu'un cône est le tiers d'un cylindre
qui a la même base et la même hauteur que ce cône. Or,
les théorèmes démontrés de cette manière n'ont pas paru
moins évidents que ceux qui ont été démontrés autrement. Ceux que je viens de mettre au jour ont donc le
même degré d'évidence. Comme j'ai écrit les démonstrations de ce théorème, je te les envoie. Tu verras com-

1. Ce lemme est emprunté à la Iʳᵉ Proposition du Xᵉ livre d'Euclide.

ment le théorème a été résolu, d'abord par des considérations de mécanique et ensuite par des raisonnements
géométriques. »

Les deux méthodes employées par Archimède pour démontrer la quadrature de la parabole sont, en effet, l'une
directe ou géométrique, et l'autre indirecte ou mécanique.
La première consiste dans la sommation d'une progression géométrique décroissante. A cet effet, il inscrit d'a-
bord un triangle dans la parabole, puis un autre dans
chacun des deux segments restants ; enfin il en inscrit
également dans les quatre, huit, seize, trente-deux, etc.
autres, qui proviennent de cette espèce de bissection continuelle, et il trouve que le premier triangle, les deux
inscrits dans les segments restants, les quatre, les huit, etc.
suivants, donnent une progression comme $1, \frac{1}{4}, \frac{1}{16}, \frac{1}{64}$, etc.
Il cherche à déterminer la somme de cette progression, et
il trouve qu'elle est $1\frac{1}{3}$. Ainsi, la parabole, qui est la
somme de tous ces triangles, est les $\frac{4}{3}$ du triangle inscrit,
ou les $\frac{2}{3}$ du parallélogramme circonscrit. C'est ce qu'établit la Proposition xxiii du Traité de la quadrature de la
parabole. Elle se démontre algébriquement, d'une manière
très-simple. Soit $a$ la plus petite de ces grandeurs et $v$
la plus grande. La somme de toutes ces grandeurs égalera
$\frac{4v-a}{3}$ ; et en y ajoutant $\frac{a}{3}$, on aura $4v$.

La seconde méthode de démonstration est tout à fait singulière. Elle est fondée sur les principes d'une statique
tout intellectuelle qui devait faire découvrir ce qui se pas-
serait, si l'espace curviligne de la parabole et son équivalent rectiligne étaient pesés au moyen d'une balance telle
que la conçoivent les mathématiciens. Ce fut ainsi qu'il

trouva le rapport de la parabole au triangle inscrit, indépendamment de tout secours géométrique.

La quadrature de la parabole trouvée par Archimède est le premier exemple d'une véritable quadrature de courbe.

### L'arénaire.

L'*Arénaire* est la conception d'un homme de génie. Il s'agissait, pour Archimède, franchissant les bornes de l'écriture et du langage, de trouver un nombre qui, quelque considérable qu'il fût, ne dépassât pas cependant les bornes de l'intelligence humaine. Ce nombre devait être *plus grand que le nombre des grains de sable* (d'où le titre de Ψαμμίτης ou *Arénaire*, donné au Traité en question) *que contiendrait un globe ayant pour rayon la distance du centre de la Terre à la sphère étoilée.*

Nous avons déjà parlé ailleurs de l'*Arénaire* [1]. Nous n'y ajouterons que les détails qui intéressent plus particulièrement l'arithmétique des Grecs.

Comment exprimer le nombre si considérable qu'Archimède avait proposé sous forme de problème? Aucune difficulté n'existe à cet égard d'après le système de numération moderne, où les unités acquièrent dix fois, cent fois, mille fois, etc. leur valeur (valeur de position), suivant qu'elles occupent, à compter de droite à gauche (comme les lettres dans les langues sémitiques), le deuxième, le troisième, le quatrième, etc. ordre. Mais Archimède s'y était pris d'une autre manière. Tout en conservant le système traditionnel, représenté par les *monades* (μονάδες), les *décades* (δεκάδες), les *hécatontades* (ἑκατοντάδες), les *chiliades* (χιλιάδες), les *myriades* (μυριάδες), les *dix myriades* (δέκα μυριάδες), les *cent myriades* (ἑκατον μυριάδες), les *mille myriades* (χίλιαι μυριάδες), voici ce qu'il imagina pour arriver à des nombres dont la grandeur épouvante l'imagina-

---

1. Voy. notre *Histoire de l'astronomie*, p. 187-190.

tion. Les nombres dont nous venons d'indiquer les désignations grecques forment les termes de la progression géométrique de $10^1$, $10^2$, $10^3$, $10^4$, $10^5$, $10^6$, $10^7$, $10^8$. Cette première série, dont le dernier terme est $100\,000\,000 = 10^8$, comprenait les *nombres du premier ordre* ou les *nombres primes*, πρῶτοι ἀριθμοί. La série suivante, qui comprenait les nombres de $10^8$ à $10^{16}$, formait les *nombres du second ordre*, δεύτεροι ἀριθμοί; la troisième série (de $10^{16}$ à $10^{24}$) donnait *les nombres du troisième ordre*; la quatrième série (de $10^{24}$ à $10^{32}$) ceux du *quatrième ordre*, et ainsi de suite (les exposants allant en progression arithmétique de 8) jusqu'aux nombres du huitième ordre. Mais Archimède ne s'arrêta pas là. Avec ces ordres de nombres, dont le dernier terme était $10^{66}$, il formait les unités d'une nouvelle division, appelée *première période*, qui était suivie des nombres de la *deuxième période*, etc. C'est ainsi que, tout en se servant des mots usuels de la langue grecque, Archimède parvint, avec $10^m$ (en exprimant par $m$ le nombre μυριάκις μύριαι μυριάδες, c'est-à-dire 10 à la trillionième puissance), à pousser le système de numération à l'infini.

Nous avons fait ailleurs (*Histoire de l'astronomie*, p. 188) ressortir l'importance du passage de l'*Arénaire* où il est traité du moyen de mesurer le diamètre apparent du Soleil. Il résulte de ce passage qu'à l'époque d'Archimède on n'avait encore aucun procédé pour calculer l'angle au sommet d'un triangle isoscèle dont on connaissait la base et les deux côtés égaux; ce qui le prouve, c'est l'opération graphique employée à cet effet par l'auteur de l'*Arénaire*, opération aussi incertaine que l'observation elle-même qui s'y trouve décrite. On ne songeait donc encore aucunement au moyen de calculer les cordes des arcs de cercles. La *trigonométrie*, même rectiligne, était encore à naître. Cependant la manière dont Archimède calculait les polygones inscrits et circonscrits était un acheminement au calcul des cordes.

Des corps qui sont portés sur un fluide (équilibre des corps flottants).
Inventions mécaniques.

Suivant la légende, ce fut une question posée par Hiéron, roi de Syracuse, qui provoqua les découvertes *hydrostatiques* qu'Archimède a exposées dans son *Traité de l'équilibre des corps flottants*. Hiéron avait remis à un orfévre une certaine quantité d'or pour en faire une couronne. L'artiste infidèle retint une partie de cet or, et y substitua un égal poids d'argent. On soupçonna la fraude, et comme on ne voulait pas faire refondre la couronne qui était d'un travail exquis, Archimède fut consulté sur le moyen de découvrir la quantité d'or remplacée par le même poids d'argent. La recherche du moyen de résoudre ce problème le poursuivait pour ainsi dire en tout lieu, lorsqu'un jour, en sortant d'un bain, il se mit à crier : *J'ai trouvé, j'ai trouvé : εὕρηκα, εὕρηκα* ! locution devenue depuis proverbiale. Cette anecdote a été rapportée par Vitruve (au commencement du neuvième livre de l'*Architecture*), qui ajoute : « Aussitôt après cette première découverte, Archimède fit faire, dit-on, deux masses de même poids que la couronne, l'une d'or, l'autre d'argent; ensuite il remplit d'eau jusqu'aux bords un grand vase, et y plongea la masse d'argent qui, à mesure qu'elle enfonçait, faisait sortir un volume d'eau égal au sien. Ayant ensuite ôté cette masse, il mesura l'eau qui manquait, et en remit une certaine quantité dans le vase pour que celui-ci fût rempli jusqu'aux bords comme auparavant. Cette expérience lui fit connaître quel poids d'argent répondait à une certaine mesure d'eau. Il plongea ensuite de même la masse d'or dans le vase plein d'eau ; et après l'en avoir retirée et également mesuré l'eau qui en était sortie, il reconnut qu'il n'en manquait pas autant, et que le moins répondait au poids qu'avait le volume de la masse d'or comparé avec le volume de la masse d'argent qui était de même poids. Le vase fut rempli une troisième fois, et la couronne elle-même y ayant été plongée, il trouva qu'elle en avait fait sortir plus d'eau que la masse d'or, qui avait le même poids, n'en avait fait sortir ; et, calculant d'après le volume d'eau que la couronne avait fait sortir de plus que la masse d'or, il découvrit la quantité d'argent qui avait été allié à l'or, et fit voir clairement ce que l'artiste avait dérobé. »

Mais cette méthode ne donnait que le rapport des quantités d'eau, qu'un poids (masse) d'or et le même poids d'argent chassaient du vase[1] ; elle ne pouvait donc aucunement servir à trouver la quantité d'argent qui avait été frauduleusement substituée à une certaine quantité d'or. Vitruve, en reproduisant la légende, a sans doute voulu faire allusion à la Proposition VII du premier livre de l'*Équilibre des corps flottants*; Proposition ainsi conçue : « Si des corps plus pesants qu'un fluide (ὑγρὸν) sont abandonnés dans ce fluide, ils seront portés en bas puisqu'ils arrivent au fond ; et ces corps seront d'autant plus légers dans ce fluide que le poids (βάρος) d'une partie du fluide, ayant le même volume que ce corps, sera plus grand ; en d'autres termes, « tout corps plongé dans un fluide y perd de son poids autant que pèse un volume d'eau égal au sien. »

Ce fut probablement la découverte de ce théorème qui excita l'enthousiasme d'Archimède. En effet, en raisonnant d'après cet énoncé, on trouve que l'or, métal plus dense, perdra moins de son poids que l'argent, métal comparativement plus léger, et qu'une masse mêlée d'or et d'argent perdra une quantité moindre que si elle eût été toute d'argent, et plus grande que si elle eût été toute d'or. Il suffisait donc à Archimède de peser dans l'eau et hors de l'eau la couronne, et comparativement deux masses

1. L'or et l'argent étant de densités différentes, il est évident que les mêmes poids d'or et d'argent n'occupaient pas le même volume, et que, par conséquent, ils ne déplaçaient pas la même quantité d'eau.

d'or et d'argent, pour arriver à déterminer les proportions de l'alliage.

C'est moins le géomètre que l'inventeur de mécanismes ingénieux que l'antiquité admirait dans Archimède. Cet homme de génie inventa, entre autres, raconte Diodore, une machine pour diriger les eaux du Nil sur les terrains que l'inondation ne pouvait pas atteindre. Elle devait servir aussi aux navigateurs pour vider l'eau des sentines des navires. Par un autre passage du même auteur, on voit que les Hispaniens se servaient d'une machine analogue pour chasser l'eau qui remplissait les galeries souterraines, en partie creusées par les Phéniciens. De ces différents passages on a induit que non-seulement Archimède avait voyagé en Égypte, mais qu'il avait même visité l'Espagne.

La vis sans fin, ou *vis d'Archimède,* les poulies et leur multiplication, les poulies mobiles, passent aussi pour des inventions du célèbre géomètre syracusain. Nous avons parlé ailleurs (*Histoire de l'astronomie,* p. 186) de la *Sphère céleste* d'Archimède, qui fut, dans l'antiquité, un objet d'admiration universelle.

On raconte que Hiéron, émerveillé de toutes ces inventions, s'écria : *Nihil non, dicenti Archimedi, credam,* « je croirai désormais possible tout ce que me dira Archimède.» A quoi Archimède aurait répondu : *Da mihi ubi consistam, et terram loco movebo,* « donne-moi un point d'appui, et je déplacerai la Terre. » Et ce fut alors qu'il imagina, dit-on, la machine à l'aide de laquelle il mit seul à flot un vaisseau d'une grandeur énorme.

### Les lemmes.

Le livre des *Lemmes*[1], qui manquait dans quelques édi-

---

1. Le mot *lemme* (de λέμμα, *pellicule*) a été depuis introduit dans la science pour désigner une proposition préparatoire, destinée à en prouver une autre, appartenant plus directement au sujet qu'on traite.

tions, et dont on a voulu contester l'authenticité, renferme des propositions très-curieuses et utiles à l'analyse géométrique. Telle est, entre autres, la Proposition XI, qui repose sur la propriété connue des cordes qui se coupent à angle droit dans le cercle, à savoir que *la somme des carrés des quatre segments faits sur les deux cordes, par leur point d'intersection, est égale au carré du diamètre du cercle.* On est parti de là pour calculer le diamètre du cercle circonscrit à un triangle, et on a trouvé que « le produit de deux côtés d'un triangle divisé par la perpendiculaire abaissée sur le troisième côté est le diamètre du cercle circonscrit. » Pour calculer le diamètre du cercle circonscrit au tétragone, le procédé est le même : on considère le triangle formé par deux côtés contigus et une diagonale. Pour le tétragone, qui a ses deux diagonales rectangulaires, « le diamètre est égal à la racine carrée de la somme des carrés de deux côtés opposés. » Ces données, qui découlent de la Proposition citée d'Archimède, se retrouvent dans l'ouvrage indien de Brahmagupta[1].

Au rapport de Pappus (*Collections mathématiques*, liv. V), Archimède avait cherché à étudier la doctrine platonicienne des cinq solides géométriques. Ne pouvant former plus de cinq polyèdres réguliers, il en imagina d'une espèce nouvelle, appelés *semi-réguliers;* leurs faces étaient, comme dans les cinq premiers, des polygones réguliers, mais non tous semblables entre eux. Kepler les a reproduits dans son *Harmonice mundi.*

### Méthode d'Archimède. Origine de l'analyse infinitésimale.

De la lecture attentive des écrits d'Archimède ressort un haut enseignement, à savoir que pour faire des découvertes

---

1. M. Chasles, *Aperçu historique*, etc., p. 428.

en mathématiques et contribuer efficacement au progrès
de la science, il faut être en possession d'une idée directrice ou d'une méthode ; car c'est là ce que signifie au fond
le mot *méthode*. C'est ce que mettront, plus tard, en parfaite évidence les travaux de Pascal, de Descartes, de
Fermat, de Leibniz, etc.

L'idée directrice d'Archimède était de *concevoir une
grandeur comme étant comprise entre deux autres grandeurs, de telle façon que celles-ci puissent, de part et d'autre,
s'en approcher continuellement, sans jamais se confondre avec elle.* C'est ainsi que nous avons vu les polygones inscrits et les polygones circonscrits à un cercle,
malgré la duplication sans cesse répétée du nombre de
leurs côtés, toujours rester, les premiers plus petits et les
seconds plus grands que la circonférence dont ils approchaient perpétuellement en sens opposé.

Archimède est donc le véritable auteur de la *Méthode
des limites*, qui est, seulement sous un autre nom, la même
que la *Méthode d'exhaustion*. S'il ne se servait pas du mot,
il avait trouvé la chose. En effet, dans le langage aujourd'hui consacré, une grandeur est dite la *limite* d'une autre grandeur, quand celle-ci peut approcher de la première plus près que d'une grandeur donnée, si petite
qu'on la suppose, sans pourtant que la grandeur qui approche puisse jamais surpasser la grandeur dont elle approche ; de sorte que la différence d'une pareille quantité
à sa *limite* est absolument inassignable. C'est ainsi que la
circonférence du cercle est la *limite* de l'augmentation du
polygone inscrit et de la diminution du polygone circonscrit.

Cette manière de concevoir la génération des grandeurs
fut appliquée à l'éclaircissement de beaucoup de propositions mathématiques qui pouvaient laisser quelque incertitude dans l'esprit. Par exemple, quand on donne, par une
formule algébrique, la somme des termes d'une progression géométrique décroissante, cette formule ne donne
pas absolument la somme même de tous les termes de la

progression qui peut aller à l'infini, mais elle indique la *limite* de cette somme, c'est-à-dire la quantité dont elle peut approcher si près qu'on voudra sans jamais l'atteindre exactement. « La théorie des limites est, dit d'Alembert, la base de la vraie métaphysique du calcul différentiel. »

Si, laissant là l'idée de *limite,* on considère plutôt, comme le faisaient les anciens, l'espace à resserrer, à épuiser (*exhaurire*) où la courbe se trouve comprise entre des figures rectilignes, on aura la méthode d'*exhaustion.* C'est une autre manière de voir, appliquée à une seule et même chose. « En observant avec attention les procédés de cette méthode, on voit, dit Carnot, qu'ils se réduisent toujours à faire intervenir des quantités auxiliaires dans la recherche des propriétés ou des relations de celles qui sont proposées ; celles-ci sont considérées comme les termes extrêmes dont les premières sont supposées s'approcher continuellement, et la loi de continuité qu'elles suivent dans ce rapprochement indique les modifications par lesquelles on peut passer des propriétés connues de ces auxiliaires aux propriétés jusqu'alors inconnues des quantités proposées.... La méthode d'exhaustion a donc essentiellement le même but et suit dans sa marche les mêmes principes que l'*analyse infinitésimale.* C'est toujours le même système auxiliaire de quantités connues, lié d'une part à celui que l'on cherche à connaître, tandis que, d'une autre part, il reste à ce système assez d'arbitraire pour qu'on puisse à volonté le rapprocher par degrés du système proposé, ce qui fait connaître par induction les relations cherchées. Il ne reste plus alors qu'à constater la certitude de ces relations, et c'est ce qu'on obtient par la *réduction à l'absurde*[1]. »

Ce genre de démonstration se réduit au fond à l'application de cet axiome fondamental : *Une chose qui est ne peut pas en même temps ne pas être.*

---

1. Voy. Carnot, *Réflexions sur la métaphysique du calcul infinitésimal,* p. 90 (4ᵉ édit. Paris, 1860).

C'est donc avec raison qu'on fait remonter à Archimède
l'origine de l'invention du calcul différentiel ou infinitésimal. Aussi Leibniz pouvait-il dire que « ceux qui sont
en état de comprendre Archimède admirent moins les découvertes des plus grands hommes modernes. » On sait
que Leibniz avait fait une étude approfondie des œuvres
d'Archimède.

### Apollonius de Perge. — *La Géométrie de l'ordre* [1].

Natif de Perge en Pamphylie, Apollonius vivait à
Alexandrie sous le règne de Ptolémée Philopator (de 222
à 205 avant J. C.). Il était donc d'une cinquantaine d'années plus jeune qu'Archimède. On ne sait de sa vie que
le peu que nous en apprend Pappus, qui se borne à nous
le représenter comme « un homme vain, jaloux du mérite
des autres, et saisissant volontiers l'occasion de les dépré-
cier. » Ce sont là certes — si le renseignement est vrai —
de vilains défauts ; mais Apollonius les a partagés avec
beaucoup de grands géomètres : nouvelle preuve à ajouter à tant d'autres, que si la science contribue à élargir
l'intelligence et le bien-être matériel des hommes, elle
ne les rend pas moralement meilleurs.

Apollonius de Perge est l'auteur d'un ouvrage sur les
*Coniques élémentaires* ( sections coniques), κωνικὰ στοιχεῖα, en huit livres, dont il ne nous reste que les quatre
premiers dans le texte original, avec les commentaires
d'Eutocius. Les livres cinquième et septième ne se trouvent que dans une traduction arabe, et le huitième a été
rétabli par Halley, d'après les arguments conservés dans
les *Lemmes* de Pappus.

L'ouvrage d'Apollonius sur les *Sections coniques* est
pour ainsi dire le couronnement de la géométrie grecque;

---

1. Voy. p. 191, note 2.

car ceux qui vinrent après ne l'ont fait guère que copier.
Tout y est coordonné symétriquement; l'unité du plan
reflète, jusque dans les moindres détails, la pensée directrice de l'auteur, qui tend à lier entre elles toutes les
sections du cône. On ne les avait conçues jusqu'alors que
dans le cône droit ou de révolution; et encore avait-on toujours supposé le plan coupant (la section engendrant la
conique) perpendiculaire à l'une des arêtes du cône, ce
qui exigeait, comme nous avons vu plus haut, l'emploi de
trois cônes d'ouverture différente pour former les trois

Fig. 18.

sections coniques ( section du cône acutangle — *ellipse*[1];
section du cône rectangle — *parabole;* section du cône
obtusangle — *hyperbole*). Apollonius conçut le premier
les sections coniques dans un cône oblique (à angle au
sommet non droit quelconque), et leur donna les noms
d'*ellipse* (ἐλλείψις), de *parabole* (παραβολή[1]) et d'*hyperbole*
(ὑπερβολή). Voy. la figure ci-dessus, représentant le cône
oblique, suivi d'une première section (ellipse), puis d'une
seconde (parabole) et d'une troisième section (hyperbole).
Le traité d'Apollonius repose sur une propriété unique

1. Les mots d'*ellipse* et de *parabole* n'étaient pas inconnus à Archimède, mais il n'avait pas songé à en établir l'usage.

des sections coniques, qui dérive directement de la nature des cônes où elles sont formées. Comme cette propriété constitue la clef de voûte de toute la doctrine des anciens, et que la plupart des ouvrages modernes la laissent ignorer, ainsi que le remarque M. Chasles, nous ne saurions mieux faire que d'en emprunter la description au savant historien de la Géométrie. « Concevons, dit-il, un cône oblique à base circulaire ; la droite menée de son sommet au centre du cercle qui lui sert de base est appelée l'*axe* du cône. Le plan mené par l'axe, perpendiculairement au plan de la base, coupe le cône suivant deux arêtes, et détermine dans le cercle un diamètre ; le triangle qui a pour base ce diamètre et pour côtés les deux arêtes, s'appelle le *triangle par l'axe*. Pour former ses sections coniques, Apollonius suppose le plan coupant perpendiculaire au plan du *triangle par l'axe*. Les points où ce plan rencontre les deux côtés de ce triangle sont les *sommets* de la courbe ; et la droite qui joint ces deux points en est un *diamètre*. Apollonius appelle ce diamètre *latus transversum*. Que par l'un des deux sommets de la courbe on élève une perpendiculaire (*latus erectum*) au plan du triangle par l'axe, qu'on lui donne une certaine longueur, déterminée comme nous le dirons après, et que, de l'extrémité de cette perpendiculaire, on mène une droite à l'autre sommet de la courbe ; maintenant que, par un point quelconque du diamètre de la courbe, on élève perpendiculairement une *ordonnée*[1], le carré de cette ordonnée, comprise entre le diamètre et la courbe, sera égal au rectangle construit sur la partie de l'ordonnée comprise entre le diamètre et la droite, et sur la partie du diamètre comprise entre le premier sommet et le pied de l'ordonnée[2]. Telle est la propriété

---

1. Apollonius emploie ici le mot ὀρθία, dont *ordonnée* est la traduction littérale, de préférence à εὐθεῖα, qui signifie simplement *droite*.

2. Les *portions coupées* du diamètre de la courbe reçurent par la suite le nom latin d'*abscisses*.

caractéristique qu'Apollonius reconnaît à ses sections coniques et dont il se sert, pour en conclure, par des transformations et des déductions très-habiles, presque toutes les autres. Elle joue, comme on voit, dans ses mains, à peu près le même rôle que l'équation du second degré à deux variables (ordonnée et abscisse) dans le système de géométrie analytique de Descartes.

« On voit par là que le diamètre de la courbe et la perpendiculaire élevée à l'une de ses extrémités suffisent pour construire cette courbe. Ce sont là les deux éléments dont se sont servis les anciens pour établir leur théorie des coniques. La perpendiculaire en question fut appelée par eux *latus erectum;* les modernes ont d'abord changé ce nom en celui de *latus rectum,* qui a été longtemps employé, et ils l'ont ensuite remplacé par celui de *paramètre,* qui est resté. Apollonius et les géomètres, qui écrivirent après lui, donnèrent différentes expressions géométriques, prises dans le cône, de la longueur de ce *latus rectum* pour chaque section; mais aucune ne nous a paru aussi simple et aussi élégante que celle de Jacques Bernoulli [1]. La voici : « Que l'on mène un plan parallèle à la base du « cône, et situé à la même distance de son sommet que « le plan de la section conique proposée, ce plan cou- « pera le cône suivant un cercle, dont le diamètre sera le « *latus rectum* de la conique. » De là on conclut aisément la manière de placer une conique donnée sur un cône aussi donné [2]. »

L'ouvrage d'Apollonius dont nous venons d'exposer, d'après M. Chasles, l'idée fondamentale, débute par la définition du cône, dont il engendre la *surface* (κωνικὴν ἐπιφανείαν) par le mouvement d'une ligne droite (située au-dessus du plan d'un cercle), qui tourne autour d'un point

1. *Novum theorema pro doctrina sectionum conicarum,* dans les *Acta Eruditorum Lips.,* année 1689, p. 586.
2. M. Chasles, *Aperçu historique,* etc., p. 17-19.

immobile, en rasant par son autre extrémité la circonférence du cercle. Le point immobile est le *sommet* (κορυφή), et le cercle la *base* du cône. La droite, tirée du sommet au centre de la base, c'est l'*axe* du cône. L'auteur distingue aussi l'axe simple des axes conjugués [1]. La parabole n'a qu'un axe, qui est d'une longueur indéfinie. L'ellipse et l'hyperbole ont des axes conjugués, qui se coupent à angles droits.

Le Ier livre d'Apollonius est presque entièrement consacré à la génération des trois principales sections coniques [2].

Dans la *parabole*, παραβολή (mot qui signifie *égalité* ou *comparaison*), le carré de l'ordonnée (demi-ordonnée) est égal au rectangle de l'abscisse et du paramètre, comme Apollonius le démontre (livre I, Propos. ii). C'est ce qu'on exprime aujourd'hui algébriquement par $ax = y^2$,

---

1. Les théorèmes sur les axes et diamètres conjugués ont été développés au VIIe livre (Propositions XIII, XXII, XXX et XXXI) du traité des *Sections coniques* d'Apollonius.

2. Rappelons ici que l'ellipse s'engendre par la section oblique du cône, c'est-à-dire en coupant le cône par un plan qui ne passe point par le sommet et qui, prolongé hors du cône, ne rencontre pas la base ou ne fasse tout au plus que la raser; que la *parabole* naît de la section d'un cône, quand celui-ci est coupé par un plan parallèle à un de ses côtés. L'*hyperbole* est produite par la section d'un cône par un plan parallèle à son axe. Mais ce mode de production ne comprend pas toutes les hyperboles; car il peut s'en former une infinité d'autres, dont le plan ne soit point parallèle à l'axe.

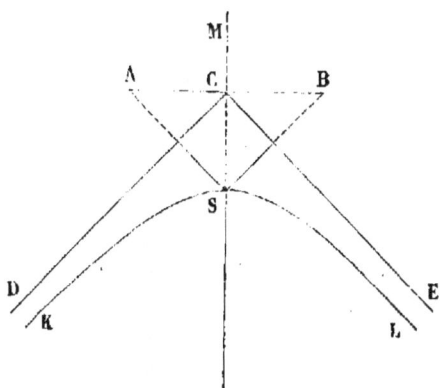

Fig. 19.

Il n'y a que l'hyperbole qui ait des *asymptotes :* voyez figure 19, où KSL est l'hyperbole, SM son axe (grand axe); AB son axe conjugué

en désignant par $a$ le paramètre, par $x$ l'abscisse, et par $y$ l'ordonnée. Il y a donc égalité entre le rectangle $ax$ et le carré $y^2$. Cette équation montre en même temps que, les abscisses croissant (le paramètre $a$ demeure constant), les ordonnées croissent pareillement, et que la parabole est une courbe non fermée, ou qui ne revient jamais sur elle-même.

Dans l'*ellipse*, Ἔλλειψις (mot qui signifie *défaut*), le carré de l'ordonnée est toujours plus petit, et dans l'*hyperbole*, ὑπερβολή (mot qui signifie *excès*), il est plus grand que le rectangle de l'abscisse par le paramètre[1]. En effet, l'ellipse, courbe fermée comme le cercle, a pour équation, en prenant les abscisses au sommet : $y^2 = (ax - x^2) \times \dfrac{b}{a}$, où $a$ désigne l'axe et $b$ son paramètre. Le carré $y^2$ est donc plus petit que le rectangle $bx$. — L'hyperbole a pour équation : $ay^2 = abx + bx^2$, c'est-à-dire que $b : a :: y^2 : ax + x^2$. Le carré de l'ordonnée est donc plus grand que le rectangle de l'abscisse par le paramètre. Les rectangles augmentant, les ordonnées augmentent à proportion ; l'hyperbole, courbe non fermée, s'éloigne donc continuellement de son axe.

Le deuxième livre des *Sections coniques* renferme la plupart des Propositions concernant les asymptotes et les diamètres, et se termine par une série de problèmes et leur solution.

(petit axe). Les droites indéfinies, CD, CE, parallèles aux lignes BS, AS, tirées du sommet de l'hyperbole aux extrémités de son axe conjugué, ce sont là les *asymptotes* (ἀσύμπτωτοι, nom qui signifie littéralement *lignes non coïncidentes*). — La propriété qu'implique ce nom a fait, par la suite, appeler, en général, *asymptote* toute ligne qui, étant indéfiniment prolongée, s'approche continuellement d'une autre ligne, aussi indéfiniment prolongée, de manière que sa distance à cette ligne ne devient jamais zéro absolu, mais peut toujours être trouvée plus petite qu'aucune grandeur donnée.

1. Dans l'ellipse et l'hyperbole, le paramètre est une troisième proportionnelle à un diamètre et à son conjugué.

Le troisième livre comprend, dans ses quinze premières Propositions, la doctrine de l'égalité de certains plans, formés par des tangentes et d'autres lignes. Les Propositions suivantes se résument dans cet énoncé : « Si d'un point on mène deux tangentes à une section conique, et que parallèlement à celles-ci on tire deux sécantes jusqu'à ce qu'elles les coupent, les carrés des tangentes seront comme les rectangles formés avec les sécantes et leurs segments extérieurs. » La xxvii° Proposition est remarquable en ce que, de nos jours, elle a servi de point de départ à une série de belles recherches sur les *points harmoniques*. La Proposition xlv est particulièrement consacrée aux foyers ou points focaux des sections coniques. Dans le grand axe, on prend un point tel, que le rectangle fait avec les segments (abscisses) de l'axe soit égal au rectangle fait avec le demi grand axe et le demi-paramètre, c'est-à-dire au carré du petit demi-axe : Les Propositions, depuis la xlv° jusqu'à la lii°, ne contiennent que quelques-unes des propriétés des points focaux. Ainsi, la Proposition xlviii établit que les rayons tirés des points focaux à un point de la courbe forment avec la tangente à ce point des angles égaux ; et la Proposition lii montre que la somme des deux rayons (tirés des points focaux à la circonférence) est, dans l'ellipse, égale au grand axe.

Ce sujet, si important pour les sections coniques, n'a pas été traité par les géomètres grecs avec l'étendue qu'il comporte. La détermination des points focaux aurait dû être développée davantage. Ainsi, en prenant, dans l'ellipse, la moitié du grand axe pour hypoténuse et la moitié du petit axe pour l'une des deux cathètes d'un triangle rectangle, si l'on cherche l'autre cathète, et qu'avec celle-ci, prise pour rayon, on décrit, du centre de l'ellipse, un cercle, on remarquera que ce cercle coupe le grand axe en deux points ; les points d'intersection, voilà les points focaux ou foyers de l'ellipse. La droite tirée d'un point focal à la circonférence se nomme le *rayon vecteur*. La Proposition XLVIII fait ressortir, dans l'ellipse, la propriété d'où dérive le nom de *foyer*. Ainsi, les sons, les rayons de lumière ou de chaleur qui partent du point focal, par exemple, d'un miroir métallique (section de la tête d'une ellipse), et tombent sous un angle déterminé (angle d'incidence) sur la face interne (concave), se réfléchissent sous le même angle (angle de réflexion), pour tomber sur la face interne (concave) opposée (d'un second miroir), et se réfléchir de là sous le même angle, afin d'aller se réunir dans le point focal opposé : c'est là que les sons et les rayons se reproduisent avec la même intensité qu'ils avaient à leur point de départ. L'hyperbole a des propriétés analogues. Si, du centre de la courbe, avec un rayon égal à l'hypoténuse d'un triangle rectangle, ayant pour cathètes les moitiés des axes, on décrit un cercle, les points où celui-ci coupera l'axe sont les points focaux. Dans la parabole, la distance du foyer au sommet de la courbe est égale au quart du paramètre, et le carré de la demi-ordonnée est quadruple du rectangle de la distance du foyer au sommet de l'abscisse. Dans toutes les sections coniques, le paramètre peut être considéré comme la corde du foyer.

Les vingt-trois premières Propositions du quatrième livre n'ont qu'une valeur secondaire. Depuis la Proposition XXIV jusqu'à la fin, l'auteur examine les systèmes de deux sections coniques, et démontre que celles-ci ne peuvent pas se couper en plus de quatre points.

La méthode analytique, qui présidait aux recherches d'Apollonius, se fait surtout sentir dans le cinquième livre, composé de soixante-dix-sept Propositions. On y voit paraître pour la première fois les questions de *maxima* et de *minima*, quand il s'agit de savoir quelles sont les plus grandes et les moindres lignes qu'on puisse tirer de chaque point donné à une section conique. « On y trouve, dit Montucla, tout ce que nos méthodes analytiques d'au-

jourd'hui nous apprennent sur ce sujet; on y aperçoit
enfin la détermination de nos *développées;* car Apollonius
remarque très-bien qu'il y a une suite de points dans
l'espace, au delà de l'axe d'une section conique, d'où l'on
ne peut tirer à la partie opposée qu'une ligne qui lui
soit perpendiculaire. Il détermine même ces points que
les modernes connaissent sous le nom de *centres d'oscula-
tion,* et il observe que leur continuité sépare deux espaces,
dont l'un est tel que de chacun de ses points on peut tirer
deux lignes perpendiculaires à la partie opposée de la
courbe, et l'autre, au contraire, a cette propriété qu'on
n'en peut tirer aucune ligne semblable. Le premier de
ces espaces est visiblement celui qui est renfermé entre
l'axe de la courbe et sa développée. Toutes les questions
qui appartiennent à de semblables recherches sont traitées avec un soin qui en laisse à peine échapper une sans
la résoudre[1]. »

Le sixième livre renferme les Propositions concernant
la congruence et la similitude des sections coniques de
leurs segments. L'auteur y a joint divers problèmes,
pour déterminer, par exemple, dans un cône droit donné,
la section qui soit congruente à une section conique
donnée.

Le septième livre contient plusieurs Propositions fondamentales, servant à la résolution des problèmes de
*maximis* et *minimis,* assez difficiles, tels que : «dans une
hyperbole quelconque, déterminer le diamètre dont le
paramètre soit le moindre, ou bien celui dont le carré
avec celui de son paramètre fasse la plus petite somme. »
— Dans ce même livre Apollonius fait connaître plusieurs
propriétés remarquables des sections coniques, telles
que : « dans l'ellipse et les hyperboles conjuguées, les
parallélogrammes formés par les tangentes aux extrémités des diamètres conjugués sont constamment les mê-

1. Montucla, *Histoire des mathématiques,* t. I, p. 247.

mes; dans l'hyperbole, la différence des carrés de deux diamètres conjugués, et dans l'ellipse, leur somme est toujours la même. »

C'est sur les propriétés des sections coniques, exposées, dans ce livre, relativement aux axes et aux diamètres, que Halley a fondé principalement sa restitution du huitième livre d'Apollonius.

D'après un fragment du deuxième livre des *Collections mathématiques* de Pappus, Apollonius avait imaginé un système analogue à celui d'Archimède pour exprimer des nombres très-élevés [1]. Enfin, suivant Eutocius (*Commentaire* sur le deuxième livre d'Archimède : *de la Sphère et du Cylindre*), il s'était aussi occupé de la duplication du cube [2].

### Notice sur les ouvrages d'Apollonius.

La seule édition grecque des *Sections coniques* d'Apollonius (*Apollonii Pergæi Conicorum libri VIII*) est celle qu'avait commencée David Gregory et qu'acheva Édouard Halley; elle parut en 1710, à Oxford, in-fol. Elle contient : 1° le texte grec des quatre premiers livres, d'après des manuscrits, avec la traduction latine de F. Commandini, parue à Bologne en 1566, et corrigée par Halley; les Lemmes de Pappus et les Commentaires d'Eutocius; — 2° les livres cinq à sept, en latin, d'après des traductions faites sur deux traductions arabes : la première traduction latine, rédigée par Abraham Echellensis, fut publiée par A. Borelli à Florence, 1661, in-fol.; la seconde, faite par Ch. Ravius, parut à Kiel, 1669, in-8; — 3° le livre huitième, rétabli par Halley; — 4° un ouvrage de Sérénus d'Antissa, *Sur les sections du cylindre et du cône.*

---

1. Nesselmann, *Die Algebra der Griechen*, p. 126.
2. Suter, *Geschichte der mathematischen Wissenschaften*, p. 88 (Zurich, 1873, in-8).

Deux autres ouvrages d'Apollonius, *de Tactionibus* (Περὶ ἐπαφῶν, du contact des lignes droites et des cercles), et *de Locis planis*, ne nous sont parvenus que fort mutilés. La restitution du premier fut tentée d'abord par Viète, sous le titre d'*Apollonius Gallus*, paru en 1600, puis par Marin Ghetaldi, dans son *Apollonius redivivus*, Venise, 1607, in-4. Cette restitution fut faite avec plus de succès, et en grec, par Guill. Camerer (*Apollonii de Tactionibus, quæ supersunt ac maxime Lemmata Pappi in hos libros græce nunc primum edita*), Gotha, 1795, in-8.

Viète avait proposé à Adrianus Romanus, géomètre hollandais, à la suite d'un démêlé qu'il eut avec lui, le problème principal du livre d'Apollonius restitué : en voici l'énoncé : « Trois cercles étant donnés, on en demande un quatrième qui les touche tous les trois. » Romanus le résolut en déterminant le centre cherché par l'intersection de deux hyperboles. Viète lui montra que, le problème étant plan, il pouvait être résolu à l'aide de la géométrie ordinaire ; la solution est la même que celle de Newton dans son *Arithmétique universelle*. Newton en donne une autre dans ses *Principes de la philosophie naturelle :* il réduit fort habilement les deux lieux solides de Romanus à l'intersection de deux lignes droites. Ce problème occupa aussi Descartes, qui en donna deux solutions. Mais l'une est si compliquée, qu'il « n'entreprendrait pas — ce sont ses propres paroles — de la construire en un mois ; » l'autre, quoique moins complexe, l'est encore assez pour qu'il n'ait osé y toucher. Enfin, l'une de ses correspondantes, la princesse Élisabeth de Bohême, lui envoya une solution qui, étant tirée du calcul algébrique, a les mêmes inconvénients que celle de Descartes. Ajoutons enfin que Fermat résolut, à cette occasion, le problème suivant, beaucoup plus difficile : « Quatre sphères étant données, de position et de grandeur, trouver celle qui les touchera toutes. » Ce problème lui avait été proposé par Descartes, qui prétendait en avoir trouvé la solution par l'algèbre et par la géométrie ordinaire. Mais on n'en trouve aucune trace dans ses écrits[1].

Le second ouvrage, mutilé, d'Apollonius, et qui était intitulé *des Lieux plans* (Περὶ ἐπιπέδων τόπων), en deux livres, a été restitué par Fermat et communiqué aux géomètres dès l'année 1637. Mais il ne fut imprimé qu'après sa mort dans ses *Varia opera mathematica*, Toulouse, 1679, in-fol. (p. 12-43).

L'ouvrage d'Apollonius, *de Sectione rationis* (Περὶ λογου ἀποτομῆς), en deux livres, ne nous est connu que par une traduction arabe, qu'É. Halley a fait paraître en latin, avec la restitution, par pure hypothèse, du traité entièrement perdu *de Sectione Spatii* (Περὶ χωρίου ἀποτομῆς); ce volume parut à Oxford, 1706, in-8.

### Géomètres amis d'Apollonius.

Apollonius nous a fait connaître les noms de plusieurs géomètres avec lesquels il entretenait d'intimes relations scientifiques. Ainsi, *Naucrate* est le nom de celui qui l'avait encouragé à l'étude des sections coniques. *Eudème de Pergame* fut chargé par Apollonius de présenter son second livre des Coniques à *Philonide d'Éphèse*. *Trasidée*, cité par Apollonius, entretenait un commerce épistolaire avec Conon de Samos, qui était, comme nous avons vu plus haut, lié d'amitié avec Archimède. Enfin, *Nicotile* le Cyrénéen est critiqué par Apollonius pour quelques inexactitudes. Malheureusement il ne nous est rien parvenu de ces géomètres.

A partir d'Apollonius, les mathématiciens de l'école d'Alexandrie firent de plus en plus incliner la science vers ses applications, parmi lesquelles il faut mettre en première ligne l'astronomie et la mécanique. Nous avons

---

1. Montucla, *Histoire des mathématiques*, t. I, p. 252.

à signaler ici Ératosthène, Ctésibius, Héron, Nicomède, Philon de Byzance, Geminus, Hipparque, Théodose, etc.

### Ératosthène.

Nous avons déjà parlé ailleurs[1] d'Ératosthène et de ses travaux d'astronomie et de géographie mathématique. Nous dirons ici un mot de ses recherches arithmétiques concernant les *nombres premiers*, et nous ne pourrons que mentionner le titre d'un de ses ouvrages de géométrie.

Nous avons vu qu'Euclide s'était l'un des premiers occupé des nombres premiers, ayant pour propriété caractéristique de n'être divisibles que par eux-mêmes ou par l'unité. Tous les nombres pairs, à l'exception du nombre 2, se trouvent d'avance exclus de la série des nombres premiers. Là il n'y a aucune difficulté : les nombres pairs sont tous faciles à reconnaître. Mais il n'en est pas de même des nombres impairs. Parmi ceux-ci il y en a beaucoup qui sont des nombres *composés*, c'est-à-dire des multiples ou des produits par d'autres impairs, plus grands que l'unité. Or, la suite naturelle des nombres est un mélange de nombres premiers et nombres composés. C'est pour faire le triage ou pour séparer les nombres premiers des nombres impairs composés qu'Ératosthène proposa, sous le nom de *crible*, κόσκινος, une méthode indirecte. En examinant la série des nombres impairs,

3, 5, 7, 9, 11, 13, 15, 17, 19, 21,

23, 25, 27, 29, 31, 33, 35, 37, 39, 41,

43, 45, 47, 49, 51, 53, 55, 57, 59, 61, etc.,

il avait sans doute remarqué que, à partir de 3 (1er nombre de la série) non compté, les nombres qui viennent,

---

1. *Histoire de l'astronomie*, p. 151-159.

le 3e, le 6e, le 9e, etc. (par progression arithmétique de 3), de même que les nombres qui, après 5 (point de départ non compris), viennent le 5e, le 10e, le 15e (par progression arithmétique de 5), enfin que, d'une manière générale, tous les nombres qui occupent le $n^{ieme}$ rang dans la série des impairs, représentés par $2n+1$, ou par $2n-1$[1], sont des multiples par 3, par 5, par 7, etc. C'est ainsi que les nombres 9, 15, 21, 25, 33, 35, 39, 45, 49, 51, 55, 57, etc. (nous les avons pointés) doivent être éliminés comme des nombres ayant d'autres diviseurs qu'eux-mêmes ou l'unité. Ceux qui restent, après cette élimination par pointage (effet du crible), sont tous des nombres premiers. Si c'est là, comme dit Bossut[2], « un moyen facile et commode pour trouver les nombres premiers, » il faut avouer que ce moyen demanderait beaucoup de temps et de patience pour pousser l'emploi de la méthode d'Ératosthène à des chiffres élevés. En supposant qu'on mît seulement un quart d'heure pour obtenir ainsi tous les nombres premiers compris entre l'unité et 1000, il faudrait 250 heures, c'est-à-dire plus de 10 jours d'un travail continu, pour aller jusqu'à 1 million. Malheureusement on n'a encore trouvé aucune méthode directe ; tout s'est, jusqu'à nos jours, borné à de simples tentatives, comme l'est celle de Leibniz, qui annonça que « tout nombre premier est un multiple de 6, augmenté ou diminué de l'unité. » Mais ceci était loin, on ne tarda pas à le reconnaître, d'être vrai d'une façon générale.

Pappus cite d'Ératosthène un écrit géométrique : *de Locis ad medietates.* Malheureusement il n'en donne que

---

1. Si l'on veut commencer la série des impairs à 3, et qu'on la représente par $2n+1$, $n$ prendra successivement la valeur de 1, 2, 3, 4, etc. Si, au contraire, on emploie la formule $2n-1$, $n$ devra, dans le même cas, prendre successivement la valeur de 2, 3, 4, etc. Il va sans dire que si la série des impairs doit partir de 1, $n$ deviendra successivement 0, 1, 2, etc., d'après la formule $2n+1$ ; et 1, 2, 3, etc., d'après la formule $2n-1$.

2. Bossut, *Histoire des mathématiques*, t. I, p. 6.

le titre, sans en faire connaître le sujet ou la doctrine. Montucla a essayé de réparer cette omission; il pense que les *Loca ad medietates* étaient les sections coniques. « On sait d'ailleurs, dit-il, que le nom de *médiété* était, chez les anciens, commun aux trois proportions nommées chez nous arithmétique, géométrique et harmonique. Ils ne donnaient le nom de proportion qu'à la raison géométrique [1]. »

Eutocius, dans son Commentaire sur Archimède, nous a conservé une lettre d'Ératosthène au roi Ptolémée (Ptolémée III, surnommé *Évergète*), sur la duplication du cube.

Les fragments d'Ératosthène ont été réunis et publiés par Bernhardy, sous le titre de *Eratosthenica* (Berlin, 1822, in-8).

### Ctésibius. — Héron. — Philon de Byzance.

La mécanique était enseignée à l'école d'Alexandrie comme une partie essentielle des mathématiques appliquées. Ctésibius et son disciple Héron, l'un et l'autre natifs d'Alexandrie, en offrent le témoignage.

*Ctésibius* vivait, suivant Athénée, sous le règne de Ptolémée Évergète, vers l'an 150 avant J. C. Fils d'un barbier, il fit ses premières découvertes dans la boutique de son père. Vitruve cite de lui, entre autres, une machine fort ingénieuse, servant à la fois d'orgue d'eau et de clepsydre : l'eau, coulant par une ouverture pratiquée dans une lame d'or, soulevait une nacelle renversée; celle-ci portait une règle dont les dents, s'engrenant avec celles d'un tambour, le mettait en mouvement, et celui-ci le communiquait à d'autres roues, à l'aide desquelles s'exécutaient des sons musicaux d'orgue, de trompette, etc. Ce mouvement servait aussi à montrer les

---

1. Montucla, *Histoire des mathématiques*, p. 239.

heures de nuit et de jour par un index mobile sur une colonne. Ctésibius passe encore pour l'inventeur des pompes, et paraît s'être le premier servi de l'élasticité de l'air comme force motrice.

*Héron*, disciple de Ctésibius, se fit connaître par un ingénieux appareil pneumatique, appelé *fontaine de Héron*, où un jet d'eau était déterminé et maintenu par l'air comprimé, et où l'eau était elle-même employée comme moyen de compression.

L'*éolipyle*, qui fut aussi inventée par Héron, est considérée comme le point d'origine de la vapeur employée comme force motrice. Voici le passage où l'auteur décrit lui-même son invention : « Faire tourner une petite sphère sur son axe au moyen d'une marmite chauffée. Qu'on suppose une marmite contenant de l'eau et soumise à l'action de la chaleur; on la ferme à l'aide d'un couvercle que traverse un tube recourbé dont l'extrémité pénètre dans une petite sphère creuse suivant un diamètre. A l'autre extrémité du diamètre est placé le pivot, qui est fixé au couvercle au moyen d'une tige pleine. De la sphère sortent des tubes placés suivant un diamètre à angle droit sur le premier, et recourbés à angle droit en sens inverse de l'autre. Lorsque la marmite sera chauffée, la vapeur passera par le tube dans la sphère, et sortant par les tubes infléchis à angle droit, fera tourner la sphère de la même manière que les automates qui dansent en rond. » — « Voilà sans contredit, ajoute Arago, une machine dans laquelle la vapeur d'eau engendre du mouvement et peut produire des effets mécaniques de quelque importance; voilà une véritable machine à vapeur. Elle n'a sans doute aucun point de contact réel, ni par sa forme, ni par le mode d'action de la force motrice, avec les machines de cette espèce actuellement en usage. Mais si jamais la réaction d'un courant de vapeur est utilisée dans la pratique, il faudra incontestablement en faire remonter l'idée jusqu'à Héron. Aujourd'hui l'éolipyle rotative pourrait seulement être citée dans une histoire de la vapeur, comme la gravure sur bois dans l'histoire de l'imprimerie[1]. »

Le seul ouvrage à peu près complet qui nous reste de Héron d'Alexandrie a pour titre *Pneumatiques*, Πνευμάτικὰ, *Spiritalia*, publié en latin avec des notes par Commandini; Urbino, 1575, in-4, réimprimé à Amsterdam, 1680, et à Paris, 1683, in-4; en grec et latin dans le recueil des *Veteres Mathematici*. C'est un véritable traité de récréations mathématiques et physiques. Il faut y ajouter le traité *de la Construction des automates* (Περὶ αὐτοματοποιητικῶν), publié en grec et en latin dans le même recueil des *Veteres Mathematici*, et traduit en italien par Baldi, Venise, 1589, in-4; et *de la Construction des traits* (Βελοποιϊκὰ), publiés en grec et en latin par Baldi, Augsbourg, 1616, in-4.

Il ne faut pas confondre l'auteur des *Pneumatiques* avec *Héron* surnommé *le Jeune*, également natif d'Alexandrie, et qui vivait probablement sous le règne de l'empereur Héraclius (610-641 de J. C.). On lui attribue un ouvrage de géométrie pratique, *Geodæsia*, publié en latin par Barocius, avec le traité *de Machinis bellicis* (Venise, 1572, in-4), également attribué à Héron le Jeune. On y trouve, mais sans démonstration, la méthode de mesurer la surface d'un triangle rectiligne, par la seule connaissance des trois côtés, sans le secours de la perpendiculaire.

Dasypodius a publié, en 1571, à Strasbourg, en grec et latin, avec le Ier livre d'Euclide, un ouvrage de Héron (le Jeune?) *sur les Définitions des noms de géométrie et de stéréométrie* (Περὶ τῶν τῆς γεωμετρίας καὶ στερεωμετρίας ὀνομάτων); et Hultsch a récemment mis au jour *Heronis Alexandrini* GEOMETRICORUM ET STEREOMETRICORUM RELIQUIÆ (Berlin, 1864, in-8). En examinant ce dernier ouvrage, M. G. Friedlein a trouvé que les *Définitions*, qui sont en tête de l'ouvrage (p. 1 à 40), doivent être attribuées à un auteur plus ancien que Héron. Cet auteur inconnu aurait écrit deux livres élémentaires, réunis ou séparés, traitant, l'un de l'*Arithmétique*, et l'autre de la *Géométrie*. Le premier paraît être perdu ; quant au second, M. Friedlein l'a reproduit (d'après le texte donné par Hultsch) sous le titre *de Heronis quæ feruntur definitionibus*, dans le *Bullettino di Bibliografia*, etc. de M. B. Boncompani (février et mars 1871). La plupart des ouvrages de Héron d'Alexandrie cités par Proclus, Eutocius et Pappus paraissent être entièrement perdus [1].

*Philon de Byzance*, qui vivait tour à tour à Alexandrie et à Rhodes, sous le règne de Ptolémée Physcon, en 146 avant J. C., avait composé un traité sur les machines employées dans l'attaque et dans la défense des places. Les IVe et Ve livres de ce traité nous sont seuls parvenus, et ont été imprimés dans le recueil des *Veteres Mathematici* de Thevenot, Paris, 1693, in-fol. On y trouve la description d'un engin de guerre, appelé ἀερότονος, et qui a beaucoup d'analogie avec notre fusil à vent. Pappus cite de lui la solution du problème des deux moyennes proportionnelles, qui est en principe la même que celle qu'a donnée Apollonius. Enfin Philon avait, de son propre aveu, écrit un ouvrage sur les préparations et l'emploi des poisons dans la guerre. Cette idée a été bien souvent reprise depuis Philon.

### Nicomède. — *La Conchoïde.*

Nous n'avons aucun renseignement positif sur la vie de ce géomètre alexandrin, que quelques-uns ont fait

---

1. Voy. dans le même numéro du *Bullettino* la note de M. B. Boncompagni *Sur les définitions* d'Héron d'Alexandrie. Comparez aussi M. Th. H. Martin, *Recherches sur la vie et les ouvrages d'Héron d'Alexandrie.*

vivre après l'ère chrétienne. Mais, d'après les témoignages combinés d'Eutocius et de Proclus, il était probablement contemporain d'Ératosthène, ou vivait peu de temps après lui. Suivant Eutocius[1], Nicomède se moqua de la méthode d'Ératosthène pour résoudre le problème de la duplication du cube. Proclus nous apprend (Commentaire du Ier livre, 1re Propos. d'Euclide) que Nicomède inventa la *conchoïde*, courbe sur laquelle écrivit Geminus.

Cette courbe, fort appréciée par Newton, qui s'en servit pour construire géométriquement toutes les équations du 3e et du 4e degré, a assez d'importance pour que nous en donnions une idée. Nous nous servirons, pour cela, de la description qu'en fait Montucla d'après les indications laissées par Proclus et surtout par Geminus.

Soient une ligne droite indéfinie AB (fig. 20) et un point P pris hors d'elle, duquel soit abaissée la perpendiculaire PCD et tiré autant de lignes qu'on voudra: P*cd*, P*cd*, etc. Si l'on suppose toutes

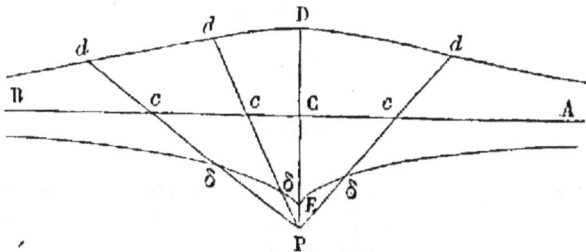

Fig. 20.

ces lignes, CD, *cd*, *cd*, etc., égales entre elles, la ligne qui passera par tous les points *d*, *d*, D, *d*, *d*, *d*, etc., sera la *conchoïde*, dont le point P sera le *pôle*. On l'appelle conchoïde *supérieure*, lorsque la ligne CD ou *cd*, constante, est prise au delà de la base AB, à l'égard du pôle P. Mais si, ce qui est également faisable, on prenait C et les égales *cδ*, *cδ*, etc., au-dessous de cette base, la ligne passant par les

1. Dans le commentaire sur le livre II *de la Sphère et du Cylindre* d'Archimède.

points δ, δ, δ serait appelée conchoïde *inférieure*. Ainsi, la conchoïde
serait décrite par un mouvement continu si, ayant une ligne indéfinie DCE, et la partie CD étant déterminée et invariable, on faisait
mouvoir cette ligne, en sorte que le point C parcourût la ligne AB,
cette ligne DCE passant toujours par le point P; alors le point D,
passant successivement en *d, d, d*, etc., décrirait la conchoïde. Il
en est de même du point E si l'on suppose CE prise au-dessous de la
base. Or, il est aisé de voir que quelque inclinée que soit la ligne *cd*,
et quel que soit son éloignement du point C, c'est-à-dire quelque
grande que soit la base CB, le point *d* ne saurait jamais atteindre
cette ligne CB, quoiqu'il s'en approche de moins que toute quantité donnée. Ainsi, la ligne AB est asymptote de la courbe. On fait
voir aussi que, concave vers sa base, près du sommet D, elle devient
convexe vers elle après un certain terme.

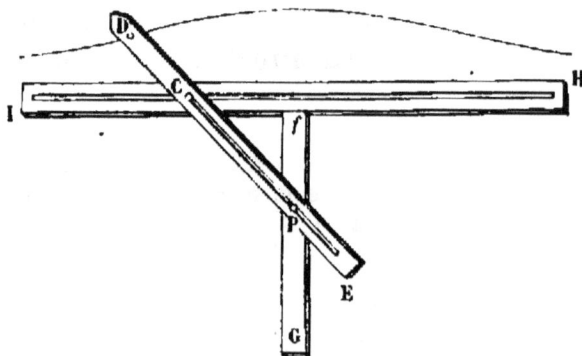

Fig. 21.

Poursuivant son idée, Nicomède voulut tracer sa conchoïde d'un
mouvement continu. A cet effet, il imagina l'instrument que voici :
Soit HI (fig. 21) une règle peu épaisse, au milieu de laquelle se
trouve pratiquée une rainure bien égale. Cette règle portera vers
son milieu la branche perpendiculaire *f*G, sur laquelle sera implan-
tée une pointe d'acier ou de cuivre bien lisse. Soit ECD une autre règle, portant dans son milieu une rainure de même calibre, bien juste
à la pointe P, afin de pouvoir glisser dessus sans aucune vacillation.
Au point C sera aussi fixée une pointe bien lisse et de calibre à glisser sans aucune vacillation dans la rainure de la règle HI. Enfin, le
point D est un trou pratiqué pour y placer une pointe propre à tracer
sur le papier la courbe cherchée. Il est facile de voir qu'ayant mis la
règle HI sur la ligne AB (fig. 20), en sorte que celle-ci soit bien
placée au milieu de la rainure; que, la ligne CD étant fixée d'une manière invariable, on pourra faire glisser la pointe en C le long de

la rainure; que par ce mouvement la règle ED coulera, embrassant toujours par sa rainure la pointe P, et que, conséquemment, la pointe ou crayon fixé en D décrira la courbe d'un mouvement continu. Le point D pourrait être également pris au-dessous de la règle, et alors le crayon décrirait la conchoïde inférieure. Celle-ci peut avoir des formes différentes, suivant le rapport de CE à CP, E étant le point décrivant.

A quoi servait la conchoïde? A résoudre, par un procédé uniforme, le problème de la *trisection de l'angle* et celui de *la duplication du cube* ou des deux moyennes proportionnelles. Le problème de la trisection consistait à trouver le moyen d'insérer dans un angle droit,

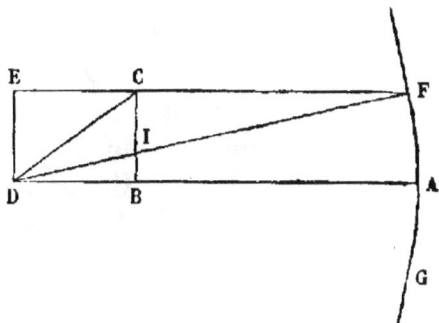

Fig. 22.

ou entre le centre et son diamètre prolongé, une ligne égale à une ligne donnée, en sorte que, prolongée, elle passe par un point déterminé. Ainsi, dans la résolution indiquée par la figure 22, il s'agit d'insérer dans l'angle droit ABC une ligne égale au double de la diagonale du parallélogramme BDEC, et qui, prolongée, passe par le point D. Prenant donc ce point pour pôle de la conchoïde GAF, pour règle ou *module* une ligne AB égale à deux fois la diagonale du susdit parallélogramme, la conchoïde décrite par l'instrument ci-dessus indiqué coupera le côté EC, prolongé, en un point F, qui sera le point cherché; et IF sera égale à deux fois la diagonale CD.

Nicomède réduisait à une construction semblable le problème des deux moyennes proportionnelles.

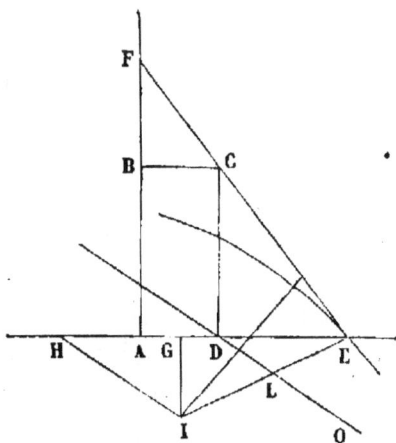

Fig. 23.

Ayant deux lignes, entre lesquelles il fallait trouver deux moyennes proportionnelles, il faisait faire de deux lignes égales à celles-là un rectangle ABCD (fig. 23), diviser AD en deux parties égales à G, et élever la perpendiculaire G, égale à 1/2 AB. Faisant ensuite AH

égale à AD, il tirait la ligne HI et sa parallèle indéfinie DO;
enfin, dans l'angle EDC, il fallait adapter LE égale à GI, et passant
par le point I, ce qui déterminait la ligne ECF, de telle manière
que AD, BF, DE, BA étaient en proportion continue. Il ne s'agissait
donc encore que de prendre le point I pour pôle, la ligne DO
pour base, et le module égal à IG. La conchoïde décrite suivant
ce procédé, en coupant la ligne DE, donnait le point cherché, et
les deux moyennes étaient BF, DE [1].

Au dix-septième et au dix-huitième siècle de notre ère,
la conchoïde devint, de la part des géomètres, l'objet
de travaux nombreux. Il suffit de citer ceux de la Hire,
de la Condamine et de Mairan, insérés dans les *Mémoires
de l'Académie des sciences*, années 1708, 1733, 1734
et 1735.

### Dioclès. — *La Cissoïde.*

On ne s'est pas jusqu'ici accordé sur l'époque où vivait le géomètre Dioclès. Les uns le placent plusieurs
siècles après J. C., en le faisant contemporain de Proclus; les autres le font vivre plusieurs siècles avant J. C.
Nous le placerons, avec M. Suter [1], dans le second
siècle avant J. C.; car Geminus (du premier siècle avant
J. C.), cité par Proclus, mentionne déjà la *cissoïde* de
Dioclès.

On sait combien le problème de la duplication du cube
avait occupé les géomètres anciens, et que presque tous
avaient cherché à le résoudre par la recherche de *deux
moyennes proportionnelles entre deux droites données*. Dioclès aborda la solution du problème en imaginant la *cissoïde*. D'après les renseignements d'Eutocius [2], interpré-

1. Montucla, *Histoire des mathématiques*, t. I, p. 255-257.
2. Suter, *Geschichte der Mathematischen Wissenschaften*, p. 90.
3. *Comment.* sur le livre II *de la Sphère et du Cylindre* d'Archimède.

tés par Montucla, la cissoïde se construit de la manière suivante (fig. 24) :

« Élevez la perpendiculaire AMm sur l'extrémité A du diamètre AD ; puis tirez une ligne quelconque DM coupant le demi-cercle en F ; prenez ensuite DI égale à FM, vous aurez le point I de la courbe, et tous les semblables *i, i*, etc., en tirant d'autres lignes D*m*, D*m*, etc.; car, tirant le rayon perpendiculaire CB, il est aisé de voir que DO est égale à OM; et puisque DI égale MF par la construction, il s'ensuit que OI et OF sont égales. — Cette courbe étant ainsi décrite, et les deux extrêmes données étant AC et CL, il n'y avait qu'à tirer AL, rencontrant la cissoïde en I, et par le point I tirer DI, rencontrant CL prolongée en O; la première des moyennes était CO. — On voit ainsi que la cissoïde touche le diamètre AD en D, qu'elle passe par le point B, extrémité du rayon perpendiculaire CB, et qu'elle a pour asymptote la perpendiculaire AM infiniment prolongée. Il faut y ajouter, ce que les anciens ne paraissent pas avoir remarqué, que la cissoïde entière comprend une autre branche, semblable et égale à la première qu'on vient de décrire, placée au-dessous du diamètre AD, et ayant, comme la première, AN pour asymptote, en sorte qu'elle forme une pointe au point D[1]. »

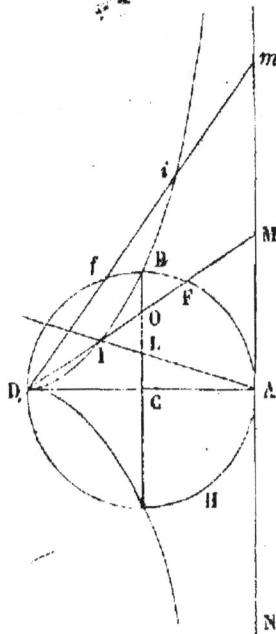

Fig. 24.

Si Dioclès avait décrit sa cissoïde par un mouvement continu, comme l'avait fait Nicomède pour sa conchoïde, il lui aurait, dès le principe, donné la perfection qu'elle ne reçut que beaucoup plus tard entre les mains de Newton.

On doit aussi à Dioclès la solution d'un problème difficile, où il s'agit de « mener un plan qui divise la sphère en raison donnée. » Ce problème, résolu par Dioclès au

1. Montucla, *Histoire des mathématiques*, t. I, p. 339-340.

moyen de deux sections coniques [1], avait été posé par Archimède (Proposition v° du livre II du *Traité de la Sphère et du Cylindre*); mais il n'y donna point suite. Il importe de rappeler qu'Archimède ne se servait jamais que de la règle et du compas pour la résolution de ses problèmes, que la question proposée par lui dépendait d'une équation du troisième degré, et que, conséquemment, elle ne pouvait être construite que par une section conique ou par une courbe d'un genre supérieur.

**Aristarque. — Hipparque. — Geminus. — Posidonius. — Cléomède. — Théodose. — Dionysodore. — Persée. —** *Courbes spiriques.*

Pour Aristarque, Hipparque, Geminus, Posidonius et Cléomède, nous renvoyons le lecteur à notre *Histoire de l'astronomie* (p. 144-150, et p. 159-184, 190-198). Nous ajouterons seulement que *Geminus* paraît avoir le premier divisé les mathématiques en *théoriques* (νοητὰ) et en *pratiques* (αἰσθητὰ). Dans la première classe, il rangeait la géométrie et l'arithmétique; dans la seconde, l'astronomie, la mécanique, l'optique, la géodésie, les règles de la musique et du calcul. Proclus cite de lui un ouvrage sur la *conchoïde*. Il ne nous reste de Geminus que son *Introduction aux Phénomènes*, qu'on a regardée à tort comme un commentaire sur les *Phénomènes d'Aratus*. Le *Traité de la Sphère* de Proclus est un simple abrégé de quelques chapitres de Geminus.

*Théodose*, natif de Bithynie (de Tripoli en Afrique, selon d'autres), vivait vers le milieu du premier siècle avant J. C. Il se fit connaître comme géomètre et astronome. On a de lui : 1° les *Sphériques* (Σφαιρικὰ), en trois

1. Eutocius, *Commentaire* du IIe livre *de la Sphère et du Cylindre* d'Archimède.

livres. Cet ouvrage nous a été conservé par les Arabes, qui l'avaient traduit dans leur langue. Il en parut d'abord une traduction latine (Paris, 1529, in-4); il ne fut publié en grec qu'en 1558 (Paris), par les soins de Jean Pena. L'édition la plus récente est celle de Nizza, avec des notes (Berlin, 1852, in-8).

On y trouve une série de propositions dont on fait journellement usage, telles que : Toute section d'une sphère par un plan est un cercle; — Un plan ne touche une sphère qu'en un point, et le rayon mené à ce point est perpendiculaire à ce point tangent; — Tout cercle qui passe par le centre de la sphère est un grand cercle; — Les petits cercles parallèles à un même grand cercle sont égaux quand ils sont à la même distance de leur grand cercle; — Une ligne menée du centre de la sphère perpendiculairement au plan d'un petit cercle, passe par le centre de ce cercle et par son pôle; — Un grand cercle qui en coupe un autre perpendiculairement, passe par ses pôles; et s'il passe par ses pôles, il lui est perpendiculaire; — La distance du pôle d'un grand cercle à un point quelconque de sa circonférence est le côté du carré inscrit.

2° *Traité sur les habitations* (Περὶ οἰκήσεων); imprimé à Rouen, 1587, in-4. Théodose y traite de la perspective du Ciel comparativement à celle que présentent les différentes contrées de la Terre. Il débute par ces deux Propositions fondamentales : L'habitant du pôle boréal aperçoit toujours le même hémisphère, l'autre hémisphère restant caché pour lui; il ne voit aucune étoile des régions polaires australes se lever, ni se coucher; — L'habitant du cercle équinoxial voit tous les astres se lever et se coucher, et passer un temps égal au-dessus et au-dessous de l'horizon.

3° *Des Nuits et des Jours* (Περὶ ἡμερῶν καί νυκτῶν), ouvrage publié seulement en latin, par Joseph Auria; Rouen, 1591, in-4. C'est un recueil de propositions, sans démonstrations. La première proposition est ainsi énoncée :

« Quant le Soleil part du tropique d'été, les jours vont en diminuant et les nuits en augmentant; c'est le contraire qui arrive après le solstice d'hiver.

Vitruve cite Théodose comme l'inventeur d'un cadran universel, c'est-à-dire adapté à tous les climats.

*Dionysodore*, natif de Cydnus, ou, selon d'autres, d'Émèse, en Syrie, était probablement contemporain du géomètre Théodose. On ne le connaît que par la solution d'un problème dont parle Eutocius, dans son Commentaire sur Archimède (*Traité du Cylindre et de la Sphère*). Ce problème consistait à diviser une demi-sphère en raison donnée par un plan parallèle à sa base. Il ne pouvait être résolu que par une section conique[1].

Pline attribue à Dionysodore une espèce de cadran solaire conique. Il raconte aussi qu'on trouva dans le tombeau de ce géomètre une lettre adressée par lui aux vivants (*Epistolam ad superos scriptam*), où ce géomètre disait qu'il était parvenu jusqu'au centre de la terre, et que de là jusqu'à son tombeau il y avait 42000 stades. Pline n'y voit qu'un trait de la vanité grecque. Il est cependant singulier que le nombre donné par Dionysodore d'une façon si étrange soit le plus exact de tous ceux que l'antiquité nous ait transmis sur la longueur du rayon terrestre.

*Persée* de Cittium vivait au moins cent ans avant l'ère chrétienne. Il n'était pas, comme le croit Montucla, postérieur à cette ère; car Proclus cite un passage de Geminus où ce dernier attribue à Persée l'invention des *courbes spiriques*, et Geminus vivait vers 70 avant J. C. — Ces lignes n'étaient pas, comme on l'avait cru, des spi-

---

1. M. Suter a reproduit la solution de Dionysodore, dans sa *Geschichte der Mathematischen Wissenschaften*, p. 101 (Zurich, 1873, 2ᵉ édit.).

rales, mais des courbes qui se formaient par les sections
d'un solide engendré par les circonvolutions d'un cercle
autour d'une corde ou d'une tangente ou d'une ligne ex-
térieure quelconque. Montucla, qui s'était, comme il nous
l'apprend, beaucoup occupé de ces courbes dans sa jeunesse, ajoute qu'on obtient, dans les conditions indiquées,
« un solide en forme d'anneau ouvert ou fermé, ou de
bourrelet ; et ce corps étant coupé par un plan, donnait,
suivant l'inclinaison et la position de ce plan, des courbes d'une forme singulière, les unes allongées en forme
d'ellipse, les autres aplaties et rentrant dans leur milieu,
tantôt se coupant en forme de nœuds ou de lacets, tantôt
composées de deux ovales conjuguées, séparées, ou l'une
dans l'autre, et même d'une ovale avec un point conjugué
au milieu ; ce sont enfin des courbes du quatrième degré [1]. »

1. Montucla, *Histoire des mathématiques*, t. I, p. 316.

# CHAPITRE II.

## SECONDE ÉCOLE D'ALEXANDRIE.

La chute de la dynastie des Lagides, qui depuis Ptolémée, l'heureux lieutenant d'Alexandre, avait duré un peu plus de trois cents ans ; la réduction de l'antique royaume d'Égypte en une province de l'empire romain ; la fin du paganisme et l'avénement du christianisme, etc., tous ces grands événements, qui eurent tant d'influence sur le sort des nations, réagirent également sur le mouvement scientifique dont la ville d'Alexandrie, avec son musée et sa bibliothèque, était alors le foyer. De nouvelles doctrines, amalgamées avec celles de Pythagore et de Platon (néo-pythagorisme et néo-platonisme), s'introduisirent dans l'ancienne école, les idées des premiers philosophes géomètres se modifièrent, et de ces changements, opérés peu à peu, sortit une école nouvelle. C'est à la domination romaine et à l'introduction du christianisme en Égypte que nous faisons remonter l'origine de la seconde école d'Alexandrie, illustrée par Claude Ptolémée, Théon de Smyrne et Théon d'Alexandrie, Jamblique, Porphyre, Diophante, Pappus, etc. A côté de ces noms il faudra citer Nicomaque, Hypsiclès, Sérénus, et d'autres, qui paraissent avoir eu des relations, plus ou moins intimes, avec la nouvelle école d'Alexandrie.

### Ménélaüs et Claude Ptolémée. — *Origine de la Trigonométrie.*

*Ménélaüs*, qui vivait à Alexandrie vers la fin du premier siècle de notre ère, et dont nous avons déjà parlé ailleurs, ainsi que de C. Ptolémée [1], paraît s'être, l'un des premiers, occupé de *trigonométrie*, c'est-à-dire de l'*art de trouver les parties inconnues d'un triangle, par le moyen de celles que l'on connaît* [2]. Mais il ne nous est rien parvenu de son ouvrage *sur les Cordes*, en six livres; et ses trois livres des *Sphériques*, qui ne nous ont été conservés que dans une traduction latine, faite sur une version arabe, ne contiennent que des théorèmes de pure spéculation; la première proposition du troisième livre est seule d'une utilité pratique. C'est cette proposition qui a été reproduite par Ptolémée, et, suivant Delambre (*Histoire de l'astronomie ancienne*, t. I, p. 245), elle aurait été empruntée à Hipparque. Mais ce n'est là qu'une pure hypothèse.

L'incertitude qui règne sur l'origine de la trigonométrie s'explique d'après ce que nous avons dit plus haut. Nous y ajouterons que le premier venu pouvait, avec un peu d'esprit d'observation, parvenir à constater — que, avec deux angles et une ligne donnés, on a les deux autres côtés et le troisième angle d'un triangle; — que la

1. Voy. notre *Histoire de l'astronomie*, p. 105, 106, 108 et suiv..
2. Les anciens ne connaissaient pas le mot de *trigonométrie* dans le sens qu'on y attache aujourd'hui; car ce mot ne signifie pas la *mesure de l'aire des triangles*, comme on pourrait le croire d'après son étymologie (de τρίγωνον, triangle, et μέτρον, mesure). Par la signification qu'on lui a donnée, savoir *la détermination d'angles ou de côtés, quelques-unes de ces choses étant données*, la trigonométrie n'appartient aucunement à la planimétrie; mais elle forme en quelque sorte une science particulière, d'un usage indispensable en astronomie et en géodésie.

droite, menée du sommet de l'angle à la base, mesure la distance de celui-ci à celle-là; — que deux droites, qui à leur point de rencontre forment un angle, peuvent, en conservant toujours la même direction, être prolongées à l'infini, sans que l'angle change d'ouverture ou de valeur; — que, en réunissant ces deux droites par d'autres droites parallèles, on obtient toute une série de triangles semblables, c'est-à-dire ayant leurs côtés homologues proportionnels; — que, avec trois lignes données, on peut toujours construire un triangle; — que, si le triangle est rectangle, et que du point milieu de l'hypoténuse, avec la moitié de celle-ci pour rayon, on décrit un cercle, l'angle droit de ce triangle touchera à la circonférence du cercle qui aura l'hypoténuse pour diamètre : ce sera le triangle inscrit dans le cercle; — que, si l'on prend l'hypoténuse pour base d'un second triangle, égal au premier (ayant leurs cathètes égales et parallèles), on aura le quadrilatère inscrit dans le cercle, et le diamètre, base commune des deux triangles égaux, sera la diagonale de ce quadrilatère; — que le diamètre est la *corde* (rien ne s'oppose à ce qu'on lui donne ce nom), qui sous-tend un arc égal à l'arc complémentaire, et qui partage le cercle en deux segments égaux; tous les autres arcs ou segments, formés par des cordes qui ne passent point par le centre du cercle, oscillent autour de ce qu'on pourrait appeler le *maximum axile*, de manière que, la somme restant invariable, le moins d'un côté soit compensé par le plus de l'autre (parties complémentaires); — que, en mettant les côtés des polygones inscrits (en quantité donnée) sur une même ligne, on obtient une droite, qui est un peu moins que le triple du diamètre, et que, en nombres ronds, le diamètre peut être divisé en 120 parties égales, si l'on suppose la circonférence divisée en 360 arcs égaux; — qu'on peut former une suite de triangles rectangles, ayant tous un des côtés de l'angle droit égal au rayon du cercle, etc. Toutes ces propositions, érigées en vérités géométriques, devaient tôt ou tard donner naissance à la trigonométrie. Pour les acquérir, les développer, les faire varier d'expressions, etc., il n'était aucunement nécessaire de savoir l'algèbre; mais on pouvait ainsi parvenir à la créer.

Employer le cercle à mesurer les angles, faire servir à cet effet les cordes, c'était là certainement une idée fort ancienne; l'astronomie devait y conduire directement. Diviser le cercle en quatre portions égales, appelées quadrants ou quarts, chacun de 90 degrés, subdiviser chaque degré en 60 minutes, chaque minute en 60 secondes, choisir enfin le nombre de 360 (nombre de jours qu'on assignait primitivement à l'année) pour le total des degrés de la circonférence, tout cela était si naturel, qu'on chercherait vainement dans l'histoire le nom de l'inventeur de la Table des cordes dont Ptolémée a donné la construction [1].

Le fameux théorème du carré de l'hypoténuse devint aussi une source d'applications fécondes. Ainsi on peut y rattacher cette belle propriété du quadrilatère inscrit dans le cercle, « à savoir que le produit des deux diagonales (hypoténuses) est égal à la somme des produits des côtés opposés. » C'est là le théorème que Ptolémée (*Almageste*, lib. I, c. ix) donne, comme Lemme, pour la construction d'une table de la valeur des cordes, inscrites dans le cercle et répondant à des arcs donnés [2].

Le théorème des six segments faits sur les trois côtés d'un triangle sphérique par un arc de cercle quelconque (première Proposition du III<sup>e</sup> livre des *Sphériques* de Ménélaüs) a été la base de toute la trigonométrie sphérique des Grecs [3]. Ptolémée se servit, pour démontrer ce théorème, de son analogue sur le plan. Celui-ci est une

1. Voy. notre *Histoire de l'astronomie*, p. 222.
2. On peut déduire de ce théorème toute la trigonométrie rectiligne, comme l'a montré Carnot dans sa *Géométrie de position*.
3. Ce théorème joua plus tard un grand rôle chez les géomètr arabes, qui l'appelaient la *Règle d'intersection*.

relation entre les segments, qu'une transversale, menée
arbitrairement dans le plan d'un triangle, fait sur ses trois
côtés; à savoir que « le produit de trois de ces segments,
qui n'ont pas d'extrémité commune, est égal au produit
des trois autres. » Ce n'était là, au fond, qu'une généralisation de la proposition fondamentale de la théorie des
lignes proportionnelles, savoir que « une droite menée
parallèlement à la base d'un triangle divise ses côtés en
parties proportionnelles. » — M. Chasles a fait très-bien
ressortir toute l'importance qu'acquit par la suite le théorème de Ptolémée, relatif au triangle coupé par une
transversale [1].

### Théon de Smyrne. — *Théorie des nombres.*
### Théon d'Alexandrie. — Nicomaque.

*Théon de Smyrne* s'était particulièrement occupé de la
théorie des nombres, comme l'atteste l'ouvrage qui nous
reste de lui, et qui a pour titre : *Des choses qui en mathématiques sont utiles pour la lecture de Platon* (Τῶν κατὰ
μαθηματικὴν χρησίμων εἰς τὴν τοῦ Πλάτωνος ἀνάγνωσιν). Il
traite en quatre livres, de l'arithmétique, de la musique,
de l'astronomie et de la géométrie. Bouillaud a publié les
deux premiers livres avec une version latine et des notes,
Paris, 1624, in-4, édition revue par J. J. de Gelder (Leyde,
1827, in-8). Théon y parle d'abord de l'unité; puis il
s'étend successivement sur les nombres pairs et impairs,
sur les nombres premiers et composés; sur les nombres
*pairement pairs*, sur les *pairement impairs* et les *impairement pairs*; sur les *également égaux*, comme les carrés et
les cubes; sur les *inégalement égaux*, produits par des
facteurs inégaux; sur les *hétéromèques*, de la forme de
$n.(n+1)$; sur les *nombres parallélogrammes*, de la forme
de $n.(m+n)$; sur les *nombres oblongs*, de la forme de $mn$;

---

1. **M.** Chasles, *Aperçu historique*, etc., p. 25-27, et 291-294.

sur les nombres plans, les nombres triangulaires et polygones, les nombres circulaires et sphériques. Il remarque parfaitement que le nombre carré est formé de deux nombres triangulaires successifs, tels que $1 + 3 = 2^2$ ; $3 + 6 = 3^2$ ; $6 + 10 = 4^2$ ; $10 + 15 = 5^2$, et ainsi de suite, d'après cette expression générale :

$$\frac{n\,(n+1)}{2} + \frac{(n+1)\,(n+2)}{2} = \frac{n^2+n}{2} + \frac{n^2+n+2n+2}{2}$$

$$= \frac{2(n^2)+4n+2}{2} = n^2 + 2n + 1 = (n+1)^2. \; - \text{De là l'au-}$$

teur passe aux nombres *solides* (pyramidaux, latéraux et diamétriques) ; puis aux nombres *parfaits* (τελεῖοι), *surabondants* (ὑπερτελεῖς) et *défectueux* (ἐλλιπεῖς).

Nous avons parlé ailleurs (*Histoire de l'astronomie*, p. 206) de l'ouvrage de Théon de Smyrne sur l'Astronomie, publié par Th. H. Martin, Paris, 1849, in-8 [1].

*Nicomaque*, de Gérase, en Arabie, vivait probablement dans le premier siècle de l'ère chrétienne ; car Apulée de Madaure, qui écrivait sous le règne des Antonins, traduisit l'ouvrage de Nicomaque en latin. Cet ouvrage a pour titre : Ἀριθμητικὴ εἰσαγωγὴ (*Introduction arithmétique*), en deux livres. C'est un résumé des doctrines pythagoriciennes sur les nombres [2]. Il a été publié par Christian Wechel, Paris, 1538, in-4, et réédité par Ast à la suite des *Theologumena arithmeticæ* de Jamblique ; Leipzig, 1817, in-8. L'édition la plus récente (texte grec) est de R. Hoche (Leipzig, 1866, dans la collection de Teubner.) Elle a été l'objet d'une excellente notice critique de la part de M. Spazi, dans le *Bullettino di Bibliografia*, etc., de M. B. Boncompagni (t. I, février

1. Voy. l'analyse de l'ouvrage de Théon de Smyrne, donnée par M. Nesselmann dans son *Algebra der Griechen*, p. 223-232.

2. Voy. plus haut, p. 96 et suiv.

1868). Nicomaque a le premier exposé l'arithmétique indépendamment de la géométrie, à laquelle l'avait rattachée Euclide.

M. Nesselmann a donné une analyse détaillée de l'ouvrage de Nicomaque dans son *Algebra der Griechen*, p. 191-218, et M. Th. H. Martin a traduit les chapitres IX et XX du second livre de l'*Introduction arithmétique* du même auteur; Rome (Imprimerie des sciences mathématiques et physiques).

Nicomaque avait également composé des *Théologoumènes d'arithmétique*, où il s'étendait sur les rapports mystiques des nombres. Cet ouvrage est perdu, et, s'il faut en croire Photius, qui le juge sévèrement, il n'y aurait guère lieu d'en regretter la perte. On a encore de Nicomaque un *Manuel d'harmonie* ('Εγχειρίδιον ἁρμονικῆς), publié par Meursius dans ses *Auctores veteris musicæ*, Leyde, 1616, in-4.

Par l'intermédiaire de Boëce, son abréviateur, Nicomaque a exercé une grande influence sur les études mathématiques au moyen âge.

### Thymaridas. — Hypsiclès. — Sérénus.

L'époque à laquelle vivaient Thymaridas, Hypsiclès et Sérénus est, faute de documents, difficile à déterminer. Quelques-uns placent ces auteurs, sans aucune raison péremptoire, dans le premier et même dans le second siècle (avant J. C.). Il y a peut-être plus de probabilités à les faire vivre dans les deux premiers siècles de notre ère.

*Thymaridas* ne nous est connu que par des citations de Jamblique dans un *Commentaire sur Nicomaque*, dont nous dirons plus loin un mot. L'*Épanthème* (ἐπάνθημα) de Thymaridas, mot qui signifie littéralement *efflorescence*, était non pas, comme on l'a prétendu, un recueil de récréations arithmétiques, mais une méthode qui consistait à mettre des quantités connues avec des quantités inconnues ou à trouver les dernières à l'aide des premières. Qui ne voit là l'origine des *équations algébriques?*

Nous n'entrerons point dans l'analyse des fragments de Thymaridas : cette analyse a été très-bien faite par Nesselmann[1]; nous nous bornerons à dire que Thymaridas appelait l'unité *la quantité terminatrice*, περαίνουσα ποσότης, et les nombres premiers des nombres linéaires ou *rectilinéaires*, εὐθυγραμικοὶ, parce que n'étant pas des multiples d'autres nombres, il est impossible de les représenter par des rectangles.

*Hypsiclès* d'Alexandrie, dont nous avons déjà parlé à l'*Histoire de l'astronomie*, p. 235, passe, d'après l'autorité des manuscrits grecs d'Euclide, pour l'auteur des treizième et quatorzième livres de ce grand géomètre, qui ont pour objet le dodécaèdre et l'icosaèdre, et qui figurent quelquefois à part, à la fin des Œuvres d'Euclide.

*Sérénus* d'Antissa, dans l'île de Lesbos, a écrit deux livres *Sur les sections du cylindre et du cône*, publiés par Halley, à la fin de son édition d'Apollonius. Il s'attache d'abord à montrer, contrairement à l'opinion alors généralement répandue, que l'ellipse formée par la section du cône ne diffère pas de celle qui s'obtient par la section du cylindre. Il se livre ensuite à des recherches curieuses sur la section du cône par le sommet.

*Philon* de Thyane est cité par Pappus pour avoir écrit sur les courbes qui naissent de l'intersection d'un plan avec certaines surfaces, appelées *plectoïdes*. Mais, en l'absence de tout autre renseignement, il n'est point facile de

1. *Die Algebra der Griechen*, p. 232-236.

dire exactement quelles étaient ces surfaces et par conséquent quelles étaient ces courbes.

### Anatolius. — Plotin. — Porphyre. — Jamblique.

*Anatolius* d'Alexandrie, qu'il ne faut pas confondre avec le maître de Jamblique, fut évêque de Laodicée et assista, en 270, au concile d'Antioche, où s'agitait la question de savoir s'il fallait célébrer la fête de Pâques à une époque différente de celle des juifs. Il avait écrit une *Arithmétique* en dix livres, dont il ne reste qu'un fragment dans les *Théologoumènes* de Jamblique, et une espèce de *Catéchisme de mathématiques*, dont Fabricius a donné un extrait dans sa *Bibliotheca græca*, vol. III, p. 462. On lui attribue le *Canon paschal* qui se trouve imprimé, avec le *Canon paschal* de Victorius, dans A. Bucher, *Doctrina temporum*.

*Plotin*, chef de l'école néo-platonicienne (né en 205 à Lycopolis, en Égypte, mort en 270), occupe plus de place dans l'histoire de la philosophie que dans celle des mathématiques. Mais il ne pouvait pas rester étranger à une science dont Platon faisait un si grand cas. Et, en effet, Plotin y fait souvent allusion dans ses *Ennéades*, éditées en grec et latin par Creuzer et Moser (3 vol. in-4, Oxford, 1835), et traduites en français par Bouillet (3 vol. in-8, Paris, 1860). Le sixième livre de la sixième *Ennéade* est entièrement consacré aux nombres. Il est rempli de spéculations fort obscures sur le fini et l'infini, sur la monade, la dyade, la triade, la tétrade et la décade.

*Porphyre*, disciple de Plotin (né en 233 à Batanée, en Syrie, mort à Rome en 304), avait les connaissances les plus variées. Malheureusement, les ouvrages qu'il écrivit sur l'astronomie et l'arithmétique sont presque tous ou perdus, ou restés inédits. Fabricius (*Bibliotheca græca*,

t. IV) a donné quelques fragments d'un traité de Porphyre *Sur les mystères des nombres*.

*Jamblique*, philosophe néo-platonicien, contemporain de
Porphyre, avait particulièrement approfondi la philosophie de Pythagore. Il composa, sur les doctrines pythagoriciennes, un ouvrage en dix livres, dont cinq ont été
perdus. Le troisième livre, qui traite des *Mathématiques*
et qui contient de nombreux fragments de Philolaüs et
d'Archytas, a été publié pour la première fois par Villoi-
son, dans le tome II de ses *Anecdota græca*, et réimprimé
séparément par J. G. Fries, Copenhague, 1790, in-4.
Le quatrième livre, qui est un Commentaire sur l'*Introduction à l'Arithmétique de Nicomaque*, fut publié par
Tennulius (Deventer et Arnheim, 1668, in-4); la Bibliothèque nationale de Paris en possède plusieurs manuscrits. Nesselmann en a expliqué divers passages dans son
*Algebra der Griechen*, p. 236. Le septième, qui contient
les *Théologoumènes de l'arithmétique*, a été publié à part
par Ast, Leipzig, 1837, in-8.

## Pappus.

Auteur d'un recueil précieux, connu sous le titre de
Συναγωγαὶ μαθηματικαὶ, *Collectiones mathematicæ*, Pappus
vivait, au quatrième siècle, à Alexandrie. Son ouvrage
contient les découvertes les plus curieuses et les plus rares qui eussent été jusqu'alors faites en géométrie; on
y trouve aussi des données fort utiles pour la connaissance des méthodes anciennes, ainsi que des indications intéressantes sur les propriétés des sections coniques, de la conchoïde, de la quadratrice, des spirales
et d'autres courbes. Pappus y a joint un exposé historique du problème de la duplication du cube, qu'il réduit lui-même, de la manière suivante, à la construction

de deux moyennes proportionnelles. Les deux extrêmes donnés AC, CL (fig. 25) étant mis à angles droits, et du point C ayant décrit le demi-cercle AFD, qu'on tire et qu'on prolonge indéfiniment ALI; qu'on tire enfin la ligne DF, de sorte que les segments IO, OF soient égaux entre eux : la ligne CO sera la première des deux moyennes cherchées. Mais le point I ne se trouve que par tâtonnement[1]. C'est un inconvénient qui disparaît par l'emploi de la *cissoïde* de Dioclès, dont nous avons parlé plus haut.

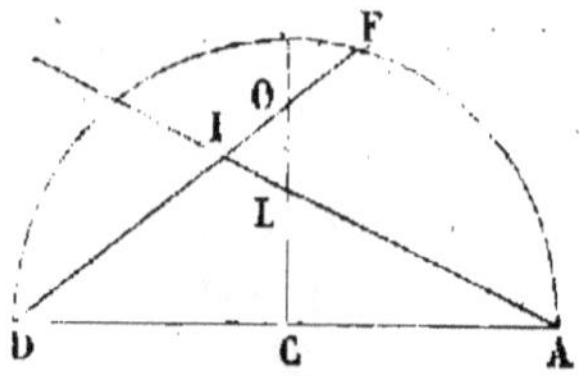

Fig. 25.

L'ouvrage de Pappus, composé de huit livres, et dont la Bibliothèque nationale de Paris possède deux manuscrits grecs, fut traduit incomplétement par Commandini (*Mathematicæ collectiones, commentariis illustratæ*, Pesaro, 1588, in-fol.); car cette traduction latine ne contient que les six derniers livres; encore le troisième, le cinquième et le septième sont-ils tronqués. Wallis a, depuis, publié (en 1688, à Oxford) un fragment du second livre; Halley a donné le texte grec de la préface du septième livre dans son édition du livre *de Sectionis ratione* d'Apollonius, et Eisenman a mis au jour la seconde partie du cinquième livre (Paris, 1824, in-fol.).

Mais Pappus ne fut pas seulement un simple collecteur ou commentateur. Il a lui-même puissamment contribué au progrès de la science en fournissant, entre autres, des instructions précieuses pour le rétablissement des *Porismes* d'Euclide par M. Chasles[2].

Le septième livre des *Collections mathématiques* est un des plus intéressants. Sa Préface contient une définition claire de l'*analyse* et de la *synthèse*. L'auteur donne ensuite les titres des ouvrages que les anciens avaient écrits

---

1. Montucla, *Histoire des mathématiques*, t. I, p. 339.
2. Voy. plus haut, p. 186.

sur le *Lieu résolu*, entendant par là la connaissance de certaines matières nécessaires à ceux qui abordent la solution d'un problème.

Les méthodes analytique et synthétique, que Pappus nous a fait connaître, sont développées et rendues claires par leur application à un grand nombre de problèmes curieux que les anciens parvenaient à résoudre par une sorte d'algèbre qu'il aurait été difficile de soupçonner autrement. C'est ainsi qu'on a trouvé à la fin de la Préface du VII livre une proposition qui rappelle tout à fait le célèbre *théorème de Guldin*. Voici l'énoncé de cette proposition : « Les figures décrites par une révolution complète ont une raison composée de celle de ces figures et de celle des lignes semblablement tirées de leurs centres de gravité sur l'axe de révolution, et la raison des figures décrites par une révolution incomplète est celle des figures tournantes et des arcs décrits par leurs centres de gravité.... Il est manifeste que la raison de ces arcs est composée de la raison des lignes semblablement tirées aux axes et des angles contenus par les extrémités de ces lignes rapportées aux mêmes axes. » — Pappus se désigne clairement comme l'auteur de ce beau théorème quand il dit que les géomètres, au lieu de s'occuper de futilités, devraient s'appliquer à la recherche des propositions plus utiles et plus générales. « A l'appui de ce conseil, je vais, ajoute-t-il, leur dévoiler ceci, qui est peu connu. » Vient ensuite la proposition ci-dessus énoncée.

C'est encore dans la Préface du VIIe livre qu'il est question du problème *ad tres aut plures lineas*. « Ce problème, dit Montucla, tenté par les anciens, a été résolu par eux jusqu'à un certain point, sans pouvoir en achever la solution générale, qui, en effet, dépendait d'une méthode nouvelle, telle que l'analyse algébrique et l'art d'exprimer algébriquement la propriété essentielle et caractéristique d'une courbe. Il est à propos de donner ici une idée de ce problème. *Quatre lignes droites, par exemple, étant données de posi-*

*tion, on demandait un point et la suite de tous les points, desquels menant sur ces droites des lignes à angles donnés, perpendiculaires, par exemple, le rectangle de deux fût égal ou en raison donnée avec le rectangle des deux autres ; ou s'il y avait cinq lignes, que le solide formé des lignes menées à trois de ces cinq fût égal ou en raison donnée avec le solide formé du rectangle des deux autres lignes menées aux deux autres restantes et d'une ligne donnée ; ou s'il y en avait sept ou huit, que le produit de quatre des lignes menées à quatre des données de position fût égal au produit des trois autres (s'il y en avait seulement sept) par une donnée, ou au produit des quatre autres, s'il y avait huit lignes données de position.* Or, les anciens avaient fort bien vu que s'il n'y avait que trois ou quatre lignes, le lieu ou la courbe dans laquelle se trouvaient tous ces points était une des sections coniques, sans pouvoir néanmoins la déterminer dans tous les cas. Et, à cet égard, Pappus inculpe Apollonius de jactance, en ce que celui-ci prétendait avoir beaucoup ajouté à la solution d'Euclide, ce qu'il lui conteste. Mais si le problème était proposé en plus de quatre lignes, les anciens se bornaient à dire que le lieu cherché était une courbe, sans pouvoir l'assigner, hors un cas cependant où ils l'avaient déterminée à cause de son utilité. Il est fâcheux que Pappus n'ait pas spécifié ce cas particulier. Il fait ici mention d'une difficulté qui arrêtait quelques géomètres, savoir quel était le contenu ou le produit de quatre lignes, par exemple, ou d'un plus grand nombre, puisqu'il n'y a pas d'étendue de plus de trois dimensions. Il y répond en disant qu'on peut énoncer ces produits par de simples compositions de raisons, langage fort usité dans la géométrie ancienne. »

Il est à remarquer que Descartes a commencé sa *Géométrie* par le cas de ce problème, appelé depuis *Problème de Pappus*, qui avait arrêté les anciens.

---

1. Montucla, *Histoire des mathématiques*, t. I, p. 330.

La méthode de *maximum* et *minimum*, développée plus tard par Fermat, se trouve en germe dans les propositions LXI, LXII et LXIV du VII⁰ livre de Pappus. Il y est, en effet, question de deux systèmes de points conjugués et d'un point double ; le rapport des produits des distances de ce point double aux points conjugués est un *maximum* ou un *minimum*. Pappus donne, par une expression élégante, l'expression géométrique de ce rapport ; mais il n'en fait qu'énoncer la propriété de *maximum* ou *minimum*, qui y est contenue, et qui avait été démontrée, dans un ouvrage (perdu) d'Apollonius. La perte de cette démonstration est une regrettable lacune dans l'histoire de la science.

Le même VII⁰ livre de Pappus renferme, entre autres, des lemmes relatifs au traité (également perdu) des *Contacts* d'Apollonius. On y remarque le problème suivant, très-simplement résolu par Pappus : « Faire passer par trois points situés en ligne droite les trois côtés d'un triangle qui soit inscrit dans un cercle donné » (proposition CXVII). Les propositions CV, CVII et CVIII sont des cas particuliers de la même question : on y suppose l'un des trois points situé à l'infini. Ce problème, qu'on a généralisé en plaçant ces trois points d'une manière quelconque[1], acquit une certaine célébrité par la difficulté qu'il offrit longtemps aux géomètres, et surtout par la solution aussi simple que générale qui en a été donnée par un enfant de seize ans, le Napolitain Oltajano.

Enfin, pour avoir une idée exacte de l'importance de

1. Ce cas général fut proposé, en 1742, par Cramer à Castillon, qui le résolut par des considérations purement géométriques (*Mémoires* de l'Académie de Berlin, année 1776). Lagrange en donna une solution fort élégante et purement analytique (*ibid.*). En 1780, Euler, N. Fuss et Lexell le résolurent également. Mais d'Oltajano le résolut dans toute sa généralité, par un polygone d'un nombre quelconque de côtés, devant passer par autant de points, placés arbitrairement dans le plan du cercle.

l'ouvrage de Pappus, il faut consulter l'excellente analyse que M. Chasles en a faite dans son *Aperçu historique*, etc. (p. 28-47).

## Diophante.

### Origine de l'algèbre.

*Diophante* d'Alexandrie vivait, suivant Aboulfarage, sous le règne de Julien, vers 365 de notre ère. Mais cette indication n'est rien moins que certaine. On ignore si c'est le même que l'astronome sur lequel, selon Suidas, Hypatie écrivit un savant commentaire. Ce qu'il y a de certain, c'est que Proclus et Pappus ne l'ont point mentionné. Jean, patriarche de Jérusalem, est le premier qui en ait parlé dans sa *Vie de Jean Damascène*. D'après une épitaphe, rédigée sous forme de problème, et conservée dans l'Anthologie grecque, « Diophante passa la sixième partie de son âge dans la jeunesse, une douzième dans l'adolescence ; après un septième de son âge, passé dans un mariage stérile, et cinq ans de plus, il eut un fils qui mourut après avoir atteint la moitié de l'âge de son père, et celui-ci ne lui survécut que quatre ans. » La solution du problème donne quatre-vingt-quatre ans à Diophante quand il mourut[1].

L'ouvrage, qui a sauvé le nom de Diophante de l'oubli, a pour titre : Ἀριθμητικὰ, *Arithmétiques*. En 1460, Regiomontanus fit le premier mention de cet ouvrage, qu'il avait vu en manuscrit dans la bibliothèque du Vatican. Bombelli en parla plus tard dans son *Traité d'Algèbre* (paru en 1572) ; et ce ne fut qu'en 1575 que Holzmann, plus connu sous le nom de *Xylander*, fit paraître, d'après

---

1. La manière dont le problème est posé, peut s'exprimer ainsi :

$$\frac{1}{6}x + \frac{1}{12}x + \frac{1}{7}x + 5 + \frac{1}{2}x + 4 = x; \text{ d'où } x = 84.$$

Cette manière indique en même temps la méthode suivie par Diophante, qui rappelle celle de l'algèbre.

un manuscrit de la Bibliothèque de Wittenberg, l'ouvrage de Diophante, ou ce qui nous en reste, sous le titre de *Diophanti Alexandrini Rerum Arithmeticarum Libri sex*, avec les *Scholies* de Planude sur les deux premiers livres, Bâle, 1575, in-fol. Xylander n'a donné que la traduction latine sans le texte grec; l'éditeur y a joint le livre sur les nombres polygones, attribués à Diophante : *Liber de numeris polygonis seu multiangulis*. Bachet de Méziriac publia le premier le texte grec de Diophante, accompagné d'une traduction latine plus correcte, et de savants commentaires; Paris, 1621, in-fol. Elle fut réimprimée à Toulouse, en 1670 (édition in-fol., très-rare, dédiée à Colbert), par Pierre de Fermat, fils du célèbre mathématicien de ce nom, avec les précieuses notes que son père avait écrites sur les marges d'un exemplaire de l'édition de Bachet. C'est dans ces notes, et surtout dans les extraits de sa correspondance avec le P. de Billy, qu'on trouve les belles recherches de Fermat sur la théorie des nombres. Le recueil de ces extraits, placé en tête de l'édition, a pour titre : *Doctrinæ analyticæ inventum novum;* il est suivi des commentaires de Bachet sur les *Porismes* de Diophante. — Les six livres de l'*Arithmétique* de Diophante ont été traduits en français, les quatre premiers par Simon Stevin, et les deux autres par Albert Girard; Paris, 1625, in-8. Th. Poselger a donné une traduction allemande du livre *Sur les nombres polygones*, avec les fragments de Théon; Leipzig, 1810, in-8. Otto Schulz a traduit en allemand tout ce qui reste de Diophante (Berlin, 1822, in-8, avec des notes).

Diophante commence son ouvrage par la définition des nombres qu'il appelle des *composés d'une certaine quantité d'unités* (συγκειμένους ἐκ μονάδων πλήθους τινὸς), pouvant être augmenté à l'infini (εἰς ἄπειρον). De là il passe immédiatement au carré, au cube, au carré-carré, au carré-cube et au cube-cube, qu'on obtient en multipliant le même nombre (côté d'un carré, égal à la racine), une fois (deuxième

puissance), deux fois (troisième puissance), trois fois (quatrième puissance), quatre fois (cinquième puissance), cinq
fois (sixième puissance avec lui-même). Ce mot *puissance*
est la traduction littérale du grec δύναμις; mais n'oublions
pas de faire remarquer que δύναμις signifie plus particulièrement *carré*. L'auteur ne va pas au delà du cube–cube ou
sixième puissance. Il emploie les initiales δ (δύναμις) et x
(κύβος), combinées avec la seconde lettre υ, surmontée
d'une barre ῡ, pour désigner ces différentes puissances.
Ainsi, δ͞υ désigne le carré, x͞υ le cube, δδ͞υ le carré-carré, δx͞υ
le carré-cube, et xx͞υ le cube-cube.

Tout nombre déterminé, que les Grecs représentent
par une lettre de l'alphabet, Diophante le fait précéder par le signe μ͞ο (unité); ainsi, ι (dixième lettre de
l'alphabet grec), qui signifie 10, il l'écrit μ͞οι, c'est-à-dire
10 unités, conformément à la définition donnée. Il se sert
de ς' pour désigner, en général, un nombre contenant
une somme d'unités indéterminée. Le nombre inconnu,
ou à trouver, le *x* d'une équation, est le plus ordinairement désigné par le simple mot ἀριθμὸς (nombre).

Les signes d'opération ne sont pas très-anciens. Diophante ne fait encore usage que du signe de soustraction :
ce signe, le premier et le seul jusqu'alors employé (du
moins dans les manuscrits qui nous sont parvenus[1]), a la
forme ⋔ (la lettre ψ renversée). Pour indiquer les opérations de l'addition, de la multiplication et de la division,
il emploie des périphrases. Cependant le signe de la division est souvent représenté chez les Grecs par une barre

1. M. Friedlein, *Die Zahlzeichen*, etc., p. 19 (Erlangen, 1869, in-8),
mentionne, d'après Brugsch, un papyrus grec (dont il n'indique ni
l'âge, ni la provenance), qui donne une barre oblique / comme signe
d'addition, et ⊐, comme signe de soustraction. Il n'y avait qu'à croiser
le signe de l'addition par une seconde barre oblique pour avoir notre
signe de multiplication : X ; avec les mêmes barres, droites croi-
sées, +, on avait notre signe d'addition.

horizontale séparant le dividende du diviseur, comme dans les fractions; cette même barre, expression d'un simple rapport, sépare le numérateur du dénominateur.

### Diophante a-t-il inventé l'algèbre?

Il est arrivé ici ce qui arrive toujours quand on cherche ailleurs ce qui se trouve, au fond, dans l'homme lui-même. On a vainement discuté pour savoir s'il fallait chercher l'origine de l'algèbre chez les Indiens, ou chez les Grecs, ou chez les Arabes; et cela devait être. Que dirait-on de celui qui prétendrait connaître l'époque, le nom du peuple ou du philosophe que l'on voudrait présenter comme l'inventeur des abstractions? On s'en moquerait à bon droit. Eh bien, c'est là l'histoire de l'algèbre. Déjà le seul nom d'*algèbre*[1] fait naître dans beaucoup d'esprits ce sentiment de l'inconnu qui, ailleurs, repousse les uns et attire les autres. Les historiens et les philosophes ne nous semblent pas se rendre suffisamment compte du prestige qui s'attache à des noms mal compris ou mal définis.

L'esprit humain ne marche pour ainsi dire que *dualistiquement*. Une notion déterminée, distincte ou particulière, comme, par exemple, celle de 5, appliquée au nombre des cinq doigts de la main, présuppose immédiatement la notion indéterminée, générale, d'un nombre quelconque : la première domine la seconde en quelque sorte inconsciemment. Mais, tandis que les notions particulières, distinctes,

---

1. On n'est pas encore aujourd'hui d'accord sur l'étymologie de ce nom. La plupart le font venir du nom de *Djebr* ou *Djafar*, nom d'un écrivain arabe, — étymologie purement fantaisiste; — quelques-uns même, comme Helmreich (cité par Nesselmann, p. 46), le font dériver d'*Algebras*, « grand géomètre égyptien, vivant du temps d'Alexandre le Grand. » Cette étymologie doit être mise à côté de celle du roi *Francus*, ayant donné son nom aux Francs. — Nous donnerons plus bas la véritable étymologie du mot *algèbre*.

résultats immédiats de nos impressions sensorielles, ont commencé, dès l'invention de l'écriture, à se traduire par des chiffres ou des mots, les notions générales ont été beaucoup plus lentes à se formuler. Les peuples qui ne sont pas encore entrés dans le courant de la civilisation, manquent d'expressions générales pour désigner, dans leur langage, les idées abstraites. C'est ainsi que les enfants ne comprennent pas avant l'âge la valeur des noms généraux, tels que homme, genre, espèce, etc.; pendant qu'i's distinguent parfaitement les personnes et les objets qui les entourent, par leurs noms particuliers, déterminés.

Quand les anciens géomètres donnaient à des lignes droites des valeurs de nombres, ils faisaient de l'algèbre sans le savoir; car ces lignes étaient supposées contenir une quantité indéterminée d'unités : chacune pouvait désigner un nombre quelconque, comme, en algèbre, $a$, ou toute autre lettre. De là à opérer avec des quantités générales (essence de l'algèbre, qu'on a définie, *arithmétique universelle*), comme on calcule avec des nombres déterminés (*arithmétique spéciale*), il n'y avait qu'un pas. Enfin, ce qui était vrai pour les lignes, l'était aussi pour les triangles, les carrés, les rectangles, etc.; les propositions et les démonstrations, se rattachant au tracé d'une figure géométrique, s'appliquent en même temps à toutes les figures semblables ou de même espèce.

Les arithméticiens qui avaient proposé sous forme de problème, comme aurait pu le faire le premier venu, de trouver, par exemple, un nombre qui, ajouté à 3, donne la somme de 10, faisaient, eux aussi, tout naturellement de l'algèbre. Car ils avaient dû, en guise de réflexion, se dire à eux-mêmes : le nombre qu'il s'agit de trouver est évidemment un nombre *inconnu*; désignons-le par un symbole quelconque, par une croix ou par $x$, et ajoutons-le au nombre connu ou donné 3. D'après l'énoncé du problème, le nombre inconnu, augmenté du nombre connu, doit être égal à 10, ou, en abrégeant (l'algèbre n'est qu'un

langage d'abréviation) : $x + 3 = 10$. Voilà l'expression
d'une égalité ou *équation* (composée de deux membres),
la plus simple possible; car $x + 3$ peuvent être considérés comme les parties ou segments d'une ligne représentée par la somme 10; c'est une équation *linéaire*
ou du premier degré. Le premier membre de l'équation,
étant égal au second (d'où le nom d'*équation*), il est évident
que si l'on ôte l'un de l'autre, le résultat sera égal à zéro;
l'équation ne sera donc pas changée si on l'exprime par
$(x + 3) - 10 = 0$. Pour trouver la valeur de la quantité
inconnue $x$, il faut l'isoler; pour cela, il suffit d'en soustraire la partie connue, en la faisant passer dans l'autre
membre de l'équation. Or, qui ne voit que, pour conserver l'égalité entre deux grandeurs égales, si l'on diminue
l'une d'une certaine quantité, il faudra aussi diminuer
l'autre de la même quantité? Cela n'a pas besoin d'être démontré; c'est un axiome. En l'appliquant au cas en question, on aura donc: $x = 10 - 3 = 7$. En effet, $7 + 3 = 10$.

Si, dès l'origine, les hommes avaient préféré l'exercice
de l'intelligence à celui de la mémoire, ils auraient depuis
bien longtemps mis la main sur ce puissant instrument
d'*analyse*[1], qu'on nomme l'*algèbre*.

Une fois engagé dans cette voie, on ne se serait pas,
j'imagine, arrêté à mi-chemin. Pourquoi n'aurait-on
pas songé à désigner par des lettres, ou par n'importe
quels signes, toutes les quantités, tant celles qui sont
*données* que celles qui sont *à chercher?* On l'a fait, mais
après des tâtonnements séculaires. Supprimons ces tâtonnements, et, pour nous faire mieux comprendre, con-
densons, par hypothèse, dans l'esprit d'un seul penseur
l'œuvre de longues générations. En exprimant toutes les
quantités, *connues* ou *inconnues*, par des lettres, et, pour
ne pas trop brusquer des habitudes invétérées, en dési-

---

1. Nous prenons ici le mot *analyse* dans le sens que lui donnaient
les anciens, dans le sens de *solution*, ἀνάλυσις, d'un problème.

gnant par $s$ la somme (initiale du mot *somme*), et par $d$ la différence (initiale du mot *différence*), nous aurons : $a+b=s$ et $a-b=d$. Pour un esprit réfléchi, il y a là toute une révolution. En effet, les caractères $a$ et $b$ représentent chacun le nombre ou la quantité que l'on voudra; seulement, pour éviter tout embarras, quand une fois on a spécifié la valeur de $a$, il ne faudra pas donner la même valeur à $b$; $a$ et $b$ doivent donc être considérés comme deux quantités quelconques, mais inégales. Si l'on veut que à $a$ soit égal $b$, on écrira $2a=s$ : et alors $d$ (la différence) sera égal à zéro : $a-b=0$. Mais qui ne s'aperçoit alors que les signes ou symboles indiquent tout à la fois la manière dont les quantités sont combinées entre elles et les opérations à faire? qui ne voit enfin que la *notation* prend tout à coup une importance extrême? Voilà donc l'instrument acquis; mais pour s'en servir utilement il ne faut pas se perdre dans le vague des abstractions. De même que le corps a besoin d'un point d'appui solide, l'esprit demande, dans ses généralisations, à s'appuyer sur le particulier ou le concret, c'est-à-dire sur des quantités exprimées par des nombres, par des lignes ou des figures géométriques. C'est en passant ainsi alternativement du particulier au général et du général au particulier que l'esprit avance.

Reprenons $a+b=s$. Si l'on donne à $s$, par exemple, la valeur de 10, le choix des nombres pour $a$ et $b$ ne sera plus illimité : il sera renfermé dans les limites, tracées par 10 (quantité déterminée). Or, on demande, je suppose, deux nombres dont la somme soit 10. La question peut être résolue de six manières différentes : $5+5=10$; $6+4=10$; $7+3=10$; $8+2=10$; $9+1=10$; $10+0=10$; en général, $s$ peut être numériquement représenté de $\frac{s}{2}+1$ manières différentes. C'est ce qu'on nomme un problème *indéterminé*. Les problèmes de ce genre, cas d'*analyse indéterminée*, sont très-fréquents dans Diophante.

Dans l'exemple cité, on remarquera que si $6+4$, $7+3$, $8+2$, etc., reproduisent toujours la même somme $=5+5$, c'est qu'ils *oscillent* autour de la demi-somme, $\frac{s}{2}$, de manière que si l'on augmente l'un d'une certaine quantité, l'autre devra être diminué de la même quantité. Par exemple : $(5+1)+(5-1)=(5+2)+(5-2)$, etc. $=2\times5=10$ et d'une manière générale $(a+b)+(a-b)=2a$.

Ainsi, $a$ exprime la demi-somme $\frac{s}{2}$, et $2a$ la somme entière, $s$. Ce mode de représentation montre en même temps pourquoi *la moitié de la somme de deux quantités, plus la moitié de leur différence*[1] *donne la plus grande, et la moitié de la somme moins la moitié de leur différence donne la plus petite*. Cette règle est fondamentale.

La scène change lorsqu'il s'agit de multiplier, l'un par l'autre, les mêmes nombres qui, par leur addition, donnent toujours la même somme. Les produits ainsi obtenus sont non-seulement *tous inégaux entre eux*, mais il y a un produit *maximum* et un produit *minimum*. Le produit *maximum* est celui des deux moitiés (produit de deux facteurs égaux) : ce produit est donc un carré; le produit *mininum* est égal à zéro. Les autres produits viennent se placer régulièrement entre ces deux limites. En effet, dans l'exemple cité, $6\times4=24$; $7\times3=21$; $8\times2=16$; $9\times1=9$, sont intermédiaires entre $5\times5=5^2=25$ et $10\times0=0$. Et ces différents produits sont *égaux à la différence entre le carré du plus grand nombre et le carré du plus petit*. Voilà, certes, un beau résultat, qui a pour expression générale $a^2-b^2$. En effet, $24=5^2-1^2$, $21=5^2-2^2$, $16=5^2-3^2$, $9=5^2-4^2$. Comment sommes-nous arrivé à ce résultat? En concevant les nombres

---

1. Dans la formule $(a+b)+(a-b)=2a$, la quantité *oscillante*, $b$, exprime la demi-différence, $\frac{d}{2}$.

comme oscillant binairement autour de la demi-somme de leurs facteurs. Cette conception disparaît dans le système de numération universellement adopté; aussi n'y serait-on jamais arrivé par la représentation numérale ordinaire : $6 \times 4 = 24$, $7 \times 3 = 21$, etc. Mais, si, au lieu d'écrire 6 et 4, 7 et 3, etc., on écrivait $5+1$ et $5-1$, $5+2$ et $5-2$, etc., et qu'on multipliât $5+1$ par $5-1$, $5+2$ par $5-2$, etc., et d'une manière générale, $a+b$ par $a-b$, on aurait immédiatement le résultat que nous venons d'énoncer. Le produit *maximum* a lieu lorsque la différence entre $a$ et $b$ est égale à 0; en ce cas $a$ est égal à $b$, conséquemment $aa = a^2 = \left(\dfrac{s}{2}\right)^2$ ; mais si $d = a - b$ est plus grand que zéro, les produits intermédiaires auront pour expression générale $\left(\dfrac{s}{2}\right)^2 - \left(\dfrac{d}{2}\right)^2 = a^2 - b^2$.

Cependant l'esprit géométrique n'est pas encore satisfait, tant qu'il ne s'est pas assuré *intuitivement*, par construction et par nombre, de la vérité d'une proposition.

Tout produit de deux facteurs égaux est un carré, ayant pour côté la racine, ou le nombre d'unités contenues dans le facteur simple. Tout produit de deux facteurs inégaux est exprimable par un rectangle, c'est-à-dire par le produit de deux parties ou segments d'une ligne, et ce rectangle peut être égal à un carré, même en nombres. Mais ce cas n'arrive qu'à la condition que le côté du carré soit la moyenne proportionnelle entre les deux segments de la ligne. Cette condition est remplie par la perpendiculaire qu'on abaisse de l'angle droit d'un triangle rectangle sur l'hypoténuse. Le carré de cette perpendiculaire, égal au produit des segments de l'hypoténuse, est pour les côtés homologues du triangle ce que, dans une simple proportion, le second terme une fois répété et multiplié (moyenne proportionnelle) est pour les deux extrêmes. Par exemple : $2 : 6 :: 6 : 18$; d'où $6^2 = 2 \times 18$; et, d'une manière générale, $a : b :: b : c$; d'où $ac = b^2$.

Mais laissons ce cas de côté, et, revenant à $a^2 - b^2$, essayons, avec le produit de $a+b$ par $a-b$, considéré comme deux portions d'une ligne, de construire une figure géométrique. On remarquera d'abord que, pour arriver au résultat final, il faut (fig. 26) annuler $2ab$, c'est-à-dire le double du produit rectangulaire (indiqué par des points), de manière qu'il ne reste que $b^2$ à déduire de $a^2$. En rétablissant $2ab$ (rétablissement indiqué par des points) et ajoutant $b^2$, nous aurons $(a+b) \times (a+b) = a^2 + 2ab + b^2 = (a+b)^2$. Voyons le contrôle numérique, dont on ne devrait jamais se dispenser. Soit, par exemple, $a+b=5 + 3$, et $a-b=5-3$; en multipliant $5+3$ par $5-3$, nous aurons $25(+15-15)-9 = 5^2 - 3^2 = 16$; et en rétablissant les deux produits rectangulaires $(3 \times 5) + (3 \times 5) = 30$, et les joignant à 25 et à 9, nous aurons 64, qui est le carré de $8 = (5+3)^2$.

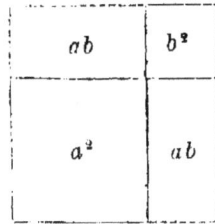

Figure à droite : un rectangle subdivisé en quatre cases marquées $ab$, $b^2$, $a^2$, $ab$.

Fig. 26.

Les équations, où figurent des produits qui ne dépassent pas le carré, sont des équations quadratiques ou du second degré. Ainsi, « trouver un nombre dont la moitié multipliée par le tiers fasse 24, » voilà un problème déterminé, qui rentre dans l'équation du second degré. Soit $x$ le nombre à trouver; sa moitié est $\frac{1}{2}x$, son tiers $\frac{1}{3}x$.

Multipliant $\frac{1}{2}x$ par $\frac{1}{3}x$, on a $\frac{1}{6}xx$ ou $\frac{1}{6}x^2$; et, parce que ce produit doit égaler 24, on formera l'équation $\frac{1}{6}x^2 = 24$.

Multipliant par 6, on a $\frac{6}{6}x^2 = 6 \times 24$, ou $x^2 = 144 = 12^2$; extrayant la racine, on trouve $x=12$. C'est, en effet, là le nombre dont la moitié, ou 6, multiplié par son tiers, ou 4, fait 24. Il y a beaucoup de problèmes de ce genre dans Diophante.

Résumons-nous. Sans doute l'algèbre, telle que nous l'avons, n'est pas sortie, armée de toutes pièces, de la tête de Diophante. Mais ses propositions peuvent être toutes exprimées algébriquement, ainsi que la plupart de celles d'Euclide. Les Arabes s'y sont, comme nous le verrons, les premiers essayés. Mais c'est chez les Grecs, et notamment dans Diophante, qu'il faut chercher les premiers linéaments de l'algèbre.

# LIVRE CINQUIÈME.

## PÉRIODE DE TRANSFORMATION.

La diffusion du christianisme amena la décomposition du vieux monde païen, et ce ferment de rénovation sociale fut puissamment secondé par l'invasion des barbares, ardents sectaires de la foi nouvelle. Aussi l'empire romain, déjà sapé au dedans par la corruption et la mollesse de ses citoyens, avides de jouissances matérielles, finit-il par tomber sous les attaques réitérées de hordes guerrières jusqu'alors inconnues. Au moment de sa chute il se scinda en deux parties, assez grandes pour former chacune un empire, l'empire d'Occident et l'empire d'Orient. Dans cet écroulement universel, les sciences se réfugièrent d'abord à Athènes, leur ancien foyer ; puis de là elles se transportèrent bientôt à Byzance, devenue depuis Constantin le Grand la capitale de l'Orient. Elles y demeurèrent fixées jusqu'à la prise de Constantinople par les Turcs. L'intronisation de cette race asiatique, touranienne, mit fin à l'empire grec d'Orient. Rome continuait encore à être la capitale de l'empire d'Occident, mais sa puissance déclinait rapidement. Vainement Charlemagne et ses successeurs prenaient-ils le titre d'empereurs romains : le christianisme, poursuivant son œuvre de destruction et de rénovation à la fois, gagna le Centre, l'Ouest et le Nord de l'Europe. Dans l'intervalle, on voit sortir, du fond de l'Arabie, une race fanatisée par la voix de Mahomet, race avide de conquêtes et de lumières : elle devait achever, au Midi, à l'Est et à l'Ouest, la ruine de l'empire Romain.

Ce coup d'œil rapide, jeté sur la période de dissolution et de transformation du plus grand des empires, *orbis terrarum*, période qui devait aboutir aux temps modernes et continuer de là encore à exercer son influence, nous trace le cadre à remplir; elle nous indique, comme autant de chapitres, 1º l'école d'Athènes ; 2º l'école byzantine; 3º l'époque romaine depuis Auguste jusqu'à Charlemagne; 4º l'époque arabe; 5º le moyen âge proprement dit.

# CHAPITRE I.

## ÉCOLE D'ATHÈNES.

L'école d'Athènes, qu'on devrait nommer école *Alexandrino-Athénienne*, n'eut qu'une durée éphémère au sixième siècle de notre ère; elle ne laissa guère de traces de son passage : aux esprits en désarroi il faut du temps pour se recueillir et s'orienter.

*Proclus* (mort en 485, à l'âge de soixante-treize ans) succéda à Syrianus dans l'enseignement néo-platonique de la récente école d'Athènes. Commentateur de Platon, il publia un *Traité de la Sphère* dont nous avons parlé dans notre *Histoire de l'astronomie* (p. 237). Persécuté par les chrétiens comme l'un des principaux défenseurs du platonisme et des doctrines païennes, Proclus se plaisait à dire : « Que m'importe le corps! c'est l'esprit que j'emmène avec moi quand je mourrai. »

*Marinus* de Néapoli, bien distinct du géographe *Mari-*

*nus* de Tyr (qui vivait au second siècle de notre ère), Isidore de Milet et Eutocius, succédèrent à Proclus dans l'école d'Athènes. Le premier écrivit une *Introduction aux données d'Euclide*, qui, dans la plupart des éditions, se trouve imprimée en tête de ce livre. Le second fut associé à Anthémius pour la construction de l'église de Sainte-Sophie à Constantinople.

*Eutocius*, le plus connu des succeseurs de Proclus, vivait sous le règne de Justinien. Il a laissé des *Commentaires sur les quatre premiers livres des Coniques* d'Apollonius, ainsi que *Sur la sphère et le cylindre*, *Sur la quadrature de la parabole* et *Sur l'équilibre des corps flottants* d'Archimède. Le texte de ces Commentaires se trouve dans les principales éditions grecques d'Archimède et d'Apollonius. Ils contiennent beaucoup de renseignements précieux sur le problème de la duplication du cube et sur d'anciens géomètres aujourd'hui perdus. Eutocius fut le disciple d'Isidore de Milet. Ses œuvres n'ont jamais été ni imprimées ni traduites séparément.

*Anthémius*, natif de Tralles, en Lydie, mort à Constantinople en 534, enseignait probablement les mathématiques à Athènes lorsqu'il fut appelé par Justinien à Constantinople pour y construire l'église de Sainte-Sophie. A peine cette église monumentale fut-elle achevée, qu'un tremblement de terre en renversa le dôme; mais l'empereur le fit rétablir aussitôt[1].

Anthémius paraît avoir connu, bien avant Salomon de Caus et Papin, la force de la vapeur. Voici ce que raconte Agathias, dans le cinquième livre de son *Histoire du règne*

1. On n'y employa, dit-on, que des pierres ponces pour le rendre plus léger; et Anthemius composa à cette occasion un ciment formé de chaux, de briques pilées, d'écorce de platane hachée, et d'orge bouillie délayée avec de l'eau tiède, ciment qui passait pour acquérir la dureté du fer.

*de Justinien* (de l'an 532 à 559) : « Un homme (c'était Anthémius) perdit un procès contre un de ses voisins, nommé Zénon. Pour se venger de lui, il dispose, un jour, dans divers endroits de sa maison, plusieurs grandes chaudières pleines d'eau, qu'il bouche fort exactement par-dessus, et sur les trous, par lesquels l'eau bouillante devait s'évaporer, il met de longs tuyaux de cuir bouilli, larges à l'endroit où ils étaient cousus et attachés aux couvercles, et allant en se rétrécissant par le haut en forme de trompettes. Le plus étroit de ces tuyaux répondait aux poutres et aux soliveaux du plancher de la chambre où étaient les chaudières. Il met le feu dessous les chaudiè-res, et comme l'eau bouillait à gros bouillons, les vapeurs épaisses montaient en haut par les tuyaux et, ne pouvant avoir leur issue libre parce que les tuyaux étaient étroits par le bout, faisaient branler les poutres et soliveaux, non-seulement de la chambre, mais de toute la maison d'Anthémius et de celle de son voisin, qui pensait que c'était un tremblement de terre, de sorte qu'il l'aban-donna, dans la crainte d'y périr. » — Cette chaudière d'eau bouillante et cette vapeur comprimée n'auraient-elles pas pu conduire à l'invention des machines à vapeur? Ce qu'il y a de curieux, c'est que les premiers essais de la force motrice de la vapeur n'aient servi qu'à des amuse-ments.

On a d'Anthémius un petit ouvrage, intitulé *Des engins merveilleux* (Περὶ παραδόξων μαχημάτων), dont Dupuy a publié un fragment (Paris, 1777, in-4 de 41 pages). On y trouve quatre problèmes d'optique, dont le premier consiste à faire passer un rayon de soleil par un point, de manière qu'il soit perpétuellement réfléchi sur un point donné. An-thémius démontre que la forme de ce miroir doit être celle d'un miroir elliptique concave, ayant pour foyers les points donnés.

*Philoponus* et *Didyme* furent les derniers mathématiciens de l'école Alexandrino-Athénienne. L'un et l'autre sont fort peu connus. Philoponus composa un *Traité de l'Astrolabe* et un *Commentaire* sur Nicomaque (Introduction à l'arithmétique), qui se trouve en manuscrit à la Bibliothèque nationale de Paris (n° 2482, ancien fonds). Didyme, surnommé *Khalkenteros* (entrailles de bronze), s'était principalement livré à l'étude de l'harmonie musicale : il apporta quelques modifications à la division des tons majeurs et mineurs de la gamme.

# CHAPITRE II.

## ÉCOLE BYZANTINE.

Byzance, dont le nom devait bientôt se changer en celui de *Constantinople* (ville de Constantine), ne fut guère propice au développement de la science. Aux recherches de l'esprit investigateur s'y étaient substituées des subtilités théologiques et des disputes de grammairiens. L'époque qui s'étend depuis le septième siècle jusqu'au milieu du quinzième est une des époques les plus stériles en découvertes scientifiques. Aussi n'avons-nous à signaler que quelques noms de peu d'importance.

Nous avons parlé plus haut de *Héron* le jeune, qui appartient à l'école byzantine et qui a été souvent confondu avec Héron d'Alexandrie[1].

*Léon VI*, surnommé *le Sage*, mort en 911, écrivit, entre autres, *Sur l'art militaire*, et fonda à Constantinople une école de mathématiques. Mais cet empereur, ainsi que l'empereur *Constantin Porphyrogénète* (mort en 959), également ami des sciences, échouèrent dans leurs tentatives pour ranimer les études de l'astronomie et des mathématiques. Les esprits étaient alors trop absorbés par les disputes religieuses et les troubles politiques.

Du dixième au douzième siècle on ne rencontre que

1. Voy. p. 243.

*Psellus*, le seul homme qui ait, dans cet intervalle, cultivé les sciences mathématiques. On a sous son nom ou sous celui de Pachymère un opuscule assez insignifiant, *Des quatre parties des mathématiques* (arithmétique, géométrie, musique et astronomie). Il existe en manuscrit (n° 2338) à la Bibliothèque nationale de Paris.

*Nicolas de Smyrne*, dont il est difficile de fixer l'époque, écrivit *Sur la manière de compter avec les doigts* (ἔκφρασις δακτυλικοῦ μέτρου), méthode expliquée en détail par Rödiger, *Ueber die im Oriente gebräuchliche Fingersprache*, p. 121 (dans le *Rapport annuel de la Société orientale allemande*). La Bibliothèque nationale de Paris possède, sous le n° 2428 (manuscrits grecs, ancien fonds), un opuscule arithmétique de Nicolas de Smyrne, intitulé : *Nicolaï Smyrnæi, Artabasdi Rhabdæ opusculum commune arithmeticum* (inédit).

*Barlaam*, religieux de Saint-Basile, mort vers 1848, fut envoyé à Avignon (où résidaient alors les papes) par Andronic le jeune avec la mission d'opérer la réunion des Églises grecque et latine. A son retour il eut de vives controverses avec Palamos, moine du mont Athos, chef des quiétistes qui, appuyant leur barbe sur la poitrine et fixant leurs yeux sur le nombril, prétendaient voir la lumière incréée des apôtres sur le mont Thabor. Barlaam donna des leçons de grec à Pétrarque pendant son séjour à Avignon. Il avait la réputation d'un habile mathématicien, en partie justifiée par un ouvrage intitulé : Λογιστικῆς *sive arithmeticæ algebraicæ libri IV*, publié en grec et latin, à Strasbourg (1578, in-8) et à Paris (1606, avec les scolies de Chamber). Cet ouvrage est intéressant en ce qu'il fait connaître la méthode laborieuse qu'employaient encore les Grecs pour faire leurs calculs de fractions et de divisions sexagésimales. Son *Traité sur la manière de calculer les éclipses de Soleil* est resté inédit.

Le moine *Argyrus* composa de nombreux ouvrages, dont la plupart sont encore inédits. Citons, dans le nombre un petit *Traité sur le Canon pascal* (Πασχάλιος Κανὼν), écrit en 1373, et publié en 1611, avec une traduction latine par Jacques Christmann, d'après un manuscrit de la Bibliothèque de Heidelberg; on le trouve aussi dans l'*Uranologium* de Petau; — *Apparatus astrolobii*, dans les mss. de la Bibliothèque du Vatican; — *De reducendis triangulis non rectis ad rectos*, dans la Bibliothèque Bodleïenne d'Oxford; — *De reducendo calculo astronomicorum Canonum Ptolemæi ab annis ægyptiacis et ab Alexandrino meridiano, ad annos romanos et ad meridianum Constantinopoleos*, dans la Bibliothèque de Vienne; — *Methodus geodesiæ*, dans la Bibliothèque de l'Escurial; — *Methodus solarium et lunarium cyclorum*, dans la Bibliothèque de Leyde; — *Geometrica aliquot problemata*, dans la Bibliothèque nationale de Paris (n° 2418 des mss. grecs).

Le moine grec *Planude* (Maxime), envoyé en 1327 comme ambassadeur à Venise par Andronic II, commenta les deux premiers livres de Diophante. La traduction latine de ses Commentaires se trouve dans l'édition de Diophante par Xylander. Son opuscule sur l'*Arithmétique selon les Indiens* (Ψεφογορία κατὰ Ἰνδοὺς) a été publié par C. J. Gerhardt (Halle, 1865, in-4). La Bibliothèque nationale de Paris possède un petit traité de Planude inédit, *Sur les proportions* (ms. n° 2353, ancien fonds).

Le chroniqueur Georges *Pachymère* a laissé un traité *Sur les lignes insécables* (Περὶ ἀτόμων γραμμῶν), publié par Casaubon, dans son édition d'Aristote, et séparément par Schegk, Paris, 1629, in-12; — un traité de mécanique *De quatuor machinis*, et un autre *Sur l'arithmétique*, conservés en manuscrits dans diverses bibliothèques.

Emmanuel *Moschopulus*, grammairien, clôt cette aride liste des écrivains du Bas-Empire, qui ne s'étaient livrés qu'occasionnellement aux études astronomiques et mathématiques. On a sous le nom de cet auteur un petit traité *Sur les carrés magiques;* il fut traduit en latin par La Hire et communiqué à l'Académie des sciences en 1705. Comme

il y avait deux Moschopulus portant l'un et l'autre le surnom d'*Emmanuel*, on ne sait au juste lequel des deux composa cet opuscule, conservé en manuscrit (n° 2428) à la
Bibliothèque nationale de Paris. Peut-être est-ce celui
qui se réfugia en Italie après la prise de Constantinople
par les Turcs, en 1453.

Les *Carrés magiques* étaient un amusement digne de
figurer sur la même ligne que les futiles controverses des
théologiens byzantins. Il s'agissait d'inscrire des nombres
dans de petits compartiments carrés, dont l'ensemble
formait un grand carré; ces nombres devaient être choisis
et arrangés de telle façon, qu'en les additionnant horizontalement, verticalement ou diagonalement, ils donnassent
toujours la même somme. Ces carrés magiques, où le
nombre des sept planètes jouait un grand rôle, servaient
d'amulettes ou de talismans.

# CHAPITRE III.

## ÉPOQUE ROMAINE DEPUIS AUGUSTE JUSQU'À CHARLEMAGNE.

Aucun des écrivains romains de cette époque ne s'est spécialement occupé de mathématiques. C'est à peine si l'on rencontre, çà et là, dans Varron, Pline, Macrobe, etc., quelques rares indications sur la manière de compter ou le calcul des Romains. L'arithmétique ne les intéressait guère que par ses applications pratiques à la vie commerciale; et leur géométrie se bornait aux opérations des *agrimensores* ou *gromatici*. Du petit nombre d'écrivains qui passaient pour avoir écrit sur la science dont nous essayons de tracer l'histoire, il ne nous reste à peu près rien. L'ouvrage de *Firmicus Mæternus* (*Matheseos libri VIII*), qui fut pour la première fois imprimé à Venise en 1497, ne traite guère que de l'astrologie judiciaire.

*Varron, Columelle, Vitruve, Frontin, Apulée de Madaure, Hygin, Aulu-Gelle, Censorin, Végèce, Volusius Mæcianus*, traitaient dans leurs écrits des nombres fractionnaires, cause de tant de difficultés, que la plupart des commentateurs et interprètes n'ont fait qu'embrouiller [1].

La *manière de compter avec les doigts* était très en usage chez les Romains, et paraît avoir été particulièrement perfectionnée à l'époque de la décadence. Ainsi, en pliant,

1. Friedlein, *Die Zahlzeichen und das elementare Rechnen der Griechen und Römer*, p. 35-42 (Erlangen, 1869, in-8).

inclinant et combinant de diverses manières les phalanges des doigts de la main gauche, ils pouvaient compter jusqu'à 99. De là ils passaient à la main droite : ce qui à la main gauche était *un* (le petit doigt plié de façon à toucher la paume de la main) devenait *cent* à la droite ; ce qui à la gauche était *deux* (le petit doigt et l'annulaire pliés vers la paume de la main) devenait *deux cents* à la droite, et ils procédaient ainsi successivement jusqu'à figurer 900 dans la main droite, de la même manière que dans la gauche ils figuraient 9. Puis, ce qui était 10 à la gauche, faisait 1000 à la droite, et ainsi de suite jusqu'à 9000, qui était figuré à la main droite comme 90 à la main gauche. *Juvénal* (liv. IV, satire x) parle de cette manière de compter les centaines avec la main, quand il dit de Nestor :

> Felix nimirum qui per tot sæcula mortem
> Distulit, atque suos jam dextra computat annos.

*Pline* (*Hist. nat.*, xxxiv, 7, 16 de l'édit. Lemaire) et *Macrobe* (*Saturnales*, I, 9) indiquent cette manière de compter avec la main gauche les nombres inférieurs à 100, et avec la main droite les centaines, en parlant de la statue de Janus qui présidait à l'année égyptienne : la main droite de cette divinité à deux têtes indiquait, par ses doigts (petit, annulaire et médius) pliés, le nombre 300, et avec la main gauche, elle représentait sous la forme d'une figue le nombre 365[1].

1. Voy., sur la numération dactylique chez les anciens, saint Jérôme, *Commentaire* (I, 13) sur l'Évangile de saint Matthieu ; Isidore de Séville, Bède, Nicolas de Smyrne ; Chems-Eddin-El-Mossouli (*le Guide du Kitab*, publié dans le *Bulletin de bibliographie et d'histoire des sciences mathématiques* de M. B. Boncompagni, octobre 1868), et Pérez de Moya, *Tratado de mathematicis*, dans le même numéro du même *Bulletin*; comparez aussi Friedlein, p. 5-7 et 26.

**Martianus Capella. — Victorius. — Priscien.
Cassiodore.**

Nous avons déjà parlé ailleurs (*Histoire de l'astronomie*, p. 249) de Martianus Capella (de la fin du v$^e$ siècle)
et de son ouvrage encyclopédique, portant le singulier titre *de Nuptiis Philologiæ et Mercurii*. La *Géométrie*, qui y
est représentée sous les traits d'une femme, fait son entrée sous la conduite de Minerve :

Virgo armata, rerum sapientia, Pallas.

Un cercle dans la main droite, une sphère dans la gauche, et revêtue du *peplon*, la Géométrie est figurée debout sur le zodiaque. Elle explique d'abord aux dieux
attentifs la forme, la situation et la division de la Terre.
Elle veut ensuite leur montrer les éléments des mathématiques pures ; mais, voyant que les dieux s'ennuyaient
à l'entendre, elle leur offre l'ouvrage d'Euclide. Après
une courte pause, pendant laquelle la Volupté raille Mercure de ce qu'il permet à Minerve d'empiéter sur le domaine de Vénus, l'*Arithmétique* (formant le septième livre
de l'ouvrage de Capella) est introduite :

Postquam conticuit prudens Permensio terræ.

C'est une femme de belle prestance, la tête entourée de
rayons symboliques, et comptant sur ses doigts toujours
en mouvement. Elle parcourt ainsi tous les nombres avec
leurs fractions, depuis l'unité jusqu'à la décade. Pendant
cet exercice, Silène boit, s'endort, et égaye un instant les
dieux par ses prodigieux ronflements. Tout à coup, sur
un ordre d'Apollon, apparaît un globe creux, resplendis-
sant, d'où sort l'*Astronomie* (huitième livre), vierge à chevelure étincelante, aux membres constellés et aux épaules
ailées.

Dans le septième livre consacré à l'Arithmétique, on remarque que les termes grecs des nombres fractionnaires, tels que : ἡμιόλιος, ἐπίτριτος, ὑφημόλιος, ὑπότριτος, sont littéralement traduits par *superdimidius*, *supertertius*, *subdimidius*, *subtertius*, etc. Les nombres 1 $\frac{2}{3}$, 1 $\frac{3}{4}$, $\frac{3}{5}$, $\frac{4}{7}$, etc., sont simplement désignés par *partium ratio supertertio*, *superquarto*, *subtertio*, *subquarto proxima*, etc.

*Victorius*, qui vivait vers le milieu du cinquième siècle, a écrit un petit traité d'arithmétique, intitulé *Calculus*, dont M. Kinkelin a rendu compte dans les Actes de la Société des naturalistes de Bâle, et M. Friedlein a publié la Préface dans le *Bullettino* de B. Boncompagni, novembre 1871. On y trouve des subtilités, concernant l'unité, qui rappellent la dialectique du moyen âge.

*Priscien*, peut-être le même que le grammairien, contemporain de Martianus Capella, a écrit un livre assez insignifiant[1] sur les figures des nombres (*de Figuris numerorum*), qui a été imprimé aussi sous le titre : *de Ponderibus et Mensuris*. La meilleure édition en a été donnée par Endlicher (Vienne, 1828). On y trouve les divisions de la livre (*libra*) en once (*uncia*), en scrupule (*scripulus*) ou obole, en silique (*siliqua*) ou drachme.

*Cassiodore*, ministre de Théodoric, de Théodat et de Vitigès, rois des Ostrogoths (mort vers 566, presque centenaire), donna, dans son ouvrage *de Institutione divinarum litterarum*, imprimé dans ses *Œuvres complètes* (Venise, 1729, in-fol.), des instructions pour l'enseignement du *trivium* et du *quadrivium*, qui furent suivies pendant tout le moyen âge. L'arithmétique, la géométrie, l'astronomie et la musique composaient le *quadrivium*. Les sciences et les lettres devaient bientôt dégénérer en

1. Hultsch, dans le *Philologus*, XXII, p. 202 et suiv.

logomachies et en purs cliquetis de mots, d'où se trouvait
exclue toute idée saine et progressive.

### Boèce. — Isidore de Séville. — Bède.

*Boèce* ou *Boethius* était contemporain de Cassiodore, et
(en 490) conseiller de Théodoric, roi des Ostrogoths. Il
consacrait tous ses moments à l'étude de la philosophie et
des mathématiques, et passait pour habile à fabriquer des
clepsydres et des gnomons. Ses connaissances, de beaucoup supérieures à celles de ses contemporains, le rendirent bientôt suspect auprès de son souverain barbare.
Accusé de conspirer avec l'empereur grec (Justinien) pour
délivrer Rome du joug des Ostrogoths, Boèce fut jeté,
comme traître et magicien, dans un cachot, à Ticinium
(Pavie). Ce fut dans la prison, où il mourut étranglé, qu'il
écrivit son beau livre *de Consolatione philosophiæ*, dialogue animé entre l'auteur et la Philosophie, qui lui apparaît sous les traits d'une femme. « Ton exil, lui dit-elle,
t'attriste ; mais sache, mon enfant, que personne ne peut
te bannir de ta patrie, — la patrie céleste, — si ce n'est
toi-même. »

Boèce révéla à ses contemporains les œuvres d'Aristote ; pendant des siècles, on continua d'enseigner la
philosophie péripatéticienne d'après les commentaires de
Boèce sur les *Catégories*, les *Analytiques*, les *Topiques*, etc.,
d'Aristote. C'est lui encore qui fit connaître aux chrétiens barbares de son temps les principaux astronomes
et mathématiciens de l'antiquité païenne. Son *Arithmétique* peut être considérée comme une traduction libre de
Nicomaque, comme la *Géométrie* qu'on lui attribue, et
qui paraît être d'un auteur postérieur à Boèce, est une
traduction abrégée d'Euclide.

Les écrits mathématiques de Boèce, comprenant deux
livres sur l'arithmétique (*de Institutione arithmetica li-*

*bri II)*, cinq livres sur la musique (*de Institutione musica libri V*), et la *Géométrie*, ont été publiés par G. Friedlein, Leipzig (Teubner), 1867, in-12[1]. Ils ont été analysés, et leur authenticité, particulièrement celle de la *Géométrie*, a été longuement discutée par M. Cantor (*Mathematische Beiträge*, p. 181 et suiv.) et par Th. H. Martin (*les Signes numéraux et l'arithmétique chez les peuples de l'antiquité et du moyen âge*, Rome, 1864, in-4).

*Isidore de Séville*, qui vécut un siècle après Boèce, a laissé, sous le titre *Origines* ou *Etymologiæ*, une sorte d'encyclopédie en vingt livres, résumant les connaissances de son temps[2]. Les treize premiers chapitres du IIIe livre sont consacrés à l'arithmétique et à la géométrie. L'auteur fait venir le nom de *numerus*, nombre, de *nummus*, pièce de monnaie; *decem*, dix, du grec δεσμὸς, lien, parce qu'il lie entre eux les nombres qui lui sont inférieurs; *mille*, de *multitudo*. Il signale ensuite les nombres sacrés de l'Écriture, traite succinctement des pairs et des impairs, des nombres linéaires, polygones et polyèdres, etc. Puis il consacre trois courts chapitres à quelques définitions de la *géométrie*, qu'il distingue de l'arithmétique, « parce que la géométrie a pour caractère la multiplication, tandis que l'arithmétique est fondée sur l'addition. » — La meilleure édition des *Origines* d'Isidore de Séville est celle qui forme le tome III du *Corpus grammaticorum Latinorum veterum*, de Lindemann (Leipzig, 1833, in-4).

*Bède le Vénérable*, dont nous avons déjà parlé dans l'*Histoire de l'astronomie* (p. 251), a composé un petit traité d'arithmétique (*de Numeris*), et un autre, *de Numerorum divisione*, où l'on voit combien cette opération embarras-

1. Les Œuvres complètes de Boèce parurent à Bâle, en 1570, in-fol.
2. Voy. notre *Histoire de l'astronomie*, p. 250.

sait alors les calculateurs. Enfin il a écrit divers traités géométriques et astronomiques (*de Circulis, Sphæra et Polo; de Astrolabio; de Mensura horologii*, etc.).

Giles a donné une édition des Œuvres complètes de Bède (*Venerabilis Bedæ opera quæ supersunt omnia*, Londres, 1843, 12 vol. in-8).

# CHAPITRE IV.

## L'ÉPOQUE ARABE.

Jusqu'au siècle de la Renaissance, les plus grands mathématiciens comme les plus grands philosophes grecs
n'étaient connus, dans l'Europe chrétienne, que par des
traductions arabes. Dès le règne d'Almamoun, Euclide[1],
Apollonius, Théodose, Ménélaüs, Hypsiclès, avaient été
translatés. Mais les Arabes ne se bornaient pas seulement à traduire les Grecs; ils entreprirent de les com-
menter, d'en développer les doctrines ou méthodes, et
contribuèrent, entre autres, puissamment à la fondation
de la trigonométrie moderne. Dès le neuvième siècle, ils
substituèrent aux cordes les sinus (demi-cordes), et, par
l'emploi des tangentes, ils simplifièrent, plus tard, l'expression des rapports circulaires, d'abord si longue et si
embarrassée[2].

1. Voy. J. C. Gartz, *De interpretibus et explanatoribus Euclidis
arabicis Schediasma historicum*, Halle, 1823, in-4. Parmi les traducteurs arabes d'Euclide, il faut particulièrement citer Nassir-Eddin (traduction imprimée à Rome en 1594, in-4, et à Londres, en 1657,
in-fol.).

2. Delambre, *Histoire de l'astronomie du moyen âge*, p. 151-152.
Sédillot, *Matériaux pour servir à l'histoire comparée des sciences ma-.
thématiques chez les Grecs et les Orientaux*, t. I, p. 377-378.

### Albategni.

Substitution des sinus aux cordes. — Origine du mot *sinus*.

*Albategni* ou *Albatenius* (né à Baten en 877, mort à Bagdad en 929 de J. C.), surnommé le *Ptolémée Arabe*[1], fit une innovation importante (dont on a voulu lui contester la priorité), en substituant les sinus aux cordes. Le passage qui s'y rapporte est tiré de son traité *de la Science des astres*, qui parut en latin, avec le commentaire de Regiomontanus, à Bologne, en 1537 (in-4, 1re édit.).

Albategni divise, comme Ptolémée, le diamètre en 120 parties, conséquemment le rayon en 60 parties. Puis il détermine la corde de 120°, la corde du supplément d'un arc quelconque dont la corde est déjà connue, les cordes de 90°, de 36° et de 72°; enfin il emprunte à Ptolémée les théorèmes suivants : « Si l'on a les cordes de deux arcs, on aura aussi celles de leur somme et de leur différence; — si l'on connaît la corde d'un arc, on aura aussi celle de sa moitié; — si les arcs sont petits, leurs cordes seront entre elles à très-peu près comme les arcs. » Le commentateur Regiomontanus ajoute ici une démonstration, assez obscure, du procédé qui sert à trouver la corde de la moitié de l'arc.

Mais dans l'exposition de ce qui suit, l'auteur arabe cesse de copier Ptolémée.

« Le diamètre EC qui divise, dit-il, en deux arcs égaux l'arc AB (voy. fig. 27), divise pareillement la corde AB en deux parties égales, AD et DB, qui sont les moitiés de la corde de l'arc double AB. Or, la corde est au demi-diamètre (rayon) comme la demi-corde est au rayon. Ainsi, quand on a un arc AC, au lieu de le doubler pour en chercher la corde AB, on peut s'en tenir à l'arc simple AC et considérer la demi-corde AD ou DB, qui sont de part et d'autre du diamètre. C'est de ces *demi-cordes que nous entendons nous servir dans nos calculs, où*

----

1. Voy. notre *Histoire de l'astronomie*, p. 258.

*il est bien inutile de doubler les arcs.* Ptolémée ne se servait de cordes entières que pour la facilité des démonstrations; mais nous, nous avons pris ces moitiés des cordes des arcs doubles dans toute l'étendue du quart de cercle, et nous avons écrit ces demi-cordes directement à côté de chacun des arcs, depuis 0° jusqu'à 90°, de demi-degré en demi-degré; ainsi, la moitié de la corde de 60° se trouve vis-à-vis de 30°; la moitié de la corde de 120° vis-à-vis de 60°, et la moitié de la corde de 180°, ou le rayon, vis-à-vis de l'arc de 90°, et ainsi des autres; en sorte que, quand nous parlerons de *corde*, il faudra entendre la *demi-corde* de l'arc double, à moins que le contraire ne soit expressément déclaré. »

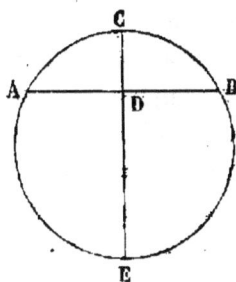

Fig. 27.

C'est le cas d'appliquer ici le dicton commun, que les choses les plus simples viennent toujours les dernières à l'esprit. Il est étonnant que cette simplification donnée par Albategni n'ait pas été faite par Ptolémée, lui qui, dans son *Analemme*, n'employait déjà que les demi-cordes au lieu des cordes entières.

La *demi-corde de l'arc double* est exprimée en arabe par le mot *djib*, qui signifie *pli;* c'est là la corde pliée en deux, comme pourrait l'être le pli d'une robe, qui se dit *sinus*, en latin : c'est de là que vient, suivant quelques-uns, le mot de *sinus*, appliqué à la demi-corde. Mais d'autres le font venir de l'abréviation latine *s. ins.*, pour *semis inscripta*, le mot *inscripta* étant le nom de la corde entière, et *semis inscripta* celui de la demi-corde [1].

### Aboul-wefa. — Alkhowarezmi ou Alkhârizmi.

#### Algèbre arabe.

*Aboul-wefa*, dont nous avons déjà parlé ailleurs (*Histoire de l'astronomie*, p. 264), avait écrit, suivant Aboul-

1. Delambre, *Histoire de l'astronomie du moyen âge*, p. 11 et 12.

faradje, sur l'arithmétique de Diophante[1]. Il a connu les
formules des tangentes et des cotangentes, et même celles
des sécantes et des cosécantes, dont aucun auteur n'a-
vait encore parlé. Il a calculé seulement des tables de
tangentes et cotangentes; il s'en est servi pour simplifier le calcul des formules connues, mais il n'a point
trouvé les formules qui manquaient encore à la trigonométrie des Grecs et des Arabes[2].

*Alkhowarezmi*, dont le véritable nom est *Mohammed-
ben-Mousa Abou-Djefar al Khowarezmi*, natif du Khorassan,
bibliothécaire du khalife Al-Mamoun, composa (vers 820
de J. C.), par ordre de ce khalife, des *Éléments d'algèbre*,
*Al-gebr we'l mukabala*[3], dont Rosen a donné le texte arabe,
accompagné d'une traduction anglaise (Lond., 1831, in-8).
La traduction latine par Rudolphe de Bruges, dont Libri
a cité un fragment dans le tome I de son *Histoire des
mathématiques en Italie*, paraît avoir été faite au commencement du douzième siècle. Comme c'était le premier
livre d'arithmétique offrant un pareil système de notation, il reçut le nom d'*Algorisme*, c'est-à-dire l'*art d'Alkhowarezmi*.

L'Algèbre d'Alkhowarezmi traite de l'addition, de la
soustraction et de la multiplication des expressions qui
contiennent la quantité inconnue, ou son carré ou sa racine carrée. L'inconnue y est appelée *s'aï*, c'est-à-dire
chose, *res*, ou encore *gidr*, racine, *radix* : le mot *gidr* dé-

---

1. Casiri, *Biblioth.*, I, 433 et 434. Nesselmann, *Die Algebra der Griechen*, p. 274.

2. Delambre, *Histoire de l'astronomie du moyen âge*, p. 164.

3. Le mot arabe *al-gebr* (de *gabar*, rétablir) signifie *compléter une
négation*, c'est-à-dire le *transport d'un terme négatif d'un membre de
l'équation dans l'autre membre*; le mot *al-mukabala* (opposition,
confrontation) signifie la *réunion de plusieurs termes homogènes des
deux côtés*. Voy. H. Hanckel, dans son *Histoire des mathématiques
chez les Arabes* (chap. ix); le *Bullettino di Bibliografia*, etc., de B. Buoncompagni, septembre 1872, p. 374.

rive de *gadr*, qui signifie la *racine d'une plante*[1]. Les règles de l'addition et de la soustraction sont démontrées au moyen de lignes, représentant les quantités. Dans la résolution des équations quadratiques ou du second degré, toujours écrites en termes positifs, l'auteur distingue ces trois cas : $x^2 + bx = a$, $x^2 + a = bx$, $x^2 = bx + a$. Les racines positives de l'équation sont seules prises en considération. Viennent ensuite quelques exemples comme éclaircissement. Soit, par exemple, $x^2 + 10x = 39$. A travers des explications prolixes, propres à obscurcir plutôt qu'à éclaircir la question, l'auteur arrive à construire géométriquement le carré $5^2 = \left( \dfrac{10}{2} \right)^2$, qui, ajouté au gnomon 39, donne le carré $8^2$. Le carré de la différence 8 — 5 (racines des deux carrés construits) donne la valeur de $x^2 = 3^2$. En effet, $3^2 + 10 \times 3 = 39$. Les autres cas sont à peu près traités de la même manière[2].

On doit au même auteur les *Tables astronomiques*, connues sous le nom de *Sind-Hind*.

### Thébit-ben-Korrah. — Hassan-ben-Haïthem. Al-Sindjar. — Alhazen. — Arzachel.

Parmi les écrits laissés par Thébit-ben-Korrah (mort en 900 de notre ère), qui paraît s'être le premier aperçu de la variabilité de l'obliquité de l'écliptique[3], il en est un indiqué par Casiri, et qui a pour titre : *de Problematibus algebricis geometricis ratione comprobandis*. C'est sans

---

1. C'est donc aux Arabes que l'on doit le nom de *racine*, que les Grecs désignaient, comme nous avons vu, par le mot *côté*, πλευρά (d'un carré).

2. Rosen, *the Algebra of Mohammed-Ben-Musa*, p. 13-15. Libri, *Histoire des sciences mathématiques en Italie*, t. I, p. 258-260. Hanckel, dans le *Bullettino* de B. Buoncompagni, p. 375.

3. Voy. notre *Histoire de l'astronomie*, p. 263.

doute, comme le remarque M. Chasles[1], le titre de cet ouvrage qui a fait dire à Montucla que « Thébet a écrit sur la certitude du calcul algébrique, ce qui pourrait donner lieu de penser que les Arabes eurent aussi l'heureuse idée d'appliquer l'algèbre à la géométrie. »

Cette conjecture a été confirmée par la publication du fragment d'algèbre que M. A. Sédillot a extrait du manuscrit arabe n° 1104, fol. 28, de la Bibliothèque nationale. Dans cet ouvrage, dont l'auteur ne se nomme point, les équations cubiques sont résolues géométriquement. L'algèbre y est définie « un art savant, qui traite des nombres absolus et des grandeurs d'une manière telle, que les quantités inconnues, étant jointes à une chose connue, peuvent être déterminées, la chose connue étant une quantité ou un rapport. » L'auteur ajoute ensuite, comme l'Alkhowarezmi, que, dans leur art, les algébristes ont coutume de nommer *chose*, *s'aï* (*res* des Latins, *cosa* des Italiens), l'inconnue à déterminer ; de nommer *produit* ou *carré* (*census* des Latins, *censo* des Italiens) la *chose* multipliée par elle-même. Le *cube* était ainsi le produit du *census* par la *chose* (racine) ; le *carré-carré*, le produit du *census* par lui-même ; le *carré-cube*, le produit du *census* par le cube ; le *cube-cube*, le produit du cube par lui-même[2]. Ces dénominations des puissances étaient déjà connues des Grecs, ce qui contredit l'opinion de Wallis, prétendant que les Arabes avaient adopté, dans leur nomenclature, un système différent de celui de Diophante.

Les Arabes ont donc traité des *équations cubiques*. Cette question, longtemps contestée, et à laquelle M. Sédillot a,

---

1. M. Chasles, *Aperçu historique des méthodes en géométrie*, p. 492.

2. M. Sédillot a donné une analyse détaillée de ce fragment d'algèbre arabe, dans le tome I, p. 367 et suiv., de ses *Matériaux pour servir à l'histoire comparée des sciences mathématiques chez les Grecs et les Orientaux*.

comme nous venons de voir, répondu affirmativement, a été résolue dans le même sens par M. Woepke en publiant, en 1851 (d'après un manuscrit de Leyde), le *Traité d'algèbre* d'Omar Alkhâyyâmi. A ce travail on pourra joindre l'extrait du Fakhri, *Traité d'algèbre* d'Alkharki, que M. Woepke fit paraître en 1853, et qui est précédé d'un mémoire intéressant sur l'*Algèbre indéterminée chez les Arabes*[1].

*Hassan-ben-Haïthem* (mort au Caire en 1038 de notre ère), qui s'était fait connaître comme astronome, a laissé un *Traité des Connues géométriques*, dans le genre des *Data* d'Euclide, et dont M. Sédillot a fait connaître la substance (tome I, p. 379 et suiv. des *Matériaux*, etc.). Cet opuscule contenu dans le manuscrit arabe n° 1104, déjà cité, donne une idée assez exacte des considérations métaphysiques répandues chez les géomètres arabes. M. Chasles a reconnu dans quelques propositions d'Hassan-ben-Haïthem la forme même des énoncés des *Porismes* d'Euclide.

Hassan-ben-Haïthem est le même que l'*Alhazen*, auteur du célèbre traité d'optique, publié par Risner sous le titre *Allaken Opticæ thesaurus, libri VII, primum editi*, Bâle, 1572, in-fol. Ce traité, traduit en 1270 par Vitellio, servit beaucoup à Kepler pour son Traité d'optique. On y trouve résolue la question connue sous le nom de *problème d'Alhazen*, à savoir en quel point d'un miroir concave doit tomber la lumière, venant d'un endroit donné, pour qu'elle se réfléchisse dans un autre point. Le même ouvrage d'Alhazen fut traduit, au quatorzième siècle, en italien[2].

1. Hanckel, *Histoire des mathématiques chez les Arabes* (dans le *Bullettino di Bibliografia e di storia delle scienze matematiche*) de M. B. Buoncompagni, octobre 1872, p. 387.

2. Narducci, dans le *Bullettino di Bibliografia*, etc., de B. Buoncompagni, janvier 1871.

*Al-Sindjar* (Ahmed-ben-Mohammed ben Abd-al-Gelîl) est auteur d'un traité *sur les Sections coniques* (conservé dans les manuscrits arabes de la Bibliothèque de Leyde) et de trois opuscules, contenus dans le manuscrit n° 1104 de la Bibliothèque nationale de Paris. Ces opuscules, dont l'un traite des *Règles géométriques*, un autre *Des lignes menées d'un ou de plusieurs points donnés à des cercles donnés*, et le troisième d'une *Réponse à des questions proposées sur le livre des Lemmes d'Archimède*, ont été analysés par M. Sédillot dans le tome I, p. 401 et suiv., de ses *Matériaux pour servir à l'histoire comparée des sciences mathématiques*, etc.

*Arzachel*[1], que nous avons fait connaître ailleurs (*Histoire de l'astronomie*, p. 270), paraît avoir le premier substitué l'ellipse aux excentriques et épicycles de Ptolémée[2].

### Arithmétique arabe.

M. Woepke, prématurément enlevé à la science, dont il cultivait l'histoire avec tant d'ardeur, a publié, en grande partie, dans le *Bulletin de bibliographie et d'histoire des sciences mathématiques* de B. Buoncompagni, dans les Actes de l'Académie pontificale *de' Nuovi Lincei*, et dans le *Journal de mathématiques* de Liouville, une série d'analyses et d'extraits de mathématiciens arabes, que nous ne pouvons ici qu'indiquer.

*Ibn Khaldoun* (mort au Caire en 1406 de notre ère), espèce d'encyclopédiste arabe, a donné dans son *Mocaddama* (Prolégomènes) un chapitre relatif à la *Science des*

---

1. Voy. sur Arzachel, Baldi (mort en 1617), *Vite de' mathematici*, ouvrage inséré, avec des notes, dans le *Bullettino di Bibliografia*, etc., de B. Buoncompagni, novembre et décembre 1872.

2. M. Le Verrier, dans les *Comptes rendus de l'Académie des sciences*, juillet et décembre 1864.

*nombres.* M. Woepke a traduit ce chapitre, imprimé à Rome, en 1856, in-4. Les mathématiciens grecs y sont souvent cités et mis à contribution par l'auteur arabe.

*Passages relatifs à des sommations de séries de cubes*, extraits de deux manuscrits arabes inédits (n<sup>os</sup> 417 et 419 des mss. orientaux du *British Museum*); opuscule in-4, publié en 1865. Dans un passage traduit d'un commentaire d'*Ibn Almadjdi*, sur le *Talkhys* d'Ibn Albannâ, on trouve (p. 4 à 20 de cet opuscule) une démonstration de ces formules :

$$1^3 + 2^3 + 3^3 + \ldots + n^3 = [1 + 2 + 3 + \ldots + n]^2,$$
$$1^3 + 3^3 + 5^3 + \ldots + (2n-1)^3 = n^2 (2n^2 - 1),$$
$$2^3 + 4^3 + 6^3 + \ldots + 2n^3 = 2(2 + 4 + 6 + \ldots + 2n)^2.$$

Dans un autre passage, traduit de la *Clef du calcul*, ouvrage de Djamchîd ben-Mas'oud ben-Mahmoud, le médecin surnommé *Ghiyâth* (Eddin) *Alqachâni*, contemporain d'Oloug-Beg (commencement du quinzième siècle), on trouve (p. 24 et 25 du même opuscule) énoncées et appliquées à des exemples numériques les deux formules suivantes :

$$1^3 + 2^3 + 3^3 + \ldots + n^3 = (1 + 2 + 3 + \ldots + n)^2,$$

$$1^4 + 2^4 + 3^4 + \ldots + n^4 = \left\{ \frac{1}{5}\Big[ 1 + 2 + 3 + \ldots + (n-1) + n + 1 \Big] \right.$$
$$\left. + (1 + 2 + 3 + \ldots + n) \right\} \times (1^2 + 2^2 + 3^2 + \ldots + n^2)$$
$$= \frac{1}{30}(6n^5 + 15n^4 + 10n^3 - n).$$

Ce travail de M. Woepke est suivi d'extraits d'une traduction du *Talkhys* d'Ibn Albannâ par M. A. Marre. L'auteur, qui professait, en 1222, les mathématiques et l'astronomie au Maroc, a exposé lui-même le but de son traité en ces termes : « Le but, dans la composition de ce traité, est d'analyser succinctement les opérations du calcul, d'en rendre plus accessibles les portes et les vestibules, et d'en établir solidement les fondements et la bâtisse. Il comprend deux parties, la première sur les opérations du nombre connu, la seconde sur les règles qui permettent d'arriver à connaître l'inconnue demandée, à l'aide des connues, s'il existe entre elles la liaison que cela exige. »

Le *Talkhys* ou Traité d'arithmétique d'Ibn Albannâ fut aussi commenté par *Alkalçadi*, Arabe espagnol, contemporain d'Ibn Almadjdi (du milieu du quinzième siècle). M. Woepke a traduit des passages relatifs à des *sommations de séries de cubes*, extraits de trois manuscrits arabes inédits de la Bibliothèque nationale de Paris (cotés 95½, 95⅓ et 952 du Supplément arabe); Rome, 1864, in-4. Il avait déjà donné antérieurement (dans les Actes de l'Académie pontificale *de' Nuovi Lincei*, t. XII, Rome, 1859) la traduction du *Traité d'arithmétique* d'Alkalçadi (Aboul-Hassan-Ali ben-Mohammed), d'après un manuscrit arabe, possédé par M. Reinaud. Le même recueil des Actes de l'Académie *de' Nuovi Lincei* contient (t. XIV, 13 janvier 1861) des extraits et traductions d'ouvrages arabes inédits, concernant la *formation des triangles rectangles en nombres entiers* (d'un auteur anonyme), avec un traité sur le même sujet par *Abou-Djafar Mohammed ben-Alhoçaïn*. Ce traité (*sur la Formation des triangles rectangles ayant les côtés rationnels*) renferme une importante donnée historique. On y voit qu'Abou-Mohammed Alkhodjandj, cité par Edward Bernard (*Philosophical Transactions*, t. XIII, p. 724, année 1683) pour une observation de l'obliquité de l'écliptique, faite en 992 de notre ère, avait déjà démontré l'impossibilité de l'équation $x^3 + y^3 = z^3$, c'est-à-dire que la somme de deux cubes n'est jamais un cube.

L'un des derniers travaux de M. Woepke fut la traduction d'un traité d'arithmétique (*Introduction au calcul*

*Gobârî et Hawâî*), d'après un manuscrit arabe, appartenant à M. Chasles et décrit par M. A. Marre. Ce travail a été également publié par les soins de M. Buoncompagni, dans les Actes de l'Académie pontificale *de' Nuovi Lincei* (Rome, 1866).

### Sur l'origine, prétendue indienne, de nos chiffres et de l'algèbre.

Nous avons déjà dit plus haut (p. 49 et suiv.) ce qu'il faut penser de l'opinion de ceux qui attribuent aux Indiens l'origine de nos chiffres. Pour montrer combien cette opinion est peu fondée, nous rappellerons que les Arabes avaient l'habitude de nommer *indien* tout ce qui leur venait des Grecs. C'est ainsi qu'ils appelaient *cercle indien* un instrument décrit par Proclus, qu'ils faisaient de l'Almageste de Ptolémée un *livre indien*, et de la géométrie un *art indien*. Faut-il donc s'étonner qu'ils aient appelé *chiffres indiens* un système de numération dû aux Occidentaux?

Au reste, les Hindous, poussés, comme les Chinois, par le désir de passer pour le plus ancien peuple de la Terre, ont toujours eu, comme le fait très-bien remarquer M. A. Sédillot, la prétention de s'attribuer des inventions qui ne leur appartenaient pas. Comme ils n'ont aucune chronologie — ce qui contraste singulièrement avec leurs prétendues observations astronomiques, — il leur était facile de modifier à leur guise la date de certains faits. Colebrooke, qui a si puissamment contribué, par ses travaux, à la connaissance de l'Inde, a dû reconnaître lui-même qu'il avait été le jouet des pandits (savants indiens) avec lesquels il s'était mis en rapport. « Déjà Wilford, ajoute M. Sédillot, avait été obligé de rétracter ce qu'il avait dit sur des découvertes provenant des affirmations d'interprètes infidèles ; William Jones n'avait pas été plus heureux ; Legentil en disait autant à la même époque

(en 1770) ; sept siècles auparavant, l'Arabe Albirouni[1] déclarait qu'il avait fait pour les indigènes des extraits
d'Euclide et de Ptolémée, et qu'aussitôt ils mettaient ces
morceaux en *slokas*, c'est-à-dire en *distiques sanscrits*[2], de
manière qu'il fût peu facile de s'y reconnaître. Il est
probable que la même chose était arrivée aux nestoriens,
aux néo-platoniciens, aux Ptolémées, aux Séleucides, aux
Antonins, en relations suivies avec l'extrême Orient, et
que les connaissances des Occidentaux devenaient pour les
Hindous, passés maîtres en fait de ruses et de tromperies,
une mine de plagiats commis à leur détriment ; M. Woepke
s'y est laissé prendre pour les chiffres et pour l'*arénaire*.
Le savant M. Sandou, qui professe le tamige ou tamoul, le
plus ancien idiome de l'Inde, nous apprend qu'en effet,
au dixième siècle de J. C., sous le règne de Bhodja II,
imitateur du khalife Almamoun, il existait une académie
des sciences, où l'on usait de la même supercherie, pour
prouver aux étrangers que leurs communications n'étaient
que la reproduction d'inventions ou d'idées d'origine indienne. La ruse fut découverte et l'Académie suppri-
mée[3]. »

1. Aboul-Rîhan-Mohammed ben-Ahmad Albirouni (mort en 1031 de
notre ère) avait voyagé dans l'Inde et écrit sur l'état où s'y trouvaient alors les sciences. Voy. B. Buoncompagni, *Intorno all' opera
d'Albiruni sull' India* (*Bullettino di bibliografia e di storia delle
scienze matematiche*, avril 1869).

2. M. Sédillot se demande ici avec raison si cette habitude de traduire en *slokas* les faits scientifiques, en se servant d'*ôles* ou feuilles de
palmier, qu'il était facile de remplacer par d'autres, ne doit pas faire
mettre en doute l'antiquité même du *sanskrit*, qui n'a jamais été une
langue parlée, mais une écriture sacrée (*san-ctum script-um*). Le
sanscrit, employé par les traducteurs des Védas, qu'on suppose avoir
donné naissance aux mots grecs et latins qu'on y trouve semés, n'aurait-il pas, au contraire, recueilli dans son sein la langue d'Homère,
déjà parfaite six siècles auparavant ? Les mots arabes qu'on rencontre, à une autre époque, dans les slokas des Hindous, ne seraient-ils
pas un indice propre à confirmer cette supposition ? Telles sont les
importantes questions si judicieusement posées par M. Sédillot.

3. M. A. Sédillot, *des Connaissances scientifiques des Orientaux*, p. 3-4.

Les mêmes prétentions, concernant l'origine de nos chiffres, se sont reproduites pour l'origine de l'algèbre.

Les « deux monuments de l'algèbre indienne », le traité de *Brahmegupta* et celui de *Bhascara-Acharya*, ont été traduits et publiés au commencement de notre siècle par Colebrooke, Taylor et Strachey [1]. Les questions de priorité ne peuvent être résolues que par des dates certaines. Or, cette certitude manque ici dans la plupart des cas, et là où elle existe, elle contredit formellement l'opinion de ceux qui voudraient présenter les sectateurs de Brahma comme nos maîtres.

D'après le témoignage du voyageur arabe Albirouni, on s'accorde à faire vivre Brahmegupta vers 660 de notre ère. Brahmegupta cite souvent *Arya-Bhatta*, réputé l'inventeur de l'analyse indéterminée. Mais non-seulement il ne nous reste aucun écrit d'Arya-Bhatta; mais celui-ci est loin d'être aussi ancien qu'on aurait voulu le faire croire, puisque, au jugement même de ses commentateurs, il vivait au commencement du sixième siècle de notre ère [2].

Quant à Bhascara-Acharya, il n'appartient sûrement qu'au douzième siècle de notre ère. Colebrooke, Benfey, etc., s'accordent à placer la date de sa naissance en 1114 de J. C.

Ainsi, tout bien considéré, la science indienne ne remonte pas au delà du sixième siècle de notre ère. Mais à cette époque les mathématiciens grecs, les fondateurs de la science dont l'histoire nous occupe, étaient depuis longtemps connus. Diophante est incontestablement antérieur

---

1. *Brahmegupta and Bhascara*, translated by H. Colebrooke; London, 1817, in-4. — *Bhascara-Acharya*, LILAWATI (l'art du calcul), translated by J. Taylor; Bombay, 1816, in-4. — *Bhascar-Acharya*, VIJA-GANITA (algèbre) translated by El. Strachey; London, 1813, in-4.

2. *Asiatic researches*, t. IX, 86. — Jacquet, dans le *Nouveau Journal asiatique*, t. XVI, p. 5-42 et p. 97-130.

à Arya-Bhatta, et l'auteur du *Lilawati* et du *Vija-Ganita*, de deux siècles postérieur à Gerbert, n'a pas dépassé le niveau de la science de Diophante, où il pouvait, comme dans bien d'autres ouvrages de notre Occcident, puiser à pleines mains. Enfin, si l'*art du calcul* et l'*algèbre* de Bhascara-Acharya n'étaient que deux chapitres introductifs au Siddhanta-Siromuni; si, dans l'intention même de leur auteur, ils ne devaient être que les auxiliaires de l'astronomie, comment se fait-il que celle-ci soit restée dans l'enfance chez les Indiens? Il y a là une contradiction flagrante. Malheureusement l'homme, ici comme ailleurs, n'entend pas facilement raison, quand une fois il s'est mis dans l'esprit une idée qu'il veut, à tout prix, faire triompher.

# CHAPITRE V.

Pendant que, dans l'orient de l'Europe, l'esprit grec dégénère en s'attachant à des subtilités dogmatiques, et répugne à toute assimilation étrangère, nous voyons dans l'Occident l'esprit romain se transformer par la dialectique, et subir toutes les influences des éléments barbares qui ne demandaient qu'à être assimilés. C'est ce lent travail de transformation qui caractérise essentiellement le moyen âge. Les hommes qui y ont pris part, dans les limites de la science dont l'histoire nous occupe, sont très-peu nombreux.

## Alcuin. — Odon de Cluny.

L'Angleterre et l'Irlande, ces régions hyperboréennes « enveloppées de ténèbres », étaient devenues la pépinière des hommes d'élite qui, depuis le huitième siècle, devaient, par l'intermédiaire du christianisme, répandre la lumière dans le centre de l'Europe.

*Alcuin*, en latin *Albinus*, surnommé *Flaccus*, naquit en 735 à York, l'année même où mourut Bède. Précepteur de Charlemagne, il convertit en une école célèbre l'abbaye de Saint-Martin-de-Tours, où il s'éteignit en 804. Parmi ses ouvrages, réunis par D. Duchesne en 1617, et réimprimés,

avec des augmentations, par Froben (Ratisbonne, 1777,
2 vol. in-fol.), nous signalerons, d'après M. Cantor[1], des
problèmes et exercices arithmétiques (*Propositiones arithmeticæ ad acuendos juvenes*), qui rappellent ceux de Diophante. On sait que l'arithmétique faisait partie de l'enseignement du *trivium* et du *quadrivium*. Dans ces « Exercices arithmétiques de la jeunesse », on trouve plusieurs
manières de deviner un nombre pensé, au moyen de quelques questions et opérations arithmétiques préalables ; tel
est, entre autres, le problème des 21 tonneaux, dont 7
pleins, 7 à demi pleins et 7 vides, à partager entre trois
cohéritiers, de manière que chacun ait autant de vin que
de futailles. Parmi les problèmes indéterminés, tout à
fait dans le genre de ceux de Diophante, nous citerons le
suivant (problème XXXIV) : « Si l'on distribue 100 bois-
seaux de blé à 100 personnes, de manière qu'un homme
en reçoive 3, une femme 2 et un enfant un demi-bois-
seau, combien y avait-il d'hommes, de femmes et d'enfants ? » Des sept solutions possibles, Alcuin n'en donne
qu'une seule, à savoir : 11 hommes, 15 femmes, 74 enfants[2]. — Au problème XLII, l'auteur indique le moyen
de donner les termes d'une progression arithmétique, en
insistant sur cette remarque, que l'addition de deux termes extrêmes, placés symétriquement, donne toujours la
même somme, comme par exemple :

$$1 + 5 = 2 + 4 = 3 + 3.$$

Les *Propositiones* d'Alcuin et le livre de Diophante

1. *Mathematische Beiträge*, etc., p. 287.

2. La solution générale est : $20 - 3x$ hommes, $5x$ femmes, $80 - 2x$
enfants ; d'où l'on tire 7 solutions particulières possibles, en donnant
à $x$ successivement la valeur de 0, 1, 2, 3, 4, 5, 6. Dans le premier
cas (en faisant $x = 0$), il y avait 20 hommes, 80 enfants, et pas de
femmes ; dans le second cas ($x = 1$), il y avait 17 hommes, 5 femmes
et 78 enfants, et ainsi de suite. Dans le cas particulier, choisi par
Alcuin, $x$ est $= 3$.

donnèrent à Bachet de Méziriac l'idée de ses *Problèmes plaisants et délectables qui se font par les nombres*.

Alcuin connaissait-il les neuf chiffres arabes (dits *indiens*) et le zéro? Bethmann l'affirme, s'appuyant sur un manuscrit du septième siècle trouvé dans la Bibliothèque capitulaire d'Ivrée[1]. Mais d'autres ont élevé des doutes à cet égard[2].

*Odon*, abbé de Cluny (mort à Tours en 943), a écrit sur la musique et sur l'arithmétique. Ses Traités sur la musique, ses Règles sur la rhythmimachie ou l'arithmomachie (*Regulæ de rhythmimachia*), et sur l'Abaque (*Regulæ super abacum*), se trouvent imprimés dans un recueil (*Scriptores ecclesiastici de musica*, Saint-Blaise, 1784) de Martin Gerbert, abbé de Saint-Blaise (en Autriche). L'*arithmomachia* (combat des nombres) était un petit jeu d'arithmétique, que mentionne Boëce, et dont on a fait remonter l'origine aux pythagoriciens. Quant aux Règles sur l'Abaque (*abacus* à neuf chiffres, introduit en Occident par l'écrivain latin Archytas), elles étaient jugées nécessaires pour comprendre le Comput ecclésiastique. Ce traité, inséré aussi dans les Œuvres de Bède, ce qui l'a fait à tort attribuer à celui-ci, a été analysé par M. Cantor et par M. H. Martin[3].

Comme Boëce, Odon appelle nombres *digitaux* les unités simples, et nombres *articulaires* les dizaines. Comme Boëce, il donne au quotient le nom de *denominatio*, nom qui, dans les écrits latins d'origine arabe, est réservé à celui du *dénominateur* des fractions. L'*as*, nom donné par les anciens à toute unité entière, y est divisé en 12 *onces*, et l'once en 24 *scrupules*. Pour les subdivisions de l'once

1. *Archives de la Société pour l'histoire ancienne de l'Allemagne* (publiées par M. Pertz), t. IX, 623.
2. M. Th. H. Martin, *les Signes numéraux*, etc., p. 77-78.
3. Cantor, *Mathematische Beiträge*, etc., p. 294-302. — M. Th. H. Martin, *les Signes numéraux*, etc., p. 79-81.

jusqu'au scrupule, inclusivement, Odon ne suit ni le système romain de Volusius Mæcianus, ni le système pythagorique de l'écrivain latin Archytas et de Boëce ; il a suivi le système gréco-romain de l'empire d'Orient, tel qu'on le voit dans Priscien. En recherchant l'origine de l'art de l'*Abacus*, on arrive à se convaincre que cet art, avec les neuf chiffres, nous est venu des Grecs par l'intermédiaire de Boëce.

### Gerbert [1]. — Bernelinus.

Natif d'Aurillac, en Auvergne (mort en mai 1003), Gerbert devint, en avril 999, pape sous le nom de *Sylvestre II*, grâce à l'influence et à l'amitié de l'empereur Othon III, dont il avait été le précepteur. Avide de s'instruire, il acquit bientôt, dans un siècle de barbarie, la renommée d'un moine prodigieusement savant. Recommandé au pape Jean XIII par l'empereur Othon Ier (grand-père d'Othon III), il obtint d'abord l'abbaye de Bobbio, où il ouvrit une école qui lui attira des élèves de toutes les régions de l'Europe chrétienne. Mais des seigneurs voisins pillèrent son abbaye, et des moines, jaloux de sa gloire, accusaient ses mœurs. Fuyant devant ses ennemis, Gerbert se retira d'abord en Allemagne, d'où il ne tarda pas à revenir pour occuper la place de secrétaire et de conseiller d'Adalberon, puissant archevêque de Reims, protecteur zélé des savants. Il fut, en cette double qualité, employé aux affaires diplomatiques, fort embrouillées, de cette époque. Mais nous laisserons là la partie politique

1. Gerbert a été, dans ces derniers temps, l'objet de travaux nombreux. Nous ne citerons que : Hock, *Gerbert oder Pabst Sylvester II* (Vienne, 1837 ; Büdinger, *Ueber Gerberts wissenschaftliche und politische Stellung* (Marbourg, 1851) ; — Th. H. Martin, *Histoire de l'Arithmétique*, dans la *Revue archéologique*, 1857 ; — l'abbé Lausser, *Gerbert, étude historique sur le dixième siècle* (Aurillac, 1866) ; — Olleris, *Vie de Gerbert*, en tête des *Œuvres de Gerbert* (Clermont, 1867, volume in-4).

de sa vie, pour ne nous occuper que de ce qu'il fit pour la science.

Gerbert éleva l'école de Reims à son apogée en faisant venir de tous côtés des livres de mathématiques et des instruments d'astronomie. Il avait, selon le chroniqueur Richer, inventé trois sphères, qui lui servaient à démontrer les mouvements des astres. Ses contemporains, étonnés de son merveilleux savoir, l'ont représenté, dans une légende, volant à travers l'espace sur les ailes d'un démon, et transportant d'au delà des Pyrénées de gros volumes dérobés à un nécromancien. Au moment de sa mort, la légende fait réapparaître le démon, réclamant sa proie et contraignant le pape agonisant à faire publiquement l'aveu de ses crimes. Platina, dans ses *de Vitis pontificum romanorum*, répéta cette fable, à la fin du quinzième siècle.

Les écrits de Gerbert sont nombreux, mais pour la plupart inédits. Ses *Lettres*, d'une latinité quelque peu barbare, sont d'un grand intérêt pour l'histoire de la fin du dixième siècle. Éditées à plusieurs reprises, elles ont été plus correctement et plus complétement réimprimées par M. Olleris, dans les *Œuvres complètes* de Gerbert (Clermont et Paris, 1867, volume in-4). Dans ce même recueil se trouvent : 1° *Libellus de ratione et rationali*, etc. Gerbert s'y montre philosophe platonicien, se déclarant pour la réalité des idées ou types éternels, appelés plus tard *universaux*. Il cite Porphyre et Boèce comme ses initiateurs à la philosophie d'Aristote.

2° *Regula de abaco computi*. Ce traité, imprimé pour la première fois dans le volume cité, est un exposé du système de numération décimale. C'est, suivant M. Olleris, le livre dont parle Gerbert dans sa lettre à son ami Constantin de Fleury, et qui paraît lui avoir servi de Manuel pendant qu'il enseignait les mathématiques à Reims (de 972 à 982). M. Chasles en avait pressenti l'existence quand il disait, dans sa *Notice* (inédite) *sur Gerbert*, « qu'il serait naturel de penser, qu'outre le traité adressé à Constantin, Gerbert avait dû composer quelque autre ouvrage sur l'*Abacus*, dans le temps où il tenait l'école de Reims. » Cousin (*Œuvres inédites d'Abélard*, p. 644 et suiv.) nous a fait connaître, dans le manuscrit n° 1095 de la Bibliothèque nationale (fonds Saint-Germain), un extrait de la *Regula*, mêlé à un extrait du livre de Bernelinus. — Les nombres fractionnaires, désignés par des noms et des symboles particuliers, sont des fractions de 12 et des multiples de 12. Ainsi, *deunx* signifie $\frac{11}{12}$ ; *decunx* $\frac{10}{12}$ ; *dodrans* $\frac{9}{12}$ ; *bisse* $\frac{8}{12}$ ; *septunx* $\frac{7}{12}$ ; *semis* $\frac{6}{12}$ ; *quincunx* $\frac{5}{12}$ ; *triens* $\frac{4}{12}$ ; *quadrans* $\frac{3}{12}$ ; *sextans* $\frac{2}{12}$ ; *sescunx* $\frac{1}{12} + \frac{1}{24} = \frac{1}{8}$ ; *uncia* $\frac{1}{12}$ ; *semuncia* $\frac{1}{24}$ ; *duella* $\frac{1}{36}$ ; *silicicus* $\frac{1}{48}$ ; *sextula* $\frac{1}{72}$ ; *dragma* $\frac{1}{96}$ ; *emisescla* $\frac{1}{144}$ ; *tremissis* $\frac{1}{216}$ ; *scripulus* $\frac{1}{288}$ ; *obolus* $\frac{1}{576}$ ; *cerates* $\frac{1}{1152}$ ; *siliqua* $\frac{1}{1728}$ ; *calculus* $\frac{1}{2304}$.

3° *Libellus de numerorum divisione.* Ce petit traité, imprimé d'abord parmi les Œuvres de Bède, a été restitué à Gerbert, son véritable auteur, par M. Chasles, qui en a donné[1], en même temps, une traduction et un commentaire, qui méritent d'être proposés comme des modèles. Il a été dédié à Constantin (de Fleury), et écrit probablement en 997. Il est identique, comme l'a montré M. Hauréau[2], avec le petit traité qui, dans un manuscrit (n° 6620, ancien fonds) de la Bibliothèque nationale, porte le titre de *Rationes numerorum abaci.* Quant au *Liber subtilissimus de arithmetica*, opuscule inédit, trouvé par Pez dans la bibliothèque de l'abbaye de Saint-Emmeran à Ratisbonne, il n'a, contrairement à ce que l'on croyait, aucun rapport avec le *Libellus de numerorum divisione;* il est de Gerland, moine de Besançon, vivant au douzième siècle[3].

4° *Geometria.* Ce traité, publié par Pez dans le tome III des *Anecdota,* et plus correctement imprimé par M. Olle-

---

1. Dans le tome XVI des *Comptes rendus de l'Académie des sciences.*
2. Article SYLVESTRE II, dans la *Biographie générale.*
3. Olleris, *Œuvres de Gerbert,* p. 589 (note).

ris, d'après deux manuscrits (n⁰ˢ 7185 et 7377) de la Bibliothèque nationale, aurait été, suivant M. de Hock, écrit en Allemagne vers l'an 996. M. Olleris admet, comme plus vraisemblable, que Gerbert l'a rédigé ou dicté pendant son enseignement à l'école de Reims. Il élève en même temps quelque doute sur le véritable auteur de la *Géométrie*, qui, dans un manuscrit, ne porte le nom de *Gerbert* qu'en marge, d'une écriture plus récente. Au reste, parmi les recueils, la plupart anonymes, d'arithmétique et de géométrie, si nombreux au moyen âge, il est souvent bien difficile de démêler les véritables noms d'auteurs.

La *Géométrie*, qui porte le nom de Gerbert, commence par la définition d'un corps solide (*corpus solidum*); de là il passe à celle de la ligne, du point et de la surface. Au chapitre ii, l'auteur explique les mesures dont on faisait alors usage; tels sont *digitus*, *uncia* (trois doigts), *palmus* (quatre doigts ou quatrième partie du pied), *sexta* ou *dodrans* (douze doigts), *pes* (seize doigts), *passus* (un pas), *pertica* (d'où le nom de *perche*, comprenant deux pas ou dix pieds, *decempeda*), *stadium* (cent vingt-cinq pas ou six cent vingt-cinq pieds); *leuca*, d'où le nom de *lieue*) composée de douze stades), etc. Les expressions employées dans les chapitres suivants sont en partie grecques et en partie latines; elles pourraient être très-utiles aux lexicographes. Le triangle occupe le premier rang (*principalitatem*) parmi les figures géométriques, « parce qu'il est, dit l'auteur, le principe ou l'élément auquel peuvent être ramenées toutes ces figures. » Dans un quadrilatère, la ligne droite inférieure porte spécialement le nom de base, *basis*, tandis que la ligne ou base supérieure s'appelle *coraustus*, nom de basse latinité.

Les chapitres xi, xii et xiii sont consacrés aux triangles octogones ou rectangulaires, appelés *pythagoriques*. Pour construire ces triangles en nombres rationnels, un côté étant donné, l'auteur se sert des règles connues (attribuées à Pythagore et à Platon), qui donnent des nom-

bres entiers pour les côtés du triangle rectangle; il se
sert encore d'autres règles qui donnent des nombres fractionnaires.

M. Chasles fait remarquer ici que Gerbert résolut un
problème, remarquable pour l'époque, parce qu'il dépendait d'une équation du second degré; ce problème
était celui où, étant données l'aire et l'hypoténuse, on
demande les deux côtés. Soit A l'aire, et C l'hypoténuse,
la solution de Gerbert, traduite en formule, donne pour
les deux côtés la double expression :

$$\frac{1}{2}\left[\sqrt{C^2 + 4A}\right] = \sqrt{C^2 - 4A}.$$

L'auteur enseigne ensuite à calculer avec un tuyau
(*arundo*), avec un *horoscope* ou avec l'*astrolabe*, la distance d'un objet inaccessible, la hauteur d'une tour ou
d'un arbre, d'une montagne, la profondeur d'un puits, etc.
(ch. XII à XL). Il montre comment on calcule la perpendiculaire dans un triangle dont les côtés sont connus.
Enfin M. Chasles signale diverses inexactitudes dans le
traité de *Géométrie*. « Gerbert donne, dit-il, pour la
surface des polygones réguliers les formules fausses des
arpenteurs romains, et résout aussi comme eux le problème inverse, *étant donnée l'aire d'un polygone régulier, trouver son côté*. Pour le cercle, il donne le rapport $\frac{22}{7}$. On trouve, sous les titres *In campo quadran-
gulo agripennos cognoscere* ( chap. LXIX ) et *In campo
triangulo agripennos invenire* (LXX), les formules fausses
que nous avons déjà signalées dans les Œuvres de Bède,
pour la mesure de l'aire du quadrilatère et du triangle;
et Gerbert, dans ces exemples, se sert des mêmes nombres que Bède. On trouve, dans le chapitre LXXXV, la
formule qui donne la somme des termes d'une progression arithmétique. La formule pour l'aire du triangle en fonction des trois côtés n'y est pas, et on en

trouve une autre pour le triangle rectangle qui n'est pas exacte[1]. »

Une chose digne de remarque, c'est que dans ce traité de géométrie, comme dans tous les autres écrits de Gerbert, on ne rencontre pas un seul mot qui soit d'origine arabe, tandis que les mots tirés du grec y abondent. Outre Boèce, on y voit cités, Pythagore, Platon, Ératosthène, Chalcidius (commentaire sur le *Timée*), etc.

*Bernelinus* était un des élèves de Gerbert. Son Abacus, *Liber abaci*, imprimé par M. Olleris (*Œuvres* de Gerbert, p. 357-400), n'est probablement qu'un résumé des leçons du maître. Cet ouvrage est d'une grande importance en ce qu'il montre que Gerbert n'a rien emprunté aux Arabes et encore moins aux Indiens[2].

Après une courte préface, le disciple de Gerbert explique comment se faisait la table d'Abacus : c'était une table, bien polie, couverte d'une poudre bleue, sur laquelle on traçait des figures géométriques ou des lignes pour recevoir des nombres. L'auteur expose ensuite le système de numération, qui a depuis prévalu dans toute l'Europe, et qui est fondé sur la progression géométrique (valeur de position) de 1, 10, 100, etc. Et pour cela, il n'emploie, comme Boèce, que ces quatre chiffres romains : I, X, C, M.

$$I = 10^0 = 1$$
$$X = 10^1 = 10$$
$$C = 10^2 = 100$$
$$M \text{ ou } \bar{I} = 10^3 = 1000$$

Pour exprimer les puissances suivantes, les mêmes

1. M. Chasles, *Aperçu historique sur l'origine et le développement des méthodes en géométrie*, p. 505 (note).

2. C'est le chroniqueur Guillaume de Malmesbury qui est l'auteur de la fable d'après laquelle Gerbert aurait emprunté aux Arabes l'Abacus, ainsi que tout un trésor de sortiléges.

chiffres romains servent encore ; mais ils sont alors surmontés d'un trait (*titulus*), et M est répété autant de fois qu'il y a de multiples de mille.

$$\overline{X} = 10^4 = \phantom{000000}10\,000$$
$$\overline{C} = 10^5 = \phantom{00000}100\,000$$
$$\overline{MI} = 10^6 = \phantom{0000}1\,000\,000$$
$$X\overline{MI} = 10^7 = \phantom{000}10\,000\,000$$
$$C\overline{MI} = 10^8 = \phantom{00}100\,000\,000$$
$$\overline{MMI} = 10^9 = \phantom{0}1\,000\,000\,000$$
$$\overline{XMMI} = 10^{10} = 10\,000\,000\,000$$

Ainsi,

Rien de cela n'est nouveau : Archimède et Apollonius s'étaient déjà servis, comme nous l'avons fait voir (p. 217), de la même progression pour exprimer des nombres très-élevés.

Boèce, dans sa *Géométrie* (chapitre *de Ratione abaci*, p. 395 de l'édit. de Friedlein), avait traité de la même combinaison de chiffres romains ; et il l'avait fait suivre du tracé des neuf caractères ou apices (*apices*), désignant les neuf nombres simples, inférieurs au nombre dix.

Ces caractères ou *apices*, dont voici les figures,

correspondent à

1,    2,    3,    4,    5,    6,    7,    8,    9.

Ils ont été reproduits avec de légères modifications dans l'*Abacus* de Bernelinus (p. 361 des *Œuvres* de Gerbert, édition de M. Olleris). Ici l'auteur a tracé au-dessous des neuf premiers chiffres, dits indiens, les lettres ma-

juscules de l'alphabet grec, qui toutes se suivent, à l'exception du Σ, comme le montre ce fac-similc :

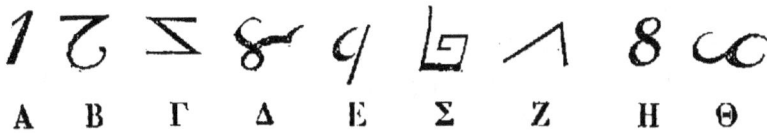

|  A  |  B  |  Γ  |  Δ  |  E  |  Σ  |  Z  |  H  |  Θ  |

A quoi devaient servir ces chiffres? S'ils n'avaient dù
servir qu'à exprimer les unités $\mp$ 1, $\mp$ 2, $\mp$ 3,.... $\mp$ 9, qui
précèdent ou qui suivent dix, cent, mille, cent mille, etc.,
ce n'était pas la peine d'inventer des signes nouveaux, les
signes numéraux des Romains, des Grecs, des Hébreux
même auraient suffi pour cela. Mais quand il s'agissait de
représenter, par un système simple et commode, tous les
nombres entiers compris entre les termes de la progression géométrique de 1, 10, 100, etc., comment s'y prendre? Là était la question.

Les idées les plus simples sont, nous ne saurions trop
le répéter, celles qui viennent toujours les dernières à l'esprit humain; c'est là un des premiers enseignements qui
ressortent de l'histoire des sciences. Mais il ne faut pas non
plus oublier que ce qui paraît aux uns extrêmement simple
échappe à ceux qui ont l'esprit absorbé par d'autres idées;
c'est là un fait dont il faut grandement tenir compte; sinon,
on se tromperait sûrement en jugeant le passé avec la
somme des connaissances du présent. Ainsi, rien ne nous
semble aujourd'hui plus simple que la manière d'énoncer
et d'écrire avec la même facilité les nombres les plus forts
et les nombres les plus faibles. Chiffrer, par exemple, *deux
milliards trois cent vingt et un millions sept cent vingt-deux
mille six cent quarante-trois*, n'est guère plus difficile que
de chiffrer *quarante-trois*. Il suffit pour cela d'écrire d'a-
bord 1 000 000 000 (1 milliard), qui dans la table (*Abacus*)
des anciens est représenté par M̄M̄Ī; puis de remplacer,
pour le cas cité, 1 par 2, ce qui donne 2 000 000 000; enfin
de remplacer chacun des zéros par ceux des neuf chiffres

(nombres unités) désignés (sans se préoccuper des noms de *milliards*, de *millions*, de *mille*, de *cent*, de *dix*); on a ainsi : 2 321 722 643, qui est l'énoncé chiffré. On voit que tout l'artifice réside dans ce que chaque chiffre reçoit sa valeur du *rang* ou de *la position du zéro correspondant qu'il remplace*.

Mais que de temps, que d'efforts il a fallu pour y arriver ! Que de tentatives, que de combinaisons on avait faites avec les extensions et les flexions alternatives des doigts et des phalanges, figurés par des traits, des arcs, des crochets, des *apices*, placés en haut ou à côté des nombres, exprimant les dizaines, les centaines, les mille, etc. ! Et il a fallu tant de siècles pour résoudre une question à la solution de laquelle dix signes, y compris le zéro, auraient, dès le principe, pu suffire[1] !

### Algorithmistes, Abacistes et Algébristes.

Le mot *algorithme*, sur l'étymologie duquel on a débité bien des contes[2], vient, comme l'a montré M. Reynaud, du surnom d'*Alkhârismi* (natif de la province de Kharizme), de Mohamed-ben-Mousa, dont nous avons parlé plus haut ; et *algorithmus* désigne, dans le latin du moyen âge, *arithmétique de position*, parce que c'est cet auteur arabe qui passe pour avoir, le premier, eu l'idée, à la fois si simple et si lumineuse, — une véritable révolution scientifique, —

1. S'il faut en croire le chroniqueur Viguier, qui (dans sa *Bibliothèque historiale*, t. II, p. 642) cite l'*Abacus* de Bernelinus, notre système de numération était encore une nouveauté au seizième siècle.

2. On a donné du mot *algorithme* les étymologies les plus singulières. Les uns le font venir de *alleos*, ranger, et *goros*, considération (langue fantastique) ; les autres, d'*argis*, argien ou grec, et *mos*, coutume ; les autres, d'*aries*, bélier, et *arithmos*, nombre ; d'autres enfin le font venir d'*Algus*, prétendu nom d'un philosophe, ou d'*Algor*, prétendu nom d'un roi de Castille. Voy. M. Chasles, *Comptes rendus de l'Académie des sciences*, 6 juin 1857. Halliwell, *Rara mathematica*, p. 6 et 73, note 2 (Lond., 1839).

d'assigner à chacun des signes numéraux, depuis *zéro*
jusqu'à *neuf* inclusivement, une valeur déterminée suivant
la progression géométrique citée, c'est-à-dire de faire
occuper, de droite à gauche, le premier rang par les unités depuis 1 jusqu'à 9 inclusivement, le deuxième rang
par les dizaines jusqu'à 99, le troisième rang par les centaines jusqu'à 999, le quatrième rang par les mille jusqu'à
9999, etc., et de placer, dans l'addition et la soustraction,
les nombres les uns au-dessous des autres, suivant l'ordre décimal.

L'Alkhârismi faisait incontestablement usage du zéro,
et il désignait par le nom de *différence* ce qu'on appelle
aujourd'hui *position* ou *ordre décimal;* car il dit que « les
neuf signes peuvent se trouver dans différentes places, et
que si une *différence* reste vide, on y met un *petit cercle*,
pour montrer qu'*aucun nombre ne s'y trouve*[1]. » On ne
saurait mieux désigner le zéro.

La forme de nos chiffres, sur laquelle on continue de
discuter avec un vain luxe d'érudition, n'est ici qu'une
question accessoire. Il est certain que cette forme se
rapproche de celle des caractères arabes équivalents,
comme nous l'avons montré plus haut. Mais elle ne s'é-
loigne pas non plus des *caractères* ou *apices* de Boèce;
et, ne l'oublions pas, à l'époque de Boèce, d'un siècle et
demi antérieure à la venue de Mahomet, les Arabes n'a-
vaient encore aucune place dans l'histoire. Voilà un premier point embarrassant. Mais il y en a un autre, qui ne
l'est pas moins. Dans la position des nombres, ceux-ci augmentent de valeur, en allant depuis l'unité, de droite à
gauche. C'est ainsi qu'en arabe les lettres se lisent de droite
à gauche. A cela il n'y a rien d'étonnant, puisque c'est à
un Arabe qu'on attribue l'invention du procédé qui consiste à placer les nombres les plus forts à gauche et les

---

1. *Trattati d'aritmetica publicati da* B. Buoncompagni, p. 3 et suiv.
Rome, 1857).

plus faibles (les unités) à droite. Mais on a attribué la même invention à des rabbins *khabbalistes*, savants juifs d'Espagne, au moins aussi anciens que les Arabes[1]. Et l'on sait que l'hébreu se lit et s'écrit, ainsi que l'arabe, comme du reste toute langue sémitique, de droite à gauche, exactement au rebours de nos idiomes indo-européens.

Quoi qu'il en soit, les partisans de l'algorithme, les *algorithmistes*, ne commençaient guère à se répandre qu'à partir du douzième siècle. Parmi les plus zélés propagateurs de cette importante doctrine nous citerons : Jean de Séville, Adelhard ou Athelard de Bath, Jean de Salisbury, Jean de Holywood, Tzwizel, etc. Un mot sur chacun de ces savants.

*Jean de Séville* ou *de Luna*, plus connu sous le nom latinisé de *Joannes Hispalensis*, rabbin du douzième siècle, prit ce nom (il s'appelait auparavant *Aben-Dreath*) après s'être converti au christianisme. Sur les instances de Raimond, archevêque de Tolède, et de concert avec l'archidiacre Gondisalvi, il traduisit des livres arabes en castillan, puis du castillan en latin. Plusieurs de ces livres, comme divers traités d'Aristote, avaient été originairement traduits du grec en arabe, ce qui faisait trois versions, pour ainsi dire superposées; l'exactitude devait évidemment en souffrir. Nous n'avons à signaler de Jean de Séville que son *Liber algorismi*, imprimé par M. B. Boncompagni, dans *Trattati d'aritmetica*, t. II, p. 25-136 (Rome, 1857). Ce livre reproduit en grande partie ce qui est contenu dans l'ouvrage de l'Alkhârismi (Mohammed-ben-Mousa). On y trouve un procédé d'extraction des racines carrées à l'aide des fractions décimales, procédé qui fut plus tard présenté par Cardan et considéré comme nouveau. Mais ce procédé remonte lui-même à Théon le jeune, du quatrième siècle. Ce commentateur de Ptolémée exécutait avec les fractions sexagésimales ce que Jean de Sé-

---

1. M. Cantor, *Mathematische Beiträge*, p. 270.

ville faisait avec les fractions décimales. Ce mode d extraction repose donc encore, comme l'observe judicieusement M. Cantor, sur une *idée grecque*[1]. N'est-ce pas là
aussi qu'il faudra chercher l'origine du zéro?

*Adelhard* ou *Atelhard de Bath*, ancien bénédictin de
Bath, voyagea, dit-on, en Espagne, en Égypte et en Nu-
bie, pour y acquérir des connaissances mathématiques. Il
traduisit, vers 1130, Euclide, de l'arabe en latin. Le
traité qu'on lui attribue et qui a pour titre : *Algoritmi de
numero Indorum* n'est qu'une traduction de l'arithmétique
de l'Alkhârismi[2]. Adelhard de Bath a écrit aussi un traité
*de Abaco*, qui se trouve dans les manuscrits de la Bibliothèque nationale. Il y dit que le mot *abacus* est moderne
et signifie *décuple*, et que le nom ancien de l'*Abacus*
était *Table de Pythagore*[3].

*Jean de Holywood*, plus connu sous le nom latinisé de
*J. de Sacro-Bosco*, natif du comté d'York, mort en 1256, à
Paris, où il enseignait les mathématiques, propagea la
doctrine algorithmique dans son ouvrage imprimé en 1496,
in-fol., à Paris, sous le titre de *Arithmetica decem libris
demonstrata*. Il se fit surtout connaître par son Traité *de
la Sphère*, qui eut, du quinzième au seizième siècle, jusqu'à soixante-cinq éditions et au moins autant de commentaires.

A la même école se rattachent *Campanus de Novare*
(mort en 1300, chanoine de l'église de Paris), traducteur
et commentateur d'Euclide ; *Robert*, évêque de Lincoln,
surnommé *Grosshead* (Grosse-tête), Théodoric *Tzwivel*,
dont l'*Arithmétique* fut imprimée en 1507.

---

1. M. Cantor, *Mathematische Beiträge*, etc., p. 275.
2. Th. H. Martin, *les Signes numéraux*, etc., p. 90.
3. M. Chasles, *Comptes rendus de l'Académie des sciences*, 20 janvier et 24 juillet 1843.

Les *Abacistes*, beaucoup plus anciens que les *Algo-rithmistes* avec lesquels ils finirent par se confondre, s'oc-cupèrent particulièrement de l'arithmétique pratique, des règles d'opération et des méthodes de calcul. C'est à eux sans doute que revient l'honneur d'avoir inventé, bien tardivement, les signes de l'addition, de la soustraction, de la multiplication, de l'extraction des racines, de l'é-galité, etc.[1].

En réservant une place plus large à Léonard de Pise, nous nous bornerons à citer parmi les abacistes, Gerland, Raoul de Laon, Jean Nemorarius, Rudolphe de Liége, etc.

*Gerland*, disciple des bénédictins de Besançon, écrivit, à la fin du onzième siècle, un livre d'arithmétique, où il emploie, pour désigner les unités, les neuf noms caba-listiques : *igin, andras, ormis, arbas, quimas, caltis, zenis, temenias, celentis,* en tête des colonnes de l'Abacus, ainsi que dans le texte qui indique les opérations à exécuter.

*Raoul de Laon* employa, vers 1100, ces mêmes mots dans un traité sur l'Abacus. Il y ajouta encore le mot *si-pos*, nom d'un signe qui ressemble, dit-il, à une petite roue. Ce signe, écrit successivement au-dessus de chacun des chiffres du multiplicateur, lui sert à marquer à quel point de la multiplication on est arrivé. Il n'a pas encore pour lui la valeur du zéro. Raoul ne donne à l'Abacus que 27 colonnes, parce que ce nombre est le cube de 3. Il ne se rend pas compte de ce que le nombre, variable, des colonnes verticales de l'Abacus, réunies trois à trois, doit correspondre aux tranches de la numération parlée des

---

1. Les signes + et — ne devinrent d'un usage fréquent que vers la fin du moyen âge, par suite de la pratique arithmétique des mar-chands. Les abacistes du seizième siècle, les arithméticiens, Scheubel, Stifel, Peletier, Butéon, se servaient des signes +, — et √. Voy. Ger-hardt, dans les *Comptes rendus* de l'Académie des sciences de Berlin, 1867. — *Bullettino di Bibliografia*, etc., de B. Buoncompagni, août 1870. — M. Chasles, *Comptes rendus de l'Académie des sciences*, 5 mai 1841.

Romains. Il ne comprend pas non plus, comme M. Chasles l'a montré, l'usage des trois lignes horizontales qui, sur l'Abacus des manuscrits de Boèce, présentent chacune douze nombres [1].

La science de l'Abacus commençait-elle déjà à se perdre ?

Au nombre des savants qui continuèrent à cultiver la science du calcul nous rangerons *Rudolphe* de Liége, *Guillaume* de Strasbourg, *Guilbert* de Chartres, *Hermann Contractus*, *Regimbold* de Cologne, *Engelbert* de Liége, *Abbon* de Fleury, *Guy* d'Arezzo, *Albert* de Saxe [2].

Parmi ceux qui méritent plus particulièrement le nom d'*algébristes*, nous citerons Jordan Némorarius et Gérard de Crémone.

*Jordan Nemorarius* (traduction latine de *Forestier*) vivait, suivant M. Chasles, vers la fin du douzième siècle. On a de lui *Arithmeticorum libri X*, imprimé par Lefèvre d'Étaples (Paris, 1496); *de Ponderibus*, traité publié par P. Apian (Nuremberg, 1533); *de Numeris datis*. Ce dernier ouvrage, inédit (il existe en manuscrit à la Bibliothèque nationale), est un traité d'algèbre, divisé en quatre livres, comprenant ensemble 113 questions; l'auteur y fait tous ses raisonnements sur des lettres. Cet ouvrage, peu connu, avait attiré l'attention de Regiomontanus et de Maurolycus, qui s'étaient proposé de le mettre au jour [3].

1. M. Chasles, *Explication des traités de l'abacus*, dans les *Comptes rendus de l'Académie des sciences*, 26 et 30 janvier 1843. — Cantor, *Mathematische Beiträge*, p. 336-337. — Th. H. Martin, *les Signes numéraux*, etc., p. 89.

2. Le dominicain Albert de Saxe, né vers la fin du treizième siècle, a écrit, entre autres, un traité sur les proportions (*Tractatus proportionum*), qui fut imprimé à Venise en 1496, in-fol., et sur lequel B. Vittori a écrit un commentaire (*Bullettino di Bibliografia*, etc., de B. Buoncompagni, décembre 1871).

3. M. Chasles, *Comptes rendus de l'Académie des sciences*, 6 septembre 1841.

*Gérard de Crémone* (mort en 1187), dont nous avons déjà parlé dans l'*Histoire de l'astronomie*, p. 280, rendit de grands services à la science par ses traductions latines d'ouvrages arabes. Nous devons ici mentionner de lui : la traduction d'un *Traité* (anonyme) *d'algèbre*, publiée par M. B. Buoncompagni, d'après un manuscrit du Vatican[1]; la traduction d'un traité d'Abou-Bekr *sur la Mesure des surfaces et volumes des corps*, traduction qui se trouve, avec quelques variantes, dans trois manuscrits (nᵒˢ 7266 et 7377 ancien fonds, et nᵒ 49 supplém. lat.) de la Bibliothèque nationale. On y rencontre de nombreuses applications des règles de l'algèbre.

*Platon de Tivoli* (*Plato Tiburtinus*) rivalisait de zèle avec Gérard de Crémone pour traduire en latin les astronomes et les mathématiciens arabes.

Nous ne pouvons nous empêcher ici de faire une remarque, c'est qu'il fallait un véritable courage pour consacrer son temps, à cette époque de barbarie, à l'agrandissement de la science et à la diffusion des lumières; non pas que l'autorité régnante y répugnât absolument, comme on l'a cru, mais plutôt parce que cette répugnance était invinciblement partagée par tous les esprits : on la respirait en quelque sorte avec l'air du moyen âge. Écoutons, à cet égard, les deux plus grands chefs d'école du douzième siècle, saint Anselme et Jean de Salisbury. Saint Anselme nous apprend (dans son *Traité de la Trinité*) que Roscelin, chef et martyr du nominalisme, fut obligé de s'enfuir de France et d'Angleterre pour se soustraire à la fureur du peuple qui voulait le lapider. Pourquoi? Parce qu'il enseignait fort innocemment que « les espèces ne sont que des noms et qu'il n'y a de réel que les individualités », et parce que cet enseignement avait été con-

---

1. *Della vita et delle opere de Gherardo Cremonese* (Rome, 1851 in-4).

damné par les théologiens comme contraire aux dogmes du christianisme [1]. Jean de Salisbury, le principal disciple d'Abélard, l'incisif auteur du *Polycraticus* et du *Metalogicus*, et qui mourut en 1180 évêque de Chartres, déclarait devant la cour d'Henri II, d'Angleterre, que celui qui se livrait à l'étude des anciens était pour tout le monde un objet de raillerie (*omnibus erat in risum*), qu'il était traité d'homme plus bête qu'un âne, plus obtus que du plomb ou qu'une pierre (*obtusior plumbo vel lapide*).

Ces témoignages sont plus éloquents et plus instructifs que de longues dissertations.

Cependant l'esprit du moyen âge, si longtemps réfractaire à toute émancipation intellectuelle, commençait à fléchir, dès le treizième siècle, depuis l'apparition d'Albert le Grand, de Roger Bacon et de Léonard de Pise. Nous avons déjà parlé ailleurs des deux premiers; il nous reste à dire un mot du dernier.

### Léonard de Pise.

Léonard de Pise, également connu sous le nom de *Fibonacci* (contraction de *filius Bonacci*), né en 1180, mort vers le milieu du treizième siècle, nous apprend lui-même, au commencement de son Abaque (*Liber Abaci*), publié pour la première fois par M. Buoncompagni (Rome, 1857, in-4), qu'il était fils du syndic des marchands de Pise à la douane de Bougie, et que son père l'avait fait venir auprès de lui pour l'initier à l'art du calcul. « Ayant été ainsi initié, nous apprend-il lui-même, par un admirable enseignement, à l'art de calculer avec les neuf signes des Indiens (*ex mirabili magisterio in arte per novem figuras Indorum introductas*), je pris tant de plaisir à cet art, que je voulus savoir tout ce qu'on ensei-

---

1. V. Cousin, *Œuvres inédites d'Abélard*, p. xcvi-vii de la Préface (Paris, 1836, in-4).

gnait là-dessus en Égypte, en Syrie, en Grèce, en Sicile
et en Provence, avec ses diverses variétés. Je parcourus
donc ces contrées pour m'y instruire, mais je considérais
tout cela, et même l'algorisme de Pythagore, comme défectueux en comparaison du système indien. C'est pourquoi, étudiant de plus près ce système, y ajoutant quelque chose de mon propre fonds et y appliquant quelques
artifices géométriques d'Euclide, j'ai travaillé à la composition de cet ouvrage (en 1202), que j'ai divisé en quinze
chapitres. J'ai tout accompagné de raisonnements démonstratifs, afin que ceux qui aspirent à connaître cette science
puissent s'instruire, et que désormais la race latine ne
s'en trouve pas dépourvue comme elle l'a été jusqu'à présent. Je demande de l'indulgence pour les défauts qui
pourraient s'y trouver, etc. »

Ce passage est explicite. C'est donc à Léonard de Pise
et non à Gerbert que nous devons l'introduction de l'a-
rithmétique et de l'algèbre des Arabes dans l'Europe oc-
cidentale. Pour concilier ces deux opinions, Colebrooke
suppose que les règles de Gerbert étaient tellement
abstruses, qu'elles sont restées comme non avenues, et
qu'il fallut que Léonard les réimportât de nouveau en
1202. Mais le traité *de l'Abaque* de Gerbert n'est pas d'o-
rigine arabe, comme l'a montré M. Chasles ; il se rapporte au système de numération de Boèce. Quoi qu'il en
soit, c'est grâce au savant et infatigable éditeur de Léonard de Pise que nous savons aujourd'hui qu'un géomètre
du treizième siècle a pu dépasser de beaucoup Diophante
et les Arabes, et qu'il n'a été dépassé que par Fermat, au
dix-septième siècle. — D'autres ouvrages de Léonard,
tels qu'un traité de géométrie (*Practica geometriæ*) et un
livre sur les carrés (*Liber Quadratorum*), ont été également mis au jour par M. B. Buoncompagni (*Scritti di
Leonardo Pisano;* Rome, 1857 et suiv.).

L'empereur Frédéric II encouragea beaucoup les sciences et les lettres dans ce temps des tournois. Il s'arrêta,

en 1225, à Pise, pour faire poser, en sa présence, diverses questions à Léonard par deux géomètres de sa suite, *Jean de Palerme* et *Théodore*. Léonard adressa ses réponses à l'empereur. Le cardinal Raniero Capocci, de Viterbe, en demanda une copie, que Léonard lui dédia sous le titre de *Flos super solutionibus quarumdam quæstionum ad numerum et ad geometriam pertinentium*. « Je l'ai intitulé, dit-il, *Flos*, parce que plusieurs de ces questions, quoique épineuses, sont exposées d'une manière fleurie, et de même que les plantes, ayant des racines en terre, surgissent et montrent des fleurs, ainsi de ces questions : on en déduit une foule d'autres. » — Jean de Palerme avait posé en première question : *Trouver un nombre carré qui, augmenté ou diminué de 5, reste toujours un nombre carré*. Léonard donna pour solution $\frac{41}{12}$. En effet,

$$\left(\frac{41}{12}\right)^2 + 5 = \left(\frac{49}{12}\right)^2, \quad \text{et} \quad \left(\frac{41}{12}\right)^2 - 5 = \left(\frac{31}{12}\right)^2.$$ En méditant sur cette solution, il trouva certaines propriétés générales des carrés, ce qui lui fit sans doute composer son *Liber Quadratorum*. Ce livre est, de l'avis de M. Terquem, le monument arithmologique le plus précieux que nous ait transmis le moyen âge. Par des procédés graphiques, Léonard trouva l'expression de la somme des carrés de leur suite naturelle, et aussi de la suite des nombres impairs, et il résolut ce problème : « Trouver trois carrés et un nombre tel, qu'en ajoutant ce nombre au plus petit de ces carrés, on trouve le carré moyen, et qu'en ajoutant ce nombre au carré moyen, on trouve le plus grand carré. » C'était la généralisation de la question posée par Jean de Palerme.

La seconde question posée dans ce fameux tournoi scientifique fut celle-ci : *Trouver, au moyen d'une des quinze espèces de longueurs du dixième livre d'Euclide, une longueur $x$ qui satisfasse à la condition $x^3 + 2x^2 + 10x = 20$*.

Par des considérations géométriques très-rigoureuses, dont M. Woepke a donné la traduction analytique dans le *Journal de mathématiques* de M. Liouville (t. XXIX, 1855), Léonard démontre qu'aucune des quinze longueurs euclidiennes ne peut satisfaire à la question ; puis il donne une valeur approchée de la racine positive de l'é- quation. On ignore par quelle méthode il obtint cette va- leur, d'une exactitude surprenante.

La troisième question peut, en langage algébrique, s'énoncer ainsi : « Trois hommes ont en commun une somme inconnue $t$ ; la part du premier est $\frac{1}{2} t$ ; celle du second $\frac{2}{3} t$, et par conséquent celle du troisième $\frac{1}{6} t$. Vou- lant déposer cette somme en lieu plus sûr, ils prennent au hasard, le premier $x$, et n'en dépose que $\frac{1}{2} x$ ; le second $y$, et n'en dépose que $\frac{1}{3} y$ ; le troisième $z$, et n'en dépose que $\frac{1}{6} z$ ; de sorte que la somme déposée se monte à $\frac{1}{2} x$ $+ \frac{1}{3} y, + \frac{1}{6} z$, et lorsqu'ils retirent ce dépôt, chacun en prend un tiers ; il s'agit de trouver les valeurs $x$, $y$, $z$. » Léo- nard montra que le problème était indéterminé. En pre- nant 7 pour ce que chacun retire du dépôt, il trouve 47 pour la somme $t$ ; de là $x = 33$, $y = 13$, $z = 1$. Il ajoute qu'il y a trois modes de solutions qu'il a données dans son *Liber Abaci*[1]. — Ces sortes de défi devinrent plus tard fort à la mode parmi les mathématiciens.

Léonard dédia à Théodore « philosophe de l'Empereur » un petit traité intitulé : *de Modo solvendi quæstiones avium et similium*. Ce titre devait rappeler le désir exprimé par un

---

1. Page 281 de l'édition de M. B. Buoncompagni. Tout le reste du li- vre est composé de problèmes de ce genre.

ami qui voulait connaître le moyen de résoudre les questions sur les oiseaux et autres objets semblables. Ces questions étaient dans le genre de celles-ci : « Quelqu'un achète des moineaux, des tourterelles et des colombes, en tout 30 oiseaux pour 30 deniers; 3 moineaux coûtent 1 denier, de même 2 tourterelles, et 1 colombe coûte 2 deniers. On demande combien il y avait d'oiseaux de chacune de ces trois espèces. » Ces questions étaient traitées par un procédé analogue à celui qu'on nomme la règle de fausse position, *regula falsi*.

Guidé par un véritable amour de la science, M. B. Buoncompagni a depuis longtemps entrepris la publication des *Œuvres complètes* de Léonard de Pise ; le premier volume, contenant *Liber Abaci*, parut à Rome en 1857 ; le deuxième volume, qui comprend *Practica geometriæ*, parut en 1862. Ces deux volumes, grand in-4, ont été splendidement imprimés sur les meilleurs manuscrits des bibliothèques de Rome et de Florence.

## Culture de la science depuis la fin du treizième siècle jusqu'à la fin du moyen âge.

### Paccioli, Léonard de Vinci, etc.

Nous ne ferons ici que compléter, en peu de mots, ce que nous avons déjà exposé dans notre *Histoire de l'astronomie* (p. 281-292).

La *France littéraire* (t. XIX, p. 309) cite *Jean de Montpellier* comme un mathématicien du treizième siècle. Il est l'auteur d'un opuscule, resté inédit, qui a pour titre : *Tractatus quadrantis veteris*, où il est question de l'usage du cadran et de la manière de trouver la latitude d'un lieu.

*Jean de Ligneriis* (de Linières), natif d'Amiens, enseignait vers la même époque les mathématiques à Paris. Il rectifia, par ses observations, les lieux de diverses

étoiles, déterminés par ses devanciers. Il est probablement le même que *Jean de Liñariis*, qui passe pour Sici-
lien, et dont la Bibliothèque nationale possède plusieurs
manuscrits[1]. L'enseignement des sciences fut encouragé
en France par le roi Charles V, dit le *Sage*, c'est-à-dire
le *Savant*, qui fit traduire en langue vulgaire beaucoup
d'ouvrages étrangers.

Dans les autres contrées de l'Europe, le mouvement
scientifique se ranimait également. En Italie, *Dagomari*
(*Paul del Abaco*), que les poëtes contemporains ont placé
à côté de Dante et de Pétrarque, employa le premier, en
traitant de l'Abaque et de l'Algorithme, la virgule pour partager les nombres considérables en groupes de trois chiffres. *Marc de Bénévent* écrivait, vers 1350, sur le mouvement de la huitième sphère ; et *Andalone del Nero*, maître
de Boccace, composa un traité de l'Astrolabe, imprimé à
Ferrare en 1475. Mais celui qui s'acquit alors une véritable renommée de mathématicien, ce fut Pacciolo.

Lucas *Pacciolo* ou *Paccioli*, de l'ordre des Mineurs,
naquit, vers le milieu du quinzième siècle, à Borgo San
Sepolcro (Toscane), d'où il prit le nom de *Luca di Borgo*.
On ne sait rien de sa vie, si ce n'est qu'il enseigna les
mathématiques successivement à Pérouse, à Rome, à Pise
et à Venise. Il était lié d'amitié avec Léonard de Vinci,
et paraît avoir fini ses jours à Florence, peu de temps
après avoir dédié, en 1502, sa *Divina proportione* à Pierre
Soderini, gonfalonier perpétuel de la république de Florence[2]. Son principal ouvrage a pour titre : *Summa de
arithmetica, geometria, proportioni e proportionalità* (Venise, 1494, in-fol.; réimprimé en 1523 par Paganino di
Paganini). Il se compose de deux parties : la première
traite de l'arithmétique et de l'algèbre, la seconde de la

---

1. Libri, *Histoire des mathématiques en Italie*, t. II, p. 210, note 2.
2. *Ibidem*, t. III, p. 136.

géométrie. Son Algèbre, que l'auteur appelle *Arte maggiore*, nous montre qu'on ne savait alors résoudre que les équations susceptibles d'être ramenées au second degré, à racines positives, et que les relations algébriques s'exprimaient, au lieu de signes, par des abréviations de mots. Du reste, tous les problèmes à résoudre étaient des problèmes de nombres. L'un des chapitres contient les quatre règles avec tous les genres de multiplication et de division usités; le calcul des radicaux les plus simples, la somme de la série des carrés et des cubes, etc.

Fidèle à l'enseignement des Arabes, Luca di Borgo continua d'appeler l'inconnu, la chose, *res, cosa;* il la représentait, abréviativement, par *R/.* C'est de là que la nouvelle méthode de calcul, — qui n'était pas tout à fait l'algèbre moderne, puisqu'on ne désignait pas encore par des lettres les quantités connues qui étaient, comme chez Diophante, appelée *nombres (numeri)* et représentées par des chiffres, — prit le nom d'*art de la chose*, en italien *arte della cosa*, d'où l'on fit, par une plaisante corruption, la *règle de Coss*. Le carré de l'inconnue (dans les équations quadratiques ou du second degré) était également, comme chez les Arabes, désigné par *census* ou *il censo*, et la racine portait toujours, comme chez les anciens, le nom de *latus* (côté). Quant aux signes d'opération $+$ et $=$, ils étaient représentés par les initiales des mots qui s'y rapportaient; le signe $-$, on l'évitait, parce que les racines négatives n'entraient pas encore en considération dans les questions proposées.

Les trois cas auxquels l'auteur s'était arrêté dans la solution des équations du second degré, sont exprimés en vers latins, selon la mode du temps. Le premier cas est ainsi décrit :

> Si res et census numero coæquantur, a rebus.
> Dimidio sumpto, censum producere debes
> Addereque numero, cujus a radice totius
> Tolle semis rerum, census latusque redibit.

C'est ce qu'on peut, en langage algébrique moderne, exprimer par :

$$x^2 + bx = a; \quad x = -\frac{1}{2}b + \sqrt{\frac{1}{4}b^2 + a}.$$

Les racines négatives étaient laissées de côté parce que, comme le fait très-bien observer M. Suter, on n'avait encore aucune idée des nombres négatifs, c'est-à-dire du système de numération continué au-dessous de zéro, et cela devait être, tant que, pour l'opération de la soustraction, on ne comprenait pas que la quantité à soustraire pût être plus grande que la quantité à laquelle celle-ci devrait être soustraite[1].

On a de Paccioli deux autres ouvrages, dont l'un a pour titre : *Libellus in tres partiales tractatus divisus quorumcumque corporum regularium et dependentium activæ perseverationis* (Venise, 1508, in-4), où il est traité des polygones et des polyèdres réguliers, ainsi que de l'inscription mutuelle de ces figures les unes dans les autres; l'autre, la *Divina proportione* (Venise, 1509, in-4), est la division d'une droite en moyenne et extrême raison, dont l'auteur fait de nombreuses applications. Ce dernier ouvrage, dont Léonard de Vinci grava les figures, devait établir géométriquement les règles de tous les arts.

Paccioli ou Luca di Borgo marcha sur les traces de Léonard de Pise, qu'il avait pris pour modèle. Comme celui-ci, il attribue les règles de position aux Arabes et les appelle *Helcatâym*. Sa méthode se distingue de celle des Grecs par une union constante de l'algèbre et de la géométrie, caractère qui se reproduit dans presque tous les écrits mathématiques semblables du seizième siècle. « Il n'est pas douteux, dit M. Chasles, que les deux célèbres

---

1. M. Suter, *Geschichte der mathematischen Wissenschaften*, p. 160 (Zurich, 1873).

géomètres de l'Italie, Cardan et Tartaglia, n'aient dû
leurs connaissances et la méthode qu'ils ont suivie à la
*Summa di arithmetica* de Lucas di Borgo, qu'ils citent
souvent[1]. »

*Léonard de Vinci*, ce génie vraiment universel (né en
1452, près de Florence, mort en 1519, près d'Amboise),
qui fut à la fois peintre, sculpteur et architecte, se distingua également dans les sciences physiques et mathématiques. Malheureusement la plupart de ses écrits sont
restés inédits, sauf quelques fragments publiés par Ven-
turi, et par Libri dans son *Histoire des mathématiques en
Italie* (t. III, p. 204 et suiv.). L. de Vinci fut, suivant
Lomazzo (*Tratatto della Pittura*, p. 17), l'inventeur du *tour à
ovale*. Le tour à ovale reposait sur une idée tout à fait nouvelle pour tracer les courbes. On ne les avait jusqu'alors
décrites que par la trace d'un style mobile, imprimée sur
un plan fixe. L. de Vinci y procéda inversement, au moyen
d'un stylet fixe, imprimant sa trace sur un plan mobile.
Tel est le tour à ovale, qui sert à tracer l'ellipse. Quel
mouvement fallait-il, se demande M. Chasles, donner
au plan mobile, pour obtenir ainsi une ellipse?... Le célèbre peintre a su découvrir, parmi une infinité de solutions dont cette question était susceptible, sans doute la
plus simple, celle qui consiste à donner au plan mobile
le mouvement d'un angle de grandeur constante, dont les
deux côtés glissent sur deux points fixes. Cette question,
si intéressante, de la génération de l'ellipse, n'a été traitée depuis que par Clairaut (en 1740)[2].

1. M. Chasles, *Aperçu historique*, etc., p. 534 et suiv.
2. *Ibidem*, p. 531-532.

**Purbach** et **Regiomontanus.** — Progrès de la trigonométrie et de l'algèbre. — **Th. de Bradwardin. N. de Cusa. Albert Dürer.**

Les travaux de *G. Purbach* et de *Regiomontanus*, du maître et du disciple, dont nous avons déjà parlé dans l'*Histoire de l'astronomie* (p. 286-288), ont beaucoup contribué au développement de la trigonométrie. Dans leur *Epitome in C. Ptolemæi Magnam Compositionem*, etc. (Venise, 1496, et Bâle, 1543, in-fol.), ils substituent, pour les calculs trigonométriques de Ptolémée, les *sinus* aux *cordes*, comme l'avait déjà fait Albategni ; mais ils conservent les expressions $\frac{sinus}{cosinus}$, et ne se servent pas encore des tangentes. Regiomontanus en fit plus tard une table, à laquelle il donna le titre de *Table féconde*.

Répudiant les traductions latines, faites sur l'arabe, Regiomontanus lut, le premier, les grands géomètres grecs dans leur propre langue, et en donna des versions plus correctes. Son ouvrage *de Triangulis omnimodis libri V* (Nuremberg, 1533, in-fol.) est un traité complet de trigonométrie, tant rectiligne que sphérique. Dans les deux premiers livres, qui renferment beaucoup de problèmes nouveaux, il s'agit toujours de déterminer, au moyen de trois données quelconques, les autres parties d'un triangle. Par exemple, dans la 12ᵉ question du IIᵉ livre, on donne la base, la perpendiculaire et le rapport des deux côtés. Quand l'auteur dit que cette question n'avait pas encore été résolue par la géométrie, il oubliait qu'elle était déjà connue d'Apollonius (second livre des *Lieux plans*), de Pappus et d'Eutocius[1]. Il y applique l'algèbre, *ars rei et census*, comme il l'ap-

---

1. La même question avait été traitée par Hassan-ben-Haïthem (dans ses *Connues géométriques*) ; elle le fut depuis par Cardan, dans son traité *de Proportionibus numerorum ;* par Galilée, dans les *Lieux plans* d'Apollonius, restitués par Fermat, etc.; enfin G. Legendre l'a comprise dans son traité de *Géométrie élémentaire.*

pelle d'après Léonard de Pise, et arrive ainsi à une équation du second degré[1]. La règle *rei et census* était alors très-fréquemment employée par les astronomes géomètres. Dans le cinquième livre des *Triangles* on remarque, entre autres, la proposition suivante : « L'arc du grand cercle qui divise en deux également l'angle au sommet d'un triangle sphérique, fait sur la base deux segments dont les sinus sont entre eux comme les sinus des côtés qui comprennent l'angle. » Cette proposition correspond à une propriété des triangles plans, connue des Grecs.

Le traité arithmétique de Regiomontanus, intitulé *Algorithmus demonstratus* (imprimé par Schoner en 1534), occupe une place importante dans l'histoire de l'algèbre. On y voit les *lettres* substituées aux *nombres*, et ces signes abstraits, généraux, sont même employés tout à la fois pour exposer le système de numération et démontrer les règles de l'arithmétique pratique. L'usage des lettres, non plus seulement pour exprimer les quantités inconnues, mais les quantités connues, usage qui est le fondement de l'algèbre moderne, fut étendu et développé, un siècle plus tard, par Viète.

L'intéressant recueil, publié par de Murr, sous le titre : *Memorabilia Bibliothecarum Norimbergensium et universitatis Altorfinæ* (Nuremberg, 1786, 2 vol. in-8), contient de Regiomontanus une solution trigonométrique de la fameuse question qui se trouve dans Brahmegupta et dont les géomètres des quinzième et seizième siècles se sont occupés[2], question qui consiste à « construire avec quatre côtés donnés un quadrilatère qui soit inscriptible

---

1. Dans l'exemple présenté par Regiomontanus, les connues ou données sont 20 pour la base, 5 pour la perpendiculaire et $\frac{3}{5}$ pour le rapport des deux côtés; prenant pour l'inconnue la différence des deux segments faits sur la base par la perpendiculaire, il établit, par des considérations géométriques, l'équation : 20 *census*, plus 2000 *æquales rebus*, en d'autres termes : $20x^2 + 2000 = 680x$.

2. Voy. M. Chasles, *Aperçu historique*, etc. p. 435 et suiv. (note).

dans un cercle. » Nous avons montré que cette question, dont on a voulu faire remonter l'origine aux Indiens, est d'origine grecque[1].

*Thomas de Bradwardin*, archevêque de Cantorbéry, a fondé la véritable doctrine des polygones étoilés dans sa *Geometria speculativa*, écrite eu 1344 et imprimée pour la première fois en 1496. L'auteur y fait connaître la théorie des polygones. *égrédients*[2], et celle des figures isopérimètres. M. Chasles a donné, dans son *Aperçu historique* (p. 480 et 521), une analyse détaillée du remarquable ouvrage de Th. de Bradwardin, qui s'était acquis la double renommée d'un géomètre et d'un théologien.

Le cardinal *Nicolas de Cusa* (mort en 1464), le précurseur de Copernic, était, comme l'archevêque Bradwardin, animé de cet esprit d'indépendance qui, brisant les liens de la philosophie scolastique, prépara l'avénement du siècle de la Renaissance. En renouvelant l'antique problème de la quadrature du cercle, il employa, pour calculer le rayon, un procédé qu'exprime cette formule :

$$a = \frac{p}{2n \cdot \sin \dfrac{180°}{n}},$$ où $n$ désigne le nombre des côtés du polygone régulier inscrit, et $p$ le périmètre de ce polygone. Mais quelque exacte que fût cette expression générale, elle était impropre à faire ressortir l'irrationalité du rapport du diamètre à la circonférence.

Ce même problème suggéra à Nicolas de Cusa l'idée de faire rouler un cercle sur une ligne droite. On a

1. Voy. plus haut, p. 128 et suiv.
2. Voy. S. Günther, *Développement historique de la théorie des polygones étoilés*, dans le *Bullettino di Bibliografia*, etc., de M. B. Buoncompagni, p. 313 et suiv., août 1873.

voulu y voir les premières traces de la cycloïde, courbe devenue si célèbre au temps de Pascal. Mais M. Chasles (*Aperçu historique*, etc., p. 529) a montré que l'arc de cercle ainsi décrit ne servait, dans l'esprit de l'auteur, qu'à déterminer le point de la droite où venait se placer, après une révolution du cercle, le point de sa circonférence qui touchait d'abord cette droite, et qu'il ne s'agissait nullement de considérer la courbe engendrée dans l'espace pour un point de la circonférence qu'on faisait mouvoir sur une ligne droite.

Les écrits mathématiques du cardinal Nicolas de Cusa forment la troisième partie de ses *Œuvres complètes* (la plupart théologiques), imprimées à Paris en 1514, et à Bâle en 1565, in-fol.

Albert *Dürer* (né à Nuremberg en 1471, mort en 1528) appartient, comme Léonard de Vinci, à cette génération de grands artistes, peintres, sculpteurs et architectes, pour lesquels la géométrie est non-seulement un instrument d'analyse, mais un puissant moyen de perfectionnement. L'étude de la perspective le conduisit à la transformation des figures en d'autres figures du même genre. Et de là naquirent plusieurs méthodes géométriques, comme celle qui consiste à faire croître proportionnellement les ordonnées des points d'une figure, dans le dessin d'un profil dont on veut rendre les dimensions en hauteur plus facilement appréciables. Dürer maniait très-habilement le compas pour tracer des ellipses et d'autres figures géométriques. Le *pentagone de Dürer* est un pentagone régulier, construit avec une seule ouverture de compas; mais d'autres géomètres (Clavius, J. B. Benedetti) ont démontré depuis que ce pentagone n'a pas tous les angles égaux et que sa figure n'est qu'approximative. Les *Instructions* de Dürer *concernant l'usage du compas* parurent en allemand, à Nuremberg, 1525, in-fol., avec 19 figures sur bois, probablement gravées par Dürer lui-même.

Arrêtons-nous dans cette énumération d'hommes de tout état qui prirent une part active au grand mouvement de transformation ou de rénovation de toutes les connaissances humaines, dont le moyen âge nous offre le spectacle si instructif. Une nouvelle époque, féconde en révolutions, va se lever sur la scène de l'histoire.

# LIVRE SIXIÈME.

## TEMPS MODERNES.

Les temps modernes s'ouvrent par le *siècle de la Renaissance*. Le seizième siècle, cette grande époque d'émancipation intellectuelle, où la raison humaine, longtemps comprimée sous le poids de l'autorité traditionnelle, entreprit, en brisant tous les obstacles, de se faire jour dans toutes les directions à la fois, avait été admirablement bien préparé par l'invention de l'imprimerie et par la découverte du Nouveau-Monde.

Les mathématiques, comme les lettres et les arts, avant de prendre un nouvel élan, se retrempèrent d'abord aux pures sources de l'antiquité. En rejetant les mauvaises traductions latines, versions de seconde main faites sur l'arabe, dont s'était nourri le moyen âge, les géomètres rivalisèrent de zèle entre eux pour apprendre le grec, afin de pouvoir lire, dans le texte original, les œuvres d'Euclide, d'Archimède, de Ptolémée, d'Apollonius, de Diophante, etc. Parmi ces érudits, nous devons citer, au premier rang, Xylander, Commandini, Jean Werner, Grynæus, Dasypodius, Camerarius, Venatorius, J. Dee, Thomas et Léonard Digges, Joseph Auria, Jean Péna et Lefèvre d'Étaples (*Faber de Stapula*). L'imprimerie, ce merveilleux véhicule de la transmission de la pensée humaine, favorisait singulièrement ce réveil soudain à une vie nouvelle, en multipliant et propageant les œuvres des maîtres de la science.

# CHAPITRE I.

Ce grand siècle a été dignement inauguré par Copernic, dont nous avons déjà parlé ailleurs[1]. Nous n'avons donc à mentionner ici que son *de Lateribus et angulis triangulorum*, etc., *libellus* (Wittemberg, 1542, in-4), petit traité de trigonométrie, où l'auteur démontre divers théorèmes de Ptolémée et reprend en sous-œuvre le travail de Regiomontanus. Copernic n'a fait aucun usage des tangentes, qu'il ne paraissait même pas avoir connues.

Nous allons rapidement passer en revue la vie et les travaux des hommes qui forment en quelque sorte le foyer du mouvement scientifique moderne. Ce mouvement avait, au seizième siècle, plus particulièrement pour objet l'*arithmétique* et l'*algèbre*.

## Arithméticiens et algébristes italiens.
## Tartaglia.

Né à Brescia en 1500, Niccolo *Tartaglia* avait été affreusement mutilé à l'âge de douze ans ; voici à quelle occasion. Lors de la prise de Brescia, en 1512, par Gaston de Foix, les habitants, réfugiés dans la cathédrale, furent massacrés par les soldats français. Niccolo, que son enfance aurait dû protéger, y reçut de graves blessures :

1. *Histoire de l'astronomie*, p. 293-309.

« Son crâne fut brisé en trois endroits, et le cerveau laissé à découvert; il reçut à travers la figure un coup qui lui fendit les deux mâchoires et lui ouvrit le palais ; il ne pouvait ni parler ni manger. La maison paternelle ayant été saccagée, aucune ressource ne restait à la pauvre mère; pour soigner son enfant, elle imitait les chiens qui, étant blessés, se guérissent en se léchant. Il guérit, et il resta longtemps *bègue*, d'où son surnom de *Tartaglia*. Il fut lui-même son maître, et, après qu'il eut appris à lire et à écrire, il s'exerça continuellement sur les œuvres des morts (*sopra le opere degli uomini defonti*). »
Voilà, en abrégé, l'émouvant récit que Tartaglia a donné lui-même de ses malheurs dans ses *Quesiti ed invenzioni diverse* (Venise, 1550, in-4) [1].

Tartaglia avait environ trente-cinq ans, et enseignait les mathématiques à Venise, lorsqu'il accepta le défi que lui avait porté le dépositaire du secret de Scipion Ferro [2]. Les deux combattants déposèrent chacun chez un notaire une certaine somme d'argent, engagée contre la solution de trente questions, c'est-à-dire que celui qui aurait, au bout d'un certain temps ( de trente à quarante jours), résolu le plus de questions, serait déclaré vainqueur et gagnerait la somme déposée. En moins de deux heures, Tartaglia résolut les questions proposées, qui toutes se réduisaient à un cas particulier des équations cubiques, dont la formule est : $x^3 + px = q$. C'était là le secret que Fiori tenait de Scipion Ferro. Pour célébrer son triomphe,

1. Libri, *Histoire des mathématiques en Italie*, t. III, p. 362.
2. *Scipion Ferro*, né à Bologne vers 1465, enseigna les mathématiques dans sa ville natale depuis 1490 jusqu'en 1525, époque probable de sa mort. Son nom ne serait pas arrivé à la postérité sans un passage de Cardan qui dit, dans le premier chapitre de son *Ars magna*, que le Bolonais Scipion Ferro trouva le premier une solution qu'on cherchait depuis longtemps (la solution des équations du 3e degré), et qu'il fit part de sa formule à un de ses disciples, Antoine *Fiori*. Celui-ci s'en servit pour proposer des problèmes à divers géomètres, et, entre autres, en 1535, à Tartaglia.

Tartaglia composa des vers mnémotechniques qui contien
nent la solution du cas indiqué. Vers la même époque,
Zuano de Torrini da Coi (que Cardan appelle *da Colle*),
qui tenait une école d'arithmétique à Brescia, se prétendait en possession du même secret que Tartaglia, qui était
mort à Venise en 1559. Nous parlerons plus loin de ses
démêlés avec Cardan.

Les principaux ouvrages de Tartaglia, parmi lesquels
on remarque la *Scientia nova*, un *Traité d'arithmétique* et
un *Traité des nombres et mesures*, ont été réunis en un
volume in-4 et publiés sous le titre d'*Opere*, etc., Venise,
1606. L'ouvrage, où il devait exposer les résolutions des
équations du troisième degré et donner ses autres recherches algébriques, ne nous est pas parvenu.

Dans son Traité général des nombres, l'auteur a tracé la
figure suivante pour montrer la formation successive des
coefficients des diverses puissances, à partir de la 2ᵉ :

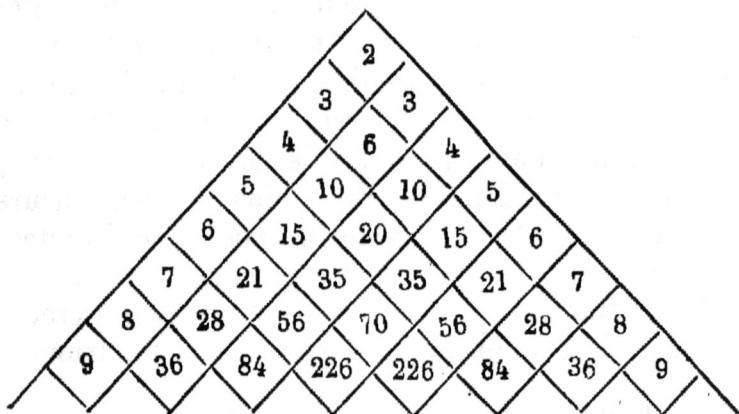

```
                    2
                 3     3
              4     6     4
           5    10    10    5
        6    15    20    15    6
     7    21    35    35    21    7
  8    28    56    70    56    28    8
9    36    84   226   226   84    36    9
```

Tartaglia a donné en même temps une règle, très-
générale, pour trouver un coefficient quelconque par la
somme des deux coefficients qui lui correspondent dans
la rangée supérieure. Ainsi, par exemple, pour avoir
3 et 3 (coefficients de la 3ᵉ puissance), on dispose les exposants en deux séries inverses (descendante et ascen-

dante), en prenant la première pour dividende et la seconde pour diviseur ; les quotients successivement obtenus, abstraction faite de $1 = \left(\dfrac{n \cdot (n-1) \cdot n - 2 \cdot n - 3 \ldots 1}{1 \cdot \quad 2 \cdot \quad 3 \cdot \quad 4 \cdot \quad \ldots n}\right)$, sont les coefficients désignés dans la table. Ainsi, par exemple, $\dfrac{3 \cdot 2}{1 \cdot 2} = 3$ ; $\dfrac{3}{1} = 3$ : les nombres 3 et 3 sont les coefficients de la 3ᵉ puissance ; $\dfrac{4 \cdot 3 \cdot 2}{1 \cdot 2 \cdot 3} = 4$ ; $\dfrac{4 \cdot 3}{1 \cdot 2} = 6$ ; $\dfrac{4}{1} = 4$ : les nombres 4, 6, 4 sont les coefficients de la 4ᵉ puissance, et ainsi de suite à l'infini.

Dans sa *Scientia nova* (Venise, 1550, in-4) Tartaglia s'est occupé de balistique ; il est parvenu à ce résultat remarquable, qu'on obtient le maximum d'effet sous un angle de 45 degrés ; et il entrevit la loi de la chute des corps, découverte réservée à Galilée.

### Cardan.

Jérôme *Cardan* (né à Paris le 24 septembre 1501, mort à Rome le 21 septembre 1576) fut un des hommes les plus extraordinaires de son temps. Sa vie[1], qui est un tissu d'actes incohérents, appartient à l'histoire de la philosophie et de l'astrologie plutôt qu'à celle des mathématiques. Il composait son *Ars magna*, quand il apprit l'issue de la joute scientifique qui eut lieu entre Fiori et Tartaglia. Il fit prier ce dernier de lui communiquer sa découverte pour en enrichir son livre. Tartaglia s'y refusa. Irrité de ce refus, Cardan lui adressa, le 12 février 1539, une lettre de reproches ; puis, changeant tout à coup de tactique, il l'invita avec des paroles mielleuses à venir le plus tôt possible à Milan, où l'attendait, disait-il, avec une vive impatience, le généreux marquis del Vasto. Ga-

---

1. Voy. l'article *Cardan*, de M. Victorien Sardou, dans la *Biographie générale*.

gné par ces paroles, Tartaglia se rendit à Milan et vint loger chez Cardan même, après avoir appris que le marquis était parti pour Vigevano. Dès lors Cardan employa tous les moyens de séduction auprès de Tartaglia : « Je vous jure, lui disait-il, sur les saints évangiles que si vous m'enseignez vos découvertes, non-seulement je ne les publierai jamais, mais encore je les noterai pour moi en chiffres, afin qu'après ma mort personne ne puisse les comprendre. » Tartaglia céda, et communiqua à Cardan ses Règles, résumées en vingt-neuf vers techniques, disposés en trois strophes, chacune de neuf vers ($3 \times 9 = 27 = 3^3$). En voici la première : elle contient la solution du cas $x^3 + px = q$.

> Quando che il cubo con le cose appresso
> S'agguaglia à qualche numero discreto,
> Trova mi due altri differenti in esso ;
> Dapoi terrai questo per consueto
> Ch' il lor producto sempre si eguale
> Al terzo cubo delle cose netto.
> El residuo poi tuo generale
> Delli lor lati cubi ben sottrato,
> Verrà la tua cosa principale [1].

Les derniers vers donnent la date et le lieu (Venise) de la découverte des règles en question. Voici ces vers :

> Questi trovai, ed non con passi tardi
> Nel mille cinque cente quatro e trenta
> Con fondamenti ben solidi e gogliardi
> Nel città dar mur intorno centa.

Tartaglia retourna à Venise et reçut encore de Cardan plusieurs lettres au sujet de quelques développements qui lui manquaient. Au commencement de 1540, leurs relations cessèrent. Cardan parvint, avec le concours de son élève Ferrari, à donner de l'extension aux règles de Tartaglia, à résoudre les équations du 4ᵉ degré et à donner

---

1. En langage scientifique, voici ce que ces vers signifient: « Quand le cube avec les *choses* est égal à un nombre (en d'autres termes, *p* étant le coefficient numérique de l'inconnue au premier degré, et

des éclaircissements sur la nature des équations. Tout cela fut publié dans l'*Ars magna*. Mécontent de cette conduite, Tartaglia adressa à Cardan un défi public. Le rendez-vous avait été fixé au 10 août 1548, dans une église de Milan. Cardan n'y vint pas; il se contenta d'y envoyer son disciple Ferrari[1]. Celui-ci soutint seul la lutte, qui eût entièrement tourné à l'avantage de Tartaglia, si l'attitude des amis de Cardan ne l'avait pas décidé à quitter précipitamment Milan par un chemin détourné[2].

« A voir, dit ici M. Libri, tous ces problèmes du troisième degré, qu'on se proposait par des hérauts au commencement du seizième siècle, on comprend l'importance que l'on attachait alors aux découvertes algébriques. Il serait difficile de trouver dans l'histoire des sciences *q* la quantité absolue), il faut prendre deux nombres, $z$ et $y$, dont la différence soit $q$, et dont le produit, $zy$, soit égal au cube du tiers du coefficient des *choses*, c'est-à-dire à $\frac{1}{27} p^3$. Cela fait, qu'on trouve les valeurs de $z$ et $y$, ce qui est facile; car, par la première équation, on a $z - q = y$ et $y + q = z$, conséquemment $z^2 - qz = \frac{1}{27} p^3$, et $y^2 + qy = \frac{1}{27} p^3$, dont les racines prises, selon la méthode d'alors, c'est-à-dire en ne tenant compte que des racines positives, sont $z = \frac{1}{2} q + \sqrt{\frac{1}{4} q^2 + \frac{1}{27} p^3}$ et $y = \sqrt{\frac{1}{4} q^2 + \frac{1}{27} p^3} - \frac{1}{2} q$. Il faut prendre ensuite leurs racines cubes, et soustraire la moindre de la plus grande, et on aura la valeur de la *chose*, c'est-à-dire de $x = \sqrt[3]{\frac{1}{2} q + \sqrt{\frac{1}{4} q^2 + \frac{1}{27} p^3}} + \sqrt[3]{\frac{1}{2} q - \sqrt{\frac{1}{4} q^2 + \frac{1}{27} p^3}}$. (Montucla, *Histoire des mathématiques*, t. I, p. 592 et 593.)

1. Louis *Ferrari* enseignait les mathématiques à Bologne, où il naquit, en 1522, et mourut en 1565. Il fut un des meilleurs élèves de Cardan. Sa méthode pour résoudre les équations du 4e degré a été publiée dans l'*Ars magna* de son maître. Il était, au rapport de Cardan, très-irascible, et avait perdu, à dix-sept ans, tous les doigts de la main droite dans une forte querelle.

2. Voy., sur ces détails, Terquem, dans les *Annales de mathématiques*, t. XV, année 1856.

l'exemple d'un fait semblable[1]. Les paris, les disputes
publiques se succédaient sans interruption; toutes les
classes de la société s'intéressaient à ces luttes scientifiques, comme dans l'antiquité on s'intéressait aux défis
des poëtes et aux combats des athlètes[2]. »

Cardan a publiquement révélé dans son *Ars magna*
(Nuremberg, 1545, in-fol.) ce que Tartaglia n'aurait
voulu communiquer à personne.

Esprit subtil et inventif, Cardan a le premier signalé
ce qu'on nomme, en analyse, *cas irréductible*, cas où une
équation du troisième degré a ses racines réelles, inégales et incommensurables. Il trouva, à peu près en
même temps que Bombelli[3], que si, dans ce cas, on résout l'équation par la méthode ordinaire, la racine, quoique réelle, se présente sous une forme qui contient des
quantités imaginaires. Le calcul des *imaginaires*, branche
d'analyse qui a suscité des discussions animées parmi les
géomètres du dix-huitième siècle, est une découverte de
Cardan, qui avait remarqué que, dans les équations, les

---

1. De pareilles joutes n'étaient pas cependant rares au moyen âge
(voy. plus haut, p. 326).

2. Libri, *Histoire des mathématiques en Italie*, t. II, p. 152.

3. Raphaël *Bombelli* était natif de Bologne. On ignore les dates
de sa naissance et de sa mort. Il écrivit un *Traité d'algèbre*, qui parut en 1572. Dans la préface de cet ouvrage remarquable, dédié à
l'évêque de Melfi, il trace rapidement l'histoire de l'algèbre depuis
Diophante; il y blâme aussi Tartaglia d'avoir tant maltraité Ferrari
et Cardan. L'ouvrage lui-même est divisé en trois livres; le premier
contient le calcul des radicaux et des quantités imaginaires; le
deuxième, ce qui se rapporte à la résolution des équations; le troisième est un recueil de problèmes, parmi lesquels il y en a de
fort difficiles, empruntés à l'analyse indéterminée. On y trouve exposé
méthodiquement tout ce qu'on savait alors sur l'algèbre, notamment
sur l'impossibilité de résoudre les équations du 4e degré sans le secours de celles du 3e, et sur ce que, d'une manière générale, les équations de dimensions plus hautes présupposent la résolution de toutes
les équations des degrés inférieurs. La méthode indiquée à cet égard
par Bombelli porte le nom de *Règle de Bombelli*, bien qu'elle appar-
tienne plutôt à L. Ferrari.

racines imaginaires vont toujours par couples. « On lui doit aussi, ajoute M. Libri, résumant les travaux géométriques de Cardan, une méthode pour les résolutions approchées des équations, fondée sur le changement du signe qui s'opère lorsqu'on substitue successivement, à la place de l'inconnue, deux membres entre lesquels est comprise une racine. Il a trouvé plusieurs des relations qui lient les racines aux coefficients des équations. Il a connu et traité les racines inégales ; il s'est même approché du théorème de Descartes, sur les variations et les successions du signe ; et l'on voit que s'il n'avait pas été arrêté par la méthode des Arabes, suivie encore au seizième siècle, de ne pas égaler l'équation à zéro, mais de la partager en deux membres composés de termes tous positifs, il aurait certainement découvert la plupart des théorèmes qui constituent la théorie générale des équations. Bien qu'il n'ait pas démontré d'une façon générale la réalité des trois racines de l'équation du troisième degré, dans le cas où elles se présentent toutes sous la forme imaginaire, cependant Cardan a prouvé leur réalité dans un grand nombre de cas, surtout en les déterminant géométriquement par les sections coniques. Les Arabes avaient déjà fait des recherches analogues ; mais Cardan ignorait leurs travaux, et sa construction de l'équation du troisième degré mérite d'être remarquée, car elle renferme la première idée de la représentation générale du rapport qui existe entre deux quantités par les rapports qui lient les abscisses et les ordonnées dans une courbe quelconque[1]. »

Les travaux mathématiques de Cardan remplissent le IV<sup>e</sup> volume de ses *Œuvres complètes*, publiées par Spon, en dix volumes in-fol., Lyon, 1663.

---

1. M. Libri, *Histoire des mathématiques en Italie*, t. III, p. 171 et suiv.

### Disciples ou contemporains de Tartaglia et de Cardan.

*Benedetti* (Jean-Baptiste), plus connu sous le nom latinisé de *Benedictis*, natif de Venise (mort en 1590), eut pour maître Tartaglia. A dix-huit ans il passait pour un prodige. Il devint mathématicien du duc de Savoie et publia, sous le titre de *Diversæ speculationes* (Turin, 1585, in-fol.), des idées fort remarquables pour son temps. Ainsi, adversaire décidé des péripatéticiens, il réduit le mouvement d'un corps à celui de son centre de gravité, et il explique par là pourquoi les sphères et les cylindres, dont le centre de gravité ne s'élève pas lorsqu'on les fait tourner sur un plan horizontal, présentent moins d'obstacle au mouvement que les autres corps. Dans sa théorie de la chute des graves, il démontre que, « dans le vide, les corps de différentes masses tombent avec la même vitesse. » Il explique les variations annuelles de la température par les différentes inclinaisons des rayons qui se réfléchissent à la surface de la Terre, et par l'inégale épaisseur des couches atmosphériques qu'ils doivent traverser, suivant qu'ils-arrivent plus ou moins obliquement.

Dans le même livre des *Diversæ speculationes*, Benedetti a résolu la question (proposée par le prince Charles-Emmanuel de Savoie) de « construire avec quatre côtés donnés un quadrilataire inscriptible dans le cercle ».

*Patrizzi*, contemporain de Benedetti, essaya le premier d'introduire la métaphysique dans la géométrie, et voulut démontrer les axiomes dans son traité *Della nuova geometria ;* 1587, in-4.

## Nonius. — Maurolycus.

*Nuñes* ou *Nunez* (Pedro), plus connu sous le nom latinisé de *Nonius*, né vers 1492 au bourg d'Alcaçar de Sal,
en Portugal, mort en 1577, visita, en 1519, les Indes
orientales, où il remplit le poste d'inspecteur des douanes,
et enseigna depuis 1544 les mathématiques à l'université
de Coïmbre. Il eut des démêlés assez vifs avec Oronce
Finé, au sujet des divers paralogismes algébriques qu'il
avait relevés (*de Erratis Orontii Finei*; Coïmbre, 1546,
in-fol.). Dans son remarquable opuscule *de Crepusculis*
(Lisbonne, 1542, in-4), Nonius donna la solution d'un
problème (*trouver le jour de l'année où le crépuscule est
le plus court*) que Jacques Bernoulli avoue avoir cherché
longtemps vainement à résoudre. Dans son traité *de Arte
atque ratione navigandi libri duo*, Coïmbre, 1546, in-fol.,
on trouve les premiers indices de la théorie des *loxodro-
mies*. Frappé des défauts des cartes plates, dont les navigateurs faisaient alors usage, il chercha à les rectifier; et,
dans ce but, il examina les lignes, nommées *loxodro-
miques*, qui figurent les rumbs du vent partant de l'équateur, la longueur du chemin parcouru et le changement
de longitude, en supposant un changement de latitude de
dix minutes en dix minutes[1].

Nonius a donné son nom à une invention ingénieuse qu'il
avait proposée et employée pour suppléer aux très-petites
divisions des instruments astronomiques. Cette invention
est distincte de celle que proposa, en 1631, Pierre *Ver-
nier*, dans un opuscule fort rare, intitulé : *La construc-*

---

1. La *loxodromie* ou ligne loxodromique, étant la ligne parcourue
par un navire toujours dirigé sur le même rumb de vent, est une
courbe à double courbure, tracée sur le sphéroïde terrestre ; elle est,
comme le reconnut Halley, la *projection stéréographique de la spirale
logarithmique*. Wright, Stevin, Snellius étudièrent, après Nonius,
les propriétés de la loxodromie.

*tion, l'usage et les propriétés du nouveau quadrant mathématique*[1].

*Maurolico* (Francesco), plus connu sous le nom latinisé de *Maurolycus*, né à Messine le 16 septembre 1494, mort le 21 juillet 1575, était d'une famille grecque, originaire de Constantinople. Précepteur du fils aîné du vice-roi Jean de Vega, il séjourna quelque temps à Palerme, où il se lia d'amitié avec Jean Ventimiglio, marquis de Gerace, qui l'emmena à Naples et à Rome. De retour à Messine, il y enseigna les mathématiques, jusqu'à l'époque de sa mort. Outre un grand nombre de traductions latines de mathématiciens grecs, on lui doit plusieurs travaux originaux, consignés dans ses *Opuscula mathematica*; Venise, 1575, in-4. Il remarqua, entre autres, que l'ombre de l'extrémité d'une stèle décrit chaque jour un arc de section conique, ce qui devint entre ses mains la base de nouveaux principes de gnomonique. Il fait aussi dériver les propriétés des coniques de celles du cercle et de la considération du solide dans lequel ces courbes prennent naissance. Werner, de Nuremberg, avait déjà démontré par la même méthode quelques propriétés élémentaires des coniques, mais d'une façon moins étendue que Maurolycus. Ce savant, qui était aussi poëte et hagiographe, passe pour avoir donné les premières règles de l'algorithme de l'algèbre et avoir le premier, dans les calculs, substitué les lettres aux nombres. Mais cette opinion ne semble s'appuyer sur aucun document positif.

---

1. *Recherches sur les progrès de l'astronomie et des sciences nautiques en Espagne*, extraits des ouvrages espagnols de Fern. Navarrette, par M. D. de Mofras; Paris, 1839, in-8.

### Arithméticiens et algébristes français.

Avant de parler de Viète, qui occupe ici une place importante, nous devons dire un mot de Butéon, d'Oronce Finé, de Peletier et de La Ramée.

*Butéon* (Jean), dont le véritable nom était *Borrel* (né en 1492, mort en 1572 dans le Dauphiné), inventa plusieurs instruments de mathématiques, qui furent brisés pendant la guerre de religion, et lui-même fut obligé de fuir pour sa sûreté personnelle. Nous avons à mentionner de lui : 1° *Logistica* (Lyon, 1559, in-12), petit traité d'arithmétique et d'algèbre où l'auteur suit l'exemple de Stifel, en représentant, dans les équations, par des lettres les inconnues de la question. Mais l'empire de l'habitude faisait encore rejeter par beaucoup d'autres, même par Cardan et Tartaglia, une idée si heureuse pour la facilité du calcul. — 2° *De Quadratura circuli* (Lyon, 1559, in-8). En faisant l'histoire de la quadrature du cercle, l'auteur réfute les paralogismes auxquels ce problème a donné lieu. Comme Regiomontanus, il attribue le rapport $\sqrt{10}$ aux Arabes ; il remarque aussi qu'on s'écarte des données d'Archimède, *extra limites Archimedis*, en représentant la circonférence par la racine carrée de 10 (le diamètre étant pris pour l'unité).

*Oronce Finé* ou plutôt *Fine* (né à Briançon en 1494, mort à Paris en 1555), disciple de Butéon, s'acquit une grande renommée par ses connaissances en mathématiques appliquées, et prétendit avoir résolu le problème de la quadrature du cercle (*Quadratura circuli, tandem inventa et clarissime demonstrata;* Paris, 1544, in-fol.). Son ouvrage intitulé *Protomathesis* (Paris, 1532, in-fol.) se compose de quatre traités : le premier a pour objet

l'arithmétique ; le deuxième, la géométrie ; le troisième,
la cosmographie ; le quatrième, les horloges et cadrans
solaires. Le traité d'arithmétique (*de Arithmetica libri IV*)
a été souvent réimprimé à part. Pour la multiplication,
l'auteur emploie une méthode qui paraît avoir été très-
usitée au moyen âge et au seizième siècle ; elle consistait à
écrire le produit de chaque chiffre du multiplicande par
chaque chiffre du multiplicateur, en plaçant séparément,
dans les deux cases triangulaires d'un carré, les chiffres
des unités et des dizaines. Cette méthode s'appelait, dit-il,
*indienne*, parce qu'elle avait été indiquée par Ganesa dans
ses commentaires sur le *Lilavati* de Bhascara. Dans ce
même traité, l'auteur fait usage d'un théorème de Ptolémée, relatif au triangle coupé par une transversale, pour
démontrer géométriquement la règle arithmétique des *six
quantités*. Dans cette règle, que Cardan attribue à Al-
khindi, il s'agit de résoudre cette question : Le rapport
d'une première quantité à une seconde, étant composé
du rapport d'une troisième à une quatrième, et du rapport d'une cinquième à une sixième, trouver le rapport
d'une quelconque des seconde, troisième et cinquième
quantités à une quelconque des trois autres. Ainsi avec
*a, b, c, d, e, f*, on a

$$\frac{a}{b} = \frac{c}{d} \cdot \frac{e}{f}$$

et on demande d'en conclure le rapport d'une des trois
quantités *b, c, e*, à l'une des trois autres, *a, d, f* [1].

Jacques *Peletier* (né au Mans en 1517, mort à Paris
en 1582), qui avait des connaissances très-variées, écrivit,
outre un commentaire sur les six premiers livres d'Euclide (*In Euclidis elementa geometrica demonstrationum
libri VI*; Lyon, 1557, in-fol.), sur l'*Arithmétique* (Poitiers,
1551, in-8), et sur l'*Algèbre* (Lyon, 1554, in-8). Dans ce

---

1. M. Chasles, *Aperçu historique*, p. 291.

dernier traité, il dit fort judicieusement, à propos de l'origine de l'algèbre, « que c'est là une de ces choses qui, loin de devoir leur invention à un seul auteur, n'ont pris règle, forme et ordre, qu'après un long temps de circuitions, d'intermissions et de continuelles exercitations d'esprit. » — Ses ouvrages géométriques sont : *Disquisitiones geometricæ* (Lyon, 1567, in-8), et *de l'Usage de la géométrie* (Paris, 1573, in-4).

Peletier eut avec Clavius une vive polémique, renouvelée depuis par d'autres géomètres, au sujet de l'*angle de contingence*, angle formé par une ligne droite (tangente) qui touche un cercle ou une courbe quelconque. Peletier soutenait que ce n'est point là un véritable angle ; tandis que Clavius considérait cet angle comme réel, mais d'une nature différente de l'angle rectiligne, sur ce qu'on démontre que le plus grand angle de contingence est moindre que le plus petit angle rectiligne. La querelle venait de ce que, de part et d'autre, on ne s'entendait pas sur l'idée des infiniment petits, qui commençait à s'introduire dans la géométrie. En effet, si l'on admet que la tangente se confond avec le côté évanescent ou infiniment petit de la courbe, il n'y aura pas d'angle en ce point de contact, car deux droites parallèles ne font point d'angle.

Pierre *La Ramée*, plus connu sous le nom latinisé de *Ramus* (né en 1515 à Cutry, près de Soissons, massacré à Paris, le 26 août 1572, pendant la Saint-Barthélemy), combattit le premier, près d'un siècle avant Galilée et Descartes, l'autorité d'Aristote. Il n'avait que vingt et un ans lorsqu'il soutenait en pleine Sorbonne, tout aristotélicienne, dans sa thèse inaugurale pour le grade de maître ès arts, que tout ce qu'avait dit Aristote n'était que fausseté (*quæcumque ab Aristotele dicta essent, commentitia esse*). L'un des restaurateurs des études classiques, il débuta comme professeur au collége du Mans, et obtint, par le crédit du cardinal de Lorraine, une chaire au Collége de France, où il fonda, avec ses propres deniers, une chaire de mathématiques, qui fut plus tard illustrée par Roberval[1]. Il eut pour successeur dans son enseignement Maurice Brassius, auteur d'une trigonométrie fort estimée de son temps.

Admirateur des anciens, Ramus traduisit les *Éléments* d'Euclide, adopta l'un des premiers le système de Copernic, et se déclara, en physique et en médecine, pour la méthode expérimentale. Ses traités de géométrie, d'arithmétique et d'algèbre eurent de nombreuses éditions. Ses *Scholæ mathematicæ*, en trente et un livres (Bâle, 1569, in-4), servirent longtemps de guide pour l'enseignement des mathématiques.

Un fait digne de remarque, c'est qu'à l'époque de Ramus les mathématiques étaient en grande faveur, non-seulement auprès des philosophes et des humanistes, mais surtout auprès des médecins, témoin *Fernel*, qui se fit connaître par sa mesure d'un degré terrestre du méridien, ainsi que par son traité *de Proportionibus*, etc.; Paris, 1528, in-fol.

### Viète et ses travaux.

François *Viète* (né en 1540 à Fontenay, en Poitou, mort à Paris en février 1603) fut élevé dans la religion protestante, étudia le droit à Paris et suivit d'abord la carrière du barreau. Plus tard on le trouve conseiller au parlement de Bretagne. Les guerres civiles et religieuses l'ayant chassé de Rennes, il obtint, en 1580, à la sollicitation du duc de Rohan, la charge de maître des requêtes à Paris. Ce fut dans cette période de troubles qu'il écrivit son *Isagoge in artem analyticam*, « ouvrage d'analyse où l'auteur expose pour la première fois, dit Fourier, une des théories les plus profondes et les plus abstraites que l'es-

---

1. M. L. Am. Sédillot, *les Professeurs de mathématiques au Collège de France*, p. 55 et suiv., Rome, 1869 (extrait du *Bullettino di Bibliografia*, etc., de M. B. Buoncompagni).

prit humain ait inventées. » Dans sa dédicace à Catherine
de Parthenay, de la famille des Rohan, il remercie vivement sa protectrice des nombreux bienfaits qu'il a reçus
d'elle, et lui témoigne qu'il lui doit, non-seulement la vie,
mais cet amour des mathématiques qu'elle a fait naître
en lui par son exemple et ses conseils. Le parlement de
Paris ayant été transporté, en 1589, à Tours, Viète l'y
suivit. Son temps était dès lors partagé entre les devoirs
de sa charge et l'étude des mathématiques. Suivant l'historien de Thou, son contemporain, on le vit quelquefois
passer trois jours de suite sans quitter son travail et même
sa table, où on lui apportait de quoi réparer ses forces.
Le même historien raconte comment Viète rendit service
à Henri IV en déchiffrant des dépêches interceptées, que
la cour de Madrid envoyait au gouverneur des Pays-Bas,
pendant les guerres de la France avec l'Espagne. Philippe II et ses conseillers comptaient si bien sur l'impossibilité de trouver la clef de leurs dépêches chiffrées, que
lorsqu'ils virent leurs plans découverts, ils proclamèrent
qu'on y avait employé la sorcellerie.

Un jour, à la suite d'une conversation avec l'envoyé des
Provinces-Unies, qui prétendait que la France ne possédait aucun géomètre capable de résoudre un problème proposé par Adrien Romain [1] à tous les mathématiciens du
monde (*Problema omnibus totius orbis mathematicis con-
struendum*), Henri IV fit appeler Viète. Quelques instants
suffirent au grand analyste pour remettre au roi deux solutions du problème, écrites au crayon : *Problema Adria-
nicum, ut legi et solvi, nec me malus abstulit error* [2]. Il
s'agissait de la résolution d'une équation du quarante-cinquième degré. Viète montra que l'équation mise en
avant résultait de la quinquesection de la neuvième par-

---

1. Voy. plus loin l'article qui le concerne.
2. Viète, *Opera mathematica*, p. 35 (Leyde, 1646, édit. de Schooten).

tie du cercle, et il fit voir ce qu'Adrien Romain ne paraissait pas avoir soupçonné, à savoir, qu'outre la corde de la quarante-cinquième partie de la circonférence, il y avait quarante-quatre autres cordes qui résolvaient également le problème.

A l'exemple général des mathématiciens, Viète eut des démêlés très-vifs avec plusieurs savants contemporains, particulièrement avec Scaliger et avec Clavius[1]. Il avait certainement raison contre le premier en réfutant sa prétendue quadrature du cercle, que cet orgueilleux érudit avait mise en avant (voy. *Munimen adversus nova cyclometrica,* dans les *Œuvres* de Viète, p. 437 et suiv.). Mais sa polémique avec Clavius, au sujet du calendrier grégorien, lui fait moins d'honneur. Le calendrier, que Viète voulait substituer à celui que Clavius et Lilius avaient fait adopter à Grégoire XIII, renfermait des erreurs graves, victorieusement relevées par Clavius (voy. *Ratio kalendarii Gregoriani; Kalendarium perpetuum; Adversus Christophorum Clavium expostulatio,* dans les *Œuvres* de Viète, p. 449 et suiv.).

Dans ses écrits, Viète se montre aussi bon helléliste que grand géomètre. Aussi, plus que tout autre, était-il capable d'entreprendre la restitution d'un livre perdu d'Apollonius de Perge (Περὶ ἐπαφῶν, *de Tactionibus*). Cette restitution, écrite avec beaucoup d'élégance, parut sous le titre d'*Apollonius Gallus.* Viète ne faisait imprimer ses écrits qu'à un très-petit nombre d'exemplaires, qu'il offrait

1. *Clavius* (Christophe), de l'ordre des jésuites, né à Bamberg en 1537, mort à Rome le 6 février 1612, surnommé *l'Euclide du seizième siècle,* professait les mathématiques à Rome, lorsqu'il fut chargé par Grégoire XIII des principales opérations de la réforme du Calendrier. Les résultats de son travail, injustement critiqué par plusieurs de ses contemporains, se trouvent consignés dans *Calendarii romani Gregoriani explicatio, jussu Clementis VIII;* Rome, 1603, in-fol. On a aussi de lui un Traité de Gnomonique, un Comput ecclésiastique, et une édition d'Euclide avec des commentaires. Ses *Œuvres complètes* parurent à Mayence, en 1612, 5 vol. in-fol.

à ses amis ; c'est ce qui explique leur extrême rareté. Heureusement Fr. Van Schooten en publia le recueil sous le titre d'*Opera mathematica, in unum volumen congesta ac recognita ;* Leyde, 1646, in-fol. Mais ce recueil est incomplet ; on n'y trouve pas le *Canon mathematicus.*

Viète fonda l'*algèbre*, comme Copernic avait fondé l'astronomie, *sur la révision des idées des anciens.*

Avant Viète, les mathématiciens ne faisaient leurs opérations que sur les nombres ; l'inconnue seule et ses puissances étaient représentées par des abréviations ou par des signes. Ainsi l'inconnue à la première puissance était généralement représentée par ①; à la deuxième puissance ou au carré, par ②; à la troisième puissance ou au cube, par ③, etc. Quelques algébristes représentaient, comme nous l'avons vu, l'inconnue par ℞, abréviation de *res*, chose, etc. On ne faisait point d'opérations avec les signes mêmes, et si on se servait de lettres, le produit de deux quantités ainsi exprimées était représenté par une autre lettre. « On conçoit, dit M. Chasles dans son *Histoire des méthodes géométriques*, que cet état restreint et d'imperfection ne constituait pas la science algébrique de nos jours, dont la puissance réside dans ces combinaisons des signes eux-mêmes qui suppléent au raisonnement d'intuition, et conduisent par une voie mystérieuse aux résultats désirés. »

Ce fut Viète qui, en représentant par des lettres toutes les quantités tant connues qu'inconnues, créa cette science des symboles et apprit à les soumettre à toutes les opérations que l'on était accoutumé d'exécuter sur les nombres. Il traça les premiers linéaments de sa méthode dans l'Introduction à l'art analytique (*Isagoge in artem analyticam*), suivi d'une première série de Notes dans un petit traité ayant pour titre : *Ad logisticen speciosam notæ priores*[1];

---

1. Ces deux importants traités de Viète : *Isagoge* et *Ad logisticam*

c'est de là que l'algèbre reçut d'abord le nom de *Logisti-que spécieuse*. On sentit bientôt les avantages d'une mé-thode où, la quantité inconnue étant dégagée et égalée aux quantités connues, on avait, comme dans un tableau, tou-tes les opérations à faire, sur les données d'une question pour arriver à la résoudre.

Viète développa sa méthode dans ses deux traités *de Æquationum recognitione et emendatione*. Il y indique les différentes transformations propres à donner à une équa-tion une forme plus commode; comment on peut faire sur les racines de l'équation toutes les opérations de l'a-rithmétique, les augmenter, les diminuer, les multiplier, les diviser. C'est par cet artifice qu'il fait disparaître d'une équation le second membre, qu'il résout les équations car-rées du deuxième degré et prépare celles du troisième de-gré. Les équations du troisième degré ou cubiques, il les réduit à une équation du deuxième degré où l'inconnue est un cube, artifice qui peut se formuler ainsi : $y^6 \pm y^3 = a$. Le premier aussi il entreprit de donner une méthode gé-nérale pour la résolution des équations de tous les degrés. Voyant que les équations ordinaires n'étaient que des puissances incomplètes, il pensa que, de même qu'on ti-rait par approximation les racines des puissances impar-faites en nombres, on pouvait aussi extraire la racine des équations, ce qui donnerait une valeur approximative de l'inconnue. C'est le sujet qui a été traité dans son *de Numerosa potestatum ad exegesim resolutione (Opera ma-thematica*, p. 163 et suiv., édit. Schooten).

C'est à Viète que paraît revenir la découverte de la loi

*notæ priores* (réimprimés dans l'édition de Schooten, *Vietæ Opera*, p. 1-41), ont été traduits en français (avec la dédicace à la prin-cesse Mélusinide de Parthenay) par M. F. Ritter, ancien élève de l'École polytechnique. Ce travail, très-exact, accompagné de notes, a été imprimé dans le *Bullettino di Bibliografia e di Storia delle scienze matematiche*, de M. B. Buoncompagni, t. I, juillet et août 1868.

suivant laquelle croissent ou décroissent les sinus ou les cordes des arcs multiples ou sous-multiples. Il en publia l'exposé dans son *Canon mathematicus*. « Il y a, dit Montucla, trop d'analogie entre les formules des équations pour les sections angulaires, et celles des puissances d'un binome tel que $a + b$, pour que Viète ignorât les lois de celles-ci. Aussi montra-t-il en plusieurs endroits qu'il les connaissait, entre autres lorsqu'il explique les lois de la progression des termes des équations pour la multisection de l'arc. Il dit que dans ces équations les coefficients numériques sont les nombres triangulaires, pyramidaux, etc., formés des nombres naturels en commençant, non point par l'unité, *ut in potestatem genesi*, mais par 2. Ailleurs il fait cette remarque, savoir que la suite des termes d'un binome tel que $a \pm b$, élevé à une puissance quelconque, est celle de toutes les proportionnelles continues depuis la puissance semblable de $a$, jusqu'à celle de $b$. Ainsi, dans la cinquième, ce sont $a^5$, $a^4b$, $a^3b^2$, $a^2b^3$, $ab^4$, $b^5$, et ces grandeurs, étant mises avec leurs coefficients convenables, savoir : 1. 5. 10. 10. 5. 1., tirés de la table des nombres triangulaires, pyramidaux, etc., ci-jointe :

```
1
1.  1
1.  2.  1
1.  3.  3.  1
1.  4.  6.  4.  1
1.  5. 10. 10.  5.  1
1.  6. 15. 20. 15.  6.  1
1.  7. 21. 35. 35. 21.  7.  1
    nat. triang. pyram. etc.
```
[1]

et avec tous les signes positifs si on a $a + b$, ou alternativement positifs et négatifs si l'on a $a - b$, forment la

---

1. Cette table, si l'on en retranche les unités, est la même que celle de Tartaglia (voy. plus haut, p. 342.)

cinquième puissance de $a \pm b$. On peut même tirer de là la formule générale d'une puissance quelconque $n$ de $a \pm b$. Car, $n$ étant un des nombres naturels, on a pour le nombre triangulaire correspondant $\dfrac{n.\,\overline{n-1}}{2}$, pour le py-ramidal $\dfrac{n.\,\overline{n-1}.\,\overline{n-2}}{1.\quad 2.\quad 3}$, pour le nombre figuré suivant $\dfrac{n.\,\overline{n-1}.\,\overline{n-2}.\,\overline{n-3}}{1.\quad 2.\quad 3.\quad 4}$, et ainsi de suite. On eût donc pu dès lors dire que la puissance $\overline{a \pm b}^{\,n}$ ($n$ étant un nombre quelconque, entier, fractionnaire ou même négatif) était

$$a^n \mp n a^{n-1} b + \frac{n.\,\overline{n-1}}{2} a^{n-2} b^2 \mp \text{etc.},$$

ce qu'a fait dans la suite Newton. Mais ce pas, il faut en convenir, Viète ne le fit point; il était réservé à Newton de le franchir [1]. »

Le *Canon mathematicus*, recueil de Tables trigonométri-ques de sinus, tangentes et sécantes, est devenu introu-vable, parce que Viète, mécontent des fautes typographi-ques qui s'y étaient glissées, retira de la circulation tous les exemplaires qu'il avait pu se procurer.

Montucla n'hésite pas à revendiquer encore pour Viète la première idée d'exprimer l'aire d'une courbe par une suite infinie de termes. Il en tire la preuve du livre VIII, chap. XVIII de ses *Varia de rebus mathematicis Responsa* (p. 398 et suiv. des *OEuvres* de Viète, édit. de Schooten). Viète y démontre qu'en désignant le diamètre par 1, le rapport du carré au cercle qui le renferme est égal à

$$\sqrt{\frac{1}{2}} \times \sqrt{\frac{1}{2} + \sqrt{\frac{1}{2}}} \times \sqrt{\frac{1}{2} + \sqrt{\frac{1}{2} + \sqrt{\frac{1}{2}}}}, \text{etc.}$$

à l'infini, expression fort remarquable en théorie, bien qu'elle ne soit guère réalisable en pratique, à cause de

---

1. Montucla, *Histoire des mathématiques*, t. I, p. 609.

l'infinité d'extractions de racines carrées et de multipli-
cations qu'il faudrait faire pour en déduire une approximation de la grandeur du cercle.

Quoi qu'il en soit, c'est dans les œuvres de Viète que se
trouvent les premiers germes de la géométrie analytique.
C'est là que Descartes, malgré son dédain pour ses prédécesseurs, aura pu prendre les éléments de sa méthode.

### Arithméticiens et algébristes allemands, belges et anglais. — La quadrature du cercle.

Riese, Rodolphe, Stifel, Scheybl, Schoner et Prætorius méritent ici d'être mentionnés. Nous ajouterons à
cette liste Adrien Romain, Ludolphe de Ceulen et Métius.
Nous consacrerons une notice particulière à Harriot et à
Anderson.

Adam *Riese* (né en 1489 près de Bamberg, mort en 1559)
a composé, en vieux dialecte allemand, un *Traité de calcul
linéaire* (Erfurt, 1522) et un *Traité d'arithmétique* (Leipzig, 1539). Ce dernier, qui acquit une grande célébrité, a
beaucoup d'analogie avec les ouvrages de Luca di Borgo.

Cette analogie se remarque surtout dans le *Traité d'algèbre* que *Christophe Rodolphe*, ou plutôt *Rudolff*, publia,
en 1522, sous le titre *Die Coss*. Il en existe une traduction latine dans les manuscrits de la Bibliothèque nationale (n° 7365, in-4), sous le titre d'*Arithmetica Christophori
Rodolphi ab Jamer, e germanica lingua in latinam a
Christ. Auvero.... Romæ anno Christi* 1540 *conversa*. On
y trouve des progrès sensibles de l'algèbre et de ses
applications à la géométrie.

Michel *Stifel*, plus connu sous le nom latinisé de *Stif-
felius* (né en 1486, mort à Iéna en 1567), profita beaucoup des travaux de Riese et de Rudolff, qu'il perfectionna
dans son *Arithmetica integra* (Nuremberg, 1544, in-4, avec
une préface de Mélanchthon). On y voit que l'algèbre avait

fait, depuis Luca di Borgo, de notables progrès. L'auteur
emploie les signes + et —, ainsi que le signe $\sqrt{}$ pour indiquer l'extraction des racines. Il représente l'inconnue et
ses puissances par des symboles, au lieu des mots italiens
de *cosa, censo, cuba, censo di censo,* etc.; quand il y a
plusieurs inconnues, il est le premier à exprimer les seconde, troisième, quatrième, etc., par les lettres A, B, C.
Loin de méconnaître, comme Luca di Borgo, le principe
de la multiplicité des racines dans une équation, Stifel
le démontre formellement dans son *Arithmetica integra*
(lib. III, cap. vi, *De secundis radicibus*). Il donne aussi
de très-nombreux exemples de l'application de l'algèbre à
la géométrie. Ces exemples portent particulièrement sur
toutes les propositions du treizième livre d'Euclide, qui
s'expédient facilement par le calcul des équations du second degré [1]. On trouve dans le même ouvrage le germe
des logarithmes.

Stifel était l'ami de Luther, dont il embrassa les doctrines, et devint pasteur à Holzdorf. Entraîné par le courant
des idées d'alors, il se livra à des combinaisons fantas-
tiques de chiffres, qui l'amenèrent à fixer la fin du monde
au 3 octobre 1533. A la nouvelle de cette prophétie, les
paysans de Holzdorf abandonnèrent leurs travaux et dé-
pensèrent tout leur bien; mais bientôt, furieux d'avoir été
trompés, ils se jetèrent sur le malencontreux prophète-
algébriste, et le traînèrent devant le consistoire de Wittemberg pour lui faire payer de fortes indemnités. Grâce
à l'intercession de son ami Luther, Stifel fut acquitté et
réintégré dans sa paroisse.

Son contemporain, *Scheybl,* plus connu sous le nom latinisé de *Scheubelius,* traduisit en allemand et commenta les
VIIe, VIIIe et IXe livres d'Euclide, traitant de l'arithmétique (1558, in-4). Mais il se fit surtout connaître par son
traité *de Numeris et diversis rationibus seu regulis com-*

---

1. M. Chasles, *Aperçu géométrique,* etc., p. 540.

*putationis* (Leipzig, 1545). Il y considère l'arithmétique moins comme un art que comme une science digne des méditations de tous les savants.

A l'époque de la Renaissance, les arithméticiens admettaient quatre espèces de nombres : les *digiti*, les *articuli*, les *limites* et les *compositi*. *Schoner*, dans son *Algorithmus demonstratus*, définit clairement ces mots. « Le *digitus* est, dit-il, tout nombre moindre que dix. L'*articulus* s'appelle tout nombre qui décuple le *digitus*, ou qui est le décuple du *digitus*, ou le décuple du décuple, et ainsi de suite jusqu'à l'infini. Les *digiti* et les *articuli* se distinguent des *limites*. La limite, *limes*, est un groupe de neuf nombres, qui peuvent être des *digiti* ou des multiples de *digiti*. Le nombre *composé* est une réunion de nombres de diverses *limites*, ou un nombre représenté par des figures. »

Joachim *Prætorius* (né en 1537, mort à Altorf en 1616), qui enseigna les mathématiques à l'empereur Maximilien II, est cité comme l'inventeur de la planchette (*tabula prætoriana*), instrument géodésique, servant à prendre des angles visuels. Il consacra un opuscule de 36 pages in-4 à la solution du problème (proposé par le prince Charles-Emmanuel de Savoie) qui consiste à construire, avec quatre côtés donnés, un quadrilatère inscriptible dans le cercle. Cet opuscule a pour titre : *Problema quod jubet ex quatuor rectis lineis datis quadratum fieri, quod sit in circulo, aliquot modis explicatum* (Nuremberg, 1598).

Kepler avoue avoir beaucoup profité des travaux de Prætorius.

*Van Roomen*, plus connu sous le nom d'*Adrien Romain* (né à Louvain en 1561, mort à Mayence en 1615), vint enseigner les mathématiques à Louvain, après avoir étudié à Cologne et à Paris. Son Uranographie (*Uranographia sive Cœli descriptio*), qu'il fit paraître en 1590,

est un cours d'astronomie élementaire, rédigé au point
de vue de la science d'alors. Dans la même année il avait
publié sa méthode des Polygones (*Ideæ mathematicæ pars
prima, sive Methodus polygonum*, Louvain, 1590), qui contient le rapport de la circonférence d'un cercle à son diamètre, avec quinze décimales. Cette détermination, la
plus exacte qu'on ait encore calculée, donne, le diamètre
étant pris pour unité, à la circonférence du cercle la valeur de

$$3,141,592,653,589,793.$$

Cette valeur, désignée depuis par $\pi$ (initiale du mot grec
περιφερεία, circonférence), a été reproduite dans beaucoup
de livres de géométrie. Adrien Romain, Viète et Clavius
eurent une vive controverse avec Joseph Scaliger qui prétendait avoir trouvé la quadrature du cercle, dans ses *Cyclometrica elementa duo* (Leyde, 1594)[1].

Dans son *Canon triangulorum sphæricorum* (Mayence,
1609), A. Romain entreprit de simplifier la trigonométrie sphérique, en la réduisant à six problèmes, dont tous
les autres ne sont que des cas particuliers. Selon la mode
du temps, l'auteur du *Canon* avait proposé une question
embarrassante à ses contemporains géomètres. Viète lui
en envoya la solution; mais à son tour il proposait au
géomètre belge « de mener un cercle tangent à trois cercles donnés ». A. Romain résolut le problème par l'inter-

---

1. Joseph *Scaliger* (né à Agen en 1540, mort à Leyde en 1609), fils
de Jules-César Scaliger, avait des prétentions à la science universelle. Pour résoudre le problème de la quadrature du cercle, il concluait de ce que le diamètre du cercle, dans lequel le quadrilatère,
formé avec les côtés $a, b, c, d$, serait inscrit, aurait pour expression
$\sqrt{a^2+b^2} + \sqrt{c^2+d^2}$. Le problème admettrait ainsi deux solutions,
pour lesquelles le diamètre du cercle serait $\sqrt{a^2+c^2} + \sqrt{b^2+d^2}$, et
$\sqrt{a^2+d^2} + \sqrt{b^2+c^2}$; de sorte que Scaliger aurait résolu, avec la ligne droite et le cercle, une question qui aurait dû dépendre d'une
équation du 3ᵉ degré. C'est cette prétendue solution qui fut réfutée
par Viète, Adrien Romain et Clavius.

section de deux hyperboles. Mais Viète lui fit observer que cette solution n'avait pas la rigueur de la géométrie ancienne, et il en donna en même temps une autre, qui avait toute la précision désirée[1].

*Ludolphe van Ceulen* ou *van Colen* (né en 1539, mort en 1610) enseigna les mathématiques à Leyde. Il fut un de ceux qui aimaient ardemment les joutes mathématiques[2]. Ses deux principaux ouvrages, primitivement écrits en hollandais, furent traduits par Snellius; le premier a pour titre : *Fundamenta arithmetica et geometrica*, etc. (Leyde, 1615); le second : *de Circulo et adscriptis liber*, etc. (ibid., 1619). Les *Fondements* sont divisés en six livres; le premier expose la théorie de l'arithmétique et des quantités sourdes; le deuxième traite des constructions linéaires, dans le sens d'Euclide; le troisième, de la transformation et de la division des polygones; les quatrième, cinquième et sixième forment une collection de problèmes proposés, soit à l'auteur, soit à d'autres géomètres, et il en donne la solution. — Dans le traité du *Cercle*, van Ceulen, aidé de son élève Cornelisz, a poussé la valeur de $\pi$ jusqu'à la trentième décimale.

*A. Metius* (né en 1571, mort en 1635, à Franeker), qui enseignait depuis 1598 les mathématiques à Franeker, s'occupa également, avec beaucoup d'ardeur, de la détermination, la plus approchée possible, du rapport de la circonférence au cercle. Outre divers ouvrages d'astronomie, il a laissé, en latin, un traité d'*Arithmétique* et un traité de *Géométrie* (Franeker, 1611, in-4).

1. A. Quetelet, *Histoire des sciences mathématiques chez les Belges*, p. 136 (Bruxelles, 1871, in-8).
2. Vosterman van Oijen, *Notice sur L. van Colen*, dans le *Bullettino di Bibliografia*, etc., de M. B. Buoncompagni, mai 1868.

## Harriot. — Anderson.

Thomas *Harriot* (né à Oxford en 1568, mort à Londres en 1621) mit parfaitement en lumière la nature et la formation des équations, dans un ouvrage qui parut, après sa mort, sous le titre de *Artis analyticæ Praxis* (Lond., 1631). Le premier il égala toute l'expression d'une équation à zéro. Ainsi, au lieu d'écrire $x = b$, on écrira $x - b = 0$; au lieu de $x^2 - 20x = 9$, on mettra $x^2 - 20x - 9 = 0$. Cependant l'auteur fut loin de tirer de cette manière d'envisager les équations tout le parti qu'on en a tiré depuis. Mais ce qui fait surtout son mérite, c'est d'avoir remarqué que toutes les équations d'ordres supérieurs sont des produits d'équations simples. Qu'on prenne, par exemple, tant qu'on voudra d'équations, telles que $x \pm a = 0$, $x \pm b = 0$, $x \pm c = 0$, et avec telle combinaison de signes que l'on voudra; par exemple, en multipliant ensemble $x + a = 0$, $x - b = 0$, $x + c = 0$, on obtiendra un produit qui a pour expression : $x^3 + (a - b + c) x^2 - (ab + bc - ac) x - abc = 0$, ce qui est une équation du troisième degré, parce qu'il y a trois facteurs. Cette expression deviendra égale à 0, si à $x$ et ses puissances on substitue $-a$, ou $b$, ou $-c$. Il est facile de s'en convaincre en remplaçant les lettres par des chiffres. Prenons, par exemple, $x - 1 = 0$, $x + 9 = 0$, $x - 7 = 0$; le produit sera $x^3 + x^2 - 65x = -63$. Si, dans cette expression, on fait $x$ égal à 1, ou à $-9$, ou à 7, l'équation sera facile à vérifier, car on aura, dans le premier cas : $1 + 1 - 65 + 63$, ce qui est effectivement égal à zéro. Dans le second cas, on aura $-729 + 81 + 585 + 63$, ce qui est aussi égal à zéro. Il en est de même du troisième cas. Donc il est évident que $x$ a trois valeurs, puisque chacune d'elles satisfait aux conditions de l'expression.

Ce qui précède conduit à une méthode générale pour résoudre non-seulement les équations du troisième degré, mais celles d'un degré quelconque au-dessus. Puisque la quantité connue est le produit de toutes les racines de l'équation, si ces racines sont rationnelles et entières, elles seront nécessairement quelques-uns des diviseurs de ce produit. Il faudra donc essayer lequel d'entre eux, mis à la place de l'inconnue, positivement ou négativement, rendra l'équation égale à zéro. Si cela réussit, ce sera l'une des valeurs de l'inconnue. Exemple : que l'équation proposée soit $x^3 - 17\,x^2 + 79\,x - 63 = 0$. Les diviseurs de 63 sont 1, 3, 7, 9, 21, 63 ; par conséquent, si une des racines de l'équation est un nombre entier, ce nombre sera l'un de ces diviseurs. En effet, si au lieu de $x$ on met 1, ou 7, ou 9, tous les termes se détruiront. Les valeurs de l'inconnue seront donc 1, ou 7, ou 9, et l'équation sera divisible par $x-1$, ou par $x-7$, ou par $x-9$. De même dans l'équation $x^3 - 34x - 45 = 0$ les diviseurs de 45 sont 1, 3, 5, 9, 15, 45 ; en les essayant les uns après les autres, on trouve que $-5$ étant substitué à la place de $x$, l'équation se détruit. C'est pourquoi l'une des racines est $-5$, et, divisant cette équation par $x+5$, on l'abaisse à celle-ci : $x^2 - 5x - 9 = 0$, dont les racines sont $\frac{5}{2} + \sqrt{10\frac{1}{4}}$ et $\frac{5}{2} - \sqrt{10\frac{1}{4}}$. Si aucune de ces substitutions ne réussit, c'est un signe que la racine de l'équation n'est point un nombre rationnel, ni entier[1].

Tels sont, en résumé, les progrès que l'analyse algébrique doit à Harriot, qui, dans sa jeunesse, avait accompagné Walther Raleigh dans son expédition de la Caroline du Nord. Harriot leva le premier la carte de ce pays, qui reçut, en l'honneur de la reine Élisabeth, le nom de *Virginie*.

Un contemporain et compatriote de Harriot, Alexandre *Anderson*, s'occupa de questions d'analyse géométrique

1. Montucla, *Histoire des mathématiques*, t. II, p. 107 et suiv.

dans son *Supplementum Apollonii redivivi*, 1612, in-4, et surtout dans un petit opuscule intitulé : *Animadversionis in Franciscum Vietam a Clemente Cyriaco nuper editæ brevis* Διάχρισις, Paris, 1617, in-4. L'auteur y appelle *porisma* un problème local, où il s'agit de trouver le lieu des sommets des triangles qui, ayant même base, ont leurs deux autres côtés dans un rapport constant. Le P. Mersenne fait, dans son livre *la Vérité des sciences* (1625, in-12), un grand éloge d'Anderson, qui avait étudié à fond Archimède et Apollonius, et préparé plusieurs ouvrages (qui n'ont pas vu le jour), pour suppléer à ceux des anciens qui ne nous sont pas parvenus[1].

## Mathématiciens-Astronomes. — Fin du seizième siècle et commencement du dix-septième siècle.

Bien que les travaux de Rhéticus, de Kepler, de Byrge, de Stevin, de Snellius concernent surtout l'astronomie et la mécanique, ils touchent cependant de trop près à la géométrie pour que nous puissions nous dispenser d'en dire ici un mot.

*Rhéticus* ou le *Rhétien* (de *Rhétie*, pays des Grisons), dont le véritable nom était *Joachim* (né en 1514, mort en 1575), contribua beaucoup à perfectionner les Tables trigonométriques, et fit, le premier, usage des sécantes. Son principal ouvrage, publié sur ce sujet, a pour titre : *Canon doctrinæ triangulorum* (Nuremberg, 1551, et Bâle, 1580); c'était l'ébauche d'un grand travail dans lequel

---

1. *Alexandre* Anderson a été souvent confondu avec *Robert* Anderson, auteur de *Propositions stéréométriques, applicables à divers objets, mais spécialement au jaugeage*, 1668, in-8 (en anglais). On a attribué à ce dernier *Vindiciæ Archimedis, sive Elenchus cyclometriæ novæ a Landsbergio nuper editæ*, Paris, 1616, et *Exercitationum mathematicarum Decas prima*, Paris, 1619. Mais ces deux ouvrages, extrêmement rares, sont très-probablement d'Alexandre Anderson.

l'auteur calcula les sinus, cosinus, tangentes, cotangentes, de dix en dix secondes, pour un rayon de 10 000 000 000. Le manuscrit en avait été légué à un disciple de Rhéticus, à Valentin Otto, qui le fit paraître, en 1596, à Heidelberg, in-folio, sous le titre de *Opus Palatinum*[1] *de triangulis*. Cet ouvrage contient : *Libri tres de fabrica canonis doctrinæ triangulorum; — de Triquetris rectarum linearum in planitie; — de Triangulis globi cum angulo recto; — Magnus canon triangulorum.*

Dans une lettre écrite à Ramus en 1568, Rhéticus annonçait l'intention de publier divers ouvrages, entre autres sur l'astronomie et la chimie, où l'observation devait remplacer toutes les vaines théories. Malheureusement aucun de ces ouvrages n'a vu le jour.

*Kepler* (né en 1571, mort en 1630) doit être compté au nombre des plus grands géomètres, bien qu'il ait consacré tout son temps presque exclusivement à l'astronomie[2]. Cependant il nous a laissé deux ouvrages de mathématiques très-remarquables, dont l'un a trait aux logarithmes, et l'autre à la stéréométrie. Le premier a pour titre : *Chilias logarithmorum*, Linz, 1622, in-4; le second : *Stereometria doliorum vinariorum*, ibidem, 1605.

L'invention des logarithmes, dont nous parlerons plus loin, n'ayant pas été aussi favorablement accueillie sur le continent qu'en Angleterre, Kepler essaya le premier de la mettre à la portée de tout le monde dans sa *Chiliade des logarithmes*. C'est encore lui qui, l'un des premiers, introduisit dans le langage géométrique l'*idée de l'infini*, comme l'atteste sa Nouvelle Stéréométrie des tonneaux

1. Le mot *Palatinum* fait allusion aux frais d'impression faits par l'électeur Palatin.
2. Sur la vie et les œuvres de Kepler, voyez notre *Histoire de l'astronomie*, p. 341-369.

(*Nova Stereometria doliorum; accessit stereometriæ Archi-medeæ supplementum;* 1615, in-fol.). Ce petit traité, trop peu connu, Kepler le composa à l'occasion d'une querelle avec un marchand de vin. « Le cercle n'est, dit-il, que le composé d'une infinité de triangles, dont le sommet est au centre et dont les bases forment la circonférence; le cône est composé d'une infinité de pyramides appuyées sur les triangles infiniment petits de sa base circulaire et ayant leur sommet commun avec celui du cône, tandis que le cylindre de même base et de même hauteur est formé d'un pareil nombre de petits prismes appuyés sur les mêmes bases et ayant même hauteur qu'elles. »

Dans le Supplément à la Stéréométrie d'Archimède, Kepler examine les rapports de quatre-vingt-sept figures solides, la plupart désignées sous les noms des fruits auxquels elles ressemblent, et qu'il faisait naître par le mouvement de surfaces sphériques et coniques autour des diamètres, axes, ordonnées, etc.; enfin, par des propositions comme celles-ci : 1° *Decrementa perpendiculariorum sunt maxima apud A; minora igitur erunt apud B;* 2° *Ubi decrementa altitudinum præcipitantur per omnes proportiones in infinitum crescentibus proportionum augmentis, ibi incrementa quadratorum magis magisque decrementa et incrementa proportionum decrescunt,* il posa en quelque sorte les jalons de la méthode *de maximis et minimis,* et prépara l'avénement de la nouvelle analyse.

Le principal ouvrage astronomique de Kepler, l'Harmonique du monde (*Harmonice mundi*), où se trouve le développement de la fameuse loi du *rapport des carrés des temps des révolutions des planètes aux cubes de leurs distances au Soleil,* contient des données très-intéressantes pour l'histoire de la géométrie. Dans le I<sup>er</sup> livre l'auteur expose la théorie générale des figures régulières, et il traite à fond la question des polygones étoilés. Il savait très bien se servir de « cet art analytique (ce sont ses propres expressions), appelé *algèbre* par l'Arabe Geber, et *cosa* par les Italiens. » Ainsi, en cherchant, par des considérations géométriques, l'expression du côté de l'heptagone régulier inscrit au cercle, en fonction du rayon, il arrive à cette équation :

$$7 - 14ij + 7iiij - 1vj, \text{ æque valent nihilo,}$$

qui, en langage algébrique actuel, s'exprime par

$$7 - 14x^2 + 7x^4 - x^6 = 0,$$

où $x$ représente le rapport de l'heptagone au rayon du cercle. « **La** valeur de la racine d'une telle équation, ajoute Kepler, n'est pas unique ; car il y en a deux pour le pentagone, trois pour l'heptagone, quatre pour l'ennéagone, et ainsi de suite.... Les trois racines de l'heptagone sont les côtés de trois heptagones différents, qu'on peut concevoir inscrits dans le même cercle. » M. Chasles, qui a donné une analyse succincte des cinq livres de l'*Harmonique du monde*, fait très-bien observer que le passage cité de Kepler renferme la notion analytique qui unit la théorie des polygones étoilés à celle des polygones des anciens[1].

Juste *Byrge* (né à Lichtenstein en 1549, mort en 1632) avait aidé Guillaume IV, landgrave de Hesse, dans ses travaux astronomiques[2]. Après la mort de son protecteur, il devint mathématicien de l'empereur d'Allemagne, Rodolphe II, et cette position lui permit de continuer ses travaux. Byrge est l'inventeur d'un compas de proportion fort simple ; mais c'est à tort qu'on lui attribue l'invention des logarithmes. Ses *Tables progressives, arithmétiques et géométriques*, dont il n'a paru, en 1620, que les sept premières feuilles, depuis longtemps introuvables, sont de deux ans postérieures à Neper.

1. M. Chasles, *Aperçu historique*, etc., p. 484.
2. Voy. notre *Histoire de l'astronomie*, p. 316.

Simon *Stevin*, connu aussi sous le nom de *Simon de Bruges* (né à Bruges en 1548, mort à la Haye en 1620)[1], était un de ces esprits d'élite qui ont une égale aptitude pour les sciences les plus diverses. Mais la *mécanique* paraît avoir eu ses préférences. Aussi lui doit-elle ses progrès les plus essentiels. Depuis Archimède, à qui l'on doit le principe du levier, la science de l'équilibre dans les corps solides n'avait fait aucun pas. Guido *Ubaldi* (né à Urbin en 1540, mort vers 1600), auteur d'un traité de mécanique (*Mecanicorum libri VI*, 1577), avait reconnu le principe des *moments* ou *impetus* dans la théorie du treuil et des machines simples; mais il ne sut pas l'appliquer au plan incliné, comme l'a fait observer Lagrange : « Le rapport de la puissance au poids sur un plan incliné, dit ce grand analyste, a été longtemps un problème parmi les mécaniciens; Simon Stevin l'a le premier résolu. » Cette solution ingénieuse, faite à l'aide d'un chapelet, composé de douze poids sphériques également distancés, placé sur un support triangulaire, a été exposée par Stevin dans ses *Principes de statistique et d'hydrostatique;* Leyde, 1586, in-3. Stevin a donné, avant Varignon, le principe de la composition ou du *parallélogramme des forces*, devenu le fondement de la mécanique moderne : « Il est évident, dit Lagrange (*Mécanique analytique*, t. I, p. 12), que le théorème de Stevin sur l'équilibre des trois forces parallèles et proportionnelles aux trois côtés d'un triangle quelconque est une conséquence immédiate et nécessaire du principe de la composition des forces, ou plutôt qu'il n'est que le même principe présenté sous une autre forme. » La représentation des forces (poids), en direction et en

---

1. Ces dates ne sont qu'approximatives. C'est ce qui a fait dire à Quetelet (*Histoire des sciences mathématiques chez les Belges*, p. 167) ue «Stevin a passé comme ces brillants météores qui, pendant les nuits, sillonnent la voûte des cieux et ne laissent, pour marque de leur passage, qu'un trait lumineux dont l'œil chercherait en vain à saisir les deux extrémités. »

intensité, par les directions et les longueurs de lignes droites, a depuis lors porté la science de l'équilibre dans le domaine de la géométrie, en rendant sensibles aux yeux des conceptions purement abstraites.

Partant des principes d'Archimède, Stevin découvrit, et démontra, comme une des principales conséquences de l'équilibre, qu'un liquide peut exercer sur le fond d'un vase une pression beaucoup plus grande que son propre poids; c'est ce qui constitue le *paradoxe hydrostatique*, dont la découverte a été souvent attribuée à Pascal[1].

Dans un volume in-8, imprimé en 1585 (à Leyde, chez Plantin), Stevin a réuni l'*Arithmétique*, la traduction française des *Quatre premiers livres de Diophante*, la *Practique d'arithmétique* et la *Disme*. On y trouve, pour la première fois, l'usage des *exposants* des puissances, et une notation qui a beaucoup d'analogie avec celle des fractions décimales. L'auteur a le premier conçu la possibilité d'un système décimal des poids et mesures.

Dans la *Practique de la géométrie*, Stevin suit l'ordre qu'il avait adopté pour son arithmétique : il applique à l'espace les quatre premières règles du calcul, puis la théorie des proportions, l'extraction des racines, etc. Presque à chaque ligne on remarque le cachet d'un esprit original. Ainsi, il enseigne de décrire l'ellipse au moyen d'un cercle dont on allonge toutes les ordonnées dans un rapport constant; il montre encore que si, d'un point pris dans le plan d'une conique, on mène des rayons aux points de la courbe, et qu'on les prolonge dans un rapport donné, leurs extrémités seront une nouvelle conique, semblable à la première. Ce fut là le point de départ d'une *méthode de déformation* des figures, qui prit, par la suite, beaucoup d'extension entre les mains de Lahire et de Newton.

---

1. Quetelet, *Histoire des mathématiques chez les Belges*, p. 150 et suivantes.

L'invention qui rendit le nom de Stevin populaire est celle d'un *char à voiles*, qui devançait un cheval à la course. L'ingénieux inventeur eut pour protecteur et ami le prince Maurice de Nassau, qui s'intéressait lui-même vivement aux progrès de la science. Partisan de la réforme, Stevin fut en butte aux persécutions des fanatiques [1]. Ses ouvrages ont été en grande partie mis en latin par W. Snellius, sous le titre d'*Hypomnemata* (Leyde, 1605, in-fol.), et en français par A. Girard (ibid., 1634, in-fol.).

Willebrod *Snellius* (né en 1591 à Leyde, mort en 1626) employa toute sa vie, bien courte, à cultiver les sciences mathématiques. C'était un enfant prodige; à dix-sept ans il essaya de restituer le traité perdu d'Apollonius *de Sectione determinata* (1608, in-4), et à l'âge de vingt-deux, il succéda à son père, Rodolphe Snellius, auteur de l'*Apollonius batavus* (Leyde, 1597), dans la chaire de mathématiques à l'université de Leyde. D'après le témoignage de Vossius et de Huygens, il trouva, avant Descartes, la vraie loi de la réfraction [2]. Dans son *Eratosthenes batavus* (Leyde, 1617, in-4) il donne la vraie méthode à employer pour mesurer un arc de méridien, méthode qui a servi depuis à tous les géomètres qui se sont occupés de cette question. Un ouvrage posthume de Snellius (*Doctrinæ triangulorum canonicæ libri IV*, Leyde, 1627, in-8) renferme la découverte du triangle *supplémentaire* (résultant de la doctrine de transformation des triangles sphériques due à Viète), et des remarques à l'appui de la loi de la *dualité*, dont M. Chasles a fait ressortir toute l'importance [3].

---

1. Voy. M. Rahlenbeck, article *Stevin*, dans la *Biographie générale*.
2. Voy. plus bas, p. 403.
3. M. Chasles, *Aperçu historique*, etc., p. 55 et p. 204.

## Progrès de la trigonométrie. — Invention
### des logarithmes.

Les rapides progrès de l'astronomie firent perfectionner les calculs trigonométriques. Comme ces calculs sont longs, à raison des nombres considérables sur lesquels il faut opérer, on dut bientôt songer à les abréger.

*Werner* de Nuremberg, très-versé dans l'analyse ancienne, comme l'attestent ses *Commentarii in Dionysiodori problema, cum libello de Elementis conicis* (Nuremberg, 1522, in-4), paraît avoir le premier imaginé la méthode abréviative, connue sous le nom de *prostaphérèse*, qui permet de réduire les calculs de multiplication et de division de la trigonométrie sphérique à de simples additions et soustractions [1]. Mais l'ouvrage de Werner, où cette méthode se trouve exposée, n'était pas encore imprimé, quand Tycho et Wittichius y furent conduits par leurs calculs astronomiques. La méthode fut ensuite perfectionnée par Byrge et mise au jour, en 1588, dans le *Fundamentum astronomiæ* de Raymar *Ursus*, surnommé *Dithmarsius*. Raymar Ursus, qui se qualifie disciple de Byrge, fut accusé par Tycho de lui avoir dérobé son système, accusation qui donna lieu à un vif échange de libelles. Quel que soit l'auteur de la *prostaphérèse*, cette méthode fut avantageusement remplacée par celle des logarithmes.

Le nom de *logarithme*, de formation grecque, ne signifie pas, comme on l'a dit, *discours sur les nombres*, mais *raison des nombres* (de λόγος, raison ou *rapport*, et ἀριθμός, *nombre*). Il s'applique en effet à des nombres qui ont entre eux des rapports déterminés. Nous ne reviendrons pas

---

1. Voy. l'exposé de cette méthode dans Montucla, *Histoire des mathématiques*, t. I, p. 617 (note B).

sur une idée très-simple, qui pouvait se présenter à tout esprit, et dont nous avons déjà parlé plus haut, p. 32 et suiv. Nous aborderons immédiatement l'histoire de celui qui a compris dans une méthode générale, qui a en quelque sorte codifié des données éparses, et qui par cela même passe pour l'*inventeur* des *logarithmes*.

### Neper. Briggs. Gunther. Gellibrand. Vlacq. Wingate.

John *Neper* ou *Napier*, baron de Merchiston (né en 1550 au château de Merchiston, près d'Édimbourg, mort en 1617), partagea ses loisirs entre l'administration de ses domaines et l'étude de la théologie. Mais il dépensa la plus grande partie de son temps dans les luttes du puritanisme écossais et de la royauté, et déploya dans les synodes presbytériens un zèle fanatique. Les mathématiques n'étaient pour lui qu'un délassement intermittent. La lecture de l'Apocalypse eut pour Napier, comme pour Newton, un attrait tout particulier; il la commenta, comme le fit plus tard son illustre compatriote. Mais ses préoccupations théologiques ne l'empêchèrent point de songer au moyen de soulager les géomètres et astronomes dans leurs longs et laborieux calculs. C'est ce qui le conduisit à la découverte des *logarithmes*. Pour y arriver, Neper avait probablement suivi la voie que nous avons déjà signalée comme se présentant tout naturellement à l'esprit humain. Les termes de la progression arithmétique sont les *logarithmes*, comme qui dirait les *numérateurs*, des *raisons* des termes de la progression géométrique. On les désigne par la lettre *l*. Ainsi, par exemple, *l* 32 (le logarithme de 32) est 5, comme le montrent ces deux progressions correspondantes :

$$0 \quad 1 \quad 2 \quad 3 \quad 4 \quad 5, \text{etc.}$$
$$1 \quad 2 \quad 4 \quad 8 \quad 16 \quad 32, \text{etc.}$$

Michel Stifel, dans son *Arithmetica integra*, avait déjà
signalé les propriétés des deux progressions, l'une arithmétique (celle des exposants ou logarithmes), l'autre géométrique, qui se correspondent ainsi terme à terme. Mais
il lui restait encore un pas à faire pour découvrir le véritable système des logarithmes : il lui aurait fallu essayer
de remplir de nombres tous les intervalles des termes de
la progression géométrique, et de trouver en même temps
les nombres fractionnaires qui devaient leur correspondre
dans la progression arithmétique ; car, entre 2 et 4, manque
3 ; entre 4 et 8, manquent 5, 6, 7, et ainsi de suite. En suivant cette voie, il aurait trouvé les logarithmes des nombres
naturels. Ce que Stifel n'a pas fait, Neper le fit. Neper publia son invention dans *Mirifici logarithmorum canonis descriptio, ejusque usus in utraque trigonometria,* etc. (Édimb.,
1614, in-4)[1]. Comme l'auteur avait principalement pour but
de faciliter les calculs trigonométriques, ses logarithmes ne
sont appliqués dans cet ouvrage qu'aux sinus. On y trouve,
en effet, les logarithmes de tous les sinus des degrés et minutes du quart de cercle. Voyant que le sinus total de 90°
(quart de cercle) est le plus souvent pris pour le premier
terme des proportions auxquelles se réduisent les résolutions des triangles, il fit le logarithme du sinus total égal
à zéro, et ses logarithmes croissaient, tandis que ses sinus
diminuaient. Quant à ses logarithmes des nombres naturels, ils diffèrent de ceux de nos tables ordinaires : dans
nos tables le logarithme de 10 est 1, ou 1.0000000, au lieu
que ce logarithme est chez Neper 2.3025850. La Table
de Neper, en donnant les logarithmes des tangentes sous
le nom de *différentielles,* les fait positifs quand ils appartiennent à des tangentes d'arcs moindres que 45° ; ils

1. Dans cet ouvrage, Neper appelle *porisme* une sorte de scholie
général résumant les règles qu'il a données pour la résolution des
triangles sphériques qui ont un angle droit ou côté égal à un quadrant (M. Chasles, *Aperçu historique,* etc., p. 282).

sont négatifs, quand ils appartiennent à des arcs plus grands.

Notons que dans ce premier ouvrage Neper ne communiqua point la méthode de construction de ses logarithmes; mais il promettait de la faire connaître. Il s'en occupait, lorsqu'il vint à mourir.

Robert *Neper* remplit la promesse de son père dans un ouvrage posthume qui a pour titre : *Mirifici logarithmorum canonis descriptio.... accesserunt opera posthuma : Primo, Mirifici ipsius canonis constructio et logarithmorum ad naturales ipsorum numeros habitudines. Secundo, Appendix de alia, eaque præstantiore logarithmorum specie. Tertio, Propositiones quædum eminentissimæ ad triangula sphærica mira facultate resolvenda* (Édimb., 1619, in-4). On y trouve le développement de la méthode de construction employée par Neper. L'auteur propose aussi de faire, comme on le pratique dans le système usuel, le logarithme de 1 égal à 0, celui de 10 égal à 1, ou 1,0000000, celui de 100 à 2, ou 2,0000000, celui de 1000 à 3, ou 3,0000000, et ainsi de suite. Le logarithme du sinus total, qu'on suppose égal à l'unité suivie de dix zéros, devient ainsi 10,000,000,000. Tous les logarithmes des sinus, tangentes et sécantes se trouvent positifs; les logarithmes des fractions proprement dites ou moindres que l'unité sont seuls négatifs. « On n'a pas cependant, ajoute ici Montucla, rejeté tout à fait la forme des logarithmes de Neper pour les nombres naturels. Ils ont leur usage dans les géométries transcendantes ; car ils représentent les aires de l'hyperbole équilatère entre les asymptotes, l'unité étant la valeur du carré inscrit; c'est pourquoi on les nomme *hyperboliques*. Ce n'est pas que les autres logarithmes ne représentent aussi des aires hyperboliques, mais elles appartiennent à des hyperboles entre des asymptotes obliques l'une à l'autre. Or l'hyperbole équilatère ou à asymptotes perpendiculaires étant la principale de toutes, elle a donné le nom d'*hyperboliques* aux logarithmes de Neper[1]. » — Nous reviendrons plus loin sur l'analogie des logarithmes avec les aires hyperboliques.

Neper paraît avoir consigné ses premières idées sur les logarithmes dans un ouvrage fort curieux, publié également après sa mort, sous le titre de *Rhabdologia, seu numeratio per virgulas* (Édimb., 1627, in-12, et Leyde, 1628). La *rhabdologia* était un moyen propre à faciliter la multiplication et la division des grands nombres. Ce moyen, différent de celui des logarithmes, consistait dans l'emploi de petites baguettes (*rhabdi*), qui portaient neuf cases carrées, divisées chacune par une diagonale tirée de gauche à droite et de haut en bas. Dans ces cases sont successivement inscrits les neuf multiples du premier ordre que chaque baguette porte en tête, le chiffre des dizaines occupant la case triangulaire inférieure. Cela fait, il n'y a qu'à ranger ces baguettes les unes à côté des autres, de manière qu'elles portent en tête le nombre à multiplier; on trouve dans les rangs horizontaux chacun des produits partiels presque tout faits; on n'a donc qu'à les transcrire et les additionner, pour avoir le produit total. Cette invention, plus amusante qu'utile, a été expliquée fort au long dans le *Cours de Mathématiques* de Christian Wolf.

Henri *Briggs* (né en 1556, mort en 1630), professeur de mathématiques au collége de Gresham à Oxford, fut le premier à adopter les principes du calcul logarithmique. Il fit, en 1616, un voyage à Édimbourg pour conférer avec l'auteur même de cette invention, et il paraît avoir suggéré à Neper l'idée d'employer le nombre 10, base de notre système de numération, comme base du système des logarithmes. Au reste, c'est Briggs qui eut, après la

1. Montucla, *Histoire des mathématiques*, t. I⁏, p. 21.

mort de Neper, le mérite de réaliser cette idée. Les logarithmes dont on se sert aujourd'hui sont les *logarithmes
de Briggs :* on les appelle ainsi pour les distinguer de ceux
de Neper qui ne trouvent guère d'application que dans le
calcul intégral, et qui sont toujours faciles à calculer au
moyen des autres. En multipliant les logarithmes de
Briggs, dits *tabulaires* ou *communs,* par 2,3025850, on les
réduit à ceux de Neper; et en divisant les logarithmes de
Neper par 2,3025850, ou les multipliant par 0,4342994,
on les réduit aux logarithmes tabulaires. Car ces derniers
sont aux premiers toujours dans le même rapport, celui
de 0,4342994 à 1, ou de 1, à 2,3025850.

Briggs publia d'abord, en 1618, sous le titre de *Logarithmorum. Chilias prima,* comme échantillon de son travail, une table des logarithmes des nombres depuis 1 jusqu'à 1000. En 1624, il fit imprimer à Londres, sous le
titre d'*Arithmetica logarithmica,* in-fol., une table des logarithmes des nombres depuis 1 jusqu'à 20 000, et depuis 90 000 jusqu'à 100 000. (La lacune laissée de 20 000
à 90 000 fut plus tard remplie.) Ces logarithmes ont 14
chiffres. On raconte que Briggs employa sept personnes à
ce travail, dont l'immensité effraye quand on songe qu'on
n'avait pas alors à sa disposition les méthodes expéditives,
imaginées depuis. L'*Arithmetica logarithmica* est précédée
d'une Introduction remarquable où se voit en germe la
méthode différentielle et des interpolations, ainsi que les
rapports des coefficients des puissances des différents degrés, indiqués par un *Canon* qu'il nomma avec raison
*très-utile,* παγχρηστὸς, et qui est, dit Montucla, le triangle
arithmétique un peu tronqué et présenté d'une autre manière que ne l'avait fait Pascal.

Le travail de Briggs fut complété par celui d'*Ed. Gun-
ther* (né vers 1580, mort en 1626), professeur d'astronomie
au collège de Gresham. Il calcula, avec la même ardeur
que son collègue, la Table des logarithmes de sinus et de
tangentes ; et, dès 1620, il publia, sous le titre de *Canon*

*of triangles*, pour l'usage des astronomes, ses Tables de logarithmes pour tous les degrés et minutes du quart du cercle.

Henri *Gellibrand* fit paraître, sous le titre de *Trigonometria Britannica* (Lond., 1633, in-fol.), les travaux que Briggs avait laissés inachevés, en y joignant les siens.

Nous avons plus haut mentionné Kepler parmi les mathématiciens propagateurs de la méthode des logarithmes. Son gendre, *Bartsch*, l'aida beaucoup pour l'achèvement de son *Supplementum Chiliadis Logarithmorum*, publié en 1625, et il donna lui-même, en 1629, de nouvelles Tables manuelles de logarithmes, appliquées au calcul astronomique, réimprimées en 1701 par Eisenschmidt. Mais déjà dès 1618 Benjamin Ursinus avait fait connaître la nouvelle invention en Allemagne par la publication de son *Canon mirificus* réédité, avec des changements et des augmentations, sous le titre de *Magnus Canon triangulorum logarithmicus*, 1625, in-4.

Dans cette liste de propagateurs nous ne devons pas oublier Adrien *Vlacq*, libraire et mathématicien hollandais. Il réimprima, en 1628, à Gouda, l'*Arithmetica logarithmica* de Briggs, et en donna, dans la même année, une traduction française : *Arithmétique logarithmique, ou la construction et usage d'une table, contenant les logarithmes de tous les nombres, depuis 1 jusqu'à 100 000, etc.*, in-fol. La lacune laissée par Briggs depuis 20 000 jusqu'à 90 000 s'y trouve remplie ; les logarithmes y sont calculés jusqu'à onze décimales. En 1633, Vlacq publia son propre travail sous le titre de *Trigonometria artificialis, seu magnus Canon logarithmicus*, Gouda, in-fol., dont il donna, en 1636, un abrégé.

C'est à un Anglais, Edmond *Wingate*, que la France doit ses premières Tables logarithmiques, imprimées, en 1624, à Paris, sous le titre d'*Arithmétique logarithmique*. Elles furent suivies de celles de D. Henrion (*Traité des logarithmes;* Paris, 1626). — Cavalieri, dont nous parlerons plus loin, paraît avoir le premier introduit en Italie l'usage des logarithmes, dans son *Directorium universale uranometricum;* Bologne, 1624, in-4. On y trouve, entre autres, une règle identique avec celle qu'avait donnée, en 1629, le Hollandais Albert *Girard* dans son *Invention nouvelle en algèbre.* D'après cette règle on démontre « que si l'on fait la somme des trois angles d'un triangle sphérique, il y a même raison de la superficie de la sphère à celle de ce triangle que de 360° à la moitié de ce dont la somme ci-dessus excède 180°. »

En résumé, les logarithmes sont aussi utiles aux calculs de l'astronomie que le télescope l'est. pour l'observation des astres. Ce sont là deux puissants leviers du progrès de la science.

# CHAPITRE II.

## DIX–SEPTIÈME SIÈCLE.

### Géométrie. Méthodes nouvelles.

L'idée de l'infini, qui semblait destinée à ne point sortir des limites de la métaphysique, gagna de plus en plus l'esprit des géomètres, sous la forme d'une question de méthodes, où l'on voit figurer les noms d'*indivisibles*, de *tangentes*, de *maxima* et *minima*, d'*infinitésimales*, de *fluxions*, de *différentielles*, etc. Parmi les auteurs ou promoteurs de ces méthodes, qui changèrent la face de la géométrie, nous devons placer au premier rang, *Galilée*, *Cavalieri*, *Guldin*, *Descartes*, *Fermat*, *Pascal*, *Roberval*, *Wallis*, etc. A ces noms-là il faudra plus tard ajouter ceux de *Leibniz*, *Newton*, *Bernoulli*, etc.

### Galilée.

*Galilée*, dont nous avons déjà parlé ailleurs[1], considérait les mathématiques comme l'instrument le plus propre à identifier l'esprit humain en quelque sorte avec la pensée créatrice en lui faisant pénétrer les secrets des phénomè-

1. *Histoire de l'astronomie*, p. 370-382 ; et *Histoire de la physique,*
p. ⁝⁝ ⁝ ⁝⁝ ⁝⁝⁝⁝⁝.

nes de la nature. Armé de cet instrument, Galilée est parvenu à laisser un nom ineffaçable dans l'histoire de la physique, de la mécanique et de l'astronomie. Mais il a aussi sa place marquée dans l'histoire des mathématiques, ne fût-ce que pour avoir déterminé « la trajectoire » (parabole) décrite par un corps qui, en tombant, ne suit pas la verticale, et surtout pour avoir imaginé le *calcul des indivisibles*. « Bien que Galilée n'ait jamais publié ses recherches à ce sujet, il est certain, dit Libri, qu'elles avaient précédé celles de Cavalieri. Les persécutions dont Galilée fut victime l'empêchèrent seules d'achever l'ouvrage que depuis longtemps il préparait sur les *indivisibles*. » Le même historien nous apprend que « Galilée avait commencé à s'occuper du *calcul des probabilités* : en cherchant à résoudre un problème qui se rattache à la partition des nombres, il avait distingué fort à propos les *arrangements des combinaisons*, et l'on voit, par ses Lettres, qu'il s'était longtemps occupé d'une question délicate et non encore résolue, relative à la manière de compter les erreurs en raison géométrique ou en proportion arithmétique, question qui touche également au calcul des probabilités et à l'arithmétique politique [1]. »

## Cavalieri.

Bonaventure *Cavalieri* (né à Milan en 1598, mort à Bologne en 1647) entra jeune dans l'ordre des Hiéronymites, devint, à trente et un ans, professeur de mathématiques à l'université de Bologne et mourut dans la force de l'âge [2]. Cavalieri doit sa célébrité à la *méthode des indivisibles*, qu'il a exposée dans sa *Geometria indivisibilibus*

1. G. Libri, *Histoire des mathématiques en Italie*, t. IV, p. 288.
2. Voy. G. Polla, *Elogio di B. Cavalieri*, Milan, 1844; et une note de Ferd. Jacoli, dans le *Bullettino di Bibliografia et di Storia delle scienze mathematiche*, etc., de M. B. Buoncompagni, année 1869, juillet.

*continuorum nova quadam ratione promota* (Bologne, 1635, in-4, réimprimée en 1653 et développée dans ses *Exercitationes geometricæ* (ibid., 1647). — Les *indivisibles* de Cavalieri ne sont, au fond, que les petits solides ou les parallélogrammes inscrits ou circonscrits d'Archimède, multipliés à un tel point que leur différence avec la figure qu'ils environnent soit *moindre que toute grandeur donnée*. « Mais tandis qu'Archimède, à chaque fois qu'il entreprend de démontrer le rapport d'une figure curviligne avec une autre connue, emploie un grand nombre de paroles et un tour indirect de démonstration, Cavalieri, s'élançant en quelque sorte dans l'infini, va saisir par l'esprit le dernier terme de ces divisions et sous-divisions continuelles qui doivent anéantir enfin la différence entre les figures rectilignes, inscrites ou circonscrites, et la figure curviligne qu'elles limitent. C'est ainsi qu'on détermine la somme d'une progression géométriquement décroissante en supposant *le dernier terme égal à zéro*; car, quoiqu'on ne puisse jamais atteindre ce terme, l'esprit voit cependant avec évidence qu'il *est plus petit que toute grandeur assignable, quelque petite qu'elle soit :* il n'y a que le rien qui soit réellement moindre que toute quantité possible[1]. »

La méthode des indivisibles n'est donc que la méthode d'*exhaustion* des anciens, simplifiée et généralisée. Sans doute on peut chicaner les géomètres sur le mot d'*indivisibles*, comme on peut chicaner les chimistes sur le mot d'*atomes*; mais, loin de conduire à l'erreur, cette méthode est éminemment propre à faire découvrir des vérités insaisissables par d'autres moyens.

La première et principale partie de la géométrie des *indivisibles* peut se ramener à cette proposition fondamentale : *Toutes les figures dont les éléments croissent ou décroissent semblablement de la base au sommet sont à la*

1. Montucla, *Histoire des mathématiques*, t. II, p. 39.

*figure uniforme de même base et de même hauteur en même rapport.* Il est facile de déterminer par là les centres de gravité d'une multitude de figures. La seconde partie des indivisibles a pour objet de *trouver le rapport de la somme avec l'infinité des lignes ou des plans, croissants ou décroissants, avec la somme d'un pareil nombre d'éléments homogènes à ces lignes ou plans, mais tous égaux entre eux.* Un cône, par exemple, se compose, suivant le langage de Cavalieri, d'une infinité de cercles décroissants de la base au sommet, comme, de son côté, le cylindre, de même base et de même hauteur, se compose d'une infinité de cercles égaux. « On aura donc, ajoute Montucla, la raison du cône ou cylindre, si l'on trouve le rapport de la somme de tous ces cercles décroissants dans le cône et infinis en nombre, avec la somme de tous les cercles égaux du cylindre, dont le nombre est également infini. Dans le cône, ces cercles décroissent de la base au sommet, comme les carrés des termes d'une progression arithmétique. Dans d'autres corps, ils suivent une autre progression ; dans le conoïde parabolique, par exemple, c'est celle des termes d'une progression arithmétique. L'objet général de la méthode est d'assigner le *rapport de cette somme de termes croissants ou décroissants, avec celle des termes égaux dont est formée la figure uniforme et connue, de même base et de même hauteur.* »

D'après ce qui vient d'être exposé, l'*indivisible* est ce qu'on a depuis nommé l'*élément différentiel*. Si Cavalieri eût songé à appliquer sa méthode au calcul, il aurait fait ce que fit vingt ans plus tard Wallis, et peut-être aurait-il devancé Leibniz dans l'invention du calcul différentiel. Mais les idées fécondes se développent lentement. Les géomètres, contemporains de Cavalieri, habitués à la rigueur des démonstrations scolaires, trouvaient déjà bien étrange d'entendre dire que « le continu est composé d'un nombre infini de parties insécables, derniers termes de la décomposition qu'on puisse en faire en le subdivisant

continuellement en tranches parallèles entre elles. »
Aussi le P. Guldin accusait-il Cavalieri de *relâchement* en
géométrie. Le géomètre italien montra, en revanche, que
ce reproche était mieux mérité par son adversaire. Cette
polémique eut pour effet de forcer Cavalieri à s'expliquer plus clairement et à restreindre sa méthode.

### Guldin.

Paul *Guldin* (né à Saint-Gall en 1577, mort à Graetz
en 1643) a déjà été mentionné à propos d'un théorème de
Pappus (p. 263). D'une famille juive qui s'était convertie
au protestantisme, il exerça d'abord le métier d'orfévre.
Plus tard il abjura le protestantisme dans lequel il avait
été élevé, et entra dans l'ordre des jésuites, en changeant
son prénom d'*Habacuc* contre celui de *Paul*. A partir de
1609 on le voit enseigner les mathématiques dans différents
colléges de la Société, à Rome et à Graetz. On doit considérer comme une des plus belles conceptions géométriques la *liaison* que Guldin établit *entre les figures,
leurs centres de gravité et les solides ou surfaces qu'elles
engendrent en tournant autour d'un axe.* Pour bien comprendre cette méthode, il faut se rappeler qu'il y a dans
toute figure un point, nommé *centre de gravité*, qui est
tel que si l'on imagine cette figure traversée par un axe
passant par ce point, toutes les parties resteront en équilibre autour de cet axe. Une autre propriété du centre de
gravité est, que si l'on conçoit une ligne quelconque tirée
hors de la figure, et que cette ligne soit comme l'axe
autour duquel elle tend à tourner, le produit de la figure
entière par la distance de son centre de gravité à cet axe
est égal à la somme des produits de chacune de ses parties par la distance de son centre de gravité propre au
même axe. Cela résulte clairement de la nature même du
centre de gravité.

Le P. Guldin a expliqué sa méthode dans ses *Centrobarytica, seu de centro gravitatis trium specierum quantitatis continuæ, libri IV;* Vienne, 1635-1642, 2 vol. in-fol. On y trouve les moyens de déterminer les centres de gravité dans les arcs de cercle, les secteurs et les segments, tant circulaires qu'elliptiques, ainsi que l'application de cette règle fondamentale : *Toute figure formée par la rotation d'une ligne ou d'une surface autour d'un axe immobile est le produit de la quantité génératrice par le chemin de son centre de gravité.* Prenons pour exemple le cône, qui peut être engendré par un triangle rectangle, tournant autour d'un des côtés (axe) qui comprennent l'angle droit. Or, la distance de cet axe au centre de gravité du triangle générateur est le tiers de la base ; le centre de gravité décrit conséquemment une circonférence qui est le tiers de celle que décrit l'extrémité de cette base. Le *cône* est donc, suivant la théorie de Guldin, *le produit du triangle générateur par le tiers de la circonférence décrite par l'extrémité de la base;* d'où l'on déduit facilement qu'il est *le tiers du cylindre de même base et de même hauteur;* de même que, par la position du centre de gravité du demi-cercle, on montre aisément que la sphère qu'il produit en tournant autour du diamètre, est les deux tiers du cylindre de même base et de même hauteur, comme aussi que sa surface est égale à la surface courbe du cylindre; que le conoïde parabolique est la moitié du cylindre de même base et de même hauteur, etc. « Mais ce ne sont là, il faut en convenir, dit Montucla, que des inductions qui, quoique favorables, ne sont point suffisantes en géométrie, où l'on a droit d'exiger des preuves qui forcent le consentement. Guldin fait, à la vérité, quelques efforts pour démontrer directement sa règle ; mais il y réussit mal, et il eût peut-être mieux fait de s'en tenir à ses inductions que de former un raisonnement aussi peu digne d'un mathématicien que le suivant : Il disait, par exemple, que la distance du centre de gravité à l'axe de rotation tenait un milieu entre toutes celles des différentes parties de la figure à cet axe; que ce point était unique et que, par conséquent, si quelqu'un devait jouir de la prérogative énoncée, ce devait être le centre de gravité[1]. » C'est ce raisonnement dont Cavalieri fit particulièrement ressortir la faiblesse dans sa polémique avec le P. Guldin.

Les principes de la géométrie nouvelle, retrempés aux sources de l'antiquité, étaient pour ainsi dire partout dans l'air. Pendant que Cavalieri publiait en Italie sa *Méthode des indivisibles*, les géomètres français étaient en possession d'une méthode semblable. Ainsi il résulte d'une lettre que *Roberval*, dont nous parlerons plus bas, adressa en 1644 à Torricelli, que « longtemps avant que Cavalieri mît au jour sa méthode, il en avait une fort analogue qu'il s'était formée par la lecture approfondie des œuvres d'Archimède; mais, plus attentif que Cavalieri à ménager les oreilles des géomètres, il l'avait dépouillée de ce que celle de Cavalieri avait de choquant dans les termes et même dans les idées...; qu'il l'avait gardée *in petto*, dans la vue de se procurer une supériorité flatteuse sur ses rivaux par la difficulté des problèmes qu'elle le mettait en état de résoudre...; que, pendant qu'il se ré-jouissait *juveniliter*, Cavalieri publia ses *Indivisibles*. » — Juste punition de cette vanité égoïste qui s'était, comme un mauvais génie, emparée de l'esprit de la plupart des géomètres du dix-septième siècle.

### Descartes.

René *Descartes* (né le 31 mars 1596, à la Haye, petit bourg entre Tours et Poitiers, mort à Stockholm, le 11 février 1650) fait époque dans l'histoire des mathé-

1. Montucla, *Histoire des mathématiques*, t. II, p. 34.

matiques aussi bien que dans celle de la philosophie.
Nous ne rapporterons ici que les particularités les plus
remarquables de sa vie[1]. Élevé au collége des jésuites
de la Flèche, il s'engagea au service de la Hollande, et,
à la fin d'avril 1617, il vint, en qualité de volontaire, re-
joindre les troupes du prince Maurice de Nassau, alors à
Breda. Ce coup de tête, il l'attribuait à « l'effet d'une chaleur du foie » ; car il n'avait personnellement aucun goût
pour le métier des armes[2]. C'est dans la ville de Breda
que Descartes résolut, en moins d'une heure, un problème
de mathématiques, publiquement affiché par un inconnu.
Après que la guerre de Trente Ans eut éclaté en Allemagne entre les protestants et les catholiques, Descartes
quitta le service de la Hollande et s'engagea dans les
troupes du duc de Bavière, général de la ligue des catholiques. Pendant son séjour à Ulm, en 1619, il gagna
l'amitié du mathématicien Jean Faulhaber, par la solution inattendue des problèmes que ce dernier lui avait proposés. On voit que les mathématiques étaient pour lui un
délassement. Ce fut vers la même époque qu'il inventa,
par le moyen d'une parabole, « l'art de construire d'une
manière générale toutes sortes de problèmes solides, réduits à une équation de trois ou quatre dimensions, »
méthode qu'il exposa plus tard dans le IIIe livre de sa
*Géométrie*. — Vers la fin de septembre 1619, il quitta
Ulm pour se rendre en Bohême, et il arriva à Prague
peu de temps avant la fameuse bataille qui y fut livrée
le 7 novembre 1620. Descartes ne paraît pas y avoir pris

---

1. Voy., pour plus de détails, notre article *Descartes*, dans la *Biographie générale*.

2. « Pour moi, dit-il dans une de ses Lettres, qui considère le métier de la guerre en philosophe, je ne l'estime qu'autant qu'il vaut,
et même j'ai bien de la peine à lui donner place entre les professions
honorables, voyant que l'*oisiveté* et le *libertinage* sont les deux principaux motifs qui y portent aujourd'hui les hommes. » (Lettre CXVIII
du tome II de la collection de 1656.)

une part active; ce qui l'intéressait plus que toute autre
chose, c'était de voir à Prague les instruments astronomiques que Tycho avait fait transporter du Danemark
au palais de l'empereur Rodolphe. Après avoir quitté,
dans la même année, le service militaire, il parcourut la
Moravie, la Silésie, une partie de la Pologne, la Marche
de Brandebourg, visita les côtes de la mer Baltique, celles de la mer du Nord, et rentra en France par les Pays-
Bas au commencement de 1622. Mis en possession des
biens de sa mère, il reprit sa vie vagabonde; en passant
par Paris, il revit ses amis, au nombre desquels se trouvait le P. Mersenne, se dirigea à travers la Suisse et le
Tyrol, sur l'Italie, et arriva à Rome vers la fin de 1624.
Au printemps de l'année suivante, il fut de retour en
France. Les années 1626 et 1627 de son séjour à Paris,
il les employa en grande partie à des recherches sur l'optique. A la fin de mars 1629, il se mit en route pour la
Hollande, afin de vaquer plus commodément et en paix à
ses *divertissements d'études*. Il résida le plus souvent dans
un petit château, situé aux portes de Franeker, et surtout
à Egmont, beau village dans les environs d'Alkmaer.
Son séjour en Hollande fut de vingt ans (de 1629 à 1649);
dans cet intervalle il composa ou revit presque tous ses
travaux. Le 1er septembre 1649, il quitta Egmont pour se
rendre à Stockholm, sur l'invitation pressante de la reine
Christine. Il y mourut quelques mois après, dans sa cin-
quante-quatrième année.

### Application de l'algèbre à la géométrie.

L'idée de ramener les courbes à des droites est tout
à fait naturelle à l'esprit humain, conséquemment fort
ancienne. Le point difficile était de trouver, entre les
droites et les courbes, des rapports qui permissent de
conclure de la connaissance des premières à la formation
des secondes. Euclide avait montré que « quand quatre

droites sont issues du même point, elles forment sur une transversale, menée arbitrairement dans leur plan, quatre segments qui ont entre eux un certain rapport constant, quelle que soit la transversale. » Soient, par exemple, *a*, *b*, *c*, *d*, les points où les quatre droites sont rencontrées par une transversale quelconque, et *ac*, *ad*, *bc*, *bd*, les quatre segments; *le rapport* $\dfrac{ac}{ad} : \dfrac{bc}{bd}$ *sera constant, quelle que soit la transversale.* M. Chasles (*Aperçu historique*, p. 33) a très-bien fait ressortir l'importance de cette proposition pour montrer en quelque sorte le passage de la géométrie ancienne à la géométrie moderne.

À la théorie des transversales se rattache le fameux problème *ad tres aut plures lineas*, rapporté par Pappus comme l'écueil des anciens. Il s'agissait, « étant données plusieurs droites, de trouver le *lieu géométrique d'un point tel que les perpendiculaires, ou, plus généralement, les obliques abaissées de ce point sur ces droites, sous des angles donnés, satisfissent à la condition, que le produit de certaines d'entre elles fût dans un rapport constant avec le produit de toutes les autres.* Cette question, qui avait exercé la sagacité d'Euclide et d'Apollonius, fut reprise par Descartes en lui donnant le nom de *Problème de Pappus*, qui lui est resté[1]. Euclide et Pappus ne l'avaient

1. Ce fut probablement à cette occasion que Descartes, contrairement à son dédain habituel pour le passé, écrivit ces lignes d'une saisissante justesse: « Je me persuade que certains germes primitifs des vérités que la nature a déposés dans l'intelligence humaine, et que nous étouffons en nous à force de lire et d'entendre tant d'erreurs diverses, avaient, dans cette simple et naïve antiquité, tant de vigueur et de force, que les hommes éclairés de cette lumière de raison qui leur faisait préférer la vertu aux plaisirs, l'honnête à l'utile, encore qu'ils ne sussent pas la raison de cette préférence, s'étaient fait des idées vraies de la philosophie et des mathématiques, quoiqu'ils ne pussent pas encore pousser ces sciences jusqu'à la perfection. Or, je crois rencontrer quelques traces de ces mathématiques véritables dans Pappus et Diophante. » (Descartes, *Règles pour la direction de l'esprit*, IV* règle.)

résolu que pour trois ou quatre droites, auquel cas le *lieu géométrique* est une *section conique*; d'où cette propriété générale des sections coniques : « Quand un quadrilatère quelconque est inscrit dans une conique, le produit des distances de chaque point de la courbe à deux côtés opposés du quadrilatère est au produit des distances du même point aux deux autres côtés dans un rapport constant; » — beau théorème dont Newton a donné une démonstration par la géométrie pure. Descartes fit du problème de Pappus la première application de sa géométrie[1].

Il importe de faire ici bien comprendre la pensée directrice. Comme tout esprit prompt à saisir le rapport des choses, Descartes ne fut pas sans doute longtemps sans trouver que deux lignes droites, dont l'une augmente suivant que l'autre diminue dans un rapport constant, tel que la première devient un *maximum*, pendant que la seconde devient un *minimum* ou égale à zéro, et réciproquement, peuvent servir à tracer des courbes, et que leur formation peut s'exprimer algébriquement et même numériquement. Prenons pour exemple le cercle, né d'une section parallèle à la base d'un cône. On peut le considérer de deux manières différentes. D'après la conception la plus simple, « le cercle est une courbe dont tous les points sont également éloignés d'un autre qui est le centre. » Cette conception, depuis longtemps connue, pouvait déjà conduire les anciens à la théorie des lieux géométriques. Mais ils savaient aussi que tous les triangles inscrits dans un cercle, qui ont pour base le diamètre et dont l'angle opposé touche à la circonférence, sont des triangles rectangles, et que la perpendiculaire abaissée de l'angle droit (qui touche à la circonférence) sur le diamètre (hypoténuse du triangle rectangle inscrit) est moyenne proportionnelle entre les segments de celui-ci, c'est-à-dire que le carré de la perpendiculaire est égal au produit rec-

1. M. Chasles, *Aperçu historique*, etc., p. 33-39.

tangulaire de ces segments; enfin ils n'ignoraient pas que
la perpendiculaire (moyenne proportionnelle) et les segments du diamètre (hypoténuse) sont dans un rapport
constant, en un mot que ces lignes sont *coordonnées*.
Rien de plus naturel que de donner à ces lignes, qui
fixaient ainsi l'attention, des noms particuliers, d'appeler
*ordonnée* la perpendiculaire, *axe* le diamètre, et *abscisses*
les segments de l'axe ou du diamètre. La réunion de ces
données devait conduire à une manière toute particulière
de considérer le cercle. D'après cette conception, plus
élevée ou plus complexe, « le cercle est une courbe dans
laquelle, ayant tiré un diamètre quelconque, si d'un
point quelconque, pris à la circonférence, on mène une
perpendiculaire (ordonnée) à ce diamètre (axe), le rectangle des abscisses sera égal au carré de cette perpendiculaire, ou bien ce carré sera égal au carré du rayon moins
celui du segment intercepté entre elle et le centre. » C'est
là, dans la théorie des courbes, telle que la connaissaient
les anciens, la propriété caractéristique du cercle, c'est

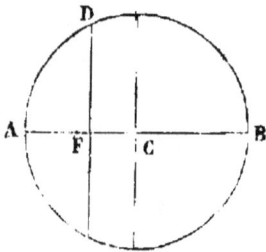

Fig. 28.

l'*équation* de cette courbe. Elle a pour
expression : $AF \times FB = FD^2$, c'est-
à-dire que le rectangle des abscisses (segments du diamètre) est égal
au carré de l'ordonnée (fig. 28).
Si l'on veut traduire cette formule
en langage algébrique, il faudra
d'abord mettre d'un côté les quantités qui, dans la même courbe, peuvent varier, et mettre de l'autre les
quantités constantes. Les premières sont les abscisses et
les ordonnées; les secondes, le diamètre ou le rayon. Les
abscisses sont désignées par $x$ et les ordonnées par $y$.
Le choix des dernières lettres de l'alphabet pour désigner des quantités variables est une heureuse innovation, mais antérieure à Descartes. Si l'on désigne par $a$
le diamètre AB (axe des abscisses), $a$ représentera la

quantité constante. D'après cette notation, on aura, pour les segments du diamètre (abscisses), $AF = x$, $FB = a - x$, dont le produit rectangulaire $x(a-x)$ est égal au carré de l'ordonnée $y^2$, c'est-à-dire $xa - x^2 = y^2$. L'équation sera la même si on la rapporte au centre C. Dans ce cas, la constante étant le demi-diamètre ou rayon R, les segments de l'axe ou abscisses seront $R - x$ et $R + x$, dont le produit rectangulaire $(R+x)$ et $(R-x)$ est encore égal au carré de l'ordonnée $y^2$, c'est-à-dire $R^2 - x^2 = y^2$, ce qui, pour le répéter, signifie que *le carré de l'ordonnée est égal au carré du rayon, moins le carré du segment intercepté entre l'ordonnée et le centre*. Dans ce cas, c'est le rayon R qui est l'hypoténuse (quantité constante), représentée par O$m$, O$m'$, O$m''$, ordonnées (fig. 29) des triangles rectangles, dont $mp$, $m'p'$, $m''p''$... et les abscisses O$p$, O$p'$, O$p''$..., sont les cathètes. Ces perpendiculaires (ordonnées et abscisses), dont les unes diminuent pendant que les autres augmentent dans un rapport constant, méritaient donc d'être désignées par des symboles, tels que $x$ et $y$, affectés aux quantités changeantes. L'expression

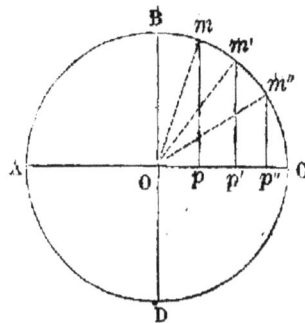

Fig. 29.

$R^2 = x^2 + y^2$ (carré de l'hypoténuse) donne tous les points de la circonférence; de là on tire $y = \pm \sqrt{R^2 - x^2}$. Si $x = 0$, on aura $y = \pm R$, ce qui donne les points BD ($+R$ pour B, $-R$ pour D); si $x = \pm R$, on aura $y = \pm 0$, ce qui donne tous les points C et A ($+R$ pour C, $-R$ pour A). Que $y$ décroisse d'une manière continue depuis $\pm R$ jusqu'à 0, pendant que $x$ croît à proportion depuis 0 jusqu'à $\pm R$, et on aura tous les points intermédiaires [1].

1. M. Bordas-Demoulin (*le Cartésianisme*, p. 382, édit. de 1874) rappelle ici avec raison que Fermat s'était occupé, à peu près en

Quelle que soit la forme qu'on donne à l'*équation du cercle*, que nous venons d'exposer, elle est toujours du second degré entre deux variables. Il en est de même des équations de l'ellipse, de la parabole et de l'hyperbole[1].

même temps que Descartes, du moyen de représenter algébriquement les lieux géométriques ou de l'application de l'algèbre à la géométrie. Voici, en effet, ce qu'on lit dans l'Introduction de Fermat aux lieux géométriques (*Ad locos planos et solidos Isagoge*, p. 2) : « Soit NZM une droite donnée de position, et un point donné sur cette droite. Posons NZ égal à la quantité variable A, et, suivant l'angle donné NZI, menons la droite ZI, égale à une autre quantité variable E. Si l'on fait $\frac{B}{A} = \frac{D}{E}$, le point I se trouvera sur une droite déterminée par la relation DA = BE. En effet, on aura B : D :: A : E. Donc le rapport $\frac{A}{E}$ se trouve déterminé, et d'ailleurs l'angle NZI est donné. Donc le triangle NIZ est déterminé en grandeur, et par conséquent aussi l'angle INZ. Mais la droite NZ et le point N sont donnés de position ; donc la droite NI sera également donnée de position, et il sera facile de la construire. » — Les quantités inconnues, *ignotæ*, ou variables étant ici représentées par A et E, l'équation DA = BE s'écrirait aujourd'hui : Dx = By, ou $y = \frac{D}{B}x$. C'est bien l'*équation de la ligne droite passant par l'origine des coordonnées*, qui est ici le point N.

1. Pour l'*équation de l'ellipse*, on a l'expression algébrique

$$y^2 = \frac{2ab^2x - b^2x^2}{a^2}, \quad \text{ou} \quad \frac{b^2}{a^2}(2ax - x^2),$$

où *a* désigne le demi grand axe ou la moitié de AB (fig. 30), *b* le demi petit axe ou la moitié de *gg'*, *x* l'abscisse AF, et *y* l'ordonnée FD ; en d'autres termes, *l'ordonnée de l'ellipse est égale au rapport du demi grand axe au demi petit axe, multiplié par le double produit du demi grand axe par l'abscisse, diminué du carré de l'abscisse.*

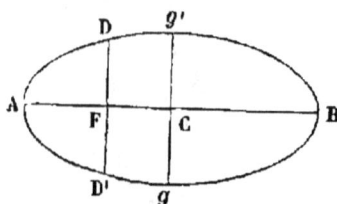

Fig. 30.

Pour l'*équation de la parabole*, on a l'expression algébrique $y^2 = px$, où *y* désigne l'ordonnée FD, *p* le *paramètre* (ligne ou quantité constante), et *x* l'abscisse ou segment AF de l'axe (fig. 31) ; en d'autres termes, la propriété caractéristique de la parabole est d'avoir *le carré*

Mais à quoi pouvaient servir ces expressions algébriques? C'est ce que s'était certainement demandé Descartes. Grâce à son esprit métaphysique, uni à la sagacité du géomètre, Descartes trouva dans ces expressions tout un résumé commode, un tableau raccourci des propriétés manifestes d'une courbe, en même temps que la clef de ses propriétés les plus abstraites.

Une courbe tracée n'est, pour le rappeler, au fond, autre chose que la solution géométrique d'un problème indéterminé, c'est-à-dire qui peut recevoir une infinité de solutions. C'est ce que les anciens appelaient *lieu géométrique*. Car, bien qu'ils n'eussent pas l'idée d'exprimer les courbes par des équations, ils avaient vu pourtant qu'une courbe géométrique n'était que le *lieu*, c'est-à-dire la suite d'une infinité de points qui satisfaisaient à la même question; par exemple, que le cercle est le lieu de tous les points indiquant les sommets des angles droits qu'on peut former sur une même base donnée, laquelle base est le diamètre du cercle[1].

*d'une ordonnée quelconque à l'axe égal au produit rectangulaire du segment intercepté entre cette ordonnée et le sommet de la parabole par le paramètre.* Les équations du cercle, de l'ellipse et de la parabole sont les plus simples, parce qu'on y compte ordinairement l'origine des abscisses du sommet de la courbe. Mais il n'y a là rien d'absolu, l'axe et l'origine des abscisses pouvant être choisis à volonté. C'est pourquoi une même courbe peut être exprimée de beaucoup de manières différentes. Cependant c'est toujours la puissance (degré de l'équation) d'une ligne multipliée une fois, deux fois,....

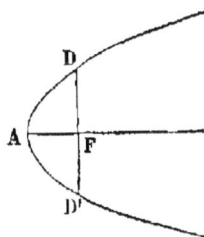

Fig. 31.

*n* fois avec elle-même (équation du second, du troisième,... du $n^{me}$ degré), augmentée ou diminuée de quelque quantité constante, qu'on substitue à une puissance semblable dans l'équation primitive. Il suit de là que, de quelque façon que soit posé l'axe, la plus haute puissance de l'équation d'une courbe donnée ne pourra jamais ni s'élever ni s'abaisser d'un degré, c'est-à-dire qu'elle est invariable.

1. Les puissances engagées dans les équations ont fourni un moyen

Descartes fit une distinction plus exacte des courbes géométriques et des courbes mécaniques, anciennement assez mal définies. Suivant ce philosophe géomètre, il faut appeler *géométriques* toutes les courbes dont on peut déterminer les points par la composition de deux mouvements, qui ont entre eux un rapport exactement connu. Ainsi, la conchoïde, la cissoïde, etc., appartiennent à la classe des courbes géométriques; tandis que la spirale, la quadratrice, la cycloïde, la logarithmique, etc., rentrent dans la classe des courbes *mécaniques*, parce qu'on ne connaît pas encore les rapports des mouvements qui les engendrent. Mais cette division des courbes, donnée par Descartes, fut plus tard modifiée par Leibniz. En les faisant toutes rentrer dans la géométrie, il distinguait les courbes qu'il appelait *algébriques* des courbes qu'il nommait *transcendantes*. Les courbes algébriques sont celles dont le rapport des abscisses et des ordonnées s'exprime par une équation algébrique finie. Les courbes transcendantes sont celles dont l'équation renferme un nombre infini de termes, à moins qu'on ne remonte, par un heureux artifice, au rapport de leurs différentielles ou de leurs éléments infiniment petits.

Il serait trop long de nous étendre ici sur les différents essais que Descartes fit de son analyse. On les trouve partiellement exposés dans la *Géométrie* qui formait la dernière des applications de sa *méthode*[1]. On a reproché à Descartes d'avoir été obscur à dessein. Mais il en convient lui-même. « J'ai omis, dit-il, dans ma *Géométrie*, beau-

de classer les courbes. Ainsi, on appelle courbes de *premier ordre* celles où la plus haute puissance est linéaire; courbes de *second ordre*, celles où la plus haute puissance est carrée, et ainsi de suite. Cette classification est un peu différente de celle qui avait été proposée primitivement.

1. La première de ces applications ou essais de la méthode exposée dans son *Discours de la Méthode* comprend la *Dioptrique*, la seconde les *Météores*, et la troisième ou dernière la *Géométrie*.

coup de choses qui pouvoient y être ajoutées pour la facilité de la pratique. Toutefois, je puis assurer que je n'ai
rien omis qu'à dessein, excepté le cas de l'asymptote que
j'ai oublié. Mais j'avois prévu que certaines gens qui se
vantent de sçavoir tout n'auroient pas manqué de dire
que je n'avois rien écrit qu'ils n'eussent sçu auparavant, si
je me fusse rendu assez intelligible pour eux. » — C'étaient
là, il faut l'avouer, des préoccupations au moins étranges
chez un homme de génie. Pascal et Leibniz n'avaient pas
cet égoïsme de savant : ils semblaient, au contraire, heureux de rencontrer, sur leur chemin, des hommes capables
de les comprendre et de s'approprier au besoin leurs idées.

### Méthode des tangentes. — Nouveau mode d'analyse.

Les anciens géomètres appelaient *tangente* à une courbe
« une droite qui, ayant un point commun avec la courbe,
était telle qu'on ne pouvait mener par ce point aucune
autre droite entre elle et la courbe. » Cette définition,
érigée en principe, leur permit de déterminer les tangentes dans quelques-unes des courbes qu'ils connaissaient.
Mais les géomètres modernes furent conduits à considérer les *tangentes* autrement. Leurs points de vue cependant diffèrent. Les uns, en tête desquels étaient Descartes et Fermat, quoique leurs solutions fussent très-
différentes, regardaient les tangentes comme des *sécantes*
dont les deux points d'intersection sont infiniment rapprochés ou pour ainsi dire réunis. Les autres, tels que
Roberval, concevaient les tangentes comme la *direction
du mouvement composé* par lequel la courbe peut être
décrite. D'autres enfin les considéraient comme le *prolongement des côtés infiniment petits de la courbe* présentée comme un polygone d'une infinité de côtés. Cette
dernière manière de voir, aujourd'hui la plus usitée, fut
introduite dans la science par Barrow. Cependant la première définition fut depuis reprise par Maclaurin dans

son *Traité des fluxions*, comme étant plus conforme à la rigueur géométrique ; Lagrange l'adopta aussi dans son *Traité des fonctions analytiques*[1].

Mais revenons à Descartes. De toutes ses découvertes analytiques dont il parle dans sa *Géométrie*, celle qui lui fit le plus de plaisir et qui est, en effet, d'une grande importance, c'est *une règle générale pour la détermination des tangentes des courbes*. Le principe de la méthode des tangentes de Descartes a été très-bien exposé par Montucla. « Concevons une courbe AB*b* (fig. 31), décrite sur un axe, et que d'un point de cet axe C, comme centre, soit décrit un cercle qui la coupe au moins en deux points B, *b*, desquels soient tirées deux ordonnées, BD, *bd*, qui seront par conséquent communes à ce cercle et à la courbe. Imaginons maintenant que le rayon de ce cercle décroît, son centre restant

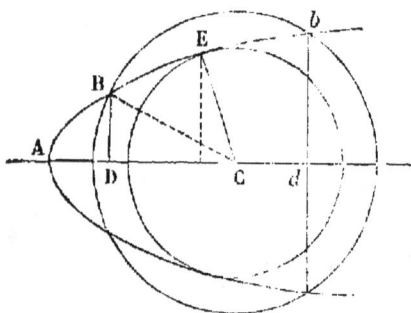

Fig. 32.

immobile. Il n'est personne qui ne voie que, les points d'intersection se rapprochant, ils coïncideront enfin, qu'alors le cercle touchera la courbe en un point E, et que le rayon tiré au point de contact sera perpendiculaire à cette courbe et à la ligne droite (tangente) qui la toucherait au même point. Ainsi, le problème de déterminer la tangente d'une courbe se réduit à trouver la position de la perpendiculaire qu'on lui tirerait d'un point quelconque pris sur l'axe. Pour cet effet, Descartes recherche d'une manière générale quels seraient les points d'intersection d'un cercle décrit d'un rayon déterminé, et d'un point de l'axe comme centre, avec la courbe. Il parvient ainsi à une équation qui, dans le cas de deux intersections, doit con-

1. M. Chasles, *Aperçu historique*, etc., p. 58.

tenir deux racines inégales, dont l'une est la distance d'une des ordonnées au sommet, et l'autre celle de l'autre. Mais si ces points d'intersection viennent à se confondre, alors les deux ordonnées se confondront, leur éloignement du sommet sera le même, et l'équation aura deux racines égales. Il faudra donc, dans cette équation, faire les coefficients (indéterminés) de l'inconnue tels que cette inconnue ait deux valeurs égales. Descartes y parvient d'une manière fort ingénieuse, en comparant l'équation proposée avec une autre équation fictive du même degré, où il y a deux valeurs égales : ce qui lui donne la distance de l'ordonnée abaissée du point de contact au sommet. Cela une fois déterminé, la plus simple analyse met en possession de tout le reste [1]. »

Cette règle générale pour la détermination des tangentes des courbes est, suivant le propre aveu de Descartes, « de tous les problèmes celui dont il avait le plus désiré la solution. » Sa généralité et son utilité sont incontestables. C'est par son moyen qu'on trouve les asymptotes des courbes, si elles en ont ; la direction sous laquelle elles rencontrent leurs axes ; les endroits où elles s'en éloignent le plus, et ceux où elles changent de courbure, etc.

Dès que la *Géométrie* de Descartes eut paru (Leyde, 1637), de Beaune fut le premier à en pénétrer l'esprit, et il en annota les passages les plus difficiles. Ces Notes étaient très-estimées de Descartes lui-même [2].

---

1. Montucla, *Histoire des mathématiques*, t. II, p. 130 et suivantes.
2. Florimond de *Beaune*, conseiller au présidial de Blois (né à Blois en 1601, mort en 1652), était lié d'amitié avec Descartes. L'étude de la géométrie faisait ses délices. Il conçut le premier l'idée d'introduire dans la théorie des courbes les propriétés de leurs tangentes comme éléments de construction, et, par une question de ce genre proposée à Descartes, il donna naissance à la *méthode inverse des tangentes*. Il s'agissait de « construire une courbe telle que le rapport de la *sous-tangente* (prise sur l'axe des abscisses) à l'ordonnée fût dans une raison constante avec la partie de l'ordonnée comprise entre la courbe et un axe fixe faisant un demi-angle droit avec l'axe des

Loi du sinus de réfraction. — Tourbillons.

Nous parlerons, à l'article *Fermat*, des controverses de Descartes au sujet de la méthode des *maximis* et *minimis;* mais nous ne saurions nous dispenser de dire ici un mot de ses recherches sur la *réfraction*, et de sa fameuse hypothèse des *tourbillons*.

Kepler, dans ses expériences dioptriques, admettait que l'angle de réfraction est le tiers de celui d'incidence, tant que ce dernier ne dépasse pas 30°. Mais ce n'était là qu'une loi approximative. Les mathématiciens ne s'en contentèrent point. Reprenant le même objet, Snellius, dont nous avons parlé plus haut (p. 374), découvrit qu'en tirant une parallèle DE à l'axe de réfraction ACB, il y a toujours, pour un même milieu, le même rapport entre le rayon réfracté CE et le prolongement CF du rayon incident GC. Ainsi, par exemple, ce rapport est de 4 à 3 dans un rayon qui se réfracte en passant de l'air dans

abscisses, passant d'ailleurs par l'origine de la courbe.» (*Lettres* de Descartes, t. VI, p. 215, édit. de Cousin.) Ce problème difficile fut résolu par Descartes. Ramenant la question aux lieux géométriques, il considéra chaque point de la courbe comme l'intersection de deux tangentes infiniment voisines, et trouva ainsi que la courbe avait une asymptote parallèle à l'axe fixe, et que la sous-tangente prise sur cette asymptote était constante. Ces propriétés conduisirent Descartes à la construction de toutes les tangentes de la courbe, et à celles de la courbe elle-même par l'intersection de deux règles qui se mouvaient avec des vitesses déterminées. L'incommensurabilité de ces deux mouvements lui fit voir que la courbe était *mécanique*. Il n'en donna pas l'équation, parce que son analyse (application de l'algèbre aux lieux géométriques) ne s'appliquait point aux courbes, dont l'équation, dans son système de coordonnées, était d'un degré fini, courbes qu'il appelait *géométriques* (nommées *algébriques* par Leibniz), pour les distinguer des courbes auxquelles son analyse ne s'appliquait point; celles-ci étaient les courbes *mécaniques* (nommées *transcendantes* par Leibniz), qui rentrent dans l'application du nouveau calcul (calcul différentiel et intégral). Enfin la question d'un nouveau genre, proposée par de Beaune, Descartes la regardait comme l'*inverse* de sa règle des tangentes. (*Lettres* de Descartes, t. VI, p. 137.)

l'eau ; il est de 3 à 2 lorsque le rayon passe de l'air dans
le verre. Supposons maintenant un autre rayon incident $gC$, son rayon prolongé $Cf$
et le rayon réfracté $Ce$ : on aura
toujours CE à CF comme $Ce$
à $Cf$; c'est-à-dire que, pour la
réfraction dans les mêmes milieux, les sécantes de complé-
ment de l'angle d'incidence et
de l'angle de réfraction sont
toujours en même raison. C'est
ce que Descartes exprimait par

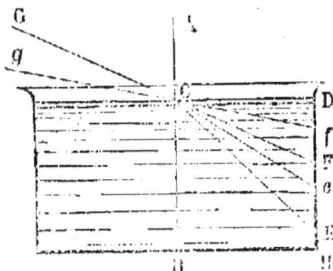

Fig. 33.

le *rapport constant du sinus de l'angle d'incidence avec le
sinus de l'angle de réfraction correspondant.*

Lequel des deux, de Descartes ou de Snellius, trouva
le premier cette loi ? D'après les témoignages de Vossius
et de Huygens, c'était Snellius. Mais Snellius n'a jamais
rien publié qui puisse faire revendiquer pour lui la priorité de cette découverte. Huygens affirme qu'il a vu le
volume de Snellius où la loi de réfraction se trouve dé-·
crite, et il ajoute que les papiers du même géomètre
avaient été communiqués à Descartes. Partir de là,
comme on l'a fait, pour accuser Descartes de plagiat,
c'était évidemment aller trop loin. Il importe cependant
de faire remarquer que Descartes n'établit point sa loi
de réfraction sur des expériences, et il semble avoir voulu
donner à penser qu'elle était uniquement le résultat de
ses recherches[1].

*Hypothèse des tourbillons.* — Descartes se représentait notre système planétaire comme un vaste tourbillon au milieu duquel se trouve plongé le Soleil. Quelle
est la forme de ce tourbillon? Est-il sphérique, cylindrique, etc.? Descartes ne s'explique point là-dessus. Il ima-

1. Montucla, *Histoire des mathématiques*, t. II, p. 244 et suivantes.

gine que les diverses parties ou couches de ce tourbillon se meuvent avec des vitesses inégales et entraînent les planètes qui y nagent dans des couches d'une densité égale à la leur. Les planètes qui ont des satellites occupent à leur tour le centre d'un tourbillon plus petit qui nage dans le plus grand; les satellites se meuvent dans le petit tourbillon autour de leur planète, suivant les mêmes lois que les planètes autour du Soleil. Tel est, en abrégé, le système du monde de Descartes, qui eut des partisans zélés jusqu'au dix-huitième siècle.

L'observation est la pierre de touche d'une hypothèse. Or l'hypothèse de Descartes, il faut le reconnaître, ne résiste pas à cette épreuve; elle ne satisfait aucunement aux conditions des phénomènes qu'elle prétend expliquer. Voici les principales objections qu'on y a faites. Les mouvements des planètes sont elliptiques. Il faut donc que les couches des tourbillons le soient aussi. Quelle en sera la cause? Descartes l'attribue à la compression des tourbillons voisins. Mais si cela était vrai, il faudrait que toutes les orbites planétaires fussent allongées du même côté; bien plus, le Soleil devrait occuper le centre commun de toutes les orbites, de planètes et de comètes. Or cela n'est point. Si cet allongement des tourbillons était l'effet de la compression des tourbillons voisins, les planètes externes devraient avoir les orbites les plus excentriques, tandis que Mercure, comme étant le plus rapproché du centre du tourbillon, devrait avoir l'orbite la moins excentrique. Or tout cela est également contraire à l'observation. — Qu'est-ce qui entretient le mouvement du tourbillon? Descartes ne s'explique point nettement à cet égard. Selon toute apparence, il fait partir ce mouvement de la rotation de l'astre central. Mais alors toutes les planètes devraient se mouvoir dans le plan de l'équateur ou parallèlement à l'équateur du Soleil. Or, toutes les planètes ont leurs orbites plus ou moins inclinées sur l'équateur de l'astre central, et toutes les lois de Kepler seraient en défaut. Enfin, Newton, Bouguer, D. Bernoulli, d'Alembert, ont montré que les tourbillons de Descartes sont inconciliables avec toutes les lois de la mécanique.

## Pascal.

*Geometræ nascuntur, non fiunt;* on naît géomètre, on ne le devient pas. Cette remarque des anciens est parfaitement justifiée par la vie de Blaise Pascal (né le 19 juin 1623, à Clermont-Ferrand, mort à Paris le 19 août 1662). Dès l'âge le plus tendre, « il donna, raconte sa sœur (Mme Périer), des marques d'un esprit extraordinaire par les petites reparties qu'il faisait fort à propos. » Cette précocité d'esprit, jointe à la qualité de fils unique, détermina le père à se vouer tout entier à l'éducation du jeune Blaise. A cet effet, il se démit de sa charge de président de la cour des aides de Clermont, et se retira, en 1631. avec tous ses enfants à Paris. Contrairement aux méthodes suivies, il s'appliqua à exercer l'intelligence plutôt que la mémoire. Bientôt le jeune élève voulut savoir la raison de toutes choses, — ce qui est d'ailleurs assez commun chez les enfants; — mais ce qui étonna le maître lui-même, c'était une netteté d'esprit admirable pour discerner le faux. Dans tous ses raisonnements il ne pouvait se rendre qu'à l'évidence, de sorte que, raconte sa sœur, quand on ne lui disait pas de bonnes raisons, il en cherchait lui-même. Dès l'âge de douze ans il témoigna d'une aptitude singulière pour la géométrie. Mais le père, désirant réserver cette jeune sève pour l'étude des langues, avait caché soigneusement tous les livres de mathématiques. Tant de précautions ne firent qu'exciter la curiosité de l'élève. Un jour il demanda ce que c'était que la géométrie. Sur la réponse que c'était le moyen de faire des figures exactes, et de trouver les proportions qu'elles avaient entre elles, il se mit aussitôt à rêver sur cette simple ou-

verture dans ses heures de récréation ; il poussa ses recherches si avant qu'il en vint, sans aucun secours étranger, jusqu'à la trente-deuxième proposition du premier
livre d'Euclide. (C'est la proposition suivant laquelle la
somme des trois angles de tout triangle rectiligne est
égale à deux angles droits.) « Comme il était là-dessus,
ajoute sa sœur, mon père entra dans le lieu où il était,
sans que mon frère l'entendît ; il le trouva si fort appliqué qu'il fut longtemps sans s'apercevoir de sa venue : on
ne peut dire lequel fut le plus surpris, ou le fils de voir
son père, à cause de la défense expresse qu'il lui avait
faite, ou le père de voir le fils au milieu de toutes ces
choses. » Le père fut en quelque sorte épouvanté de cette
précocité du génie ; sans lui dire un mot, il le quitta pour
aller raconter, les larmes aux yeux, sa découverte à un
savant de ses amis, M. Le Pailleur. « Voici, s'écria-t-il
en lui montrant des démonstrations géométriques, voici
ce qu'a fait mon fils ; il invente les mathématiques, malgré ma défense de s'en occuper. » Le père n'hésita plus
dès lors à lui confier les *Éléments* d'Euclide. Le jeune
Blaise n'eut besoin d'aucune explication pour les comprendre, et ses progrès étaient si rapides qu'il fut admis
dans l'intimité du P. Mersenne, de Roberval, de Mydorge,
de Carcavi, et qu'il assista avec ces géomètres célèbres aux
conférences hebdomadaires de cette société, qui devint, en
1666, le noyau de l'Académie royale des sciences.

A seize ans, Pascal publia un *Essai pour les coniques*[1].
A dix huit ans, il inventa la *machine arithmétique*, destinée à faciliter les calculs de son père, qui venait d'être

---

1. Il ne faut pas confondre, comme on l'a fait, l'*Essai* avec le projet
d'un traité complet des coniques, qui n'a jamais été mis au jour. D'a-
près l'admiration qu'en aurait manifestée Descartes, — fait nullement
justifié, — on a voulu attribuer cet *Essai* à Desargues. Mais cette assertion est d'avance réfutée par le témoignage même de Desargues.
Ces divers points historiques ont été parfaitement éclaircis par
M. Chasles dans la note XIII, p. 330 de son *Aperçu historique*, etc.

nommé intendant de Rouen. *Remplacer par des mouve-*
*ments et des combinaisons de roues les supputations numé-*
*riques*, tel était le problème que Pascal s'était proposé.
Dans son entreprise audacieuse il se heurta d'abord contre une de ces difficultés matérielles que rencontrent la
plupart des inventeurs, et qu'il explique lui-même dans
sa dédicace au chancelier Pierre Seguier. « N'ayant pas,
dit-il, l'industrie de manier le métal et le marteau comme
la plume et le compas, et les artisans ayant plus de connaissance de la pratique de leur art que des sciences sur
lesquelles il est fondé, je me vis réduit à quitter toute
mon entreprise, dont il ne me revenait que beaucoup de
fatigues, sans aucun bon succès. » Enfin, après des essais
réitérés, il parvint à construire la machine arithmétique
pour laquelle il demanda et obtint, en 1649, un privilége,
et dont il envoya un modèle à la reine Christine de
Suède.

Tant d'ardeur au travail devait miner une constitution
déjà très-faible. « Cette fatigue et la délicatesse où se
trouvait sa santé le jetèrent, dit Mme Périer, dans des
incommodités qui ne l'ont plus quitté ; de sorte qu'il nous
disait que depuis l'âge de dix-huit ans il n'avait pas passé
un jour sans douleur. Ces incommodités néanmoins n'é-
taient pas toujours d'une égale violence : dès qu'il avait un
peu de relâche, son esprit se portait incontinent à chercher
quelque chose de nouveau. » A ce moment il n'avait pas
encore abandonné le domaine de la science pour se réfugier
dans celui de la religion. Sa correspondance avec Fermat
le montre occupé des questions les plus élevées de l'analyse géométrique et des effets de la pesanteur. Les expériences de Torricelli, que le P. Mersenne fit connaître en
France en 1644, lui suggèrent l'idée de ses mémorables
expériences sur la pesanteur de l'air, qui appartiennent
à l'histoire de la physique [1].

---

1. Voy. notre *Histoire de la physique*, p. 19 et suivantes.

Peu de temps après, Pascal se tourna vers les vérités
de la religion, et « renonça à toutes les autres connaissances pour s'appliquer exclusivement à l'unique chose
que Jésus-Christ appelle nécessaire. » Quelle était la
cause d'un changement si soudain ? Quelques-uns prétendent que ce fut la lecture du discours de Jansénius sur la
*Réformation de l'homme intérieur.* C'est possible; mais,
en réalité, on l'ignore. Son ascétisme porta sa jeune sœur
(Jacqueline), âgée de vingt et un ans, à renoncer au
monde; aidé des sermons de Singlin, il la persuada d'entrer comme religieuse à Port-Royal.

Cependant, en 1653, Pascal, après avoir hérité de la
fortune de son père (mort en 1651), redevint homme du
monde et mena un train de vie fastueux. Au milieu de cette
vie à la fois agitée et réfléchie, la géométrie faisait des
retours. Il écrivait à Fermat sur des questions d'analyse,
répondait au chevalier de Méré, grand joueur, sur le *pro-*
*blème des paris;* il inventait le triangle arithmétique, la
brouette du vinaigrier, entrevoyait l'*Omnibus;* enfin il
pensait à un engagement définitif dans le monde, à l'achat
d'une charge et à un mariage. Il en était là quand « le
Seigneur qui le poursuivait depuis longtemps » l'attei-
gnit. Un petit papier et un morceau de parchemin, pliés
ensemble, furent trouvés, après la mort de Pascal, dans
la doublure de son habit : c'étaient deux copies pareilles,
l'une sur papier, l'autre sur parchemin, du récit d'une
vision qu'il eut le 23 novembre 1654; on raconte qu'il
décousait et recousait soigneusement lui-même son habit
chaque fois qu'il en changeait, tant il tenait à garder
constamment sur lui ce papier et ce parchemin. En rapprochant les dates, on a trouvé que ce fut vers la même
époque que Pascal courut un danger de mort. En novembre 1654, étant allé se promener dans un carrosse à quatre chevaux au pont de Neuilly, les chevaux prirent le
mors aux dents : les deux premiers furent précipités
dans la Seine; mais, au même instant, les rênes et les

traits se rompirent, et le carrosse s'arrêta court. Ce fut, dit-on, depuis cet événement que Pascal crut toujours voir un abîme à ses côtés. Quoi qu'il en soit, dès la fin de 1654, il allait plus fréquemment voir sa sœur Jacqueline au parloir de Port-Royal de Paris; et elle prit alors sur lui le même ascendant qu'il avait eu sur elle. Enfin il vint lui-même demeurer à Port-Royal-des-Champs, et garda jusqu'à sa mort le genre de vie qu'il y adopta. C'est de cette seconde conversion que datent ses fameuses lettres contre la morale et la politique des jésuites, connues sous le nom de *Provinciales*.

Les infirmités de Pascal allaient en augmentant avec le progrès de l'âge. Ses moments de répit étaient remplis par la prière et la lecture de l'Écriture sainte, « qui n'était, disait-il, intelligible que pour ceux qui ont le cœur droit; les autres n'y trouvent que de l'obscurité. » Les quatre années qui précédèrent sa mort furent un état de continuelles souffrances, un redoublement des infirmités auxquelles il avait été sujet dès son adolescence. Ce redoublement commença, en 1658, par un mal de dents qui lui ôta tout sommeil. Dans une de ses insomnies, il vint tout à coup se présenter à son esprit une idée lumineuse touchant la solution du fameux problème de la *cycloïde* ou roulette. Au même instant, à sa grande surprise, son mal de dents disparut comme par enchantement. Il rédigea son travail en huit jours, « avec une précipitation extrême, » et ne se décida à le livrer au public que sous le pseudonyme de *M. de Dettonville* (anagramme de *Louis de Montalte*, auteur supposé des *Provinciales*). Cependant ses souffrances le réduisirent à ne pouvoir plus travailler et à ne voir presque personne. Il ne vivait que de consommés et d'aliments qui flattaient le moins le palais, s'appliquant surtout à se bien pénétrer de ce qu'il appelait l'*esprit de pauvreté*. Il croyait que la manière la plus agréable à Dieu était de servir les pauvres pauvrement, c'est-à-dire chacun selon son pouvoir, sans se remplir

l'esprit « de ces grands desseins » qui tiennent de ce
dogmatisme tranchant, hautain, qu'il blâmait en toute
chose. Dans ses derniers moments, il exprima le désir
(non rempli) d'être transporté aux Incurables, afin de
mourir en la compagnie des pauvres, et rendit l'âme à
l'âge de trente-neuf ans et deux mois.

### Les coniques.

L'étude des diverses propriétés connues du système de
deux droites pouvait conduire Pascal à leur application aux sections coniques. L'une de ces propriétés, qu'il
appelait *merveilleuse*, est, en effet, d'une fécondité extrême. C'est la relation des segments faits par une conique, et par les quatre côtés d'un quadrilatère qui lui
est inscrit, sur une transversale menée arbitrairement
dans le plan de la courbe. Cette relation a été ainsi
énoncée par Pascal : « Le produit des segments compris
sur la transversale, entre un point de la conique et deux
côtés opposés du quadrilatère, est au produit des segments compris entre le même point de la conique et les
deux autres côtés opposés du quadrilatère, dans un rapport qui est égal à celui des produits semblablement faits
avec le deuxième point de la conique située sur la transversale. » — La relation qui constitue ce théorème était appelée par Desargues l'*involution de six points*. (M. Chasles,
*Aperçu historique*, etc., p. 77.)

Dans ce même *Essai pour les coniques* (opuscule de 7 pages in-8, publié seulement en 1779 par Bossut dans son
édition complète des *Œuvres de Pascal*), on trouve le fameux *hexagramme mystique*, beau théorème, énoncé sous
forme de *lemme*. Pascal désignait ainsi la propriété de
tout hexagone inscrit à une conique, « d'avoir les trois
points de concours de ses côtés opposés toujours en ligne
droite. » Ce théorème repose sur une propriété caractéristique, fondamentale, des coniques. Cinq points déter-

minent une conique. Il s'agit donc ici d'une relation de position d'un sixième point quelconque de cette courbe par rapport aux cinq premiers.

Pascal faisait usage des principes de la perspective pour engendrer les coniques par le cercle, et tirer, de cette manière, leurs propriétés de celles du cercle. Cette méthode était, suivant Leibniz, le fondement de l'hexagramme mystique, qui devait avoir de nombreuses applications [1].

### Triangle arithmétique de Pascal.

Le *triangle arithmétique* est une des conceptions les plus ingénieuses de Pascal. Le *Traité du triangle arithmétique*, achevé probablement vers 1653, ne fut imprimé qu'après la mort de l'auteur, en 1665. « On a considéré, dit-il, dans l'arithmétique les nombres de différentes progressions; on a aussi considéré ceux des différentes puissances et des différents degrés; mais on n'a pas, ce me semble, assez examiné ceux dont je parle, quoiqu'ils soient d'un très-grand usage; et même ils n'ont pas de nom. Ainsi j'ai été obligé de leur en donner; et parce que ceux de *progression*, de *degré*, de *puissance* sont déjà donnés, je me sers de celui d'*ordres*. »

Pascal appelle donc *Nombres du premier ordre*, les simples unités :

$$1, \quad 1, \quad 1, \quad 1, \quad 1, \quad \text{etc.};$$

*Nombres du second ordre*, les nombres naturels, qui se forment par l'addition des unités :

$$1, \quad 2, \quad 3, \quad 4, \quad 5, \quad \text{etc.};$$

*Nombres du troisième ordre*, ceux qui se forment par l'addition des naturels, et qu'on nommait *triangulaires* :

$$1, \quad 3, \quad 6, \quad 10, \quad \text{etc.};$$

1. M. Chasles, *Aperçu historique*, etc., p. 70 et suivantes.

*Nombres du quatrième ordre*, ceux qui se forment par l'addition des triangulaires, et qu'on appelait *pyramidaux* :

$$1, \quad 4, \quad 10, \quad 20, \quad \text{etc.};$$

*Nombres du cinquième ordre*, ceux qui se forment par l'addition des précédents ; ils n'avaient pas encore reçu de nom particulier : Pascal propose de les appeler *triangulo-triangulaires* :

$$1, \quad 5, \quad 15, \quad 35, \quad \text{etc.};$$

*Nombres du sixième ordre*, ceux qui se forment par l'addition des précédents :

$$1, \quad 6, \quad 21, \quad 56, \quad \text{etc.};$$

Et ainsi de suite à l'infini.

Il est facile de construire de cette façon une table de tous les ordres de nombres, où se trouvent indiqués les exposants des ordres et les racines, de la manière suivante :

|  |  | Racines. |  |  |  |  |
|---|---|---|---|---|---|---|
|  |  | 1 | 2 | 3 | 4 | etc. |
| Unités . . . . . . . . . . | ordre 1er | 1 | 1 | 1 | 1 | etc. |
| Naturels . . . . . . . . . | ordre 2e | 1 | 2 | 3 | 4 | etc. |
| Triangulaires . . . . . . | ordre 3e | 1 | 3 | 6 | 10 | etc. |
| Pyramidaux. . . . . . . | ordre 4e | 1 | 4 | 10 | 20 | etc. |
| Triangulo-triangulaires . | ordre 5e | 1 | 5 | 15 | 35 | etc. |

En disposant ces nombres sous forme de triangle, on a :

```
0
1  1
1  2  1
1  3  3  1
1  4  6  4  1
etc.
```

En séparant ces nombres par des lignes droites, dont

les unes sont verticales, les autres horizontales, on obtient des cases carrées, dont l'ensemble compose le *triangle arithmétique*. L'une des propriétés les plus remarquables de cette construction, et qui n'avait point échappé à Pascal, c'est que les rangées horizontales sont formées par tous les coefficients des puissances dont les exposants sont indiqués par la rangée verticale des nombres naturels [1].

Nous passons sous silence beaucoup d'autres usages, plus curieux qu'utiles, que Pascal a indiqués dans son *Traité du triangle arithmétique*.

### La cycloïde.

Il est étonnant que les anciens n'aient pas connu cette courbe, car elle est facile à concevoir en observant le tracé que décrit en l'air le clou d'une roue qui roule en ligne droite sur un plan uni. La courbe ainsi décrite serait une cycloïde ou *trochoïde* (du grec τρόχος, roue) parfaite, si la roue et la ligne à laquelle elle s'applique étaient un cercle et une ligne mathématiques. On cite le cardinal de Cusa comme ayant eu le premier l'idée de la cycloïde. Ce prélat, occupé de la quadrature du cercle, faisait, en effet, rouler un cercle sur une ligne droite jusqu'à ce que le point qui l'avait d'abord touché s'y appliquât de nouveau. Charles de Bouelles (en latin *Bovillus*), dont le *Livre de géométrie* parut en 1511, in-4, employa le même procédé. Mais l'un et l'autre voyaient dans la courbe ainsi décrite un simple arc de cercle. Galilée paraît avoir eu le premier l'idée de la cycloïde : il en parle dans une lettre à Torricelli, écrite en 1639, et il l'avait jugée propre, par sa forme gracieuse, à servir de modèle aux arches d'un pont; mais il fit de vaines tentatives pour en mesurer l'aire.

---

1. Ce fait était déjà connu des algébristes du seizième siècle. Voy. p. 342.

Ce ne fut qu'entre 1628 et 1640 que divers géomètres commencèrent à s'occuper avec succès de la cycloïde. Roberval parvint, en 1634, après six ans de recherches, à démontrer que l'aire de la cycloïde ordinaire APB (fig. 33), c'est-à-dire dont la base AB est égale à la circonférence du cercle générateur P, est triple de ce cercle. Partant de là, il trouva la mesure de l'aire des autres cycloïdes allongées ou raccourcies. Descartes, qui avait appris cette découverte par le P. Mersenne, la traita

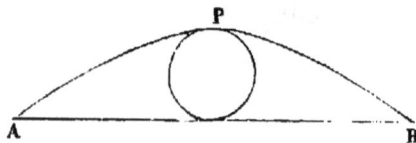

Fig. 34.

avec quelque dédain, prétendant « qu'il n'était personne si médiocrement versé en géométrie, qui ne fût en état de trouver ce dont Roberval se faisait tant d'honneur. » Roberval lui fit dire qu'il était aisé de critiquer ce que d'autres ont trouvé. Piqué au jeu, Descartes voulut établir sa supériorité en cherchant les tangentes de la cycloïde, problème dont Roberval s'était occupé sans succès. Il en envoya la solution au P. Mersenne avec un défi pour Roberval de la trouver. Fermat était compris dans le même cartel. Fermat résolut le problème dans toute sa généralité; mais Roberval s'en tira avec beaucoup de peine, à en juger par les lettres de Descartes.

Après les problèmes sur l'aire et les tangentes de la cycloïde se présentaient ceux des *solides formés par la rotation de la cycloïde autour de sa base et autour de son axe.* Ce fut Roberval qui eut cette fois le mérite de résoudre ces derniers problèmes. Le P. Mersenne manda, en 1644, à Torricelli, le rapport du premier solide (engendré par la rotation de la cycloïde autour de sa base), trouvé par Roberval, savoir le rapport de 5 à 8; à quoi Torricelli répondit qu'il avait trouvé la même chose quelques mois auparavant. Quant au second solide (engendré par la rotation de la cycloïde autour de son axe), son rap-

port au cylindre circonscrit était, suivant Torricelli,
comme 11 à 18. Le rapport de 11 à $17\frac{791}{893}$, donné par
Roberval, était plus exact.

Jusqu'en 1658 la théorie de la cycloïde ne s'accrut
d'aucune vérité nouvelle. Elle fut alors reprise par Pascal d'une manière plus générale, et proposée aux géomètres sous forme de divers problèmes. En voici l'énoncé
fait par Pascal :

« Par un point Z, pris sur une cycloïde quelconque, on
trace parallèlement à la base AD une droite ZY, qui
coupe l'axe CF au
point Y. On propose
de trouver : l'aire (du
segment) CZY et son
centre de gravité ; les
volumes des solides
engendrés par la révo-
lution de CZY autour

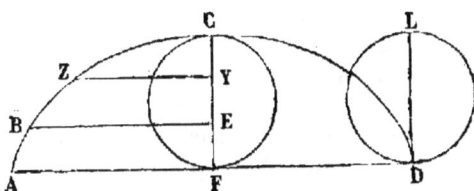

Fig. 35.

de ZY et autour de CY, ainsi que les centres de gravité de
ces solides ; enfin les centres de gravité des quatre solides
partiels obtenus en coupant chacun des deux précédents,
savoir celui qui est de révolution autour de la base ZY,
et celui qui est de révolution autour de l'axe CY, par un
plan conduit suivant cet axe. »

Voilà en quels termes fut mise au concours la question
de la cycloïde, et annoncée au public, sous le pseudonyme de *Dettonville*, dans une lettre adressée à *M. de
Carcavi*[1], en date de juin 1658. Le prix était de quarante
pistoles ou doublons d'Espagne (environ mille francs de
notre monnaie) pour l'auteur de la solution qui se trou-

1. Pierre de *Carcavi*, natif de Lyon, mort en 1684, fut au nombre
des premiers membres de l'Académie des sciences, lors de la création
de cette savante compagnie. Il est souvent nommé dans les corres-
pondances de Descartes, de Pascal, de Roberval et de Fermat.

verait la première en date; il n'était que de 20 pistoles
pour l'auteur de la solution qui serait venue après. Ces
sommes étaient déposées « entre les mains de M. Carcavi, conseiller du roi, demeurant à Paris chez M. le
duc de Liancourt. » Les Mémoires des concurrents devaient être envoyés à la même adresse avant le 1ᵉʳ octobre 1658.

Pour mieux préciser les termes de la question proposée, Pascal (Dettonville) y fit l'ajouté suivant :

« La rédaction complète des solutions pouvant devenir fort longue,
et par suite difficile à terminer dans le délai fixé, nous nous bornerons, pour ne point contrarier les géomètres dans leurs occupations
ou dans leurs loisirs, à leur demander de faire voir, soit à la manière
des anciens, soit par la *méthode des indivisibles*, dont nous faisons
nous-même usage, que les données suffisent pour déterminer toutes les
choses demandées; en sorte qu'il soit facile, d'après leurs indications, de déduire l'une quelconque de ces choses de celles qui sont
renfermées dans l'énoncé. L'exemple suivant fera savoir plus complétement notre pensée, et préviendra toute équivoque. Soit ABC une
parabole, AB son axe, AC sa base, et BD une tangente perpendicu-

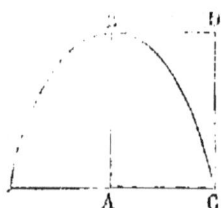

Fig. 36.

laire à l'axe AB ; on demande le centre de
gravité du triligne DCB. Nous regarderions ce
problème comme résolu par quiconque aurait
démontré que les données suffisent pour déterminer le centre de gravité de la parabole
ABC, celui du rectangle CDBA, et le rapport
entre l'aire de ce rectangle et l'aire de la parabole CBA. Ces choses étant connues, il n'y aurait plus aucune difficulté à trouver la position
du centre de gravité du triligne; pour en achever la détermination
mécanique, il ne resterait, en effet, qu'à terminer les calculs, ce qui
ne réclame ni une grande pénétration d'esprit, ni l'habileté d'un maître. N'ayant donc aucune raison pour exiger ces calculs, nous nous
contenterons de toute solution établissant que les données suffisent
pour déterminer toutes les choses demandées. Toutefois, il nous semble nécessaire de réclamer, soit la démonstration complète, soit le
calcul complet de deux propositions ou cas particuliers, à savoir : 1° du
cas où le point Z (voy. ci-dessus, fig. 35) se confondrait avec A; 2° de
celui où ce même point Z se trouverait en B, sur la parallèle EB,
menée à la base de la cycloïde par le centre E du cercle générateur.
Si quelque erreur de calcul venait à se glisser dans les solutions de

ces deux cas particuliers, nous les pardonnerions de grand cœur, excusant volontiers chez les autres ce que nous désirerions qu'on excusât chez nous-même. »

Ce fut le 24 novembre 1658 qu'un comité de géomètres procéda à l'examen des deux pièces, les seules qui eussent été envoyées. La première, qui était du P. Laloubère[1], fut mise hors de concours ; elle ne contenait ni démonstration, ni calcul exact. La seconde pièce, qui était de Wallis, fut également jugée indigne d'obtenir le prix ; les commissaires reprochaient au célèbre géomètre anglais diverses erreurs au sujet de la détermination du centre de gravité des solides formés autour de la base et autour de l'axe de la cycloïde. Les deux concurrents se récrièrent vivement, surtout le premier, contre le jugement du comité. L'un et l'autre publièrent depuis des traités sur les propriétés de la cycloïde. Enfin, dès le commencement de 1659, Pascal publia ses propres solutions dans les *Lettres de A. Dettonville à M. de Carcavi*. On y remarque une méthode pour les centres de gravité en général ; les traités intitulés : *des Trilignes rectangles et de leurs onglets* (introduction générale à la mesure des solides de circonvolution) ; *des Sinus du quart de cercle et des arcs de cercle ; des Solides circulaires ; Problèmes touchant la roulette, proposés publiquement et résolus par A. Dettonville*[2].

1. *Antoine* DE LALOUBÈRE (né en 1600, mort à Toulouse en 1664) entra, à vingt ans, dans l'ordre des jésuites, et se fit connaître par *Quadratura circuli et hyperbolæ segmentorum*, etc. (Toulouse, 1651, in-8) et *Veterum geometria promota in septem de Cycloïde libris* (ibid., 1660, in-4). Il étudia la courbe à double courbure, décrite par un seul trait de compas sur la surface d'un cylindre droit circulaire. Cette courbure, signalée par Roberval, reçut de Laloubère le nom de *cyclo-cylindrique*.

2. Huygens fit, plus tard, de la cycloïde l'objet de ses recherches ; il montra que la *développée* est elle-même une cycloïde égale et seulement posée en sens contraire. Il trouva aussi qu'un corps qui roule le long d'une cycloïde renversée, arrive toujours dans le même espace de temps au bout de sa course, de quelque point qu'il com-

Considération de l'infini. Nouvelle méthode d'analyse.

Pascal avait, comme nous venons de voir, fait usage de la méthode des indivisibles de Cavalieri pour la solution des problèmes concernant la cycloïde. Il s'était pénétré, peut-être plus profondément qu'aucun des géomètres de son temps, de l'esprit de cette nouvelle analyse, qui devait être couronnée par l'invention du calcul infinitésimal. Sur tout ce qu'il y avait en apparence de paradoxal, il ne manquait pas d'en avertir ceux qui ne voulaient admettre que la méthode des anciens. « Tout ce qui, dit-il dans sa lettre à Carcavi, est démontré par les véritables règles des indivisibles, se démontrera aussi, à la rigueur, à la manière des anciens : l'une de ces méthodes ne diffère de l'autre qu'en la manière de parler, ce qui ne peut blesser les personnes raisonnables quand on les a une fois averties de ce qu'on entend par là. Et c'est pourquoi je ne ferai aucune difficulté d'user de ce langage des indivisibles, *la somme des lignes* ou *la somme des plans*; et ainsi quand je considérerai, par exemple, le demi-diamètre d'un cercle, C F (fig. 37), divisé en un nombre indéfini de parties égales, aux points Z, d'où soient menées les ordonnées ZM, je ne ferai aucune difficulté d'user de cette expression, *la somme des ordonnées*, qui semble ne pas être géométrique à ceux qui n'entendent pas la doctrine des indivisibles et qui s'imaginent que c'est pécher contre la géométrie que d'exprimer un *plan* par un *nombre indéfini de lignes*, ce qui ne vient que de leur manque d'intelligence, puisqu'on n'entend autre chose par là sinon *la somme d'un nombre indéfini de rectangles faits de chaque*

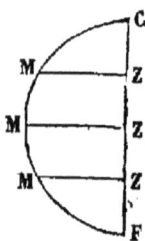

Fig. 37.

mence à tomber; d'où il suit qu'un pendule, qui décrirait une cycloïde, ferait des oscillations parfaitement égales ou isochrones, quelle que fût leur amplitude.

*ordonnée avec chacune des petites portions égales du diamètre,*
dont la somme est certainement un plan qui ne diffère de
l'espace du demi-cercle que d'une *quantité moindre qu'aucune quantité donnée*[1]. » — Cette dernière phrase revient
très-souvent dans le langage de la méthode nouvelle des
infiniment petits : elle équivaut presque à une démonstration.

Parmi les papiers de Pascal qui furent communiqués
par Périer à Leibniz, se trouvaient plusieurs pièces concernant la nouvelle méthode analytique. Ces pièces géométriques formaient, aux yeux du grand analyste, « un
corps d'ouvrage assez net et achevé, » et il l'estimait en
état d'être imprimé. « Je crois même, ajoutait-il, qu'il est
bon de ne pas tarder davantage, parce que je vois paraître
des traités qui y ont quelque rapport : il est bon de le
donner au plus tôt, avant qu'il perde la grâce de la nouveauté. » Cette lettre de Leibniz est datée de Paris, le 30
août 1676. A cette époque, Leibniz n'avait pas encore mis
au jour sa méthode infinitésimale.

Nous ne saurions quitter Pascal sans dire un mot d'un
petit traité intitulé : *de l'Esprit géométrique* qui se trouve
en tête de ses écrits mathématiques. Ce petit traité est
un chef-d'œuvre de pensée et de style : il mérite d'être
mis au moins sur le même rang que le *Discours sur la
Méthode* de Descartes. On y trouve, entre autres, ce passage remarquable : « Rien n'est plus commun que les
bonnes choses : il n'est question que de les discerner ; et
il est certain qu'elles sont toutes naturelles et à notre
portée, mais on ne sait pas les distinguer. Ceci est universel. Ce n'est pas dans les choses extraordinaires et bi-
zarres que se trouve l'excellence de quelque genre que ce
soit. On s'élève pour y arriver, et on s'en éloigne ; il faut
le plus souvent s'abaisser. Les meilleurs livres sont ceux

1. *Œuvres complètes* de Pascal, t. II, p. 544 (Paris, 1860).

que ceux qui les lisent croient qu'ils auraient pu faire. La nature, qui seule est bonne, est toute familière et commune[1]. »

### Fermat.

Pierre *Fermat* (né en 1601, à Beaumont-de-Lomagne, près de Montauban, mort à Toulouse en 1665) passa son enfance auprès de ses parents, honnêtes marchands de cuir, étudia le droit à Toulouse, et fut nommé, en 1631, conseiller à la Chambre des requêtes au Parlement de Toulouse. Tous ses moments de loisir étaient consacrés à l'étude des mathématiques, pour lesquelles il avait un penchant irrésistible. La vie calme et uniforme de Fermat fait contraste avec la vie si tourmentée de Descartes et de Pascal.

Sans s'être préalablement concertés, souvent hostiles l'un à l'autre, Fermat et Descartes perfectionnèrent, par l'application de l'algèbre à la géométrie, le grand art de généraliser les idées, d'épuiser toutes les formes d'une question, de renfermer sous une expression simple une infinité de vérités distinctes. « Si Descartes, dit avec raison Montucla, eût manqué à l'esprit humain, Fermat l'eût remplacé en géométrie. » Mais Descartes aurait-il remplacé Fermat?

### Méthode de *maximis* et *minimis*.

La méthode de *maximis* et *minimis* découle pour ainsi dire elle-même de la nature des choses. Chaque fois qu'on voit, par une combinaison de causes quelconques, se produire un effet qui augmente et diminue, ou *vice versa*, on a sous les yeux le cas d'un *maximum* ou d'un *minimum* à déterminer. On y parvient à l'aide de certai-

1. *Œuvres complètes* de Pascal, t. II, p. 353 (édit. Lahure).

nes règles qui font trouver une grandeur ou le point qui, variant d'après une loi connue, devient le plus grand ou le plus petit possible. Toute grandeur, variable suivant une certaine loi, peut s'exprimer par l'ordonnée d'une courbe d'une espèce particulière. La détermination du point où cette grandeur atteint son *maximum* d'accroissement ou son *minimum* de diminution n'est, pour le géomètre, que la détermination de la plus grande ou de la plus petite ordonnée d'une courbe d'équation donnée. C'est par là que la méthode des tangentes de Descartes touchait à la méthode de *maximis* et *minimis*. Mais celle-ci ne se trouve point décrite dans la *Géométrie* de Descartes, imprimée pour la première fois (en français) à Leyde, en 1637. Et à cette époque Fermat était déjà en possession de ses plus belles découvertes, comme cela résulte de sa correspondance avec le P. Mersenne, Roberval et le père de Pascal.

Fermat n'a donné, dans aucun de ses écrits, la définition ni la démonstration générale de sa méthode. Il s'est contenté d'en faire connaître des applications particulières aux questions de *maximis* et *minimis*, aux tangentes des courbes, soit algébriques, soit transcendantes, et aux centres de gravité des conoïdes. Il faut donc comparer entre elles ces diverses applications, pour arriver à en dégager l'idée générale. S'agit-il, par exemple, de partager en deux une ligne de manière que *le produit de ses deux parties soit le plus grand possible*, il considérera d'abord dans la ligne les deux portions infiniment peu différentes l'une de l'autre, puis il cherchera la limite du rapport des rectangles résultant de ces deux portions, c'est-à-dire le point où la différence des deux rectangles devient nulle, en sorte qu'ils puissent former les deux membres d'une équation. Pour mieux nous faire comprendre, donnons à la ligne à diviser en deux parties une valeur numérique, par exemple 6. Ce nombre peut se partager de telle façon qu'on ait, d'un côté, une progression ascendante, et de l'autre, une progression descendante, dont les termes additionnés reproduisent toujours la même somme :

$$5 + 1 = 6$$
$$4 + 2 = 6$$
$$3 + 3 = 6$$
$$2 + 4 = 6$$
$$1 + 5 = 6$$
$$0 + 6 = 6$$

Maintenant, au lieu d'additionner ces termes, multiplions-les. Le produit le plus grand (cas de *maximum*) est celui où les deux nombres (facteurs) sont égaux : $3 \times 3 = 9$. Le produit *minimum* est celui où l'un des facteurs est zéro : $0 \times 6 = 0$. Pour généraliser, appelons $a$ une ligne droite donnée, et $x$ une partie de cette ligne ; l'autre partie sera $a - x$. Pour que le rectangle, produit des deux parties, soit un *maximum*, il faut que $x$ soit égal à $a - x$, ou $x = \dfrac{a}{2}$. Si l'on désigne par $e$ un accroissement infiniment petit de $x$, de manière que $x + e = x + 0$, on aura

$$x(a - x) = (x + e)(a - x - e) ;$$

d'où

$$e(a - 2x) - e^2 = 0, \text{ ou } (a - 2x) - e = 0,$$

et, en dernière analyse : $a - 2x = 0$, ou $x = \dfrac{a}{2}$. On voit d'ici l'utilité de $e$ : cette quantité négligeable sert au développement d'une équation algébrique. Là est tout le secret.

Fermat fait usage d'une méthode analogue pour trouver les tangentes aux courbes. Ainsi, pour trouver la longueur de la sous-tangente de la parabole, il suppose deux ordonnées infiniment proches du point de contingence, et il chercha la limite du rapport des carrés des distances de ces deux ordonnées à un même point de l'axe prolongé, c'est-à-dire le point où ce rapport peut former une équation avec celui des abscisses correspondantes[1]. Il emploie le même procédé pour l'ellipse, la cissoïde, la conchoïde, la cycloïde et la quadratrice de Dinostrate. Il l'applique encore à la détermination du centre de gravité du paraboloïde de révolution.

C'est donc principalement dans le choix du rapport dont la limite doit fournir la solution du problème que consiste tout l'artifice de la méthode de *maximis* et *minimis*. Lorsqu'on est parvenu à exprimer la question proposée par une équation de cette nature, il ne s'agit plus que de supprimer les termes communs, de diviser autant de fois qu'il sera possible par la grandeur infiniment petite, et de négliger, après cette division répétée, tous les termes qui seront affectés de cette même grandeur.—Kepler avait dit dans sa *Doliometria*, que l'accroissement d'une variable est nul à une distance infiniment proche du *maximum* et du *minimum*. Mais ce principe, ainsi jeté sur le passage des générations inattentives, demeura stérile jusqu'à Fermat, qui doit être regardé comme le véritable précurseur de la découverte du calcul différentiel et intégral.

C'était là l'opinion d'un juge compétent, de Lagrange. Nous la reproduirons à l'article *Leibniz*. L'opinion de Lagrange était partagée par Laplace et Fourier. Mais, déjà antérieurement, d'Alembert et Buffon avaient revendiqué pour Fermat et pour Descartes — ils auraient dû nommer aussi Pascal — une large part pour l'invention des nouveaux calculs[2].

La méthode de *maximis* et *minimis* devint l'occasion d'une vive querelle entre Fermat et Descartes. Nous allons en reproduire les détails les plus instructifs.

1. Voy. Fermat, *Varia opera mathematica*, p. 64.
2. « On doit à Descartes, dit d'Alembert (article *Géométrie* de l'Encyclopédie), l'application de l'algèbre à la géométrie, sur laquelle le calcul différentiel est fondé, et à Fermat la première application du

Fermat reçut, en 1637, par l'intermédiaire du P. Mersenne, le premier exemplaire de la *Dioptrique* de Descartes. Il s'empressa de lire l'ouvrage et d'en exprimer son jugement dans une lettre, que le P. Mersenne fit remettre à l'auteur. Cette lettre contenait des objections et des critiques qui déplurent à Descartes. Celui-ci se contenta de lui envoyer sa *Géométrie*. Fermat y répondit par son traité (manuscrit) de *maximis* et *minimis*. Tout cela avait bien l'air d'un défi, et ce fut là, en effet, le commencement de ce que Fermat appelait sa *Petite guerre contre M. Descartes*, et ce que Descartes nommait son *Petit procès de mathématiques contre M. de Fermat*. Descartes tardant à faire connaître ses remarques sur le traité de Fermat, celui-ci s'imagina que le P. Mersenne ne voulait pas les lui montrer, de crainte d'envenimer la querelle. « S'il y a, lui écrivit Fermat, quelque petite aigreur dans ces réponses ou dans ces remarques, comme il est difficile qu'il n'y en ait, vu la contrariété qui se trouve dans vos sentiments, cela ne doit point vous détourner de me les faire voir; car je vous proteste que cela ne fera aucun effet dans mon esprit, qui est si éloigné de vanité, que M. Descartes ne saurait m'estimer si peu, que je ne m'estime encore moins.... » Peu de temps après, le P. Mersenne reçut les observations de Descartes sur l'écrit de Fermat. Ces observations sont perdues. Mais à en juger par la lettre qui les contenait, elles étaient peu bienveillantes. « J'ai cru, lui dit-il, devoir retenir l'original de cet écrit, et me contenter de vous envoyer une copie, vu

---

calcul aux quantités différentielles, pour trouver les tangentes; la géométrie moderne n'est que cette dernière méthode généralisée. » — « Fermat a trouvé, dit Buffon, le moyen de calculer l'infini, et donna une méthode excellente pour la résolution *des plus grands et des moindres;* cette méthode est la même, à la notation près, que celle dont on se sert encore aujourd'hui; enfin cette méthode était le calcul différentiel, si son auteur l'eût généralisé. » (Préface de la traduction de la *Méthode des fluxions* de Newton.)

principalement qu'il contient des fautes qui sont si apparentes, qu'il m'accuserait peut-être de les avoir supposées, si je ne retenais sa main pour m'en défendre. En
effet, selon que j'ai pu juger par ce que j'ai vu de lui, c'est
un esprit vif, plein d'invention et de hardiesse, qui s'est, à
mon avis, précipité un peu trop et qui, ayant acquis tout d'un
coup la réputation de savoir beaucoup en algèbre pour en
avoir peut-être été loué par des personnes qui ne prenaient
pas la peine ou qui n'étaient pas capables d'en juger, est
devenu si hardi, qu'il n'apporte pas, ce me semble, toute
l'attention qu'il faudrait à ce qu'il fait...; que s'il vous
parle de vous envoyer encore d'autres écrits pour me les
faire voir, priez-le, s'il vous plaît, de les mieux digérer
que les précédents. Autrement vous m'obligeriez de ne
point prendre la peine de me les adresser[1]. »

Au lieu d'envoyer les observations de Descartes directement à Fermat, le P. Mersenne les communiqua à deux
amis du conseiller géomètre, à Roberval et au père de
Pascal. Ils en écrivirent à Descartes, qui railla « le conseiller *de Minimis* » d'avoir besoin d'avocats pour se défendre. La « petite guerre » se ralluma donc, elle aurait
peut-être duré jusqu'à la mort de l'un des combattants,
si Fermat n'eût pas pris le sage parti de s'en expliquer
franchement avec son adversaire, en laissant de côté tout
amour-propre. Descartes, radouci, en écrivit au P. Mersenne, et celui-ci s'empressa de communiquer la lettre à
Fermat. Il prie son ami de l'excuser auprès de Fermat
s'il lui était échappé des paroles trop aigres. Puis, le naturel reprenant le dessus, « mais, ajoute-t-il, son écrit *de
Maximis* me venant en forme de cartel de la part d'un
homme qui avait déjà tâché de réfuter ma *Dioptrique* avant

1. Fermat venait de lui envoyer son nouveau traité : *de Locis
planis et solidis,* concernant la solution des problèmes plans et
solides.

même qu'elle fût publiée, comme pour l'étouffer avant sa
naissance, en ayant eu un exemplaire que je n'avois point
envoyé en France pour ce sujet, il me semble que je ne
pouvois lui répondre avec des paroles plus douces que
j'ai fait, — on a pu en juger ! — sans témoigner quelque
lâcheté ou quelque foiblesse. Et comme ceux qui se dégui-
sent au carnaval ne s'offensent point que l'on se rie du mas-
que qu'ils portent et qu'on ne les salue pas lorsqu'ils passent par la rue, comme l'on feroit s'ils étoient dans leurs
habits accoutumés, aussi ne doit-il pas, ce me semble,
trouver mauvais que j'aye répondu à son écrit tout autrement que je n'aurois fait à sa personne, laquelle j'estime
et honore comme son mérite m'y oblige.... La civilité
m'obligeoit de ne plus parler de cette affaire, si M. de
Fermat n'assuroit, nonobstant cela, que sa méthode est
incomparablement plus simple, plus courte, plus aisée
que celle dont j'ai usée pour les tangentes. A quoi je suis
obligé de répondre que dans mon premier écrit et dans les
suivants j'ai donné des raisons qui montroient le contraire,
et que ni lui ni ses défenseurs (Roberval et Pascal père)
n'y ayant rien répondu, ils sont assez confirmés par leur
silence. Encore que l'on puisse recevoir sa règle pour
bonne, étant corrigée, ce n'est pas une preuve qu'elle soit
si simple et si aisée que celle dont j'ai usé, si ce n'est
qu'on prenne les mots de *simple* et *aisée* pour la même
chose qu'*industrieuse :* en quoi il est certain qu'elle l'emporte, parce qu'elle ne suit que la manière de prouver qui
réduit *ad absurdum.* Mais si on les prend en un sens contraire, il en faut aussi juger le contraire par la même raison. Pour ce qui est d'être *plus courte,* on pourra s'en rapporter à l'expérience qu'il seroit aisé d'en faire dans
l'exemple de la tangente que je lui avois proposée. Si je
n'ajoute rien davantage, c'est par le désir que j'ai de ne
point continuer cette dispute, et si j'ai écrit ici quelque
chose qui ne soit pas agréable à M. de Fermat, je le sup-
plie très-humblement de m'en excuser et de considérer

que c'est la nécessité de me défendre qui m'y a contraint
et sans aucun dessin de lui déplaire[1]. » — Cette lettre
amena la réconciliation des deux antagonistes, et Fermat
ne cessa point d'être au nombre des admirateurs les plus
sincères de Descartes.

L'écrit *de Maximis et minimis*, qui ne paraît avoir été
imprimé du vivant de Fermat qu'à un très-petit nombre
d'exemplaires, — si toutefois il l'a été, — se trouve dans
les Mélanges, publiés par Samuel de Fermat (le fils de
l'auteur), sous le titre de *Varia opera mathematica D. Pe-
tri de Fermat, senatoris Tolosani*, etc.; Toulouse, 1679,
in-fol. (ouvrage très-rare, réimprimé à Berlin en 1861).

### Calcul des probabilités.

Si les hommes raisonnaient froidement sur ce qui est
*certain* et sur ce qui n'est que *probable*, ils se mettraient
tous facilement d'accord. Mais entraînés par leurs désirs,
par leurs passions ou leurs intérêts, il ne manque pas de
personnes qui regardent comme certain ce qui n'est que
probable. Un joueur qui, sur mille billets dont se compose une loterie, n'en prend qu'un, aura presque toutes
les chances contre lui. Le nombre des chances favorables
augmente avec celui des billets qu'il prend. Pour avoir la
*certitude* de gagner, il faudrait prendre tous les billets :
$\frac{1000}{1000} = 1$. La certitude étant représentée par l'unité, c'est-
à-dire par la somme de toutes les fractions de l'unité,
dans quelles proportions les chances de ceux qui prennent plus d'un billet et moins que tous les billets, augmentent ou diminuent-elles ? Pascal et Fermat paraissent
avoir les premiers compris qu'il y avait là matière à un
calcul particulier, celui des *probabilités*. A cet effet, ils
se mirent d'abord à examiner le problème fondamental
que voici : « Dans un jeu de hasard tout à fait égal, deux

1. *Lettres de Descartes*, t. III, p. 337 et suivantes.

joueurs, jouant une partie en un certain nombre de points, en ont déjà chacun un nombre inégal et veulent rompre la partie sans l'achever; on demande comment ils doivent partager la mise ou l'enjeu? »

Ce problème fut proposé à Pascal par le chevalier de Méré, plus bel esprit que géomètre. Pascal le communiqua à Fermat, dont la curiosité fut piquée vivement. Voici comment procéda Pascal pour le résoudre. « Lorsque deux joueurs, disait-il, ont déposé leurs mises, et qu'après quelques coups ils veulent se séparer sans attendre la fin du jeu, il est évident que, s'ils sont égaux en points, ils auront l'un et l'autre, avec la même chance de gagner, un droit égal à la somme déposée; ils devront donc se la partager également. Mais si avant le dernier coup qui les a mis but à but, ils eussent voulu se séparer, le joueur le plus avancé en points aurait pu dire : si je perds le coup prochain, nous serons but à but, et en cessant alors le jeu, j'emporterai la moitié de la mise totale; voilà donc déjà une moitié de cette somme qui m'appartient, quel que soit le résultat du coup qui va suivre : ce n'est donc que l'autre moitié de la somme qui va être mise à la décision du sort; ainsi, le coup que nous allons jouer pouvant m'être également favorable ou contraire, j'ai droit à la moitié de cette moitié, ce qui, joint à la moitié déjà acquise, fait trois quarts de la somme déposée. » — Tel était, en substance, le raisonnement, parfaitement juste, de Pascal. Mais si, avec le nombre des joueurs, l'inégalité des points augmente, le même raisonnement deviendra presque inextricable par sa prolixité.

Voici la solution donnée par Fermat. Dans le cas du premier problème proposé, il est évident, disait-il, que la partie sera nécessairement finie en deux coups. Voyons maintenant les chances de gain ou de perte qui peuvent arriver dans deux coups : le premier joueur peut d'abord les gagner tous deux, ou perdre le premier et gagner le second, ou gagner le premier et perdre le second, ou les perdre tous deux. Toutes ces chances peuvent être exprimées par les différentes combinaisons des lettres $a$ et $b$, prises deux à deux, et qui sont $aa$, $ab$, $ba$, $bb$. Or, de toutes ces combinaisons de gain et de perte successives, il y en a trois favorables au joueur le plus avancé, et leur nombre total n'est que de quatre. Ainsi, la probabilité qu'il a de gagner est de $\frac{3}{4}$, tandis que celle de son partenaire n'est que de $\frac{1}{4}$. Ils doivent donc partager la mise totale dans le rapport de 3 à 1. Cette solution est, comme on voit, la même que celle de Pascal ; mais la méthode de Fermat est un peu différente ; elle se réduit à ce qu'il faut examiner en combien de coups au plus la partie commencée doit être finie ; prendre autant de lettres qu'il y a de joueurs, et les combiner et changer d'ordre deux à deux, comme dans l'exemple cité, ou trois à trois, savoir : $aaa$, $aab$, $aba$, $baa$, $bba$, $bab$, $abb$, $bab$, ou quatre à quatre, etc.; le nombre des combinaisons favorables à chaque joueur, comparé au nombre total des combinaisons, sera la mesure de la probabilité qu'il aura de gagner, d'où il est fort aisé de déterminer quelle partie de la somme déposée doit lui revenir ; car elle doit être proportionnelle à cette probabilité[1].

Le calcul des probabilités, dont Pascal et Fermat peuvent, à juste titre, passer pour les inventeurs, devint depuis lors un objet d'études pour les principaux mathématiciens du dix-septième et du dix-huitième siècle.

### Théorie des nombres.

Depuis Pythagore, aucun mathématicien, à l'exception de Pascal, ne s'était occupé autant de la théorie des nombres que Fermat.

Fermat avait, sur les nombres, une manière de voir dont il ne nous a pas légué le secret. « Il fut, dit

1. Montucla, *Histoire des mathématiques*, t. III, p. 384.

M. Chasles, sans égal dans la théorie des nombres, où il possédait, sans doute, une méthode simple qui nous est aussi inconnue, malgré les grands perfectionnements qu'a reçus l'analyse indéterminée [1]. Un autre historien de la science partage la même opinion. « Fermat savait, dit Libri, des choses que nous ignorons ; pour l'atteindre, il faudrait des méthodes plus perfectionnées que celles qu'on a inventées depuis. En vain les plus beaux génies s'y sont exercés ; en vain Euler, Lagrange ont redoublé d'efforts ; Fermat seul jouit du privilége unique de s'être avancé plus loin que ses successeurs [2]. »

L'étude approfondie que Fermat avait faite de la doctrine des nombres le porta à faire une édition de Diophante [3].

Voici les principales propositions de Fermat concernant la *théorie des nombres*, et particulièrement « l'invention de la somme *omnium potestatum in infinitum* [4]. »

*Un nombre composé de trois carrés seulement en nombres entiers ne peut jamais être divisé en deux carrés, pas même en fractions.* « Cette proposition de Diophante, écrivit Fermat au P. Mersenne, personne ne l'a jamais encore démontrée ; et c'est à quoi je travaille, et crois que j'en viendrai à bout : cette connaissance est de grandissime usage, et il semble que nous n'avons pas assez de principes pour en venir à bout.... Si je puis étendre en cela les bornes de l'arithmétique, vous ne sauriez croire

1. *Aperçu historique*, etc., p. 63.
2. *Revue des Deux-Mondes*, 15 mai 1845, p. 690.
3. La même remarque peut s'appliquer à Bachet de Méziriac (né à Bourg-en-Bresse, mort en 1638). Poëte, philosophe, théologien et mathématicien, Bachet débuta, en 1613, par un livre curieux, intitulé : *Problèmes plaisants et délectables, qui se font par les nombres*, et donna, en 1621, une édition de Diophante, qui n'a pas fait oublier celle de Fermat. M. Labosne a publié récemment (en 1874) une nouvelle édition, revue et augmentée du livre de Bachet de Méziriac.
4. Lettre de Fermat à Roberval, en date du 16 décembre 1636, dans Fermat, *Varia opera*, p. 148.

les propositions merveilleuses que nous en tirerons[1]. » —
Nous ajouterons que cette démonstration est facile quand
on connaît bien le rôle que joue le nombre quatre dans la
formation des carrés, tant pairs qu'impairs.

À la proposition susénoncée se rattache la proposition
suivante de Fermat : *Un nombre moindre de l'unité qu'un
multiple du quaternaire n'est ni carré, ni composé de deux
carrés, ni en entiers, ni en fractions.* C'est, sous une autre
forme, la reproduction de l'*Observation* de Fermat sur la
12ᵉ question du Vᵉ livre de Diophante, ainsi conçue : *Numerus* 21 ($= 3 \times 7$) *non potest dividi in duos quadratos
in fractis. Hoc autem facillime demonstrare possumus, et
generaliter omnis numerus cujus triens non habet trientem
non potest dividi in duos quadratos, neque in integris, neque in fractis.*

Dans sa lettre à Roberval, Fermat énonce encore plus
nettement sa proposition. « Si, dit-il, un nombre donné
est divisé par le plus grand carré qui le mesure, et que le
quotient se trouve mesuré par un nombre premier moindre de l'unité qu'un multiple de quaternaire, le nombre

---

1. *Opera varia*, p. 123. Dans la lettre du 2 septembre 1636, Fermat
avait précisé ainsi précisé le sens de sa proposition : « Quand nous par-
lons d'un *nombre composé de trois carrés* seulement, nous entendons un
nombre qui n'est ni carré, ni composé de deux carrés ; et c'est ainsi
que Diophante et tous ses interprètes l'entendent, lorsqu'ils disent
qu'un nombre composé de trois carrés seulement de nombres entiers
ne peut jamais être divisé en deux carrés, pas même en fractions.
Autrement, et au sens que vous semblez donner à votre proposition,
il n'y aurait que le nombre 3 qui fût composé de trois carrés seulement en nombres entiers. Car premièrement : tout nombre est composé d'autant de carrés entiers qu'il y a d'unités (l'unité : $1 \times 1 = 1^2$
est un carré) ; secondement, vos nombres 11 et 14 se trouvent composés chacun de 5 carrés : le premier de $4 + 4 + 1 + 1 + 1$, le second
de $4 + 4 + 4 + 1 + 1$. Que si vous entendez que le nombre que vous
demandez soit composé de trois carrés seulement, et non pas de quatre, alors la question tient moins du hasard que d'une conduite as-
surée, et si vous m'envoyez la construction, peut-être vous le ferai-
je avouer ; de sorte que j'avais satisfait à votre proposition, au sens
de Diophante, qui semble être le seul admissible. »

donné n'est ni carré, ni composé de deux carrés, ni en
entiers, ni en fractions. Exemple : soit donné 84; le plus
grand carré qui le mesure est 4; le quotient 21, lequel
est mesuré par 3 ou bien par 7, moindres de l'unité qu'un
multiple de 4. Autre exemple : soit donné 77; le plus
grand carré qui le mesure est d'unité; le quotient 77 qui
est ici le même que le nombre donné, se trouve mesuré
par 11 ou par 7, moindres de l'unité qu'un multiple de
quaternaire ; je dis que 77 n'est ni carré, ni composé de
deux carrés, ni en entiers, ni en fractions. » Puis il
ajoute : « Je vous avoue que je n'ai rien trouvé en nombres qui m'ait tant plu que la démonstration de cette proposition, et je serais bien aise que vous fissiez effort pour
la trouver, quand ce ne serait que pour apprendre si j'estime mon invention plus qu'elle ne vaut[1]. »

Autre proposition du même genre : « Si un nombre est
composé de deux carrés premiers entre eux, je dis qu'il
ne peut être divisé par aucun nombre premier moindre
de l'unité qu'un multiple de quaternaire. Comme, par
exemple, ajoutez l'unité, si vous voulez, à un carré, soit
le carré 100, lequel avec 1 fait 101 ; je dis que 101 ne
peut être divisé par aucun nombre premier moindre de
l'unité qu'un multiple de 4. Et ainsi, lorsque vous vou-
drez éprouver s'il est nombre premier, il ne faudra point
le diviser ni par 3, ni par 7, ni par 11, etc. »

Il résulte de ces citations que les propriétés du quaternaire avaient particulièrement fixé l'attention de Fermat;
et il était encouragé dans ces recherches par un de ses
amis. « Frénicle[2], dit-il, m'a donné depuis quelque

---

1. On ignore la réponse de Roberval. Quant à la démonstration, que
Fermat n'a pas donnée, elle se résume, selon nous, en ceci : Tous les carrés impairs étant des multiples du quaternaire $+ 1, = 4a^2 + 4a + 1 =$
$(2a + 1)^2$, il est impossible que $4a^2 + 4a - 1$, ou des multiples de
cette quantité par $2^2$ ou par tout autre carré, soient des nombres carrés.

2. *Frénicle* de Bessy (né à Paris vers 1605, mort en 1670) avait un
goût décidé pour les questions des nombres. «Son arithmétique doit,
disait de lui Descartes, être excellente, puisqu'elle a conduit à une

temps l'envie de découvrir le *mystère* des nombres, en quoy, il me semble, il est extrêmement versé. » Et plus loin (p. 167 et 175 des *Opera varia*), il dit :

« Pour M. Frénicle, ses inventions en arithmétique me ravissent ; et je vous déclare ingénument que j'admire le génie qui, sans l'aide de l'algèbre, pousse si avant dans la connaissance des nombres entiers, et ce que j'y trouve de plus excellent consiste en la vitesse de ses opérations, de quoy font foy les nombres aliquotaires qu'il manie avec tant d'aisance. S'il vouloit m'obliger à me mettre dans quelques-unes de ces routes, je lui en aurois très-grande obligation, et ne ferois jamais difficulté de l'advouer ; car les *voyes ordinaires me lassent*, et lorsque j'entreprends quelques-unes de ces questions, il me semble que je voie devant moi

Magnum maris æquor arandum,

à cause de ces fréquentes divisions qu'il faut faire pour trouver les nombres premiers. »

chose où l'analyse a bien de la peine à parvenir. » Mais le secret de cette arithmétique, qui paraissait si précieux à Descartes et à Fermat, n'a pu être découvert dans les papiers de l'auteur. Frénicle a énoncé quelques propositions générales, qui diminuent beaucoup la longueur du tâtonnement, et dont les plus difficiles ont été démontrées par Euler et Lagrange. Il a trouvé aussi le moyen de déduire d'une solution donnée toutes les solutions possibles. C'est la *méthode des exclusions*, ainsi nommée parce qu'au lieu de chercher directement le nombre demandé parmi une infinité d'autres, on exclut tous ceux qui ne répondent pas aux conditions du problème. Les combinaisons numériques, connues sous le nom de *carrés magiques*, étaient un objet spécial des recherches du célèbre arithméticien. Ces combinaisons, dont le plus grand mérite est la difficulté vaincue, peuvent paraître fertiles ; mais on peut en dire autant des problèmes indéterminés sur les nombres. Comme l'a remarqué Condorcet, « plusieurs questions importantes dans l'analyse des équations dépendent de transformations que les problèmes sur les nombres peuvent seuls enseigner à trouver. » — Les écrits de Frénicle ont été recueillis par Lahire et publiés dans le tome V des *Mémoires de l'Académie des sciences*. Ses traités des *Nombres premiers* et des *Nombres polygones* sont restés inédits.

Nous renvoyons, pour plus de détails, surtout en ce qui concerne les nombres premiers, à notre article *Fermat* dans la *Biographie générale*. Qu'il nous suffise d'ajouter ici ce que Fermat entend par *nombres parfaits*, bien différents de ceux des anciens.

« Les nombres moindres de l'unité que ceux qui procèdent de la progression double, comme :

| 1 | 2 | 3 | 4 | 5 | 6 | 7 | 8, | etc. |
|---|---|---|---|---|---|---|----|------|
| 1 | 3 | 7 | 15 | 31 | 63 | 127 | 255, | etc. |

je les appellerai, dit Fermat, *nombres parfaits*, parce que toutes les fois qu'ils sont premiers, ils les produisent. Mettez au-dessus de ces nombres autant en progression naturelle, 1, 2, 3, etc., qui soient appelés leurs exposants. Cela supposé, je dis que :

« 1° Lorsque l'exposant d'un nombre radical est composé, son radical est aussi composé ; comme, parce que 6, exposant de 63, est composé, je dis que 63 est aussi composé ;

« 2° Lorsque l'exposant est nombre premier, je dis que son radical moins l'unité est mesuré par le double de l'exposant ; comme, parce que 7, exposant de 127, est nombre premier, je dis que 126 est multiple de 14 ;

« 3° Lorsque l'exposant est nombre premier, je dis que son radical ne peut être mesuré par aucun nombre premier que par ceux qui sont plus grands de l'unité qu'un multiple du double de l'exposant ou que le double de l'exposant ; comme, parce que 11, exposant de 2047, est nombre premier, je dis qu'il ne peut être mesuré que par un nombre plus grand de l'unité que 22, comme 23, ou bien par un nombre plus grand de l'unité qu'un multiple de 22. En effet, 2047 n'est mesuré que par 23 et par 89, duquel, si vous ôtez l'unité, reste 88, multiple de 22. »

Fermat faisait grand cas de ces trois propositions : il les appelait les *fondements de l'invention des nombres par-*

*faits*. C'est à cette occasion qu'il s'écria : *Mi par di veder un gran lume*[1].

Suivant la coutume traditionnelle, Fermat envoya, sous forme de défi, divers problèmes à tous les mathématiciens de son temps. Nous ne mentionnerons que les trois suivants :

« 1° Dans l'infinité des nombres entiers, il n'y a qu'un seul carré qui, joint à 2, fasse un cube, et il n'y en a que deux qui, ajoutés à 4, fassent un cube[2].

« 2° L'aire d'un triangle rectangle en nombres entiers ne peut jamais être un carré. — C'est le seul théorème dont Fermat ait laissé la démonstration[3].

« 3° La somme ou la différence de deux cubes n'est jamais un cube, la somme ou la différence d'un carré-carré (4° puissance) n'est jamais un carré, et, en général, au dessus du carré aucune puissance à l'infini n'est décomposable en deux puissances de même nom. »

Cette proposition, généralement exprimée par

$$x^n + y^n = z^n,$$

c'est-à-dire que $z$ n'est jamais de la même puissance $n$, si $n$ est plus grand que 2, est le dernier et le plus important de tous les théorèmes de Fermat. Souvent mis au

1. *Opera varia*, p. 177.
2. Le carré 25 satisfait au premier cas : en ajoutant 2 à 25 on a 27, qui est le cube de 3. Les carrés 4 et 121 (carrés de 2 et de 11) satisfont au second cas. En effet, $4 + 4 = 8$, qui est le cube de 2; et $121 + 4 = 125$, qui est le cube de 5. C'est ce que Fermat nous apprend lui-même. Mais pourquoi n'y a-t-il que ces cas particuliers? Voilà ce qu'il s'est gardé de dire. Fermat avait proposé ces questions aux mathématiciens anglais et à Frénicle. « Je ne sais, dit-il dans sa lettre au chevalier Digby, ce que disent vos Anglais de ces propositions négatives, et s'ils les trouveront trop hardies. J'attends leur solution, et celle de M. Frénicle. » (*Opera varia*, p. 192; Diophante, p. 320, édit. de Fermat.)
3. Diophante, p. 220 et 338, édit. de Fermat.

concours par les académies et sociétés savantes, ce théorème de Fermat attend encore une démonstration complète et générale[1].

Sur l'importance des travaux de Fermat, on pourra consulter : Genty, *de l'Influence de Fermat sur son siècle*, 1784, in-8; Renouvier, article de l'*Encyclopédie nouvelle;* Brassine, *Précis des œuvres mathématiques de Fermat*, 1813; Libri, *Journal des Savants*, septembre 1839; mai 1841; novembre 1845.

### Géomètres contemporains de Descartes et Fermat.

**(Desargues, Roberval, Mydorge, Lahire, Grégoire de Saint-Vincent.)**

*Girard* DESARGUES (né à Lyon en 1593, mort en 1662) doit être compté au nombre des principaux promoteurs des idées géométriques modernes. Bien qu'il en soit souvent question dans les *Lettres* de Descartes, avec lequel il était lié d'amitié, son nom semblait oublié, lorsqu'en 1822 Poncelet, dans son *Traité des propriétés projectives* appela l'attention sur « le Monge de son temps ». Pascal, Descartes, Fermat, Lahire ont profité des idées de Desargues, et s'accordent à le présenter comme le premier géomètre de son siècle. Il était également versé en philosophie et même en théologie, puisque Descartes le faisait juge de ses profondes méditations, « se fiant plus à lui seul, disait-il, qu'à trois théologiens. »

Songeant de bonne heure « au moyen de perfectionner la mécanique pour abréger et adoucir les travaux des hommes, » Desargues se livrait moins à la partie spéculative qu'à la partie pratique des mathématiques. Il

---

1. Les démonstrations partielles (ne portant que sur un certain nombre de puissances) données par Euler, Legendre, etc., et récemment par M. Kummer, d'après des méthodes différentes, ne sauraient entrer ici en ligne de compte.

s'occupa de tout ce qui se rapporte à l'architecture, et fut, comme ingénieur, employé, en 1628, par le cardinal de Richelieu, qui l'estimait beaucoup, au siége de la Rochelle.

Les divers écrits de Desargues, longtemps dispersés, ont été, d'après le vœu de M. Chasles[1], réunis, analysés et publiés par M. Poudra sous le titre de : *Œuvres de Desargues* (Paris, 1864, 2 vol. in-8). Son premier ouvrage, qui aurait été perdu si Bosse ne l'eût pas reproduit, en 1647, à la suite de sa *Perspective*, avait pour titre : *Méthode universelle de mettre en perspective les objets donnés réellement, ou en devis avec leurs proportions, mesures, éloignements*, etc., par G. D. L. (Girard Desargues, Lyonnais) ; Paris, 1636 (édition introuvable).

Ce petit traité contient l'énoncé de cette propriété fondamentale des triangles, devenue depuis d'un si grand usage : « Si deux triangles, situés dans l'espace ou dans un même plan, ont leurs sommets placés deux à deux sur trois droites concourantes en un même point, leurs côtés se rencontreront deux à deux en trois points qui seront dirigés en ligne droite, et réciproquement. » Ce théorème est, selon la remarque de Desargues, de vérité intuitive, quand les deux triangles sont situés dans deux plans différents ; quand ils sont dans le même plan, sa démonstration offre cela de remarquable qu'il y est fait usage du théorème de Ptolémée sur le triangle coupé par une transversale. « C'est, comme le fait observer M. Chasles (*Aperçu historique*, p. 83), un des premiers exemples, chez les modernes, de l'application de ce célèbre théorème, qui depuis est devenu la base de la théorie des transversales. De nos jours, Poncelet a fondé sur le théorème de Desargues sa théorie des figures homologiques, en appelant les deux triangles en question *homologiques*, le point de concours des trois droites joignant deux à deux leurs

1. M. Chasles, *Aperçu historique*, etc., p. 331, note 14.

sommets, *centre d'homologie*, et la droite sur laquelle
se coupent deux à deux leurs trois côtés, *axe d'homologie.* »

Ce fut au sujet de ce traité que Descartes écrivit au
P. Mersenne : « La façon dont Desargues commence son
raisonnement en l'appliquant tout ensemble aux lignes
droites et aux courbes, est d'autant plus belle qu'elle est
plus générale et semble être prise de ce que j'ai coutume
de nommer la *métaphysique de la géométrie*, ce qui est une
science dont je n'ai point remarqué qu'aucun autre se
soit jamais servi, sinon Archimède. Pour moi, je m'en
sers toujours pour juger, en général, des choses qui sont
trouvables, et en quels lieux je dois les trouver. » (*Lettres*,
t. IV, p. 379.)

Le principal ouvrage de Desargues est un traité des
Coniques, ayant pour titre : *Brouillon project d'une atteinte aux événements des rencontres d'un cône avec un
plan*. Paris, 1639 (réimprimé dans les *Œuvres* de Desargues, t. I, p. 103-230, d'après un manuscrit de Lahire,
découvert en 1845 par M. Chasles chez un libraire de Paris). On y remarque, dès le début, ces belles idées sur
l'infini : « 1º Une droite peut être considérée comme prolongée à l'infini, et alors les deux extrémités opposées
sont unies entre elles; 2º les droites parallèles sont des
droites concourantes à l'infini et réciproquement; 3º une
droite et un cercle sont deux espèces d'un même genre,
dont le tracé peut s'énoncer en mêmes paroles. »

Ces idées si grandes et si simples suffiraient, dit avec
raison M. Poudra, à elles seules pour établir une différence tranchée entre la géométrie ancienne et la géométrie
moderne. Dans le même ouvrage on trouve : 1º la théorie
de l'involution, devenue depuis si féconde entre les mains
de M. Chasles ; 2º la théorie des transversales et surtout
cette belle proposition qu'une conique et les quatre côtés
d'un quadrilatère inscrit sont coupés en six points en involution ; 3º la théorie des pôles et des polaires, attri-

buéc à Lahire ; cette théorie lui donna l'occasion d'imaginer un grand nombre de mots nouveaux, parmi lesquels nous citerons celui d'*ordonnées* relatives à la *transversale;* 4° la détermination de la nature et des propriétés des sections d'un cône ayant pour base une conique quelconque, par un plan ayant aussi une direction arbitraire ; 6° la détermination, sur la base de ce cône, du point qui deviendra le centre, des points qui deviendront les foyers, des droites qui deviendront les diamètres et les axes de la courbe résultant de l'intersection de ce cône par un plan : proposition dont on n'a pas encore fait ressortir toute l'importance[1].

A l'exemple de Pascal, Desargues, à qui ses contemporains reprochaient un style bizarre et obscur, faisait jouer aux principes de la perspective un rôle fondamental dans la géométrie[2].

*Roberval*[3], que nous avons déjà eu l'occasion de citer, imagina le premier d'appliquer le mouvement à la résolution du problème des *tangentes* des courbes. Voici en quels termes il énonce son principe : « *Règle générale.* Par les propriétés spécifiques de la ligne courbe (qui vous seront don-

1. *Œuvres de Desargues*, réunies et analysées par M. Poudra, t. I, p. 19, 245 et suivantes.
2. Les anciens connaissaient-ils l'usage de la perspective dans la géométrie rationnelle ? Rien ne nous autorise à le croire.
3. Son véritable nom était *Personier* (*Gilles*). Il naquit en 1602 à Roberval, près de Senlis. Il assista, comme Descartes, au siége de la Rochelle, et vint, en 1627, à Paris, où il se lia avec le P. Mersenne. Il occupa pendant près de quarante ans la chaire des mathématiques, fondée par Ramus, au Collége de France, devint, en 1665, un des membres fondateurs de l'Académie royale des sciences, et mourut en 1675. C'est à Roberval qu'on attribue ce mot, dont les détracteurs des sciences exactes se sont emparés pour les décrier comme desséchant le cœur. *Qu'est-ce que cela prouve?* aurait-il dit à ceux qui l'interrogeaient, en sortant d'un spectacle, sur l'effet d'une tragédie à laquelle il venait d'assister. Ses démêlés avec Descartes sont connus. Les seuls écrits de Roberval qui aient été imprimés de son vi-

nées), examinez les divers mouvements qu'a le point qui la décrit à l'endroit où vous voulez mener la *touchante* : de tous ces mouvements composés en un seul, tirez la ligne de direction du mouvement composé, vous aurez la touchante de la ligne courbe [1]. »

Torricelli eut une idée semblable ; mais Roberval a ici la priorité, à en juger par une de ses lettres, adressée (en 1640) à Fermat, de quatre ans antérieure à la publication des Œuvres de Torricelli. La méthode de Roberval repose sur la doctrine du parallélogramme des forces. On sait que, si un corps est poussé par deux forces qui agissent suivant les côtés d'un angle, ce corps prendra la direction de la diagonale du parallélogramme construit sur ces côtés. Imaginons un point se mouvoir sur l'ordonnée suivant une certaine loi, pendant que cette ordonnée se mouvra parallèlement à elle-même ou circulairement, ou

---

vant, sont : *Traité de mécanique des poids soutenus par des puissances sur les plans inclinés à l'horizon*, à la suite de l'*Harmonie universelle* du P. Mersenne ; et *Aristarchi Samii de Mundi systemate*, etc., Paris, 1636 (une fiction). Ses écrits les plus importants se trouvent dans le tome VI des *Mémoires de l'Académie des sciences*.

1. On nous saura gré de reproduire ici une remarque fort importante de M. Chasles. « Les anciens avaient connu, dit cet illustre géomètre, la composition des mouvements, ainsi que nous le voyons dans les questions mécaniques d'Aristote ; de plus, ils l'avaient appliquée à la géométrie pour concevoir la génération de certaines courbes. La manière dont Archimède décrivait sa spirale, par la composition du mouvement circulaire et du mouvement rectiligne, et la description de la spirale sphérique de Pappus, en sont les preuves. Mais ces géomètres n'appliquèrent ces considérations de mouvement qu'à quelques courbes particulières, et n'eurent point l'idée d'en faire, comme Roberval, un principe de génération de toutes les courbes, et surtout n'en firent point usage pour découvrir leurs propriétés. Cette circonstance, que la méthode de Roberval comportait la plus grande généralité, mérite d'être remarquée à une époque où la géométrie se réduisait encore à l'étude particulière de quelques courbes, considérées individuellement. C'est un des premiers exemples du passage des idées concrètes aux idées abstraites dans la science de l'étendue. » (*Aperçu historique*, etc., p. 59-60.)

même d'un mouvement composé du circulaire et du parallèle, ce point décrira une courbe dont la nature dépendra du rapport de ces mouvements. La courbe décrite sera la parabole ordinaire, si, pendant que l'ordonnée se meut parallèlement à elle-même et d'un mouvement uniforme, le point décrivant s'éloigne de l'axe, de manière que les carrés de sa distance croissent uniformément en temps égaux. On peut aussi concevoir le point décrivant s'éloigner, suivant une certaine loi, de deux ou plusieurs points à la fois, ou d'un point et d'une ligne droite. C'est ainsi que se décrivent, à l'égard de leurs foyers, l'ellipse, l'hyperbole et la parabole : dans l'ellipse, le point décrivant s'éloigne de l'un des foyers autant qu'il s'approche de l'autre ; dans l'hyperbole, il s'approche ou s'éloigne également de l'un et de l'autre ; dans la parabole, il s'éloigne à la fois de son foyer unique et, d'une égale quantité, d'une certaine ligne droite, nommée la *directrice*. Suivant Roberval, *la tangente à une courbe n'est autre chose que la direction du mobile qui décrit cette courbe à chacun de ses points.* Ce principe, presque évident, découle de cette vérité mécanique qu'un corps soumis à un mouvement curviligne, s'il était abandonné à lui-même, s'échapperait par la tangente à ce point.

Pour résoudre les problèmes que Fermat avait proposés sur la quadrature de la parabole et de l'hyperbole, Roberval eut recours à la méthode des *indivisibles*. « Pour tirer des conclusions par le moyen des indivisibles, il faut, dit-il (*Traité des indivisibles*), supposer que toute ligne, soit droite ou courbe, se peut diviser en une infinité de parties ou petites lignes, toutes égales entre elles, ou qui suivent entre elles telle progression que l'on voudra, comme de carré à carré, de cube à cube, de carré-carré à carré-carré, ou selon quelque autre puissance. Or, d'autant que toute ligne se termine par des points, et puis, au lieu de dire que toutes les petites lignes sont à telle chose en certaine raison, on dira que tous ces points sont à telle chose en ladite raison.... Par tout ce discours on peut comprendre que la multitude infinie de points se prend pour une infinité de petites lignes et compose la ligne entière ; l'infinité de petites lignes représente l'infinité de petites superficies qui composent la superficie totale ; l'infinité de superficies représente l'infinité de petits solides qui composent ensemble le solide total. »

Les écrits de Roberval ont été en grande partie publiés dans le tome VI des *Mémoires* de l'ancienne Académie des sciences.

*Mydorge* (né à Paris en 1585, mort en 1647), conseiller au Châtelet, employa sa fortune et ses loisirs à cultiver les mathématiques. Ami de Descartes, il l'aida dans ses recherches sur la lumière, en lui faisant tailler des verres par les plus habiles ouvriers. Il prit parti pour Descartes contre Fermat, et fut un des médiateurs de la paix qui se fit, en 1638, entre ces deux géomètres. Outre son *Examen du livre des Récréations mathématiques* (du P. Leurechon), Paris, 1630, in-8, on a de Mydorge un traité en deux livres des *Sections coniques* (1631), le premier qui eût paru en France. Ce traité reparut plus tard (en 1641) en quatre livres ; il devait être suivi de quatre autres, qui sont restés manuscrits[1]. Mydorge ne s'était pas, comme Descartes et Pascal, proposé de faire dériver les propriétés des coniques de celles du cercle par la perspective ou par la considération constante du cône où elles prennent naissance ; son but était plus modeste : il voulait simplifier les démonstrations des anciens.

Philippe *de Lahire* (né à Paris en 1640, mort en 1718), fils du peintre Laurent de Lahire, l'un des fondateurs de l'Académie des beaux-arts, fut distingué par Desargues,

---

1. Le P. Mersenne en a donné les titres dans son recueil *Universæ geometriæ mixtæque mathematicæ synopsis*, p. 329.

qui le chargea de terminer la seconde partie de son *Traité de la coupe des pierres*, travailla avec Picard à la carte de France, et prolongea la méridienne commencée par ce dernier. Quoique familiarisé avec l'analyse de Descartes, il écrivit plusieurs ouvrages de géométrie dans le style des anciens; tels sont : un grand traité des sections coniques, intitulé : *Sectiones conicæ in novem libros distributæ* (Paris, 1685, in-fol.); *Mémoire sur les épicycloïdes* (1694), exposant leurs dimensions, leurs développées et leur usage pour la construction des roues dentées[1]; *Traité des roulettes*, où l'on démontre la manière universelle de trouver leurs tangentes, leurs points d'inflexion et de rebroussement, leurs superficies et leurs longueurs par la géométrie ordinaire (imprimé en 1702 dans les *Mémoires de l'Académie des sciences*); *Mémoire sur les conchoïdes* (dans les *Mémoires de l'Académie*, année 1708); *Traité de gnomonique*, où l'auteur résout toutes les questions graphiquement, sans trigonométrie même rectiligne, et en n'employant que le compas, la règle et le fil-à-plomb.

Le Traité des sections coniques est l'ouvrage principal de Lahire. La méthode de l'auteur, quoique synthétique comme celle des anciens, en différait pourtant essentiellement. Les anciens engendraient les coniques en coupant le cône par un plan perpendiculaire au triangle par l'axe, et ils avaient ainsi besoin de trois cônes différents pour obtenir l'ellipse, la parabole et l'hyperbole : ils ne

1. C'est à tort qu'on a accusé Lahire de s'être attribué l'invention de l'*épicycloïde*, courbe qui s'engendre lorsqu'on fait rouler un cercle sur une autre circonférence circulaire; car en le faisant rouler sur une ligne droite, on engendre la cycloïde. C'est à tort aussi que Leibniz revendique l'honneur de cette invention en faveur de Rœmer. Car Lahire nous apprend lui-même dans la Préface de son *Traité des épicycloïdes*, qu'il avait fait au château de Beaulieu, près de Paris, une roue à dents épicycloïdales « à la place d'une autre semblable, qui y avait été construite par Desargues ». C'est donc à Desargues, dont Lahire était le digne continuateur, que l'on doit la connaissance de l'épicycloïde et de ses usages mécaniques.

considéraient les sections coniques que pour en expliquer la génération et démontrer quelques propriétés principales dont la plus importante était le rapport constant du carré de l'ordonnée au produit des segments faits sur l'axe. De Lahire suivit une marche plus courte et plus rationnelle : il commença par établir les propriétés du cercle qui devaient se représenter dans les coniques ; il en fit ensuite usage pour découvrir et démontrer, dans les sections du cône, les propriétés analogues. Cette méthode eut cela de remarquable qu'elle ne faisait point usage du triangle par l'axe, et qu'elle s'appliquait indistinctement à toutes les sections coniques [1].

Grégoire de *Saint-Vincent* (né à Bruges en 1584, mort à Gand en 1667). Entré dans l'ordre des jésuites, il se fit bientôt remarquer par une aptitude rare pour les mathématiques, et perdit, en 1631, une partie de ses papiers à la prise et au sac de Prague, où il se trouvait comme attaché à la cour de l'empereur Ferdinand II [2]. Ce géomètre, dont le mérite n'a pas été assez apprécié, doit, au jugement de M. Chasles, être placé comme inventeur sur la même ligne que Cavalieri, Pascal, Fermat, Roberval. Sa méthode, qui s'appelait *Ductus plani in planum*, et qui a été exposée par l'auteur dans ses *Theoremata mathematica scientiæ staticæ de Ductu ponderum per planitiem, proposita* (Louvain, 1624, in-4), était un perfectionnement de la méthode d'exhaustion. La disposition différente des polygones, inscrits et circonscrits aux courbes, eut un avantage marqué sur la méthode d'Archimède. Le petit triangle différentiel, qui apparaît dans les figures du géomètre belge, entre la courbe et deux côtés consécutifs de l'un des deux polygones *à échelles* (inscrit ou

1. M. Chasles, *Aperçu historique*, p. 120.
2. On trouvera d'intéressants détails biographiques sur Grégoire de Saint-Vincent dans Quetelet, *Histoire des sciences mathématiques chez les Belges*, p. 206 et suivantes (Bruxelles, 1871).

circonscrit), peut avoir suggéré à Barrow, à Leibniz et à Newton l'idée du calcul infinitésimal [1].

Les recherches sur la quadrature du cercle et des sections coniques (*Opus geometricum quadraturæ circuli et sectionum coni*, etc., Anvers, 1647, in-fol.) conduisirent Grégoire de Saint-Vincent à des découvertes importantes, telles que : la sommation des termes et des puissances des termes d'une progression par des considérations géométriques ; la mesure de beaucoup de solides de révolution ; la propriété remarquable des aires hyperboliques entre les asymptotes, qui sont les logarithmes des abscisses ; la symbolisation de la parabole avec la spirale, etc. Quant à la quadrature du cercle, le P. de Saint-Vincent fit, comme tant d'autres, de vains efforts pour y parvenir. Il y insiste beaucoup sur la théorie des *proportionalités* ou des *raisons de raisons*. Descartes, qui ne vit dans l'ouvrage du savant flamand que le côté défectueux, n'en fit pas grand cas. Son jugement se trouve reproduit dans les *Cogitata physico-mathematica* du P. Mersenne (Paris, 1648). Mais Leibniz n'hésita pas à placer le P. Grégoire de Saint-Vincent, comme géomètre, au même rang que Descartes et Fermat ; et il le plaça au-dessus de Galilée et de Cavalieri (*Acta Eruditorum Lips.*, ann. 1695).

Outre les ouvrages mentionnés, on a de ce géomètre : *Opus ad Mosolabium per rationum proportionalium novas proprietates* (Gand, 1668, in-fol.). Beaucoup d'autres écrits de Grégoire de Saint-Vincent sont restés inédits.

---

1. M. Chasles, *Aperçu historique*, etc., p. 91.

**Propagation et perfectionnement des idées de l'analyse moderne par les mathématiciens de différentes nations : italiens, anglais, hollandais, allemands.**

### A. Géomètres italiens.

Vincent *Viviani* (né à Florence en 1622, mort en 1703) était très-attaché aux idées de Galilée et de Torricelli, dont il se glorifiait d'être le disciple. Très-versé dans la connaissance des géomètres anciens, il résolut de restituer l'ouvrage perdu d'Aristée sur les sections coniques et les livres manquants de celui d'Apollonius. Son cinquième livre des *Éléments* d'Euclide (*Quinto libro degli Elementi d'Euclide, ovvero scienza universale delle proporzioni*, etc., Florence, 1674, in-4), expliqué d'après les doctrines de Galilée, contient des détails très-intéressants sur ce grand maître. Le *Diporto geometrico* (ibid., 1676, in-4), l'*Enodatio problematum universis geometricis propositorum* (ibid., 1677, in-4), et les *Acta Eruditorum Lips.* (année 1692), renferment, entre autres problèmes, celui de la *voûte carrable*. Pour la solution de ce problème, proposé par Viviani, en 1692, il s'agissait de percer, dans une voûte hémisphérique, quatre fenêtres telles, que le reste de la voûte fût carrable. Sa solution par des lignes à double courbure devint pour Wallis, Leibniz et Bernoulli l'occasion de considérer de pareilles courbes sur la sphère.

Un autre problème fameux était celui de la *trisection de l'angle*. Campanus, dans son édition d'Euclide (Bâle, 1537, in-fol.), en avait donné une solution très-simple, qui se réduit à la construction de la conchoïde de Nicomède. En voici le principe : Que du sommet de l'angle, comme centre, avec un rayon arbitraire, on décrive une circonférence de cercle, qui rencontrera les deux côtés de l'angle en deux points, *a*, *b*; que l'on mène un demi-diamètre perpendiculaire au premier côté, et que par le point *b* on mène une droite, de manière que sa partie comprise entre ce demi-diamètre et la circonférence de cercle soit égale au rayon; enfin, que par le sommet de l'angle on tire une parallèle à cette droite, cette parallèle effectuera la trisection de l'angle. Campanus n'avait pas dit comment on déterminerait la direction de cette droite, issue d'un point de la circonférence, et dont la partie comprise entre le diamètre et l'autre partie de la circonférence devait être égale au rayon. Dans son *Enodatio problematum*, Viviani fit voir, par une démonstration géométrique très-simple, que les trois points où la conchoïde rencontre la circonférence du cercle, et qui répondent aux solutions du problème de la trisection de l'angle, sont sur une hyperbole équilatère[1].

Michel-Ange *Ricci* (né en 1619, mort à Rome en 1692), devenu cardinal en 1681, s'intéressa vivement aux progrès de la géométrie, comme l'atteste son *Exercitatio geometrica de maximis et minimis*, parue à Rome en 1666, et réimprimée à la suite de la deuxième édition de la *Logarithmotechnia* de Mercator (publiée par la Société royale de Londres). L'auteur y détermine les *maxima* et *minima*, et les tangentes des courbes, par des considérations de la géométrie pure et indépendamment du calcul algébrique[2].

### B. Géomètres anglais.

John *Wallis* (né en 1616 à Ashford (Kent), mort en 1703 à Oxford), fils d'un ministre anglican, étudia la théologie et suivit d'abord la carrière ecclésiastique. Mais

---

1. M. Chasles, *Aperçu historique*, etc., p. 512.
2. On trouve des extraits de l'ouvrage de Ricci dans le *Commercium epistolicum de analysi promota*, p. 274-280 (édit. de Biot et Lefort).

bientôt il se livra avec ardeur à l'étude des mathématiques, pour lesquelles il avait un goût décidé, et obtint, en 1649, la chaire de géométrie à Oxford, fondée par le chevalier Savile. Il prit une part active aux querelles religieuses de son temps, et conserva jusqu'à quatre-vingt-sept ans la plénitude de ses facultés. Aussi versé en philologie, en philosophie, en théologie qu'en mathématiques, c'était un esprit universel et d'une curiosité instinctive. « Dès mon enfance, aimait-il à répéter, j'ai toujours voulu savoir les choses, non point par routine, ce qui les fait oublier bientôt, mais par raison et par principes. »

Les Œuvres de Wallis parurent sous le titre d'*Opera mathematica*, à Oxford, 1693-99, 3 vol. in-fol. A côté de ses ouvrages de mathématiques on remarque des travaux de grammaire fort estimés, et notamment l'*Art d'apprendre à parler aux sourds-muets*, qui peut être considéré comme le premier essai de ce genre.

Wallis écrivit le premier un traité analytique des sections coniques (*de Sectionibus conicis*, Oxford, 1665, in-4), d'après les doctrines de Descartes. Mais son ouvrage principal, où il applique l'analyse cartésienne à la méthode des indivisibles de Cavalieri, c'est son Arithmétique des infinis, intitulée : *Arithmetica infinitorum, sive nova methodus inquirendi in curvilinearum quadraturam aliaque problemata*, qui parut pour la première fois en 1656, in-4. Il importe d'en signaler les points fondamentaux.

La *Méthode des infinis* de Wallis est le développement général des différentes méthodes d'analyse, essayées jusqu'alors. Wallis montre que l'induction peut souvent conduire à des découvertes inattendues. C'est par là qu'il découvrit que les dénominateurs des fractions sont de véritables puissances à exposants négatifs. Ainsi, par exemple, cette progression géométrique descendante, $x^3, x^2, x^1, x^0$, si on veut la continuer, au-dessous de zéro, donnera $x^{-1}, x^{-2}, x^{-3}$, etc., ce qui est la même chose que

$\frac{1}{x^1}, \frac{1}{x^3}, \frac{1}{x^3}$, etc.[1]. Cette découverte mit Wallis en possession de la mesure de tous les espaces, soit plans, soit solides, dont les éléments sont réciproquement comme quelque puissance de l'abscisse. Ainsi, dans l'hyperbole ordinaire, l'ordonnée est réciproquement comme l'abscisse, et dans celles des ordres supérieurs, l'ordonnée est réciproquement comme une puissance (supérieure à la première) de cette abscisse, c'est-à-dire que l'équation de toutes ces courbes est $y = x^{-m}$, ou $y = \frac{1}{x^m}$. Dans les courbes dont l'équation est $y = x^m$, le rapport général de l'aire au parallélogramme de même base et de même hauteur est $1 : m+1$; cela est encore vrai, quelle que soit la grandeur de $m$, et que $m$ soit positif ou négatif. Dans l'hyperbole, où les ordonnées sont réciproquement comme les racines des abscisses, $m$ est $\frac{1}{2}$, et conséquemment $-m = -\frac{1}{2}$.

Si $m = 1$, ce qui est le cas de l'hyperbole ordinaire, ce rapport est $1 : -1+1$, ou $1 : 0$; ce qui montre que l'hyperbole ordinaire a son espace asymptotique infini.

« Il se présente ici, ajoute Montucla, une difficulté dont Wallis, malgré sa sagacité, n'aperçut pas le dénoûment. Lorsque l'exposant négatif $m$ est un nombre entier, par exemple 3, qui surpasse l'unité, le rapport ci-dessus est $1 : -2$, c'est-à-dire celui de l'unité à un nombre négatif. Or on sait et il est facile de montrer que $1 : 0$ exprime un rapport infini. Que désignera donc cette autre expression? peut-on demander. Wallis imagina qu'elle désignait un espace plus qu'infini; paradoxe singulier, dont on doit la solution à M. Varignon. Ce que Wallis a pris pour un espace plus qu'infini n'est qu'un espace fini pris régulièrement en un sens contraire. Il

---

1. Cette découverte est si naturelle, qu'elle pourrait se présenter comme d'elle-même à tout esprit méditatif. Voy. plus haut, p. 25.

arrive dans ce cas ce dont l'analyse fournit des exemples fréquents. On trouve la longueur, non de l'espace hyperbolique qu'on demandait, mais celle du reste de l'espace hyperbolique qu'on ne demandait pas[1]. »

Wallis appliqua sa méthode à des cas plus complexes, et il en tira une manière fort ingénieuse d'envisager la quadrature du cercle. Il remarqua qu'on avait la quadrature absolue de toutes les figures dont les ordonnées seraient exprimées par $(1-x^2)^0$, $(1-x^2)^1$, $(1-x^2)^2$, $(1-x^2)^3$, etc. Or la première est, suivant les principes de l'arithmétique des infinis, l'équation d'une figure égale à l'unité ou au parallélogramme circonscrit; la seconde en est les $\frac{2}{3}$, la troisième les $\frac{8}{15}$, la quatrième les $\frac{48}{105}$, lorsque $x = 1$. Voilà donc une suite de termes, $1$, $\frac{2}{3}$, $\frac{3}{15}$, $\frac{48}{105}$, etc., dont chacun exprime le rapport qu'a le parallélogramme de même base et de même hauteur, la figure dont l'expression tient un rang correspondant dans la suite des grandeurs $(1-x^2)^0$, $(1-x^2)^1$, etc. Mais les exposants des termes de cette suite sont en progression arithmétique de 0, 1, 2, etc. Si donc on voulait introduire un nouveau terme entre chacun de ceux-là, ce nouveau terme, qui tomberait entre $(1-x^2)^0$, $(1-x^2)^1$, serait $(1-x^2)^{\frac{1}{2}}$, qui est l'expression de l'ordonnée du cercle. On aurait par conséquent la quadrature du cercle, si dans la suite $1$, $\frac{2}{3}$, $\frac{8}{15}$, $\frac{48}{105}$, etc., il était également facile de trouver le terme moyen entre 1 et $\frac{2}{3}$, etc. C'est cette manière de procéder qui a reçu en géométrie le nom d'*interpolation*[2].

On a reproché à Wallis d'avoir été trop partial envers

1. Montucla, *Histoire des mathématiques,* t. II, p. 350.
2. *Ibid.,* t. II, p. 351.

ses compatriotes, et pas assez juste envers les mathématiciens étrangers, dans son traité de l'Algèbre (*On Algebra*,
Lond., 1686, in-fol.), où l'histoire de la science se trouve
mêlée à l'exposé des doctrines.

L'arithmétique des infinis de Wallis exerça l'esprit
de bien des géomètres, parmi lesquels nous ne citerons
que Brounker.

*Brouncker* ou *Brounker* (Guillaume, vicomte), lord ir-
landais (né en 1620, mort en 1684), très-attaché à la
cause royaliste, et l'un des fondateurs de la Société Royale
de Londres, se fit remarquer par ses connaissances mathématiques et par ses relations personnelles avec les
principaux savants de son époque. Il est souvent question
de *mylord Brouncker* dans les Lettres de Fermat.

*Fraction continue.* — Désappointé de n'avoir trouvé,
par sa méthode d'interpolation, qu'une suite infinie de
termes de plus en plus convergents vers la vraie valeur,
au lieu du terme qui devait lui donner l'axe du cercle
qu'il cherchait, Wallis s'était adressé à Brouncker en le
priant de l'aider dans ses recherches. Sur cette invitation,
Brouncker se mit à l'œuvre, trouva, non pas précisément
ce qu'il cherchait, mais cette espèce de suite qui, sous la
forme d'une fraction, a pour dénominateur un nombre
entier plus une fraction, et qui, allant ainsi à l'infini,
a reçu le nom de *fraction continue*. D'après Brouncker,
le carré (inscrit dans le cercle) étant 1, le cercle est égal
à l'expression que voici :

$$\cfrac{1}{1 + \cfrac{1}{2 + \cfrac{3^2}{2 + \cfrac{5^2}{2 + \cfrac{7^2}{2 + \cfrac{9^2}{2 + \text{etc.}}}}}}}$$

En allant ainsi à l'infini, on aura alternativement des limites par excès et par défaut. Pour avoir une approximation assez exacte en terminant la suite, il faut, fait observer Brouncker, augmenter le dénominateur de la fraction où l'on s'arrête, de la racine du numérateur; on trouve par ce moyen, dès les septième et huitième termes, des limites plus resserrées que celles d'Archimède.

Lord Brouncker avait le génie des mathématiques. Ses fonctions politiques (après la restauration de Charles II il était devenu chancelier de ce prince et conseiller de la marine) ne lui firent pas abandonner sa science favorite. Il publia en 1668, dans les Mémoires de la Société Royale de Londres (*Philosophical Transactions*, n° 34), une autre découverte remarquable, que Wallis avait annoncée dès 1657 dans la dédicace d'un écrit contre Meibomius. C'est la première suite infinie qui ait été donnée pour exprimer *l'aire de l'hyperbole*, dont voici la construction :

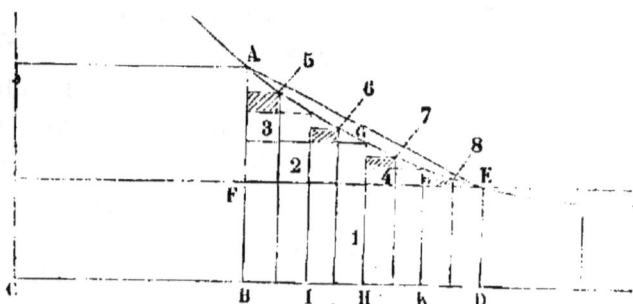

Fig. 38.

Que C (fig. 38) soit le centre d'une hyperbole équilatère, CA le carré inscrit entre ses asymptotes, = 1, et BD égale à CB. L'auteur montre que l'espace ABDEGA est égal à cette suite infinie de fractions décroissantes :

$$\frac{1}{1.2} + \frac{1}{3.4} + \frac{1}{5.6} + \frac{1}{7.8},$$ etc., suite également expri-

mable par $1 - \dfrac{1}{2} + \dfrac{1}{3} - \dfrac{1}{4} + \dfrac{1}{5} - \dfrac{1}{6}$, etc.[1]; que l'es-

pace AGEF est $= \dfrac{1}{2.3} + \dfrac{1}{4.5} + \dfrac{1}{6.7} + \dfrac{1}{8.9}$, etc.[2];

enfin que le segment AEG est :

$$= \dfrac{1}{2.3.4} + \dfrac{1}{4.5.6} + \dfrac{1}{6.7.8}, \text{ etc.}$$

La démonstration que lord Brouncker donna de son procédé est fort simple. A cet effet, il commence par prendre
le plus grand rectangle inscrit dans l'espace hyperbolique, puis il partage la base BD en deux moitiés, et il
calcule la valeur du rectangle 2. Il continue à partager
chacune des deux moitiés BH, HD, en deux également,
et de même chacune des portions BI, IK, etc., ce qui lui
donne les rectangles 3, 4, 5, 6, 7, 8, etc. Or on trouve
facilement que le rectangle 1 est $\dfrac{1}{2} = \dfrac{1}{1.2}$; que le rectangle 2 est $\dfrac{1}{12}$ ou $\dfrac{1}{3.4}$; que les deux suivants 3, 4, sont respectivement $\dfrac{1}{5.6}$, $\dfrac{1}{7.8}$; que les quatre rectangles 5, 6, 7, 8,
qui viennent après, sont $\dfrac{1}{9.10}$, $\dfrac{1}{11.12}$, $\dfrac{1}{13.14}$, $\dfrac{1}{15.16}$, etc.
Donc cette suite de fractions, étant continuée à l'infini,
épuisera tous les rectangles inscrits, et sera ainsi égale à
l'aire de l'espace hyperbolique AGEDB. En calculant de

1. *Commercium epistolicum de analysi promota*, p. 9 (édit. Biot et
Lefort).
2. Ces deux séries: 2, 12, 30, 56, etc., et 6, 30, 42, 72, etc., se confondent en une seule, qui est celle des nombres triangulaires, doublés, suivant la formule $a^2 - a$ ou $a^2 + a$. D'après cette formule, en
faisant $a$ successivement égal à 1, 2, 3, 4, etc., on a : 0, 2, 6, 12,
20, 30, etc.

la même façon les rectangles continuellement inscrits dans l'espace AFEG, ou les triangles inscrits dans le segment AEG, on trouve les deux dernières suites. Au moyen de chacune de ces suites, on peut calculer en plusieurs décimales la valeur de l'aire hyperbolique entre les asymptotes. Brouncker a ainsi donné, comme exemples, les logarithmes hyperboliques de 2 et de 10.

William *Neil* (né en 1630, mort en 1677), membre de la Société Royale de Londres, se livra, comme Brouncker, à une étude approfondie de l'*Arithmétique des infinis*. Wallis avait remarqué que « si l'on ajoute le carré de chaque différence des ordonnées consécutives d'une courbe à celui de l'intervalle commun entre ces ordonnées, et qu'on en prenne la racine, il en naît une expression analogue à celle de l'ordonnée d'une autre courbe, dont l'aire a même rapport au rectangle de même base et de même hauteur que la longueur de la première courbe à une ligne droite donnée. » Ces indices, auxquels s'était borné Wallis, étaient restés stériles jusqu'au moment où William *Neil* les reprit. Ce géomètre, mort à la fleur de l'âge, trouva que « pour que la seconde courbe, ainsi indiquée, soit absolument carrable, il faut que les différences des ordonnées de la première soient comme les ordonnées d'une parabole ordinaire, et qu'alors la nouvelle courbe qui en résulte est un tronc de parabole ; » d'où il conclut que la première est absolument rectifiable. Cette découverte fut confirmée par les plus habiles géomètres de l'Angleterre. Wallis y eut aussi sa part : il reconnut que la courbe en question est une *parabole cubique*, savoir celle où le cube de l'ordonnée est toujours proportionnel au carré de l'abscisse. C'était là la première rectification exacte d'une courbe. Voy. à ce sujet la lettre de Wallis (*Epistola, primam inventionem et demonstrationem æqualitatis lineæ curvæ paraboloidis cum recta, anno 1657 factam, Gui-*

*lielmo Niele asserens*, dans les *Philosophical Transactions*, année 1673)[1].

Sir *Wren* (né en 1632, mort en 1723), professeur de mathématiques à Oxford, président de la Société Royale de Londres (de 1680 à 1682), architecte de l'église de Saint-Paul de Londres, inspecteur général des édifices royaux, concourut avec Huygens et Wallis à la découverte des lois du choc des corps (*Philosophical Transactions* année 1669).

Ce même recueil (même année, p. 961) contient, dans une note très-courte de Wren, la découverte de la double génération, par une droite, de l'hyperboloïde à une nappe de révolution. L'auteur indique en même temps l'usage qu'on pourrait faire de ce mode de génération par une droite pour la construction des lentilles hyperboliques[2].

*Isaac Barrow* (né à Londres en 1630, mort en 1677) fut le maître de Newton. Son nom se trouve intimement lié à l'histoire de l'Analyse moderne. Il montra d'abord combien cette Analyse diffère peu de celle qui a conduit Archimède à la découverte de ses plus beaux théorèmes. Dans sa méthode des tangentes (exposée dans ses *Lectiones geometricæ et opticæ*, Lond., 1684), Barrow a simplifiée, par un artifice heureux, la méthode de Fermat. Cet artifice réside dans la considération du petit triangle B*ba* (nommé depuis *triangle différentiel*), formé

1. Presque au même moment, un géomètre hollandais, *van Heuraet*, trouva une méthode fort ingénieuse pour réduire la rectification d'une courbe à la quadrature d'une figure curviligne, et il en fit l'application à la rectification de la parabole comme dépendant de la quadrature de l'hyperbole, après avoir montré que la parabole cubique, dont l'équation est $y^3=ax^2$, est absolument rectifiable, et qu'il en est de même des autres paraboles dont les équations sont $y^5=ax^4$, $y^7=ax^6$. (Montucla, *Histoire des math.*, t. II, p. 151 et 175, note E.)
2. En 1698, Parent (*Essais et Recherches de mathématiques et de physique*, t. II, p. 645, et t. III, p. 470) trouva la même propriété de l'hyperboloïde de révolution, par l'analyse ou par de simples considérations de géométrie.

par la différence de deux ordonnées infiniment proches, par leur distance et le côté infiniment petit de la courbe (fig. 39).

Ce triangle est semblable à celui que forment l'ordonnée, la tangente et la sous-tangente. Barrow cherche donc par l'équation de la courbe le rapport qu'ont ensemble les deux côtés $ba$, $a\mathrm{B}$ du triangle $\mathrm{B}ba$, lorsque la différence des ordonnées est infiniment petite; puis il fait ressortir que $ba$ est à $a\mathrm{B}$ comme l'ordonnée à la sous-tangente cherchée. Si la courbe est, par exemple, une parabole dont le paramètre soit $p$, l'abscisse et l'ordonnée $x$ et $y$, et conséquemment l'équation $y^2 = px$, l'abscisse accrue de $\mathrm{P}p$ sera $x + e$, en désignant $e$ l'accroissement $\mathrm{P}p$, et $y$ deviendra $y + a$, en désignant par $a$ l'accroissement respectif $ab$ de l'ordonnée. Ainsi l'équation pour l'ordonnée $pb$ deviendra $y^2 + 2ay + a^2 = px + pe$. Si l'on ôte de part et d'autre les quantités $y^2$ et $px$ égales, on aura $2ay + a^2 = pe$, et, $\mathrm{P}p$ étant infiniment petit, ainsi que $ab$, on pourra absolument négliger $a^2$. Ainsi l'équation se réduira à $2ay = pe$; donc $a : e$, ou $ba : a\mathrm{B}$, comme $p : 2y$, ou comme $p : 2\sqrt{px}$. Or $ba$ est à $a\mathrm{B}$ comme l'ordonnée à la sous-tangente; d'où il suit que $p : 2\sqrt{px} :: \sqrt{px} :$ à la sous-tangente; ce qui donne cette sous-tangente égale à $2x$. Cette règle, qui rappelle entièrement celle de Fermat, ne diffère de celle du calcul différentiel que par la notation. Ce que Barrow nomme $e$, $a$, se nomme dans le calcul différentiel $dx$, $dy$, les coordonnées étant $x$ et $y$ [1].

Dans ses *Lectiones opticæ et geometricæ* (Lond., 1674, in-4), Barrow a très-ingénieusement appliqué la géométrie à un certain nombre de questions optiques, concernant la réflexion et la réfraction des rayons de lumière

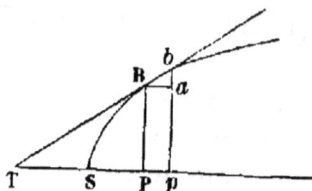
Fig. 39.

---

1. Montucla, *Histoire des mathématiques*, t. II, p. 359.

sur des surfaces courbes. Bien qu'il eût noté graphiquement les points où se réunissent les rayons infiniment
voisins, il ne songea point, pas plus que Huygens, à examiner de près la courbe qui naît de la succession de ces
points ou de l'enveloppe de ces rayons, et il laissa la découverte de cette courbe à Tschirnhausen.

Très-versé dans les langues anciennes, I. Barrow a édité
et commenté Archimède, Apollonius, Théodose (*Archimedis Opera, Apollonii Pergæi conicorum libri IV, Theodosii
Sphærica, methodo nova illustrata et succincte demonstrata*,
Lond., 1675, in-4), et Euclide (*Euclidis Elementorum
libri XV, breviter demonstrati*, Lond., 1659, in-12).

Barrow, qui mourut à l'âge de quarante-sept ans, eut
une vie aventureuse comme celle de Descartes. Il quitta
l'Angleterre en 1655, parcourut la France et l'Italie, se
battit contre un corsaire algérien qui l'attaqua dans un
voyage à Smyrne, et vécut quelque temps à Constantinople. Après son retour en Angleterre (en 1650), il devint
professeur de grec à Cambridge, et changea bientôt cette
chaire contre celle des mathématiques.

C. Géomètres hollandais (Schooten, Jean de Witt, Hudde, Sluze).

François *van Schooten* (mort en 1661) succéda en
1646 à son père, maître de Huygens, auteur des *Tabulæ
sinuum, tangentium et secantium ad radium* 10 000 000,
etc., Amsterd., 1627), dans la chaire de mathématiques
de l'université de Leyde, et donna en 1649 une édition
de la *Géométrie* de Descartes avec un commentaire étendu. Dans ses *Exercitationes mathematicæ* en cinq livres (Amsterd., 1657), il fit de nombreuses applications
de la méthode cartésienne, surtout dans le troisième livre, qui contient la restitution des Lieux plans d'Apollonius. C'est dans le cinquième livre de ces *Exercitationes*
qu'on trouve le premier exemple de la *méthode des coordonnées*, appliquée aux courbes considérées dans l'espace;

comme il n'y est question que de courbes planes, l'auteur n'a besoin de se servir que de deux coordonnées. C'était un premier pas vers la géométrie analytique, qui ne se développa que cinquante ans plus tard. Schooten partageait l'opinion, alors fort accréditée parmi les mathématiciens, que les géomètres anciens avaient à dessein caché la voie qu'ils avaient suivie, afin de rendre leurs découvertes plus capables d'exciter, par leur clarté et leur élégance, l'admiration de la postérité.

Schooten nous a conservé de Jean *de Witt* un traité des courbes, sous le titre d'*Elementa curvarum*. L'auteur y simplifie la théorie analytique des lieux géométriques de Descartes, et donne lui-même une théorie nouvelle et ingénieuse, d'après laquelle les sections coniques sont décrites par l'intersection continuelle d'un des côtés d'un angle mobile avec une ligne droite, qui se meut parallèlement à elle-même, et il en déduit, avec élégance, toutes le propriétés de ces courbes.

Jean de Witt, grand pensionnaire de Hollande, fut massacré le 20 août 1672, à quarante ans, par la populace de la Haye, à l'instigation du parti orangiste. On s'étonne que, absorbé comme il devait l'être par la guerre et la politique, il ait pu trouver assez de loisirs pour s'occuper de géométrie.

Jean *Hudde* (né à Amsterdam en 1633, mort en 1704) était l'ami de van Schooten. Sa méthode des tangentes figure parmi les travaux qui, au dix-septième siècle, ont le mieux préparé l'avènement de l'analyse infinitésimale; elle se trouve écrite, en peu de mots, dans une lettre à Schooten (du 21 mars 1659). En voici la description textuelle :

Soit D (fig. 40 et 41) un point dans la courbe, ABC une ligne menée à discrétion, B un point pris au hasard dans cette ligne, DA une ligne faisant un angle quelconque avec la ligne ABC. De plus, soit B*c*a parallèle à AD, et D*a* parallèle à AB. Enfin, soit BA $= x$, et AD $= y$. Voici l'opération pour trouver la tangente CD.

RÈGLE GÉNÉRALE. Rangez tous les termes de l'équation qui exprime la nature de la courbe, de manière qu'ils soient $= 0$ *, et ôtez de cette équation toutes les fractions qui ont $x$ ou $y$ dans leur diviseur. Multipliez le terme dans lequel $y$ a le plus de dimensions, par un nombre pris à discrétion, ou même par 0; multipliez le terme dans lequel $y$ a une dimension de moins, par le même nombre dimi-

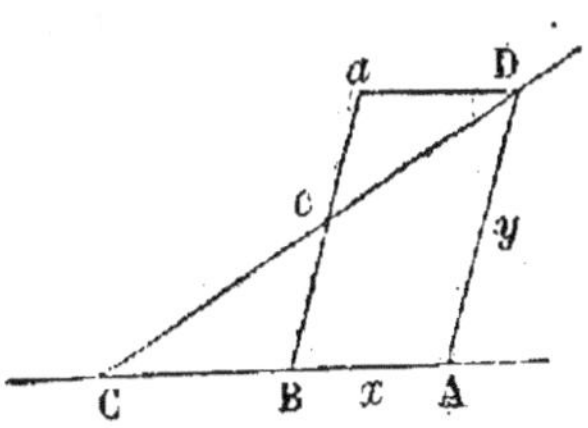

Fig. 40. 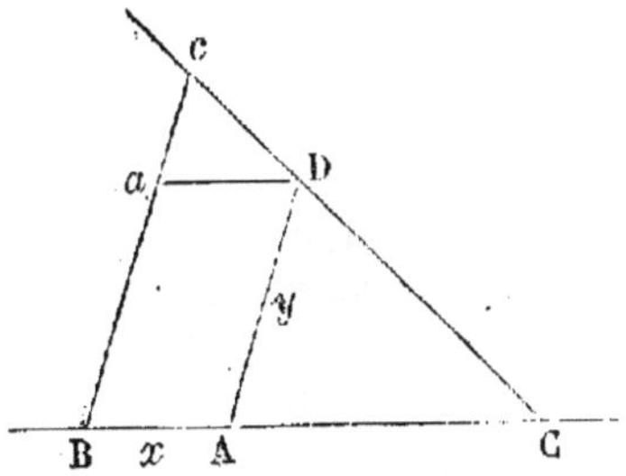                   Fig. 41.

nué d'une unité; et continuez de même à l'égard des autres termes de l'équation. De même, multipliez par un nombre pris à volonté ou par 0 le terme où $x$ a le plus de dimensions; le terme où $x$ a une dimension de moins doit être multiplié par le même nombre moins l'unité, et ainsi des autres. Quand on divise le premier de ces produits par le second, le quotient multiplié par $-x$ est $= AC$. Au contraire, si on divise le second de ces produits par le premier, le quotient multiplié par $-y$ sera $= ac$ (fig. 41).

*Exemple.* Soit l'équation, qui exprime la nature de la courbe,

$$ay^3 + xy^3 + b^2y^2 - x^2y^2 - \frac{x^3}{2a}y^2 + 2x^4 - ab^3 = 0.$$

1. Multipliez par $1. + 1. \ \ 0. \ \ \ \ 0. \ \ \ \ 0. -1. -2. -2.$ }  ou par une au-
2. Multipliez par $0. + 1. \ \ 0. \ + 2. + 3. \ \ \ \ \ \ +4. \ \ \ \ 0.$ }  tre progression arithmétique.

1. Produit $\quad\quad ay^3 + xy^3 \quad\quad\quad -4x^4 + 8ab^3.$

2. Produit $\quad\quad\quad +xy^3 - 2x^2y^2 - \frac{3x^3}{2a}y^2 + 8x^4.$

par conséquent $AC = \dfrac{ay^3 + xy^3 - 4x^4 + 8ab^3}{+xy^3 - 2x^2y^2 - \dfrac{3x^3}{2a}y^2 + 8x^4}$ par $-x$

et $\quad\quad ac = \dfrac{+xy^3 - 2x^2y^2 - \dfrac{3x^3}{2a}y^2 + 8x^4}{ay^3 + xy^3 \quad -4x^4 + 8ab^2}$ par $-y$.

---

* « Cette préparation n'était pas nécessaire. Il faut que M. Hudde, dans le temps qu'il a écrit cette lettre, n'ait pas connu l'avantage de sa

On voit par cette méthode : 1° que de mener une tangente par un point donné dans le cercle n'est qu'un problème simple ; 2° que non-seulement on peut trouver un nombre infini de différentes constructions pour mener une tangente, mais qu'on peut même suivre un nombre infini de routes différentes, qui donnent un nombre infini de constructions pour ce problème. C'est ce qui paraît quand on considère que les deux produits qu'on emploie dépendent, chacun en particulier, d'une progression arithmétique prise à volonté ; et on voit cette vérité encore plus clairement quand on fait réflexion que la ligne AC, le point B et l'angle A peuvent être pris à discrétion. Sans compter combien toutes ces constructions peuvent encore en donner d'autres par l'addition, la soustraction, la multiplication, la division et l'extraction de racine. — 3° Pour trouver quelqu'une des constructions les plus simples, il faut employer une progression arithmétique dans laquelle 0 entre, et il faut multiplier par 0 le terme qui a le plus de membres, ou qui est le plus difficile à construire. C'est ce qu'on a observé dans l'exemple précédent, lorsqu'on a mis premièrement 0 sous $y^2$, et en second lieu, sous le terme où $x$ ne se trouve point. — 4° Quand dans l'équation $y$ n'est que dans un terme, et que ce terme n'a qu'un seul membre, on peut présenter AC et $ac$ par une expression dans laquelle $y$ n'entre point ; c'est la même chose à l'égard de $x$. Pour cet effet, il faut multiplier par 0 dans la progression le terme dans lequel $y$ ou $x$ se trouve[1]. »

Ce document, reproduit dans le *Commercium epistolicum de analysi promota*, p. 272 (édité par Biot et Lefort, Paris, 1856), complète les idées que le célèbre géomètre hollandais avait exposées dans deux lettres à Schooten, en date du 14 juillet 1657 et 27 janvier 1658, publiées dans ce même recueil.

Hudde, seigneur de Waweren, qui remplit successivement les charges d'échevin, de trésorier et de bourgmestre d'Amsterdam, avait, comme Pascal, Fermat et Descartes, le génie des mathématiques : rien ne pouvait l'en détourner[2].

méthode à cet égard. On voit par ses papiers qu'il l'a connu depuis. » (Note du *Journal littéraire* de la Haye.)

1. *Extrait d'une lettre* de feu M. Hudde à M. Van Schooten, du 21 novembre 1659; *traduit du hollandais*. (*Journal littéraire* de la Haye, juillet et août 1713, p. 460-464.)

2. Leibniz faisait le plus grand cas de Hudde, qu'il visita en passant

François *Sluze* (né en 1623, mort en 1685), chanoine de Liége, est l'auteur d'une méthode par laquelle une équation solide quelconque étant proposée, on peut la construire d'une infinité de manières différentes par le moyen d'un cercle et d'une section conique quelconque. Descartes paraît avoir été en possession des principes de cette méthode, mais il ne la fit pas connaître. Sluze en donna un essai dans son *Mosolabum seu duæ mediæ proportionales inter extremas datas per circulum et per infinitas hyperbolas, vel ellipses*, etc., Liége, 1659, in-4. Mais ce n'est que dans une seconde édition de cet ouvrage, publiée en 1668, qu'il expose comment il est parvenu à ces constructions analytiques.

Sluze s'associa à Huygens pour simplifier la règle *de maximis et minimis* [1].

Christian *Huygens*, en latin *Hugenius* (né à la Haye en 1629, mort en 1695), quitta le droit pour les mathématiques, qu'il étudia dans l'université nouvellement fondée de Breda. Il débuta dans la carrière scientifique par ses *Theoremata de quadratura hyperboles, ellipsis et circuli, ex dato portionum gravitatis circulo*, etc. (Leyde, 1647), où il relève quelques erreurs de Grégoire de Saint-Vincent, et indique des rapports nouveaux entre le cercle et l'hyperbole. En 1655, il visita pour la première fois la France, se livra, après son retour en Hollande, à la fabrication des lentilles de lunettes, — une de ses occupations favorites, — et parvint à faire un instrument de dix pieds (hollandais), avec lequel il découvrit le premier satellite de Ju-

---

à Amsterdam. C'est par lui qu'on sait que le géomètre hollandais avait écrit aussi sur les *rentes viagères* et sur la *probabilité de la vie humaine*, mais que, déjà de son temps, ses écrits étaient devenus presque introuvables.

1. Voy. des Extraits de l'ouvrage et de la correspondance de Sluze dans le *Commercium epistolicum de analysi promota*, p. 193 et 280 (édit. de Biot et Lefort).

piter[1]. En 1656, il publia sur le *calcul des probabilités*, dont Pascal et Fermat ont indiqué les premiers traits, un mémoire originairement écrit en hollandais et que Schooten traduisit en latin (*de Ratiociniis in ludo aleæ*), en le réimprimant dans ses *Exercitationes mathematicæ*. C'est à la même année que remonte son invention des horloges à pendule, dont nous avons parlé dans l'*Histoire de l'astronomie*, p. 444.

Le petit traité qui a pour titre *Horologium oscillatorium* (Paris, 1673, in-fol., reproduit, avec des additions, dans le tome I de ses *Opera varia*, p. 29-248), a une importance particulière pour l'histoire de la géométrie : il peut être considéré comme l'Introduction aux *Principes* de Newton. Après avoir décrit, dans le premier chapitre, les horloges à pendule, Huygens complète, dans le deuxième chapitre, où il traite de la *descente des graves*, la grande découverte de Galilée sur l'accélération des corps par la pesanteur. Il étudia ce mouvement, non plus sur des plans inclinés, mais sur des courbes données. C'est là qu'il découvrit et démontra la propriété de la cycloïde d'être la courbe *tautochrone* dans le vide. — Dans le troisième chapitre (*De evolutione et dimensione linearum curvarum*), l'auteur expose sa célèbre *Théorie des Développées*, dont voici la conception. Que l'on s'imagine une courbe entourée d'un fil très-flexible et délié, mais non extensible; ce fil, en se déployant raide à l'une des deux extrémités, tracera une courbe, pendant qu'à l'autre extrémité il décrira une autre courbe. La première s'appelle la *développée*, et la seconde la courbe *décrite par évolution* ou *développement*. Ces courbes ont des propriétés particulières appréciées par les géomètres. Dans le cercle, la développée est un point, car tous les rayons concourent au centre. Dans l'ellipse, la développée est une courbe à quatre points, et qui, malgré la complication de son équation, est parfaitement

---

1. Voy., pour les découvertes astronomiques de Huygens, notre *Histoire de l'astronomie*, p. 445 et suiv.

rectifiable : elle est égale à quatre fois le demi-paramètre
du petit axe. En poursuivant sa théorie, Huygens découvrit que la développée de la cycloïde est elle-même une
cycloïde, égale à la première, mais posée en sens contraire ; et, en appliquant le calcul à la développée de la
parabole ordinaire, il trouva que cette développée est une
des paraboles cubiques, à savoir celle dont l'équation est
$a^2x = y^3$ ($x$ étant l'abscisse et $y$ l'ordonnée). Enfin il montra
qu'il y a une infinité de courbes absolument rectifiables.

Dans le quatrième chapitre de son *Horologium oscillatorium*, Huygens résout d'une manière complète le fameux
problème des *centres d'oscillation*, proposé par le P. Mersenne, et qui avait pendant trente ans exercé l'esprit des
plus habiles géomètres.

Le cinquième et dernier chapitre, où l'auteur donne une
seconde construction de ses horloges, est suivi d'une théorie générale, en treize propositions, sur la *force centri-
fuge* dans le mouvement circulaire. C'est l'application de
cette théorie au mouvement de la Terre autour de son
axe et au mouvement de la Lune autour de la Terre, application (découlant des propositions 2, 3 et 5) qui fit
découvrir à Newton la loi de la gravitation de la Lune et
de la Terre. Si Huygens avait rapproché cette même théorie de celle des *Développées*, il aurait été naturellement
conduit à la connaissance des forces centrales dans le mouvement curviligne, et aurait, avant Newton, démontré *a
priori* les célèbres lois de Kepler. Mais ce rapprochement échappa alors à l'esprit de Huygens. Aussi com-
prend-on aisément l'admiration de Newton pour Huygens,
qu'il appelait *summus Hugenius*, en le tenant « pour l'é-
crivain le plus éloquent qu'il y eût parmi les mathématiciens modernes, et pour le plus excellent imitateur des
anciens, admirables, suivant lui, par leur goût et par la
forme de leurs démonstrations [1]. »

1. Pemberton, *Éléments de la philosophie newtonienne*, Préface, p. VI.

Au traité de l'*Horologium oscillatorium* se rattache le célèbre mémoire sur le choc des corps (*de Motu corporum ex percussione*), communiqué, en 1669, à la Société Royale de Londres, et reproduit dans ses *Opuscula posthuma*, t. II, p. 75-104 (Amsterdam, 1725, in-4). Huygens y débute par quelques propositions générales, telles que : « Tout corps, une fois mis en mouvement, doit, si aucun obstacle ne s'y oppose, continuer à se mouvoir perpétuellement avec la même vitesse et suivant une ligne droite, » pour arriver à la démonstration de ce qu'il avance. Descartes avait pensé qu'il y avait toujours la même quantité de mouvement avant et après le choc. Mais Huygens montra, par une série d'expériences, « que le centre de gravité commun est immobile, ou se meut, avant et après le choc, avec une vitesse uniforme ; que ce n'est donc point, comme le croyait Descartes, la quantité absolue de mouvement qui reste invariable, mais seulement la quantité de mouvement vers un même côté. » Huygens ne se borna pas au cas de deux corps qui se choquent entre eux ; il fit voir que la même loi se vérifie quelle que soit la manière dont les corps se choquent, et quel que soit leur nombre. Ce sont ces expériences[1] qui lui firent découvrir la plus belle loi de la mécanique, le *principe de la conservation des forces vives*[2], appelé aussi *loi des forces ascensionnelles*[3].

1. Elles étaient faites avec des balles d'ivoire ou de marbre (pour les corps élastiques), et en balles d'argile fraîche (pour les corps mous ou non élastiques).

2. Le nom de *force vive* est dû à Leibniz. Il avait proposé pour l'opposer à ce qu'on appelait *force morte*, la force vive devant être comme le produit de la masse par le carré de la vitesse, et la force morte, seulement comme le produit de la masse par la vitesse simple. Cette distinction disparut plus tard par l'établissement du grand principe de la *transformation du mouvement*.

3. Le nom d'*ascensionnel* venait de ce que, d'après l'égalité des sommes entre les produits des masses par les carrés des vitesses, le centre de gravité d'un système de corps devait avoir la puissance de remonter à la même hauteur d'où il était descendu.

Dans son *Traité de la lumière* (1690, in-4), qui contient la découverte de la double réfraction[1], Huygens appliqua très-ingénieusement la géométrie à sa théorie des ondes. Il trouva ainsi que « quand des rayons incidents, émanés d'un point fixe, ou parallèles entre eux, se réfractent sur une courbe, si l'on conçoit une circonférence de cercle décrite du point lumineux comme centre, ou bien une droite perpendiculaire à la direction des rayons parallèles, et que de chaque point de la courbe dirimante, comme centre, on décrive une circonférence d'un rayon qui soit, dans une certaine proportion, constante avec la distance de ce point à la circonférence ou à la droite fixe, toutes ces nouvelles circonférences auront une *courbe enveloppe, à laquelle les rayons réfractés seront tous normaux.* » C'est de cette courbe, qui représente la forme de l'*onde réfractée*, que Huygens concluait la loi du rapport constant des sinus d'incidence et des sinus de réfraction. La théorie des ondes a été depuis universellement adoptée.

### D. Géomètres allemands (Mercator, Tschirnhausen).

Nicolas *Mercator*, dont le véritable nom était *Kauffmann* (en latin *mercator*, marchand)[2], auteur de la *Logarithmotechnia, seu methodus nova et accurata construendi logarith-*

---

1. Voy. notre *Histoire de la physique*, p. 204.
2. Il ne faut pas confondre *Nicolas* Mercator avec le géographe hollandais *Gérard* Mercator (mort à Duisbourg en 1594), connu par son système de *projection*, où les parallèles et les méridiens sont représentés par des lignes droites se coupant à angle droit. Nicolas Mercator, né à Wismar vers 1620, dans le Holstein, vint à quarante ans en Angleterre, et fut au nombre des membres fondateurs de la Société Royale de Londres. Il passa plus tard en France, où il fut chargé de la construction des fontaines de Versailles. Mais, pour le forcer à se convertir au catholicisme, on lui retint la somme qui lui avait été promise pour ce travail. Il en mourut de chagrin à Paris, en février 1687.

*mos*, Lond., 1668 et 1674, in-4, est surtout connu pour avoir trouvé une série propre à exprimer l'aire hyperbolique entre les asymptotes. Il y parvint, en cherchant à appliquer la règle de l'Arithmétique des infinis de Wallis, à savoir, « que si l'ordonnée d'une courbe est exprimée par une suite quelconque des puissances de l'abscisse, comme $x^0 + x^1 + x^2 + x^3 + x^4$, etc., l'aire de cette courbe est $x + \dfrac{x^2}{2} + \dfrac{x^3}{3} + \dfrac{x^4}{4}$, etc. » Mais il avait remarqué que si l'on prend l'origine de l'abscisse sur l'asymptote, à une distance du centre égale à BC (fig. 42), ou à l'unité, de sorte que BD soit $= x$, l'ordonnée sera $\dfrac{1}{1+x}$, mais que cette expression ne rentre plus dans la règle de Wallis. Ce fut alors que Mercator eut l'idée, aussi simple qu'heureuse, de diviser, en employant la méthode usitée, 1 par $1 + x$, et il trouva, au lieu d'un quotient fini, la suite infinie que voici : $1 - x + x^2 - x^3 + x^4 - x^5$, etc. L'identité de cette expression avec la première est facile à démontrer lorsque $x$ est moindre que l'unité ; car la suite est alors la différence des deux progressions géométriques décroissantes $1 + x^2 + x^4 + x^6$, etc., et $x + x^3 +$

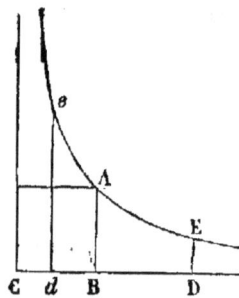

Fig. 42.

$x^5 + x^7$, etc. : ces progressions, sommées par la méthode connue et soustraites l'une de l'autre, donnent précisément $\dfrac{1}{1+x}$. La suite $x - \dfrac{x^2}{2} + \dfrac{x^3}{3} + \dfrac{x^4}{4}$, etc., sera donc égale à l'aire hyperbolique entre les asymptotes, répondant à l'abscisse $x$. Si l'on suppose, au contraire, $x$ négatif, la suite précédente sera $x + \dfrac{x^2}{2} + \dfrac{x^3}{3} + \dfrac{x^4}{4}$, etc.

Cette méthode, qui fournit un moyen commode de calculer les aires hyperboliques tant que $x$ est moindre que l'unité, a été publié dans la *Logarithmotechnia* de Mercator[1].

Walther de *Tschirnhausen* (né en 1631 à Kieslingswalde, en Silésie, mort en 1708) est du nombre de ces mathématiciens philosophes qui se font remarquer tout à la fois par l'originalité de leur vie et de leurs conceptions. Il se rendit particulièrement célèbre par la construction de miroirs ardents d'une puissance jusqu'alors inconnue. La propriété de ces miroirs de réunir les rayons de lumière réfléchis sur une surface métallique concave vers un certain point appelé *foyer* (à cause de ses effets de combustion), lui fit inventer un genre particulier de courbe, nommé la *caustique*. Pour concevoir la génération de ces courbes, il faut se représenter, comme point de départ, une suite de rayons parallèles et à égales distances : chacun de ces rayons réfléchis coupera le suivant; de tous ces points d'intersection et des parties de rayons réfléchis qu'ils interceptent naîtra un polygone. Si l'on suppose les rayons incidents en nombre infini et infiniment proches, on verra le polygone se changer en une courbe que touchera chacun des rayons réfléchis : c'est ce qu'on appelle la *caustique*. La caustique formée des rayons réfléchis par un quart de cercle est égale aux $\frac{3}{4}$ du diamètre[2]. Cette rectification est antérieure au calcul différentiel, pour lequel Tschirnhausen professait quelque dédain. On peut s'en convaincre par la lecture de son principal ouvrage, qui a pour titre : *Medicina mentis, seu Tentamen geminæ logicæ in qua disseritur de methodo detegendi incognitas verita'es*, Amsterd., 1867, in-4; ouvrage qui a quelque analogie avec la *Recherche de la vérité* du P. Malebranche.

Dans la *Médecine de l'esprit,* ouvrage fort original faisant suite à la Médecine du corps (*Medicina corporis, seu co-*

---

1. Montucla, *Histoire des mathématiques,* t. II, p. 356, et *Commercium epistolicum,* p. 125 (édit. de Biot et Lefort).

2. Les *Caustiques* sont un second exemple, après les *Développées* de uygens, de la génération des courbes comme enveloppes d'une droite.

*gitationes de conservanda sanitate*, Amsterd., 1686, in-4),
Tschirnhausen émet l'idée que *les entités mathématiques
sont formées par le mouvement rapporté à quelque chose.
de fixe*, et il part de là pour proposer un système de génération nouveau et universel des courbes. Il les conçoit décrites par un stylet qui, tendant un fil attaché
par ses deux extrémités à deux points fixes, glisse sur un
ou plusieurs autres points fixes, ou s'enroule sur une ou
plusieurs courbes connues. C'était là une généralisation
du mode de description des coniques au moyen de leurs
foyers.

Dans ses diverses spéculations géométriques, Tschirnhausen s'était proposé comme but de rendre la géométrie
facile, persuadé que les vraies méthodes sont à la fois les
plus simples et les plus naturelles, et que les méthodes
les plus ingénieuses et en même temps très-complexes
ne sont pas toujours vraies. Cette opinion est aussi celle
des géomètres modernes qui ont le plus médité sur la
philosophie des mathématiques.

### Invention du calcul différentiel et du calcul des fluxions.

#### Leibniz et Newton.

Nous venons de voir les nouvelles idées d'analyse se
dégager plus ou moins clairement des travaux de Cavalieri, de Pascal, de Descartes[1], de Fermat, de Wallis, de
Barrow, etc. Nous allons maintenant aborder le foyer

---

1. A côté de la méthode des tangentes, dont nous avons parlé plus
haut, il faut placer la méthode des *indéterminées*. Cette méthode, qui
touche de bien près à l'analyse infinitésimale, consiste à supposer
une équation avec des coefficients indéterminés dont on fixe ensuite
la valeur par la comparaison de ses termes avec ceux d'une autre
qui lui doit être égale. Descartes s'en servait pour la réduction des
équations du quatrième degré aux deux équations du second degré,

même de ces idées. Mais avant de traiter la question historique, il importe de signaler le point de départ et la nature des nouveaux calculs analytiques.

Les géomètres, en tête desquels se trouve Leibniz, qui ont les premiers employé le *calcul différentiel*, ont fondé ce calcul sur la considération des quantités infiniment petites de différents ordres, et sur la supposition qu'on peut regarder et traiter comme égales les quantités qui ne diffèrent entre elles que par des quantités infiniment petites. Contents d'arriver par les procédés de ce calcul, d'une manière prompte et sûre, à des résultats exacts, ils ne se sont point occupés d'en démontrer les principes. Ceux qui les ont suivis ont cherché à suppléer à ce défaut, en faisant voir, par des applications particulières, que les différences qu'on suppose infiniment petites doivent être absolument nulles, et que leurs rapports, seules quantités qui entrent réellement dans le calcul, ne sont autre chose que les limites des rapports des différences finies ou indéfinies.

Pour éviter la supposition des infiniment petits, Newton

dont elles sont formées par leur multiplication. Voici l'esprit de sa méthode : On suppose deux équations du second degré, dont les coefficients sont indéterminés, et dont les termes sont composés de manière que leur multiplication donne une expression semblable et égale dans tous ses termes, excepté le dernier, avec l'équation proposée. Puis on suppose encore ces deux équations égales, d'où il résulte que leur différence est zéro, ce qui donne une équation du troisième degré, dont la racine est la valeur du coefficient cherché. Cette méthode est peu différente de celle de Ferrari et de Viète, avec laquelle Wallis la confondait. Mais elle a la plus grande analogie avec la théorie de Harriot sur la formation des équations; et il faut reconnaître que l'ouvrage de Harriot parut six ans avant la *Géométrie* de Descartes. Aussi Wallis n'a-t-il pas manqué de traiter Descartes de plagiaire. Mais la théorie de Harriot avait été elle-même si bien préparée par les travaux de Cardan et d'Albert Girard, qu'on n'en finirait pas si l'on voulait accuser un homme de génie de plagiat pour avoir développé les idées de ses prédécesseurs. A ce compte, Leibniz et Newton ne seraient eux-mêmes que de grands plagiaires.

a considéré les quantités mathématiques comme engendrées par le *mouvement*, et il a cherché une méthode pour déterminer directement les vitesses ou plutôt le rapport des vitesses variables avec lesquelles ces quantités sont produites ; c'est ce qu'on appelle, d'après lui, la *méthode des fluxions* ou le *calcul fluxionnel*, parce qu'il a nommé ces vitesses *fluxions des quantités*. Cette méthode ou ce calcul s'accorde, pour le fond et pour les opérations, avec le calcul différentiel ; il n'en diffère que par sa notation et sa métaphysique.

A cet exposé, que nous avons emprunté à Lagrange, nous devons aussi ajouter la critique que ce grand géomètre a faite des nouveaux calculs.

« L'idée du *calcul différentiel*, quoique juste en elle-même, dit Lagrange, n'est pas assez claire pour servir de principe à une science dont la certitude doit être fondée sur l'évidence, et surtout pour être présentée aux commençants. D'ailleurs il me semble que comme dans le calcul différentiel, tel qu'on l'emploie, on considère et on calcule en effet les quantités infiniment petites ou supposées infiniment petites elles-mêmes, la véritable métaphysique de ce calcul consiste en ce que l'erreur résultant de cette fausse supposition est redressée ou compensée par celle qui naît des procédés mêmes du calcul, suivant lesquels on ne retient dans la différentiation que les quantités infiniment petites du même ordre. Par exemple, en regardant une courbe comme un polygone d'un nombre infini de côtés, chacun infiniment petit, et dont le prolongement est la tangente de la courbe, il est clair qu'on fait une supposition erronée ; mais l'erreur se trouve corrigée dans le calcul par l'omission qu'on y fait des quantités infiniment petites. C'est ce qu'on peut faire voir aisément dans des exemples, mais dont il serait peut-être difficile de donner une démonstration.... La métaphysique du *calcul fluxionnel* paraît au premier abord plus claire, parce que tout le monde a ou croit avoir une idée de la vitesse. Mais, d'un côté, introduire le mouvement dans un calcul qui n'a que des quantités algébriques pour objet, c'est y introduire une idée étrangère, et qui oblige à regarder ces quantités comme des lignes parcourues par un mobile; de l'autre, il faut avouer qu'on n'a pas même une idée bien nette de ce que c'est que *la vitesse d'un point à chaque instant, lorsque cette vitesse est variable....* Aussi Newton lui-même, dans son livre des *Principes*, a-t-il préféré comme plus courte la *méthode des dernières raisons des quantités évanouissantes;* et il faut avouer que c'est aux principes de cette méthode que se réduisent, en dernière analyse, les démonstrations relatives à celle des fluxions. Mais cette méthode a, comme celle des limites, et qui n'en est proprement que la traduction algébrique, le grand inconvénient de considérer les quantités dans l'état où elles cessent, pour ainsi dire, d'être quantités ; car, quoiqu'on conçoive toujours bien le rapport de deux quantités tant qu'elles demeurent finies, ce rapport n'offre plus à l'esprit une idée claire et précise, aussitôt que ses deux termes deviennent l'un et l'autre nuls à la fois[1]. »

Après ces considérations préliminaires, nous allons faire plus ample connaissance avec les deux hommes de génie dont les immortels travaux couronnent le dix-septième siècle et inaugurent si dignement le dix-huitième

### Leibniz.

Guillaume *Leibniz*, né à Leipzig le 3 juillet 1646, fit ses études sous la direction de son père, professeur de morale à l'université de cette ville. Son intelligence précoce le fit incliner vers la philosophie. Disciple de Thomasius, il reçut de ce philosophe le conseil platonicien de

1. Lagrange, *Théorie des fonctions analytiques*, p. 3 et 4 (Paris, l'an V de la République).

s'initier avant tout aux mathématiques. Malheureusement Kuhnius, alors professeur en titre, les enseignait mal : ses leçons étaient si obscures que Leibniz ne les comprenait guère, et que les autres étudiants ne les comprenaient point du tout. Quand l'élève demandait des explications, il recevait pour toute réponse : *C'est la règle.* Ainsi réduit à raisonner et à méditer sur ce qu'il venait d'entendre, il essaya lui-même, pour lui et ses condisciples, de débrouiller les logogriphes d'un vieux pédant. Ce fut là une bonne initiation. Nous ne le suivrons pas dans ses études variées, où l'on voit l'histoire, la jurisprudence, la politique alterner avec la métaphysique, la théologie, l'archéologie et les mathématiques. Nous nous contenterons de rappeler les principaux actes de sa vie[1].

En 1672, Leibniz vint à Paris, chargé d'une mission de son protecteur, le baron Boinebourg, agent du prince de Neubourg, l'un des prétendants au trône de Pologne, depuis l'abdication du roi Jean-Casimir. Paris était alors le rendez-vous des plus célèbres savants de l'époque, presque tous pensionnaires de Louis XIV. C'est là qu'il se lia d'amitié, entre autres, avec Huygens, dont le livre *de Horologio oscillatorio*, joint à la lecture des lettres de Pascal sur la cycloïde, surtout de l'*Opus geometricum* de Grégoire de Saint-Vincent, lui ouvrit, comme il le raconte lui-même, un horizon nouveau par l'étude approfondie des mathématiques. C'est à cette époque que remontent ses premières idées du calcul différentiel. Leibniz profita de son séjour à Paris pour présenter à Colbert une nouvelle machine arithmétique, invention qui reçut les suffrages de l'Académie des sciences. Quelques membres de cette Académie, assurés des intentions du ministre de Louis XIV, donnèrent à entendre au savant al-

---

1. Voy., pour plus de détails, notre article LEIBNIZ, dans la *Biographie générale.*

lemand qu'il ne tiendrait qu'à lui d'être admis dans leur
Corps à titre de pensionnaire, s'il voulait abjurer le protestantisme et embrasser la religion catholique. Leibniz
rejeta cette condition sans hésiter. En 1673 il alla visiter
l'Angleterre, où il fit connaissance avec Newton, Wallis,
Boyle, Gregory, Collins, Oldenburg, etc. Chez Boyle il
rencontra le mathématien Pell[1]. La conversation roulant sur la propriété des nombres, Leibniz se hasarda à
dire qu'il possédait une méthode qui lui faisait sommer
les séries à l'aide de leurs différences. Pell lui répondit
que cette méthode se trouvait déjà indiquée dans un ouvrage de Mouton, *Sur les diamètres apparents du Soleil
et de la Lune*[2]. Leibniz, qui ne connaissait pas cet ouvrage, se le procura immédiatement, et s'assura en le
parcourant que sa méthode était plus générale que celle
de Mouton, et qu'il y était arrivé par une voie différente.

A Londres, Leibniz apprit (1674) la mort de l'électeur
de Mayence en même temps que la perte des appointements que lui faisait ce prince. Cette nouvelle le détermina à retourner en Allemagne, en passant par Paris.
Avant son départ d'Angleterre il avait été reçu membre
de la Société Royale de Londres. Son second séjour à Paris,
d'une quinzaine de mois, fut consacré à l'étude de la géométrie et au perfectionnement de sa machine arithmétique. De Paris, Leibniz écrivit au duc de Brunswick-
Lunebourg, Jean-Frédéric, pour lui faire part de la

1. Voy. *Commercium epistolicum de analysi promota*, p. 86 et
suiv. (édit. Biot et Lefort).
2. Gabriel *Mouton* (né à Lyon en 1618, mort le 28 septembre 1694)
a consacré tous ses moments de loisir aux études de l'astronomie et
des mathématiques. Dans son ouvrage intitulé *Observationes diame-
trorum Solis et Lunæ apparentium* (Lyon, 1670, in-4), il montra le
premier aux astronomes l'usage des interpolations pour remplir, dans
les Tables, les lieux moyens entre ceux qu'on a calculés immédiatement, ou pour suppléer dans une suite d'observations à celles qui
manquent.

position précaire où il se trouvait. Le duc lui répondit en lui offrant à sa cour une place de conseiller, avec la faculté de résider à l'étranger autant que cela lui plairait. Cette offre généreuse, que Leibniz accepta avec reconnaissance, fut pour lui une bonne fortune. Libre des soucis du *prius vivere*, soucis qui étouffent souvent le génie naissant, il eut désormais une existence facile et put se livrer tranquillement à ses goûts pour les lettres et les sciences. En quittant la France, Leibniz repassa en 1676 par l'Angleterre et la Hollande. A Amsterdam il noua des relations avec le géomètre Hudde, alors bourgmestre de cette ville ; et après son arrivée à Hanovre, où résidait le duc de Brunswick-Lunebourg, il mit d'abord tous ses soins à organiser la bibliothèque du prince, grand amateur d'expériences de physique et de chimie.

En 1682, Leibniz fonda avec Menckenius et quelques autres savants les *Acta Eruditorum* de Leipzig, recueil important auquel il fournit un grand nombre d'articles, la plupart anonymes ou signés G. G. L. En 1700 il soumit à l'électeur de Brandebourg le plan et les statuts de l'Académie des sciences de Berlin, dont il fut nommé, dès l'année suivante, président perpétuel. Dans les dernières années de sa vie il s'occupa beaucoup de travaux historiques, publia, en 1710, sa *Théodicée*, en français, s'engagea dans diverses polémiques, et mourut le 14 novembre 1716, à l'âge de soixante-dix ans, par suite d'une métastase de la goutte.

### Idée fondamentale de Leibniz.

Ce que Leibniz appelait la *loi de la continuité* (loi renouvelée des anciens), n'est au fond que le principe souvent répété et toujours confirmé par l'expérience, à savoir que *la nature ne fait jamais de saut, et que tout se fait par des transitions insensibles.* « Cette loi juste, dit-il, qu'on

passe toujours du plus petit au plus grand et à rebours,
dans des degrés comme dans les parties, et que jamais
un mouvement ne naît immédiatement du repos, ni ne s'y
réduit que par un mouvement plus petit[1], quoique jusqu'ici ceux qui ont donné les lois du mouvement n'aient
point observé cette loi, croyant qu'un corps peut recevoir
en un moment un mouvement contraire au précédent:
tout cela fait bien juger que les perceptions remarquables (distinctes) viennent par degrés de celles qui sont trop
petites pour être remarquées. En juger autrement, c'est
peu connaître l'immense subtilité des choses, qui enveloppent toujours et partout un infini actuel[2]. »

Appliquée aux mathématiques, la loi de la continuité
conduisit Leibniz à l'invention du calcul différentiel ou
infinitésimal. Appliquée à la philosophie, elle lui donnait
toute une méthode psychologique. « Ce sont, dit-il, les
petites perceptions qui forment ce je ne sais quoi, ces
goûts, ces images des sens, claires dans l'assemblage
(somme), mais confuses dans les parties, ces impressions
que les corps qui nous environnent font sur nous, et qui
enveloppent l'infini, cette liaison que chaque être a avec
l'univers. On peut même dire qu'en conséquence de ces
petites perceptions, le présent est plein de l'avenir et
chargé du passé, que tout est *conspirant* (σύμπνοια πάντα
comme disait Hippocrate), et que, dans la moindre des
substances, des yeux aussi perçants que ceux de Dieu
pourront lire toute la suite des choses de l'univers : *Quæ
sint, quæ fuerint, quæ fors futura trahantur.* C'est aussi
par les petites perceptions que j'explique cette admirable
*harmonie préétablie* de l'âme et du corps et même de toutes
les monades, ce qui détruit les tablettes vides de l'âme,

1. C'est particulièrement dans cette manière de voir qu'il faut
chercher l'origine du principe de la *raison suffisante*, que Leibniz
aimait souvent à employer.

2. *Nouveaux Essais sur l'entendement humain*, p. 198 (édit. Erdmann).

une âme sans pensée, une substance sans action. Pour moi, je suis du sentiment des Cartésiens, en ce qu'ils disent que l'âme pense toujours. Je tiens même qu'il se passe quelque chose dans l'âme qui répond à la circulation du sang et à tous les mouvements internes des viscères, dont on ne s'aperçoit pourtant point [1]. »

### Travaux mathématiques de Leibniz.

Le premier travail mathématique de Leibniz a pour titre : *de Arte combinataria*, Leipzig, 1668, in-12, où il se trouve des idées neuves sur les combinaisons des

---

1. Dans l'idée de Leibniz, le repos est un mouvement infiniment petit, la coïncidence une distance infiniment petite, l'égalité la dernière des inégalités, etc. C'est ce que le grand philosophe géomètre a exprimé en ces termes : « Lorsqu'une différence de deux cas peut être diminuée au-dessous de toute grandeur donnée, *in datis*, ou dans ce qui est posé, il faut qu'elle se puisse trouver aussi diminuée au-dessous de toute grandeur donnée *in quæsitis*, ou dans ce qui en résulte ; ou, pour parler plus familièrement, lorsque les cas (ou ce qui est donné) s'approchent continuellement et se perdent enfin l'un dans l'autre, il faut que les suites ou événements (ou ce qui est demandé) le fassent aussi. » (*Nouvelles de la République des lettres*, mai 1687, p. 744.)

Jean Bernoulli employa pour la première fois le principe de la continuité dans la célèbre question des lois de la communication du mouvement. — Pour montrer que de l'usage de ce même principe date l'origine de la géométrie, Lacroix (dans la Préface de son *Traité du calcul différentiel et intégral*) s'appuie sur la 2ᵉ Proposition du XIIᵉ livre d'Euclide, qui a pour objet de prouver que *les surfaces des cercles sont entre elles comme les carrés des diamètres.* « Euclide fait voir, dit Lacroix, que le rapport indiqué est celui des polygones semblables inscrits dans deux cercles différents ; et il me paraît évident que le géomètre, quel qu'il soit, qui découvrit cette vérité, voyant qu'elle était indépendante du nombre des côtés du polygone, et qu'en même temps ces polygones différaient d'autant moins des cercles qu'ils avaient plus de côtés, a dû nécessairement conclure de là, en vertu de la loi de continuité, que la propriété des premiers convenait aux seconds. » — Tout cela vient à l'appui de ce que nous avons établi dès le commencement, à savoir que *la continuité est de l'essence même de l'intelligence humaine.*

nombres. L'auteur y développe ce qu'il n'avait d'abord indiqué que sommairement dans une thèse (*Disputatio arithmetica de complexionibus*), soutenue à l'université de Leipzig, le 7 mars 1666. Les groupements de nombres dans un ordre déterminé y sont représentés sous forme de tableaux semblables à ceux qu'on voit dans certains livres d'arithmétique, traitant des nombres polygones. A ce travail se rattache l'*arithmétique binaire* qu'il communiqua à l'Académie des sciences de Paris, dont il était membre. En remplacement de la suite ordinaire des nombres, Leibniz proposait la progression de deux en deux, en n'employant que deux caractères, 0 et 1. Ainsi, 1 étant égal à 1, 10 devait être $= 2$; $11 = 3$; $100 = 4$; $101 = 5$; $110 = 6$; $111 = 7$; $1000 = 8$; $1001 = 9$; $1010 = 10$, etc. Mais ce système fut bientôt abandonné par l'auteur lui-même comme trop incommode, à cause de l'énorme quantité de chiffres qu'il aurait fallu employer pour désigner des nombres un peu élevés. La table qui accompagne la résolution du *Problème des complexions* (*dato numero et exponente complexiones invenire*), se rapproche singulièrement du binôme de Newton; car cette table se réduit à $\dfrac{n^0}{1} + \dfrac{n.n-1}{1.\ 2} + \dfrac{n.n-1.n-2}{1.\ 2.\ 3}$, etc., formule bien connue, qui donne les coefficients potentiels dont les sommes sont représentées d'une manière générale par $2^n$, en faisant $n$ successivement égal à 1, 2, 3, 4, etc.

CALCUL DIFFÉRENTIEL (infinitésimal). — On peut arriver à l'idée de l'infini par deux voies différentes, par l'arithmétique et par la géométrie. Ainsi, la moitié successivement ajoutée à la moitié de la moitié, c'est-à-dire au quart, au huitième, au seizième, termes de la progression géométrique décroissante de $\dfrac{1}{2}$, donne, étant *continuée à l'infini*, une somme qui n'est pas l'unité absolue, mais qui en approche tellement qu'on peut l'identifier avec elle sans erreur sensible : $1 = \dfrac{1}{2} + \dfrac{1}{4} + \dfrac{1}{8} + \dfrac{1}{16}$, etc.

Laissons Leibniz raconter lui-même comment ce genre de calcul, la *sommation des séries*, le conduisit à la découverte du calcul différentiel : « J'avais, écrivit-il au marquis de l'Hospital, pris depuis longtemps plaisir à chercher les sommes des séries des nombres, et je m'étais servi, pour cela, des différences, d'après un théorème assez connu, que *dans une série décroissant à l'infini, le premier terme est égal à la somme de toutes ses différences.* Cela m'avait donné ce que j'appelais le *triangle harmonique*[1], opposé au *triangle arithmétique* de Pascal. Car Pascal avait montré comment on peut donner les sommes des nombres figurés, qui proviennent en cherchant les sommes et les sommes des sommes des termes de la progression arithmétique naturelle ; et moi je trouvai que les fractions des nombres figurés sont les différences et les différences des différences des termes de la progression harmonique naturelle, et qu'ainsi on peut donner les sommes des séries des fractions figurées, comme

$$\frac{1}{1} + \frac{1}{3} + \frac{1}{6} + \frac{1}{10}\text{, etc.,}$$

$$\text{et } \frac{1}{1} + \frac{1}{4} + \frac{1}{10} + \frac{1}{21}\text{, etc.}$$

Reconnaissant donc cette grande différence, et voyant comment, par le calcul de Descartes, l'ordonnée de la courbe peut être exprimée, je vis que trouver les quadratures ou les sommes des ordonnées n'est autre chose que trouver une ordonnée (de la quadratrice) dont la différence soit proportionnelle à l'ordonnée donnée. Je reconnus aussi bientôt que *trouver les tangentes n'est autre chose que di-*

---

1. Leibniz ne s'est pas autrement expliqué sur le *triangle harmonique.*

*férencier*, et *trouver les quadratures n'est autre chose que sommer*, pourvu qu'on suppose les *différences incomparablement petites*. Je vis aussi que nécessairement les grandeurs différentielles se trouvent hors de la fraction ou hors du *vinculum*, et qu'ainsi on peut donner les tangentes sans se mettre en peine des irrationnelles et des fractions. Et voilà l'histoire de l'origine de ma méthode, *methodus differentialis*[1]. »

Pour bien comprendre les derniers passages de cette lettre mémorable, il faut se rappeler qu'une ligne courbe peut être considérée comme composée d'une infinité de lignes droites, chacune infiniment petite, et le point de contact d'une tangente comme une de ces lignes dont l'étendue (infiniment petite) est mesurée par la droite *(ordonnée)*, infiniment proche de l'axe ou du diamètre qui aboutit à la tangente, et par l'intervalle infiniment petit *(abscisse)* compris entre ces deux droites. Si $d$ désigne une quantité infiniment petite dont une quantité variable $x$ augmente, l'accroissement infiniment petit ou sa *différentielle* sera $dx$; $x + dx$ sera donc l'expression (notation nouvelle) d'une quantité variable, augmentée d'une quantité infiniment petite. Cela établi, supposons qu'on demande, par exemple, la différentielle (accroissement infiniment petit) de $x^2$. D'après la notation nouvelle, $x^2$ deviendra $(x + dx)^2$ ou $x^2 + 2xdx + dx^2$. L'accroissement ou la différentielle de $x^2$ sera donc $2xdx + dx^2$. Mais, d'après le raisonnement de Leibniz, $dx^2$ est infiniment petit, comparé à $2xdx$, puisque $dx^2$ est un rectangle de deux dimensions infiniment petites. On peut donc négliger $dx^2$, sans erreur. Par conséquent, l'accroissement ou la différentielle de $x^2$ est $2xdx = 2(dx^2)$. On démontre de même que la différentielle $xy$ est $ydx + xdy$,

1. Extrait d'une Lettre de Leibniz au marquis de l'Hospital, en date du 27 décembre 1694. Gerhardt, *Correspondance de Leibniz*, t. II, p. 259.

et non $ydx + xdy + dx\,dy$; car $dx\,dy$ est infiniment petit comparativement à $ydx$ et $xdy$. Tout cela, quoique en apparence contraire à la rigueur géométrique, ne laisse pas d'être vrai.

En résumé, dans la pensée de Leibniz, on peut prendre l'une pour l'autre deux quantités qui ne diffèrent entre elles que d'une quantité infiniment petite. Cela n'est pas, encore une fois, rigoureusement exact, et les anciens, comme nous l'avons montré, ne s'en seraient pas contentés. Mais lorsqu'un géomètre mesure la hauteur d'une montagne, tient-il compte du grain de sable qui en fait partie? Ou lorsque l'astronome cherche à évaluer la distance d'une étoile, le diamètre de la Terre, qui cependant est quelque chose, ne se réduit-il pas à rien?... Leibniz ne s'arrêtait pas là; il admettait des infiniment petits d'infiniment petits ou de second ordre; puis des infiniment petits de troisième ordre, etc., qui sont également négligeables par rapport aux infiniment petits du premier ordre. Ainsi, en prenant dans une courbe trois ordonnées infiniment proches, la différence de chacune avec sa voisine est un infiniment petit de premier ordre, ce qui forme deux différences infiniment petites et successives; or ces deux infiniment petits diffèrent entre eux d'une quantité infiniment petite à leur égard : voilà donc, suivant Leibniz, un infiniment petit de second ordre, etc. De là le nom d'*infinitésimal* qu'on a donné aussi au calcul *différentiel*, qui rend autant de service au mathématicien que le microscope au naturaliste. Est-ce à dire que ce calcul soit sorti, armé de toutes pièces, de la tête d'un seul homme? Non, certes; ni Leibniz ni Newton ne pouvaient avoir une telle prétention.

L'idée fondamentale de Leibniz est, en quelque sorte, inhérente à l'esprit humain[1], et de plus elle était, comme nous venons de voir, familière à plus d'un géomètre du

---

1. Voy. plus haut, p. 28 et suiv.

commencement et du milieu du dix-septième siècle. Lagrange n'a pas hésité à regarder Fermat comme « le premier inventeur » du nouveau calcul. « Dans sa méthode *de maximis et minimis*, dit-il, Fermat égale l'expression de la quantité, dont on recherche le *maximum* et le *minimum*, à l'expression de la même quantité dans laquelle l'inconnue est augmentée d'une quantité indéterminée. Il fait disparaître dans cette équation les radicaux et les fractions s'il y en a, et, après avoir effacé les termes communs dans les deux membres, il divise tous les autres par la quantité indéterminée par laquelle ils se trouvent multipliés; ensuite il fait cette quantité nulle, et il a une équation qui sert à déterminer l'inconnue de la question.... Ainsi dans le problème de Fermat, qui propose de diviser une ligne donnée en deux parties, de manière que le rectangle de ces deux parties soit un *maximum*.... Il est facile de voir que la règle, déduite du calcul différentiel, qui consiste à égaler à zéro la différentielle de l'expression qu'on veut rendre un *maximum* ou un *minimum*, prise en faisant varier l'inconnue de cette expression, donne le même résultat ($x = \frac{a}{2}$, c'est-à-dire que la ligne doit être partagée par le milieu), parce que le fond est le même, et que *les termes qu'on néglige comme infiniment petits dans le calcul différentiel, sont ceux qu'on doit supprimer comme nuls dans la méthode de Fermat*. Sa méthode des tangentes dépend du même principe. Dans l'équation entre l'abscisse et l'ordonnée, que Fermat appelle la *propriété spécifique de la courbe*, il augmente ou diminue l'abscisse d'une quantité indéterminée, et il regarde la nouvelle ordonnée comme appartenant à la fois à la courbe et à la tangente, ce qui fournit une équation qu'il traite comme celle d'un cas de *maximum* et de *minimum*.... On voit encore ici l'analogie de la méthode Fermat avec celle du calcul différentiel, car la quantité indéterminée, *e*, dont on augmente l'abscisse $x$, répond à la différentielle $dx$, et

la quantité $\frac{ye}{t}$, qui est l'augmentation correspondante de $y$,
répond à la différentielle $dy$[1]. »

Ce qui montre que Leibniz avait été guidé par la méthode de Fermat dans l'invention du calcul différentiel, c'est le choix même du titre de la très-courte notice où il expose ses principes : *Nova methodus pro* MAXIMIS *et* MINIMIS, *itemque tangentibus, quæ nec fractas, nec irrationales quantitates moratur, et singulare pro illis genus;* notice publiée dans les *Acta Eruditorum Lips.*, octobre 1684.

Leibniz transporta aussi dans la *mécanique* la conception des quantités infinitésimales. Ainsi dans sa lettre à Bayle il dit : « Le repos peut être considéré comme une vitesse infiniment petite ou comme une *tardité* infinie, tellement que la règle du repos doit être regardée comme un cas particulier de la règle du mouvement;... de même l'égalité peut être considérée comme une inégalité infiniment petite, et on peut faire approcher l'inégalité de l'égalité autant que l'on veut. » (Bayle, *Nouvelles de la République des lettres*, Amsterdam, juillet, 1687.)

Activité de Leibniz. — Jeux de hasard. — Correspondance.

Peu d'hommes ont été aussi richement dotés par la nature que Leibniz : son activité tenait du prodige. Les pensions dont il jouissait lui rendaient sans doute la vie facile, et il n'avait pas besoin, comme **tant** d'autres, de travailler pour vivre ; mais combien y en a-t-il qui, placés

---

1. Ainsi dans la parabole, dont l'équation est $y^2 - ax = 0$, en mettant $y + \frac{ye}{t}$ à la place de $y$, et $x + e$ à la place de $x$, l'équation devient $y^2 + \frac{2y^2 e}{t} + \frac{y^2 e^2}{t^2} - ax - ae = 0$. Mais $y^2 - ax = 0$ : donc, effaçant ces termes et divisant les autres par $e$, on aura : $\frac{2y^2}{t} + \frac{y^2 e}{t^2} - a = 0$; et effaçant encore le terme $\frac{y^2 e}{t}$, qui s'évanouit

dans les mêmes conditions, en feraient autant? Ajoutons
que tout l'intéressait, et à tout ce qu'il touchait il laissa
l'empreinte de son génie. Persuadé qu'il y a peu de livres
où l'on ne trouve quelque chose à apprendre, son insatiable
esprit de curiosité ne lui laissait rien échapper ; jamais pu-
bliciste ne s'est aussi bien tenu au courant des productions
de ses contemporains. « J'y cherche, écrivait-il à soixante-
neuf ans, non pas ce que j'y pourrais reprendre, mais ce
qui y mérite d'être approuvé et dont je pourrais profiter. »
Puis il ajoute, comme un *Avis aux critiques* : « Cette méthode n'est point le plus à la mode ; mais elle est la plus
équitable et la plus utile. » Quand un auteur lui envoyait
son ouvrage, le grand homme avait toujours soin d'accompagner sa réponse d'une infinité de réflexions précieuses.
Ainsi, peu de temps avant sa mort, il écrivait à M. de Montmort[1], qui lui avait fait hommage de son *Essai sur les jeux
de hasard :* « Les hommes ne sont jamais plus ingénieux
que dans l'invention des jeux ; l'esprit s'y trouve à son
aise.... Un évêque de Tournai, nommé Balderic, qui vivait au onzième siècle, a laissé une chronique de Cambrai,
où il parle d'un jeu d'échecs, inventé par l'évêque Wicbal-
dus ; les vertus et les passions y entrent ; mais on a de la
peine à le déchiffrer. On trouve aussi certaines rhythmo-
machies dans les vieux manuscrits.... Vous avez extrêmement bien traité les sommes des séries des nombres. On
pourrait venir à bout des $\frac{1}{x^2}$, $\frac{1}{x^3}$, etc., parce qu'on peut
les faire dépendre des quadratures, et les quadratures peu-

en faisant *e* nul, on aura simplement : $\frac{2 y^2}{t} - a = 0$; d'où l'on tire
$t + \frac{2 y^2}{a} = 2 x$. (Lagrange, *Leçons sur le calcul des fonctions*, p. 321
et suiv.; Paris, 1806, in-8.)

1. Rémond *de Montmort* (né à Paris en 1678, mort en 1719) s'occupa particulièrement de la doctrine des probabilités, et il fit paraître
le résultat de ses études sous le titre d'*Essai d'analyse sur les jeux
de hasard* (Paris, 1708).

vent se donner assez près de la vérité ; mais sur $\frac{1}{x}$, série la plus simple de toutes, je ne me satisfais pas encore.... Après les jeux qui dépendent uniquement des nombres, viennent les jeux où entre la situation, comme dans le tric-trac, dans les dames, et surtout dans les échecs. Le jeu nommé le *solitaire* m'a plu assez.... Mais à quoi bon cela? dira-t-on. Je réponds : A perfectionner l'art d'inventer ; car il faudrait avoir des méthodes pour venir à bout de tout ce qui se peut trouver par raison. Après les jeux où n'entrent que le nombre et la situation, viendraient les jeux où entre le mouvement, comme dans le jeu de billard, dans le jeu de paume, etc. Enfin, il serait à souhaiter qu'on eût un cours entier des jeux, traités mathématiquement.... Je crois, monsieur, que vous aurez été en Angleterre au beau spectacle de l'éclipse ; mais je m'imagine que vous aurez encore profité du voyage en bien d'autres manières. Les Anglais sont profonds ; mais ils sont un peu gâtés depuis quelque temps en s'appliquant trop aux controverses politiques et théologiques[1].... »

Quelle éblouissante union du génie avec le savoir, de l'érudition avec le bon sens! Toute la correspondance de Leibniz, aussi vaste que variée, est dans le même genre. Il écrivait également bien en latin, en allemand et en français. Mais c'est la dernière langue qu'il préférait ; l'allemand paraissait avoir pour lui le moins d'attrait.

Leibniz n'eut jamais aucune vanité d'auteur ; il avait l'esprit trop large pour cela. Au reste, il a déclaré lui-même que « écrire pour écrire n'est qu'une mauvaise coutume, et écrire seulement pour faire parler de soi est une vanité qui fait même du tort aux autres en leur faisant perdre leur temps. » Leibniz n'écrivait donc que pour être utile à ses semblables, c'est ce qui explique les in-

---

1. Lettre à M. Rémond, Hanovre, 29 juillet 1715.

nombrables projets qu'il avait mis en avant pour le progrès et le bonheur du genre humain [1].

## Newton [2].

Isaac *Newton* naquit à Woolsthorpe, petit village du comté de Lincoln, le 25 décembre (jour de Noël) 1642, l'année même de la mort de Galilée. Après la mort de son père, qui était fermier, il fut confié aux soins de sa grand'mère, qui lui fit apprendre la lecture, l'écriture et le calcul aux écoles primaires de Skillington et Stoke, deux hameaux voisins de Woolsthorpe. Nous ne le suivrons pas dans tous les détails de sa vie [3] ; nous nous bornerons à rappeler qu'il se signala, comme Leibniz, par une intelligence précoce. Formé par la lecture d'Euclide, de Viète, de Descartes et de Wallis, il succéda, en 1669, à son maître Isaac Barrow dans la chaire de mathématiques à l'u-

1. Les écrits de Leibniz, aussi variés que nombreux, se trouvent dispersés dans les principales bibliothèques publiques et privées de l'Europe. La bibliothèque de Vienne et celle de Hanovre surtout en contiennent beaucoup qui n'ont été mis au jour qu'assez récemment. Les réunir en une édition complète était une tâche digne de tous les encouragements. Elle fut d'abord entreprise par L. Dutens : *Leibnitzii Opera omnia*, 6 vol. in-4, Genève, 1768 et suiv. Malgré son titre, ce recueil est encore bien incomplet. Les *Œuvres philosophiques* furent depuis publiées par Erdmann (*Opera philosophica quæ extant*, etc., Berlin, 1840, in-4); les *Œuvres mathématiques* par Gerhardt (Berlin, 1849-1850, in-8). M. Foucher de Careil a entrepris une édition des *Œuvres complètes de Leibniz*, dont il n'a paru jusqu'à présent que 6 vol. in-8 (Paris, 1859-1865.)

2. Comme nous avons parlé ailleurs (*Histoire de l'astronomie*, p. 412 et *Histoire de la physique*, p. 184) des travaux astronomiques et physiques de Newton, nous ne signalerons ici que ses travaux de mathématiques pures, et particulièrement la part qu'il eut dans l'établissement des nouveaux calculs.

3. Voyez, pour ces détails, Brewster, *Memoirs of the life, writings*, etc., *of sir Isaac Newton* (3ᵉ édit., Édimb., 1860 ; Biot, *Mélanges scientifiques*, p. 123 et suiv.; et notre article *Newton*, dans la *Biographie générale*.

niversité de Cambridge. Trois ans après il fut élu membre de la Société Royale de Londres. Newton n'avait guère
alors d'autre titre à cette distinction que le télescope qui
porte son nom : les découvertes qui devaient l'illustrer
n'existaient encore qu'en germe. Bien que dès cette époque elles fussent peut-être déjà écloses dans sa tête, elles
devaient être pour le public comme non avenues, et par
conséquent n'être d'aucun poids dans une contestable
question de priorité. En pareille matière, les vraies pièces
de conviction, ce sont les écrits imprimés, portant une
date certaine.

En 1689, Newton fut envoyé par l'université de Cambridge au Parlement, qui proclama la vacance du trône et
prépara l'avénement de Guillaume d'Orange. Mais le savant se trouva tout à fait désorienté dans cette nouvelle
carrière. Il resta comme étranger aux débats de la Chambre
des Communes; il ne prit, dit-on, la parole qu'une seule
fois, et ce fut pour inviter l'huissier à fermer une fenêtre
d'où venait un courant d'air, capable d'enrhumer l'orateur
qui occupait la tribune. Après la dissolution du Parlement,
en février 1690, il reprit le cours de ses travaux favoris.
Pendant cette courte session, il s'était lié d'une étroite
amitié avec un de ses anciens élèves, Charles Montague.
Ce jeune seigneur, plus tard connu sous le nom de lord
Halifax, devint, en 1694, chancelier de l'Echiquier. Un de
ses premiers actes comme ministre des finances fut de nommer Newton d'abord maître contrôleur, puis directeur de la
Monnaie aux appointements de plus de 30 000 francs par
an. Ce fut alors que Newton se démit de sa chaire à l'université de Cambridge, après avoir désigné Whiston pour
son successeur. Anobli par la collation de la particule *Sir*,
nommé président perpétuel de la Société Royale de Londres, associé à toutes les sociétés savantes du continent,
comblé d'honneurs, il mourut à Kensington, le 20 mars
1727, dans sa quatre-vingt-cinquième année.

On voit que Newton, comme Leibniz, n'eut jamais, dans

le cours de sa vie, à lutter contre les misères de la
*malesuada fames*, et qu'il put déployer librement l'essor
de son génie.

### Découvertes de Newton.

Ce qui caractérise les découvertes de Newton, c'est que
les travaux qui y ont conduit remontent tous à la même
époque, presque à la même année ; elles ont eu, pour
ainsi dire, le même point initial, comme pour montrer
que les connaissances humaines partent toutes d'un même
tronc et que, pour arriver à en saisir les rapports, il faudrait les embrasser toutes. Newton avait à peine vingt-
quatre ans lorsque la théorie de la gravitation universelle,
l'analyse de la lumière et l'idée du calcul des fluxions
commencèrent à s'emparer de son esprit.

Sous le titre de *Philosophiæ naturalis principia mathematica*, Newton publia en 1687, à Londres, un ouvrage
qui fait époque dans l'histoire de la science[1]. Dans la
Préface, datée de Cambridge, le 5 mai 1686, l'auteur
expose, en peu de mots, le but de son entreprise. Laissant
de côté les formes substantielles et les qualités occultes de
la scolastique, il veut appliquer les mathématiques à

---

1. Cet ouvrage fondamental eut, du vivant de l'auteur, trois éditions : la première fut mise au jour sur les instances de Halley ; la
deuxième parut, en 1713, par les soins de Cotes, et la troisième fut
publiée, en 1726, par Pemberton. Ces trois éditions présentent de
notables différences. Dans la troisième a été supprimé le fameux
scolie concernant Leibniz ; dans la seconde se trouve encore le même
scolie, mais avec une addition importante qui différencie essentiellement la méthode leibnizienne, d'une conception tout abstraite, de
la méthode newtonienne, qui procède de l'idée de mouvement. Abrégés
par Voltaire sous le titre de : *Éléments de philosophie naturelle mis
à la portée de tout le monde* (Amsterdam, 1738, in-8), les Principes
mathématiques de la philosophie naturelle de Newton ont été traduits
en français par la marquise du Chastelet, traduction revue par Clairaut (Paris, 1759, 2 vol. in-4).

l'étude des phénomènes de la nature. Parmi ces phénomènes le mouvement occupe le premier rang. Qu'est-ce que le mouvement? L'effet d'une force. Mais la force elle-même, quant à sa nature et à son origine, nous est absolument inconnue. Aussi, au lieu de poursuivre cette insaisissable inconnue comme l'avaient fait les anciens, Newton se propose-t-il d'étudier seulement les effets ou les manifestations de la force comme seuls accessibles à l'intelligence humaine. Tel est le sens caché, profond, de l'ouvrage que peu de savants comprenaient lors de son apparition. Pourquoi? parce qu'il ouvrait une voie nouvelle tout à la fois par son objet et par sa méthode, qui est *l'analyse unie à la synthèse.*

A l'exemple d'Euclide et d'Archimède, Newton commence son immortel ouvrage par des définitions ou des propositions générales, telles que « la *quantité de matière* se mesure par sa densité combinée avec son volume; — la *quantité de mouvement* s'évalue par la vitesse unie à la quantité de matière. » (Définitions I et II.) Le premier il nomma *centripète* la force qui attire (*trahit*) les corps vers un centre commun et diminue à mesure qu'elle s'en éloigne. « De même, dit-il, que la vertu de l'aimant est plus grande à une distance moindre, et moindre à une distance plus grande, de même aussi la force centripète ou la pesanteur (*vis gravitans*) est plus grande dans les vallées, et plus petite sur les sommets des montagnes, et diminue de plus en plus à mesure qu'on s'élève au-dessus de la surface du globe. » (*Philosophiæ naturalis principia,* p. 4 de l'édition de 1713.)

En tête des axiomes, Newton a formulé ce que les physiciens ont depuis nommé le *principe d'inertie* de la matière, savoir que « tout corps mis en mouvement par une première impulsion continuerait à se mouvoir indéfiniment en ligne droite si aucune autre force ne venait à le faire changer de direction. » Les deux autres axiomes sont : « Tout changement apporté à un mouvement est proportionnel à la force qui l'a produit; l'action est égale à la réaction. » Viennent ensuite des corollaires sur le centre de gravité et la diagonale d'un parallélogramme, qui figure la résultante de plusieurs forces agissant à la fois sur un même point.

Après ces préliminaires, base de la dynamique, commence l'ouvrage proprement dit, divisé en trois livres. La première section du livre Ier donne succinctement, en onze Lemmes, la méthode géométrique employée par l'auteur pour démontrer toutes ses propositions. Rejetant l'hypothèse des indivisibles (méthode moderne), il réduit les démonstrations aux limites des sommes et des rapports, c'est-à-dire des quantités qui naissent et s'évanouissent (méthode ancienne). Il suffit d'avoir tant soit peu le génie des mathématiques pour voir combien il y a de rapprochements à faire entre la mécanique, la géométrie et l'arithmétique. Les livres I et II traitent des mouvements rectilignes des corps sphériques ou non sphériques, de la propagation du mouvement dans les fluides, des mouvements opérés dans des sections coniques, excentriques ou concentriques, etc. Le livre III est le couronnement de l'œuvre; il a pour titre spécial : *de Mundi systemate*, et donne d'abord trois règles, appelées *regulæ philosophandi*, qui rappellent les règles de Descartes, et dont voici l'énoncé : « 1° Il ne faut admettre comme causes des phénomènes naturels que celles qui sont vraies et qui suffisent à les expliquer ; 2° les effets de même espèce ont les mêmes causes; 3° les qualités des corps qui, soumis à l'expérience, ne peuvent être ni augmentés, ni diminués, doivent être considérées comme des qualités universelles. Ainsi, par exemple, si l'observation nous apprend que tous les corps qui environnent la Terre, pèsent sur elle chacun selon sa masse, que la Lune pèse sur la Terre et réciproquement, que toutes les planètes pèsent les unes sur les autres, selon leurs quantités de matière, nous pourrons dire, d'après cette dernière règle, que tous les corps pesants gravitent les uns vers les autres (*corpora omnia in se mutuo gravitant*). » — C'est dans le troisième et dernier livre des *Principes* que se trouve la démonstration de la *loi de gravitation*, principal titre de gloire de Newton[1].

En dépit, ou plutôt à cause des grandes vérités contenues dans les *Principes mathématiques de la philosophie naturelle*, cet ouvrage capital fut froidement accueilli, et, pendant un demi-siècle, dédaigné des savants : il ne trouva d'abord quelque faveur qu'auprès des « simples », étrangers à la science. Allons ! que ceux qui ont des idées nouvelles à faire triompher ne désespèrent point !

CALCUL DES FLUXIONS. — La première idée du calcul ou de la *méthode des fluxions* paraît remonter à l'année 1665 ou 1666, époque où Newton s'occupait de l'analyse de la lumière. Peut-être est-ce l'examen du faisceau lumineux diminuant d'intensité dans le rapport du carré de la distance qui fit naître en lui l'idée de la *génération des quantités*. Cette idée, telle que la concevait Newton, avait pour point de départ le mouvement : il l'a d'ailleurs lui-même énoncée sous la forme de ces deux problèmes : 1° la longueur de l'espace parcouru étant continuellement donnée (c'est-à-dire à chaque moment, *quovis temporis momento*), trouver la vitesse du mouvement à un temps donné quelconque ; 2° la vitesse du mouvement étant donnée, trouver la longueur de l'espace parcouru. « Ainsi, dans l'équation $xx = y$, si $y$ représente, dit Newton, la longueur de l'espace parcouru ou décrit à un temps quelconque, temps que mesure et représente un autre espace $x$, augmentant d'une vitesse uniforme $x$, alors $xx$ exprimera la vitesse avec laquelle dans le même moment l'espace $y$ sera décrit, et *vice versa*. C'est pourquoi j'ai considéré les *quantités comme engendrées par un accroissement continuel, à la manière de l'es-*

---

1. Voyez notre *Histoire de l'astronomie*, p. 413 et suiv.

*pace que décrit un objet quelconque en mouvement*[1]. » —
S'expliquant ensuite sur l'emploi du mot *temps*, Newton
ajoute qu'il entend par là une quantité par l'incrément
(*incremento*) ou fluxion (*fluxu*) de laquelle le temps est
exprimé et mesuré. « J'appellerai, dit-il, *fluentes*, ces
quantités que je considère comme croissant (*crescentes*)
graduellement et indéfiniment; et je les représenterai
par les dernières lettres de l'alphabet *u*, *x*, *y* et *z*, afin de
les distinguer des autres quantités, qui dans les équations
sont considérées comme connues et déterminées, et que
l'on représente par les premières lettres de l'alphabet,
*a*, *b*, *c*, etc. Quant aux vitesses que chacune des fluentes
reçoit du mouvement générateur (vitesse que j'appelle
*fluxion*), je les exprimerai par les dernières lettres de
l'alphabet, surmontées d'un point : $\dot u$, $\dot x$, $\dot y$ et $\dot z$. Ainsi,
pour la vitesse ou fluxion de la quantité *u*, je mettrai $\dot u$,
pour les vitesses de *x*, *y*, *z*, je mettrai $\dot x$, $\dot y$, $\dot z$. » Les valeurs définitives, déduites de la génération graduelle des
quantités, étaient donc pour Newton, non pas des agré-
gations de particules homogènes, mais des résultats de
mouvements continus. D'après cette même conception,
qui du reste n'était pas nouvelle, les lignes sont décrites
par le mouvement des points, les surfaces par le transport des lignes, les solides par le transport des surfaces,
et les angles par le mouvement de leurs côtés. Mais il s'a-
gissait de réaliser cette théorie par le calcul. En cela, il
fut merveilleusement secondé par le développement, qu'il
avait trouvé, des suites infinies et par ce qu'on a depuis
appelé le *binome de Newton*. L'auteur nous a fait lui-même
connaître comment il y était parvenu.

BINOME. — En lisant, à vingt et un ans, le livre de Wallis
*de Arithmetica infinitorum*, Newton avait noté les passages

1. *Hinc fit ut considerem quantitates tanquam genitas continuo incremento, ut spatium, quod corpus aut quælibet res mota describit.*
Newton, etc. (*Opuscula mathematica*, t. I, p. 54, édit. Castillon).

qui lui semblaient devoir être plus particulièrement approfondis. Ainsi Wallis avait donné la quadrature des courbes ayant leurs ordonnées exprimées par une puissance quelconque, entière et positive, de la fonction $1 - x^2$; et il avait vu que si entre les aires des courbes calculées de cette façon on parvenait à insérer des termes intermédiaires qui formassent une progression géométrique, le premier de ces termes deviendrait l'expression approchée de la surface du cercle, en fonction du carré de son rayon. Pour cette interpolation il chercha empiriquement la loi des nombres formant les coefficients des séries déjà obtenues; et lorsqu'il l'eut trouvée, il la généralisa par une formule algébrique. Il put alors s'assurer que cette interpolation lui donnait l'expression en série des quantités radicales, composées de plusieurs termes. C'est ce qu'il vérifia, sous la forme du problème que voici :

« Étant donnée une équation exprimant la relation de deux ou plusieurs lignes, $x$, $y$, $z$, etc., décrites dans le même temps par deux ou plusieurs mobiles A, B, C, etc., trouver la relation de leurs vitesses, $p$, $q$, $r$, etc. *Solution :* Mettez tous les termes d'un seul côté de l'équation, en sorte qu'ils soient $= 0$; multipliez chaque terme par autant de fois $\frac{p}{x}$ que $x$ a de dimensions dans ce terme;

puis multipliez chaque terme par autant de fois $\frac{q}{y}$ que $y$ a de dimensions dans ce terme; enfin, multipliez chaque terme par autant de fois $\frac{r}{z}$ que $z$ a de dimensions dans ce terme, etc.; et la somme de ces produits sera $= 0$, équation qui donne la relation de $p$, $q$, $r$, etc. [1]. »

Les mêmes séries qu'il avait découvertes par une voie indirecte, il les obtint en appliquant directement aux quan-

---

1. *Recueil de diverses pièces*, etc., *par Leibniz, Clarke, Newton*, t. I, p. 97 (Amsterdam, 1740, in-12).

tités proposées les procédés ordinaires pour l'extraction des racines des nombres. C'est ainsi qu'il trouva cette formule si célèbre, connue sous le nom de *binome de Newton*, et d'un usage si fréquent dans l'analyse : $(a+b)^m = a^m + mab + \dfrac{m.\,m-1}{2}\,a^{m-2}\,b^2 + \dfrac{m.\,m-m-2}{2.\quad 3.}\,a^{m-3} b^3 + $ etc.[1].

Reprenant ensuite son mode de génération des quantités, considérant que les *fluentes* sont, en temps égaux, plus ou moins grandes, selon que leurs vitesses de développement, ou *fluxions*, sont plus ou moins rapides, Newton cherche à déterminer leurs valeurs définitives, d'après l'expression de ces vitesses. Et comme dans la génération d'une courbe, d'une surface ou d'un solide par le mouvement, les éléments générateurs (ordonnées, abscisses, longueurs des arcs, volumes, inclinaisons des tangentes et des plans tangents) varient inégalement, mais *solidairement*, et que cette solidarité ou liaison est exprimée par l'équation analytique de la courbe, de la surface ou du solide, Newton pouvait déduire de cette équation les fluxions de tous ces éléments en fonction d'une quelconque des variables, et de la fluxion de cette variable, supposée arbitraire. Ensuite, par le développement en séries, il transformait l'expression générale, ainsi obtenue, en une suite finie ou infinie de termes *monomes*[2], où la règle de Wallis, indiquée plus haut, trouvait son application.

1. Nous avons déjà vu plus haut comment des auteurs antérieurs à Newton avaient trouvé ce qu'on nomme improprement le *binome de Newton*. Chacun peut y arriver naturellement en cherchant à représenter la puissance d'un degré supérieur par la somme des puissances inférieures.

2. Depuis Newton, on appelle *monome* toute quantité qui n'est composée que d'une seule partie ou d'un seul terme comme $ab$, $a^2b$, $a^2b^2$, etc. On l'appelle ainsi pour la distinguer du *binome* (quantité composée de deux parties ou de deux termes, liés par les signes + ou —) ou du *polynome*, quantité composée de plus de deux termes, réunis par les signes + ou —.

L'idée d'appliquer à l'algèbre la théorie des fractions décimales avait suggéré à Newton, comme à Mercator, le développement en séries. Cette relation est si intime « qu'il suffit, remarque Newton, de savoir l'arithmétique et l'algèbre, et d'observer la correspondance qui existe entre les fractions décimales et les termes algébriques continués à l'infini, pour faire les opérations de l'addition, soustraction, multiplication, division et extraction de racines. Car, comme les fractions décimales, les suites infinies ont, quelque compliqués qu'en soient les termes, l'avantage de pouvoir être traitées comme des quantités simples, ou être réduites à une série infinie de fractions dont les numérateurs et les dénominateurs sont des termes simples [1]. »

Toute cette méthode d'analyse, Newton l'avait gardée pour lui jusqu'au moment où parut (en 1668) la *Logarithmotechnia* de Mercator, qui contient le premier exemple de la quadrature d'une courbe (hyperbole), obtenue par le développement de son ordonnée en série infinie. En y reconnaissant le secret de la méthode qu'il s'était créée, Newton se hâta de communiquer à Barrow, son maître et ami, le manuscrit du traité *de Analysi per æquationes numero terminorum infinitas*, dont Collins [2] obtint la permission de prendre une copie. C'est par la date de cette copie, publiée en 1701, après la mort de Collins, que l'on a cru devoir fixer la découverte du développement des fonctions en séries et du calcul des fluxions. Quant à Newton, il ne publia lui-même sa méthode qu'à la fin de la première édition de l'*Optique* (1704) dans deux dissertations, dont l'une est intitulée : *de Quadratura curvarum*, et l'autre : *Enumeratio linearum tertii ordinis;* et ce ne fut qu'en 1711 (année où parut aussi le petit traité : *Methodus differentialis*) qu'il laissa publier, par d'autres,

---

1. *Methodus fluxionum et serierum infinitarum*, dans le tome I des *Opuscula* de Newton, p. 32 (édit. Castillon).

2. John *Collins* (né en 1624, mort en 1683) servit d'abord dans la marine, et se livra plus tard à des travaux de mathématiques. Sa cor-

son *de Analysi per æquationes numero terminorum infi-nitas*, qu'il avait eu, en 1672, l'intention de joindre à une nouvelle édition d'un traité d'algèbre de Kinskhuysen.

L'habitude qu'avait Newton, et qu'il partageait avec beaucoup d'autres savants, de garder longtemps le secret de ses découvertes, fit naître un de ces débats attristants, où la vérité court toujours grand risque d'être obscurcie par la passion.

**Débats entre Leibniz et Newton sur la priorité de l'invention des nouveaux calculs.**

Nous avons vu plus haut que l'analyse infinitésimale existait, pour parler ainsi, depuis longtemps dans l'air[1]. Mais les indices, dont le commun des mortels est incapable de saisir la valeur, n'échappent point au coup d'œil caractéristique des hommes de génie. Leibniz et Newton pouvaient donc, l'un et l'autre, être arrivés, par deux voies différentes, au même foyer de vérité. Voilà l'idée dont il faut se pénétrer pour juger de haut la mémorable dispute qui, vers la fin du dix-septième siècle, s'était élevée entre ces deux grands hommes, dont chacun pouvait, en fin de compte, s'appliquer ce mot de Térence : *Homo sum.*

Leibniz avait entendu parler des résultats inespérés, obtenus par Newton au moyen des suites infinies. Il manifesta donc à Oldenburg, secrétaire de la Société Royale de Londres, avec lequel il était, dès 1670, en correspondance, le désir de les connaître. Sur l'invitation du secrétaire de la savante compagnie, Newton fit, le 23 juin 1676, transmettre à Leibniz une lettre où il donne les expres-

respondance étendue avec les principaux savants de son temps le fit surnommer le *Mersenne anglais.*

1. Les documents qui, dans la première moitié du dix-septième siècle, ont préparé l'analyse infinitésimale, ont été réunis, comme pièces justificatives, par MM. Biot et Lefort à la fin de leur édition du *Commercium epistolicum*, p. 255-281 (Paris, 1856).

sions en séries des puissances binomiales, le développement du sinus par l'arc, et celui des fonctions elliptiques, hyperboliques et circulaires, sans aucune démonstration ni indication de méthode. Leibniz y répondit le 27 août de la même année. Après avoir émis des doutes sur la généralité de cette méthode, il ajoute « qu'il en possède une autre, qui consiste à décomposer la courbe donnée en ses éléments superficiels, et à transformer ces éléments, infiniment petits, en d'autres équivalents, mais appartenant à une courbe où l'ordonnée était exprimée rationnellement en fonction de l'abscisse. » — Dans une autre lettre, datée du 24 octobre 1676, Newton s'empresse de déclarer qu'il possède une méthode tout aussi générale ; « mais je ne puis pas, ajoute-t-il, pousser plus loin l'explication de cette méthode ; j'en ai caché le fondement dans cette anagramme : 6*accdæ*13*eff*713*l*9*n*4*oqrr*4*s*9*tl*2*vx* [1]. »

Leibniz y répondit, le 21 juin 1677, en n'employant ni anagramme ni détours ; il lui exposa franchement la méthode du calcul infinitésimal, à peu près telle qu'il la publia, en 1684, dans les *Acta Eruditorum*. « Ce n'est pas, dit-il, par les fluxions des lignes, mais par les *différences des nombres* que j'y suis parvenu, et en considérant que ces différences, appliquées aux grandeurs qui croissent continuellement, s'évanouissent en comparaison des grandeurs différentes, au lieu qu'elles subsistent dans les nombres [2]. »

Newton non-seulement ne souleva alors aucune contestation, mais, trois ans plus tard, en 1687, il reconnut,

---

1. Le sens de cette anagramme, qui ne révélait du reste rien, était : *Data æquatione quotcunque fluentes quantitates involvente, fluxiones invenire et vice versa.*

2. *Recueil de pièces*, etc., t. I, p. 64. — Dans un manuscrit de Leibniz, signalé par M. Gerhardt, qui a pour titre : *Methodus nova investigandi tangentes linearum curvarum ex datis applicatis*, on voit que l'auteur du calcul différentiel fit, dès le mois d'août 1673 (date de ce manuscrit, signalé par M. Gerhardt), usage d'une méthode générale pour la détermination des tangentes, applicable à toutes les

dans la première édition de son immortel ouvrage (*Philosophiæ naturalis principia mathematica*), les droits de Leibniz en ces termes :, « Dans un commerce de lettres que j'ai eu, dit-il, il y a environ dix ans (par l'entremise d'Oldenburg), avec le très-habile géomètre Leibniz, je lui fis savoir que je possédais une méthode pour déterminer les *maxima* et les *minima*, pour mener des tangentes et effectuer d'autres choses semblables, en termes irrationnels aussi bien qu'en termes rationnels, et cette méthode je la lui cachais sous des lettres transposées qui renfermaient ce sens : *une équation donnée, qui contient des quantités fluentes, trouver les fluxions, et réciproquement.* Cet homme célèbre me répondit qu'il était tombé sur une méthode du même genre, et me la communiqua : elle ne différait de la mienne que dans le mode d'expression, de

courbes. A cet effet, il considère la courbe comme un polygone d'une infinité de côtés, et il y construit ce qu'il appelle le *triangle caractéristique*, entre un arc infiniment petit de la courbe et la différence des ordonnées et des abscisses. — Dans un autre manuscrit, Leibniz désigne les lignes infiniment petites du triangle caractéristique par des expressions, telles que omn. (pour *omne*) $x$ et omn. $y$.; puis, au lieu de omn. (somme) il propose le signe d'intégration, $\int$, depuis lors généralement adopté; enfin, la différentielle $\frac{x}{d}$, il la représente par $dx$ : *idem est*, dit-il, $dx$ et $\frac{x}{d}$, *id est differentia inter duas $x$ proximas.* — Dans un manuscrit du 21 nov. 1675, Leibniz donna l'expression $d(xy)$ comme applicable à toutes les courbes. Après avoir éliminé la différentielle $dx$, la quantité $dy$ qui reste donne la solution du problème proposé. *Ecce*, s'écrie-t-il, *elegantissimum specimen quo problemata methodi tangentium inversæ solvuntur aut saltem reducuntur ad quadraturas.* C'est sans doute à cette *méthode inverse des tangentes* que Leibniz faisait allusion lorsqu'il écrivit à Oldenburg: « Je suis arrivé à la solution d'un autre problème géométrique, d'une difficulté jusqu'ici désespérante. » (Lettre en date du 28 décembre 1675.) — Enfin, dans un manuscrit du 26 juin 1676, Leibniz mentionne la méthode directe des tangentes, et donne la solution du problème de Florimond de Beaune. (J. Gerhardt, *Die Entdeckung der höheren Analysis*, Halle, 1855, p. 56 et suiv.).

notation et de la génération des quantités[1]. » — Cette déclaration, résumant la correspondance dont nous venons de parler, est formelle : Leibniz avait fait connaître sa méthode à Newton ouvertement, loyalement ; tandis que Newton avait caché la sienne sous des caractères transposés dans une lettre d'Oldenburg, dont la Bibliothèque de Hanovre possède l'autographe. « Il aurait fallu, disent avec raison MM. Biot et Lefort, en reproduisant cette lettre dans leur édition du *Commercium epistolicum*, il aurait fallu l'habileté fabuleuse d'Œdipe pour découvrir la méthode des fluxions sous une pareille enveloppe. »

Pendant plus de quinze ans Leibniz développa sa méthode, sans qu'il s'élevât d'aucune part le moindre doute sur ses droits de priorité. Ce ne fut qu'en 1699 que Fatio de Duillier[2] désigna, dans un mémoire, Newton comme le premier inventeur du calcul infinitésimal. « Quant à ce qu'a pu, ajoutait-il, emprunter de lui M. Leibniz, le second inventeur, je m'en rapporte au jugement des personnes qui ont vu les lettres de M. Newton. » Leibniz répliqua en citant ces lettres ainsi que le témoignage que lui avait rendu l'auteur même du livre des *Principes*. C'était la meilleure réponse à faire. Tout rentra dès lors dans le silence jusqu'en 1704.

En cette année parut la dissertation de Newton *Sur les quadratures*, jointe au *Traité d'optique*. Les rédacteurs des *Acta Eruditorum* de Leipzig, en rendant compte de cet ou-

---

1. *Philosophiæ naturalis Principia*, livre II, 7ᵉ proposition; scolie du 2ᵉ lemme.

2. *Fatio de Duillier* (Nicolas), natif de Bâle, vint fort jeune en Angleterre, où il mourut en 1753, à l'âge de quatre-vingt-neuf ans. Dans sa jeunesse, il se livra particulièrement à l'étude des mathématiques, et publia ses recherches dans différents recueils, tels que les *Acta Eruditorum* de Leipzig, la *Bibliothèque universelle de Genève* (1687), les *Transactions philosophiques*, *Gentleman's Magazine*. A l'âge de vingt-quatre ans il fut reçu membre de la Société Royale de Londres. Il devint le chef d'une école mystique, et s'érigea, en 1706, en défenseur des prophètes des Cévennes.

vrage, signalèrent l'analogie qui existe entre le calcul des fluxions et le calcul infinitésimal, publié vingt ans auparavant dans ces mêmes *Actes*. De là un *tolle* général de la part des écrivains anglais. Keill, l'un des plus violents, déclara, dans les *Transactions philosophiques* de Londres, que non-seulement Newton était le premier inventeur de la méthode des fluxions, mais que Leibniz la lui avait volée, en se bornant à changer le nom et la notation. Leibniz fut outré de cette attaque, et assez mal inspiré pour soumettre l'affaire au jugement de la Société Royale, présidée par son rival. Évidemment ce tribunal n'offrait pas toutes les garanties d'impartialité nécessaires. Leibniz ne tarda pas à s'en apercevoir. « On porta, dit-il dans sa *Correspondance*, la Société Royale de Londres à charger certaines personnes d'examiner de vieux papiers sans m'en donner aucune part et sans savoir si je ne récuserois point quelques commissaires comme partiaux. Et sous prétexte du rapport de cette commission[1], on publia un livre contre moi, sous le titre de *Commerce épistolaire*, où l'on inséra de vieux papiers et d'anciennes lettres, mais en partie tronquées, et on supprima celles qui pouvoient déposer contre Newton. Et ce qui est pis, on y ajouta des remarques pleines de faussetés malignes, pour donner un mauvais sens à ce qui n'en avoit point. »

Ce *factum*, intitulé : *Commercium epistolicum de varia Re mathematica inter celeberrimos præsentis sæculi mathematicos, Isaacum Newtonium, Is. Barrow, Jacob. Gregorium,*

---

1. On remarque avec surprise l'absence de toute signature à la suite de ce rapport. Les commissaires, nommés le 16 mars 1712, étaient *Arbuthnot, Hill, Halley, Jones, Machin* et *Burnet*, tous Anglais. On joignit à cette commission, le 20 mars, *Roberts*, Anglais ; le 27, *Bonet*, ministre de Prusse ; le 17 avril, *de Moivre*, réfugié français ; *Astan* et *Brook Taylor*, Anglais. Le rapport a été écrit de la main de Halley. Ainsi, sur les onze commissaires, il n'y avait que deux étrangers, *Bonet* et *Moivre*; ce dernier seul était géomètre. La plupart des commissaires n'avaient d'autres titres scientifiques que d'être les amis de Newton.

*Leibnizium*, etc., parut d'abord à Londres. Newton était complétement aveuglé par son animosité. Non content de faire passer Leibniz pour un plagiaire, il en vint à soutenir que le calcul différentiel était identique avec la méthode des tangentes de Barrow, assertion absurde dans le sens même de Newton, puisque, si le calcul différentiel était identique avec la méthode des fluxions, ce serait non pas Newton, mais son maître Barrow, qui en aurait été le premier inventeur. Il soutenait aussi que, dans le scolie cité du livre des *Principes*, loin d'avoir voulu affirmer les droits de Leibniz, il avait, au contraire, établi la priorité de la méthode des fluxions. La mort même de Leibniz, arrivée à la fin de 1716, ne put arrêter ce débordement de fiel; car, presque immédiatement après, Newton fit imprimer deux lettres manuscrites de son défunt rival, en les accompagnant d'une critique amère et dont il présentait la publication comme ayant été retardée par un sentiment de commisération. Puis, en 1722, il fit donner une nouvelle édition du *Commercium epistolicum*, précédée d'une préface très-partiale. Enfin, en 1725, il fit ôter de la troisième édition de ses *Principes* le fameux scolie qu'il avait d'abord essayé d'interpréter à son avantage.

Après la mort même de Newton, la querelle continua. Elle avait été tellement envenimée de part et d'autre par les disciples de Newton et de Leibniz, qu'il fut, durant plus de cent cinquante ans, presque impossible de saisir la vérité. Ce n'est que de nos jours, après l'exhumation de nombreuses pièces inédites, impartialement confrontées avec les deux éditions du *Commercium epistolicum*, que la lumière, longtemps obscurcie par les passions de l'amour-propre et de l'orgueil, a pu se faire jour. Il est hors de doute que Newton a inspiré et dirigé la publication du *Commercium epistolicum*, si même il n'y a pris une part plus immédiate. Quant aux *variantes*, la *Recensio* et l'avis *Ad lectorem*, introduits dans l'édition de 1722, six ans après la mort de Leibniz, c'est Newton seul qui en est l'auteur. Leibniz s'était proposé de publier aussi un *Commercium epistolicum;* car il écrivait le 25 août 1714 à Chamberlayne : « Puisqu'il semble qu'on a encore des lettres qui me regardent parmi celles de M. Oldenburg et M. Collins, qui n'ont pas été publiées, je souhaiterais que la Société Royale voulût donner ordre de me les communiquer. Lorsque je serai de retour à Hanovre (il était alors à Vienne), je pourrai publier aussi un *Commercium epistolicum* qui pourra servir à l'histoire littéraire. Je serai disposé à ne pas moins publier les lettres qu'on peut alléguer contre moi, que celles qui me favorisent, et j'en laisserai le jugement au public. » La fin d'une vie troublée ne permit pas à Leibniz d'accomplir son projet.

MM. Biot et Lefort ont donné, en 1856, une nouvelle édition du *Commercium epistolicum,* en y joignant toutes les pièces nécessaires à une appréciation impartiale de la question. Or, voici les conclusions auxquelles sont arrivés ces deux juges, parfaitement compétents : « Pour les commissaires (chargés du choix et de la transcription des pièces insérées dans le *Commercium epistolicum*), il ne s'agissait pas seulement de faire triompher les droits de Newton comme inventeur de 'la méthode des fluxions, il fallait encore effacer les titres de Leibniz à l'invention analogue et indépendante du calcul différentiel. On ne peut dire que, pour assurer ce résultat, les transcriptions soient infidèles; mais les citations sont souvent incomplètes, tronquées, faites uniquement pour le besoin de la cause, et les textes sont quelquefois détournés de leur sens propre par les notes anonymes qui les accompagnent. D'ailleurs tous les matériaux sont mis en œuvre avec tant d'art, avec tant d'habileté, qu'on devine sans beaucoup de peine le génie supérieur qui conduisait l'action sans vouloir paraître personnellement sur la scène. Si la publication du *Commercium epistolicum* en 1712 fut une œuvre de parti, que dire de sa réimpression en 1722,

six ans après la mort de Leibniz? Dans cette prétendue
réimpression le nouvel éditeur corrige, ajoute, retranche, interpole, commente; et la passion l'aveugle au
point qu'il écrit, sans l'y voir, sa propre condamnation
dans l'étonnante pièce qui résume le livre auquel elle
sert de préface. Rien n'établit que les membres survi-
vants de 1712 aient pris part à cette publication dé-
loyale : les documents nouvellement mis au jour ne dé-
noncent que la main de Newton, et la main de Keill
conduite par Newton. C'est assez pour la mémoire des
commissaires d'avoir à porter le poids d'un rapport qu'ils
n'ont pas osé signer publiquement.... Si ces commissaires avaient apprécié à leur juste valeur la puissance
de l'abstraction, le secours de l'algorithme, la force des
équations différentielles, ils auraient vu qu'il ne pouvait
y avoir là ni premier ni second inventeur. Ils auraient
déclaré que Newton était maître de la méthode des
fluxions avant que Leibniz fût en possession du calcul
différentiel; ils auraient reconnu hautement que l'invention de Leibniz était indépendante de celle de Newton
et l'avait précédée comme publication [1]. »

### Adversaires du calcul différentiel.

Leibniz, ce grand philosophe géomètre, avait alarmé
bien des mathématiciens par l'introduction définitive de
l'infini dans une science qui de tout temps s'enor-
gueillissait de l'exactitude de ses procédés. Il mit le
comble à ces alarmes en établissant des infiniment petits
d'infiniment petits ou de second ordre, puis des infiniment
petits de troisième ordre, etc., également négligeables
par rapport aux infiniment petits du premier ordre. Aussi
vit-il de tous côtés surgir des adversaires.

---

1. *Commercium epistolicum de analysi promota*, p. 285 et suiv.
(*Conclusion* de MM. Biot et Lefort.)

Le Hollandais *Nieuwentyt* (né en 1654, mort en 1718),
plus théologien que géomètre, attaqua le premier le nouveau calcul dans ses *Considerationes circa analysis ad
quantitates infinite parvas applicatæ principia*, Amsterdam,
1694, in-8. « Ce calcul, disait-il, est faux, parce qu'on y
considère comme égales des grandeurs qui n'ont qu'une
différence infiniment petite, il est vrai, mais néanmoins
réelle. » L'objection ne manquait pas d'être embarrassante :
de ce qu'on est maître de rendre une erreur aussi petite
que possible, il ne s'ensuit pas qu'on puisse la rendre
absolument nulle; et la formule $\dfrac{0}{0}$ n'apprend rien du tout.

Aussi la réponse de Leibniz ne fut-elle pas d'abord satis-
faisante : en regardant les quantités infiniment petites
comme des *incomparables*, dans le rapport d'un grain de
sable à tout le globe terrestre, il portait atteinte à la
certitude de son calcul. Et, en effet, ainsi envisagée,
l'analyse infinitésimale ne serait plus qu'une méthode
d'approximation. Mais dans son supplément de réponse
Leibniz montra que ce qu'il appelle les différences respectives de l'abscisse et de l'ordonnée ne sont en réalité que
des *rapports entre des quantités finies*, rapports qui peuvent être représentés par les ordonnées d'une courbe ; et
comme celles-ci — à moins que cette nouvelle courbe ne
dégénère en une ligne parallèle à l'axe — ont leurs différences, ces différences seront les secondes des ordonnées
de la première courbe, et ainsi des troisièmes et des qua-
trièmes, etc. Nieuwentyt, non content de cette réponse
supplémentaire, répliqua, en 1696, par un nouvel écrit
(*Considerationes secundæ*, etc.), qui cette fois ne contenait
que des absurdités.

L'abbé de *Catelan*, cartésien zélé, chercha aussi à obscurcir le mérite du calcul infinitésimal. Dans un petit
avertissement de sa *Logistique universelle* (1692), il s'attachait à montrer qu'il valait mieux s'en tenir au dévelop-

pement des principes posés par Descartes, que chercher de nouvelles méthodes. C'était là une manière de voir personnelle, qui pouvait à la rigueur se défendre. Mais on est indigné de voir que la *Logistique* de Catelan, opuscule agressif, n'est au fond que la reproduction du calcul différentiel, maladroitement déguisé sous une notation incommode et embarrassante.

Dettlef *Cluvier* attaqua également le nouveau calcul, sans s'appuyer sur des arguments sérieux. C'est le même qui traitait Archimède de rêveur et qui prétendait (*Acta Erudit. Lips.*, ann. 1694) réduire le problème de la quadrature du cercle au problème suivant : *construere mundum divinæ menti analogum.* Leibniz essaya de le mettre aux prises avec Nieuwentyt. C'était une petite malice, parfaitement permise à l'illustre philosophe.

En Angleterre, le calcul des fluxions eut pour adversaires, entre autres, le célèbre philosophe *Berkeley.*

Newton n'a pas fait, à proprement parler, de disciples. *Fatio* et *Keill*, comme *Cotes, Moivre, Taylor* et même *Maclaurin*, ne sauraient balancer les Bernoulli et Euler en Allemagne, les d'Alembert, Clairaut, Lagrange en France. Sous le souffle de Leibniz, on voit naître toute une génération de mathématiciens habiles en Allemagne et en France, comme étaient nés en Italie Torricelli, Viviani, Cavalieri, Ricci, sous l'inspiration de Galilée, et, en Hollande, Schooten, Huygens, Hudde, Sluze, au contact de Descartes. N'oublions pas de rappeler que Newton luimême, au lieu d'appliquer son calcul des fluxions au développement des vérités géométriques, employait encore les anciennes méthodes dans son ouvrage des *Principes mathématiques de la philosophie naturelle,* et que ses plus grandes découvertes ne se sont propagées sur le continent que grâce aux efforts des géomètres pour les traduire dans la langue de Leibniz. « N'est-ce pas là, s'écrient avec raison les éditeurs du *Commercium epistolicum*, un grand titre de gloire pour l'inventeur du calcul différentiel, et une preuve irrécusable de la force et de la fécondité toute spéciale de l'invention ? »

Un mot maintenant sur ceux qui ont le plus contribué à perfectionner et à propager le calcul différentiel ou infinitésimal.

### Partisans du calcul différentiel.

Jacques *Bernoulli* (né à Bâle en 1654, mort en 1705) partagea d'abord les préventions de tous les mathématiciens de son temps contre le nouveau calcul. Mais la solution de divers problèmes lui fit changer de manière de voir. Ainsi, dans un article *Sur la ligne isochrone* (publié dans les *Acta Eruditorum*, avril 1689), Leibniz montra qu'un corps pesant peut, avec un certain degré de vitesse acquise par sa chute de quelque hauteur que ce soit, descendre du même point par une infinité de lignes isochrones qui sont toutes de même espèce et qui ne diffèrent entre elles que par la grandeur de leurs paramètres : ces courbes sont des paraboles, appelées *secondes paraboles cubiques*. Il montra aussi la manière de trouver une ligne par laquelle un corps pesant, venant à descendre, s'éloignera ou s'approchera uniformément d'un point donné. Leibniz avait donné ces problèmes synthétiquement, sans en donner l'analyse. Celle-ci fut donnée par *Jacques Bernoulli*, dans les *Acta Erud.* (ann. 1690) et par *Varignon*[1], dans les *Mém. de l'Acad. des sciences* de Paris, ann. 1699. L'un et l'autre se servirent à cette occasion du calcul différentiel.

1. Pierre *Varignon* (né à Caen en 1654, mort à Paris en 1722), professeur au Collége de France, s'était rendu célèbre par son *Projet d'une nouvelle mécanique* (Paris, 1687, in-4), suivi de la *Nouvelle mécanique ou statique* (Paris, 1725, 2 vol. in-4). Toute la statique de Varignon est déduite d'un principe unique, que l'auteur emploie pour résoudre un grand nombre de problèmes. Ce principe, déjà entrevu par Stevin, est celui de la composition du mouvement, étendu à l'équilibre.

L'un des premiers Jacques Bernoulli fit usage de la *méthode inverse du calcul différentiel*, connue depuis sous le nom de *calcul intégral*. Et il publia, dans les mêmes *Acta Erudit.* (ann. 1691), un *Essai de calcul différentiel et intégral*, où il donne toutes les règles pour déterminer les tangentes, les points d'inflexion, les rayons de la développée, les aires, les rectifications de toutes les courbes à ordonnées, soit **parallèles**, soit convergentes. A cette occasion il découvrit, rapporte Montucla, une propriété remarquable de la *spirale logarithmique* : c'est que, nonseulement sa développée, mais encore ce qu'il appelle son *antidéveloppée*, sa caustique, soit par réflexion, soit par réfraction, le point rayonnant étant au centre, sont de nouvelles spirales logarithmiques, égales et semblables à la première. Cette espèce de renaissance perpétuelle de la logarithmique lui fit autant de plaisir qu'en avait fait autrefois à Archimède la découverte du rapport de la sphère au cylindre, et, à l'exemple du grand géomètre grec, Bernoulli voulut qu'on gravât sur son tombeau une spirale logarithmique, avec ces mots : *Eadem mutata resurgo*, résurrection en quelque sorte figurée par la propriété d'une courbe perpétuellement renaissante.

C'est à Jacques Bernoulli qu'on doit la théorie du *Calcul exponentiel*, branche importante du calcul intégral. Le calcul exponentiel est fondé sur cette considération que le logarithme de $x^n$ est $n$ log. $x$, et que la différentielle d'un logarithme, par exemple du log. de $x$, est $\dfrac{dx}{x}$. Les courbes *exponentielles* participent de la nature des algébriques et des transcendantes : des premières, parce qu'il n'entre dans leur équation que des quantités finies, et des dernières, parce qu'elles ne peuvent pas être représentées par une équation algébrique. Les travaux de Jacques Bernoulli ont paru en deux volumes in-4, à Genève, en 1744.

Son frère, *Jean*, dont nous parlerons plus loin, vint à

Paris en 1691, et pendant le séjour qu'il y fit, il se lia d'amitié avec le marquis de l'Hôpital, très-désireux de s'initier au nouveau calcul. Ce fut pour lui qu'il écrivit les *Leçons du calcul différentiel et intégral*, qu'on lit dans le troisième volume de ses Œuvres.

Le marquis *de l'Hôpital* (né à Paris en 1661, mort en 1704) renonça au service militaire pour se livrer tout entier à son goût pour les mathématiques. C'est lui qui fit connaître en France les nouveaux calculs par son ouvrage intitulé : *Analyse des Infiniment petits*, Paris, 1696, in-4, dont la dernière édition (que nous avons sous les yeux) est de 1768, in-8. Varignon y ajouta des *notes* et des *éclaircissements* (Paris, 1725, in-4). Quant au commentaire de Crouzas, il fut vivement critiqué par Bernoulli.

Montucla raconte que le calcul infinitésimal faisait alors assez de bruit parmi les Parisiens pour donner lieu à un vaudeville et à un air intitulés : *les Infiniment petits*, où l'on plaisantait sur la frêle santé du marquis de l'Hôpital, en même temps qu'on représentait la marquise comme peu favorable à la nouvelle méthode. On a vu comment, dans l'antiquité, le géomètre Méton fut traduit sur la scène par Aristophane.

L'invasion de l'analyse infinitésimale n'empêcha pas un certain nombre de géomètres de rester fidèles aux anciennes méthodes et d'arriver de leur côté à des découvertes remarquables. Il suffit de nommer Lahire, Huygens et Tschirnhausen.

# CHAPITRE III.

## DIX-HUITIÈME SIÈCLE.

En suivant pas à pas le mouvement progressif des mathématiques, on voit se dégager, de plus en plus nettement, les véritables caractères de l'*Analyse* et de la *Géométrie*. Bien que ces deux branches de la science soient distinctes l'une de l'autre, elles se prêtent sans cesse un mutuel appui et se confondent dans leurs applications.

On remarquera que la division des mathématiques modernes en *Analyse* et en *Géométrie* est purement artificielle, puisqu'il est rare qu'un analyste ne soit pas en même temps géomètre, et *vice versa*; elle semble aussi laisser entièrement de côté la *Théorie des nombres* et en général les *spéculations arithmétiques*, qui jouaient un si grand rôle dans les mathématiques de l'antiquité et du moyen âge. Néanmoins, cette division ayant été introduite dans l'enseignement, nous l'adopterons ici.

## 1. — ANALYSE.

Au premier rang des mathématiciens qui, par la création de méthodes nouvelles ou par le perfectionnement des anciens moyens d'analyse, ont le plus contribué à agrandir le domaine de la science, nous citerons, suivant l'ordre chronologique, les Bernoulli, Rolle, Parent, Riccati, Cotes, Maclaurin, Euler, Lambert, d'Alembert, Nicole, Cramer, Clairaut, Bezout, Condorcet, Lagrange, etc.

**Les Bernoulli.** — *Calcul des probabilités.* — *La chaînette.*
*La brachistochrone.* — *Les isopérimètres.*

*Bernoulli* est un nom commun à une célèbre famille
de savants, d'origine suisse, dont les principaux membres sont les deux frères *Jacques* et *Jean* Bernoulli, nés
à Bâle. Nous avons déjà dit un mot du premier. Nous ne
ferons donc ici que compléter l'analyse de ses travaux, qui
parurent après sa mort sous le titre de *Jacobi Bernoullii
Basileensis opera*, Genève, 1744, 2 vol. in-4. On recherche
surtout l'édition qu'il a donnée de la [*Géométrie* de Descartes, avec des notes très-curieuses, la lettre à son frère
(Jean Bernoulli) sur les isopérimètres (*Epistola ad fra-
trem suum Joh. B.* etc., Bâle, 1700, in-8) et son traité
des probabilités (*Ars conjectandi*, Bâle, 1713, in-4, reproduit dans Jean Bernoulli, *Opera*, t. IV, p. 28).

Depuis Pascal et Fermat, les géomètres qui se sont
occupés du *calcul des probabilités* ont considéré la *certitude* comme un *tout* et les *probabilités* comme les *parties*
de ce tout. Mais ce qui complique la question, ce sont les
conflits qu'on voit naître tous les jours entre les juge-
ments des hommes. De là des disputes qui s'élèvent de
toute part; elles finiraient cependant bientôt, si chacun,
suivant sa pente, n'était pas tenté de regarder comme
certain ce qui n'est que probable, et si tous voulaient, avec
une égale impartialité, écouter et peser les raisons pour
et contre, sans écouter leurs désirs ou sentiments per-
sonnels.

On s'était d'abord demandé si une *probabilité* pouvait,
comme une série, s'accroître à l'infini, et devenir, par suite
de ses accroissements, une probabilité finie. Mais on a remarqué aussitôt qu'il y a des augmentations qui, quoique
poussées à l'infini, ne font pourtant qu'une somme finie;
par exemple, si la première expérience donnait une probabilité qui ne fût que $\frac{1}{3}$ de la certitude, la seconde une cer-

titude qui ne fût que le *tiers de ce tiers* ou $\frac{1}{9}$, la troisième une probabilité qui ne fût que le tiers de la seconde ou $\frac{1}{27}$, et ainsi de suite à l'infini, il serait aisé de démontrer, par le calcul, que toutes ces probabilités réunies ne donnent qu'une demi-certitude; de sorte qu'on aurait beau faire une infinité d'expériences, on n'arriverait jamais à une certitude qui se confondît avec la certitude morale, ce qui pourrait faire conclure que l'expérience est inutile et que le passé ne prouve rien pour l'avenir. Voilà ce qu'on avait objecté contre l'accroissement indéfini de la *probabilité* pour atteindre la *certitude*.

À cette objection très-grave, Bernoulli répondit par son traité *de Arte conjectandi*. Il déclare d'abord que le problème ainsi posé est aussi difficile que celui de la quadrature du cercle; puis il montre que la probabilité, qui naissait de l'expérience, croît de manière à approcher indéfiniment de la certitude; enfin il détermine par le calcul combien de fois il faudrait répéter l'expérience pour arriver à un degré assigné de probabilité. A cet effet, il suppose une urne pleine de boules blanches et de boules noires, et il veut s'assurer expérimentalement combien il y a de boules blanches et combien il y en a de noires. Qu'on suppose, par exemple, comme probable qu'il y a deux noires sur trois blanches. J. Bernoulli trouve que, pour que cette probabilité l'emporte mille fois sur toute autre supposition, il faut avoir tiré de l'urne 25 550 boules, et que, pour que cela soit deux mille fois plus probable, il faut avoir fait 31 258 tirages; qu'il en faut 36 960, pour que cela devienne sept mille fois plus probable, etc. Il démontre ainsi que *l'expérience du passé est un principe de probabilité pour l'avenir*, et que plus le nombre des faits (physiques), des actes (moraux) ou des événements (politiques) à comparer augmente, plus la probabilité approche de la certitude.

Toujours à la recherche de nouveaux problèmes, Jacques Bernoulli renouvela, peu de temps après qu'il eut résolu le problème de la courbe *isochrone paracentrique* [1], proposé par Leibniz, le fameux problème connu sous le nom de la *chaînette*, qui avait déjà exercé la curiosité de Galilée et d'autres géomètres, sans parvenir à le résoudre. Il s'agissait de trouver la courbure que prendrait une chaîne ou une corde infiniment déliée, si elle était suspendue lâchement à ses extrémités. La solution exigeait les ressources des nouvelles méthodes d'analyse. Leibniz, Huygens et David Gregory entrèrent en lice : ils envoyèrent leurs solutions. J. Bernoulli montra lui-même, dans ses *Lectiones calculi integralis* (t. III, p. 386 de ses Œuvres), que la chaînette est une courbe mécanique ou transcendante, que sa construction rentre dans la quadrature de l'hyperbole, et que, de toutes les courbes de même longueur et de même base, c'est celle dont le centre de gravité est le plus bas. A cette question se rattachèrent d'autres problèmes, tels que celui de la *lintéaire* ou de la courbure d'un linge rempli d'un liquide ; celui de la *voilière*, ou de la courbure d'une voile ou d'une surface infiniment flexible, qui, arrêtée de deux côtés, sera enflée par le vent, etc.

Jean *Bernoulli* (né à Bâle en 1667, mort en 1748) était de treize ans plus jeune que Jacques [2]. La rivalité qui régnait entre les deux frères tourna au profit de la science : leurs travaux se confondaient en quelque sorte. Parmi les problèmes qu'il proposa, on remarque celui de la *brachistochrone* (de βραχὺς, court, et χρόνος, temps) ou de la plus courte de descente. « Deux points, qui ne sont ni dans la même perpendiculaire, ni dans la même hori-

---

1. Leibniz lui avait donné ce nom, parce qu'il s'agissait de trouver « le long de quelle courbe un corps doit tomber, afin qu'il s'éloigne d'un point donné proportionellement au temps. »

2. Jean Bernoulli, ami de Leibniz comme son frère Jacques, s'était occupé non-seulement de mathématiques, mais de physique et de chimie. Il fut pendant quelque temps professeur à l'université de Groningue. Ses travaux ont été publiés sous le titre de *Joannis Bernoullii Opera omnia*, en 4 vol. in-4, Lausanne et Genève, 1742.

zontale, étant donnés, il s'agit de trouver la ligne le long de laquelle un corps roulant de l'un à l'autre y emploierait le moins de temps possible. » Cette ligne n'est pas, comme on pourrait le croire, la droite menée d'un point à un autre ; car le temps qu'un corps emploie à tomber d'un point à l'autre n'est pas en raison simple de la longueur du chemin qu'il parcourt ; pour déterminer ce temps, il faut tenir compte de la pesanteur qui est un mouvement uniformément accéléré, de l'inclinaison de la ligne le long de laquelle se meut le corps, de la vitesse avec laquelle le chemin est parcouru, et surtout des points de la ligne où le corps commence à se mouvoir. Jean Bernoulli accorda, vers la fin de 1696, un délai de six mois aux géomètres qui voudraient travailler à résoudre ce problème dont s'était occupé Galilée. Leibniz, Newton et Jacques Bernoulli le résolurent, presque en même temps, par des méthodes particulières qui s'éloignent des moyens d'analyse ordinaires. La *cycloïde* était la courbe cherchée, à laquelle on avait déjà reconnu la propriété du *tautochronisme*, c'est-à-dire la propriété de procurer à un corps des *chutes d'égale durée*, de quelque point que parte ce corps. A la suite de ce problème, Jean Bernoulli en proposa d'autres, du même genre, et encore plus difficiles [1].

Le problème des *isopérimètres* (figures comprises sous des circonférences égales) amena entre les deux frères rivaux une vive discussion, dont rendirent compte le *Journal des Savants* de 1698 et les *Acta Eruditorum* de 1700 [2]. De tous les polygones *isopérimètres*, compris sous la même circonférence (périmètre), le cercle est celui qui a la plus grande surface. De deux triangles *isopérimètres*, qui ont même base, et dont l'un a deux côtés égaux et l'autre deux côtés inégaux, le plus grand est celui dont les côtés sont égaux. Entre les figures *isopérimètres*, qui ont un même

---

1. Montucla, *Histoire des mathématiques*, t. II, p. 477 et suiv.
2. Bossut, *Histoire générale des mathématiques*, t. II, p. 33 et suiv.

nombre de côtés, celle-là est la plus grande, qui est équilatérale et équiangle. De là résulte, entre autres, la solution de ce problème : « faire 'que les haies qui enceignent une quantité déterminée d'arpents de terre, servent à enceindre un nombre d'arpents de terre plus grand. » Tant qu'il ne s'agit que de figures isopérimètres rectilignes, la question est aisée ; mais elle devient difficile pour les figures isopérimètres curvilignes. La solution du problème des isopérimètres, donnée par Jean Bernoulli, fut imprimée, en 1706, dans les *Mémoires de l'Académie des sciences de Paris*. Son frère Jacques lui reprochait d'être inexacte ; de là une violente polémique. Après la mort de son frère, Jean convint, dans un nouveau mémoire (imprimé en 1718), qu'il manquait, en effet, quelque chose à sa solution. Euler traita plus tard la même question.

Nicolas *Bernoulli*, né à Bâle en 1695, fils aîné de Jean, suivait les traces de son père, lorsqu'il mourut à trente-sept ans. Il a publié diverses notices dans les premiers volumes des *Acta Eruditorum* de Leipzig, entre autres sur la question qu'il résolut le premier et qui consistait à trouver une courbe dont l'aire fût égale à une certaine fonction donnée des coordonnées.

Daniel *Bernoulli* (né à Groningue en 1700, mort à Bâle en 1782), fils cadet de Jean, réunissait la connaissance des mathématiques à celle de la médecine et de l'histoire naturelle. Il s'occupait principalement des questions de mécanique et d'acoustique.

La correspondance que les frères Bernoulli entretenaient avec presque tous les savants de leur époque est d'une lecture aussi intéressante qu'instructive. Aussi leur *Commercium epistolicum*, dont on a donné différentes éditions, est-il très-recherché [1].

1. Voy. R. Wolf, *Matériaux divers pour l'histoire des mathématiques*, dans le *Bullettino di Bibliografia*, etc., de M. B. Buoncompagni, t. II, juillet 1869, p. 318 et suiv.

**Rolle.** — *Méthode ou calcul des cascades.* — **Parent.**
**Riccati.** — *Intégration des équations différentielles.*

Michel *Rolle* (né à Ambert le 21 avril 1652, mort le 8 octobre 1749 à Paris) eut, dans sa jeunesse, bien des obstacles à vaincre pour suivre son penchant inné pour les sciences exactes ; fortifié par une vie de travail et d'abnégation, il trouva enfin son heure. Ozanam venait, en guise de défi, de proposer un problème des plus difficiles[1]. Rolle en donna la solution avec une sagacité qui lui valut la faveur de Colbert, de ce grand ministre qui avait partout, suivant le mot de Fontenelle, « des espions pour découvrir le mérite caché. » Il fut un des membres les plus laborieux de l'Académie des sciences. Outre de nombreux mémoires, on a de lui : un *Traité d'algèbre* (Paris, 1696, in-4), et *Démonstration d'une méthode nouvelle pour résoudre les égalités* (équations) *de tous les degrés*, etc., 1692, in-12.

La méthode de Rolle reçut le nom de *Méthode des cascades*, parce qu'on approche de la valeur de l'inconnue par des équations successives qui vont toujours en baissant ou en tombant d'un degré. Malheureusement, Rolle, « qui avait le génie de l'algèbre, » ne fut guère compris des mathématiciens, parce qu'il se servait d'un langage et d'une notation qui lui étaient propres. Sa méthode tomba donc bientôt dans l'oubli. On y revint, mais sous un autre nom, dans la doctrine des *Dérivés*.

Antoine *Parent* (né à Paris en 1666, mort en 1715) se livra tout entier à son goût pour les mathématiques ap-

1. Jacques *Ozanam* (né en 1640 à Bouligneux, principauté de Dombes, mort à Paris en 1717), que Mademoiselle, souveraine de la principauté de Dombes, appelait l'honneur de sa Dombes, s'est rendu célèbre par ses *Récréations mathématiques* (Paris, 1694, 2 vol. in-8), sa *Nouvelle trigonométrie* (ibid., 1698, in-12) et ses *Nouveaux éléments d'algèbre* (Amsterdam, 1702, in-8), dont Leibniz faisait grand cas.

pliquées. Il représenta pour la première fois, en 1700, une surface courbe par une équation entre trois variables, et contribua ainsi à développer la géométrie analytique à trois dimensions. Ses *Recherches de physique et de mathématiques* (Paris, 1713, 3 vol. in-12) traitent de questions très-intéressantes, telles que l'équation de la sphère et de son plan tangent, la détermination des coordonnées *maxima* et *minima* dans certaines sections de la sphère, les équations de diverses surfaces du troisième degré et des courbes à double courbure, passant par les points auxquels répondent des ordonnées *maxima* et *minima*, la double génération, par une droite, de l'hyperboloïde à une nappe de révolution, etc.[1]. On lui doit aussi la solution d'un très-utile problème de mécanique. Ayant remarqué que, si dans une machine la disposition des parties est telle que la vitesse du poids *moteur* devienne plus grande ou plus petite, suivant que celle du poids *mû* devient, au contraire, plus petite ou plus grande, il existe un certain rapport entre les deux vitesses, pour que l'effet de la machine soit un *maximum* ou un *minimum*, il démontra que le *maximum* d'effort a lieu dans les roues hydrauliques, mues par le choc de l'eau, lorsque la vitesse de la roue est le tiers de la vitesse du courant[2].

On a reproché à Parent l'obscurité et la négligence de son langage.

Le comte Jacques *Riccati* (né en 1676 à Venise, mort en 1754) et ses deux fils, *Vincent* (né en 1707, mort en 1775) et *Giordano* (né en 1709, mort en 1790), s'étaient, comme les Bernoulli, beaucoup occupés à perfectionner le calcul intégral ou *l'intégration des équations différentielles de tous les ordres*. Jacques Riccati est un de ces rares exemples d'hommes qui préfèrent aux places et aux honneurs la paix de leur intérieur et le culte pur de la

---

1. M. Chasles, *Aperçu historique*, etc., p. 138 et 242.
2. Bossut, *Histoire générale des mathématiques*, t. II, p. 59.

science. Suivant la mode du temps, il proposa aux géomètres, sous forme de problème, l'intégration, fort simple en apparence, d'une équation différentielle du premier ordre, à deux variables. Aucun des concurrents, parmi lesquels étaient Nicolas et Daniel Bernoulli, ne parvint à intégrer l'équation dans sa généralité. Mais on trouva un grand nombre de cas où les indéterminées sont séparables, et où conséquemment l'équation s'intègre par les quadratures des courbes. Le cas particulier que signala J. Riccati, porte le nom d'*équation de Riccati*.

Les œuvres de J. Riccati ont été publiées après sa mort (*Opere*, Trévise, 1758, 4 vol. in-4). Ses fils se sont principalement livrés à l'étude de la mécanique. Vincent Riccati a publié : un traité *De seriebus recipientibus summam generalem algebraïcam*, etc., Bologne, 1756, in-4 ; *Institutiones analyticæ collectæ*, ibid., 1765-1767, 3 vol. in-4, et *Opuscula ad res physicas et mathematicas pertinentia*, ibid., 1752-1762, 2 vol. in-4. On y trouve d'intéressantes études sur le calcul intégral.

**Taylor.** — *Méthode des incréments. Théorème de Taylor.*
**Cotes. — Moivre. — Maclaurin. — Stewart.**

Brook *Taylor* (né en 1685, mort à Londres en 1731) était un des disciples les plus ardents de Newton. Il débuta, en 1708, par un mémoire *Sur les centres d'oscillation*, bientôt suivi des mémoires *Sur l'ascension de l'eau entre deux surfaces planes*, et *Sur le problème de la corde vibrante* (insérés dans les *Transactions philosophiques* de Londres), auxquels il faut ajouter un traité, intitulé : *Nouveaux principes de perspective* (trad. en français, Amsterdam, 1757, in-8).

Mais le travail le plus important de Taylor (devenu très-rare) et qui lui a donné une grande célébrité, a pour titre : *Methodus incrementorum directa et inversa* (Lond., 1717,

118 pages in-4). Le fondement de la méthode de Taylor
se trouve exposé dans un court Avis au lecteur, que nous
croyons devoir traduire presque intégralement. « Dans
cette *méthode des incréments* je considère, dit l'auteur, les
quantités comme augmentées par des incréments ou
comme diminuées par des décréments (*incrementis auctas
vel decrementis imminutas*), et avec les rapports donnés des
intégrales je cherche les rapports des incréments, et inversement, avec les rapports donnés des incréments je
cherche les quantités intégrales elles-mêmes. L'utilité de
cette méthode saute aux yeux, surtout pour expliquer la
méthode des fluxions de Newton.... Une méthode semblable, mais moins générale, avait été déjà tentée d'abord
par les anciens (méthode d'exhaustion), puis par Cavalieri et Wallis (méthode de sommation). Pour déterminer
la grandeur des figures, les anciens inscrivaient et cir-
conscrivaient des figures composées de parties finies et
connues, puis ils augmentaient le nombre de ces parties
et ils en diminuaient la grandeur, jusqu'à ce que la différence entre leur somme et la figure cherchée fût moindre
que toute quantité donnée. Cavalieri et d'autres, plus modernes, ont considéré ces parties comme diminuées à l'infini. Mais tous ces hommes, en considérant la genèse des
quantités par des additions de parties, n'ont pas tenu suffisamment compte de cette rigueur, ἀκριβεία, dont pouvaient se glorifier les géomètres anciens. Car, pour que la
méthode des modernes fût exacte, il faudrait que les parties naissantes fussent en quelque sorte prime-sautières,
*primæ nascentes*. Or, de pareilles parties n'existent point
dans la nature des choses; on n'y voit que les rapports
primes des parties naissantes (*primæ relationes partium
nascentium*). Voilà pourquoi Newton, laissant de côté les
grandeurs des parties, ainsi que leurs sommes, a introduit les rapports ultimes des parties évanouissantes et les
rapports primes des parties naissantes, et c'est là-dessus
qu'il a fondé son analyse. En réunissant les rapports primes

des incréments naissants et les rapports ultimes des évanouissants, on accommode tous les résultats de la méthode
des incréments avec la méthode des fluxions, et on évite
ainsi toute considération de l'infini ou de l'indéfini, pour
me servir du langage de quelques-uns. Car, dans la méthode des fluxions, pour que les résultats soient parfaitement exacts, les parties ou incréments doivent être conçus,
non pas comme infiniment petits, mais comme réellement
nuls. En effet, les rapports primes ou premiers n'appa-
raissent qu'au moment même où les quantités commen-
cent à naître ; quand une fois ils ont pris naissance, ils
cessent d'être premiers. Pareillement, les rapports ultimes ou derniers cessent d'être dès que les quantités s'é-
vanouissent ou deviennent nulles. »

La méthode de Taylor, exposée assez obscurément, n'est,
au fond, que le *Calcul des différences finies*, où, en allant
de différences en différences, on arrive à des quantités
(incréments évanouissants) dont la différence ou le rapport
est nul. C'est par là qu'on aurait dû passer avant d'arriver au calcul différentiel et intégral ; ou plutôt, on devrait,
suivant l'auteur, abandonner ce dernier comme manquant
de rigueur, et revenir au calcul des différences finies. Le
célèbre *théorème de Taylor* est la généralisation de la formule du binôme de Newton et de la série de Maclaurin. Il
a pour but de développer en série le changement que subit
une fonction quelconque, lorsqu'on fait croître les variables.

Le *Methodus incrementorum* était particulièrement dirigé
contre l'analyse de Leibniz. Aussi Jean Bernoulli en fut-il
vivement blessé, et dans son emportement il ne rendit pas
à Taylor toute la justice qu'il méritait. Et comme Taylor,
admirateur de Newton, était non moins irascible que
J. Bernoulli, admirateur de Leibniz, il en résulta une
violente polémique qui ne fut pas cependant sans profit
pour la science. Dans une dissertation *Sur les trajectoires
orthogonales*, Bernoulli reconnut l'exactitude de la méthode de Taylor ; et en même temps il en proposa une autre

qui, à l'avantage d'être plus simple, joignit celui d'être plus général.

Abraham *Moivre* (né à Vitry, en Champagne, en 1667, mort en 1756 à Londres) descendait d'une famille française qui, après la révocation de l'édit de Nantes, était venue s'établir en Angleterre. Lié d'amitié avec Newton, dont il avait embrassé les doctrines, il devint membre de la Société Royale de Londres, et fut, malgré sa qualité de calviniste, agrégé à l'Académie des sciences de Paris. Ses *Miscellanea analytica de seriebus et quadraturis* contiennent d'importantes recherches d'analyse. C'est dans ces Mélanges que se trouve la célèbre proposition connue sous le nom de *théorème de Moivre*.

Le calcul des probabilités paraît avoir été une des études favorites de Moivre, comme le témoigne son ouvrage intitulé : *The Doctrine of Chances, or a method of calculating the probabilities of events in play*, Lond., 1716 et 1756, in-4. Dans l'Introduction l'auteur établit les principes généraux pour appliquer le calcul aux jeux de hasard ; il y indique le fondement de ses méthodes et la nature des suites qu'il nomme *récurrentes*, où chacun des termes a un rapport fixe avec quelques-uns des précédents. Comme moyen d'abréger le calcul, il y substitue les arcs de cercle à ceux de l'hyperbole ; par ce moyen les valeurs cherchées se trouvent naturellement exprimées par les logarithmes des sinus des arcs.

Nous avons vu plus haut que Moivre fut un des juges appelés à prononcer dans la dispute qui s'était élevée entre Newton et Leibniz, au sujet de la priorité de la découverte du calcul infinitésimal.

Roger *Cotes* (né en 1682, mort en 1716) fut professeur d'astronomie et de physique expérimentale à l'université de Cambridge. Il publia la deuxième édition des *Principes* de Newton ; elle est fort estimée à cause de la Préface, où

Cotes défend les doctrines de son compatriote et ami contre les attaques de Leibniz et des cartésiens. Outre divers mémoires, insérés dans les *Transactions philosophiques* de Londres, on a de Cotes : *Harmonia mensurarum, sive Analysis et Synthesis, per rationum et angulorum mensuras promotæ*, Cambridge, 1722 (ouvrage posthume). Cotes aida Newton et Maclaurin dans l'application de la géométrie analytique de Descartes à la recherche des propriétés générales et caractéristiques des courbes géométriques. La mort de Cotes, enlevé à la fleur de l'âge, fut beaucoup regrettée par Newton : « Si Cotes eût vécu, disait-il, nous aurions appris quelque chose de plus. »

Colin *Maclaurin* ou *Mac-Laurin* (né en 1698, mort à York en 1746) fut, dès l'âge de douze ans, entraîné par la lecture d'Euclide vers l'étude des mathématiques, et il n'avait pas encore vingt ans quand il obtint, au concours, la chaire des mathématiques au collége d'Aberdeen. Plus tard il fut adjoint à Gregory dans l'université d'Édimbourg, et fortifia, en 1745, cette ville à l'approche de l'armée du prétendant. Inspiré par les découvertes de Newton, il s'appliqua à la recherche des propriétés générales et caractéristiques des courbes géométriques. Dans sa *Geometria organica, sive Descriptio linearum curvarum universalis* (Londres, 1719, in-4), il enseigne le moyen de décrire ces courbes par l'intersection de deux côtés de deux angles mobiles, dont le mouvement est convenablement déterminé. Les démonstrations sont traitées par la méthode des coordonnées.

Son livre *De linearum geometricarum proprietatibus generalis tractatus* (Lond., 1720, in-4), d'une élégante précision, repose sur deux théorèmes remarquables, exprimant deux importantes propriétés générales des courbes géométriques. Le premier de ces théorèmes avait été trouvé par le physicien R. Smith dans les papiers de son ami Cotes, et communiqué par lui à Maclaurin. En voici l'énoncé : « Si, autour d'un point fixe, on fait tourner une transversale qui rencontre une courbe géométrique en autant de points A, B.... qu'elle a de dimensions, et qu'on prenne sur cette transversale, dans chacune de ses positions, un point M tel que la valeur inverse de sa distance au point fixe soit moyenne arithmétique entre les valeurs inverses des distances des points A, B..., à ce point fixe, le point M aura pour lieu géométrique une droite[1]. » — Le second théorème, employé par Maclaurin et qui est de lui, a pour énoncé : « Que, par un point fixe pris dans le plan d'une courbe géométrique, on mène une transversale qui rencontre la courbe en autant de points qu'elle a de dimensions, qu'en ces points on mène les tangentes à la courbe, et que par le point fixe on tire une seconde droite de direction arbitraire, mais qui restera fixe ; les segments compris sur cette droite entre le point fixe et toutes les tangentes à la courbe auront la somme de leurs valeurs inverses constante, quelle que soit la première transversale menée par le point fixe. Cette somme sera égale à celle des valeurs inverses des segments compris sur la même droite fixe, entre le même point, et ceux où cette droite rencontrera la courbe. »

Le premier théorème, celui de Cotes, est une généralisation de celui de Newton sur les *diamètres* des courbes. Le second, ou le théorème de Maclaurin, est une généralisation importante du théorème de Newton sur les *asymptotes*. L'un se transforme dans l'autre par la perspective des figures[2].

Dans son Traité des fluxions (*A complete system of the*

1. Le segment compris entre le point fixe et le point M a été appelé par Maclaurin la *moyenne harmonique* entre les segments compris entre le point fixe et la courbe. Poncelet, s'occupant plus tard du même théorème, appela le point M le *centre des moyennes harmoniques* des points A, B.... par rapport au point fixe, en faisant voir que, quand le point fixe est à l'infini, le point M devient le centre des moyennes distances des autres points A, B....

2. M. Chasles, *Aperçu historique*, etc., p. 146 et suiv.

*fluxions*, Édimb., 1742, 2 vol. in-4)[1], Maclaurin a fait
très-ingénieusement ressortir les rapports qui existent
entre la méthode d'Archimède et celle de Newton. Ayant
une prédilection marquée pour la méthode des anciens,
il l'appliqua, entre autres, à la grande question de la figure de la Terre. Le jugement porté par Lagrange sur
Maclaurin mérite d'être cité. Après avoir dit que le problème, où il s'agit de déterminer l'attraction qu'un sphéroïde de révolution exerce sur un point quelconque placé
à sa surface ou dans son intérieur, est une de ces questions où la méthode des anciens a des avantages sur l'analyse moderne, le grand analyste ajoute : « M. Maclaurin,
qui a, le premier, résolu ce problème dans son excellente
pièce *Sur le flux et le reflux de la mer*, couronnée par l'A-
cadémie des sciences de Paris, en 1740[2], a suivi une méthode purement géométrique, et fondée uniquement sur
quelques propriétés de l'ellipse et des sphéroïdes elliptiques; et il faut avouer que cette partie de l'ouvrage de
M. Maclaurin est un chef-d'œuvre de géométrie, qu'on
peut comparer à tout ce qu'Archimède nous a laissé de
plus beau et de plus ingénieux. »

C'est dans son *Traité des fluxions* que Maclaurin avait,
pour la première fois, énoncé ce théorème fécond :
« Quand un quadrilatère a ses quatre sommets et les deux
points de concours de ses côtés opposés sur une courbe de
troisième degré, les tangentes à la courbe, menées par
deux sommets opposés, se coupent sur cette courbe. »

Le théorème du quadrilatère inscrit aux coniques n'é-
tait qu'un cas particulier de celui-là.

Parmi les travaux de Maclaurin publiés dans les *Transactions philosophiques* de Londres, on remarque : une

1. Ce traité a été traduit en français par le P. Pézenas; Paris,
1749, 2 vol. in-4.
2. Maclaurin partagea le prix avec Euler et Daniel Bernoulli. Son
mémoire a été imprimé dans le tome IV des *Prix de l'Académie des
sciences.*

*Lettre concernant les équations avec des racines impossibles* (*Phil. Transact.*, années 1726 et 1729) et *Sur les bases des cellules où les abeilles déposent leur miel* (*ibid.*, année 1743).
— Le Traité d'algèbre (trad. en français par Lecozic; (Paris, 1753, in-4) et l'*Exposition des découvertes philosophiques de Newton* (trad. en français par Lavirotte; Paris, 1749, in-4) n'ont paru qu'après la mort de Maclaurin.

La série connue sous le nom de *série de Maclaurin*, et qui est d'un usage très-commode, s'obtient en développant, à l'aide du théorème de Taylor, une fonction quelconque de $x - h$, en faisant ensuite $x = 0$, et remplaçant $h$ par $x$.

Parmi les élèves de Maclaurin, nous devons faire une mention particulière de Mathieu Stewart.

Mathieu *Stewart* (né en 1717, mort en 1785) enseignait les mathématiques à l'université d'Édimbourg, où il eut pour suppléant et successeur son fils, Dugald Stewart, qui s'est rendu célèbre par ses doctrines philosophiques. Son ouvrage intitulé *General theorems of considerable use in the higher parts of mathematics* (Édimb., 1746, in 8) lui avait fait prendre rang parmi les meilleurs géomètres de son temps.

A l'exemple de Newton et de Maclaurin, Stewart entreprit d'appliquer la méthode géométrique aux questions les plus difficiles de l'astronomie; c'est dans ce but qu'il publia ses *Tracts physical and mathematical, containing an explanation of several important points in physical astronomy* (Lond., 1761, in-8). L'auteur y aborde avec clarté et simplicité la théorie des forces centripètes, le calcul de la distance du Soleil à la Terre, le problème, alors nouveau, des Trois corps, où il s'agissait de calculer l'action réciproque du Soleil, de la Terre et de la Lune, questions qui n'exigeaient d'autres connaissances mathématiques que celles des éléments de la géométrie plane et des sections coniques. Enfin, nous devons citer de Stewart : *Propositiones geometricæ, more veterum demonstratæ* (Édimb., 1763, in-8), et une intéressante notice sur la 4ᵉ proposition du IVᵉ livre des *Collections mathématiques* de Pappus, publiée dans les *Essays of a Philosophical Society of Edinburgh*, t. I, 1754.

**Nicole.** — *Calcul des différences finies.*

François *Nicole* (né à Paris en 1683, mort en 1758) débuta, à vingt-trois ans, par un *Essai sur la théorie de la roulette*, qui, en 1717, fut suivi d'un *Traité du calcul des différences finies*. Nous en dirons plus loin un mot. Dans un mémoire *Sur les lignes du troisième degré* ou *troisième ordre* (1731), Nicole appliqua à ces courbes des considérations nouvelles sur les principes qui avaient guidé Newton dans son *Énumération des lignes du troisième degré*. Nicole calcula aussi des tables destinées à établir la fausseté de ces prétendues quadratures du cercle, qui arrivaient alors de toute part à l'Académie. Dans ces tables, il part des périmètres des hexagones inscrit et circonscrit; et en doublant successivement le nombre des côtés, il arrive jusqu'aux périmètres des polygones de 393 216 côtés. Pour montrer l'illusion des quadrateurs, il suffit de calculer la valeur que la prétendue solution du problème attribuerait à la circonférence et de faire voir que cette valeur est toujours plus petite que celle du périmètre du polygone circonscrit, et plus grande que celle du périmètre du polygone inscrit.

La première conception du calcul des différences finies est, pour le rappeler, due à Taylor, qui identifiait les différences avec les *incréments*, dont les quantités varient soit en augmentant, soit en diminuant; les termes successifs d'une puissance quelconque sont en quelque sorte les types de ces quantités variables. La différence d'une quantité ou grandeur variable n'est donc autre chose que l'excès de la valeur qu'a cette quantité dans un état donné, sur la valeur qu'elle avait dans un état antérieur; si, par exemple, une grandeur variable $x$ devient successivement $x'$, $x''$, $x'''$, etc., on aura $Dx = x' - x$, $Dx' = x'' - x'$, $Dx'' = x''' - x''$, etc. La lettre majuscule D, écrite au-devant d'une grandeur variable, désigne la *différence finie* (ou simplement la *différence*) de cette grandeur, de même que, dans le calcul infinitésimal, on emploie la lettre minuscule $d$, écrite au-devant d'une grandeur variable, pour désigner la *différentielle* de cette grandeur. On peut encore de même exprimer par $\int$ la somme des différences finies, c'est-à-dire l'*intégration* d'une fonction aux différences finies, comme on exprime par $\int$ une somme de différentielles ou une *intégrale* à prendre. Ainsi, le calcul aux différences finies consiste à faire, sur les différences finies des grandeurs variables, des opérations analogues à celles que le calcul différentiel et intégral fait sur les différences *infinitésimales*[1]. Les différences des grandeurs variables étant elles-mêmes des grandeurs, les différences finies peuvent être, à leur tour, considérées comme des grandeurs *variables*. On pourra donc en prendre aussi les différences; celles-ci seront alors les différences *secondes* par rapport à la grandeur primitive; et si les différences secondes sont variables, on pourra aussi en prendre les différences, lesquelles deviendront *différences troisièmes* par rapport à la grandeur primitive, et ainsi de suite. L'opération s'arrête lorsque la différence devient *constante*, c'est-à-dire lorsque la différence de la différence est égale

1. Il semble, d'après cela, que l'invention du calcul différentiel et intégral aurait dû être précédée de celle du calcul aux différences finies, puisqu'en attribuant d'abord une grandeur quelconque à une différence, on peut supposer ensuite que cette différence diminue jusqu'à devenir infiniment petite. Mais l'esprit humain a procédé, en réalité, comme l'atteste l'histoire, d'une façon tout à fait inverse : le calcul infinitésimal a précédé le calcul aux différences finies.

à zéro, comme cela arrive pour la différence de la différence des termes successifs d'une progression arithmétique [1].

Tout le calcul des différences peut donc être ramené à deux problèmes : le premier consiste à trouver les *diffé-rences* de tous les ordres, d'une grandeur variable quelconque, élevée à telle puissance qu'on voudra, d'un produit de grandeurs variables, et, en général, d'une fonction quelconque de grandeurs variables : ce problème n'offre aucune difficulté et est toujours soluble par le *Calcul direct des différences finies*. L'autre problème est l'inverse du précédent ; il consiste à trouver une grandeur dont on connaît la différence : c'est celui du *Calcul inverse des dif-férences;* il échappe à toutes les méthodes connues [2]. C'est de la constitution définitive de ce dernier calcul que viendra peut-être la lumière.

Le calcul des différences finies a donc été formé à l'imitation du calcul différentiel. Mais Lagrange trouve quelque inconvénient à traiter le problème des différences finies comme celui des différences infiniment petites. Il fait observer que la considération des différences n'est pas nécessaire dans le premier cas comme dans le second, et que même leur emploi peut être plus incommode qu'utile, parce que la suppression des termes, qui produit la simplification du calcul différentiel, n'ayant pas lieu dans les différences finies, il arrive que les formules aux différences finies sont plus compliquées que si elles contenaient immédiatement les termes successifs eux-mêmes. « L'analogie, ajoute-t-il, qu'on a cru pouvoir établir entre le calcul aux différences infiniment petites et le calcul aux diffé-

---

1. Maclaurin et d'Alembert regardaient le rapport des différentielles comme la limite du rapport des différences finies, lorsque ces différences deviennent nulles. Mais, suivant Lagrange, cette manière de représenter les quantités différentielles ne fait que reculer la difficulté ; car, en dernière analyse, le rapport des différences évanouissantes se réduit encore à celui de zéro à zéro.

2. Voy. *Encyclopédie méthodique*, à l'article *Différence*.

rences finies, est plus apparente que réelle, malgré la conformité de quelques procédés et de quelques résultats ; car, dans celui-ci, on considère les différents termes de la progression comme représentés par une même fonction de quantités différentes d'un terme à l'autre, et les équations aux différences finies ne sont que des équations entre ces mêmes fonctions ; au lieu que les équations différentielles ou aux différences infiniment petites sont essentiellement entre des fonctions différentes de la même variable, mais dérivées les unes des autres par des règles fixes et uniformes. Les équations aux différences finies ne sont autre chose qu'une suite d'équations semblables entre différentes inconnues, par lesquelles on peut toujours déterminer successivement chacune de ces inconnues. Mais la loi uniforme qui règne entre ces équations fait qu'on peut regarder leurs inconnues comme formant une suite régulière et susceptible d'un terme général ; et l'expression de ce terme donne alors la résolution générale de toutes les équations. Ainsi le *Calcul* qu'on a nommé *aux différences finies* n'est proprement que le *Calcul des suites*, et ne peut être assimilé au calcul différentiel, qui est essentiellement le *Calcul des fonctions dérivées*[1]. » — En identifiant le calcul des différences finies avec la sommation des séries, Lagrange ne nous semble avoir égard qu'aux différences premières, et laisser de côté les différences secondes, troisièmes, etc., qui rentrent dans le calcul des fonctions dérivées.

### Euler.

Léonard *Euler*, l'un des plus grands analystes, naquit à Bâle le 15 avril 1707, étudia les mathématiques sous la direction de son compatriote Jean Bernoulli, et eut pour condisciples les deux fils de ce grand maître, David et

---

1. Lagrange, *Calcul des fonctions*, p. 292 (Paris, 1806).

Nicolas Bernoulli. L'Académie des sciences de Paris venait de proposer un prix pour le meilleur travail *Sur la
mâture des vaisseaux*. Euler, alors âgé de dix-neuf ans,
concourut, et obtint l'accessit; le prix fut remporté par
Bouguer.

Fidèle aux idées de Pierre le Grand, Catherine Iʳᵉ avait
appelé dans la nouvelle capitale de la Russie les savants
les plus distingués, parmi lesquels se trouvaient les frères Bernoulli. Ceux-ci obtinrent pour leur ami Euler une
place dans l'Académie de Saint-Pétersbourg, érigée en
université; et lorsque, en 1733, David Bernoulli retour-
nait en Suisse, Euler le remplaça dans la chaire de mathématiques. Mais après la mort du puissant favori Biren,
en 1741, il quitta la Russie pour se rendre à Berlin, où
l'appelait le roi de Prusse. Membre de l'Académie de Berlin, il fut invité par la princesse d'Anhalt-Dessau à lui
donner des leçons de physique. Ce fut là l'origine d'un
ouvrage élémentaire qui, sous le titre de *Lettres à une
princesse d'Allemagne sur quelques sujets de physique et de
philosophie*, obtint un immense et légitime succès. En 1766,
Euler retourna à Saint-Pétersbourg, sur l'invitation de l'im-
pératrice Catherine II. Le climat de la Russie lui fut peu
favorable. Déjà en 1735, une ophthalmie grave lui avait
fait perdre l'usage d'un œil; peu de temps après son retour à Saint-Pétersbourg il fut menacé d'une cécité complète. Dans le terrible incendie de 1777, sa maison devint
la proie des flammes; on ne put sauver que quelques papiers. Dans les dernières années de sa vie, il s'occupa du
mouvement ascensionnel des aérostats, invention alors
nouvelle, et de la planète que Herschel venait de découvrir. Le 7 septembre 1783, il badinait avec son petit-fils,
en prenant une tasse de thé, lorsque tout à coup la pipe
qu'il tenait à la main lui échappa, et, selon l'expression de Condorcet, « il cessa de calculer et de vivre. »

Euler avait étudié presque toutes les sciences, et en
mathématiques il n'eut d'égaux que d'Alembert et La-

grange. «Son génie, dit Condorcet (dans l'*Éloge d'Euler*)[1], fut également capable des plus grands efforts et du travail le plus soutenu; il multiplia ses productions au delà de ce qu'on eût osé attendre des forces humaines, et cependant il fut original dans chacune. Sa tête fut toujours occupée, son âme toujours calme. Enfin, par une destinée malheureusement trop rare, il réunit et mérita de réunir un bonheur presque sans nuage à une gloire qui ne fut jamais contestée. »

### Travaux d'Euler. — *Calcul intégral.*

Toutes les méthodes analytiques convergent vers le perfectionnement du calcul intégral, l'*inverse du calcul différentiel*. On a présenté Leibniz et Newton comme les inventeurs du calcul intégral ; mais ce calcul n'a pas eu, à proprement parler, d'inventeur. Ses origines remontent au plus grand géomètre de l'antiquité. En carrant la parabole, en découvrant le rapport de la sphère au cylindre, en déterminant le centre de gravité des espaces paraboliques et circulaires, Archimède faisait du calcul intégral ; seulement dans la voie qu'il suivait pour la solution de ces problèmes, il ne vit pas le germe d'une méthode particulière, et c'est ce germe qui resta, pendant de longs siècles, à l'état latent. Depuis la méthode analytique de Descartes, les exemples de quadrature ou de rectification de courbes, de détermination de surfaces de solides et de centres de gravité, se multiplièrent. Leibniz et Newton n'avaient qu'à élargir la voie tracée, sur les indices des anciens, par

1. Euler s'était marié deux fois. Il eut de sa première femme treize enfants, dont huit moururent en bas âge. En 1776, il épousa Mlle Gsell, sœur consanguine de sa première femme, et n'en eut pas d'enfants. Son fils aîné, *Jean-Albert*, fut membre de l'Académie de Berlin, qui lui confia la direction de son observatoire ; son deuxième fils, *Léonard*, fut médecin et naturaliste, et son troisième fils, *Christophe*, se distingua comme astronome et ingénieur.

Pascal, Fermat, Descartes et Wallis. Mais Newton n'employa le *calcul intégral* proprement dit que dans son ouvrage sur la quadrature des courbes, et Leibniz ne l'appliqua que dans quelques cas. Ce fut, comme nous l'avons dit plus haut, Jean Bernoulli qui le premier essaya d'en faire une méthode générale [1].

Le développement successif du calcul intégral ne retrace-t-il pas le progrès même de l'esprit humain? On commence d'abord par enregistrer une multitude de petits faits, — les différentielles, — la plupart sans aucun lien, — et ce n'est que beaucoup plus tard qu'on arrive, si toutefois on y arrive, à entrevoir les grands faits, — es intégrales, — qui, sous le nom de *principes* ou de *lois*, vont réunir ce qui paraissait sans cohésion, et embrasser, dans un même faisceau de lumière, des détails jusqu'alors inexplicables ou obscurs.

Euler suivit les traces de son maître Jean Bernoulli.

Un mémoire d'Euler, publié en 1734 dans les Actes

---

1. L'exemple de Jean Bernoulli fut suivi par Maclaurin, dans son *Traité des fluxions*, par Cotes, dans son *Harmonia mensurarum*, ouvrage commenté par D. Walmefley (*Analyse des rapports*, etc.). Mais ces ouvrages n'ont trait qu'à la partie du calcul intégral qui enseigne à *intégrer* ou à réduire à des quadratures les quantités qui ne renferment qu'une seule *variable*. Quant à la seconde partie, qui concerne l'*intégration des différentielles à plusieurs variables*, et qui laisse encore aujourd'hui beaucoup à désirer, on n'en trouve que des morceaux épars dans les Mémoires de la Société Royale de Londres, de l'Académie des sciences de Paris, de Berlin et de Saint-Pétersbourg. — Alexis *Fontaine* (né en 1705, mort en 1771) s'occupa du même calcul, et il consigna les résultats de ses recherches dans ses *Mémoires de mathématiques, recueillis et publiés avec quelques pièces inédites*, Paris, 1764, in-4. Les éléments épars du calcul intégral ont été réunis par le célèbre navigateur A. de Bougainville dans un ouvrage qu'il publia à l'âge de vingt-cinq ans, et qui a pour titre : *Traité du calcul intégral, pour servir de suite à l'Analyse des infiniment petits du marquis de l'Hôpital* (Paris, 1754-1756, 2 vol. in-4). Un travail du même genre a été publié par la savante italienne Agnesi (née à Milan en 1718, morte en 1799), sous le titre de *Instituzioni analitiche*, etc. (Milan, 1745, 2 vol. in-4).

de l'Académie de Saint-Pétersbourg, bientôt suivi d'un ouvrage important, intitulé : *Mechanica, sive motus scientia, analytice exposita* (Saint-Pétersbourg, 1736, 2 vol. in-4), renferme les premiers vestiges du *Calcul intégral aux différences partielles.* L'objet général de ce nouveau calcul était « de trouver une équation qui satisfasse à une équation différentielle proposée, lorsqu'on connaît seulement la relation qui existe entre les coefficients différentiels. » D'Alembert, dans son traité *Sur la cause générale des vents,* donna des notions plus étendues sur ce calcul, et l'employa le premier dans la solution du problème, si controversé, des cordes vibrantes. Euler reprit le sujet qu'il n'avait d'abord qu'esquissé ; il développa la méthode et donna l'algorithme du calcul intégral aux différences partielles dans un mémoire publié en 1762 dans les Actes de l'Académie de Saint-Pétersbourg, sous le titre de : *Investigatio functionum ex data differentialium conditione,* ce qui l'a fait regarder comme le principal inventeur de ce calcul.

Ces notions furent refondues et développées dans une œuvre capitale intitulée : *Institutiones calculi integralis* (Saint-Pétersbourg, 1768-1770, 3 vol. in-4 ; 1792-1793, 4 vol. in-4). Voici sur cette œuvre le jugement de Condorcet. « Le calcul intégral, l'instrument le plus fécond de découvertes que jamais les hommes aient possédé, a changé de face depuis les ouvrages d'Euler ; il a perfectionné, étendu, simplifié toutes les méthodes employées ou proposées avant lui : on lui doit la solution générale des équations linéaires, premier fondement de ces formules d'approximation si variées et si utiles. Une foule de méthodes particulières, fondées sur différents principes, sont répandues dans ses ouvrages et réunies dans son *Traité du calcul intégral;* là, on le voit, par un heureux usage des substitutions, ou rapporter à une méthode connue des équations qui semblaient s'y refuser, ou réduire aux premières différentielles des équations d'ordres supérieurs.

Tantôt, en considérant la forme des intégrales, il en déduit les conditions des équations différentielles auxquelles elles peuvent satisfaire ; et tantôt l'examen de la
forme des facteurs, qui rendent une différentielle complète, le conduit à former des classes générales d'équations intégrales ; quelquefois une propriété particulière
qu'il remarque dans une équation lui offre un moyen
de séparer les indéterminées qui semblaient devoir y
rester confondues ; ailleurs, si une équation où elles sont
séparées se dérobe aux méthodes communes, c'est en mê-
lant ses indéterminées qu'il parvient à connaître l'intégrale. »

Avant cet ouvrage, Euler avait publié : *Introductio in
analysin Infinitorum* (Lausanne, 1748, 2 vol. in-8, traduit
en français par Labey, Paris, 1798, 2 vol. in-4) ; *Institutiones calculi differentialis, cum ejus usu in analysi infinitorum ac doctrina serierum* (Berlin, 1755, in-4 ; ouvrage
réimprimé avec des additions par les soins de Fontana ; Pavie, 1787, et traduit en allemand par Michelsen ; Berlin,
1790-1793, 3 vol. in-8). — L'*Introduction à l'analyse des
infinis* renferme, en deux livres, les connaissances préalables, nécessaires pour la parfaite intelligence des calculs
différentiel et intégral. Dans le premier livre, l'auteur
explique très-clairement les fonctions algébriques ou transcendantes, leurs développements en séries, la théorie des
logarithmes, la sommation de plusieurs suites très-remarquables, la décomposition des équations en facteurs tri-
nômes, etc. Dans le second livre, l'auteur établit les principes généraux de la théorie des courbes géométriques et
de leur classification par ordres, classes et genres ; il applique ensuite ces principes aux sections coniques, dont
toutes les propriétés sont déduites de leur équation générale. Enfin il classe de même les surfaces des corps géométriques, et enseigne à donner les équations de ces surfaces, les rapportant à trois coordonnées perpendiculaires
entre elles. Il discute pour la première fois l'équation à

trois variables, qui contient les surfaces du second degré[1].
— Quant aux *Institutions* du même auteur, c'est un des
ouvrages qui ont le plus contribué aux progrès du calcul
différentiel.

Parmi les autres travaux d'Euler, nous citerons encore :
*Methodus inveniendi lineas curvas, maximi minimive pro-
prietate gaudentes, sive Solutio problematis isoperimetrici,
latissimo sensu accepti*, Lausanne, 1744, in-4. L'auteur
réduisit l'important problème des isopérimètres, que Jacques Bernoulli avait incomplétement abordé, à trouver
une méthode générale pour déterminer les courbes ou les
surfaces pour lesquelles certaines fonctions indéfinies sont
plus grandes ou plus petites que les autres[2]. Il développa
la méthode qui se cachait sous les différentes solutions

1. « Les anciens, dit M. Chasles, ne nous paraissent avoir connu
parmi ces surfaces, outre le cône et le cylindre, que celles qui
sont de révolution, et qu'ils appelaient *sphéroïdes* et *conoïdes ;* et
jusqu'à Euler on n'avait point conçu, dans l'espace, d'autre analogie
avec les courbes planes si fameuses, appelées *sections coniques.*
Mais ce grand géomètre, transportant aux surfaces courbes la méthode analytique qui lui avait servi à la discussion des courbes planes, découvrit, dans l'équation générale du second degré, entre les
trois coordonnées ordinaires, cinq espèces différentes de surfaces,
dont les sphéroïdes n'étaient plus que des formes particulières. Euler
borna son travail à cette classification. C'était une Introduction suffisante pour dévoiler aux géomètres un vaste champ de recherches
que leur présentait cette théorie des surfaces du second degré. »
(*Aperçu historique*, etc., p. 241.)

2. Euler distingue deux genres de *maxima* et de *minima*, les uns
absolus, les autres relatifs. Les *maxima* ou *minima* sont absolus,
lorsque la courbe jouit, sans condition, d'une certaine propriété de
*maximum* ou de *minimum*, entre toutes les courbes correspondantes
à une même abscisse; telle est la courbe de la plus vite descente. Les
*maxima* ou *minima* sont relatifs, lorsque la courbe doit jouir d'une
certaine propriété de *maximum* ou de *minimun*, et doit de plus satisfaire à une autre condition, comme, par exemple, d'être égale en
contour à toutes les courbes terminées avec elle à deux points donnés; tel est le cercle, qui a la propriété d'enfermer le plus grand espace entre toutes les courbes d'égal contour. (Bossut, *Histoire générale des mathématiques*, t. II, p. 122.)

que le problème avait reçues, et la réduisit en formules générales. Quinze ans après, Lagrange résolut le même problème d'une manière plus complète, par une méthode purement analytique. Loin de s'en montrer jaloux, Euler exposa lui-même la nouvelle méthode avec cette élégante clarté dont il avait le secret.

*Anleitung zur Algebra* (Saint-Pétersbourg, 1770, in-8), traité d'algèbre, qui fut, dans la même année, traduit en français, sous le titre d'*Éléments d'algèbre*, par Bernoulli, directeur de l'Observatoire de Berlin, petit-fils du célèbre Jean Bernoulli, et réimprimé à Lyon en 1795, avec des notes et additions de Lagrange (2 volumes in-8). Le premier volume de cet ouvrage important, qui ne porte ni le nom du traducteur, ni celui de l'annotateur, traite de l'*Analyse déterminée*. Le deuxième volume, consacré à l'*Analyse indéterminée*, contient (p. 371-662) les additions précieuses de Lagrange, formant un véritable traité de l'*Analyse de Diophante* ou Analyse indéterminée. Aux *Éléments d'algèbre* se rattache l'*Arithmétique raisonnée*, publiée après la mort d'Euler par le neveu de Daniel Bernoulli, et formant le tome III de la réimpression des *Œuvres complètes* d'Euler (Bruxelles, 1839).

*Theoria motuum planetarum et cometarum*, etc., Berlin, 1744, in-4. La question des perturbations planétaires était depuis Newton à l'ordre du jour. Pour simplifier le calcul on le restreignit à l'action de trois corps en présence, qui sont : d'abord le Soleil, puis deux autres corps rapprochés l'un de l'autre, tels que la Terre et la Lune, Jupiter et Saturne, etc. Euler s'occupa l'un des premiers de cette grande question (il remporta, en 1748, le prix proposé par l'Académie des sciences de Paris sur les perturbations de Jupiter et de Saturne), qui reçut le nom de *Problème des trois corps*, et qui peut s'énoncer ainsi : « Trois corps qui s'attirent mutuellement en raison composée de la masse et du carré inverse de la distance, étant lancés dans l'espace, déterminer les courbes qu'ils décri-

ront, et toutes les circonstances de leurs mouvements. »
— L'Académie des sciences de Paris proposa, en 1754,
comme sujet d'un prix, qu'elle remit au concours en 1756,
la *Théorie des inégalités que les planètes peuvent causer au
mouvement de la Terre*. Euler remporta le prix.

*Theoria motus lunæ* (Berlin, 1753, in-4). L'auteur considère le mouvement de la Lune comme l'effet de trois
forces, parallèles à trois axes perpendiculaires entre eux,
qui se croiseraient au centre de la Lune et seraient em-
portés avec elle autour de la Terre, en conservant toujours
leur parallélisme respectif. Cette manière de former les
équations du problème était très-simple ; mais les formules se compliquent singulièrement quand il s'agit d'appliquer les expressions analytiques aux phénomènes célestes,
où l'on ne considère que des mouvements angulaires.
Aussi Euler eut-il besoin de toute la science du calcul
pour parvenir ainsi à déterminer la longitude et la latitude de notre satellite, c'est-à-dire la véritable position
de la Lune dans le ciel, avec une exactitude à peu près
égale à celle à laquelle étaient arrivés, par d'autres méthodes, Clairaut et d'Alembert. C'est d'après la théorie lunaire
d'Euler que Tobie Mayer construisit ses Tables de la Lune.
Euler perfectionna sa Théorie dans un travail publié, en
1772, sous le titre de *Theoria motuum lunæ, nova methodo protractata*.

Euler s'était aussi beaucoup occupé d'optique : il en
parle longuement dans ses *Lettres*. Enfin, il avait pris
part à presque toutes les discussions qui s'étaient élevées
entre les physiciens et les géomètres de son temps. C'est
ainsi qu'il défendit, entre autres, Kœnig contre « le principe de la moindre action, » que Maupertuis regardait
comme son plus beau titre de gloire. Il essaya de prouver
l'excellence de ce principe en l'appliquant à la solution
des problèmes de mécanique les plus difficiles.

**Lambert.** — *Théorème de Lambert.*

Henri *Lambert* (né en 1728 à Mulhouse, mort à Berlin en 1777) descendait d'une de ces nombreuses familles françaises protestantes qui, après la révocation de l'édit de Nantes, portèrent leur industrie et travail à l'étranger. Son goût pour la philosophie et les mathématiques se dessina en faisant l'éducation des enfants du comte de Salis à Coire. Il visita avec ses élèves Paris, Gœttingue, Utrecht, etc. Pendant son séjour en Hollande il publia *Sur les propriétés remarquables de la route de la lumière* un mémoire qui lui assignait un rang distingué parmi les physiciens-géomètres. C'est la lecture de ce travail qui donna à Arago l'idée d'approfondir les mystères de la lumière. Fixé depuis 1763 à Berlin, il enseigna les mathématiques à l'université de cette ville, et enrichit les principaux recueils du temps, tels qué les *Acta Helvetica*, les *Nova Acta Eruditorum*, la *Bibliothèque allemande universelle* de Nicolaï, et surtout le recueil des *Mémoires de l'Académie de Berlin*, d'un grand nombre de notices importantes [1]. Ses *Lettres cosmologiques*, dont nous avons parlé ailleurs [2], eurent un légitime retentissement. Son *Novum Organon*, etc. (Leipzig, 1763, 2 vol. in-8), son *Architektonik, oder Theorie des Einfachen und Ersten* (Riga, 1771, 2 vol. in-8), et surtout ses travaux de mathématiques, réunis en partie dans *Beitræge zum Gebrauche der Mathematik*, etc. (Berlin, 1765-1772, 3 vol. in-4), le firent, pour la profondeur des vues, mettre sur le même rang que Leibniz.

Dans son traité de *Perspective* (Zurich, 1759, in-8), Lambert emploie les principes de perspective comme méthode géométrique, et démontre plusieurs propositions

---

1. On en trouve la liste à l'article *Lambert,* dans la *Biographie générale.*
2. *Histoire de l'astronomie,* p. 609.

qui rentrent dans la théorie des transversales. La seconde
édition de ce traité (Zurich, 1774) contient l'exposé des
règles de perspective pour faire des dessins au compas de
proportion. Cet exposé avait paru séparément sous le
titre de *Kurzgefasste Regeln zu perspectivischen Zeich-
nungen*, etc. (Augsbourg, 1768, in-12), opuscule raris-
sime.

L'ouvrage qui valut à Lambert la réputation méritée
d'un astronome de premier ordre était, outre ses *Lettres
cosmologiques*, son Traité des comètes, intitulé : *Insignio-
res orbitæ cometarum proprietates*, Augsbourg, 1761, in-8.
L'auteur y développe diverses propriétés des sections coniques, et les fait servir à la détermination du mouvement
des comètes. On y remarque surtout la propriété de l'ellipse, qui acquit une importance capitale dans la théorie
des comètes, et dont voici l'énoncé : « Si, dans deux ellipses, construites sur le même grand axe, on prend deux
arcs tels que les cordes soient égales entre elles, et que de
plus les sommes des rayons vecteurs, menés des foyers de
ces ellipses aux extrémités de ces arcs respectivement,
soient aussi égales entre elles, les deux secteurs compris
dans chaque ellipse entre son arc et les deux rayons vecteurs seront entre eux comme les racines carrées des paramètres des deux ellipses (section IV, lemme 26). » Considérant l'ellipse comme une orbite planétaire et substituant
aux secteurs les temps employés à parcourir leurs arcs
(d'après la quatorzième proposition du livre I$^{er}$ des *Principes* de Newton, à savoir que le temps est proportionnel à
l'aire du secteur parcouru, divisée par la racine carrée du
paramètre), l'auteur en conclut que dans les deux ellipses
qu'il compare, les temps employés à parcourir les deux
arcs sont égaux. Ce théorème lui permet de ramener le
calcul du temps employé à décrire un arc d'ellipse donné
au calcul du temps employé à décrire un arc d'une autre
ellipse quelconque, ayant le même grand axe, et même
au calcul du temps employé à décrire une partie de ce

grand axe, en supposant que l'ellipse se confonde avec cet axe par l'évanouissement de l'axe conjugué [1]. Il arrive ainsi à une formule d'une grande simplicité, exprimant le rapport qui existe entre le temps qu'emploie un astre à parcourir un arc de son orbite, la corde de cet arc et les deux rayons vecteurs extrêmes. Cette formule, dont l'énoncé est connu sous le nom de *Théorème de Lambert*, a été proclamée par Lagrange « la plus belle et la plus importante découverte de la théorie des comètes. »

Parmi les nombreux travaux communiqués par Lambert à l'Académie des sciences de Berlin et insérés dans le recueil de cette Académie, nous citerons : *Mémoire sur quelques propriétés remarquables des quantités transcendantes, circulaires et logarithmiques* (année 1768); l'auteur y montre qu'un arc de cercle est commensurable avec le rayon, que la tangente de cet arc est incommensurable, et réciproquement; il déduit de là la célèbre démonstration de l'irrationalité du rapport de la circonférence au diamètre, démonstration reproduite par Legendre (à la suite de ses *Éléments de géométrie*), qui l'a étendu au carré de ce rapport. — *Observations trigonométriques* (mémoire lu à l'Académie de Berlin en 1768, publié en 1770), où Lambert fait voir les nombreuses analogies qui existent entre les sinus et cosinus du cercle et les coordonnées de l'hyperbole équilatère, et, introduisant dans la science les sinus hyperboliques, il crée une espèce de *trigonométrie hyperbolique*, à l'aide de laquelle il trouve des solutions très-réelles dans les cas où la trigonométrie ordinaire en fournit d'imaginaires. — *Observations analytiques* (mémoire lu en 1771); l'auteur commence par poser le problème que voici : « Une fonction quelconque de deux quantités variables $x$, $y$, étant exprimée ou disposée en

---

1. La méthode dans laquelle entre ici Lambert a été particulièrement exposée dans ses *Beiträge zur Mathematik*, recueil cité plus haut.

sorte qu'elle soit égale à zéro, ou à une quantité constante, ou enfin à une autre fonction quelconque de $y$, il s'agit de déterminer $x$ ou une fonction quelconque de $x$ ou de $x$, $y$, par $y$, au moyen des différentiations. » Ce problème, d'une généralité peu commune, le conduisit à dire un mot de la *Théorie des fonctions*, dont il n'existait encore que des parties isolées, et à établir, d'après la détermination des limites des racines d'une équation, une série qui porte le nom de *série Lambert*, et qui devint l'objet des travaux d'Euler et de Lagrange.

Les questions de dynamique avaient également occupé l'esprit investigateur de Lambert, comme l'atteste, entre autres, un mémoire posthume *Sur le carré de la vitesse*, publié en 1783, par les soins de J. Bernoulli, dans les *Nouveaux Mémoires de l'Académie de Berlin*. L'auteur commence par un très-intéressant exposé historique, que nous croyons devoir reproduire en partie. « Mersenne, et, après lui, Descartes, avaient établi, dit-il, que les *forces mouvantes* sont en raison du *produit de la masse par la vitesse*, ou, ce qui revient au même, en raison de la *quantité de mouvement*. Cet énoncé admet quelques restrictions, en ce que la vitesse $c$, qu'une force $p$ imprime à la masse $m$, *naît successivement*. Or, pendant qu'elle naît, la force $p$ pourrait bien ne pas rester la même. Il vaut donc incontestablement mieux ne parler que des parties infiniment petites de la vitesse $dc$, qui naissent dans des temps infiniment petits $d\tau$, en faisant

$$p\,d\tau = m\,dc.$$

Et cette formule est, en effet, la loi fondamentale de la dynamique. On voit qu'elle ne donne $p\tau = mc$ que lorsque la force $p$ reste la même pendant le temps $\tau$ requis pour faire naître la vitesse $c$. On voit de plus qu'on n'a $p = mc$ qu'en faisant $\tau = 1$. Or, bien que cette loi fondamentale ne regarde que la vitesse toute simple, il arrive néanmoins que, dans toute la dynamique, c'est plutôt le *carré* de la vitesse dont on fait usage. Leibniz trouva même ce *carré* si intéressant qu'il n'hésita point à désigner par le nom de *force vive* le produit *mcc* (produit de la masse par le carré de la vitesse). » Lambert s'applique ensuite à rechercher l'origine du carré des vitesses, et s'élève enfin à des considérations très-importantes sur la conservation et la composition des forces.

### D'Alembert.

Jean le Rond *d'Alembert*[1], né à Paris le 16 novembre 1716, enfant abandonné, fut confié par la commission du quartier de Notre-Dame aux soins de la femme d'un vitrier nommé Rousseau, demeurant rue Michel-le-Comte. « Si une origine si obscure, dit Condorcet (dans l'*Éloge de d'Alembert*), froissait le préjugé, qu'on se souvienne que les véritables aïeux d'un homme de génie sont les maîtres qui l'ont précédé, et que ses vrais descendants sont des élèves dignes de lui. » D'une constitution faible et d'une intelligence précoce, le jeune homme fut bientôt remarqué des maîtres dont il reçut sa première instruction. Le goût qu'il avait pris pour les mathématiques se fortifiant, il se livra avec ardeur à cette étude, si bien qu'à l'âge de vingt-deux ans il se fit connaître par un *Mémoire sur le calcul intégral*, où il relevait quelques fautes échappées au P. Reinau, dont l'*Analyse démontrée* était alors regardée, en France, comme un livre classique : c'était en étudiant pour s'instruire que le jeune analyste avait appris à le

---

1. D'Alembert portait le prénom de *Jean le Rond*, parce que, enfant naturel (du chevalier Destouches-Canon et de Mme de Tencin), il fut recueilli sur les marches de la petite église de Saint-Jean le Rond, qui était située à l'angle septentrional du grand portail de Notre-Dame, et qui a été détruite à l'époque de la Révolution.

corriger. Moins de deux ans après, il publia un *Mémoire sur la réfraction des corps solides*, où il examinait quel devait être le mouvement d'un corps qui passe d'un fluide dans un autre plus dense, et dont la direction n'est pas perpendiculaire à la surface qui les sépare. Lorsque cette direction est très-oblique, on voit le corps, au lieu de s'enfoncer dans le second fluide, se relever et former un ou plusieurs ricochets : phénomène qui avait amusé les enfants longtemps avant la découverte des principes de la réfraction, et que cependant jusqu'à d'Alembert personne n'avait encore bien expliqué.

A l'âge de vingt-quatre ans à peine, d'Alembert fut élu membre de l'Académie des sciences. Peu de temps après son entrée à l'Académie, il publia son *Traité de dynamique* (Paris, 1743, vol. in-4), où il fait, entre autres, connaître le principe si fécond, qui réduit à la considération de l'équilibre toutes les lois du mouvement, lorsque les corps mus ont une forme finie et qu'on les imagine liés entre eux par des fils flexibles ou par des verges inflexibles. Dans le Discours qui précède son *Traité dynamique*, d'Alembert dit : « Tout ce que nous voyons bien distinctement dans le mouvement d'un corps, c'est qu'il parcourt un certain espace et qu'il emploie un certain temps à le parcourir. C'est donc de cette seule idée qu'on doit tirer tous les principes de la mécanique. »

Ce passage a inspiré à M. Chasles une remarque dont l'importance n'échappera à personne. Après avoir rappelé le double mouvement de rotation et de translation des corps célestes autour d'un axe, comme un exemple à l'appui de la *dualité*[1] ou du *dualisme universel*, considéré comme

---

1. Un autre exemple à l'appui de la *dualité*, exemple d'une conception propre à faire prendre, non plus le *point*, mais le *plan*, comme l'élément de l'étendue, a été emprunté par M. Chasles à l'art du tourneur. Le mécanisme du tour consiste, soit à mouvoir l'outil en fixant l'ouvrage, soit à mouvoir l'ouvrage en fixant l'outil (procédé du tourneur). Ce double procédé, fondé sur des principes géométriques,

la grande loi de la nature, il ajoute, au sujet du passage
cité : « Cette manière de philosopher peut paraître avoir
été une suite de l'habitude où l'on a toujours été de considérer le *point* comme l'élément de l'étendue, et non pas
le *plan*, qu'on a toujours considéré, au contraire, comme
un assemblage de points. La substitution définitive que
Varignon a faite dans la mécanique rationnelle, des forces aux mouvements, substitution si heureuse sous d'autres rapports, nous paraît avoir contribué puissamment
aussi à fonder les doctrines de la mécanique actuelle, qui
reposent sur l'idée première du *point* considéré comme
l'élément de l'étendue. Mais ne peut-on pas supposer,
maintenant, que les deux mouvements (*rotation* et *translation*), inséparables des corps de l'univers, doivent donner
lieu à des théories mathématiques dans lesquelles ces
deux mouvements joueraient identiquement le même rôle?
Et alors, le principe qui unirait ces deux théories, qui
servirait à passer de l'une à l'autre, comme le théorème
sur lequel nous avons basé la *dualité* géométrique de
l'étendue en repos et celui qui nous a servi à lier entre
eux les deux modes de description mécanique des corps,
ce principe, dis-je, pourrait jeter un grand jour sur les
principes de la philosophie naturelle[1]. »

Dès 1744, d'Alembert appliqua son principe de dynamique (l'égalité qui existe à chaque instant entre les
changements que le mouvement d'un corps a éprouvés et
les forces qui ont été employées à les produire) aux mouvements des fluides, dans son *Traité de l'équilibre et du
mouvement des fluides*. Mais dans la théorie des fluides,

implique une loi de *dualité*, qui conduit à un moyen très-simple de
décrire avec le tour (instrument du tourneur) toutes les courbes
qu'on a coutume de décrire avec un stylet mobile. M. Chasles
indique ici le principe unique qui lie entre elles les deux manières de
décrire les courbes planes, par un stylet mobile et par un stylet
fixe.

1. M. Chasles, *Aperçu historique*, etc., p. 412.

comme dans celle du mouvement des corps susceptibles de changer de forme, le principe de d'Alembert, employé seul et indépendamment des ingénieuses hypothèses de Bernoulli, conduisit à des équations qui échappaient aux méthodes connues ; c'est ce qui l'amena, presque en même temps qu'Euler, à inventer le *Calcul intégral aux différences partielles*. Il en donna les premiers essais dans la *Théorie générale des vents*, mémoire couronné, en 1746, par l'Académie de Berlin[1]. L'année suivante, il appliqua le nouveau calcul au *Problème des cordes vibrantes*. Taylor, dans son *Methodus incrementorum*, avait trouvé que la courbe que forme une corde vibrante, tendue par un poids donné, est une *trochoïde* très-allongée ; pour arriver à ce résultat, il avait supposé : 1° que la corde, dans ses plus grandes excursions, s'éloigne peu de la direction rectiligne de l'axe ; 2° que tous ses points arrivent en même temps à l'axe, et il indiquait la longueur du pendule simple, faisant ses oscillations dans le même temps que la corde vibrante fait les siennes. La première supposition (d'a-

---

1. Ce mémoire, plus développé, reparut en 1747, sous le titre de *Réflexions générales sur la cause générale des vents*. Frédéric II de Prusse, le héros de l'époque, venait de gagner sur les Autrichiens trois batailles décisives. D'Alembert profita de cette circonstance pour dédier son ouvrage au vainqueur par ces trois vers latins :

« Hæc ego de ventis, dum ventorum ocior alis
Palantes agit Austriacos Fredericus, et orbi,
Insignis lauro, ramum prætendit olivæ. »

Très-flatté de cette dédicace, le roi de Prusse lui fit offrir la survivance de la place de président de l'Académie de Berlin, qu'occupait encore Maupertuis, alors très-malade. D'Alembert refusa cette offre généreuse : « Douze cents livres de rente me suffisent, répondit-il au roi ; je n'irai point recueillir la succession de Maupertuis de son vivant. Je suis oublié du Gouvernement comme tant d'autres de la Providence : persécuté autant qu'on peut l'être (il s'était attiré la haine des jésuites), si un jour je dois fuir de ma patrie, je ne demanderai à Frédéric que la permission d'aller mourir dans ses États, libre et pauvre. » — Quelque temps après, d'Alembert accepta de Frédéric II une pension de douze cents livres.

près laquelle les excursions de la corde de part et d'autre de l'axe sont toujours fort petites) est conforme à la réalité, et les moyens de calcul ordinaires lui étaient applicables. Quant à la seconde supposition (d'après laquelle tous les points de la corde doivent arriver en même temps à l'axe), elle restreignait le problème. Il importait de le délivrer de cette restriction. A cet effet, d'Alembert détermina directement et *a priori* la courbe que prend à chaque instant une corde vibrante, sans rien supposer, si ce n'est que dans ses plus grands écarts elle s'éloigne peu de l'axe. Il exprima d'abord la nature de cette courbe par une équation du second ordre, dont un membre est la différentielle seconde de l'ordonnée, prise en faisant varier seulement le temps, et supposant sa différentielle constante; l'autre membre est différentielle seconde de l'ordonnée, prise en faisant varier seulement l'abscisse, et supposant sa différentielle constante. En satisfaisant successivement à ces deux conditions, il remontait de là à une équation finie, de telle nature que l'ordonnée avait pour valeur l'assemblage de deux fonctions arbitraires, l'une de la somme de l'abscisse et du temps, l'autre de leur différence. Au moyen de cette équation, deux quelconques des trois variables, l'ordonnée, l'abscisse et le temps, étant données, on connaissait la troisième, et par conséquent toutes les conditions du mouvement de la corde[1]. Frappé de la beauté de ce problème, Euler s'en occupa à son tour, et publia à ce sujet différents mémoires dans les recueils des Académies de Berlin, de Saint-Pétersbourg et de Turin (années 1748, 1753, 1760 et suivantes). Bien que ces deux grands analystes fussent parvenus au même résultat, il s'établit entre eux une longue discussion sur l'étendue qu'on pouvait trouver aux fonctions arbitraires qui entrent dans l'équation de la corde vibrante. D'Alembert voulait que la courbure ini-

---

1. *Mémoires de l'Académie de Berlin*, année 1747, p. 133-134.

tiale de la corde fût assujettie à la loi de la continuité. Euler la croyait absolument arbitraire, et introduisait, dans le calcul, des fonctions discontinues. D'autres analystes, tout en admettant cette discontinuité des fonctions, pensaient qu'elle devait être soumise à une loi, et qu'il fallait que trois points consécutifs de la courbure initiale appartinssent toujours à une courbe continue. Sans prendre aucun parti dans ces disputes, qui roulaient, au fond, sur des abstractions métaphysiques, Daniel Bernoulli accorda les plus grands éloges aux calculs de d'Alembert et d'Euler; mais il essaya en même temps de montrer que la corde vibrante forme toujours, soit une trochoïde simple, telle que la donne la théorie de Taylor, soit un assemblage de ces trochoïdes; enfin que toutes les courbes déterminées par d'Alembert et Euler n'étaient conformes à la réalité qu'autant qu'elles pouvaient être réduites à la forme trochoïdale. Cette discussion, si elle n'aboutit à aucun résultat positif, eut au moins pour conséquence une étude plus approfondie de la formation du son par les vibrations d'une corde[1].

D'Alembert s'intéressait vivement aux questions d'astronomie mathématique, qu'avait soulevées Newton. Parmi ces questions, celle de la *Précession des équinoxes* occupe le premier rang. Comme nous en avons déjà parlé ailleurs[2], nous en rappellerons ici seulement le point de départ. Lorsque d'Alembert publia ses *Recherches sur la précession des équinoxes et sur la rotation de l'axe de la Terre* (Paris, 1749, in-4), travail reproduit dans ses *Recherches sur différents points du système du monde* (1754, 1756, 3 vol. in-4), on doutait encore si le plan de l'écliptique conserve toujours exactement la même position dans le ciel. Les observations des Grecs et des Arabes indiquaient, il est vrai, positivement une diminution dans

---

1. Bossut, *Histoire générale des mathématiques*, t. II, p. 133-135.
2. *Histoire de l'astronomie*, p. 517 et suiv.

l'obliquité de l'écliptique, diminution que plusieurs astronomes modernes portaient à environ une minute par siècle; mais d'autres savants, d'une grande autorité, tels que Lahire et Lemonnier, en s'appuyant sur leurs propres observations, comparées avec d'autres qu'ils estimaient très-exactes, niaient formellement que l'obliquité de l'écliptique éprouvât quelque changement. D'Alembert adopta cette dernière opinion et en fit la base des formules qu'il donna pour calculer le lieu apparent des étoiles. Mais la loi newtonienne, appliquée à ce problème, prononça définitivement en faveur de la diminution de l'obliquité de l'écliptique. D'Alembert fut donc obligé de soumettre ses formules à quelques corrections. Euler traita, de son côté, la même question, et il conclut de ses recherches (Mémoires de l'Académie de Berlin, année 1754) à une diminution de l'obliquité d'environ quarante-neuf secondes par siècle.

Par la nature de son esprit, d'Alembert ne pouvait pas rester étranger au mouvement philosophique du dix-huitième siècle; nous en avons pour preuve ses *Éléments de philosophie* où il définit excellemment la géométrie « la science des propriétés de l'étendue figurée », mais surtout la large part qu'il eut à la création du monument élevé aux lettres et aux sciences, et connu sous le nom d'*Encyclopédie méthodique*, pour laquelle il écrivit, outre de nombreux articles, le remarquable *Discours préliminaire*.

Tant de travaux divers obtinrent enfin, ce qui n'arrive pas toujours en ce monde, leur récompense. En correspondance avec les hommes les plus éminents de son époque, courtisé en quelque sorte par les plus grands souverains d'alors, Frédéric II de Prusse et Catherine II de Russie, d'Alembert fut comblé de tous les honneurs qu'un savant puisse ambitionner; et ce qui fait particulièrement son éloge, c'est que, au milieu des grandeurs, il conserva un touchant souvenir de sa nourrice et mère adoptive, dont il partagea l'humble logement pendant plus de trente années. Il mourut à Paris le 16 novembre 1783, à l'âge de soixante-six ans[1]. Ses travaux mathématiques ont été réunis dans ses *Opuscules* (Paris, 1761-1780, 8 vol. in-4). On y trouve des éléments précieux relatifs au calcul des probabilités[2].

### Cramer. — De Gua. — Clairaut.

Gabriel *Cramer* (né à Genève en 1704, mort à Bagnols en 1752) était lié avec les Bernoulli et occupait une chaire de philosophie dans sa ville natale. Parmi les ouvrages de Cramer, dont Senebier, dans son *Histoire littéraire de Genève*, a donné la liste, nous devons citer son *Introduction à l'Analyse des lignes courbes algébriques*. Ce traité, qui parut deux ans après celui d'Euler sur le même sujet, passe pour le plus complet et le plus estimé de tous les ouvrages concernant les lignes courbes algébriques.

Jean-Paul *de Gua* (né à Carcassonne en 1713, mort en 1788), professeur de philosophie au Collège de France, a publié, entre autres, un ouvrage estimé qui a pour titre : *Usage de l'analyse de Descartes, pour découvrir, sans le secours du calcul différentiel, les propriétés ou affections principales des lignes géométriques de tous les ordres* (Paris, 1740, in-12). Dans cet ouvrage, il donna les moyens de déterminer les tangentes, les asymptotes et les points singuliers (multiples, conjugués, d'inflexion et de rebroussement) des courbes de tous les degrés, et fit voir, le

---

1. Pour plus de détails biographiques, voyez l'article *d'Alembert*, dans la *Biographie générale*.

2. « Si ce calcul, dit Condorcet (*Éloge de d'Alembert*), s'appuie un jour sur des bases plus certaines, c'est à d'Alembert que nous en aurons l'obligation. Il expose dans ses recherches comment, si de deux événements contraires l'un est arrivé un certain nombre de fois de suite, on peut, en cherchant la probabilité que l'un de ces deux événements arrivera plus tôt que l'autre, ou la trouver égale pour les deux événements ou la supposer plus grande, soit en faveur de celui qu'on a obtenu, soit en faveur de l'événement contraire ; il fait voir que ces conclusions opposées entre elles sont la conséquence de trois méthodes de raisonner, qui paraissent également justes, également naturelles. »

premier, par les principes de la perspective, que plusieurs
de ces points peuvent se trouver à l'infini, ce qui lui donne
l'explication *a priori* d'une analogie singulière entre les
différentes espèces de points et les différentes espèces de
branches infinies, hyperboliques ou paraboliques, que peuvent présenter les courbes [1].

Alexis *Clairaut* (né à Paris en 1713, mort en 1765)
figure, comme Pascal, au nombre des enfants prodiges.
A dix ans, il comprenait le *Traité des infiniment petits* du
marquis de l'Hôpital, et à douze ans, il s'annonçait au
monde savant par un mémoire *Sur quatre courbes géométriques*, imprimé dans les *Miscellanea Berolinensia*, année
1734. En 1731, il publia son célèbre *Traité des courbes à
double courbure*. On y trouve, pour la première fois exposée
d'une manière méthodique, la doctrine des coordonnées
dans l'espace, appliquées aux surfaces courbes et aux lignes à double courbure qui naissent de leur intersection.
Les questions relatives aux tangentes de ces courbes, à
leur rectification, à la quadrature des espaces qu'elles déterminent par leurs ordonnées, y sont résolues d'une manière aussi simple qu'élégante. Dans la même année, le
jeune géomètre (il n'avait que dix-huit ans) entra, par
dispense d'âge, à l'Académie des sciences.

Clairaut fit, avec Maupertuis, partie du voyage en Laponie pour mesurer un degré du méridien, et à son retour
il donna sa fameuse théorie de la figure de la Terre (*Théorie de la figure de la Terre, tirée des lois de l'hydrostatique*,
1743). L'auteur suivit, dans son travail, cette importante
proposition, admise hypothétiquement par Newton et démontrée par Maclaurin, à savoir : « qu'une masse fluide
homogène, tournant autour d'elle-même, doit prendre la
figure d'un ellipsoïde de révolution, dans l'hypothèse de
l'attraction en raison inverse du carré des distances. »

Clairaut acquit une grande renommée par ses immenses

---

1. M. Chasles, *Aperçu historique*, etc., p. 152.

calculs sur la comète de Halley, dont il annonça, dans un premier mémoire (présenté à l'Académie le 14 novembre 1758), le passage au périhélie pour le 18 avril 1759 ; plus tard, des calculs plus précis lui firent assigner la date du 4 avril. Le passage eut lieu le 12 mars ; ce qui faisait une erreur seulement de vingt-trois jours sur la prédiction de l'astronome géomètre ; encore n'eût-elle été que de treize jours, si, comme le fit remarquer Laplace, Clairaut avait connu plus exactement les masses de Jupiter et de Saturne, sur l'action desquelles il s'était fondé. Au reste, les comètes avaient été une de ses études favorites, comme le montrent sa *Théorie du mouvement des comètes, avec l'application de cette théorie à la comète qui a été observée dans les années* 1531, 1607, 1682, 1759 (Paris, 1760, in-8), et ses *Recherches sur les comètes* des années 1531, 1607, 1682 et 1759, travail qui remporta le prix de l'Académie de Saint-Pétersbourg (1762). Dix ans auparavant il avait remporté un prix de la même Académie pour sa *Théorie de la Lune, déduite du seul principe de l'attraction,* et ce mémoire fut suivi, en 1754, des *Tables de la Lune,* travail fort estimé et revu en 1765. Il employa la même méthode dans un mémoire lu, en 1757, à l'Académie des sciences de Paris, *Sur l'orbite apparente du Soleil autour de la Terre, en ayant égard aux, perturbations produites par la Lune et par les planètes principales.*

On a encore de Clairaut des *Éléments de géométrie* (Paris, 1741 et 1765, in-8), ouvrage composé pour Mme du Chastellet, la traductrice des *Principes* de Newton, et des *Éléments d'algèbre* (Paris, 1746 et 1760, in-8), qui servirent longtemps de guide à la jeunesse studieuse. Ces Éléments furent réimprimés avec des notes et des additions, tirées en partie des leçons faites à l'École normale par Lagrange, et précédés d'un *Traité élémentaire d'arithmétique,* par Théveneau (Paris, 1797 et 1801, 2 vol. in-8).

Clairaut mourut en 1765, relativement jeune. Bossut, qui l'avait connu, en fait le portrait suivant : « Un caractère doux et liant, une grande politesse, une attention scrupuleuse à ne jamais blesser l'amour-propre d'autrui, lui donnèrent, dans le grand monde, une existence, une considération que le talent seul n'aurait pas obtenues. Par malheur pour les sciences, il se livra trop à l'empressement général qu'on avait de le connaître et de le posséder. Engagé à des soupers, à des veilles, entraîné par un goût vif pour les femmes, voulant allier le plaisir à ses travaux ordinaires, il perdit le repos, la santé, enfin la vie à l'âge de cinquante-deux ans, quoique son excellente constitution physique parût lui promettre une bien plus longue carrière[1]. »

### Bezout. — Cousin. — Condorcet.

Étienne *Bezout*, né à Nemours en 1730, entra à vingt-huit ans à l'Académie des sciences, en récompense de ses *Recherches sur le calcul intégral*. Nommé en 1763 examinateur des gardes de la marine, il fut chargé par le ministre Choiseul de la rédaction d'un ouvrage pour l'instruction de ces jeunes gens. Il le fit paraître, de 1764 à 1767, sous le titre de *Cours de mathématiques à l'usage des gardes du pavillon et de la marine*, 4 vol. in-8. L'auteur mit beaucoup de clarté à l'exposition des connaissances les plus indispensables pour la construction des vaisseaux; c'était là un sujet alors nouveau dans l'enseignement. Nommé en 1768 examinateur pour l'artillerie, il publia un *Cours de mathématiques à l'usage du corps royal de l'artillerie* (Paris, 1770-1772, 4 vol. in-8). Ces deux ouvrages furent plus tard réunis en un seul, sous le titre de *Cours complet de mathématiques*, etc. (Paris, 1780, 6 vol. in-8), qui servit, pendant de longues années, de base à l'enseignement et acquit à son auteur une immense popularité. Mais son vrai titre de gloire c'est sa *Théorie générale des équations algébriques* (Paris, 1779, in-4), à laquelle il

1. Bossut, *Histoire générale des mathématiques*, t. II, p. 428.

travaillait depuis dix-sept ans. L'auteur n'a pas sans doute tranché toutes les difficultés que présente ici l'analyse ; mais il a perfectionné plus que tout autre la méthode d'éliminer les inconnues ou de réduire les équations d'un problème au plus petit nombre possible.

Physicien et minéralogiste, Bezout a le premier décrit les grès de Fontainebleau, qui ont été depuis l'objet de nombreuses études. Il mourut en 1783, à l'âge de cinquante-trois ans, à Avon, près de Fontainebleau. Il fut enterré dans l'église de ce village, comme l'indique une table en marbre.

Jacques *Cousin* (né à Paris en 1739, mort en 1800), professeur au Collége de France en 1766, président de l'administration de la Seine en 1794, membre de l'Institut en 1795, membre du Conseil des Anciens en 1799, sénateur après le 18 Brumaire, consacra ses rares moments de loisir au perfectionnement du calcul intégal, comme le témoignent ses travaux, parmi lesquels nous citerons : *Remarques sur la manière d'intégrer par approximation les équations différentielles et les équations aux différences partielles* (Mémoires de l'Académie des sciences, 1766) ; *Recherches sur l'intégration des équations différentielles* (ibid., 1781) ; *Mémoire sur l'intégration des équations aux différences partielles* (ibid.), et surtout les *Leçons de calcul différentiel et de calcul intégral* (Paris, 1772, 2 vol. in-8 ; 1796, 2 vol. in-4). Ce dernier ouvrage, auquel on reproche d'être un peu obscur, contient des choses nouvelles, notamment sur l'intégration des équations aux différences partielles.

Caritat, marquis de *Condorcet*, né à Ribemont, en Picardie, le 17 septembre 1743, fit ses premières études dans la maison des jésuites de Reims, où l'avait placé son oncle, évêque de Lisieux. A quinze ans il commença ses études mathématiques au collége de Navarre à Paris, et, dix mois après son entrée, il soutint une thèse d'analyse très-difficile, avec tant de distinction que d'Alembert,

Clairaut et Fontaine, ses juges, lui prédirent qu'il serait un jour leur confrère à l'Académie. Dans une lettre adressée, en 1775, à Turgot, intitulée : *Ma profession de foi*, il dit que dès l'âge de dix-sept ans il avait pris pour règle de conduite de toute sa vie de « céder toute considération d'intérêt à l'obligation d'être juste, et de ménager précieusement la sensibilité naturelle, source de toute vertu. » Cette idée le domina jusqu'à la fin de ses jours ; car, encore l'avant-veille de sa mort, Condorcet recommandait, dans l'*Avis d'un proscrit à sa fille*, de conserver dans toute sa pureté le sentiment qui nous fait partager non-seulement les souffrances des hommes, mais même celles des animaux.

La première partie de sa vie, Condorcet la consacra presque tout entière aux études mathématiques. Il n'avait pas vingt-deux ans quand il présenta à l'Académie son *Essai sur le calcul intégral*. Ce travail, sur lequel d'Alembert émit, en 1765, un jugement très-favorable, contient les premières tentatives sérieuses qui aient été faites sur les conditions d'intégrabilité des équations différentielles de tous les ordres, soit relativement à l'intégrale d'un ordre immédiatement inférieur, soit relativement à l'intégrale définitive. Les détails relatifs au *Calcul aux différances finies* ont été développés dans plusieurs mémoires intéressants, qui font partie du recueil de l'Académie des sciences (années 1769, 1770, 1771). Le mémoire publié en 1772, et qui traite des *Séries récurrentes*, met particulièrement en relief l'esprit analytique de l'auteur. Au jugement de Lagrange, ce mémoire « est rempli d'idées sublimes et fécondes, qui auraient pu fournir la matière de plusieurs ouvrages.... Les séries récurrentes avaient déjà été si souvent traitées, qu'on eût dit cette matière épuisée. Cependant voilà une nouvelle application de ces séries, plus importante, à mon avis, qu'aucune de celles qu'on en a déjà faites. Elle nous ouvre, pour ainsi dire, un champ nouveau pour la perfection du calcul intégral. »

Le *Calcul des probabilités* doit aussi beaucoup à Condorcet. Ce calcul, que l'ignorance traite avec dédain, a rendu des services à la société en contribuant à l'abolition de la loterie et de plusieurs jeux de hasard, « déplorables piéges tendus à la cupidité et à la crédulité. » Laharpe reprochait à Condorcet d'avoir appliqué le calcul des probabilités à la justice. « Mais il y a, fait observer ici François Arago (*Éloge de Condorcet*), dans les décisions judiciaires, certaines faces, certains points de vue du ressort du calcul. En portant dans ce dédale le flambeau de l'analyse mathématique, Condorcet n'a pas seulement fait preuve de hardiesse, il a, de plus, ouvert une route entièrement nouvelle. En la parcourant d'un pas ferme, mais avec précaution, les géomètres doivent découvrir, dans l'organisation sociale, judiciaire et politique, des sociétés modernes, des anomalies qu'on n'a pas même soupçonnées jusqu'ici. »

A partir de 1772, Condorcet, secrétaire perpétuel de l'Académie des sciences, membre de l'Académie française, en correspondance avec Voltaire, imprima à son esprit une direction littéraire et politique. Cette direction nouvelle l'amena à jouer un certain rôle après la révolution de 1789, qui fit hâter la fin de sa vie. Son dernier ouvrage, le *Tableau des progrès de l'esprit humain*, fut imprimé à 3000 exemplaires, par ordre de la Convention nationale, où Condorcet siégeait dans le parti des Girondins[1]. — La première édition des *Œuvres complètes* de Condorcet fut publiée par les soins de Garat et de Ca-

---

1. La Notice de Fr. Arago renferme de touchants détails sur les derniers moments de Condorcet. Après s'être échappé, le 5 avril 1794, sous un déguisement, de la prison de l'Abbaye, où l'attendait une mort certaine, il se cacha quelque temps dans les environs de Montrouge. Poussé par la faim, il entra, le 7 avril au soir, dans une auberge du village de Clamart et demanda une omelette. « Malheureusement, cet homme, presque universel, ne savait pas même à peu près, dit son biographe, combien un ouvrier mange d'œufs dans un repas. A la question du cabaretier, il répond une douzaine. Ce nombre inusité excite la surprise ; bientôt le soupçon se fait jour, se communique,

banis, avec le concours de Mme Condorcet (Mlle de Grouchy, sœur du maréchal de Grouchy), Paris, 1801-1804,
22 vol. in-8. La seconde édition, plus complète, se compose de 12 gros volumes in-8 (Paris, 1847-1849); elle
est due aux soins de François Arago, du général Conor
et de sa femme (fille de Condorcet).

### Porro. — Arbogaste. — Trembley. — Nieuport.

Daniel *Porro* (né en 1729 à Besançon, mort en 1795)
prit le nom de *Donat* en embrassant la règle des Bénédictins de la congrégation de Saint-Vanne. Il cultiva
les mathématiques avec une complète indépendance de
tout esprit de routine et de système, comme l'atteste son
*Exposition du calcul des quantités négatives*, Avignon (Besançon), 1784, in-8, ouvrage fondu avec l'*Algèbre selon
les vrais principes*, 1789, 2 vol. in-8 (publié sous le voile
de l'anonyme). L'auteur y cherche à démontrer que les
multiplicateurs, de même que les quotients et les exposants, sont toujours des nombres abstraits, essentiellement positifs, et que, par conséquent, il ne faudra plus
dire que *moins par moins donne plus*, fausse règle, « qui
a toujours choqué l'oreille et la raison, mis en déroute
les plus fameux calculateurs, occasionné des contestations
et des disputes interminables sur les quantités négatives,
les racines imaginaires, le cas irréductible, les exposants
et les logarithmes négatifs, etc. » Pour remédier à ce
mal, l'auteur a donc supprimé comme fausse la règle que

grandit. Le nouveau venu est sommé d'exhiber ses papiers; il n'en a
pas. Pressé de questions, il se dit charpentier : l'état de ses mains le
dément. L'autorité, avertie, le fait arrêter et le dirige sur Bourg-la-
Reine.... Le 8 avril, au matin, quand le geôlier ouvrit la porte du
cachot pour remettre aux gendarmes le prisonnier encore inconnu,
qu'on devait conduire à Paris, il ne trouve qu'un cadavre. Le prisonnier s'était dérobé à l'échafaud par une forte dose de poison (on
en ignore la nature), qu'il portait depuis quelque temps dans une
bague. » (Arago, *Notices biographiques*, t. II, p. 223.)

« moins par moins donne plus, » et il lui a substitué, comme base du calcul algébrique, que *plus par plus donne plus*, et *moins par plus donne moins*. « De ces deux règles émaneront, dit-il, deux ordres de calcul, l'ordre positif et l'ordre négatif. Chaque ordre sera dirigé par des règles particulières et conformes à la nature des quantités qu'il embrasse. Un moyen si simple fera disparaître tous les inconvénients. Les racines imaginaires, pures chimères, la honte du calcul, ne déshonoreront plus l'algèbre ; le cas irréductible n'aura plus lieu [1] ; les multiplicateurs, les quotients, les exposants conserveront leur nature de nombres abstraits et positifs. Ces antiproportions géométriques — $1 : + 2 : : + 2 : - 4$, ainsi que les progressions et séries alternatives qui en dépendent, seront éliminées. On ne connaîtra plus le nom de paire et d'im-

---

1. Il faut se rappeler ici qu'on nomme, en analyse, *cas irréductible* le cas où un problème du troisième degré a ses trois racines réelles, inégales et incommensurables. Si, dans ce cas, on emploie la méthode ordinaire pour résoudre la question, la racine se présentera sous une forme qui renferme des quantités imaginaires. D. Porro, qui rejette les imaginaires, s'est attaché à montrer qu'on peut transformer une équation qui contient le cas irréductible, en un nombre indéterminé d'autres équations de même valeur qui ne le renferment pas, et que, dans ce sens, il n'y a point, à proprement parler, de cas irréductible. Dans son *Algèbre selon les vrais principes* (t. II, p. 136), D. Porro a établi, pour *la résolution des équations de tous les degrés*, ce théorème général : « La racine d'une équation quelconque, supérieure au premier degré, est toujours égale à la racine $r$ de la moitié de la somme des puissances $r$ de chaque partie du binome, plus à la moitié de leur différence, le tout ajouté à la moitié de la somme des mêmes puissances, moins la moitié de leur différence, » ce qui s'exprime plus simplement par cette formule : $x = \sqrt[r]{\dfrac{s}{2} + \sqrt{\dfrac{s^2}{4} - p^r}} + \sqrt[r]{\dfrac{s}{2} - \sqrt{\dfrac{s^2}{4} - p^r}}$, où $p$ désigne le produit $mn$ des deux parties du binome, dont la somme, $m + n$, est indiquée par $s$ ; enfin $r$ représente l'exposant particulier du degré de l'équation qu'on se propose de résoudre. « Ce théorème élémentaire, simple et énergique, est, ajoute D. Porro, le fondement de la théorie des équations, lesquelles ont fait jusqu'ici la matière la plus embrouillée de l'analyse. »

paire dans le calcul des puissances ; celles de l'ordre négatif seront toutes négatives, comme celles de l'ordre positif, toutes positives. Si aux principes de ces deux ordres de calcul on ajoute l'*unité de racine* dans une équation quelconque, ce qui répond à l'*unité du multiplicande* dans un produit, la géométrie des courbes se trouvera dégagée d'une infinité de nœuds, de points et de lignes superflus. A chaque abscisse répondra une seule ordonnée ; les lois d'une même équation présideront à la direction des branches, tant positives que négatives, des courbes, qui différeront en position, et nullement en figure.... On verra dans le corps de cet ouvrage combien les algébristes se sont éloignés de la vérité, soit par indifférence pour une saine métaphysique, soit par un effet de leur penchant excessif pour la généralisation dans laquelle ils ont enveloppé tous les cas d'exception. Nous pouvons citer pour exemple le fameux binôme de Newton, qui induit en erreur lorsqu'on en fait l'application aux quantités de l'ordre négatif. On demande, par exemple, la seconde puissance de $- a - b$; la formule du binôme donne $+ a^2 + 2\,ab + b^2$, seconde puissance diamétralement opposée à la véritable : $- a^2 - 2\,ab - b^2$. On demande le carré de la différence négative $- 5 + 2$, qui est $- 9$; la formule de Newton donne $+ 9$, carré de la différence positive $+ 5 - 2$, c'est-à-dire le contraire de ce qu'on demande et du véritable résultat. » (*Algèbre selon les vrais principes*, t. I, Introduction, p. 2-4.) — On voit, par cette citation, que l'*Algèbre selon les vrais principes* était destinée à produire une véritable révolution en mathématiques.

Louis *Arbogaste* (né en 1759 à Muntzig en Alsace, mort à Strasbourg en 1803), professeur de mathématiques à l'école d'artillerie de Strasbourg, député à l'Assemblée législative et à la Convention nationale, présenta, en 1789, à l'Académie des sciences, un *Essai sur de nouveaux principes de calcul différentiel et intégral, indépendants de la*

*théorie des infiniment petits et de celle des limites.* L'objct
de cet Essai, resté inédit, fut plus tard repris et développé par Lagrange. Comme membre de la Convention
nationale, Arbogaste publia le *Rapport sur l'uniformité et
le système général des poids et mesures.* Son principal ouvrage, trop peu connu, a pour titre : *du Calcul des déri-
vations, et de ses usages dans la théorie des suites et dans
le calcul différentiel*, Strasbourg, 1800, in-4. On y remarque le premier emploi des symboles d'opération, indépendamment des symboles de quantité.

*Trembley* est le nom d'une famille de savants géne-
vois, parmi lesquels nous devons citer ici *Jean* Trembley,
neveu de l'auteur (*Abraham* Trembley) de l'*Histoire des
polypes*, dont nous avons parlé dans l'*Histoire de la zoo-
logie*, et qui avait aussi cultivé les mathématiques, à juger par ses *Theses mathematicæ de infinito et calculo infi-
nitesimali* (Genève, 1730, in-4). — Jean Trembley (né à
Genève en 1749, mort en 1811), membre de l'Académie
de Berlin, contribua, par ses travaux, au perfectionnement du calcul des probabilités et du calcul intégral.
Parmi les nombreux mémoires qu'il a publiés à ce sujet,
nous citerons : *Disquisitio elementaris circa calculum pro-
babilium* (dans les Mémoires de la Société de Gœttingue,
XII, 1793-1794) ; —*Disquisitio mathematica de probabilitate
causarum ab effectibus oriunda* (ibid. ,XIII, 1795-1797) ; —
*Réflexions sur l'usage des méthodes d'approximation dans
l'intégration des équations différentielles* (dans les Mémoires de l'Académie de Berlin, 1786-1787) ; — *Recherches sur
les intégrales particulières des équations différentielles* (ibid.,
1792-1793) ; — *Essai de trouver le terme général des séries
récurrentes* (ibid., 1797) ; — *Observations sur l'analyse de
Diophante* (ibid., 1798) ; — *Observations sur le calcul intégral aux différences finies* (ibid., 1800)[1].

1. Poggendorff, *Biographisches literarisches Handwörterbuch*, t. II,
p. 1130.

Le vicomte de *Nieuport* (né en 1746, mort à Bruxelles en 1827, commandeur de l'ordre de Malte, directeur de l'Académie de Bruxelles depuis la réorganisation de cette Académie en 1816) s'occupa beaucoup du perfectionnement de l'analyse, comme le témoignent ses *Recherches sur l'intégration des équations aux différences partielles qui admettent une intégration de l'ordre immédiatement inférieur.* (dans les *Mélanges mathématiques*, année 1794). Ce même recueil contient de Nieuport les quatre mémoires suivants : .. *Sur le lieu et l'intégration des équations différentielles à trois variables qui ne sont point intégrables dans le sens ordinaire; — Sur une méthode d'intégration, appliquée au cas de deux pareilles équations d'un ordre quelconque, avec des réflexions sur le cas général de n équations entre n + 1 variables; — Sur le mouvement du fluide qui s'échappe d'un tuyau cylindrique entretenu constamment plein; — Sur une nouvelle manière de traduire en langue algébrique le principe d'égalité de pression, et d'en déduire toutes les lois de l'hydrostatique, et spécialement la figure de la Terre.* La mort vint empêcher Nieuport d'achever son travail *Sur une question relative au calcul des probabilités* (t. III des Mémoires de la nouvelle Académie de Bruxelles). Ce travail fut terminé par P. G. Dandelin, l'un des collègues de Nieuport[1].

### Lagrange.

Joseph-Louis *Lagrange* naquit à Turin, le 25 janvier 1736. Son père, trésorier de la guerre, avait épousé la fille d'un riche médecin, mais s'était ruiné dans des entreprises industrielles. Ce revers de fortune fut peut-être un bonheur pour la science; car, plus tard, arrivé à l'apo-

---

1. On trouvera la liste complète des travaux du commandeur Nieuport dans Quetelet, *Histoire des sciences mathématiques et physiques chez les Belges*, p. 333 et suiv. (nouvelle édit., Bruxelles, 1871).

gée de sa réputation, Lagrange disait de lui-même que
« s'il avait eu de la fortune, il n'eût probablement pas fait
son état des mathématiques. » Le goût des lettres lui fit
d'abord préférer Virgile et Cicéron à Euclide et à Archimède. Mais l'amour des sciences exactes l'emporta, et il
n'avait pas encore dix-huit ans, quand il fut appelé à enseigner les mathématiques à l'École royale d'artillerie de
Turin. La plupart de ses élèves n'étaient guère plus âgés
que lui. Il s'établit entre eux une communauté d'idées, qui
devint l'origine d'une société savante. Lagrange en diri-
geait les travaux, qui parurent de 1759 à 1793, en cinq
volumes, sous le titre de *Miscellanea Taurinensia.* Cette
société, d'un caractère tout privé, devint, en 1784, l'A-
cadémie royale des sciences de Turin. Nous dirons plus
loin un mot des travaux qu'il publia, dans les *Miscellanea
Taurinensia* et dans les *Mémoires de l'Académie royale de
Turin,* au début de la carrière qu'il devait illustrer.

Le séjour de Turin ne lui plaisait guère, et il était im-
patient de voir les savants de Paris avec lesquels il était
en correspondance. Il saisit donc avec empressement l'occasion d'accompagner un de ses amis, M. de Caraccioli,
qui venait d'être nommé à l'ambassade de Londres et devait passer par Paris pour se rendre à son poste. D'A-
lembert, Clairaut, Condorcet, Fontaine, Nollet, lui firent
un parfait accueil. Mais, tombé dangereusement malade à
la suite d'un dîner où Nollet ne lui avait fait servir que
des mets préparés à l'italienne, il ne put suivre son ami
à Londres. Après le rétablissement de sa santé, il ne
songeait plus qu'à retourner dans sa ville natale, quand
il apprit qu'Euler allait quitter Berlin pour se fixer de
nouveau à Saint-Pétersbourg. D'Alembert ayant refusé
la place de président de l'Académie de Berlin, Lagrange,
déjà recommandé au roi de Prusse par Euler, obtint la
place de directeur de cette Académie pour les sciences
physico-mathématiques, avec un traitement de 1500 tha-
lers (un peu moins de 6000 francs). Frédéric II, qui ne

cultivait dans ses moments de loisir que la poésie et la
musique, croyait cependant devoir, comme roi, protéger
les sciences, pour lesquelles il avait peu de goût ; car dans
sa Correspondance avec Voltaire il n'appelait Euler que
son « géomètre borgne dont les oreilles ne sont pas faites
pour sentir les délicatesses de la poésie. » A quoi Voltaire
répondait par cette malicieuse flatterie : « Nous sommes
un petit nombre d'adeptes qui nous nous y connaissons.
Le reste est profane. »

Lagrange prit possession de son poste le 6 novembre
1766. Il remplira désormais de ses savantes recherches
les Mémoires de l'Académie de Berlin, sans cesser d'enrichir encore de quelques-uns de ses travaux les Mémoires de l'Académie de Turin, qu'il pouvait considérer comme
son œuvre.

Pendant son séjour à Berlin, qui dura vingt et un ans,
Lagrange apprit l'allemand, et prépara son grand ouvrage
la *Mécanique analytique*, pour lequel il ne trouvait d'abord
aucun éditeur. Vers la même époque il fit venir de Turin
une de ses cousines qu'il épousa et qui, au bout de deux
ans, fut enlevée à son affection par une longue maladie.
En 1778, il fut lui-même atteint d'une pneumonie dont il
faillit mourir. En joignant à tout cela la mort de Frédéric II, qui amena de grands changements en Prusse, on
comprend sans peine le désir qu'il eut de revenir à Paris,
où l'attendaient de nombreux amis. Le successeur de
Frédéric II ne s'opposa pas au départ de Lagrange, sur
la promesse de celui-ci de donner encore plusieurs mémoires à l'Académie de Berlin. Cette promesse fut scru-
puleusement remplie, comme le témoignent les volumes de
1792, 1793 et 1803, publiés par cette compagnie savante.

Ce fut en 1787 que Lagrange vint siéger à l'Académie
des sciences de Paris ; son titre d'*associé étranger*, qu'il
avait depuis quinze ans, fut alors changé en celui de *pensionnaire vétéran,* et il reçut, comme d'Alembert, un logement au Louvre. Un de ses collègues fait de lui le portrait

suivant : « Toujours affable et bon quand on l'interrogeait, il se pressait peu de parler, paraissait distrait et mélancolique ; souvent, dans une réunion qui devait être selon son goût, parmi les hommes les plus distingués de tout pays qui se rassemblaient toutes les semaines chez Lavoisier, je l'ai vu rêveur, debout contre une fenêtre, où rien pourtant n'attirait ses regards ; il y restait étranger à tout ce qui se disait autour de lui ; il avouait lui-même que son enthousiasme était éteint, qu'il avait perdu le goût des recherches mathématiques. S'il apprenait qu'un géomètre s'occupât de quelque travail : « Tant mieux, disait-il ; je l'avais commencé, je serai dispensé de l'achever. » Mais cette tête puissante ne pouvait que changer l'objet de ses méditations. La métaphysique, l'histoire de l'esprit humain, celle des différentes religions, la théorie générale des langues, la médecine, la botanique, s'étaient partagé ses loisirs. Quand la conversation se portait sur les matières qui paraissaient lui devoir être les plus étrangères, on était frappé d'un trait inattendu, d'une pensée fine, d'une vue profonde, qui décelaient de longues réflexions.... C'est dans ce repos philosophique qu'il vécut jusqu'à la Révolution, sans rien ajouter à ses découvertes mathématiques, sans même ouvrir une seule fois sa *Mécanique analytique*, qui avait paru depuis plus de deux ans[1]. »

Parmi les grandes innovations que fit éclore la révolution de 1789, on remarque surtout l'établissement d'un système métrique, fondé sur la nature, et parfaitement concordant avec notre échelle de numération. Lagrange était un des plus ardents promoteurs du système décimal, et il le voulait dans toute sa pureté. Il fut un des commissaires que l'Académie chargea de ce travail. A la suppression des Académies, on raya de la liste les noms de La-

---

1. Delambre, *Éloge de Lagrange*, reproduit en tête du tome I des *Œuvres de Lagrange*, publiées par les soins de M. Serret, sous les auspices du gouvernement (Paris, 1867 et suiv.).

voisier, Borda, Laplace, Coulomb, Brisson et Delambre; Lagrange fut conservé et nommé président de cette Commission. On le savait uniquement dévoué aux sciences, et il n'avait aucune place, ni dans l'ordre civil, ni dans l'administration. On le nomma bientôt administrateur de la Monnaie et membre du Bureau de consultation, chargé d'examiner et de récompenser les inventions utiles. Pendant la tourmente révolutionnaire, quelques amis voulaient l'attirer à Berlin; mais il ne consentit point à quitter sa patrie adoptive. Vers la même époque (en 1792), il épousa, en secondes noces, Mlle Lemonnier, la fille de l'astronome de ce nom. Au milieu des projets d'amélioration de l'espèce humaine sortis de têtes exaltées, Lagrange disait aux amis qui l'entouraient : « Voulez-vous voir l'esprit humain véritablement grand? Entrez dans le cabinet d'un Newton, décomposant la lumière ou dévoilant le système du monde. »

L'existence éphémère des Écoles normales lui donna à peine le temps d'y exposer ses idées sur l'Arithmétique et l'Algèbre appliquées à la géométrie.

A la création de l'École polytechnique, Lagrange se remit au travail avec une nouvelle ardeur. Nommé professeur, il y enseigna la véritable métaphysique du calcul intégral, dont il avait déposé le germe dans un mémoire publié en 1772. A la suite de cet enseignement, il fit paraître sa *Théorie des fonctions analytiques*, ses *Leçons sur le calcul des fonctions*, et son *Traité de la résolution des équations numériques*.

Sous l'Empire, Lagrange, que Napoléon Ier appelait « la haute pyramide des sciences mathématiques », fut comblé de distinctions et d'honneurs. Il fut créé comte, entra au Sénat, devint grand officier de la Légion d'honneur et grand cordon de l'ordre de la Réunion. Il travaillait avec ardeur à la seconde édition de sa *Mécanique analytique*, dont il voulait développer les parties les plus usuelles, lorsque, en tombant un jour sur l'angle d'un meuble, sa

tête reçut un choc si violent qu'il perdit un moment l'u-
sage de ses sens. C'était un avertissement de ménager ses
forces. Mais il n'en tint aucun compte : il continua de travailler ; ses syncopes se renouvelaient, et il sentait sa fin
approcher. Le 8 avril 1813, Lacépède, Monge et Chaptal
vinrent visiter leur illustre collègue. « J'ai été bien mal
avant-hier, mes amis, leur dit-il en les accueillant, je me
sentais mourir ; mon corps s'affaiblissait peu à peu, mes
facultés morales et physiques s'éteignaient insensiblement ;
j'observais avec plaisir la progression bien graduée de la
diminution de mes forces, et j'arrivais au terme sans douleur, sans regrets, et par une pente bien douce ; c'est une
dernière fonction qui n'est ni pénible, ni désagréable. »
Puis il leur exposait ses idées sur la vie, dont il croyait le
siège partout, dans tous les organes. « Quelques instants
de plus, ajoutait-il, et il n'y avait plus de fonctions, la mort
était partout : la mort n'est que le repos absolu du corps[1].
Je voulais mourir, oui, je voulais mourir, et j'y trouvais
du plaisir ; mais ma femme n'a pas voulu : j'eusse préféré une femme moins bonne, moins empressée à ranimer
mes forces, et qui m'eût laissé finir doucement. J'ai fourni
ma carrière ; j'ai acquis quelque célébrité dans les mathématiques. Je n'ai haï personne ; je n'ai point fait de mal ;
il faut bien finir[2]. »

Lagrange avait soixante-dix-sept ans accomplis, quand
il s'éteignit le 10 avril 1813. Il n'eut jamais d'enfants
d'aucune de ses deux femmes.

### Travaux de Lagrange.

Les travaux de Lagrange sont si nombreux et si variés,
que la meilleure méthode à suivre dans leur exposition

---

1. Le repos absolu du corps, — oui ; mais le repos de l'esprit ?
2. Ces détails, vraie confession *in extremis*, ont été copiés par Delambre sur un manuscrit de Chaptal.

analytique, c'est l'ordre chronologique des recueils où ils ont été successivement publiés.

### Miscellanea Taurinensia. — *Calcul des variations.*

Les premiers travaux de Lagrange (*Recherches sur la méthode de maximis et minimis,* — *Sur l'intégration d'une équation différentielle à différences finies, qui contient la théorie des suites récurrentes,* — *Recherches sur la nature et la propagation du son*), contenus dans le tome I des *Miscellanea Taurinensia,* renferment en germe le *Calcul des variations,* calcul nouveau, par lequel, « étant donnée une expression ou fonction de deux ou de plusieurs variables dont le rapport est exprimé par une loi déterminée, on trouve ce que devient cette fonction, lorsqu'on suppose que cette loi elle-même éprouve une variation quelconque infiniment petite, occasionnée par la variation d'un ou de plusieurs des termes qui l'expriment. » Ce calcul permet de résoudre un grand nombre de problèmes *de maximis et minimis,* dont la solution serait incomparablement plus difficile par l'emploi du calcul différentiel ordinaire. Tel est, par exemple, le problème de la *brachistochrone* (ligne de la plus courte descente), où l'on demande quelle est la courbe qui conduirait un corps, tombant en vertu de la pesanteur, à un point donné ou à une ligne droite ou courbe, dans le moindre temps. Jean et Jacques Bernoulli, d'un côté, et Euler, de l'autre, étaient, comme nous avons vu, arrivés, par des méthodes différentes, à la solution de ce fameux problème; mais la solution donnée par Lagrange parut si belle et si générale à Euler qu'il l'adopta sans réserve. Lagrange développe sa méthode dans le tome II (1760-1761) et le tome III (1762-1765) du même recueil, contenant: *Essai d'une nouvelle méthode pour déterminer les maxima et les minima des formules intégrales indéfinies;* — *Application de la méthode exposée dans le mémoire précédent à la solution de différents problèmes de dyna-*

*mique; — Solution de différents problèmes de calcul inté-
gral.* Enfin, dans le tome IV (1766-1769) du même recueil, il donna définitivement, d'après Euler[1], le nom de
*Méthode des variations* au calcul employé à la solution des
problèmes où il s'agit de trouver les courbes qui jouissent
de quelque propriété du *maximum* ou du *minimum*.

Dans le tome III du même recueil nous signalerons encore deux mémoires importants : le premier est

1. Euler, dans un Appendice ajouté à son *Traité sur les isopérimètres*, avait fait voir que la trajectoire qu'un corps doit décrire par des
forces centrales quelconques, est la même que la courbe qu'on trouverait en supposant que « l'intégrale de la vitesse multipliée par l'é-
lément de la courbe fût un *maximum* ou un *minimum*. » L'application de ce beau théorème à un système quelconque de corps, et surtout la manière de s'en servir pour résoudre avec la plus grande simplicité et généralité tous les problèmes de la dynamique, est entièrement due à Lagrange, et cette théorie, comme il le fait lui-même
remarquer, dépend des mêmes principes que celle des *variations*.
Lagrange avait communiqué cette découverte à Euler dès 1756, et
celui-ci en fait l'éloge dans une lettre latine adressée à Lagrange, en
date du 2 octobre 1759 : « Votre solution du problème isopérimétri-
que, dit-il, contient tout ce qu'on peut désirer de plus complet, et je
suis enchanté de voir que ce que j'avais jusqu'ici à peu près seul
traité, a été porté par vous au plus haut degré de perfection. C'est
d'après vos lumières que j'ai rédigé la solution analytique de la question, mais je ne la publierai qu'après que vous aurez vous-même mis
au jour vos propres recherches à cet égard. » Ce n'est, en effet, qu'en
1766, dans le tome X des *Nouveaux commentaires de Pétersbourg*, qu'Euler publia deux Mémoires étendus sur cette matière. Lagrange eut
donc lieu de s'étonner des critiques de Fontaine relativement à la Méthode des variations, et que les deux Pères minimes, Le Seur et Jac-
quier, n'en eussent fait aucune mention dans leur *Traité de calcul intégral*. Enfin, rappelant ce qu'il avait déjà dit dans le tome II des *Miscellanea Taurinensia*, il généralise en ces termes la Méthode nouvelle
qui consiste à « trouver la variation de toute fonction composée d'un
nombre quelconque de variables, et contenant autant de signes d'intégration qu'on voudra. Soit φ la fonction dont on propose de trouver la variation δφ, et supposons que cette fonction φ soit donnée par
une équation différentielle d'un degré quelconque entre φ et $x, y,$
$z..$., et les différentielles de ces variables. Dénotons cette équation
par $\Phi = 0$, et, différentiant par δ, on aura $\delta\Phi = 0$; or, comme $\Phi$ est
une fonction donnée de φ, $x, y, z, ..., d\varphi, dx, dy, dz, ...,$ on diffé-

intitulé : *la Solution d'un problème d'arithmétique*, problème proposé par Fermat, et dont voici l'énoncé : « Étant donné un nombre quelconque entier non carré, trouver un nombre entier et carré tel, que le produit de ces deux nombres, augmenté d'une unité, soit un nombre carré. » Ce problème avait été proposé, comme une espèce de défi, à tous les géomètres anglais, particulièrement à Wallis, qui en donna la solution. Mais la méthode employée par Wallis ne consiste que dans une sorte de tâtonnement. Lagrange s'appliqua à démontrer que la solution du problème est toujours possible quel que soit le nombre donné[1]. — Le second mémoire a pour titre : *Recherches sur le mouvement d'un corps qui est attiré vers deux centres fixes.* Ce problème, déjà proposé par Euler, reçut de Lagrange une solution plus générale, rattachée au *Problème des trois corps.* « Le problème du mouvement d'un corps attiré vers deux centres fixes ne peut, dit l'auteur en terminant, s'appliquer à la Lune, en tant qu'elle est attirée à la fois vers la Terre et vers le Soleil, qu'en supposant que cet astre soit en repos par rapport à la Terre; mais comme la force qui altère

rentiera cette fonction en regardant chacune des quantités $\varphi$, $x$, $y$,..., $d\varphi$, $dx$, $dy$, ..., comme une variable particulière, et, en marquant les différences par $\delta$, on aura :

$$\delta\Phi = p\delta\varphi + p'\delta d\varphi + p''\delta d^2\varphi + p'''\delta d^3\varphi + \ldots$$
$$+ q\delta x + q'\delta dx + q''\delta d^2x + q'''\delta d^3x + \ldots$$
$$+ r\delta y + r'\delta dy + r''\delta d^2y + r'''\delta d^3y + \ldots$$
$$+ s\delta z + s'\delta dz + s''\delta d^2z + s'''\delta d^3z + \ldots$$
$$\ldots \ldots \ldots \ldots \ldots \ldots \ldots \ldots \ldots = 0,$$

où $p$, $p'$ $p''$..., $q$, $q'$, $q''$ seront des fonctions données de $\varphi$, $x$, $y$,..., $d\varphi$, $dx$, $dy$.... » (Voy. t. II, p. 40 des *Œuvres de Lagrange*.)

1. En effet, un nombre quelconque $a$, étant multiplié par $(a+1)\,?^2$, donne un produit qui, augmenté de 1, fournit tous les carrés impairs : $a(a+1)\times 4 = 4a^2 + 4a + 1 = (2a+1)^2$. On voit que le problème proposé pouvait encore s'énoncer ainsi : Trouver une infinité de produits qui, multipliés par 1, donnent tous les carrés impairs. Le développement algébrique présenté par Lagrange est très-long et compliqué : Fermat n'y avait certainement pas songé.

le mouvement de la Lune autour de la Terre, ne vient que de la différence qu'il y a entre l'attraction du Soleil sur la Lune et son attraction sur la Terre, il ne suffira pas de regarder le corps comme attiré vers les deux centres fixes par des forces réciproquement proportionnelles aux carrés des distances; il faudra de plus y ajouter une troisième force, dirigée parallèlement à la ligne qui joint les deux centres, et dont la quantité pourra être supposée constante; cette force représentera celle que le Soleil exerce sur la Terre, et qui doit être transportée à la Lune en sens contraire. »

Les deux mémoires contenus dans le tome V et dernier (1770-1773) des *Miscellanea Taurinensia* traitent, l'un, de la *Figure des colonnes* (figure d'un conoïde que les architectes donnent aux colonnes, renflées vers le tiers de leur hauteur, et allant en diminuant vers les deux extrémités), et où l'auteur arrive à conclure que « la figure cylindrique est celle qui donne le *maximum maximorum* de force ou de solidité; » — le second traite de l'*Utilité de la méthode de prendre le milieu* (moyenne) *entre les résultats de plusieurs observations*. La méthode de prendre la moyenne est rendue nécessaire par l'imperfection des instruments et par les erreurs inévitables des observateurs. Dans ce travail l'auteur a suivi la règle fondamentale du calcul des probabilités, suivant laquelle on estime *la probabilité d'un événement par le nombre des cas favorables, divisé par le nombre de tous les cas possibles*. La difficulté ne consiste que dans l'énumération de ces cas.

Mémoires de l'Académie des sciences de Turin.

Dans le tome I (années 1784-1785) de ce recueil, on trouve de Lagrange un mémoire *Sur la percussion des fluides*, où l'auteur arrive à établir en principe, que « dans le choc direct, et lorsque son effet est le plus grand, ce qui a lieu quand le plan est assez large pour que toutes les particules du fluide soient contraintes d'en suivre la direction en le quittant, l'action contre le plan est égale au poids d'une colonne de fluide de la même grosseur que la veine et d'une longueur double de celle d'où un corps pesant devrait tomber pour acquérir la vitesse du fluide. Il n'en est pas de même lorsque le plan est exposé à l'impulsion d'un courant dans lequel il est entièrement plongé. Dans ce cas on n'a pu encore déterminer *a priori* la valeur de cette impulsion, et tous les efforts qu'on a faits jusqu'ici pour y parvenir n'ont servi qu'à produire des recherches analytiques plus ou moins profondes, mais toujours insuffisantes pour donner des résultats simples et applicables à la pratique. »

Le tome II (années 1784-1785) contient de Lagrange un mémoire *Sur une nouvelle méthode de calcul intégral*, pour les différentielles affectées d'un radical carré, sous lequel la variable ne passe pas le quatrième degré. L'auteur remarque d'abord que les séries sont le seul moyen de résoudre ce problème, et en général de rappeler à l'intégration toutes les formules différentielles d'une forme essentiellement irrationnelle. Puis il ajoute que « ce moyen n'est vraiment utile qu'autant qu'on peut rendre les séries toujours convergentes, et diminuer même à volonté l'erreur qui doit résulter des termes qu'on y néglige. » La méthode développée par l'auteur joint à cet avantage celui d'être générale pour toutes les formules différentielles qui contiennent un radical carré, dans lequel la variable ne forme pas plus de quatre dimensions [1].

---

1. C'est pendant son séjour à Berlin que Lagrange a fourni les deux mémoires cités au recueil de l'*Académie des Sciences de Turin*.

Mémoires de l'Académie des sciences de Berlin.

Nous nous bornerons à signaler les mémoires *Sur les courbes tautochrones* (tome XXI des Mém. de l'Acad. de Berlin, 1755), où l'auteur cherche à généraliser le principe d'Huygens qui avait le premier démontré que la cycloïde est la tautochrone des corps pesants dans le vide, c'est-à-dire une courbe telle que, si un corps se meut le long de sa concavité, soit en montant, soit en descendant, il emploie toujours le même temps à parcourir un arc quelconque pris du point le plus bas. — *Sur le passage de Vénus du 3 juin* 1769 (ibid., tome XXII, 1766), où l'auteur montre combien les observations des passages de Vénus sur le disque du Soleil sont importantes, non-seulement parce qu'elles servent à rectifier les principaux éléments de la théorie de cette planète, mais parce qu'elles sont surtout très-utiles pour déterminer la parallaxe du Soleil. — *Sur la solution des problèmes indéterminés du second degré* (ibid., tome XXIII, 1769) ; c'est là une question dont Diophante et ses commentateurs s'étaient beaucoup occupés. Quand l'équation finale, à laquelle conduit la solution d'un problème indéterminé, c'est-à-dire susceptible d'une infinité de solutions, n'est que du premier degré, toutes les solutions sont rationnelles par la nature même de cette équation. Il n'en est pas ainsi des équations qui dépassent le premier degré ; elles conduisent naturellement à des expressions irrationnèlles. « On n'a point de méthode directe et générale, dit Lagrange, pour trouver les nombres commensurables qui peuvent satisfaire à ces équations, lors même qu'elles ne sont qu'au second degré ; et il faut avouer que cette branche de l'analyse, quoique peut-être une des plus importantes, est néanmoins une de celles que les géomètres paraissent avoir le plus négligées, ou du moins dans lesquelles ils ont fait jusqu'à présent le moins de progrès. » C'est pour combler, en partie, une regrettable lacune que l'auteur a composé ce remarquable mémoire, et il y revient dans son travail sur la *Résolution des équations numériques,* dans celui d'une *Nouvelle méthode pour résoudre les problèmes indéterminés en nombres entiers* (ibid., tome XXIV, 1770), ainsi que dans le mémoire *Sur l'élimination des inconnues dans les équations* (ibid.), et dans ses *Réflexions sur la résolution algébrique des équations.* (Nouveaux Mémoires de l'Académie de Berlin, 1770 et 1771.)

Questions arithmétiques et algébriques. (Nouveaux Mémoires de l'Académie de Berlin.)

Lagrange avait une véritable prédilection pour les *questions arithmétiques,* auxquelles Fermat et Pascal s'étaient tant intéressés. Voici l'énumération des travaux qu'il a publiés sur ces questions dans les Nouveaux Mémoires de l'Académie de Berlin : 1° *Démonstration d'un théorème d'arithmétique* (Nouv. Mém., 1770) ; théorème qui avait été posé par Bachet de Méziriac, et dont voici l'énoncé : « Tout nombre entier non carré peut toujours se décomposer en deux, ou trois, ou quatre carrés entiers. » — 2° *Démonstration d'un théorème nouveau concernant les nombres entiers* et dont voici l'énoncé: « Si *n est un nombre premier quelconque, le nombre*

$$1.\,2.\,3.\,4.\,5.\ldots(n-1)+1$$

*sera toujours divisible par n,* c'est-à-dire que le produit continuel des nombres 1, 2, 3, 4, 5,... jusqu'à *n* — 1 inclusivement, étant augmenté de l'unité, sera divisible par *n,* ou bien que, si l'on divise ce même produit par le nombre premier *n,* on aura — 1, ou, ce qui est la même chose, *n* — 1 pour reste. » Lagrange a extrait ce théorème des *Meditationes algebraicæ* de E. Waring, qui l'attribuait à Jean Wilson, sans en donner la démonstration. — 3° *Recherches d'arithmétique* (Nouv. Mém., 1773 et 1775). On y trouve, entre autres, la démonstration de différents théorèmes sur les nombres premiers, dont les uns sont déjà connus, mais n'avaient pas encore été démontrés, et dont les autres sont entièrement nouveaux. — 4°; *Sur quelques problèmes de l'analyse de Diophante* (Nouv. Mém., 1777). Il y est surtout question de ce beau théorème, démontré par Fermat, à savoir que « la différence de deux nombres bi-carrés ne peut jamais être un carré. »

Lagrange s'était également intéressé, d'une façon toute particulière, à tout ce qui touchait au perfectionnement du *calcul intégral* et de l'*analyse algébrique*. Voici les titres des notices qu'il a publiées à cet égard dans le même recueil (Nouveaux Mém. de l'Acad. de Berlin) : 1° *Nouvelle méthode pour résoudre les équations littérales par le moyen des séries* (Nouv. Mém., 1770); cette méthode donne, indépendamment d'autres avantages, l'expression de chaque racine de l'équation proposée, au lieu que les anciennes méthodes ne donnent ordinairement que l'expression d'une seule racine. — 2° *Sur une nouvelle espèce de calcul relatif à la différentiation et à l'intégration des quantités variables* (Nouv. Mém., 1772). Leibniz, dans un mémoire intitulé *Symbolismus memorabilis calculi algebraici*, avait le premier signalé l'analogie qui existe entre les puissances négatives et les différentielles, et les puissances positives et les intégrales. Bien que ce principe d'analogie ne soit pas évident par lui-même, Lagrange s'en est servi pour découvrir plusieurs théorèmes généraux concernant les différentiations et les intégrations des fonctions de plusieurs variables; et il y est arrivé par une espèce particulière de calcul. — 3° *Sur l'intégration des équations à différences partielles du premier ordre* (Nouv. Mém., 1772). — 4° *Sur les intégrales particulières des équations différentielles* (ibid.). Ce mémoire a eu pour point de départ cette remarque singulière de Clairaut (1734), disant « qu'il y a des équations différentielles qu'on peut intégrer par la différentiation, et que les intégrales trouvées de la sorte ne sont jamais comprises dans les intégrales complètes que donnent les règles ordinaires de l'intégration, quoi-

que d'ailleurs ces mêmes intégrales satisfassent aux équations différentielles proposées et résolvent très-bien les problèmes géométriques qui conduisent à ces équations. »
— 5° *Méthode générale pour intégrer les équations aux différences partielles du premier degré, lorsque ces différences ne sont que linéaires* (Nouv. Mém., 1785) ; c'est un exposé, parfaitement lucide, d'une branche importante du calcul intégral. — 6° *Sur l'expression du terme général des séries récurrentes, lorsque l'équation génératrice a des racines égales.* Ce mémoire est la suite et le développement du travail publié dans les Nouveaux Mémoires de l'Académie de Berlin, 1775.

Parmi les travaux qui ont plus spécialement pour objet la *géométrie analytique*, nous citerons : *Sur l'attraction des sphéroïdes elliptiques* (Nouv. Mém., 1773) ; — *Solutions analytiques de quelques problèmes sur les pyramides triangulaires* (ibid.) ; — *Solution algébrique d'un problème de géométrie* (ibid.). Ce problème est celui-ci : « Étant donné, de grandeur et de position, un cercle, inscrire dans ce cercle un triangle dont les trois côtés, prolongés s'il est nécessaire, passent par trois points donnés ; » — *Sur les sphéroïdes elliptiques* (Nouv. Mém., 1792 et 1793). L'auteur entend par *sphéroïdes elliptiques* ceux dont toutes les sections sont des ellipses, et dont l'équation générale, réduite à la forme la plus simple, est

$$\frac{x^2}{a^2} + \frac{y^2}{b^2} + \frac{z^2}{c^2} = 1.$$

Quant aux travaux de Lagrange concernant les mathématiques appliquées à l'astronomie, à la mécanique, à l'optique, etc., et insérés dans les Nouv. Mém. de l'Académie de Berlin, il faudrait les pouvoir tous citer et analyser. Mais nous devons nous borner à donner seulement les titres dés travaux suivants : *Sur le mouvement des nœuds des orbites planétaires* (Nouv. Mém., 1774); — *Sur l'alté-*

*ration des moyens mouvements des planètes* (ibid., 1776); — *Sur le problème de la détermination des orbites des comètes d'après trois observations* (ibid., 1778 et 1783); — *Théorie de la libration de la Lune* (ibid , 1780); — *Théorie des variations séculaires des éléments des planètes* (ibid., 1781 et 1782); — *Théorie des variations périodiques des mouvements des planètes* (ibid., 1783 et 1784); — *Sur les variations séculaires des mouvements moyens des planètes* (ibid., 1783); — *Sur la méthode d'interpolation, d'un si grand usage en astronomie* (ibid., 1783, 1792 et 1793).

Mémoires de l'Académie des sciences de Paris.

Les travaux de Lagrange publiés dans les recueils de l'Académie des sciences de Paris remontent à 1764, et ils ont presque tous pour objet l'astronomie. Nous avons à citer ici : *Recherches sur la vibration de la Lune* (prix de l'Académie, t. IX, année 1764); — *Recherches sur les inégalités des satellites de Jupiter, causées par leur attraction mutuelle* (ibid., année 1766); — *Essai sur le problème des Trois Corps* (ibid., année 1772); — *Sur l'équation séculaire de la Lune* (recueil des *Savants étrangers*, t. VII, année 1773); — *Recherches sur la théorie des perturbations que les comètes peuvent éprouver par l'action des planètes* (ibid., t. X, 1785); — *Recherches sur la manière de former des tables des planètes d'après les seules observations* (Mémoires de l'Académie des sciences, année 1772); — *Théorie des inégalités séculaires des planètes*; lettre de Lagrange à Laplace (ibid., 1772); — *Recherches sur les équations séculaires des mouvements des nœuds et des inclinaisons des orbites des planètes* (ibid., année 1774); — *Mémoire sur la théorie des variations des éléments des planètes, et en particulier des variations des grands axes de leurs orbites* (Mémoire de la 1re classe de l'Institut de France, année 1808).

Parmi les travaux d'analyse que Lagrange a fait paraître dans les Mémoires de l'Académie des sciences de Paris, nous n'avons à citer que ses deux *Mémoires sur la théorie générale de la variation des constantes arbitraires dans tous les problèmes de la mécanique* (ibid., 1808 et 1809). Cet important mémoire se rattache aux variations des éléments du Système du Monde.

Dans la dernière période de sa vie, qu'il a passée à Paris, Lagrange s'est surtout appliqué à réunir en un corps de doctrines ses cours et ses travaux, jusqu'alors dispersés sous forme de mémoires. De là les chefs-d'œuvre qui ont pour titres : *Mécanique analytique*, Paris, 1787, in-4, dont la deuxième édition est en 2 vol. in-4 (1811-1815). Cet important ouvrage, tout entier fondé sur le calcul des variations, réunit presque tous les travaux antérieurs de l'auteur; tout y découle d'une formule unique et d'un principe connu, dont on était loin de soupçonner la fécondité. — *Théorie des fonctions analytiques;* elle donne les principes du calcul différentiel, dégagés de toute considération d'infiniment petits ou d'évanouissants, de limites ou de fluxions, et réduits à l'analyse algébrique des quantités finies; Paris (Imprimerie de la République), prairial an V (juin, 1797), in-4. Rappelons ici avec l'auteur que le mot *fonction* n'a été employé par les premiers analystes, tels que Leibniz et les Bernoulli, que pour désigner les puissances d'une même quantité, mais que depuis on lui a donné un sens beaucoup plus étendu, en l'appliquant « à toute quantité formée d'une manière quelconque d'une autre quantité. » — *Leçons sur le calcul des fonctions*, Paris, 1806, in-8 (nouvelle édition, revue, corrigée et augmentée par l'auteur); cet ouvrage était destiné à servir de commentaire et de supplément au précédent. — *Traité de la résolution des équations numériques de tous les degrés*, Paris, 1808, in-4; l'Introduction est un excellent chapitre sur l'histoire de l'analyse moderne[1].

---

1. Lagrange devait avoir une correspondance étendue. Il serait donc

Enfin nous ne saurions ici que répéter les paroles par lesquelles Delambre a terminé l'*Éloge* de Lagrange. « Grâce aux travaux de Lagrange, la science mathématique est aujourd'hui comme un vaste et beau palais dont il a renouvelé les fondements, posé le faîte, et dans lequel on ne peut faire un pas sans trouver avec admiration des monuments de son génie. » Aussi la publication récente des *Œuvres de Lagrange* (publiées par les soins de M. J. A. Serret, sous les auspices du ministère de l'instruction publique) est-elle un véritable service rendu à la science[1].

### Laplace.

Pierre-Simon *Laplace* naquit le 23 mars 1749 à Beaumont-en-Auge, village de la basse Normandie. On n'a aucun renseignement sur sa première jeunesse ; on sait seulement que son père était cultivateur. Après avoir suivi les cours de l'École militaire de Beaumont, il vint à Paris et fut bien accueilli par d'Alembert à la suite d'une lettre qu'il lui avait adressée *Sur les principes généraux de la mécanique*. Le jeune protégé de d'Alembert entra, peu de temps après, comme professeur de mathématiques à l'École militaire de Paris. « Dès ce moment, dit Fourier, livré sans partage à la science qu'il avait choisie, Laplace donna à tous ses travaux une direction fixe, dont il ne s'est jamais écarté. Il touchait déjà aux limites connues de l'analyse mathématique ; il possédait ce que cette science avait de plus ingénieux et de plus puissant, et personne

intéressant de publier son *Commercium epistolicum*, comme on l'a fait pour Newton, Leibniz, les Bernoulli, etc. Peut-être ne serait-il pas difficile de réunir ses lettres. Le *Bullettino di Bibliografia e di Storia*, etc., de M. B. Buoncompagni, t. V, p. 10 et suiv. (mars 1873), en a déjà publié un certain nombre.

1. Le premier volume, in-4, a paru (chez M. Gauthier-Villars) en 1867, et le sixième (qui ne paraît pas devoir être le dernier) en 1873.

n'était plus capable que lui d'en agrandir le domaine [1]. »
Laplace avait à peine vingt-quatre ans, lorsqu'il entra à
l'Académie des sciences comme membre adjoint ; quelque
temps après, il succéda à Bezout comme examinateur des
élèves du Corps royal d'artillerie, et, en 1785, il devint
membre titulaire de l'Académie, en remplacement de
Leroy. Ami et collaborateur de Lavoisier, il s'occupa longtemps de physique et de chimie. A l'époque de la Terreur,
il était lié avec les principaux révolutionnaires. En 1794,
il fut nommé, par un décret de la Convention, professeur
d'analyse aux Écoles normales. Après le 18 Brumaire, il
fut nommé ministre de l'intérieur par le premier consul,
et céda sa place à Lucien Bonaparte. Son court passage
aux affaires ne lui valut que ce jugement sarcastique de
Napoléon Ier : « Géomètre de premier rang, Laplace ne
tarda pas à se montrer administrateur plus que médiocre ;
dès son premier travail nous reconnûmes que nous nous
étions trompé. Laplace ne saisissait aucune question
sous son véritable point de vue ; il cherchait des subtilités
partout, n'avait que des idées problématiques, et portait
enfin l'esprit des *infiniment petits* jusque dans l'administration. » (*Mémorial de Sainte-Hélène.*) Après l'établissement de l'Empire, Laplace fut nommé sénateur, chancelier du Sénat et créé comte, grand officier de la Légion d'honneur, etc., par le glorieux soldat qui avait su
confisquer la révolution à son profit.

Dès le premier échec subi par l'Empire, Laplace signa
l'acte de déchéance, et après la restauration de la royauté,
il entra à la Chambre des pairs, fut nommé marquis par
Louis XVIII, et chargé de la présidence de la Commission
pour la réorganisation de l'École polytechnique. Cette
souplesse politique, flagellée par Paul-Louis Courier,
se retrouve même dans les dédicaces de ses ouvrages [2].

---

1 Fourier, *Éloge historique de Laplace.*
2. Voy. notre *Histoire de l'astronomie*, p. 593, note 2.

Laplace mourut le 5 mars 1827, à l'âge de soixante-dix-huit ans, dans le même mois où il était né, et juste un siècle après Newton, dont il avait entrepris d'achever l'édifice. On raconte qu'à ses derniers instants, quelqu'un lui ayant rappelé ses grandes découvertes, il répondit : « Ce que nous connaissons est peu de chose ; ce que nous ignorons est immense[1]. »

Travaux de Laplace. — Recherches analytiques. — Calcul des probabilités.

Nous avons déjà parlé ailleurs de ce que Laplace a fait pour la physique et l'astronomie[2]. Quant à ses travaux de mathématiques pures, s'ils sont relativement peu nombreux, ils ne manquent pas d'importance. Laplace avait à peine vingt-trois ans quand il publia un *Mémoire sur les solutions particulières des équations différentielles et sur les inégalités séculaires des planètes* (recueil des Mém. de l'Académie des sciences, 1772). Ce mémoire fut bientôt suivi de *Recherches sur le calcul intégral* (ibid., 1772); de *Recherches sur le calcul intégral aux différences partielles* (ibid., 1773); d'un *Mémoire sur les suites récurro-récurrentes, et sur leurs usages dans la Théorie des hasards* (recueil des *Savants étrangers*, 1774); de *Recherches sur l'intégration des équations différentielles aux différences finies* (ibid., 1776); d'un mémoire *Sur les usages du calcul aux différences partielles dans la théorie des suites* (Mémoires de l'Académie des sciences, 1777); d'un mémoire *Sur l'intégration des équations différentielles par approximation*

---

1. C'étaient à peu près les mêmes paroles que nous avons entendues sortir de la bouche d'un éminent physiologiste, de M. Flourens, secrétaire perpétuel de l'Académie des sciences, peu de temps avant sa mort.

2. *Histoire de la physique*, p. 130; *Histoire de l'astronomie*, p. 569, 571, 596 et suiv.

(ibid., 1777). Ces divers travaux, publiés à des intervalles très-rapprochés, placèrent leur auteur, qui n'avait encore que vingt-huit ans, au premier rang des analystes de son temps.

Après d'importantes applications de l'analyse à la physique et à l'astronomie, Laplace dirigea particulièrement son attention sur le calcul des probabilités. Il avait déjà fait paraître à cet égard différentes notices, lorsqu'il publia sa *Théorie analytique des probabilités* (Paris, 1812, in-4), qui forme le septième et dernier volume des *Œuvres de Laplace* (1842, édition du gouvernement). C'est là qu'on trouve exposé (dans le premier livre) le *Calcul des fonctions génératrices*. Leibniz, en adaptant sa caractéristique différentielle des exposants à l'expression des différentiations répétées, avait été conduit à l'analogie des puissances et des différences. Lagrange avait suivi et développé cette analogie. Laplace, par sa théorie des fonctions génératrices, l'étendit à des caractéristiques quelconques. Cet esprit de généralisation lui était propre. « Préferez, disait-il, les méthodes générales, attachez-vous à les présenter de la manière la plus simple, et vous verrez en même temps qu'elles sont presque toujours les plus faciles[1]. » Il aurait pu ajouter qu'elles sont en même temps les plus vraies.

En 1795, Laplace avait fait une leçon à l'École normale sur les probabilités. Cette leçon, développée, il la fit paraître sous le titre d'*Essai philosophique sur les probabilités* (Paris, 1819, quatrième édition, in-8). Dans cet Essai, l'auteur applique, sans le secours de l'analyse, les principes de la théorie des probabilités aux questions les plus importantes de la vie, qui ne sont, en effet, pour la plupart, que des problèmes de probabilité. « Presque toutes nos connaissances, dit-il, ne sont que probables, et, même en mathématiques, les principaux moyens de par-

1. *Séances des Écoles normales*, 1800 (t. IV, p. 49).

venir à la vérité, l'induction et l'analogie, se fondent sur des probabilités. Dans l'ordre moral, on est heureux de voir que les meilleures chances sont attachées à la pratique des principes éternels de la raison et de la conscience ; qu'il y a par conséquent un grand avantage à suivre ces principes, et de graves inconvénients à s'en écarter : leurs chances comme celles qui sont favorables aux loteries, finissent toujours par l'emporter au milieu des oscillations de l'inconnu, de ce qu'on appelle le *hasard*. »

Fourier, dans son *Éloge historique*, a caractérisé le génie de Laplace en ce peu de mots : « On ne peut pas affirmer qu'il lui eût été donné de créer une science entièrement nouvelle, comme l'ont fait Archimède et Galilée, de donner aux doctrines mathématiques des principes originaux et d'une étendue immense, comme Descartes et Leibniz, ou, comme Newton, de transporter le premier dans les cieux et d'étendre à tout l'univers la dynamique terrestre de Galilée. Mais Laplace était né pour tout perfectionner, pour tout approfondir, pour reculer toutes les limites, pour résoudre ce qu'on aurait pu croire insoluble. Il aurait achevé la science du ciel, si cette science pouvait être achevée. »

## II. — GÉOMÉTRIE.

Parmi les mathématiciens qui, au dix-huitième siècle, ont pris la géométrie pour objectif de leurs travaux sans perdre de vue l'analyse, nous citerons Fagnano, Maupertuis, Mascheroni, mais plus particulièrement Monge et Carnot.

François *Le Poivre* (mort au Mans en 1710) peut être considéré comme le dernier représentant de la géométrie du dix-septième siècle, inaugurée par Descartes, Desargues, Pascal et Lahire. On en a la preuve dans son petit

traité *des Sections des cylindres et du cône, considérées dans
le solide et dans le plan, avec des démonstrations simples
et nouvelles.* Ce rare opuscule de 60 pages in-8, publié
en 1704 à Mons, a été analysé par M. Chasles[1].

## Fagnano. — Mascheroni. — Maupertuis.

Charles *Fagnano*, marquis de Toschi (né à Sinigaglia
en 1682, mort en 1766), montra dès l'âge le plus tendre
une grande aptitude pour la géométrie, et fit paraître dans
les recueils du temps, notamment dans les *Acta Eruditorum* de Leipzig, divers mémoires qu'il publia plus tard
sous le titre de *Produzioni matematiche*, Pesaro, 1750,
2 vol. in-fol. Dans le premier volume on remarque, entre
autres, une *Théorie générale des proportions géométriques*,
théorie que Montucla trouve « un peu volumineuse[2] ». Le
second volume contient un *Traité des diverses propriétés des
triangles rectilignes.* Parmi ces propriétés il y en a plusieurs de très-curieuses. On y remarque aussi plusieurs
notes relatives aux propriétés et à quelques usages de
la courbe nommée *lemniscate*[3]. Pour en marquer l'importance, l'auteur en a fait graver la figure au frontispice
de son livre.

Son fils, *Jean-François*, se fit connaître par la publication de diverses notices de géométrie et d'analyse, dans
les *Acta Eruditorum* (années 1774, 1775 et 1776). — Le

---

1. *Aperçu historique*, etc., p. 130 et suiv. Comp. Quételet, *Histoire
des sciences mathématiques chez les Belges*, p. 271 et suiv.

2. Montucla, *Histoire des mathématiques*, t. III, p. 285.

3. C'est la courbe qui a la forme d'un 8 de chiffre. Si on nomme
AP, $x$ (abscisse), et PM, $y$ (ordonnée), et qu'on prenne une ligne constante $BC = a$, la courbe qui aura pour équation $ay = x\sqrt{aa - xx}$,
sera une lemniscate. C'est une courbe du quatrième degré, comme
on le voit aisément en faisant évanouir le radical; car on aura alors
$a^2y^2 = a^2x^2 - x^4$. (*Encyclopédie méthodique.*)

*Bullettino di Bibliografia e di Storia delle scienze matematiche*, de M. B. Buoncompagni, donne (t. III, janvier 1870) l'exposé du *théorème de Fagnano*, et de nombreux détails sur la vie et la famille de ce géomètre.

Lorenzo *Mascheroni* (né en 1750 aux environs de Bergame, mort à Paris en 1800) ne se livra à la géométrie qu'après avoir fait de fortes études littéraires, comme l'attestent divers écrits et sa place de professeur d'humanités au collége de Bergame. Ayant accueilli avec chaleur les changements politiques importés de France en Italie, il fut élu député et vint siéger au Corps législatif de la République cisalpine. Il fut ensuite envoyé à Paris pour faire partie de la Commission internationale chargée de l'élaboration du nouveau système métrique.

L'ouvrage auquel Mascheroni doit sa réputation de géomètre, c'est la *Géométrie du compas*, qui parut en 1797, en italien (Pavie, in-8), et qui fut traduite en français par Carette (Paris, 1798 et 1828, in-8) : ouvrage curieux, qui a pour objet de résoudre, uniquement par le compas, des problèmes que l'on résout ordinairement par la règle et le compas. L'idée n'était pas nouvelle. Cardan, dans son livre *de Subtilitate rerum*, avait déjà résolu plusieurs problèmes d'Euclide par la ligne droite et une seule ouverture de compas, comme si, dans la pratique, on ne se servait que d'une règle et d'un compas invariables. Tartaglia suivit Cardan dans la même voie, et Benedetti (J. B. *de Benedictis*) publia là-dessus un livre intitulé : *Resolutio omnium Euclidis problematum, aliorumque ad hoc necessarie inventorum, una tantummodo circini data apertura* (Venise, 1553, in-4). Mais ce ne sont là, comme le remarque Montucla, que des jeux d'enfants en comparaison des procédés suivis par Mascheroni. Deux instruments, la règle et le compas, sont habituellement employés dans la construction de la géométrie ordinaire. Recherchant si, « dans un champ, cultivé et moissonné

par tant de mains, il restait encore quelques épis à gla-
ner, » Mascheroni parvint à trouver un grand nombre
de solutions ingénieuses en s'imposant systématiquement
de n'avoir recours qu'au seul usage du compas Les problèmes de la géométrie euclidienne, tels que deux points
étant donnés, trouver autant d'autres points que l'on voudra qui soient avec les premiers en ligne droite ; connais-
sant les deux extrémités d'une droite, déterminer les points
qui la divisent suivant telle condition donnée, et cela sans
tracer la droite ; insérer dans le cercle les divers polygones
qui sont du ressort de la géométrie élémentaire ; déterminer la moyenne proportionnelle entre deux droites données (en entendant par droite donnée la distance de deux
points donnés), tous ces problèmes-là furent résolus par
Mascheroni au moyen de simples intersections d'arcs de
cercle, sans le tracé d'une seule ligne droite. Les avantages
pratiques de cette méthode sautent aux yeux, quand on
songe combien on doit peu compter sur la rectitude parfaite d'une règle. Mais c'est sous d'autres rapports surtout
que la *Géométrie* de Mascheroni mérite d'être signalée.
Frappé de l'imperfection des méthodes employées pour
graduer les limbes des instruments astronomiques, l'auteur indique des procédés qui répondent aussi complétement que possible à l'exactitude de ces graduations.

Moreau *de Maupertuis* (né à Saint-Malo en 1698, mort
à Bâle en 1759) ne tint pas ce que ses premiers travaux
semblaient promettre. Il n'avait pas encore trente ans
quand il résolut, presque en même temps que J. Bernoulli, le problème proposé par E. Offenburg, et qui était
de « percer une voûte hémisphérique d'un nombre quelconque de fenêtres de forme ovale, avec cette condition
que leurs contours fussent exprimés par des quantités algébriques ; » en d'autres termes, il s'agissait de déterminer
sur la surface d'une sphère des courbes algébriquement
rectifiables. La solution rentrait dans la classe des courbes

à double courbure. En 1731, Maupertuis devint membre pensionnaire de l'Académie. Son *Discours sur la figure des astres* et quelques autres travaux le désignèrent pour faire partie de l'expédition chargée de mesurer en Laponie un degré du méridien terrestre[1].

## LA GÉOMÉTRIE RÉCENTE.

Monge et Carnot ont assis, sur des principes larges et féconds, les fondements de cette géométrie pure, qui se caractérise par son abstraction et sa généralité, et dont Pascal et Desargues ont donné les premiers exemples dans leurs traités des coniques. Cette géométrie, que M. Chasles appelle la *Géométrie récente*, est « exempte de calculs algébriques, bien qu'elle fasse un aussi heureux usage des relations métriques des figures que de leurs relations de situation ou descriptives. Mais elle ne considère que des rapports de distances rectilignes d'un certain genre, qui n'exigent ni les symboles, ni les opérations de l'algèbre[2]. »

### Monge.

Gaspard *Monge* naquit en 1746, à Beaune, d'un père marchand ambulant, à qui la justesse de l'esprit et les qualités du cœur tenaient lieu de fortune. Il reçut sa première instruction au collége de sa ville natale, et la continua chez les Oratoriens de Lyon. Ses maîtres remarquèrent bientôt la précocité de son intelligence. A seize ans, il s'amusait à dresser le plan de la ville de Beaune à l'aide d'instruments fabriqués de ses propres mains. Un officier supérieur du génie (le lieutenant-colonel Vignau)

1. Voyez, pour plus de détails, notre *Histoire de l'astronomie*, p. 502.
2. M. Chasles, *Aperçu historique*, etc., p. 117.

vit ce plan à l'hôtel de ville, où on l'avait exposé, et il proposa aussitôt au père de faire entrer son fils à l'École de Mézières, destinée à former des officiers du génie. Une dépendance de cette école, appelée *la Gâche*, renfermait les élèves qui n'étaient pas nobles (conséquemment déclarés incapables de devenir officiers), et qui avaient pour fonction de faire les calculs et la besogne pratique dont les éléments étaient fournis par l'état-major de l'École. C'est là que le jeune Monge fut placé, d'abord comme élève, puis comme répétiteur. Cet apprentissage, humiliant en apparence, ne fut pas perdu; car c'est à l'École de Mézières que Monge conçut le plan de la *Géométrie descriptive*. En 1768, il devint professeur de mathématiques, et, après la mort de l'abbé Nollet, il fut en même temps chargé de l'enseignement de la physique.

Ses travaux se succédaient rapidement. En 1780, il fut nommé membre de l'Académie des sciences; il occupa depuis lors un plus grand théâtre. A la mort de Bezout, en 1783, Monge devint examinateur des élèves de la marine. La révolution éclata. Le 10 août 1792, il fut nommé ministre de la marine, ayant pour collègues, Danton à la justice, Rolland à l'intérieur, Servan à la guerre, Lebrun aux finances; mais, au bout de quelques mois, il se démit de son portefeuille, et prit la part la plus active à la création des moyens de défense dont la France avait alors le besoin le plus urgent. Peu de jours après le 9 thermidor, Monge fut dénoncé comme partisan de la loi agraire par son portier de la rue des Petits-Augustins; décrété d'accusation, il se déroba par la fuite aux redoutables atteintes du tribunal révolutionnaire. La loi du 7 vendémiaire an III, votée par la Convention nationale sur le rapport de Fourcroy, avait ordonné l'organisation de l'École des travaux publics; c'est cette école qui reçut plus tard le nom d'École polytechnique. A l'ouverture de cette école, Monge fut chargé de renouveler son enseignement, et le continua jusqu'en 1809.

Des anciennes académies, supprimées en 1793, sortit, l'année suivante, la fondation de l'Institut national, à laquelle Monge eut une large part. En 1796, il fut envoyé par le Directoire, en même temps que Berthollet, en Italie pour recevoir les objets d'art que plusieurs villes devaient céder à la France afin de se libérer des contributions de guerre. A cette occasion il fit la connaissance du jeune commandant en chef de l'armée d'Italie et se lia d'amitié avec lui. Après l'assassinat du général Duphot, Monge fut un des commissaires envoyés à Rome, « pour indiquer les mesures propres à empêcher que de semblables événements ne se renouvelassent, » et il contribua à la proclamation de la république romaine, qui eut une existence éphémère. Les événements se pressaient. L'expédition d'Égypte fut promptement organisée. Monge, aidé de Berthollet, recruta le personnel scientifique de cette mémorable expédition. Le 1er juillet 1798, il débarqua l'un des premiers sur la côte d'Égypte, et il fallut un ordre formel de Bonaparte, commandant en chef de l'expédition, pour l'empêcher de prendre personnellement part à l'attaque de la ville d'Alexandrie. Nommé président de l'Institut d'Égypte, créé (le 29 août 1798) à l'instar de l'Institut de France, Monge en dirigea les travaux, d'accord avec Fourier, nommé secrétaire perpétuel.

Monge quitta l'Egypte avec le général en chef. Nommé sénateur à la première fournée, en 1799, il fut créé comte de Péluse, comblé d'honneurs et de distinctions par le général Bonaparte, devenu empereur. Ajoutons à son éloge qu'il ne cessa pas de s'intéresser aux progrès des sciences. A la seconde restauration, l'ami de Napoléon perdit la direction de l'École polytechnique qui était licenciée, et il fut, comme Carnot et Guyton Morveau, rayé par Louis XVIII de la liste des membres de l'Institut, reconstitué par une ordonnance royale du 21 mars 1816. Monge ne résista pas à tant de disgrâces, sa belle intelligence se voila, et il mourut le 18 mars 1818, à l'âge de soixante-douze ans.

### Travaux de Monge. La géométrie descriptive.

Nous avons dit plus haut que Monge n'était encore que répétiteur à l'École de Mézières lorsqu'il découvrit les principes de la *Géométrie descriptive*. Ajoutons ici que les autorités de cette école, poussées par une sorte de patriotisme, empêchèrent le jeune répétiteur de divulguer sa découverte, « pour ne pas aider les étrangers à devenir habiles dans l'art des constructions. » Mais les quinze années d'un mutisme cruel ne furent pas tout à fait perdues pour la science. Ne pouvant pas mettre le public dans la confidence de la méthode de projections qui lui avait fait résoudre les questions les plus difficiles de la géométrie, il traita ces mêmes questions par l'analyse transcendante ordinaire. Voilà pourquoi ses premiers travaux portent : *Sur la construction des fonctions arbitraires qui entrent dans les intégrales des équations aux différences partielles ; — Sur les fonctions arbitraires continues ou discontinues ; — Sur l'intégration des équations aux différences finies qui ne sont pas linéaires ; — Sur le calcul intégral des équations aux différences partielles*. Ces travaux ont été insérés dans le recueil des *Savants étrangers* (années 1776-1784). D'autres travaux, tels que le *Traité élémentaire de statique* (Paris, 1788, in-8), et le *Dictionnaire de Physique*, rédigé en société avec Cassini, Berthollet, Hassenfratz, etc. (faisant partie de la nouvelle édition de l'*Encyclopédie méthodique*), sortaient du cadre ordinaire des mathématiques pures.

Enfin, la première édition de la *Géométrie descriptive*, résumant les leçons données par Monge aux Écoles normales en l'an III de la République, ne parut qu'en l'an VII (1800, in-4, 132 pages, Paris, Baudouin, imprimeur de l'Institut national). Il ne faut point croire que la géométrie descrip-

tive soit sortie armée de toutes pièces de la tête de Monge.
Desargues, au dix-septième siècle, pour ne citer que ce géomètre, y avait été conduit par ses traités de *Perspective* et
de la *Taille des pierres.* Enfin tous les architectes qui se
servent de ces dessins spéciaux, où le constructeur peut
trouver, en quelque sorte à vue, les dimensions et les
formes des parties dans lesquelles il se voit obligé de décomposer un édifice projeté, auraient pu inventer la géométrie descriptive, s'ils avaient fondé leurs épures sur des
principes mathématiques, et généralisé leur méthode.

L'auteur commence par définir ainsi le but de son im-
périssable ouvrage : « La géométrie descriptive a, dit-il,
deux objets : le premier, de donner les méthodes pour représenter, sur une feuille de dessin qui n'a que deux dimensions, savoir longueur et largeur, tous les corps de
la nature qui en ont trois, longueur, largeur et profondeur,
pourvu néanmoins que ces corps puissent être définis rigoureusement. Le second objet est de donner la manière
de reconnaître, d'après une description exacte, les formes
des corps, et d'en déduire toutes les vérités qui résultent
et de leurs formes et de leurs positions respectives. » —
Pour faire encore mieux ressortir le but de la géométrie
descriptive, nous n'avons qu'à citer ces paroles de François Arago, qui avait suppléé Monge à l'École polytechnique : « Une figure plane peut être représentée sur une
surface plane sans aucune altération dans les proportions
de ses parties. La représentation est, dans ce cas, une
sorte de miniature de la figure réelle ; les lignes qui sont
doubles, triples, décuples, etc., les unes des autres dans
l'objet, sont également doubles, triples, décuples, etc., les
unes des autres dans la représentation. Il n'en est pas de
même d'un corps à trois dimensions, d'un corps ayant
longueur, largeur et profondeur : sa représentation sur
une surface plane est inévitablement altérée. Des lignes
qui sur le corps sont égales entre elles, peuvent être extrêmement inégales dans la représentation plane. Les an-

gles formés dans l'espace par les arêtes ou par les diagonales du corps n'éprouvent pas de moindres altérations
comparatives, quand elles viennent à être figurées sur un
plan. Malgré ces difficultés, les dessinateurs, les peintres
parviennent, à l'aide de divers artifices, à représenter sur
une feuille de papier, sur une toile, et de manière à faire
illusion, des objets très-complexes, tels que des monuments
d'architecture, des machines, etc. On arrive à ce résultat
par une application intelligente des principes de la perspective linéaire, des principes encore plus délicats de la
perspective aérienne, des principes qui règlent ce que les
artistes ont si singulièrement appelé le *clair-obscur*. Ajoutons que les représentations pittoresques, si satisfaisantes
quand il s'agit seulement de donner une idée générale des
objets, seraient à peu près sans valeur pour l'architecte
qui voudrait reproduire ces objets avec toutes leurs dimensions. »

Pour montrer ensuite comment Monge *faisait de l'algèbre avec de la géométrie*, Arago ajoute avec sa clarté
habituelle : « Veut-on s'assurer qu'une ligne donnée est
courbe? on en approche une ligne droite. Désire-t-on
quelque chose de plus ; faut-il connaître le degré de courbure d'une ligne en un certain point? On détermine le
rayon du cercle qui, passant par ce point, approche de la
courbe le plus possible, le rayon du cercle que les géomètres appellent le *cercle osculateur*. Ce rayon est-il grand,
la courbure est petite, et réciproquement. Des courbes
tracées sur des plans, passons aux surfaces.... Parmi toutes les sections curvilignes qui résultent des intersections
d'une surface par une série indéfinie de plans sécants normaux, passant par un point donné, il en est une qui, comparativement, possède le *maximum* de courbure, et une
autre le *minimum*. Les plans sur lesquels ces sections de
plus grande et de moindre courbure se trouvent contenues,
sont toujours *perpendiculaires l'un à l'autre*. Les courbures des sections normales intermédiaires peuvent se dé-

duire de la plus grande et de la moindre courbure, d'après
une règle générale, très-simple. Cette théorie des sections
courbes appartient à Euler.... L'imagination a peine à
concevoir l'immense variété de formes qui peuvent être
déduites des seules équations de tous degrés, dites algébriques. Eh bien, ces formes les plus dissemblables ont
un caractère commun; la variété, dans l'aspect général,
n'empêche pas qu'en un point donné d'une quelconque de
ces milliards de surfaces, *les deux sections normales de
plus grande et de moindre courbure ne soient perpendiculaires entre elles, et que les courbures des sections intermédiaires ne dépendent des deux premières*, suivant
une loi simple et générale. Le théorème d'Euler trace, en
quelque sorte, une limite que, dans leurs dissemblances
d'ailleurs infinies à d'autres égards, les surfaces géométriques ne peuvent jamais dépasser. Appliqué aux transformations qui découlent des combinaisons de l'analyse, ce
théorème peut être assimilé à ces belles paroles de l'Écriture : « Océan, tu n'iras pas plus loin. »

« Les géomètres supposaient qu'une question creusée si
profondément par le génie d'Euler était épuisée. Monge
montra combien on se trompait. Le travail dont les géomètres lui sont redevables, ne porte pas seulement, comme
celui de son illustre prédécesseur, sur la considération
d'arcs élémentaires, d'arcs infiniment petits, appartenant
aux sections normales faites dans une surface par un point
donné. Monge s'occupa de *deux courbes indéfinies, susceptibles d'être tracées sur toutes les surfaces possibles*. Il me
suffira de quelques paroles pour caractériser nettement la
belle découverte de notre confrère. Menez une perpendiculaire, une normale, à une surface en un point donné; menez ensuite une semblable normale en un point très-voisin
du premier. En général, cette seconde ligne ne rencontrera
pas la première : les deux normales ne seront pas contenues dans un même plan. Il y a deux directions, — deux
directions seulement, — dans lesquelles, sans exception

aucune, les normales consécutives se rencontrent. Ces directions, comme les sections de plus grande et de moindre courbure, avec lesquelles, dans une très-petite étendue, elles se confondent, sont rectangulaires entre elles ; ces directions peuvent être suivies dans toute l'étendue d'une surface quelconque. Monge les appela les *lignes de courbure*. On peut appliquer à ces lignes de courbure de Monge toutes les considérations auxquelles j'ai eu recours pour faire ressortir la beauté du travail d'Euler. Notre confrère a donc eu le très-rare privilége d'attacher son nom à la découverte d'une des propriétés primordiales des espaces terminés par des surfaces quelconques, avec la seule limitation que ces surfaces soient susceptibles d'une définition rigoureuse [1]. »

Voici l'appréciation de l'œuvre de Monge par un juge des plus compétents. « La Géométrie descriptive de Monge est, dit M. Chasles, une source de bonnes doctrines, qui n'a point encore été épuisée. Après y avoir reconnu le germe, plus ou moins développé, de plusieurs méthodes qui accroissent la puissance et étendent le domaine de la géométrie, nous y voyons aussi l'origine d'une nouvelle manière d'écrire et de parler cette science. Le style, en effet, est si intimement lié à l'esprit des méthodes, qu'il doit avancer avec elles ; de même qu'il doit aussi, s'il a pris les devants, influer puissamment sur elles et sur les progrès généraux de la science. Cela est incontestable, et n'a pas besoin de preuves [2]. »

### Carnot.

Lazare *Carnot*, né à Nolay (petite ville de Bourgogne) le 13 mai 1753, montra de bonne heure une vocation réelle

---

1. Arago, *Éloge historique de Monge*, dans le tome II, p. 436 et suiv., de ses *Notices biographiques*.
2. M. Chasles, *Aperçu historique*, etc., p. 207.

pour la science militaire fondée sur les mathématiques.
En quittant le petit séminaire d'Autun, il entra, à Paris,
dans une école spéciale où les jeunes gens se préparaient
aux examens du génie militaire, et il compléta ses études
à l'École de Mézières sous la direction de Monge. Il en
sortit, en 1773, sous-lieutenant du génie, et fut envoyé
à Calais. Vers cette époque il s'intéressait beaucoup à la
découverte de la navigation aérienne. Son *Éloge de Vauban*
fut couronné, en 1784, par l'Académie. Carnot s'y asso-
cie hardiment au précepte de Vauban, que « les lois devraient prévenir l'affreuse misère des uns, l'excessive opu-
lence des autres, » et, après avoir partagé les hommes en
deux catégories, les travailleurs et les oisifs, il va jusqu'à
dire de ces derniers, dont, suivant lui, la constitution des
sociétés s'est exclusivement occupée, « qu'ils ne commen-
cent à être utiles qu'au moment où ils meurent, car ils
ne vivifient la terre qu'en y rentrant. »

Dans la même année où Carnot obtint le prix de l'Académie pour son *Éloge de Vauban*, il fit paraître son *Essai
sur les machines en général* (2ᵉ édition, 1787). L'auteur
montre que la force directement appliquée à l'élévation
d'un poids, que le poids (masse soulevée) et la hauteur
multipliés entre eux, donnent un produit constant, qui
est la traduction exacte de la force employée ; il fait voir
aussi combien il importe d'éviter les changements brus-
ques de vitesse, et il trouve l'expression mathématique de
la perte de *force vive*, occasionnée par de pareils changements : « Cette perte est égale à la force vive dont tous
les corps du système d'une machine seraient animés, si
l'on douait chacun de ces corps de la vitesse finie qu'il a
perdue à l'instant même où le changement brusque s'est
réalisé. » Tel est l'énoncé du principe connu sous le
nom de *Théorème de Carnot*.

Carnot embrassa avec enthousiasme les grands principes de la révolution de 1789, et, en 1791, pendant qu'il
était en garnison à Saint-Omer, il fut envoyé à l'Assem-

blée législative par le département du Pas-de-Calais. Dès lors s'ouvrit devant lui une nouvelle carrière dont nous n'avons qu'à signaler les principales étapes. En 1793, Carnot entra au fameux Comité de salut public, nommé par la Convention nationale ; il était chargé de l'administration de la guerre et de la direction supérieure des opérations militaires : il s'agissait « d'organiser la victoire ». Étranger aux fureurs des partis, il ne prit aucune part aux sanglantes proscriptions de la Terreur, ainsi qu'il s'en expliqua lui-même à la tribune, lors de la mise en accusation de ses collègues Billaud-Varennes, Collot d'Herbois et Barrère. Après la retraite de la Convention, il siégea au Conseil des Anciens, fit partie du Directoire, et, en 1796, il mit le général Bonaparte à la tête de l'armée d'Italie. Opposé au coup d'État du Directoire, il dut prendre la fuite, et vécut un moment retiré à Genève et à Augsbourg. Dans cet intervalle il avait publié son livre *Sur la métaphysique du calcul infinitésimal.* Après le 18 brumaire, il fut rappelé par Bonaparte, qui lui confia le ministère de la guerre. Nommé membre du Tribunat en 1802, il s'opposa vivement à la création de la Légion d'honneur, du Consulat à vie et surtout à la création de l'Empire. Rentré dans la vie privée, Carnot ne reparut sur la scène qu'en 1814, pour défendre la patrie envahie par les armées étrangères. A la rentrée des Bourbons, il fut de nouveau proscrit. Il mourut le 22 août 1823, à Magdebourg, à l'âge de soixante-dix ans.

### Travaux de Carnot.

Nous avons déjà parlé de l'*Essai sur les machines.* Les *Réflexions sur la métaphysique du calcul infinitésimal* parurent en 1797 ; la dernière édition de cet important ouvrage est de 1860 (160 pages in-8). L'auteur fait d'abord très-bien ressortir ce qu'il faut entendre par *quantités infinitésimales.* « Les quantités sont, dit-il, appelées *in-*

*finitésimales*, non point parce qu'on les regarde comme très-petites, ce qui est fort indifférent, mais parce qu'on peut les considérer comme aussi petites que l'on voudra, sans qu'on soit obligé de rien changer à la valeur des quantités, telles que les paramètres, les coordonnées normales, sous-tangentes, rayons de courbure, etc., dont on cherche la relation. Il suit de là que toute quantité dite *infiniment petite* peut se négliger dans le cours du calcul, vis-à-vis de ces mêmes quantités dont on cherche la relation, sans que le résultat du calcul puisse en aucune manière s'en trouver affecté. C'est l'opération qui amène le résultat, qui est la chose principale. »

Mais le travail le plus original de Carnot et qui mérite ici une mention spéciale, c'est la *Géométrie de position* (Paris, 1803, in-8), joint à l'*Essai des théories des transversales*. Dans sa conception philosophique, la géométrie de position se rattache, suivant M. Chasles, aux Données et aux Porismes d'Euclide : c'est un de ces Compléments de géométrie que les anciens regardaient comme indispensables pour tous les genres d'applications. « La *Géométrie de position* et l'*Essai sur la théorie des transversales* ne doivent point, dit M. Chasles, être séparés de la *Géométrie descriptive* de Monge, comme ayant été, comme elle, et dans le même temps, une continuation des belles méthodes de Desargues et de Pascal, et ayant aussi, comme elle, contribué puissamment aux nouvelles théories et aux découvertes récentes de la géométrie [1]. »

## III. — THÉORIE DES NOMBRES. — HISTOIRE DES MATHÉMATIQUES.

La théorie des nombres, qui fut pour les anciens un

---

1. M. Chasles, *Aperçu historique sur l'origine et le développement des méthodes en géométrie*, p. 211.

objet de si profondes spéculations philosophiques, a été
singulièrement négligée par les modernes. Fermat et Pascal, qui avaient au dix-septième siècle tenté de ranimer ce
genre de recherches, ne furent guère suivis dans cette voie
que par les deux plus grands analystes du dix-huitième siècle, Euler et Lagrange.

Une chose digne de remarque, c'est que, une fois engagé
dans la question des nombres, on s'y livre avec une véritable passion Les nombreux mémoires qu'Euler a publiés
dans les Actes de l'Académie de Saint-Pétersbourg, montrent combien il avait à cœur de faire participer la science
des nombres aux mêmes progrès que les autres parties des
mathématiques. C'est ainsi qu'il fut conduit à démontrer
deux des principaux théorèmes de Fermat, savoir : 1º que
si $p$ est un nombre premier et $a$ un nombre quelconque
non divisible par $p$, la quantité $a^{p-1} - 1$ est toujours divisible par $p$; 2º que tout nombre premier de la forme
de $4n + 1$ est la somme de deux carrés.

On remarque encore, parmi les travaux d'Euler sur la
question des nombres : la théorie des diviseurs de la
quantité $a^n \mp b^n$; le traité *de Partitione numerorum* (inséré dans son *Introduction à l'Analyse infinitésimale*);
l'usage des facteurs imaginaires ou irrationnels dans la
résolution des équations indéterminées; la démonstration
de beaucoup de théorèmes sur les puissances des nombres, et particulièrement de ces deux propositions négatives de Fermat, à savoir que la somme ou la différence
de deux cubes ne peut être un cube, et que la somme ou
la différence de deux nombres bi-carrés ne peut jamais
être un nombre bi-carré.

Lagrange suivit les traces d'Euler. Son premier coup
d'essai, dans cette matière difficile, fut la proposition
d'une méthode générale pour résoudre, en nombres entiers, les équations indéterminées du second degré; puis,
appliquant à cette branche d'analyse les fractions continues, il démontra le premier que la fraction continue

égale à la racine d'une équation rationnelle du second degré doit être périodique, et il en conclut que le problème de Fermat, concernant $x^2 - Ay^2 = 1$, est toujours résoluble, ce qu'on n'était pas parvenu à établir d'une manière rigoureuse. Mais ce qui appela sur ce genre de recherches l'attention des géomètres, c'est la méthode de Lagrange, de laquelle découlent, comme corollaires, une infinité de théorèmes sur les nombres premiers. Cette méthode repose sur la considération des formes, tant quadratiques que linéaires, qui conviennent aux diviseurs de la formule $t^2 + au^2$, où $t$ et $u$ sont deux indéterminées, et $a$ un nombre donné. Cependant il restait à établir, d'une manière générale, la relation qui doit exister entre les formes linéaires et les formes quadratiques, appliquées aux nombres premiers; car, au défaut du principe qui contient cette relation, la théorie de Lagrange, qui donne une infinité de théorèmes pour les nombres premiers $4n - 1$, n'en fournit qu'un très-petit nombre relatifs aux nombres premiers $4n + 1$.

C'est ce *desideratum* qui fit entrer dans la même voie de recherches Adrien *Legendre* (né à Toulouse en 1752, mort à Paris en 1833), le célèbre auteur des *Éléments de géométrie*, qui reproduisent, avec les perfectionnements nécessaires, les éléments d'Euclide. Dans un mémoire, publié en 1785 (Mémoires de l'Académie des sciences), Legendre donna : 1° la démonstration d'un théorème pour juger de la possibilité ou de l'impossibilité de toute équation indéterminée du second degré, ramenée à la formule $ax^2 + by^2 = cz^2$; 2° la démonstration d'une loi générale qui existe entre deux nombres premiers quelconques, et qu'on peut appeler *loi de réciprocité*; 3° l'application de cette loi à diverses propositions, et son usage, tant pour perfectionner la théorie de Lagrange, que pour vaincre d'autres difficultés du même genre.

Dans ce même mémoire, Legendre a donné l'ébauche d'une théorie entièrement nouvelle sur les nombres considérés en tant qu'ils sont décomposables en trois carrés, théorie à laquelle se trouve rattaché le fameux théorème de Fermat « qu'un nombre quelconque est la somme de trois triangulaires, » et cet autre théorème du même auteur, que « tout nombre premier $8n-1$ est de la forme $p^2 + q^2 + 2r^2$. »

Ce premier mémoire fut bientôt suivi d'autres recherches du même genre, et ces différents travaux, réunis et développés, aboutirent à un ouvrage spécial, qui a pour titre : *Essai sur la théorie des nombres* (Paris, an VI, 1 vol. in-4).

Malgré la publication de cet important ouvrage de Legendre, l'étude de la théorie des nombres a continué à n'avoir de l'attrait que pour un très-petit nombre d'esprits. La même remarque s'applique aussi au beau travail de Gauss qui parut, au commencement du dix-neuvième siècle, sous le titre de *Disquisitiones arithmeticæ* (Leipzig, 1801, in-8).

Si la théorie des nombres a été négligée, nous n'en pourrons pas dire autant de l'*histoire des mathématiques*. Le dix-huitième siècle (à la fin duquel nous nous arrêterons) a vu naître une série de travaux historiques, parmi lesquels nous nous bornerons à citer, en première ligne, Montucla, *Histoire des mathématiques* (Paris, 1758, 2 vol. in-4), achevée et publiée par Lalande, en 4 vol. in-4 (Paris, 1802) ; — l'abbé Bossut, *Discours préliminaire* sur l'histoire des mathématiques, en tête du tome I (1784) de la partie mathématique de l'Encyclopédie méthodique, et qui parut plus tard, avec des additions, sous le titre d'*Histoire générale des mathématiques* (Paris, 1810, 2 vol. in-8). Nous devons encore mentionner : Heilbronner, *Historia matheseos universæ* (Leipzig, 1741, in-4) ; — Kæstner, *Geschichte der Mathematik* (Histoire des mathématiques depuis l'époque de la Renaissance jusqu'à la fin du dix-huitième siècle), Gœttingue, 1790-1800 ;

4 vol. in-8 ; — Cossali, *Origine dell'algebra*, etc. (Parme, 1798-1799, 2 vol. in-4) : sujet déjà traité par Bombelli dans la préface de son Traité d'algèbre, paru en 1572. — L'*Histoire de l'astronomie* de Delambre, en 6 volumes in-4, dont le premier parut en 1817 et le dernier (achevé par M. Mathieu) en 1827, contient une foule de documents précieux pour l'histoire de l'arithmétique et de la trigonométrie.

A mesure qu'on avance dans l'histoire des mathématiques, on voit se dessiner de plus en plus nettement le vrai but de la science. Ce but est d'arriver à une expression générale, unique, véritable loi universelle, d'une simplicité si grande que non-seulement elle soit à la portée de tous les esprits, mais qu'elle embrasse aussi bien le mouvement des atomes que celui des astres, en satisfaisant à toutes les conditions de la discontinuité et de la continuité, en rapport avec le fonctionnement des sens et de l'intelligence de l'homme. En attendant, il sera permis de partager l'opinion de Lagrange quand il disait, au sujet des mathématiques, dans une lettre à d'Alembert (citée par Arago dans son *Éloge de Condorcet*), « que la mine est déjà trop profonde, et qu'à moins qu'on ne découvre de nouveaux filons, il faudra tôt ou tard l'abandonner. »

FIN DE L'HISTOIRE DES MATHÉMATIQUES.

# TABLE DES MATIÈRES.

FIN DE LA TABLE DES MATIÈRES.

14383. — PARIS, TYPOGRAPHIE LAHURE

Rue de Fleurus, 9

www.ingramcontent.com/pod-product-compliance
Lightning Source LLC
Chambersburg PA
CBHW031717210326
41599CB00018B/2418